全国工程专业学位研究生教育国家级规划教材

张义民 编著 Zhang Yimin

机械振动（第2版）

Mechanical Vibrations (Second Edition)

清华大学出版社
北京

内 容 简 介

本书深入阐明了各种振动现象的物理机理以及分析振动问题的数学方法，主要介绍了机械振动力学的基本理论和方法，内容丰富，概念清晰，阐述详尽，系统性强。主要内容包括：单自由度系统的振动，两自由度系统的振动，多自由度系统的振动，连续系统的振动。并介绍了求解特征值问题和系统响应的近似方法及数值计算方法，简要叙述了非线性振动及随机振动的基本概念和理论。

本书可作为高等院校机械工程等学科的专业学位研究生和工学硕士研究生以及高年级本科生必修课的教材或参考书，也可作为相关学科研究人员和工程技术人员参考用书。

图书在版编目(CIP)数据

机械振动/张义民编著．—2版．—北京：清华大学出版社，2019(2024.7重印)
(全国工程专业学位研究生教育国家级规划教材)
ISBN 978-7-302-52938-5

Ⅰ．①机…　Ⅱ．①张…　Ⅲ．①机械振动－研究生－教材　Ⅳ．①TH113.1

中国版本图书馆CIP数据核字(2019)第083570号

责任编辑：许　龙
封面设计：常雪影
责任校对：刘玉霞
责任印制：沈　露

出版发行：清华大学出版社
网　　址：https://www.tup.com.cn，https://www.wqxuetang.com
地　　址：北京清华大学学研大厦A座　　**邮　　编**：100084
社 总 机：010-83470000　　**邮　　购**：010-62786544
投稿与读者服务：010-62776969，c-service@tup.tsinghua.edu.cn
质量反馈：010-62772015，zhiliang@tup.tsinghua.edu.cn
印 装 者：涿州市般润文化传播有限公司
经　　销：全国新华书店
开　　本：185mm×260mm　　**印　　张**：18　　**字　　数**：435千字
版　　次：2007年3月第1版　2019年4月第2版　　**印　　次**：2024年7月第6次印刷
定　　价：55.00元

产品编号：074176-02

前言

FOREWORD

振动理论是现代许多科学技术领域的基础理论。现代工业对工程质量、产品精度及可靠性都提出了越来越高的要求,研究和解决工业工程中出现的各种振动问题已成为一项急迫的任务。在设计研制中,不仅要考虑静力效应,而且还要考虑动力效应。这样,振动理论也就必将成为广大科技人员必备的基础知识。机械振动课程对培养新时代的科技人才有着重要的作用和意义。

本教材符合机械工程研究生培养方案和教学大纲的要求,适用于机械工程研究生和高年级本科生的教学和学习。本教材由浅入深、理论严谨、结构合理、体例统一、文字精练,易于理解,数学概念与物理现象相协调,并且理论联系实际,具有广泛的适应性,便于学生更好地理解和掌握所学内容。本教材系统地介绍了工程实际中振动分析所需要的必备知识,详细阐述了振动理论的基本方法,在深入阐明各种振动现象的物理机理和数学分析的同时,也注意到了振动理论在机械和汽车等领域内的应用。全书共分9章,分别讨论了单自由度、多自由度、连续系统的特征值问题,及在各种类型激励作用下的稳态和瞬态响应分析,并介绍了振动分析的数值方法、非线性振动的定性和定量分析方法以及随机振动的基本知识。

本教材除了注重理论的系统性和完整性以外,还特别注意工程应用,力图把科研中的体会融入教学之中。本教材的主要特色为:

第一,本教材内容既系统又简明,既重视理论又强调实际,包括了现代振动工程中的基本精确与近似方法,便于有关工程技术人员阅读和作为工科院校研究生教材。

第二,本教材介绍了实用有效的数值分析方法,便于解决实际工程中的振动分析问题,这样会使学生学完之后,就可以将所学应用于解决一些实际问题。

第三,本教材包含工程实际中的多种机械和汽车模型的实例,便于培养出理论与实际相结合、把所学理论应用于实际以解决工程问题的科技人才。本教材的部分习题同样富有实用价值。

第四,本教材列举了具有工程实际背景的讨论题,并给出相应的解答,以便学生更好地理解和掌握所学内容。

读者只需具备高等数学、工程数学、理论力学与材料力学的基础知识,就可以学习本教材。本教材可作为高等理工科院校机械工程研究生和高年级本科生的教学用书,也可作为有关科技人员的参考用书。

在本书撰写过程中,作者参考了一些国内外资料,限于篇幅,在参考文献目录中只列出其中的一部分。在此,谨向原作者、编者表示衷心感谢。

本书为全国工程专业学位研究生教育国家级规划教材。在编著过程中,得到了清华大学出版社大力支持,在本书第1版出版以后,清华大学、上海交通大学、华中科技大学、中国科学技术大学、同济大学、北京理工大学、山东大学、武汉大学、大连理工大学、北京师范大学、西北工业大学、电子科技大学、东北大学、北京科技大学、南京理工大学、北京工业大学、燕山大学、杭州电子科技大学、安徽大学、湖南科技大学、河南理工大学、沈阳工业大学、长春工业大学、河北科技大学、河北工程大学、重庆理工大学、扬州大学、昆明理工大学、北京联合大学、宁波大学等多所高等院校和研究院所采用本书作为“机械振动”课程教材,在此一并表示谢意。

限于水平,书中缺漏和不当之处在所难免,敬请读者不吝批评指正。

张义民

2017年12月于西子湖畔

目录

CONTENTS

CHAPTER

第1章 绪论

1.1 机械振动

振动是在日常生活和工程实际中普遍存在的一种现象，也是整个力学中最重要的研究领域之一。事实上，人类就生活在振动的世界里，地面上的车辆、空中的飞行器、海洋中的船只等都在不断地振动着。房屋建筑、桥梁水坝等在受到激励后也会发生振动。就连茫茫的宇宙中，也到处存在着各种形式的振动，如风、雨、雷、电等随时间的不断变化，从广义的角度来理解，就是特殊形式的振动(或波动)，而电磁波不停地在以振动的方式发射和传播。就人类的身体来说，心脏的跳动、肺叶的摆动、血液的循环、胃的蠕动、脑电的波动、肌肉的搐动、耳膜的振动和声带的振动等，在某种意义上来说也是一种振动，就连组成人类自身的原子，也都在振动着。

所谓机械振动，是指物体(或物体系)在平衡位置(或平均位置)附近来回往复的运动。在机械振动过程中，表示物体运动特征的某些物理量(如位移、速度、加速度等)将时而增大、时而减小地反复变化。在工程实际中，机械振动是非常普遍的，钟表的摆动、车厢的晃动、桥梁与房屋的振动、飞行器与船舶的振动、机床与刀具的振动、各种动力机械的振动等，都是机械振动。

工程中有大量的振动问题需要人们研究、分析和处理，特别是近代机器结构正向大功率、高速度、高精度、轻型化、大型化和微型化等方向发展，振动问题也就越来越突出，因此掌握振动规律就显得十分重要了，也只有掌握了振动规律和特征以后，才能有效地利用振动有益的方面和限制振动有害的方面。众所周知，振动在日常生活和工程中会带来危害，例如，振动引起噪声污染，影响精密仪器设备的功能，降低机械加工的精度和光洁度，加剧构件的疲劳和磨损，缩短机器和结构物的使用寿命；机械振动还要消耗能量，降低机器效率；振动有时会使结构发生大变形而破坏，甚至造成灾难性的事故，有些桥梁就是由于振动而坍毁；机翼的颤振、机轮的摆振和航空发动机的异常振动，曾多次造成飞行事故；飞机和车船的振动恶化了乘载条件；地震、暴雨、台风等造成巨大的经济损失等。然而，振动也可以用来为人类服务，例如，利用钟摆振动原理制造钟表；工程实际中数以万计的振动机器和振动仪器可以完成许多不同的工艺过程，如给料、上料、输送、筛分、布料、烘干、冷却、脱水、选分、破碎、粉磨、光饰、落砂、成型、整形、振捣、夯土、压路、摊铺、钻挖、装载、振仓、犁土、沉桩、拔桩、清理、捆绑、采油、时效、切削、检桩、检测、勘探、测试、诊断等，这些机器和仪器包括振动给料机、振动输送机、振动整形机、振动筛选机、振动脱水机、振动干燥机、振动冷却机、振动冷冻机、振动破碎机、振动球磨机、振动光饰机、振动压路机、振动摊铺机、振动夯土机、振动沉/拔桩机、振动造型机、振动采油机、海浪发电机、各种形式的振捣器和激振器等，它们极大地改善了劳动条件，甚至成百倍地提高了劳动生产率；人们可以根据逐年气象要素统计得出的气象波动的规律，预估某一年度的气象要素；人们可以利用潮汐的周期性振动，预报重大灾难的来临、开发能源、保护环境、排涝灌溉、安排航运、建设海港和防护海岸等；人们可以利用树木年轮中一疏一密的波动变化，进行地质考古、环境污染、森林更新、自然灾害、冰川进退、医疗卫生、农牧业产量预测等方面的研究；美妙动听的音乐(包括人声)也是源于振动而产生出来的。可见研究和掌握振动规律有着十分重要的意义，可以使人们能更好地利用振动有益的一面，而减少有害的一面。随着生产实践和科学研究的不断进展，人们对振动过程的认识将愈益深化，机械振动的利用将会更加广泛，我们的许多关于振动利用的畅想，会逐步地变为现实，并造福人类。

1.2 振动系统模型

模型就是将实际事物抽象化而得到的表达。例如，力学中的质点、刚体、梁、板、壳、质量-弹簧系统等都是模型。振动系统模型按系统的不同性质可分为离散系统与连续系统、常参数系统与变参数系统、线性系统与非线性系统、确定系统与随机系统等。

1. 离散系统与连续系统

离散系统是由集中参数元件组成的，基本的集中参数元件有三种：质量、弹簧与阻尼。

(1) 质量(包括转动惯量)模型只具有惯性。

(2) 弹簧模型只具有弹性，其本身质量一般可以略去不计。

(3) 阻尼模型既不具有弹性，也不具有惯性。它是耗能元件，在相对运动中产生阻力。

离散系统的运动在数学上用常微分方程来描述。

连续系统是由弹性体元件组成的。典型的弹性体元件有杆、梁、轴、板、壳等。弹性体的惯性、弹性与阻尼是连续分布的，故亦称为分布参数系统。

连续系统的运动在数学上用偏微分方程来描述。

2. 常参数系统与变参数系统

如果一个振动系统的各个特性参数(如质量、刚度、阻尼系数等)都不随时间而变化，即它们不是时间的函数，这个系统就称为常参数系统(或不变系统)。反之，称为变参数系统(或参变系统)。

常参数系统的运动用常系数微分方程来描述，而变参数系统则需要用变系数微分方程来描述。

3. 线性系统与非线性系统

如果一个振动系统的质量不随运动参数(如坐标、速度、加速度等)而变化,而且系统的弹性力和阻尼力都可以简化为线性模型(①弹性力和变形的一次方成正比;②阻尼力与速度的一次方成正比),则称为线性系统。凡是不能简化为线性系统的振动系统都称为非线性系统。

线性系统的运动用线性微分方程来描述,而非线性系统则需要用非线性微分方程来描述。

4. 确定系统与随机系统

确定系统的系统特性可用时间的确定函数给出。随机系统的系统特性不能用时间的确定函数给出,只具有概率统计规律性。

确定系统的运动用确定微分方程来描述,而随机系统则需要用随机微分方程来描述。

一个实际系统究竟应该采用哪一种简化模型,应该根据具体情况进行具体分析。而分析简化模型的正确与否,必须经过科学实验或生产实践的检验。

1.3 激励与响应

一个实际振动系统,在外界振动激励的作用下,会呈现一定的振动响应。这种激励就是系统的输入,响应就是输出,二者由系统的振动特性联系(图 1.3-1)。

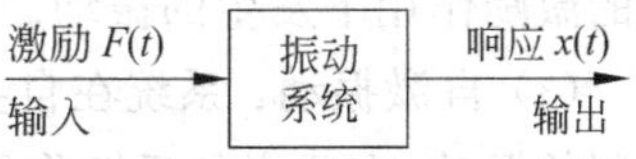

激励 $F(t)$ 输入 → 振动系统 → 响应 $x(t)$ 输出

图 1.3-1

系统激励可分为两大类:

(1) 确定激励

可以用时间的确定函数来描述的激励属于确定激励。脉冲函数、阶跃函数、周期函数、简谐函数等都是典型的确定函数。

(2) 随机激励

随机激励不能用时间的确定函数来描述,但它们具有一定的概率统计规律性,因而可以用随机过程来描述。

系统响应同样可以分为两大类:

(1) 确定响应

系统的响应是时间的确定函数,这样的振动响应称为确定响应。

① 根据响应存在时间分为瞬态响应和稳态响应。瞬态振动的响应在较短的时间内会逐渐消失;稳态振动的响应可持续充分长时间。

② 根据响应是否有周期性还可分为简谐响应、周期响应、非周期响应和混沌。简谐振动的响应为时间的正弦或余弦函数;周期振动的响应为时间的周期函数;非周期振动的响应可以认为是若干脉冲响应的总和;混沌(chaos)振动的响应为时间的始终有限的非周期函

数。“混沌”是应用于过去40年内数学和自然界大量非线性系统中观察到的非周期、不规则、错综复杂、不能预计和随机等行为的用语。

(2) 随机响应

系统的响应为时间的随机函数，只能用概率统计的方法描述，这样的振动响应称为随机响应。无论是确定系统，还是随机系统，在随机激励的作用下，振动系统的响应一定为随机响应。如果是随机系统，即使在确定激励的作用下，系统的响应也是随机的。

1.4 振动的分类

根据研究侧重点的不同，可以从不同角度对振动进行分类。振动现象按系统相应的性质可分为确定振动与随机振动两大类。

(1) 对于一个确定系统(不论它是常参数系统，还是变参数系统)，在受到确定激励作用时，响应也是确定的，这类振动称为确定振动。

(2) 对于确定系统，在受到随机激励作用时，系统的响应是随机的，这类振动称为随机振动。随机振动只能用概率统计的方法描述。

对于随机结构系统来说，无论是受到确定激励，还是随机激励作用，其响应均为随机的，这类振动称为随机结构(系统)振动。

此外，还可以按激励的控制方式分类如下：

(1) 自由振动：系统受初始激励作用后不再受外界激励作用的振动。它一般指的是弹性系统偏离平衡状态以后，不再受外界激励作用的情形下所发生的振动。

(2) 强迫振动：系统在外界控制的激励作用下的振动。它指的是弹性系统在受外界控制的激励作用下发生的振动。此时，即使振动被完全抑制，激励照样存在。

(3) 自激振动：系统在自身控制的激励作用下的振动。它指的是激励受系统振动本身控制的振动，在适当的反馈作用下，系统会自动地激起定幅振动，但一旦振动被抑制，激励也就随之消失。

(4) 参激振动：系统自身参数变化激发的振动。这种激励方式是通过周期地或随机地改变系统的特性参数来实现的。

1.5 振动问题及其解决方法

1. 振动问题

不论是确定的还是随机的振动问题，一般来说，无非是在激励、响应以及系统特性三者之中已知二者求第三者。

(1) 在激励条件与系统特性已知的情形下，求系统的响应，就是所谓振动分析。

(2) 在激励与响应均为已知的情形下，来确定系统的特性，就是所谓振动特性测定或系统识别。

(3) 在一定的激励条件下,如何来设计系统的特性,使得系统的响应满足指定的条件,这就是所谓振动综合或振动设计。

(4) 在系统特性和响应已知的情形下,求激励,即判别系统的环境特性,就是所谓振动环境预测。

实际的振动问题往往是错综复杂的,它可能同时包含分析、识别、测定、综合、设计、预测等几个方面的问题。通常,将实际问题抽象成为力学模型,实质上就是一个系统识别的问题,进而针对系统模型列式求解的过程,实质上就是振动分析的过程。而分析并不是问题的终结,分析的结果还必须用于改进设计或者排除故障(实在的或潜在的),这就是振动设计或综合的问题。

2. 解决振动问题的方法

解决振动问题的方法,不外乎是理论分析方法与实验研究方法,二者是相辅相成的。在大量实践和科学实验基础上建立起来的理论,反过来对实践起一定的指导作用。而从理论分析得到的每一个结论都必须通过实验的验证,并经受实践的检验,才能确定它是否正确。在振动问题的理论分析中大量地应用了数学工具,特别是计算机与计算技术的日益发展为解决复杂振动问题提供了有力的工具。

1.6 自由度

确定一个振动系统空间位置所需要的独立坐标的个数,称为振动系统的自由度。

例如,图 1.6-1 所示的系统,只需要用一个独立坐标就可以完全确定振动系统的位置,所以称它们为单自由度系统。图 1.6-1(a)用偏离平衡位置的坐标 x,图 1.6-1(b)用在铅垂平面内单摆摆动的偏角 θ,图 1.6-1(c)用绕定轴作扭振的扭摆的摆角 φ。

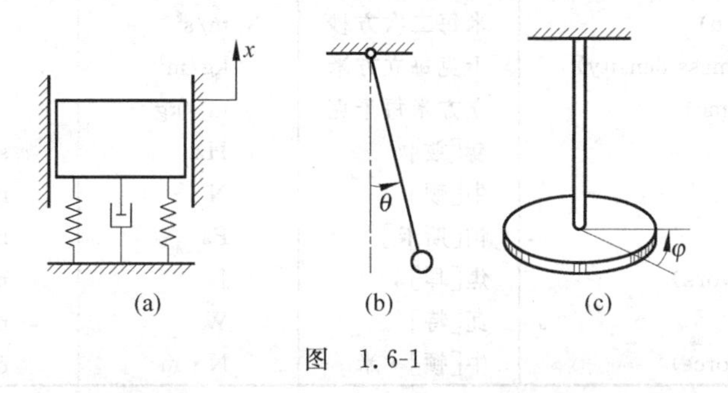

图 1.6-1

图 1.6-2 给出了两自由度的几个例子:图 1.6-2(a)假定其中的质量 A,B 只能沿直线平

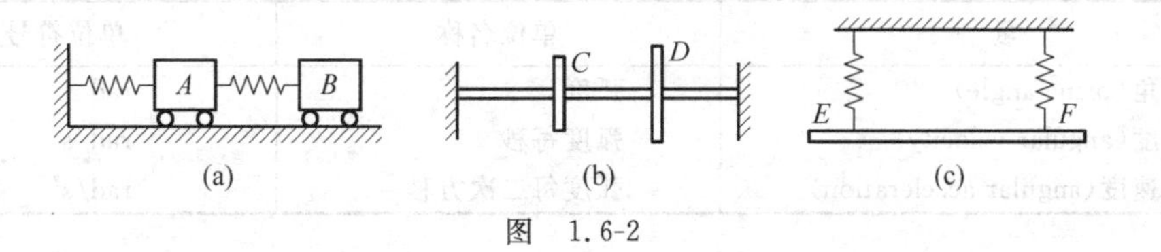

图 1.6-2

动；图 1.6-2(b)圆盘 C,D 只能绕固定轴转动；图 1.6-2(c)刚杆 EF 限于在一个铅垂平面内运动，且其重心限于沿铅垂线运动。确定这些振动系统的空间位置，各需要两个独立坐标。

弹性连续体可以看作由无数质点组成，各个质点之间有着弹性连接，只要满足连续性条件，各个质点的任何微小位移都是可能的。因此，一个弹性连续体有无限多个自由度。

1.7 单位

国际单位制(SI)包括：①7 个明确定义的基本单位；②派生单位；③补充单位。基本单位在量纲上是独立的，如表 1.7-1 所示。一些基本单位按代数关系连在一起组成的单位称为派生单位。不少派生单位具有专门的名称和符号，如表 1.7-2 所示。补充单位构成第三组 SI 单位，如表 1.7-3 所示。

表 1.7-1 SI 基本单位举例

量	单位名称	单位符号	说 明
长度(length)	米	m	用氪(krypton)-86 灯的波长来定义：1 米长度等于氪-86 原子在能级 $2p_{10}$ 和 $5d_5$ 间转变时的真空辐射波长的 1 650 763.73 倍
质量(mass)	千克	kg	其标准原器是一个铂-铱(platinum-iridium)圆柱体。藏于法国 Sévres 地方的地下室内
时间(time)	秒	s	由原子共振频率来定义：1 秒等于铯(cesium)-133 原子在基态的两个超精细能级间跃迁时辐射波的 9 192 631 770 个周期的时间

表 1.7-2 SI 派生单位举例

量	单位名称	单位符号	用基本单位表示
面积(area)	平方米	m^2	
体积(volume)	立方米	m^3	
速度(velocity)	米每秒	m/s	
加速度(acceleration)	米每二次方秒	m/s^2	
密度(质量密度)(mass density)	千克每立方米	kg/m^3	
比容(specific volume)	立方米每千克	m^3/kg	
频率(frequency)	赫[兹]	Hz	s^{-1}
力(force)	牛[顿]	N	$m\cdot kg\cdot s^{-2}$
应力(stress)	帕[斯卡]	Pa	$m^{-1}\cdot kg\cdot s^{-2}$
能量、功(energy、work)	焦[耳]	J	$m^2\cdot kg\cdot s^{-2}$
功率(power)	瓦[特]	W	$m^2\cdot kg\cdot s^{-3}$
力矩(moment of force)	牛[顿]·米	N·m	$m^2\cdot kg\cdot s^{-2}$

表 1.7-3 SI 补充单位举例

量	单位名称	单位符号
平面角(plane angle)	弧度	rad
角速度(angular velocity)	弧度每秒	rad/s
角加速度(angular acceleration)	弧度每二次方秒	rad/s^2

CHAPTER

第2章 单自由度系统的自由振动

任何具有质量和弹性的系统都能产生振动，若不外加激励的作用，振动系统对初始激励的响应，通常称为自由振动。自由振动是没有外界能量补充的振动。保守系统在自由振动过程中，由于总机械能守恒，动能和势能相互转换而维持等幅振动，称为无阻尼自由振动。但实际系统不可避免存在阻尼因素，由于机械能的耗散，使自由振动不能维持等幅而趋于衰减，称为有阻尼自由振动。某些实际的机械或结构系统的振动问题有时可以简化为单自由度系统的振动，本章只讨论最简单的振动系统，即单自由度系统的自由振动。以质量-弹簧系统为简化的力学模型。所讨论系统的动力学方程为常系数线性微分方程。系统的无阻尼振动频率为系统固有的物理参数，称为固有频率，振幅取决于初始扰动的大小。阻尼振动的固有频率小于无阻尼情形。临界阻尼和大阻尼条件下的系统作非往复的衰减运动。

2.1 简谐振动

最简单的单自由度振动系统就是一个弹簧连接一个质量的系统，如图 2.1-1 所示的质量-弹簧系统。在光滑的水平面上，质量为 m 的物体用不计重量的弹簧连至定点 D，弹簧原长为 l_0，轴线成水平。沿弹簧轴线取坐标轴 x，以弹簧不受力时的右端位置 O 为原点，向右为正。假定物体只限于沿坐标轴 x 进行直线运动，则物体在任一瞬时的位置可以由坐标 x 完全确定，所以系统是单自由度系统。

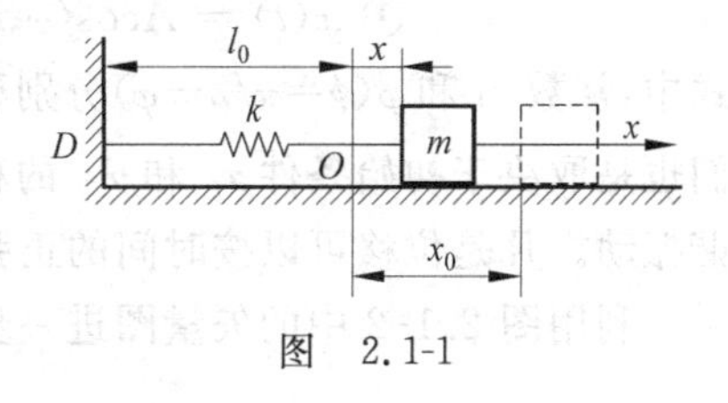

图 2.1-1

作用于物体上的力，除重力与光滑水平面的反力互相抵消外，只有弹簧力。在原点 O，弹簧力等于零，这是物体的静平衡位置。当物体从该位置偏离 x 时，设在原点 O 的右侧，x 为正值，弹簧受拉伸，它作用于物体的力水平向左；设在原点 O 的左侧，x 为负值，弹簧受压缩，它作用于物体的力水平向右。可见弹簧力总是指向原点 O，力图使物体回到静平衡位置，这种力称为恢复力。

假设把物体从位置 O 向右拉至距离 x_0 后静止地放开，物体将在弹簧力的作用下向左加速运动；回到位置 O 时，弹簧力变为零，但物体具有速度，由于惯性将继续向左运动；越过原点 O 后，弹簧力使物体减速，直到速度等于零，此时弹簧力又使物体向右运动。这样物体将在平衡位置附近进行往复运动。在没有阻尼的理想条件下，这种运动一经开始，就会无限期地持续进行，永不停止。

令 k 表示弹簧的刚度系数,即弹簧发生单位变形时所受的力,k 的单位取为 N/m。在一般工程问题中,系数 k 可以视为常数,因而弹性力与弹簧的变形成正比(在弹性范围内)。

设在某一瞬时 t,物体的位移为 x,则弹簧作用于物体的力为 $-kx$,以 $\dot{x}$ 和 $\ddot{x}$ 分别表示物体的速度与加速度。由牛顿定律,有

$$m\ddot{x}=-kx \tag{2.1-1}$$

引入参数

$$\omega_n=\sqrt{\frac{k}{m}} \tag{2.1-2}$$

式中,$\omega_n=\sqrt{k/m}$为系统的固有频率。方程(2.1-1)改写为

$$\ddot{x}+\omega_n^2x=0 \tag{2.1-3}$$

这是二阶常系数线性齐次常微分方程。容易证明方程(2.1-3)的解具有下面的一般形式:

$$x(t)=A_1\cos\omega_nt+A_2\sin\omega_nt \tag{2.1-4}$$

式中,A_1 和 A_2 为取决于初始位置 $x_0=x(0)$和初始速度 $\dot{x}_0=\dot{x}(0)$的积分常数。为了方便起见,引入符号

$$① \ A_1=A\cos\phi,\quad A_2=A\sin\phi$$

或

$$② \ A_1=A\sin\varphi,\quad A_2=A\cos\varphi \tag{2.1-5}$$

从而得出

$$① \ A=\sqrt{A_1^2+A_2^2},\quad \phi=\arctan\frac{A_2}{A_1}$$

或

$$② \ A=\sqrt{A_1^2+A_2^2},\quad \varphi=\arctan\frac{A_1}{A_2} \tag{2.1-6}$$

将式(2.1-6)代入式(2.1-4),并用三角关系式① $\cos\alpha\cos\beta+\sin\alpha\sin\beta=\cos(\alpha-\beta)$,② $\sin\alpha\cos\beta+\cos\alpha\sin\beta=\sin(\alpha+\beta)$,其解可以改写为

$$① \ x(t)=A\cos(\omega_nt-\phi) \quad 或 \quad ② \ x(t)=A\sin(\omega_nt+\varphi) \tag{2.1-7}$$

式中,常数 A 和 $\varphi(\phi=\pi/2-\varphi)$分别称为振幅和相角。因为 A 和 φ 取决于 A_1 和 A_2,所以它们也是取决于初始条件 x_0 和 $\dot{x}_0$ 的积分常数。方程(2.1-7)说明该系统以固有频率 ω_n 作简谐振动。凡是位移可以按时间的正弦函数(或余弦函数)所作的振动,都称为简谐振动。

利用图 2.1-2 中的矢量图进一步讨论谐波振动的性质。

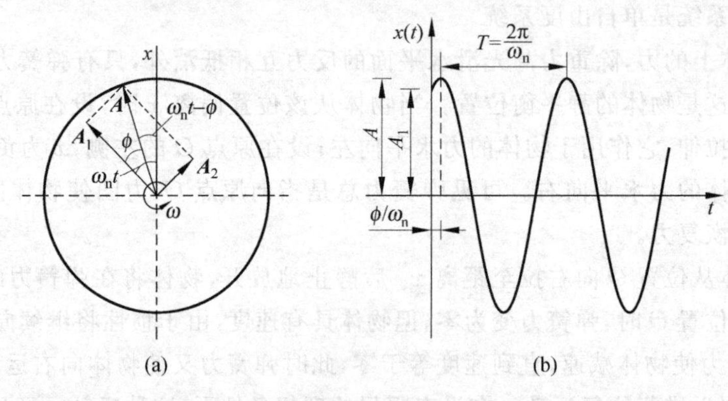

图 2.1-2

如图 2.1-2(a)所示，如果 $\boldsymbol{A}$ 代表大小为 A 的矢量，而且它与垂直轴 x 的夹角为 $\omega_n t-\phi$（或 $\omega_n t+\varphi$），那么矢量 $\boldsymbol{A}$ 在 x 轴上的投影就表示解① $x(t)=A\cos(\omega_n t-\phi)$，② $x(t)=A\sin(\omega_n t+\varphi)$。当 $\omega_n t-\phi$（或 $\omega_n t+\varphi$）角随时间线性增大时，意味着整个图形以角速度 ω_n 按逆时针方向转动。当图形转动时，其投影成谐波变化，所以每当矢量 $\boldsymbol{A}$ 扫过 2π 角，运动就会出现重复。

振动重复一次所需要的时间间隔称为振动周期 T。在简谐振动的情况下，每经过一个周期，相位就增加 2π，因此$[\omega_n(t+T)+\varphi]-(\omega_n t+\varphi)=2\pi$，故有

$$T=\frac{2\pi}{\omega_n} \tag{2.1-8}$$

实际上，T 代表发生一次完整运动所需要的时间，周期通常以 s 计。在单位时间内振动重复的次数，称为振动频率 f，有

$$f=\frac{1}{T}=\frac{\omega_n}{2\pi}=\frac{1}{2\pi}\sqrt{\frac{k}{m}} \tag{2.1-9}$$

频率的单位为次/s，称为 Hz。

物体偏离平衡状态后，在恢复力作用下进行的振动即自由振动。固有频率就是振动系统自由振动时的圆频率。

用初始条件来表示二阶常系数线性齐次常微分方程的积分常数。设在初瞬时 $t=0$，物体有初位移 $x=x_0$ 与初速度 $\dot{x}=\dot{x}_0$，则代入式(2.1-4)及其一阶导数，不难证明振动系统对初始条件 x_0，$\dot{x}_0$ 的响应为

$$x(t)=x_0\cos\omega_n t+\frac{\dot{x}_0}{\omega_n}\sin\omega_n t \tag{2.1-10}$$

比较方程(2.1-4)和式(2.1-10)，并利用方程(2.1-6)可以得到振幅 A 和相角 φ 的值。

$$A=\sqrt{x_0^2+\left(\frac{\dot{x}_0}{\omega_n}\right)^2},\quad ①\ \phi=\arctan\frac{\dot{x}_0}{\omega_n x_0}\quad 或\quad ②\ \varphi=\arctan\frac{\omega_n x_0}{\dot{x}_0} \tag{2.1-11}$$

由前述可知，简谐振动的振幅与初相角，随初始条件的不同而改变；而振动频率和周期，则唯一地决定于振动系统参数，与初始条件无关，它们是振动系统的固有特征。

以上分析了物体沿水平方向进行的振动，物体在静平衡位置时，弹簧无变形。现在来看由弹簧悬挂的物体（图 2.1-3）沿铅垂方向的振动。

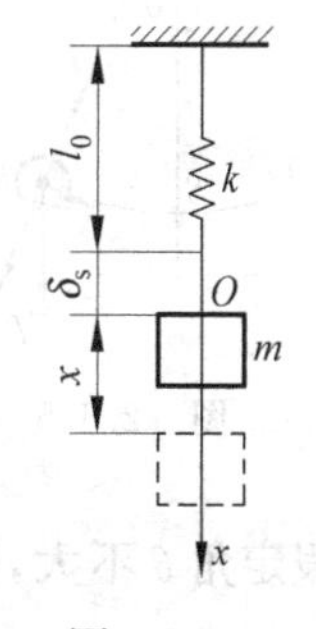

图　2.1-3

当振动系统为静平衡时，弹簧在重力 mg 的作用下将有静伸长

$$\delta_s=\frac{mg}{k} \tag{2.1-12}$$

取铅垂坐标轴 x，以静平衡位置为原点 O，向下为正，在物体从静平衡位置离开 x 时，弹簧将有伸长 δ_s+x（其中 x 是代数值，向下为正，向上为负），它作用于物体的力等于 $-k(\delta_s+x)$。在重力与弹簧力的作用下，物体的运动微分方程为

$$m\ddot{x}=mg-k(\delta_s+x) \tag{2.1-13}$$

因为 $mg=k\delta_s$，上式仍可简化为 $m\ddot{x}=-kx$，即式(2.1-1)。可见前面关于物体沿光滑平面运动的讨论，同样适用于对物体沿铅垂方向的振动，只要取物体的静平衡位置为坐标原点。

从弹簧的静变形可以方便地计算出振动系统的固有频率。因为由式(2.1-12)有 $\frac{k}{m}=\frac{g}{\delta_s}$,代入方程(2.1-2),得

$$\omega_n=\sqrt{\frac{g}{\delta_s}} \tag{2.1-14}$$

例 2.1-1 均匀悬臂梁长为 l,弯曲刚度为 EJ,重量不计,自由端附有重为 $P=mg$ 的物体,如图 2.1-4 所示。试写出物体的振动微分方程,并求出频率。

解:由材料力学知,在物体重力的作用下,梁的自由端将有静挠度

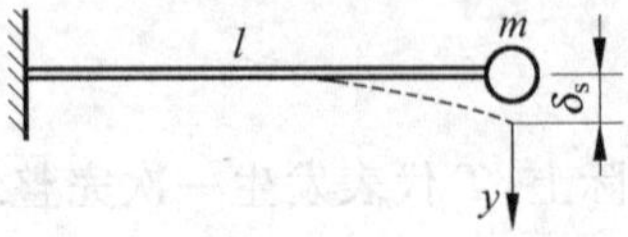

$$\delta_s=\frac{Pl^3}{3EJ}$$

图 2.1-4

这里,悬臂梁起着弹簧的作用,自由端产生单位静变形所需要的力就是梁的弹簧系数

$$k=\frac{P}{\delta_s}=\frac{3EJ}{l^3}$$

梁端物体的振动微分方程为

$$m\ddot{y}=-\frac{3EJ}{l^3}y$$

即

$$\ddot{y}+\frac{3EJ}{ml^3}y=0$$

则频率为

$$f=\frac{1}{2\pi}\sqrt{\frac{3EJ}{ml^3}}$$

例 2.1-2 可绕水平轴转动的细长杆,下端附有重锤(直杆的重量和锤的体积都可以不计),组成单摆,也称数学摆。杆长为 l,锤重为 $P=mg$,试求摆的运动微分方程及周期。

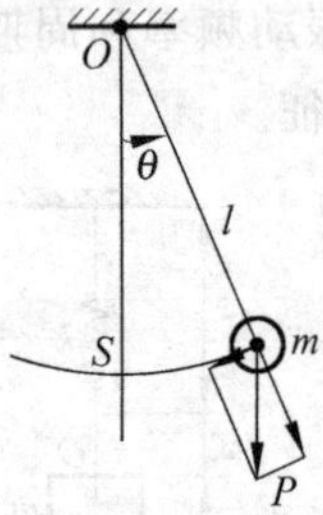

图 2.1-5

解:如图 2.1-5 所示的摆的铅垂位置 OS 是静平衡位置。当摆从该位置偏离 θ 角时,重力分量(切向)$P\sin\theta$ 力图使摆回到静平衡位置。这里重力起着弹簧作用。

取偏角 θ 为坐标。从平衡位置出发,以逆时针方向为正,锤的切向加速度为 $l\ddot{\theta}$,故有运动微分方程为

$$ml^2\ddot{\theta}=-mgl\sin\theta$$

假定角 θ 不大,可令 $\sin\theta\approx\theta$,则上式简化为

$$\ddot{\theta}+\frac{g}{l}\theta=0$$

故

$$\omega_n^2=\frac{g}{l}$$

则振动周期为

$$T=\frac{2\pi}{\omega_{\mathrm{n}}}=2\pi\sqrt{\frac{l}{g}}$$

例 2.1-3　可绕水平轴摆动的物体，称为复摆（也称为物理摆）。设物体的质量为 m，对轴 O 的转动惯量为 I，重心 G 至轴 O 的距离为 s，如图 2.1-6 所示，求复摆微幅振动的微分方程及振动周期。

解：取偏角 θ 为坐标，以逆时针方向为正，复摆绕定轴转动的微分方程可列为

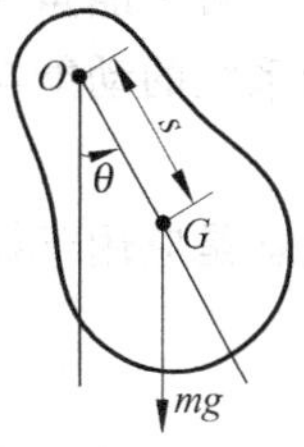

$$I\ddot{\theta}=-mgs\sin\theta$$

假定角 θ 不大，可令 $\sin\theta\approx\theta$，则上式简化为

$$\ddot{\theta}+\frac{mgs}{I}\theta=0$$

图　2.1-6

这就是振动微分方程，故

$$\omega_{\mathrm{n}}=\sqrt{\frac{mgs}{I}}$$

则振动周期为

$$T=\frac{2\pi}{\omega_{\mathrm{n}}}=2\pi\sqrt{\frac{I}{mgs}}$$

计算形状复杂的机器部件的转动惯量相当困难，上式提供了用试验确定 I 的一个方法：设物体的重量 mg 与距离 s 均已知，并由实测定出振动周期 T，就容易算出转动惯量 I。

例 2.1-4　铅垂圆轴，上端固定，下端装有水平圆盘，组成扭摆，如图 2.1-7 所示。设有力矩使圆盘及圆轴下端绕铅垂轴转过某一角度 θ 后突然释放，则圆盘将在水平面内进行扭转振动。已知圆轴的扭转弹簧系数（使轴的下端产生单位转角所需的扭矩）为 k（N·m/rad），质量不计，圆盘对转轴的转动惯量为 I，求扭摆的振动微分方程及周期与频率。

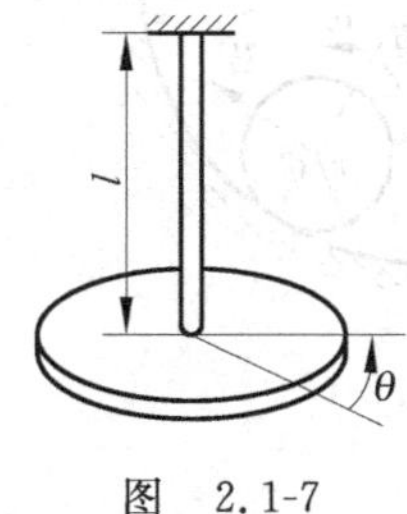

图　2.1-7

解：设 θ 为圆盘相对于静平衡位置的角坐标。作用在圆盘上的恢复扭矩为 $M=-k\theta$，式中负号表示恢复扭矩的符号恒与扭角的符号相反，根据刚体绕定轴转动微分方程，有

$$I\ddot{\theta}=-k\theta$$

或

$$\ddot{\theta}+\frac{k}{I}\theta=0$$

故

$$\omega_{\mathrm{n}}=\sqrt{\frac{k}{I}}$$

可见扭摆的自由振动也是简谐振动，其周期与频率分别为

$$T=\frac{2\pi}{\omega_{\mathrm{n}}}=2\pi\sqrt{\frac{I}{k}}$$

$$f=\frac{\omega_{\mathrm{n}}}{2\pi}=\frac{1}{2\pi}\sqrt{\frac{k}{I}}$$

2.2 能量法

对于能量无耗散的振动系统,在自由振动时系统的机械能守恒。令 T 与 U 分别代表振动系统的动能与势能,有

$$T+U=\text{常数} \tag{2.2-1}$$

这就是应用于振动系统的能量守恒原理。对时间求导,得

$$\frac{\mathrm{d}}{\mathrm{d}t}(T+U)=0 \tag{2.2-2}$$

以具体振动系统的能量表达式代入上式,化简后即可得出描述振动系统自由振动的微分方程。

如果取平衡位置为势能零点,根据自由振动的特点,系统在平衡位置时,系统的势能为零,其动能的极大值 $T_{\max}$ 就是全部机械能,而在振动系统的极端位置时,系统的动能为零,其势能的极大值 $U_{\max}$ 等于其全部的机械能。由机械能守恒定律,有

$$T_{\max}=U_{\max} \tag{2.2-3}$$

只要振动系统的自由振动是简谐振动,则由方程(2.2-3)可以直接得出系统的固有频率。不需要列出振动微分方程。

例 2.2-1 有一个重量为 W,半径为 r 的实心圆柱体,在半径为 R 的圆柱形面上无滑动地滚动,如图 2.2-1 所示。假设该滚动的圆柱体进行简谐运动,试求它绕平衡位置作微小摆动时的固有频率 ω_n。

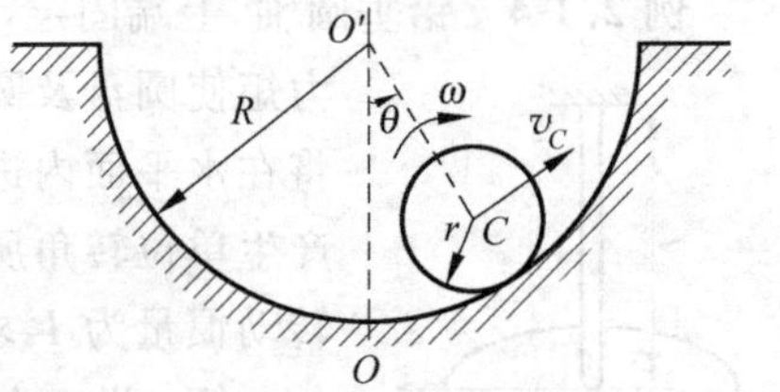

图 2.2-1

解:圆柱体在摆动时有两种运动:移动和滚动。设 θ 坐标如图 2.2-1 所示。

摆动时圆柱体中心 C 点的速度及圆柱体的角速度分别为

$$v_C=(R-r)\dot{\theta},\quad \omega=\left(\frac{R-r}{r}\right)\dot{\theta}$$

系统的动能 T 为

$$\begin{aligned}T&=\frac{1}{2}mv_C^2+\frac{1}{2}I_C\omega^2=\frac{1}{2}\frac{W}{g}(R-r)^2\dot{\theta}^2+\frac{1}{2}\left(\frac{1}{2}\frac{W}{g}r^2\right)\left(\frac{R-r}{r}\right)^2\dot{\theta}^2\\&=\frac{3}{4}\frac{W}{g}(R-r)^2\dot{\theta}^2\end{aligned}$$

圆柱体的势能为相对于最低位置 O 的重力势能。若选圆柱体中心 C 在运动过程中的最低点为零势能点,则系统的势能为

$$U=W(R-r)(1-\cos\theta)=2W(R-r)\sin^2\left(\frac{\theta}{2}\right)$$

当圆柱体作微摆动时,$\sin\left(\frac{\theta}{2}\right)\approx\frac{\theta}{2}$,因此系统的势能为

$$U=\frac{1}{2}W(R-r)\theta^2$$

由式(2.2-2)，有

$$\frac{\mathrm{d}}{\mathrm{d}t}(T+U)=\frac{\mathrm{d}}{\mathrm{d}t}\left[\frac{3}{4}\frac{W}{g}(R-r)^2\dot{\theta}^2+\frac{1}{2}W(R-r)\theta^2\right]$$

$$=\frac{3}{2}\frac{W}{g}(R-r)^2\dot{\theta}\ddot{\theta}+W(R-r)\theta\dot{\theta}=0$$

上式可以简化为

$$\ddot{\theta}+\frac{2g}{3(R-r)}\theta=0$$

故系统固有频率为

$$\omega_{\mathrm{n}}=\sqrt{\frac{2g}{3(R-r)}}$$

系统的固有频率也可以用 $T_{\max}=U_{\max}$ 来计算，设系统作自由振动时的变化规律为

$$\theta=A\sin(\omega_{\mathrm{n}}t+\varphi)$$

则系统的最大动能为

$$T_{\max}=\frac{3}{4}\frac{W}{g}(R-r)^2\omega_{\mathrm{n}}^2A^2$$

系统的最大势能为

$$U_{\max}=\frac{1}{2}W(R-r)A^2$$

则得固有频率 ω_{n} 同前。

例 2.2-2　细杆 OA 可绕水平轴 O 转动，如图 2.2-2 所示，在静平衡时成水平。杆端锤的质量为 m，杆与弹簧的质量均可略去不计，求自由振动的微分方程及周期。

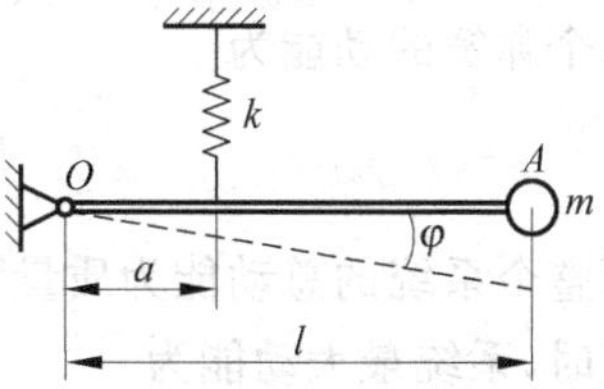

解：在杆有微小偏角 φ 时，弹簧的伸长以及锤的位移与速度可以近似地表示为 $a\varphi$，$l\varphi$ 与 $l\dot{\varphi}$。故振动系统的动能与势能可以表示为

图　2.2-2

$$T=\frac{1}{2}m(l\dot{\varphi})^2,\quad U=\frac{1}{2}k(a\varphi)^2$$

$\left(\text{平衡位置为零势能点}, U=\frac{1}{2}k(\delta_1^2-\delta_2^2)-mgl\varphi, \delta_1=a\varphi+\delta_s, \delta_2=\delta_s, \text{平衡时 } k\delta_s a=mgl\text{。}\right)$

代入方程(2.2-2)有

$$\frac{\mathrm{d}}{\mathrm{d}t}\left[\frac{1}{2}ml^2\dot{\varphi}^2+\frac{1}{2}k(a\varphi)^2\right]=0$$

由此可得

$$\ddot{\varphi}+\frac{k}{m}\left(\frac{a}{l}\right)^2\varphi=0$$

固有频率为

$$\omega_{\mathrm{n}}=\frac{a}{l}\sqrt{\frac{k}{m}}$$

周期为

$$T=\frac{2\pi l}{a}\sqrt{\frac{m}{k}}$$

2.3 瑞利法

在前面的讨论中,都假设弹簧总的质量是可以忽略不计的。这样的简化,在许多实际问题中可能已经足够准确了。但在有一些工程问题中弹簧本身的质量可能占系统总质量的一定比例,因此不能被忽略。如果忽略这部分弹簧的质量,将会导致计算出来的固有频率偏高。如何考虑弹簧本身的质量,以确定其对振动频率的影响,瑞利(Rayleigh)提出了一种近似方法,它运用能量原理,把一个分布质量系统简化为一个单自由度系统,从而把弹簧分布质量对系统频率的影响考虑进去,得到相对准确的固有频率值。

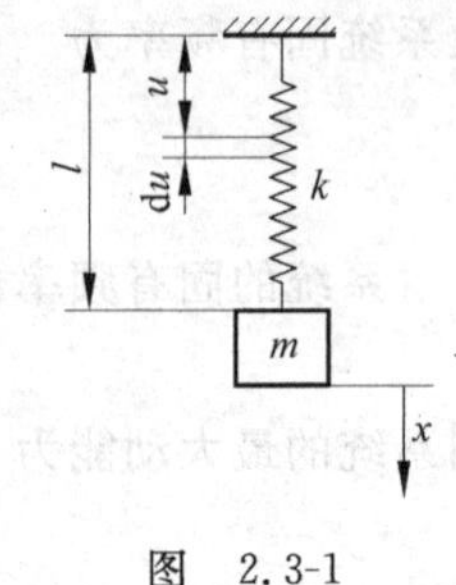

图 2.3-1

现以图 2.3-1 所示的质量-弹簧系统为例说明瑞利法的应用。在应用瑞利法时,必须先假设一个系统的振动形式,设弹簧在振动过程中变形是均匀的,即弹簧在连接质量块的一端位移为 x,弹簧(处于平衡位置时)轴向长度为 l,则距固定端 u 处的位移为$\frac{u}{l}x$。因此,当质量块 m 在某一瞬时的速度为 $\dot{x}$ 时,弹簧在 u 处的微段 $\mathrm{d}u$ 的相应速度为$\frac{u}{l}\dot{x}$。

设 ρ 为弹簧单位长度的质量,则弹簧微段 $\mathrm{d}u$ 的动能为

$$\frac{1}{2}\rho\left(\frac{u\dot{x}}{l}\right)^2\mathrm{d}u$$

整个弹簧的动能为

$$T=\frac{1}{2}\rho\int_0^l\left(\frac{u\dot{x}}{l}\right)^2\mathrm{d}u=\frac{1}{2}\frac{\rho l}{3}\dot{x}^2 \tag{2.3-1}$$

而整个系统的总动能为质量块 m 的动能与弹簧质量的动能之和。在质量块经过静平衡位置时,系统最大动能为

$$T_{\max}=\frac{1}{2}m\dot{x}_{\max}^2+\frac{1}{2}\frac{\rho l}{3}\dot{x}_{\max}^2=\frac{1}{2}\left(m+\frac{\rho l}{3}\right)\dot{x}_{\max}^2 \tag{2.3-2}$$

系统的势能将仍和忽略弹簧质量时一样为

$$U_{\max}=\frac{1}{2}kx_{\max}^2 \tag{2.3-3}$$

由 $T_{\max}=U_{\max}$可得

$$\frac{1}{2}\left(m+\frac{\rho l}{3}\right)\dot{x}_{\max}^2=\frac{1}{2}kx_{\max}^2 \tag{2.3-4}$$

对于简谐振动,$x=A\sin(\omega_n t+\varphi)$,$x_{\max}=A$,$\dot{x}_{\max}=\omega_n A$,代入得

$$\omega_n=\sqrt{\frac{k}{m+\rho l/3}} \tag{2.3-5}$$

式中,ρl 为弹簧的总质量。可见弹簧质量对于频率的影响相当于在质量 m 上再加 1/3 弹簧质量的等值质量,这样就可以把弹簧质量对系统的固有频率的影响考虑进去。

应用瑞利法求解系统自由振动的固有频率时,所假定的振动形式越接近实际的振动形式,所得近似值就越接近准确解。实践证明,以静变形作为假定的振动形式,所得近似解与

准确解比较，一般来说误差是很小的。

例 2.3-1　设一均质等截面简支梁，如图 2.3-2 所示，在中间有一集中质量 m，如把梁本身质量考虑在内，试计算此系统的固有频率和梁的等效质量。

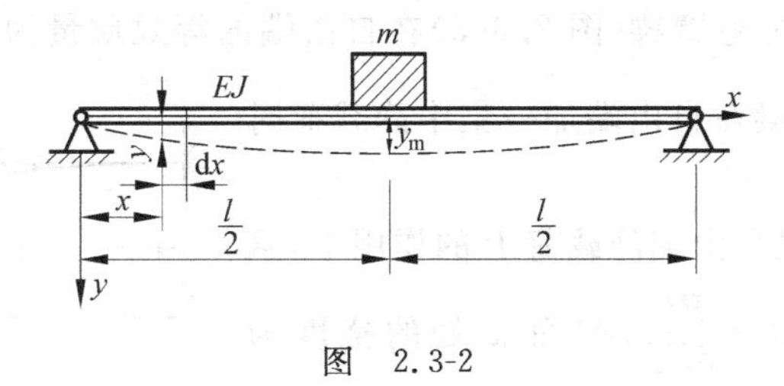

图　2.3-2

解：假定梁在自由振动时动挠度曲线和简支梁中间有集中静载荷 mg 作用下的静挠度曲线一样。由材料力学可知，位于距支座距离 x 处的任一单元的位移表达式为

$$y = \frac{mg}{48EJ}(3l^2x - 4x^3) = y_m \frac{3l^2x - 4x^3}{l^3}$$

式中，y_m 为中点挠度。根据材料力学有

$$y_m = \frac{mgl^3}{48EJ}$$

设 ρ 为梁单位长度的质量，整个梁的动能为

$$T = 2\int_0^{\frac{l}{2}} \frac{1}{2}\rho\left(\dot{y}_m \frac{3l^2x - 4x^3}{l^3}\right)^2 \mathrm{d}x = \frac{1}{2}\left(\frac{17}{35}\rho l\right)\dot{y}_m^2$$

可见梁的等效质量为

$$m_{eq} = \frac{17}{35}\rho l$$

因为是简谐振动，设

$$y_m = A\sin(\omega_n t + \varphi)$$

则

$$\dot{y}_m = A\omega_n\cos(\omega_n t + \varphi)$$

$$\dot{y} = \dot{y}_m \frac{3l^2x - 4x^3}{l^3}$$

系统的最大总动能为

$$T_{max} = \frac{1}{2}\left(m + \frac{17}{35}\rho l\right)\dot{y}_{max}^2 = \frac{1}{2}\left(m + \frac{17}{35}\rho l\right)A^2\omega_n^2$$

而梁的最大弹性势能仍为

$$U_{max} = \frac{1}{2}ky_{max}^2 = \frac{1}{2}kA^2$$

由 $T_{max} = U_{max}$ 得

$$\frac{1}{2}\left(m + \frac{17}{35}\rho l\right)A^2\omega_n^2 = \frac{1}{2}kA^2$$

得

$$\omega_n = \sqrt{\frac{k}{m + (17/35)\rho l}}$$

式中,k 为梁的弹簧刚度,对于简支梁带有中间集中质量时

$$k=\frac{48EJ}{l^3}$$

下面证明一个等截面悬臂梁(图 2.3-3)在自由端的等效质量为$\frac{33}{140}\rho l$。假定梁自由振动时的振动形式和悬臂梁在自由端加一集中静载荷时的静挠度曲线一样。

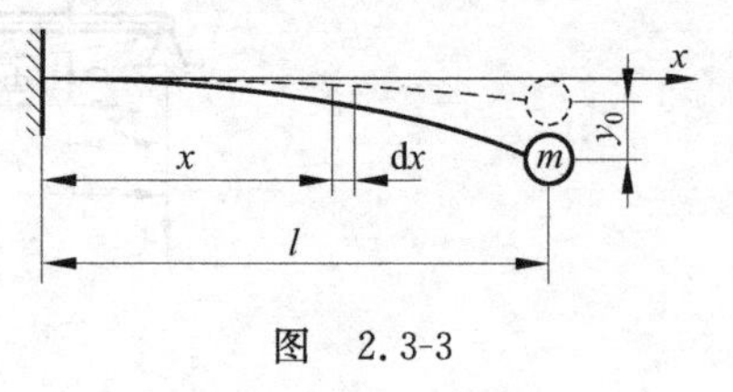

图 2.3-3

由材料力学知,在梁自由端静载荷 P 的作用下,悬臂梁自由端的挠度为 $\delta=\frac{Pl^3}{3EJ}$,截面 x 处的挠度为 $\left(\frac{3lx^2-x^3}{2l^3}\right)\delta$。

假定在自由振动中,梁各点的振幅仍近似地按比例,即设

$$y(x)=\left(\frac{3lx^2-x^3}{2l^3}\right)y_0$$

式中,y_0 为梁自由端的振幅。设质量 m 的自由振动可表示为$y_0\sin\omega_n t$,而梁的振动可表示为

$$y(x,t)=y(x)\sin\omega_n t$$

全梁动能的最大值为

$$T_{\max}=\frac{1}{2}\rho\omega_n^2\int_0^l y^2(x)\mathrm{d}x=\frac{1}{2}\rho\omega_n^2\left(\frac{y_0}{2l^3}\right)^2\int_0^l(3lx^2-x^3)^2\mathrm{d}x=\frac{1}{2}\ \frac{33}{140}\rho l\omega_n^2y_0^2$$

故整个系统动能的最大值为

$$T_{\max}=\frac{1}{2}\left(m+\frac{33}{140}\rho l\right)\omega_n^2y_0^2$$

而系统势能的最大值为

$$U_{\max}=\frac{1}{2}ky_0^2=\frac{1}{2}\ \frac{3EJ}{l^3}y_0^2$$

由 $T_{\max}=U_{\max}$可得

$$\omega_n^2=\frac{3EJ/l^3}{m+(33/140)\rho l}$$

2.4 等效刚度系数

弹簧刚度系数就是使弹簧产生单位变形所需要的力或力矩。任何弹性体都可以看成弹簧。根据定义,设指定方向的位移为 x,在该方向所要施加的力为 F,则等效刚度系数为

$$k=\frac{F}{x}\tag{2.4-1}$$

同一弹性元件,根据所要研究的振动方向不同,弹簧刚度系数亦不同。以一端固定的等直物体为例(图 2.4-1)说明等效刚度系数的确定。

设此等直物体长为 l,截面积为 A,截面惯性矩为 J,截面极惯性矩为J_ρ,材料弹性模量

为 E，剪切弹性模量为 G。设 Oxy 坐标如图 2.4-1 所示。试确定自由端 B 处在 x 方向、y 方向和绕 x 轴转动方向的刚度系数。

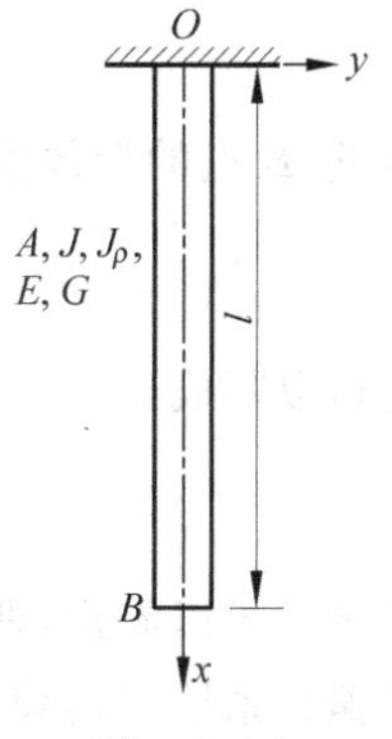

图 2.4-1

确定沿 x 方向的刚度时，在 B 处沿 x 方向施加一垂直力 F。根据材料力学知，B 点在 x 方向的位移为

$$x_B = \frac{Fl}{EA}$$

B 点在 x 方向的刚度系数为

$$k_x = \frac{F}{x_B} = \frac{EA}{l}$$

常称这种刚度为杆的拉压刚度。

确定沿 y 方向的刚度时，在 B 点沿 y 方向施加一横向力 P。这时等直物体作弯曲变形，根据材料力学知，B 点沿 y 方向的位移为

$$y_B = \frac{Pl^3}{3EJ}$$

B 点沿 y 方向的刚度系数为

$$k_y = \frac{P}{y_B} = \frac{3EJ}{l^3}$$

常称这种刚度为梁的弯曲刚度。

确定绕 x 轴转动方向的刚度时，需要在 B 端绕 x 轴转动方向施加一扭矩 M。这时等直物体作转扭运动，产生扭角 θ。根据材料力学知，B 点沿 x 轴的扭角为

$$\theta_B = \frac{Ml}{GJ_\rho}$$

B 点绕 x 轴转动方向的刚度系数为

$$k_\theta = \frac{M}{\theta_B} = \frac{GJ_\rho}{l}$$

常称这种刚度为轴的扭转刚度。

同样，对于螺旋弹簧，在承受轴向拉伸或压缩、扭转与弯曲变形时，刚度系数分别为

$$k = \frac{Gd^4}{8nD^3}, \quad k = \frac{Ed^4}{64nD}, \quad k = \frac{Ed^4}{32nD}\left(\frac{1}{1+E/2G}\right)$$

式中，E 为弹性模量；G 为剪切模量；d，D 分别为簧丝、簧圈直径；n 为弹簧有效圈数。

工程中用到的弹簧类型很多，计算时需要用到其刚度系数，一般可以根据等效刚度系数的推证方法加以推导。

在振动系统中常常不是单独使用一个弹性元件，而是串联或并联几个弹性元件加以使用。这时需要把组合的弹簧系统折算成一个“等效”的弹簧，其等效弹簧的刚度应该和原来的组合弹簧系统的刚度相等，即等效刚度。

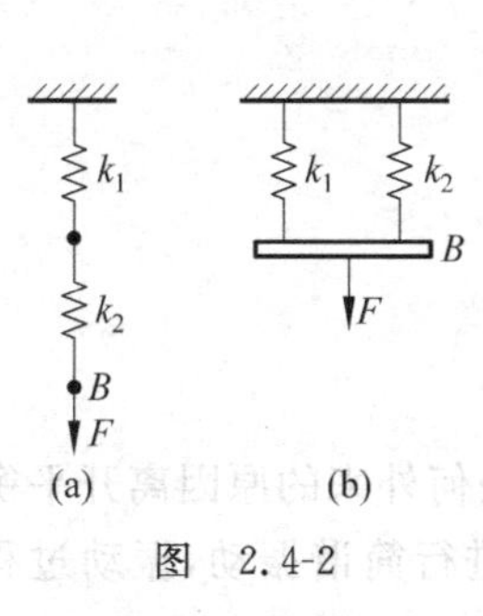

图 2.4-2

下面以两个串联和并联的弹簧为例，说明组合弹簧系统的等效刚度的计算方法。

图 2.4-2(a)所示是两个串联弹簧，刚度系数分别为 k_1 和 k_2，求 B 端垂直方向的刚度时，在 B 端加一垂直力，每个弹簧都被拉伸，伸长分别为$\frac{F}{k_1}$和$\frac{F}{k_2}$。B 点的位移为两个弹簧的总伸长，即

$$x_B = \frac{F}{k_1} + \frac{F}{k_2}$$

由此,B 点的等效刚度系数为

$$k = \frac{F}{x_B} = \frac{k_1 k_2}{k_1 + k_2}$$

也可以写成

$$\frac{1}{k} = \frac{1}{k_1} + \frac{1}{k_2}$$

从上式可以看出,两个串联弹簧的等效刚度比原来两个弹簧的刚度都要小,也就是说,串联弹簧使系统中的弹簧刚度降低。

如果有 n 个弹簧串联,刚度系数分别为 $k_1, k_2, \cdots, k_n$,则等效刚度系数 k 应满足关系式

$$\frac{1}{k} = \frac{1}{k_1} + \frac{1}{k_2} + \cdots + \frac{1}{k_n} = \sum_{i=1}^{n} \frac{1}{k_i} \tag{2.4-2}$$

图 2.4-2(b)所示是两个并联弹簧,连接两弹簧的刚性杆在弹簧变形过程中保持水平。求 B 端垂直方向的刚度时,在 B 端加垂直力 F。这时两个弹簧均伸长 x_B。但两个弹簧所受的力不相等,分别为 $k_1 x_B$ 和 $k_2 x_B$。根据静力平衡条件得

$$F = k_1 x_B + k_2 x_B$$

所以 B 点的等效刚度为

$$k = \frac{F}{x_B} = k_1 + k_2$$

可见并联弹簧系统的刚度是原来弹簧刚度的总和,比原来各弹簧的刚度都要大。

如果有 n 个弹簧并联,其弹簧刚度系数分别为 $k_1, k_2, \cdots, k_n$,则等效刚度系数为

$$k = k_1 + k_2 + \cdots + k_n = \sum_{i=1}^{n} k_i \tag{2.4-3}$$

弹簧的并联与串联,不能按表面形式来划分,应从力的分析来判断。例如图 2.4-3(a)与(b)中的弹簧为串联,而图 2.4-3(c)与(d)中的弹簧则属于并联。

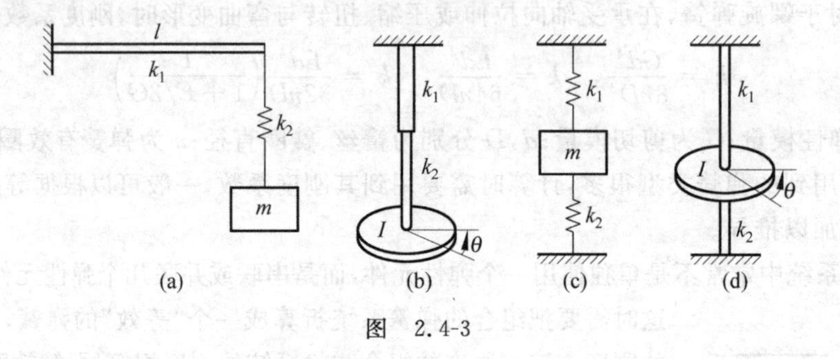

图 2.4-3

2.5 有阻尼系统的自由振动

在前面所述的自由振动中,忽略了运动的阻力,假定物体由于任何外来的原因离开平衡位置后,只受到恢复力的作用,物体将在平衡位置附近按固有频率进行简谐振动,振动过程

中机械能守恒，系统保持持久的等幅运动。这样的结论显然与实际不符，实际系统振动时不可避免地存在着阻力，因而在一定时间内振动将逐渐衰减而停止。

阻力可能来自多方面。例如，两物体之间在润滑表面或干燥表面上相对滑动时的阻力；物体在磁场或流体中运动所遇到的阻力；以及由于材料的黏弹性产生的内部阻力等。在振动中，这些阻力统称为阻尼。

不同的阻尼具有不同的性质。两个干燥的平滑接触面之间的摩擦力 F，与两个面之间的垂直正压力 N 成正比，即

$$F = \mu N \tag{2.5-1}$$

式中，μ 为摩擦系数，如果两个接触面是粗糙的，则摩擦系数 μ 与速度有关，速度越快 μ 越小。

若两接触面之间有润滑剂，摩擦力则取决于润滑剂的"黏性"和运动的速度。两个相对滑动面之间有一层连续的油膜存在时，阻力与润滑剂的黏性和速度成正比，与速度的方向相反，即

$$F = -cv \tag{2.5-2}$$

式中，c 为黏性阻尼系数，它取决于运动物体的形状、尺寸及润滑剂介质的黏性。黏性阻尼由于与速度成正比，又称线性阻尼。

结构材料本身的内摩擦引起的阻力，称为结构阻尼。在完全弹性材料内，应变与应力的相位相同，所以在反复受力过程中没有能量损失。而在黏弹性材料内，应变滞后于应力，有相位差，所以在反复受力过程中形成滞后回线，因此要耗散能量，而成为振动的阻尼。

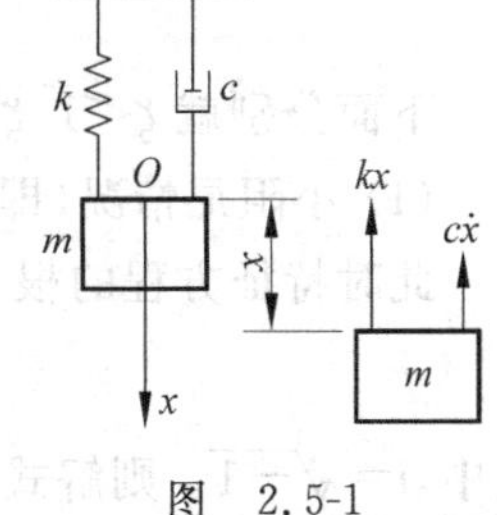

图　2.5-1

阻尼的存在将消耗振动系统的能量，消耗的能量转变成热能和声能(噪声)传出去。在自由振动中，能量的消耗导致系统振幅的逐渐减小而最终使振动停止。

下面讨论黏性阻尼的衰减振动。图 2.5-1 表示有黏性阻尼的振动系统，黏性阻尼系数以 c 表示，单位为 N·s/m。取铅垂向下为坐标轴 x，以物体的静平衡位置 O 为原点，向下为正。由牛顿运动定律有

$$m\ddot{x} = -c\dot{x} - kx \tag{2.5-3a}$$

或

$$\ddot{x} + \frac{c}{m}\dot{x} + \frac{k}{m}x = 0 \tag{2.5-3b}$$

这就是有黏性阻尼振动系统的自由振动微分方程。为了求解，设

$$x = e^{st} \tag{2.5-4}$$

式中，s 为待定常数，代入式(2.5-3)，可得

$$\left(s^2 + \frac{c}{m}s + \frac{k}{m}\right)e^{st} = 0 \tag{2.5-5}$$

可见式(2.5-5)满足式(2.5-3)，亦即式(2.5-5)是式(2.5-3)的解，只要有

$$s^2 + \frac{c}{m}s + \frac{k}{m} = 0 \tag{2.5-6}$$

这个代数方程称为方程(2.5-3)的特征方程，有两个根 s_1 和 s_2，为

$$s_{1,2}=-\frac{c}{2m}\pm\sqrt{\left(\frac{c}{2m}\right)^2-\frac{k}{m}} \tag{2.5-7}$$

于是微分方程(2.5-3)的通解为

$$x=B_1\mathrm{e}^{s_1t}+B_2\mathrm{e}^{s_2t} \tag{2.5-8}$$

式中，B_1 和 B_2 为任意常数，决定于运动的初始条件。

解式(2.5-8)的性质取决于根 s_1 与 s_2 的性质。由式(2.5-7)可见，随着阻尼系数的大小不同，根号内的项可以大于、等于或小于零，因而根 s_1 与 s_2 可以是实根、复根或虚根。使式(2.5-7)根号内的项等于零，亦即 s_1 与 s_2 为等值时的阻尼系数值，称为临界阻尼系数，记为 c_c，即

$$c_c=2m\sqrt{\frac{k}{m}}=2m\omega_n=2\sqrt{km} \tag{2.5-9}$$

式中，ω_n 为无阻尼时振动系统的固有频率，引进阻尼比 ζ(或称相对阻尼系数)

$$\zeta=\frac{c}{c_c}=\frac{c}{2\sqrt{km}}=\frac{c}{2m\omega_n} \tag{2.5-10}$$

式中，ζ 为一无量纲的量。

引进 ζ 以后，微分方程(2.5-3)和特征方程(2.5-6)可以改写为

$$\ddot{x}+2\zeta\omega_n\dot{x}+\omega_n^2x=0 \tag{2.5-11}$$

$$s^2+2\zeta\omega_ns+\omega_n^2=0 \tag{2.5-12}$$

则特征方程的根为

$$s_{1,2}=(-\zeta\pm\sqrt{\zeta^2-1})\omega_n \tag{2.5-13}$$

下面分别就 $\zeta<1$，$\zeta=1$ 及 $\zeta>1$ 的三种情况讨论解式(2.5-8)的性质。

(1) 小阻尼情况(即 $\zeta<1$，$c<c_c$)

此时特征方程的根 $s_{1,2}$ 为

$$s_{1,2}=-\zeta\omega_n\pm\mathrm{i}\sqrt{1-\zeta^2}\,\omega_n \tag{2.5-14}$$

式中，$\mathrm{i}=\sqrt{-1}$。则解式(2.5-8)为

$$x=\mathrm{e}^{-\zeta\omega_nt}(B_1\mathrm{e}^{\mathrm{i}\sqrt{1-\zeta^2}\omega_nt}+B_2\mathrm{e}^{-\mathrm{i}\sqrt{1-\zeta^2}\omega_nt}) \tag{2.5-15}$$

令

$$\omega_d=\sqrt{1-\zeta^2}\,\omega_n \tag{2.5-16}$$

式中，ω_d 通常称为有阻尼自由振动的圆频率。

设在 $t=0$ 时，有 $x=x_0$，$\dot{x}=\dot{x}_0$，则代入解式(2.5-15)及其导数中，有

$$\dot{x}=-\zeta\omega_n\mathrm{e}^{-\zeta\omega_nt}(B_1\mathrm{e}^{\mathrm{i}\omega_dt}+B_2\mathrm{e}^{-\mathrm{i}\omega_dt})+\mathrm{e}^{-\zeta\omega_nt}[\mathrm{i}\omega_d(B_1\mathrm{e}^{\mathrm{i}\omega_dt}-B_2\mathrm{e}^{-\mathrm{i}\omega_dt})]$$

在 $t=0$ 时有

$$x_0=B_1+B_2,\quad \dot{x}_0=-\zeta\omega_n(B_1+B_2)+\mathrm{i}\omega_d(B_1-B_2)$$

解得

$$B_1=\frac{\dot{x}_0+(\zeta\omega_n+\mathrm{i}\omega_d)x_0}{\mathrm{i}2\omega_d},\quad B_2=\frac{-\dot{x}_0+(-\zeta\omega_n+\mathrm{i}\omega_d)x_0}{\mathrm{i}2\omega_d}$$

将 B_1 与 B_2 代入式(2.5-15)即得系统对于初始条件 x_0 与 $\dot{x}_0$ 的响应。

根据欧拉公式 $\mathrm{e}^{\pm\mathrm{i}\omega_dt}=\cos\omega_dt\pm\mathrm{i}\sin\omega_dt$，则式(2.5-15)可以简化为

$$x = e^{-\zeta\omega_n t}(A_1\cos\omega_d t + A_2\sin\omega_d t) \tag{2.5-17}$$

式中，$A_1=B_1+B_2$，$A_2=i(B_1-B_2)$，为待定常数，仍取决于初始条件。

设在 $t=0$ 时，有 $x=x_0$，$\dot{x}=\dot{x}_0$，则代入解式(2.5-17)及其导数，得

$$\dot{x} = -\zeta\omega_n e^{-\zeta\omega_n t}(A_1\cos\omega_d t + A_2\sin\omega_d t) + e^{-\zeta\omega_n t}(-A_1\omega_d\sin\omega_d t + A_2\omega_d\cos\omega_d t)$$

在 $t=0$ 时，有

$$x_0 = A_1,\quad \dot{x}_0 = -\zeta\omega_n A_1 + A_2\omega_d$$

解得

$$A_1 = x_0,\quad A_2 = \frac{\dot{x}_0 + \zeta\omega_n x_0}{\omega_d}$$

将 A_1 与 A_2 代入式(2.5-17)即得系统对于初始条件 x_0 与 $\dot{x}_0$ 的响应。

经过三角函数变换 $A_1=A\sin\varphi$，$A_2=A\cos\varphi$，方程的解式(2.5-17)可以简化为

$$x = Ae^{-\zeta\omega_n t}\sin(\omega_d t + \varphi) \tag{2.5-18}$$

式中，A 与 φ 为待定常数，仍取决于初始条件。

设在 $t=0$ 时，有 $x=x_0$，$\dot{x}=\dot{x}_0$，则代入解式(2.5-18)及其导数，得

$$\dot{x} = Ae^{-\zeta\omega_n t}[\omega_d\cos(\omega_d t+\varphi) - \zeta\omega_n\sin(\omega_d t+\varphi)]$$

在 $t=0$ 时，有

$$x_0 = A\sin\varphi,\quad \dot{x}_0 = A(\omega_d\cos\varphi - \zeta\omega_n\sin\varphi) \quad 或 \quad \frac{\dot{x}_0+\zeta\omega_n x_0}{\omega_d} = A\cos\varphi$$

解得

$$A = \sqrt{x_0^2 + \left(\frac{\dot{x}_0+\zeta\omega_n x_0}{\omega_d}\right)^2},\quad \tan\varphi = \frac{\omega_d x_0}{\dot{x}_0+\zeta\omega_n x_0}$$

将 A 与 φ 代入式(2.5-18)即得系统对于初始条件 x_0 与 $\dot{x}_0$ 的响应。

由解(2.5-18)可见，系统振动已不再是等幅的简谐振动，而是振幅被限制在曲线 $\pm Ae^{-\zeta\omega_n t}$ 之内，随时间不断衰减。当 $t\to\infty$，$x\to 0$，振动最终将消失，所以小阻尼的自由振动也称为衰减振动。图 2.5-2 表示这种衰减振动的响应曲线。

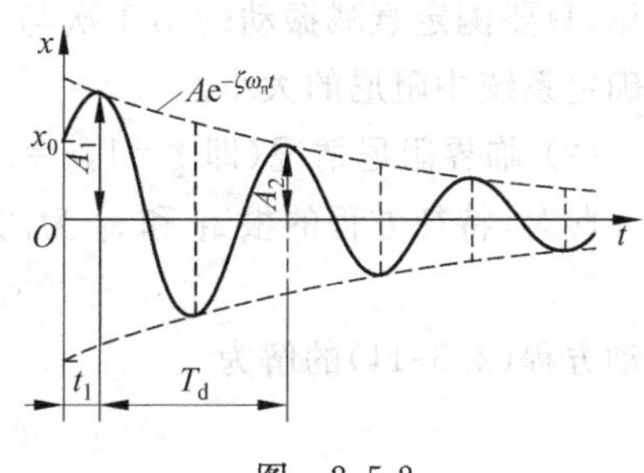

图 2.5-2

阻尼对自由振动的影响有两个方面：

一方面阻尼使系统振动的周期略有增大，频率略有降低，即

$$T_d = \frac{2\pi}{\omega_d} = \frac{2\pi}{\sqrt{1-\zeta^2}\,\omega_n} = \frac{1}{\sqrt{1-\zeta^2}}T \tag{2.5-19}$$

$$f_d = \frac{\omega_d}{2\pi} = \sqrt{1-\zeta^2}\,f \tag{2.5-20}$$

式中，$T=2\pi/\omega_n$ 和 $f=\omega_n/2\pi$ 分别为无阻尼自由振动的周期和频率。

当阻尼比较小(即 $\zeta\ll 1$)时，例如 $\zeta=0.05$ 时，$T_d=1.001\,25T$，与无阻尼的情形比较，只差 0.125%，当 $\zeta=0.3$ 时，$T_d=1.05T$，$f_d=0.95f$，与无阻尼的情形比较，也只差 5%。所以在阻尼比较小时，它对周期和频率的影响可以忽略不计。

另一方面阻尼使系统振动的振幅按几何级数衰减。相邻两个振幅之比为

$$\eta = \frac{A_1}{A_2} = \frac{A\mathrm{e}^{-\zeta\omega_n t_1}}{A\mathrm{e}^{-\zeta\omega_n(t_1+T_d)}} = \mathrm{e}^{\zeta\omega_n T_d} \tag{2.5-21}$$

式中,η 为减幅系数。可见在一个周期内,振幅减缩到初值的 $1/\mathrm{e}^{\zeta\omega_n T_d}$。当 $\zeta=0.05$ 时,$\eta=1.366$,$A_2=A_1/1.366=0.73A_1$,即在每一个周期内振幅减小 27%,振幅按几何级数缩减,衰减是显著的。

为了避免取指数值的不便,常用对数减幅 δ 来代替减幅系数 η,即

$$\delta = \ln\frac{A_1}{A_2} = \ln \mathrm{e}^{\zeta\omega_n T_d} = \zeta\omega_n T_d = \frac{2\pi\zeta}{\sqrt{1-\zeta^2}} \tag{2.5-22}$$

即对数减幅表示为唯一变量 ζ 的函数。同样,相对阻尼系数可以确定为

$$\zeta = \frac{\delta}{\sqrt{(2\pi)^2+\delta^2}} \tag{2.5-23}$$

当 $\zeta \ll 1$ 时

$$\delta \approx 2\pi\zeta \quad 或 \quad \zeta \approx \delta/2\pi \tag{2.5-24}$$

在相继的几次振动中,振幅 $A_1, A_2, \cdots, A_n$ 有如下关系:

$$\frac{A_1}{A_2} = \frac{A_2}{A_3} = \cdots = \frac{A_j}{A_{j+1}} = \mathrm{e}^{\zeta\omega_n T_d} = \mathrm{e}^{\delta}$$

因而

$$\frac{A_1}{A_{j+1}} = \left(\frac{A_1}{A_2}\right)\left(\frac{A_2}{A_3}\right)\cdots\left(\frac{A_j}{A_{j+1}}\right) = \mathrm{e}^{j\delta} \tag{2.5-25}$$

因此对数减幅 δ 可以表示为

$$\delta = \frac{1}{j}\ln\frac{A_1}{A_{j+1}} \tag{2.5-26}$$

可见,只要测定衰减振动的第 1 次与第 $j+1$ 次振动的振幅之比,就可以算出对数减幅 δ,从而确定系统中阻尼的大小。

(2) 临界阻尼情况(即 $\zeta=1, c=c_c$)

此时,特征方程的根 s_1 和 s_2 为两个相等的实根,由式(2.5-13)得

$$s_{1,2} = -\zeta\omega_n = -\omega_n \tag{2.5-27}$$

运动方程(2.5-11)的解为

$$x = (B_1 + B_2 t)\mathrm{e}^{-\zeta\omega_n t} \tag{2.5-28}$$

以初始条件代入,得

$$x = [x_0 + (\dot{x}_0 + \omega_n x_0)t]\mathrm{e}^{-\omega_n t} \tag{2.5-29}$$

它表示按指数规律衰减的响应。图 2.5-3 表示系统在初始位移 x_0 和几种不同初始速度 $\dot{x}_0$ 条件下的响应曲线。这种自由运动不是振动。

(3) 大阻尼情况($\zeta>1, c>c_c$)

此时,特征方程的根 s_1 和 s_2 为两个不等的负实根,即

$$s_{1,2} = (-\zeta \pm \sqrt{\zeta^2-1})\omega_n \tag{2.5-30}$$

则解为

$$x = B_1 \mathrm{e}^{(-\zeta+\sqrt{\zeta^2-1})\omega_n t} + B_2 \mathrm{e}^{(-\zeta-\sqrt{\zeta^2-1})\omega_n t} \tag{2.5-31}$$

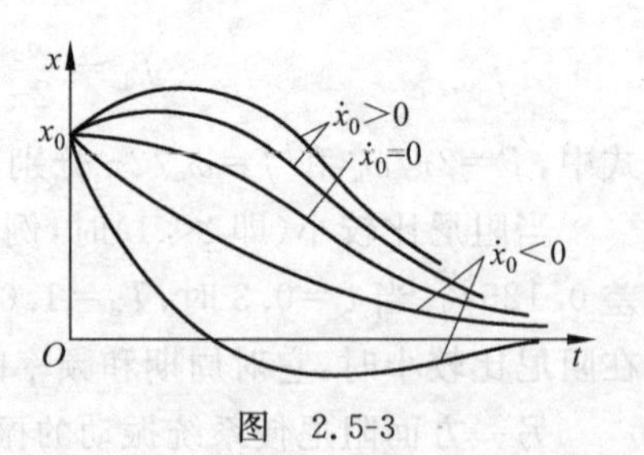

图 2.5-3

上式右端两项的绝对值都随时间 t 按指数规律衰减，它所表示的运动不再是振动，而是一种非周期的运动。图 2.5-4 所示的为此种衰减响应曲线的一种。

从上面讨论的情况可见，系统振动的性质取决于相对阻尼系数 ζ 的值。将式(2.5-13)以 ζ 为参量，在复平面上画出，如图 2.5-5 所示。实轴表示 ζ 值。从图 2.5-5 可见，当 $\zeta=0$ 时，$s_{1,2}=\pm i\omega_n$，是两个虚根，即虚轴上截距为 $\pm\omega_n$ 的对称的两个点，对应于无阻尼自由振动。当 $0<\zeta<1$ 时，s_1 和 s_2 是一对共轭复数根，位于以 ω_n 为半径的圆上与实轴对称的两个点，对应于弱阻尼状态的衰减振动。当 ζ 趋向于 1 时，s_1 和 s_2 都趋近于实轴上 $-\omega_n$ 点，对应于临界阻尼状态。当 ζ 大于 1 时，s_1 和 s_2 是两个实数根，对应于大阻尼状态。随 ζ 的增大，s_1 和 s_2 沿实轴反向移动。当 $\zeta\to\infty$ 时，$s_1\to 0$，$s_2\to-\infty$。

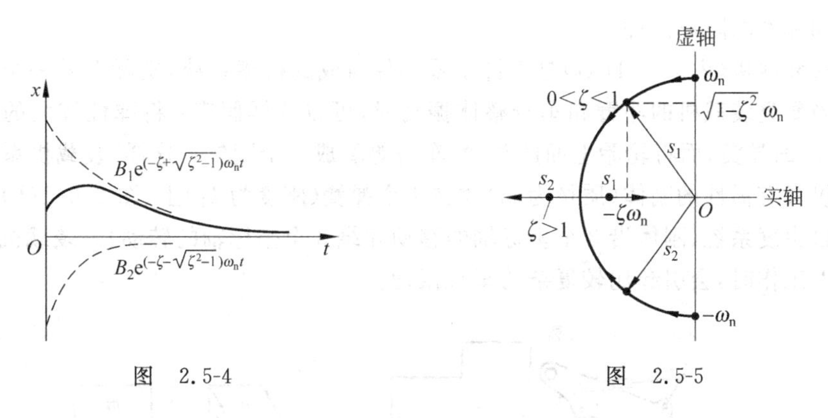

图　2.5-4　　　　　　　　　　图　2.5-5

例 2.5-1　为车辆设计小阻尼减振器，要求振动 1 周后的振幅减小到第一幅值的 1/16。已知车辆质量 $m=500$ kg，阻尼振动周期 $T_d=1$ s，试求减振器的刚度系数 k 和阻尼系数 c。

解：由 $\dfrac{A_1}{A_2}=\dfrac{1}{1/16}$ 得 $\dfrac{A_1}{A_2}=16$，则对数减幅

$$\delta=\ln\frac{A_1}{A_2}=\ln 16=2.7726$$

解出阻尼比

$$\zeta=0.4037$$

又由式(2.5-19)求得固有频率

$$\omega_n=\frac{2\pi}{\sqrt{1-\zeta^2}\,T_d}=6.8677\ (\text{rad/s})$$

所以，临界阻尼系数、阻尼系数及弹簧刚度求得如下：

$$c_c=2m\omega_n=2\times 500\times 6.8677=6867.7\ (\text{N}\cdot\text{s/m})$$

$$c=\zeta c_c=0.4037\times 6867.7=2772.49\ (\text{N}\cdot\text{s/m})$$

$$k=m\omega_n^2=500\times 6.8677^2=23\,582.65\ (\text{N/m})$$

2.6　课堂讨论

应用振动理论分析实际工程中的振动问题时，首先就要解决振动力学模型建立的问题。实际工程中的振动系统(如机器和结构等)是由很多零部件(如金属构件或非金属)组成的，

每个零部件都具有分布的质量和弹性，不存在无弹性的刚体，也不存在无质量的弹性体。因此，严格地说它们都是无限多自由度系统。但就一部机器或一个结构而言，其构件组成的物理特性和几何特性状况大体上可分三种情形：①质量分布不均匀、几何形状复杂的系统。在这种类型的系统中，往往具有质量很小的弹性件，如弹簧、绳索、橡胶甚至密封于容器内的气体部件等弱弹性件。②质量分布虽不均匀，但不存在弱弹性构件的系统。例如风机、水泵或轧钢机械等。③质量分布均匀、构件几何形状简单的系统。如细长轴、棱柱形杆以及绳弦等。因此在建立振动力学模型时，需将系统的各种因素加以分析，保留主要因素，忽略次要因素。例如，质量较大、弹性较小的零部件要简化为不计弹性的集中质量；在振动过程中，产生较大弹性变形的零部件，简化为不计质量的弹性元件；将零部件中阻尼较大的部分简化为不计质量和弹性的阻尼元件。

轮胎式装载机(图 2.6-1(a))是由许多零部件组成的机械系统，实际上是一个无限自由度系统。当研究装载机的斗臂和车身整体振动时，可以这样假定：将弹性较大的轮胎看成是刚度为 k_1 的弹簧，而将轮胎上面的斗臂、车身等看成一个刚体。这样，装载机系统就可以看成一个仅具有惯性的刚体(质量为 m)放在 4 个弹簧(刚度为 k_1)上(图 2.6-1(b))。显然，这是 6 个自由度系统(刚体沿 3 个坐标轴的移动和绕 3 个坐标轴的转动)。装载机在凹凸不平的道路上工作时，会引起比较复杂的车身振动。

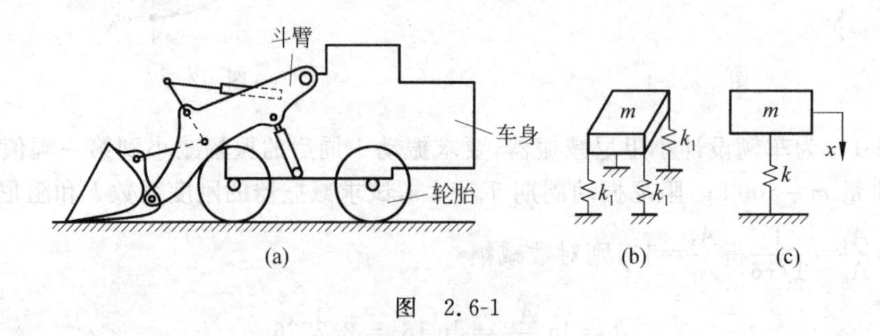

图 2.6-1

课堂讨论：轮胎式装载机振动分析

习题

2.1 求习题图 2-1(a),(b),(c)所示系统的固有频率。

图(a)所示的系统悬臂梁的质量可以忽略不计，其等效弹簧刚度分别为 k_1 和 k_3。

图(b)所示的系统为一质量 m 连接在刚性杆上，杆的质量忽略不计。

图(c)所示的系统中悬挂质量为 m，梁的质量忽略不计，梁的挠度 δ 由式 $\delta = PL^3/48EJ$ 给出，梁的刚度为 $k_{梁}$。

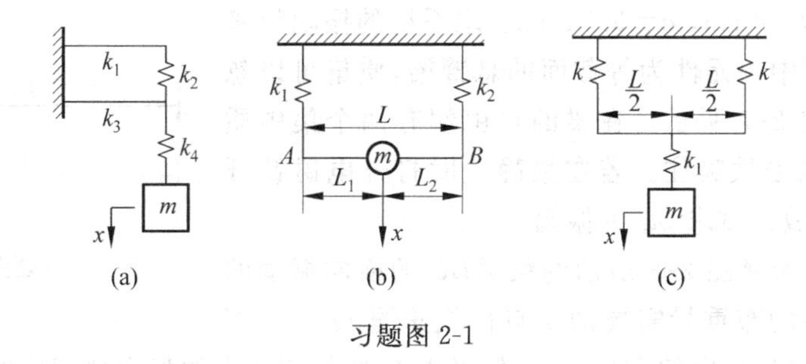

习题图 2-1

2.2　如习题图 2-2 所示的系统中，均质刚杆 AB 的质量为 m，A 端弹簧的刚度为 k。求系统的等效质量和 O 点铰链支座放在何处时系统的固有频率最高。

2.3　如习题图 2-3 所示为一个测低频振幅用的测振仪的倒置摆。

(1) 试导出系统的静态稳定平衡条件。

(2) 已知整个系统对转动轴 O 的转动惯量 $I_O=1.725\times10^{-3}\,\mathrm{N\cdot m\cdot s^2}$ 及 $k=24.5\ \mathrm{N/m}$，$m=0.0856\ \mathrm{kg}$，$l=4\ \mathrm{cm}$，$b=5\ \mathrm{cm}$，求系统的固有频率。

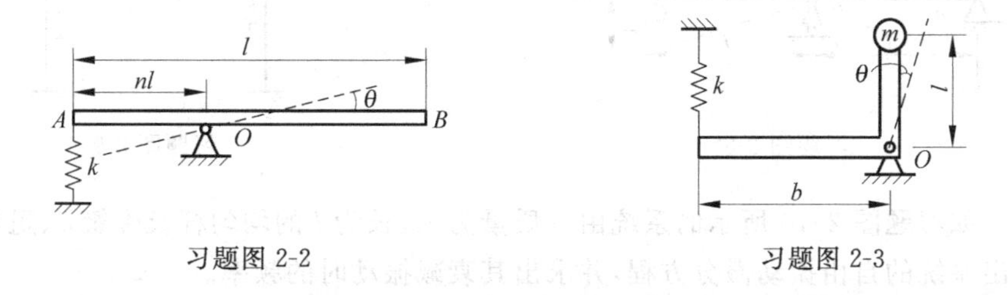

习题图 2-2　　习题图 2-3

2.4　某测振仪结构如习题图 2-4 所示。摆重量为 Q，由扭转刚度为 k_φ 的螺线弹簧连接，并维持与铅垂方向成 α 角的位置。摆对 O 点的转动惯量为 I，摆的重心到转动轴 O 点的距离为 s。求此测振仪的自振周期。

2.5　用能量法求习题图 2-5 所示均质圆柱体的固有频率。已知圆柱体的质量为 m，半径为 r，与固定水平面无相对滑动，弹簧刚度为 k，连接点 A 距圆柱体质心 O 的距离为 a。

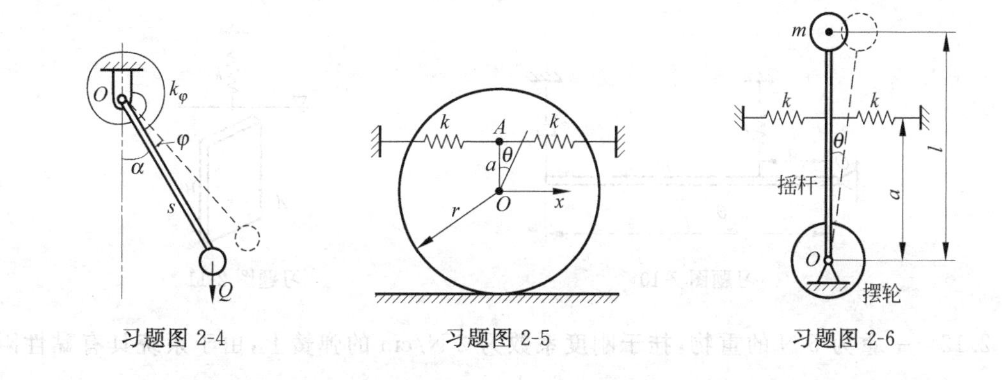

习题图 2-4　　习题图 2-5　　习题图 2-6

2.6　习题图 2-6 所示为测量低频振幅所用传感器中的一个元件——无定向摆的示意图。无定向摆的摆轮上铰接一个摇杆，摇杆另一端有一敏感质量 m。在摇杆离转动轴 O 距离为 a 的位置左右各连接一个刚度为 k 的平衡弹簧，以保持摆在垂直方向的稳定位置。设已知整个系统对转动轴 O 的转动惯量 $I_O=1.76\times10^{-2}\,\mathrm{N\cdot cm\cdot s^2}$ 及 $k=0.03\ \mathrm{N/cm}$，$W=$

$mg=0.0856$ N, $l=4$ cm, $a=3.54$ cm。求系统的振动频率。

2.7 某仪器中一元件为等截面的悬臂梁,质量可以忽略不计,如习题图 2-7 所示。在梁的自由端有两个集中质量 m_1 与 m_2,由电磁铁吸住。若在梁静止时打开电磁铁开关,使 m_2 突然释放。试求 m_1 的振幅。

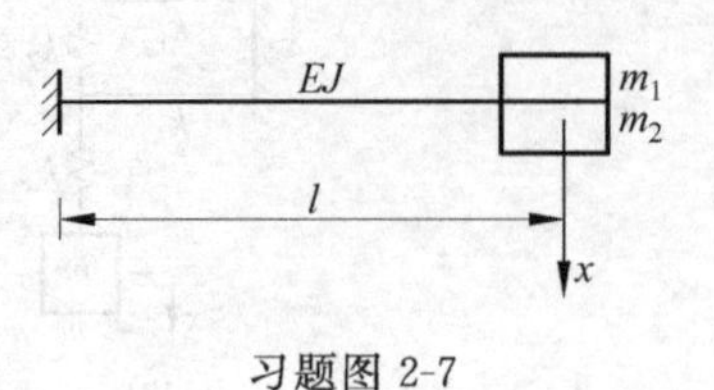

习题图 2-7

2.8 在计算习题图 2-8 所示的梁 ABC 的横向振动的固有频率时,该梁均布重量需要加到自由端重量 Q 上的部分是多少?梁的单位长度的重量为 w,假设以 C 处载荷产生的静力挠度曲线作为振动过程中梁的形状曲线。

2.9 一个 10 t 龙门起重机,在纵向水平振动时要求在 25 s 内振幅衰减到最大振幅的 5%。起重机可简化如习题图 2-9 所示,等效质量 $m_{eq}=24\ 500$ kg。实测得对数减幅 $\delta=0.10$。问起重机水平方向的刚度至少应达何值?

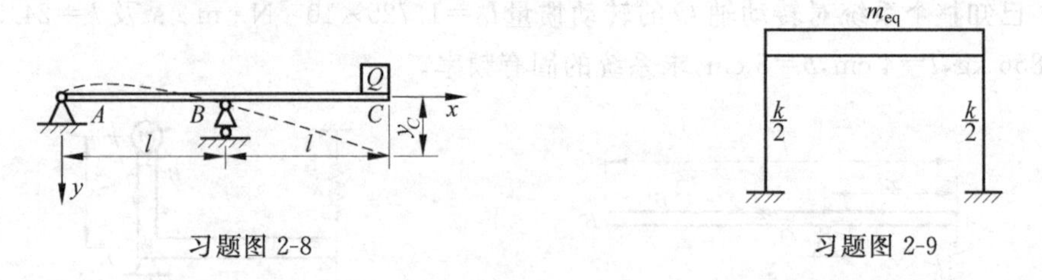

习题图 2-8 习题图 2-9

2.10 如习题图 2-10 所示的系统由一质量为 m、长为 l 的均匀杆及弹簧 k、阻尼器 c 组成。试导出系统的自由振动微分方程,并求出其衰减振动时的频率。

2.11 利用习题图 2-11 所示装置测某液体的黏度系数 μ。等厚薄板重量为 W,面积为 A,悬挂于弹簧 k 上。先使系统在空气中自由振动,测得周期为 T_1,空气阻力忽略不计。然后放入被测液体中作衰减振动,测得周期为 T_2,已知薄板受到的阻力 $F=2\mu Av$(v 为相对速度),试证明

$$\mu=\frac{2\pi W}{gAT_1T_2}\sqrt{T_2^2-T_1^2}$$

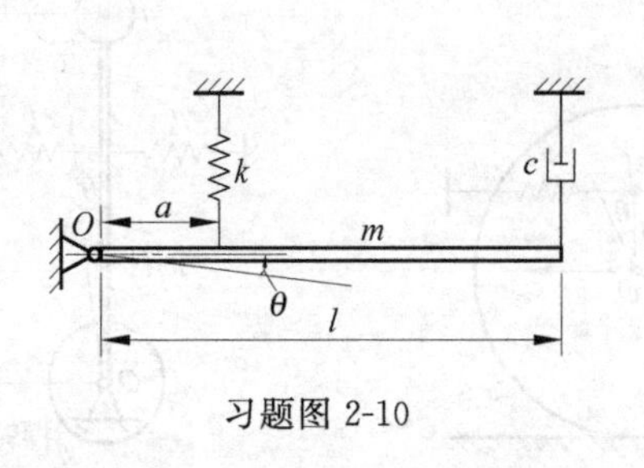

习题图 2-10

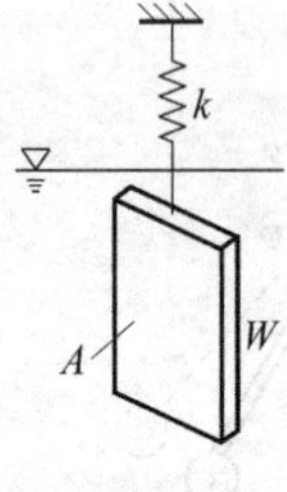

习题图 2-11

2.12 一重为 5 N 的重物,挂于刚度系数为 2 N/cm 的弹簧上,由于系统具有黏性阻尼,故重物经过 4 次振动后,振幅减到原来的 $\frac{1}{12}$。试求该系统的对数减幅系数和周期。

2.13 一个质量-弹簧系统,当无阻尼时,固有振动频率为 f,试计算当黏性阻尼系数 $c=\frac{c_c}{2}$ 时(c_c 为临界阻尼系数)的频率 f_d。

2.14 导出习题图 2-14 所示弹簧与阻尼串联的单自由度系统的运动微分方程，并求出其振动解。

2.15 一弹簧 k 与阻尼器 c 并联于无质量的水平板上，如习题图 2-15 所示，若将一质量 m 轻放在板上后立即释放，系统即作衰减振动。问质量 m 的最大振幅是多少，发生在何时？最大速度是多少，发生在何时？设 $\zeta<1$。

2.16 一质量 $m=2000$ kg，以匀速度 $v=3$ cm/s 运动，与弹簧 k、阻尼器 c 相撞后一起作自由振动，如习题图 2-16 所示。已知 $k=48\,020$ N/m，$c=1960$ N·s/m，问质量 m 在相撞后多少时间达到最大振幅？最大振幅是多少？

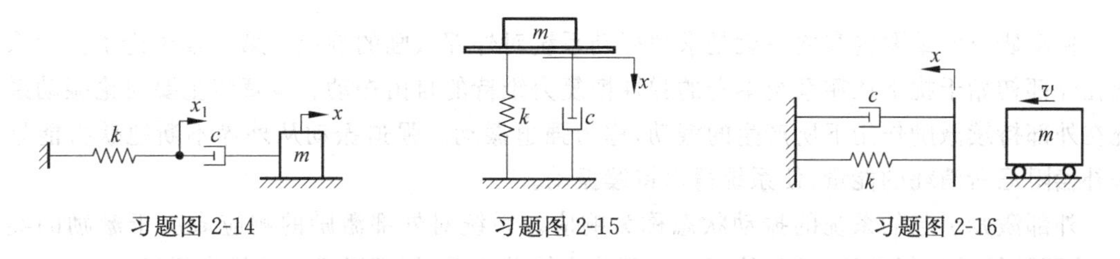

习题图 2-14　　习题图 2-15　　习题图 2-16

2.17 一个有阻尼的弹簧-重量系统 $W=98$ N，$k=10$ N/cm，处于临界阻尼状态。由 $t=0$，$x_0=2.5$ cm，$\dot{x}_0=-30$ cm/s 开始运动。问质量块将于几秒后达到静平衡位置？过静平衡位置后最远能移动多少距离？

2.18 习题图 2-18 所示为铣床切削过程的力学模型。工件随平台以等速 v 向左运动，刀具与工件之间摩擦系数在一定范围内可表达为 $f=a-bu$，其中 u 为工件与刀具之间相对速度，a 和 b 为常数。试写出系统的振动微分方程，并回答 c 在什么范围内时，系统将动态不稳定。

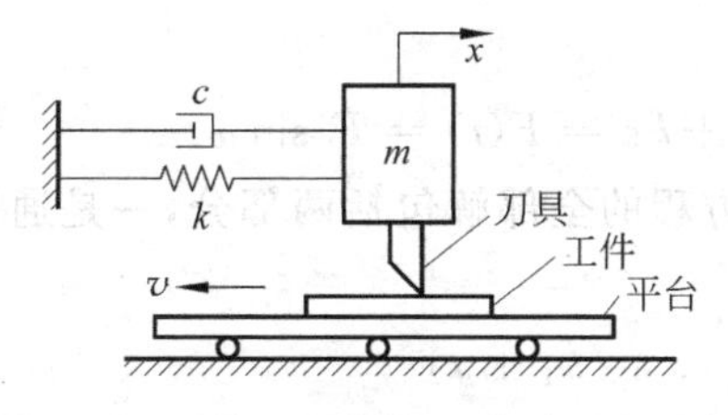

习题图 2-18

习题解答

CHAPTER

第3章 单自由度系统的强迫振动

振动研究的重要内容之一就是求解振动系统对外部激励的响应。第 2 章讨论了振动系统在外部初始干扰下依靠系统本身的弹性恢复力维持的自由振动。本章将主要讨论振动系统在外部持续激励作用下所产生的振动,称为强迫振动。强迫振动从外界不断地获得能量来补偿阻尼所消耗的能量,使系统得以持续振动。

外部激励引起的系统的振动状态称为响应。系统对外部激励的响应取决于激励的类型,依照从简单到复杂的次序,外部激励可分为简谐激励、周期激励及非周期激励。

叠加原理是线性振动系统分析的基础。即对于线性系统,可以先分别求出对所给定的各种激励的响应,然后组合得出总响应。

3.1 对简谐激励的响应

如图 3.1-1 所示为二阶线性有阻尼质量-弹簧系统。这一系统的运动微分方程为

$$m\ddot{x}+c\dot{x}+kx=F(t)=F_0\sin\omega t \tag{3.1-1}$$

这个单自由度强迫振动微分方程的全部解包括两部分,一是通解 x_1,二是特解 x_2,即

$$x=x_1+x_2$$

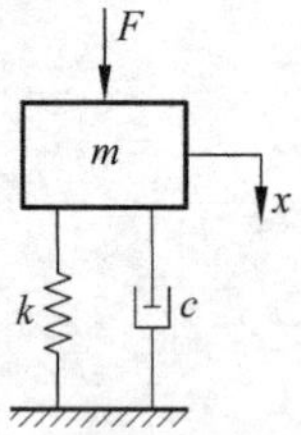

图 3.1-1

通解 x_1 是对应于有阻尼自由振动的齐次方程的解,第 2 章已经讨论过了,在小阻尼情况下,为衰减振动,只在振动开始后的一段时间内才有意义,所以称为瞬态振动,一般情况下可以不考虑它。特解 x_2 表示系统在简谐激励下产生的强迫振动,它是一种持续等幅振动,称为稳态振动。

因为激励是简谐函数,可以容易地证明稳态响应也是简谐函数,而且具有相同的频率 ω。设特解为

$$x_2=X\sin(\omega t-\varphi) \tag{3.1-2}$$

式中,X 为强迫振动的振幅,φ 为相位差,是两个待定常数。

将式(3.1-2)代入式(3.1-1)得

$$(k-m\omega^2)X\sin(\omega t-\varphi)+c\omega X\cos(\omega t-\varphi)=F_0\sin\omega t \tag{3.1-3}$$

为了便于比较,把上式右端的 $F_0\sin\omega t$ 改写如下:

$$F_0 \sin \omega t = F_0 \sin[(\omega t - \varphi) + \varphi]$$
$$= F_0 \cos \varphi \sin(\omega t - \varphi) + F_0 \sin \varphi \cos(\omega t - \varphi) \tag{3.1-4}$$

将式(3.1-4)代回式(3.1-3)，整理后得

$$[(k - m\omega^2)X - F_0 \cos \varphi]\sin(\omega t - \varphi) + (c\omega X - F_0 \sin \varphi)\cos(\omega t - \varphi) = 0$$

这个方程对于任意时间 t 都应恒等于零，所以 $\sin(\omega t - \varphi)$ 和 $\cos(\omega t - \varphi)$ 前面括号内的量都必须分别等于零，有

$$(k - m\omega^2)X = F_0 \cos \varphi$$
$$c\omega X = F_0 \sin \varphi$$

由此可得

$$X = \frac{F_0}{\sqrt{(k - m\omega^2)^2 + (c\omega)^2}} \tag{3.1-5}$$

$$\tan \varphi = \frac{c\omega}{k - m\omega^2} \tag{3.1-6}$$

为了便于进一步讨论，把式(3.1-5)与式(3.1-6)的分子分母同除以 k，得如下变化形式：

$$X = \frac{F_0/k}{\sqrt{[1 - (\omega/\omega_n)^2]^2 + [2\zeta(\omega/\omega_n)]^2}} \tag{3.1-7}$$

$$\tan \varphi = \frac{2\zeta(\omega/\omega_n)}{1 - (\omega/\omega_n)^2} \tag{3.1-8}$$

式中，$\omega_n = \sqrt{\frac{k}{m}}$，$\zeta = \frac{c}{c_c}$，$c_c = 2m\omega_n$。得特解为

$$x_2 = \frac{F_0/k}{\sqrt{[1 - (\omega/\omega_n)^2]^2 + [2\zeta(\omega/\omega_n)]^2}} \sin(\omega t - \varphi) \tag{3.1-9}$$

这就是在简谐激励作用下系统的位移响应。由此可以看出强迫振动的一些带有普遍性质的特点：

(1) 在简谐激励作用下，强迫振动是简谐振动，振动的频率与激励频率 ω 相同，但稳态响应的相位滞后于激励相位。

(2) 强迫振动的振幅 X 和相位差 φ 都只取决于系统本身的物理性质、激励的大小与频率，与初始条件无关。初始条件只影响系统的瞬态振动。

(3) 强迫振动振幅的大小在实际工程问题中具有重要意义。如果振幅超过允许的限度，构件中会产生过大的交变应力，从而导致疲劳破坏，或者影响机器及仪表的精度。

引入符号：

$\lambda = \frac{\omega}{\omega_n}$ 频率比；

$X_0 = \frac{F_0}{k}$ 振动系统零频率挠度，即在常力 F_0 作用下的静挠度$\left(注意不要与 \delta_s = \frac{mg}{k} 混淆\right)$；

$\beta = \frac{X}{X_0}$ 放大因子。

可以将式(3.1-7)写成无量纲的形式，即

$$\beta = \frac{X}{X_0} = \frac{1}{\sqrt{[1 - (\omega/\omega_n)^2]^2 + [2\zeta(\omega/\omega_n)]^2}}$$
$$= \frac{1}{\sqrt{(1 - \lambda^2)^2 + (2\zeta\lambda)^2}} \tag{3.1-10}$$

$$\tan\varphi=\frac{2\zeta\lambda}{1-\lambda^2} \tag{3.1-11}$$

以 λ 为横坐标，β 和 φ 为纵坐标，对于不同的 ζ 值，可以得到幅频特性曲线(图 3.1-2)和相频特性曲线(图 3.1-3)。

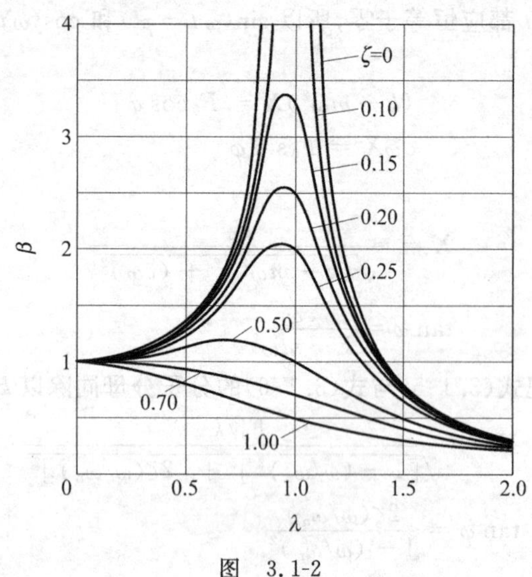

图 3.1-2

从图 3.1-2 可以看出：当频率比 $\lambda\ll1$ 时，放大因子很接近于 1，即振幅 X 几乎与激励幅值引起的静变形 X_0 差不多。当频率比 $\lambda\gg1$ 时，β 趋于零，振幅可能非常小。当激励频率与振动系统频率很接近，即 $\lambda\approx1$ 时，强迫振动的振幅可能很大，比 X_0 大很多倍，唯一的限制因素是阻尼。由式(3.1-10)可见，在 $\lambda=1$ 时，有

$$\beta=\frac{1}{2\zeta} \tag{3.1-12}$$

$$X=\frac{X_0}{2\zeta}=\frac{F_0}{c\omega_n} \tag{3.1-13}$$

可见如果没有阻尼，即 $\zeta=0$ 的情况下，振幅 X 为无穷大。通常把激励频率 ω 与系统固有频率 ω_n 相等时称为共振。

实际上，当有阻尼作用时，最大振幅并不在 $\omega=\omega_n$ 处，而发生在

$$\omega=\sqrt{1-2\zeta^2}\,\omega_n \tag{3.1-14}$$

从图 3.1-2 同样可以看出振幅最大的峰点在 $\lambda=\dfrac{\omega}{\omega_n}=1$ 的左面，为了确定曲线峰点的位置，可以采用计算极值的标准数学方法，即将方程(3.1-10)对 ω(或 λ)进行微分，并令其结果等于零。即

$$\frac{d\beta}{d\lambda}=\frac{-4(1-\lambda^2)\lambda+8\zeta^2\lambda}{(1-\lambda^2)^2+(2\zeta\lambda)^2}=0,\quad -(1-\lambda^2)+2\zeta^2=0,\quad \lambda=\sqrt{1-2\zeta^2}$$

可以得到式(3.1-14)。有时，把强迫振动振幅最大时的频率称为共振频率，也可以把振动系统以最大振幅进行振动的现象称为共振。据此，放大因子与振幅为

$$\beta=\frac{1}{\sqrt{[1-(1-2\zeta^2)]^2+4\zeta^2(1-2\zeta^2)}}=\frac{1}{2\zeta\sqrt{\zeta^2+1-2\zeta^2}}$$

$$= \frac{1}{2\zeta\sqrt{1-\zeta^2}} \tag{3.1-15}$$

$$X = \frac{X_0}{2\zeta\sqrt{1-\zeta^2}} = \frac{F_0}{c\omega_d} \tag{3.1-16}$$

从图 3.1-3 可以看出，相位差 φ 与频率比 λ 有很大关系。在 $\lambda \ll 1$ 的低频范围内，相位差 $\varphi \approx 0$，即响应与激励接近于同相位。在 $\lambda \gg 1$ 时，相位差 $\varphi \approx \pi$，即在高频范围内，响应与激励接近于反相位。在 $\lambda = 1$，即共振时，相位差 $\varphi \approx \frac{\pi}{2}$，此时 φ 与阻尼大小无关，这是共振时的一个重要特征。

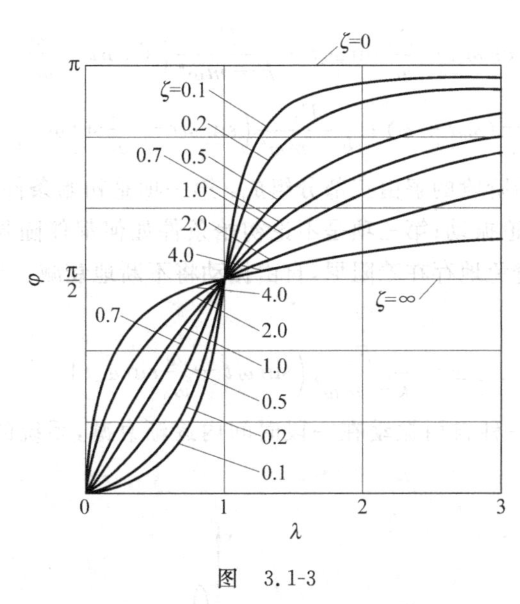

图　3.1-3

再研究当激励频率 ω 与系统固有频率 ω_n 相等（即共振）时的响应情况。在方程(3.1-1)中，令 $c=0, \omega=\omega_n$，有

$$m\ddot{x} + kx = F_0 \sin\omega t \tag{3.1-17}$$

根据微分方程理论可知：当 $\omega=\omega_n$ 时，微分方程(3.1-17)的特解为

$$x = -\frac{F_0}{2m\omega} t\cos\omega t = \frac{F_0}{2m\omega} t\sin\left(\omega t - \frac{\pi}{2}\right) \tag{3.1-18}$$

这就说明在共振时，如无阻尼，振幅将随时间无限地增大，如图 3.1-4 所示。共振时，响应滞后激励的相位角为 $\frac{\pi}{2}$。

共振现象是工程中需要研究的重要课题，工程中通常取 $0.75 < \lambda < 1.25$ 的区间为共振区，在共振区内振动都很强烈，会导致机器或结构的过大变形，造成破坏。

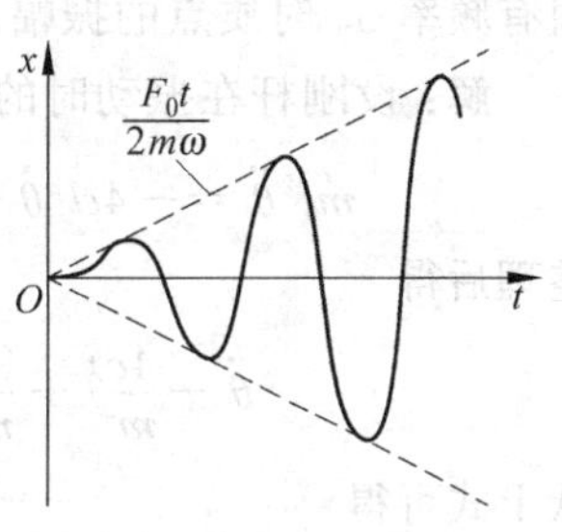

图　3.1-4

例 3.1-1　在一弹簧-质量系统上作用一简谐力 $F = F_0 \sin\omega t$，如图 3.1-5 所示。初始瞬时 $x(0) = x_0$，$\dot{x}(0) = \dot{x}_0$，试求系统的响应。

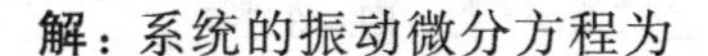

解：系统的振动微分方程为

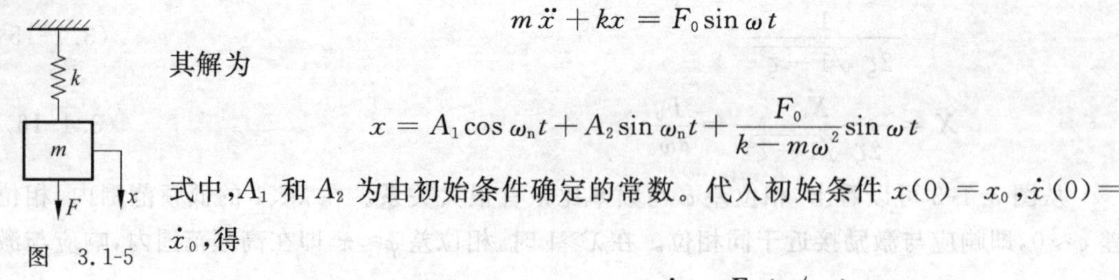

图 3.1-5

$$m\ddot{x} + kx = F_0 \sin \omega t$$

其解为

$$x = A_1 \cos \omega_n t + A_2 \sin \omega_n t + \frac{F_0}{k - m\omega^2} \sin \omega t$$

式中，A_1 和 A_2 为由初始条件确定的常数。代入初始条件 $x(0)=x_0$，$\dot{x}(0)=\dot{x}_0$，得

$$A_1 = x_0, \quad A_2 = \frac{\dot{x}_0}{\omega_n} - \frac{F_0 (\omega/\omega_n)}{k - m\omega^2}$$

把 A_1 和 A_2 值代入解中，得

$$\begin{aligned} x &= x_0 \cos \omega_n t + \frac{\dot{x}_0}{\omega_n} \sin \omega_n t + \frac{F_0}{k - m\omega^2} \left(\sin \omega t - \frac{\omega}{\omega_n} \sin \omega_n t \right) \\ &= A \sin(\omega_n t + \varphi) + \frac{F_0}{k - m\omega^2} \left(\sin \omega t - \frac{\omega}{\omega_n} \sin \omega_n t \right) \end{aligned}$$

上式表明，强迫振动初始阶段的解由三部分组成：第一项是初始条件产生的自由振动；第二项是简谐激励产生的强迫振动；第三项是不论初始条件如何都伴随强迫振动产生的自由振动。同时，系统中不可避免地存在着阻尼，自由振动将不断地衰减。当 $t=0$ 时，$x_0=\dot{x}_0=0$，上式简化为

$$x = \frac{F_0}{k - m\omega^2} \left(\sin \omega t - \frac{\omega}{\omega_n} \sin \omega_n t \right)$$

在有阻尼的情况下，后一种自由振动在一段时间内逐渐衰减，系统的振动逐渐变成稳态振动，如图 3.1-6 所示。

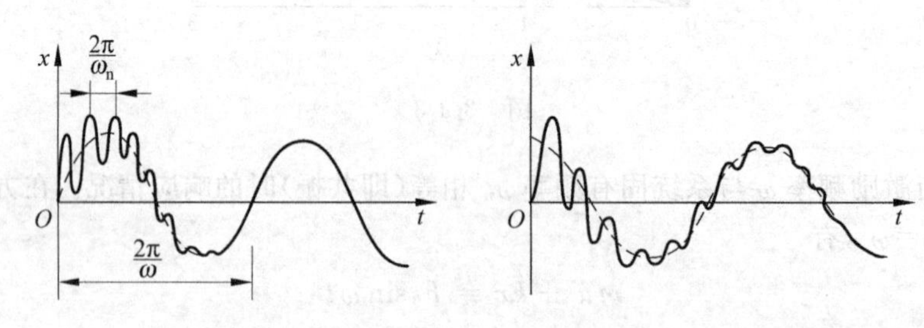

图 3.1-6

例 3.1-2 如图 3.1-7 所示为一无重刚杆。其一端铰支，距铰支端 l 处有一质量为 m 的质点；距 $2l$ 处有一阻尼器，阻尼系数为 c；距 $3l$ 处有一刚度为 k 的弹簧，并作用一简谐激励 $F=F_0 \sin \omega t$；刚杆在水平位置平衡。试列出系统的振动微分方程，并求当激励频率 ω 等于固有频率 ω_n 时质点的振幅。

解：设刚杆在振动时的摆角为 θ，由刚杆转动微分方程可建立系统的振动微分方程。

$$ml^2 \ddot{\theta} = -4cl^2 \dot{\theta} - 9kl^2 \theta + 3F_0 l \sin \omega t$$

整理后得

$$\ddot{\theta} + \frac{4c}{m} \dot{\theta} + \frac{9k}{m} \theta = \frac{3F_0}{ml} \sin \omega t$$

从上式可得

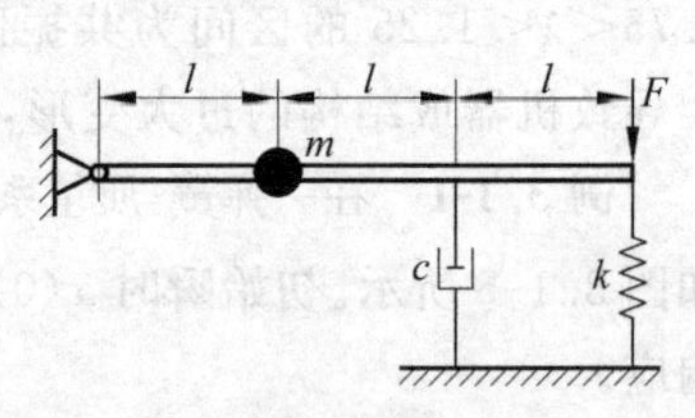

图 3.1-7

$$\omega_n = \sqrt{\frac{9k}{m}}, \quad 2\zeta\omega_n = \frac{4c}{m}, \quad h = \frac{3F_0}{ml}$$

ω_n 即系统的固有频率，当 $\omega=\omega_n$ 时，其振幅可由式(3.1-13)求出，即

$$X = \frac{X_0}{2\zeta} = \frac{F_0/3kl}{4c/m\omega_n} = \frac{3F_0 m\omega_n}{4c \times 9kl} = \frac{3F_0}{4cl\omega_n} = \frac{F_0}{4cl}\sqrt{\frac{m}{k}}$$

3.2 复频率响应

求解有阻尼振动的强迫振动问题时，有时用复数比用三角函数方便。用复数表示激励和响应，在运算过程中用复数形式，求得复数解后，将其在实轴或虚轴上投影，就可得到以三角函数表示的强迫振动。

有阻尼振动系统的振动微分方程为

$$m\ddot{x} + c\dot{x} + kx = F_0 e^{i\omega t} \tag{3.2-1}$$

这里用一个复向量来表示激励。指数函数 $e^{i\omega t}$ 与三角函数 $\cos\omega t$ 和 $\sin\omega t$ 有如下关系：

$$e^{i\omega t} = \cos\omega t + i\sin\omega t \tag{3.2-2}$$

上式可以在图 3.2-1 的复平面内表示。$e^{i\omega t}$ 可以看作一个在复平面内以角速度 ω 旋转的单位向量。因而，$\cos\omega t$ 就是复向量在实轴上的投影，即 $e^{i\omega t}$ 的实部，而 $\sin\omega t$ 为 $e^{i\omega t}$ 的虚部。这样，稳态响应可以表示为

$$x = Xe^{i(\omega t-\varphi)} \tag{3.2-3}$$

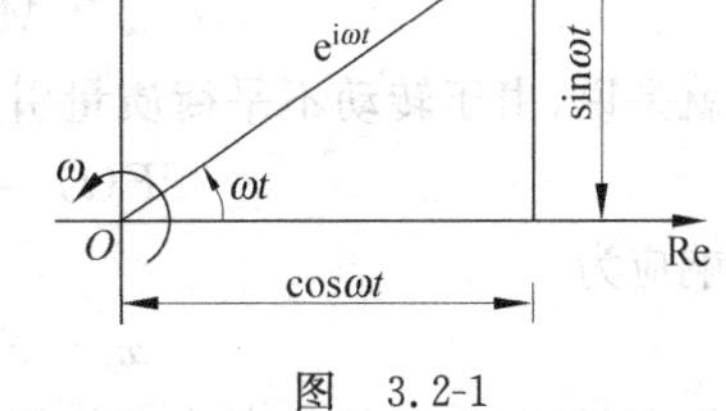

图 3.2-1

于是有

$$\dot{x} = i\omega X e^{i(\omega t-\varphi)}, \quad \ddot{x} = -\omega^2 X e^{i(\omega t-\varphi)} \tag{3.2-4}$$

将式(3.2-3)和式(3.2-4)代入方程(3.2-1)得

$$Xe^{-i\varphi} = \frac{F_0}{(k-m\omega^2)+ic\omega} \tag{3.2-5}$$

可以看出，响应 $x(t)$ 与 $\frac{F(t)}{k}$ 成正比，其比例系数为

$$H(\omega) = \frac{Xe^{-i\varphi}}{F_0/k} = \frac{1}{1-(\omega/\omega_n)^2 + i2\zeta(\omega/\omega_n)} = \frac{1}{1-\lambda^2+i2\zeta\lambda} \tag{3.2-6}$$

$H(\omega)$ 称为复频率响应。根据复数代数，$H(\omega)$ 的绝对值（即放大因子 β）等于响应 $x(t)$ 的振幅 X 与激励 $F(t)$ 的幅值 $\frac{F_0}{k}$ 的无量纲比，即

$$|H(\omega)| = \frac{X}{F_0/k} = \frac{1}{\sqrt{(1-(\omega/\omega_n)^2)^2 + (2\zeta\omega/\omega_n)^2}}$$

$$= \frac{1}{\sqrt{(1-\lambda^2)^2+(2\zeta\lambda)^2}} \tag{3.2-7}$$

为了求出相角 φ，将式(3.2-6)右端分子分母同乘以分母的共轭复数 $(1-\lambda^2)-i2\zeta\lambda$，并将左端的 $e^{-i\varphi}$ 用三角函数表示，即

$$X(\cos\varphi - i\sin\varphi) = \frac{F_0}{k}\frac{(1-\lambda^2)-i2\zeta\lambda}{(1-\lambda^2)^2+(2\zeta\lambda)^2} \tag{3.2-8}$$

可见相角为

$$\tan\varphi=\frac{2\zeta\lambda}{1-\lambda^2} \tag{3.2-9}$$

显然,式(3.2-7)和式(3.2-9)就是前面定义的放大因子 β 和相位角 φ,现在用统一的复频率响应 $H(\omega)$ 表示,它同时代表系统响应的幅频特性和相频特性。

需要指出,当激励为 $F_0 e^{i\omega t}$ 的实部或虚部时,稳态响应也必然相应地为复数形式响应 $x=Xe^{i(\omega t-\varphi)}$ 的实部或虚部。

例 3.2-1 不平衡质量激发的强迫振动。

解:作为承受简谐激励的一个例子,考虑图 3.2-2 所示的不平衡转子激发的振动。两个偏心质量 $\frac{m}{2}$ 以角速度 ω 按相反方向转动,这样可以使两个偏心质量激励的水平分量相互抵消,铅垂分量则相加起来。设转子的偏心矩为 e,机器总质量为 M,系统的振动微分方程为

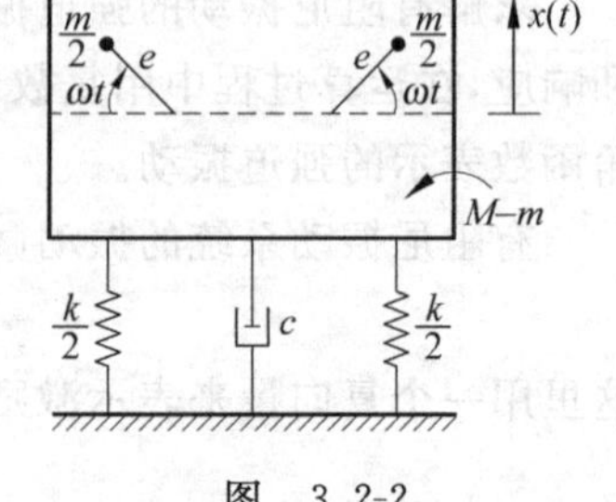

图 3.2-2

$$(M-m)\frac{d^2x}{dt^2}+m\frac{d^2}{dt^2}(x+e\sin\omega t)+c\frac{dx}{dt}+kx=0$$

上式可以写成

$$M\ddot{x}+c\dot{x}+kx=me\omega^2\sin\omega t=\operatorname{Im}(me\omega^2 e^{i\omega t})$$

式中,Im 表示括号中表达式的虚部。写成复数形式为

$$M\ddot{x}+c\dot{x}+kx=me\omega^2 e^{i\omega t}$$

这就是说,由于转动不平衡质量引起的振动,就相当于整个机器系统受外加激励

$$F(t)=me\omega^2\sin\omega t=\operatorname{Im}(me\omega^2 e^{i\omega t})$$

设响应为

$$x=X\sin(\omega t-\varphi)=\operatorname{Im}(Xe^{i(\omega t-\varphi)})$$

根据方程(3.2-6)的稳态响应的复数幅值为

$$Xe^{-i\varphi}=\frac{me\omega^2}{k}H(\omega)=\frac{me\omega^2}{k}\frac{1}{(1-\lambda^2)+i2\zeta\lambda}$$

式中,$\lambda=\frac{\omega}{\omega_n}$;$\omega_n^2=\frac{k}{M}$。响应幅值 X 为

$$X=\frac{me\omega^2}{k}\mid H(\omega)\mid=\frac{me\omega^2}{k}\frac{1}{\sqrt{(1-\lambda^2)^2+(2\zeta\lambda)^2}}$$

根据方程(3.2-8)的稳态响应的相位角为

$$\varphi=\arctan\frac{2\zeta\lambda}{1-\lambda^2}$$

同样响应的幅值也可以变换为

$$X=\frac{me\omega^2}{k}\mid H(\omega)\mid=\frac{me}{M}\left(\frac{\omega}{\omega_n}\right)^2\frac{1}{\sqrt{(1-\lambda^2)^2+(2\zeta\lambda)^2}}=\frac{me}{M}\frac{\lambda^2}{\sqrt{(1-\lambda^2)^2+(2\zeta\lambda)^2}}$$

因而,在这种情况下,无量纲比为

$$\frac{MX}{me}=\left(\frac{\omega}{\omega_n}\right)^2\mid H(\omega)\mid=\lambda^2\mid H(\omega)\mid$$

而不再是 $|H(\omega)|$。

幅频响应曲线如图 3.2-3 所示。在低频 $\lambda \ll 1$ 时，$MX/me \approx 0$，即振幅接近于零；在高频 $\lambda \gg 1$ 时，则 $\dfrac{MX}{me}$ 趋近于 1，即 $X \approx \dfrac{me}{M}$，而不趋向于零。

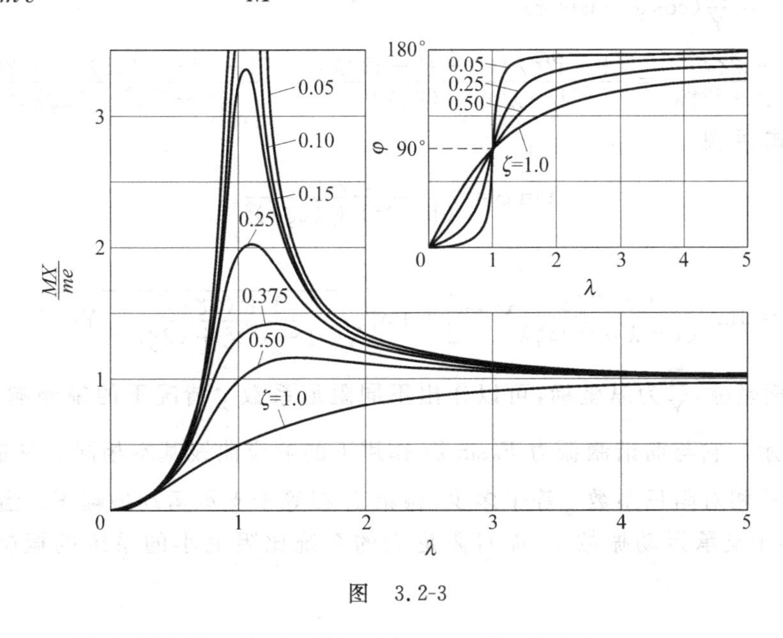

图　3.2-3

例 3.2-2　支承激励引起的强迫振动。

解：作为承受简谐激励的另一个例子，是当支承产生简谐运动的情况。在许多情况下，系统产生强迫振动是由于支承的运动。如图 3.2-4 所示的系统，假定物体 m 只能沿铅垂方向运动，支承可以上下运动，其规律为

$$y = Y\sin \omega t$$

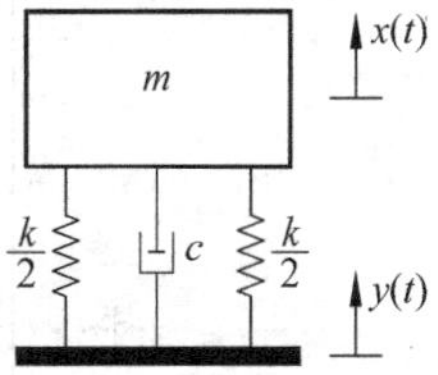

取铅垂坐标轴 x 与 y，分别以物体与支承静止时的平衡位置为原点，向上为正。其运动微分方程为

$$m\ddot{x} + c(\dot{x} - \dot{y}) + k(x - y) = 0$$

图　3.2-4

或者改写成为

$$\ddot{x} + 2\zeta\omega_n\dot{x} + \omega_n^2 x = 2\zeta\omega_n\dot{y} + \omega_n^2 y$$

设支承运动由下式给出：

$$y = \mathrm{Im}(Y\mathrm{e}^{\mathrm{i}\omega t})$$

下面改用比较简洁的复数方法求解。将支承的位移 y 与振动系统中质量 m 的强迫振动响应 x 表示为复数形式，即

$$y = Y\mathrm{e}^{\mathrm{i}\omega t}, \quad \dot{y} = \mathrm{i}\omega Y\mathrm{e}^{\mathrm{i}\omega t}$$

$$x = X\mathrm{e}^{\mathrm{i}(\omega t-\varphi)}, \quad \dot{x} = \mathrm{i}\omega X\mathrm{e}^{\mathrm{i}(\omega t-\varphi)}, \quad \ddot{x} = -\omega^2 X\mathrm{e}^{\mathrm{i}(\omega t-\varphi)}$$

把上面两式代入振动微分方程得

$$\left[1 - \left(\frac{\omega}{\omega_n}\right)^2 + \mathrm{i}2\zeta\left(\frac{\omega}{\omega_n}\right)\right]X\mathrm{e}^{-\mathrm{i}\varphi} = \left[1 + \mathrm{i}2\zeta\left(\frac{\omega}{\omega_n}\right)\right]Y$$

因为 X 与 Y 都是实数，$|\mathrm{e}^{-\mathrm{i}\varphi}| = 1$，故有

$$\left|\frac{X}{Y}\right| = \frac{|1 + \mathrm{i}2\zeta\lambda|}{|1 - \lambda^2 + \mathrm{i}2\zeta\lambda|} = \sqrt{\frac{1 + (2\zeta\lambda)^2}{(1-\lambda^2)^2 + (2\zeta\lambda)^2}} = \sqrt{1 + (2\zeta\lambda)^2}\,|H(\omega)|$$

其次可以把特征方程$\dfrac{X}{Y}e^{-i\varphi}=\dfrac{1+i2\zeta\lambda}{1-\lambda^2+i2\zeta\lambda}$的左右两端分别写为

$$\frac{X}{Y}e^{-i\varphi}=\frac{X}{Y}(\cos\varphi-i\sin\varphi)$$

$$\frac{1+i2\zeta\lambda}{1-\lambda^2+i2\zeta\lambda}=\frac{(1+i2\zeta\lambda)(1-\lambda^2-i2\zeta\lambda)}{(1-\lambda^2)^2+(2\zeta\lambda)^2}=\frac{(1-\lambda^2)+(2\zeta\lambda)^2-i2\zeta\lambda^3}{(1-\lambda^2)^2+(2\zeta\lambda)^2}$$

比较上面两式,可见

$$\tan\varphi=\frac{2\zeta\lambda^3}{(1-\lambda^2)+(2\zeta\lambda)^2}$$

其响应为

$$x=\mathrm{Im}\left[\frac{1+i2\zeta\lambda}{(1-\lambda^2)+i2\zeta\lambda}Ye^{i\omega t}\right]=\mathrm{Im}\left[\sqrt{\frac{1+(2\zeta\lambda)^2}{(1-\lambda^2)^2+(2\zeta\lambda)^2}}Ye^{i(\omega t-\varphi)}\right]$$

以λ为横坐标,$\dfrac{X}{Y}$为纵坐标,可以作出不同阻尼系数ζ情况下的幅频响应曲线,如图3.2-5所示。它与简谐激振力$F_0\sin\omega t$作用下的响应曲线基本相同。只是在频率比$\lambda=\sqrt{2}$处,不论相对阻尼系数ζ等于多少,振幅X都等于支承运动振幅Y。当$\lambda>\sqrt{2}$时,振幅X就小于支承运动振幅Y,而且阻尼大的系统比阻尼小的系统的振幅反而要稍大些。

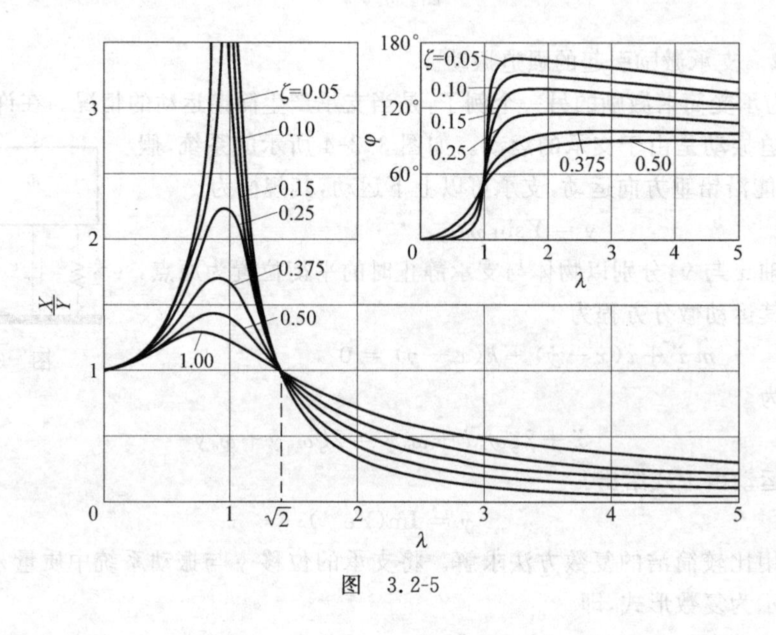

图 3.2-5

3.3 隔振

机器运转时由于各种激励因素的存在,振动通常是不可避免的。这种振动不但影响附近仪器设备的正常工作,还会引起机器本身结构和部件的损坏或降低效率等,由于振动产生的噪声对人体健康也是有害的,因此有效地隔离振动是现代化工业中的重要问题。为了减小这种振动，通常在机器底部加装弹簧、橡胶等隔振材料，相当于在机器底部与地面之间有弹簧与阻尼器隔开，如图3.3-1所示。显然，力是通过弹簧和阻尼器传给地基的，该力为

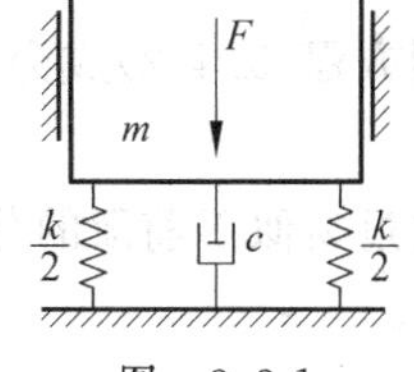

图　3.3-1

$$F_T = kx + c\dot{x} = (k + \mathrm{i}c\omega)X\mathrm{e}^{\mathrm{i}(\omega t-\varphi)} \tag{3.3-1}$$

根据式(3.2-7)，得 X 的表达式并代入式(3.3-1)得

$$\begin{aligned} F_T &= \frac{(k+\mathrm{i}c\omega)}{\sqrt{(1-\lambda^2)^2+(2\zeta\lambda)^2}}\frac{F_0}{k}\mathrm{e}^{\mathrm{i}(\omega t-\varphi)} \\ &= \frac{1+\mathrm{i}2\zeta\lambda}{\sqrt{(1-\lambda^2)^2+(2\zeta\lambda)^2}}F_0\mathrm{e}^{\mathrm{i}(\omega t-\varphi)} \end{aligned} \tag{3.3-2}$$

则传递力的幅值为

$$|F_T| = \sqrt{\frac{1+(2\zeta\lambda)^2}{(1-\lambda^2)^2+(2\zeta\lambda)^2}}F_0 \tag{3.3-3}$$

取无量纲的比值

$$\left|\frac{F_T}{F_0}\right| = \sqrt{\frac{1+(2\zeta\lambda)^2}{(1-\lambda^2)^2+(2\zeta\lambda)^2}} \tag{3.3-4}$$

这就是实际传递力的力幅与激励力幅之比，称为传递率。

图3.2-5同样可表示传递率$\frac{F_T}{F_0}$关于频率比 λ 的特性曲线，从中可以看出：

(1) 不论阻尼大小，只有当频率比 $\lambda>\sqrt{2}$时，才有隔振效果。

(2) $\lambda>\sqrt{2}$以后，随着频率比增加，传递率逐渐趋于零。但在 $\lambda>5$ 以后，传递率几乎水平，实际上选取 λ 值在2.5～5隔振效果已经足够了。

(3) 当 $\lambda>\sqrt{2}$时，传递率随相对阻尼系数 ζ 的增大而提高。即在此情况下增大阻尼不利于隔振。

3.4 振动测量仪器

振动测量仪器基本上分为三类，即位移计、速度计和加速度计。它们都是利用支承运动产生的强迫振动振幅频率特性制成的。图3.4-1示意了测振仪的基本原理，测振仪内部包括一个惯性质量 m、弹簧 k 和阻尼 c，组成一个单自由度振动系统。测振时直接把仪器外壳与振动物体固接，外壳随振动物体一起作同样的振动，利用连接在质量上的指针或通过电信号指示出所测位移或加速度。

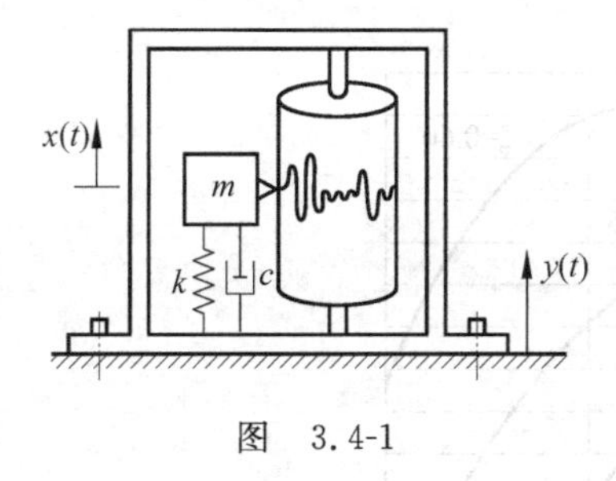

图　3.4-1

振动系统的微分方程

$$m\ddot{x} + c(\dot{x}-\dot{y}) + k(x-y) = 0 \tag{3.4-1}$$

设 $z=x-y$ 为质量 m 和外壳之间的相对位移，据此式(3.4-1)可以改写为

$$m\ddot{z} + c\dot{z} + kz = -m\ddot{y} \tag{3.4-2}$$

假设简谐激励为

$$y = Y\mathrm{e}^{\mathrm{i}\omega t} \tag{3.4-3}$$

则方程(3.4-2)成为

$$m\ddot{z} + c\dot{z} + kz = Ym\omega^2\mathrm{e}^{\mathrm{i}\omega t} \tag{3.4-4}$$

通过类似于前面的分析,得出响应为

$$z = Y(\omega/\omega_\mathrm{n})^2 \mid H(\omega) \mid \mathrm{e}^{\mathrm{i}(\omega t-\varphi)} \tag{3.4-5}$$

令 $z=Z\mathrm{e}^{\mathrm{i}(\omega t-\varphi)}$,可以得出$\dfrac{Z}{Y}$对$\dfrac{\omega}{\omega_\mathrm{n}}$的曲线与图3.2-3相同,只要将纵坐标$\dfrac{MX}{me}$以$\dfrac{X}{Y}$代替。

(1) 位移计

把响应幅值 Z 变换为如下形式:

$$Z = \frac{Y\lambda^2}{\sqrt{(1-\lambda^2)^2+(2\zeta\lambda)^2}} = \frac{Y}{\sqrt{\left(\frac{1}{\lambda^2}-1\right)^2+\left(\frac{2\zeta}{\lambda}\right)^2}} \tag{3.4-6}$$

可以看出,当$\lambda\to\infty$时,$Z\to Y$,此时指针所指示的就是振动物体的位移。实际上,只要振动物体的频率 ω 比测振仪的固有频率 ω_n 足够高,就可以使测得的 Z 值足够准确地接近于振动物体的实际振幅。为此,测振仪要求振动质量要大,弹簧要软,所以位移计的缺点就是构造重,体积大,可见位移计是一种低固有频率的仪器。

(2) 加速度计

把响应幅值 Z 变换为如下形式:

$$Z = \frac{Y\omega^2}{\omega_\mathrm{n}^2\sqrt{(1-\lambda^2)^2+(2\zeta\lambda)^2}} = \frac{\ddot{Y}}{\omega_\mathrm{n}^2\sqrt{(1-\lambda^2)^2+(2\zeta\lambda)^2}} \tag{3.4-7}$$

式中,$\ddot{Y}$ 为被测振动物体加速度的幅值。可以看出,当 $\lambda\to 0$ 时,$Z\to\dfrac{\ddot{Y}}{\omega_\mathrm{n}^2}$,此时指针示值与被测物体的加速度成比例。加速度计要求系统本身的固有频率 ω_n 必须比振动物体的频率 ω 足够高,从而使 λ 足够小。所以加速度计是一种高固有频率的仪器。

必须指出,无论是位移计,还是加速度计的频率适用范围都受到阻尼的很大影响。图3.4-2用比较大的比例尺表示了各个不同 ζ 值的放大因子 $\beta=|H(\omega)|$ 是如何随频率比 $\lambda=\dfrac{\omega}{\omega_\mathrm{n}}$ 而改变的。大多数加速度计都采用 ζ 接近于0.70,这样不仅能扩大仪表的量程,而且可以减免相位的畸变。

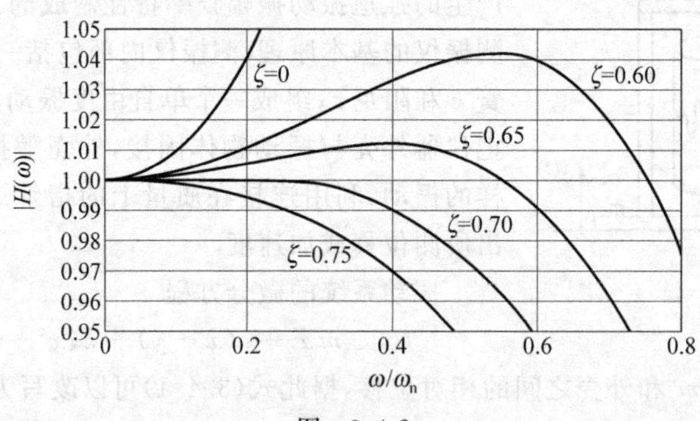

图 3.4-2

3.5 简谐力与阻尼力的功

有阻尼的系统在振动时,机械能不断耗散而使振动逐渐衰减,如果不从外界输入能量,振动经过一段时间之后就会停止。在强迫振动中,激励对振动物体做功,能量不断输入振动系统,当能量输入与能量耗散相等时,振幅保持常值,系统进行稳态振动。现在就来说明激励与阻尼在强迫振动中所做功的计算方法。

(1) 简谐激振力在一个周期内所做的功

设有激励 $F=F_0\sin\omega t$,沿 x 轴方向,作用于物体 m 上,其运动方程的解为 $x=X\sin(\omega t-\varphi)$,则在一个周期内激励所做的功为

$$E_F=\int_0^T F\mathrm{d}x=\int_0^{2\pi/\omega}F\dot{x}\mathrm{d}t=\omega XF_0\int_0^{2\pi/\omega}\sin\omega t\cos(\omega t-\varphi)\mathrm{d}t$$

$$=\frac{1}{2}\omega XF_0\int_0^{2\pi/\omega}[\sin(2\omega t-\varphi)+\sin\varphi]\mathrm{d}t=\pi XF_0\sin\varphi \tag{3.5-1}$$

可见,简谐激励每周所做功的大小,不仅取决于力与振幅的大小,还取决于两者之间的相位差。在 $\varphi=\dfrac{\pi}{2}$,即共振时,E_F 取最大值。

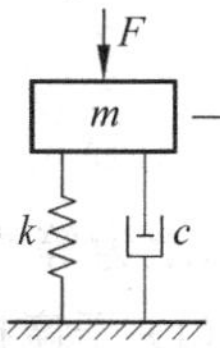

图 3.5-1

(2) 阻尼力在一个周期内所消耗的能量,即一个周期内所做的功

对于黏性阻尼力 $F=c\dot{x}$,同样系统作简谐强迫振动时,有 $x=X\sin(\omega t-\varphi)$,$\dot{x}=X\omega\cos(\omega t-\varphi)$,所以 $F=cX\omega\cos(\omega t-\varphi)$,故阻尼力在一个周期内所做的功为

$$E_c=\int_0^T F\dot{x}\mathrm{d}t=\int_0^{2\pi/\omega}cX^2\omega^2\cos^2(\omega t-\varphi)\mathrm{d}t=\pi cX^2\omega \tag{3.5-2}$$

可见,黏性阻尼力所做的功与振幅的平方成正比,与振动频率也成正比。

当每个周期的能量输入与耗散相等时,由方程(3.5-1)和方程(3.5-2),有

$$X=\frac{F_0\sin\varphi}{c\omega} \tag{3.5-3}$$

在发生共振时 $\omega=\omega_n$,$\varphi=\pi/2$,可得

$$X=\frac{F_0}{c\omega}=\frac{F_0}{c\omega_n} \tag{3.5-4}$$

这就是方程(3.1-13)。这时激励每个周期所做的功最大,阻尼力所消耗的能量也最大。

例 3.5-1 已知 $F=F_0\sin(\omega t+\varphi)$,$x=X\sin\omega t$,求 F 的功率 P。

解:$P=F\dfrac{\mathrm{d}x}{\mathrm{d}t}=\omega XF_0\sin(\omega t+\varphi)\cos\omega t=\dfrac{1}{2}\omega XF_0[\sin\varphi+\sin(2\omega t+\varphi)]$

括号内第一项是常量,第二项是频率为 2ω 的正弦波。

例 3.5-2 设 $F=10\sin\pi t$ (N),$x=2\sin(\pi t-30°)$ (cm),试求开始 6 s 内与开始1/2 s 内所做的功。

解:力 F 与位移 x 振动频率 $\omega=\pi$,周期 $T=2\pi/\omega=2$ s,在 6 s 内有 3 个周期,故由方程(3.5-1)有

$$E_{0\sim6}=3\pi XF_0\sin\varphi=3\pi\times2\times10\sin30°=94.2\ (\mathrm{N\cdot cm})$$

$$E_{0\sim\frac{1}{2}}=\frac{1}{2}\omega XF_0\int_0^{\pi/2\omega}[\sin(2\omega t-\varphi)+\sin\varphi]\mathrm{d}t$$

$$=\frac{1}{2}XF_0\left(\frac{\pi}{2}\sin\varphi+\cos\varphi\right)=16.51\ (\mathrm{N\cdot cm})$$

其中 1/2 s 内有 1/4 个周期数。

3.6 等效黏性阻尼

当系统中存在非黏性阻尼时，一般将使振动系统成为非线性系统，微分方程求解就比较困难。此时通常用一个等效黏性阻尼系数 c_{eq} 来近似计算。

对于非黏性阻尼，工程中通常采用等效黏性阻尼的方法。在强迫振动中，根据式(3.5-2)，黏性阻尼每个周期耗散的能量为 $\pi cX^2\omega$，对于非黏性阻尼，先求出它每个周期耗散的能量 E，然后将 E 表示为

$$E=c_{eq}\omega\pi X^2$$

得

$$c_{eq}=\frac{E}{\omega\pi X^2}\tag{3.6-1}$$

式中，c_{eq} 为等效黏性阻尼系数。下面分别举例说明。

(1) 干摩擦阻尼

干摩擦力通常假定与法向压力成正比，一般其大小与相对运动的速度无关，在整个强迫振动过程中保持为常力 F，但方向始终与运动方向相反。在强迫振动中每周期耗散能量为

$$E=4XF\tag{3.6-2}$$

得

$$c_{eq}=\frac{4F}{\omega\pi X}\tag{3.6-3}$$

可见干摩擦的等效黏性阻尼系数 c_{eq} 不仅与摩擦力成正比，还与系统的振幅 X 和频率 ω 成反比。

(2) 速度平方阻尼

当物体在流体介质中高速运动时，所遇到的阻力通常表示为与速度平方成正比，即

$$F_d=\pm\alpha\dot{x}^2\tag{3.6-4}$$

式中，α 为常数，正号对应于 $\dot{x}<0$，负号对应于 $\dot{x}>0$。

由于 $x=X\sin(\omega t-\varphi)$，$\dot{x}=X\omega\cos(\omega t-\varphi)$，因而每周期所耗散的能量为

$$E=4\int_0^{T/4}F_d\dot{x}\mathrm{d}t=4\int_0^{T/4}\alpha\dot{x}^3\mathrm{d}t=\frac{8}{3}\alpha X^3\omega^2\tag{3.6-5}$$

得

$$c_{eq}=\frac{(8/3)\alpha X^3\omega^2}{\pi\omega X^2}=\frac{8}{3}\frac{\alpha}{\pi}\omega X\tag{3.6-6}$$

所以速度平方等效阻尼是与系统的振幅 X 和频率 ω 成正比的。

(3) 结构阻尼

通常认为由于材料本身内摩擦造成的阻尼，称为结构阻尼。在材料力学中已经知道，当

对一种材料加载超过弹性极限，然后卸载，并继续往反方向加载，再卸载。一个循环过程中，应力应变曲线会形成一个滞后回线，如图3.6-1所示。滞后回线所包的阴影面积表示材料在一个循环中单位体积释放的能量。这部分能量将变成热能散失掉。结构材料实际上不是完全弹性的，在振动过程中也就是处在加载卸载过程中，每一个振动周期形成一次滞后回线，结构阻尼即由此产生。实验指出，内摩擦所引起的阻尼与速度无关，对于大多数金属（如钢和铝），结构阻尼在很大一个频率范围内与频率 ω 无关，而在一个周期内所消耗的能量与振幅平方成正比。即

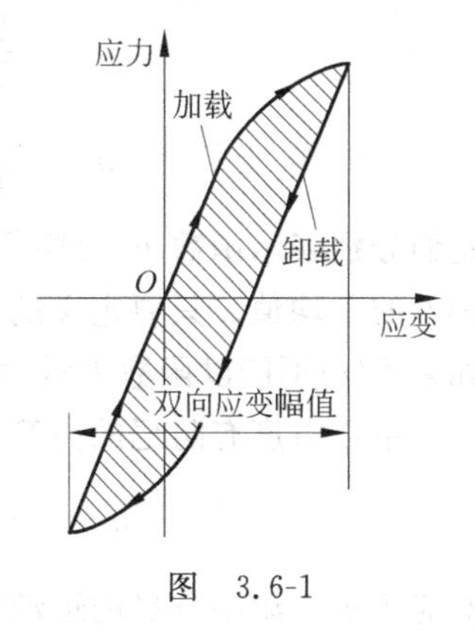

图　3.6-1

$$E = \alpha X^2 \tag{3.6-7}$$

式中，α 为常数。得

$$c_{\mathrm{eq}} = \frac{\alpha X^2}{\pi\omega X^2} = \frac{\alpha}{\pi\omega} \tag{3.6-8}$$

所以结构阻尼的等效阻尼系数是与系统频率 ω 成反比的。

有了等效黏性阻尼系数 c_{eq}，非黏性阻尼强迫振动的微分方程可以表示为

$$m\ddot{x} + c_{\mathrm{eq}}\dot{x} + kx = F(t) \tag{3.6-9}$$

其特解的振幅为

$$X = \frac{F_0}{\sqrt{(k - m\omega^2)^2 + (c_{\mathrm{eq}}\omega)^2}} \tag{3.6-10}$$

事实上，对于简谐激励作用的振动系统，通常都假定振动系统的稳态响应也是简谐的，但对于有非黏性阻尼的振动系统，这个假定不再正确。而在实际问题中，较小的阻尼不致过分影响强迫振动的波形，通过上述计算方法可以得出有用的结果。

3.7　系统对周期激励的响应·傅里叶级数

前面已经讨论了振动系统受简谐激励的响应，但在实际问题中，许多情况下系统是受一种非简谐的周期激励作用，然而只要满足某些条件，任何周期函数都可以用简谐的收敛级数来表示。这种由简谐函数组成的级数称为傅里叶(Fourier)级数，对应级数就是简谐激励作用的响应问题，利用叠加原理，周期激励的响应则等于各简谐分量引起响应的总和。

周期激励函数满足

$$F(t) = F(t \pm jT) \quad (j = 1,2,3,\cdots) \tag{3.7-1}$$

式中，T 为周期。将 $F(t)$ 展开为傅里叶级数

$$F(t) = \frac{a_0}{2} + \sum_{j=1}^{\infty}(a_j \cos j\omega t + b_j \sin j\omega t) \tag{3.7-2}$$

式中，频率 $\omega = 2\pi/T$ 为函数 $F(t)$ 的基频，基频的整数倍 $j\omega$ 称为谐频，其基本频率作为第一谐频。上式表明，一个复杂的周期激励函数可以表示为一系列谐频的许多简谐函数的叠加。

傅里叶级数的系数 a_0，a_j 与 b_j 可由下式确定：

$$a_j=\frac{2}{T}\int_{-T/2}^{T/2}F(t)\cos j\omega t\,\mathrm{d}t \quad (j=0,1,2,3,\cdots) \tag{3.7-3}$$

$$b_j=\frac{2}{T}\int_{-T/2}^{T/2}F(t)\sin j\omega t\,\mathrm{d}t \quad (j=1,2,3,\cdots) \tag{3.7-4}$$

它们分别表示函数 $F(t)$ 中简谐分量 $\cos j\omega t$ 和 $\sin j\omega t$ 所参与的程度，注意到 $a_0/2$ 代表 $F(t)$ 的平均值。只要定义的 a_j 和 b_j 的积分存在，用傅里叶级数表示函数 $F(t)$ 总是可能的。如果 $F(t)$ 不能以函数表示，可以近似模拟计算。

单自由度有阻尼的弹簧-质量系统在周期激励 $F(t)$ 作用下的微分方程为

$$m\ddot{x}+c\dot{x}+kx=\frac{a_0}{2}+\sum_{j=1}^{\infty}(a_j\cos j\omega t+b_j\sin j\omega t) \tag{3.7-5}$$

对应于每一激励分量的运动微分方程为

$$\left.\begin{aligned} m\ddot{x}^0+c\dot{x}^0+kx^0&=\frac{a_0}{2}\\ m\ddot{x}_j^c+c\dot{x}_j^c+kx_j^c&=a_j\cos j\omega t\\ m\ddot{x}_j^s+c\dot{x}_j^s+kx_j^s&=b_j\sin j\omega t \end{aligned}\right\} \tag{3.7-6}$$

方程(3.7-6)的稳态响应为

$$\left.\begin{aligned} x^0&=\frac{a_0}{2k}\\ x_j^c&=\frac{a_j}{k}\mid H_j(j\omega)\mid\cos(j\omega t-\varphi_j)\\ x_j^s&=\frac{b_j}{k}\mid H_j(j\omega)\mid\sin(j\omega t-\varphi_j) \end{aligned}\right\} \tag{3.7-7}$$

式中

$$\mid H_j(j\omega)\mid=\frac{1}{\sqrt{(1-\lambda_j^2)^2+(2\zeta\lambda_j)^2}} \tag{3.7-8}$$

$$\tan\varphi_j=\frac{2\zeta\lambda_j}{1-\lambda_j^2} \tag{3.7-9}$$

$$\lambda_j=\frac{j\omega}{\omega_{\mathrm{n}}} \tag{3.7-10}$$

由叠加原理得周期激励的稳态响应为

$$\begin{aligned} x&=\frac{a_0}{2k}+\sum_{j=1}^{\infty}x_j^c+\sum_{j=1}^{\infty}x_j^s\\ &=\frac{a_0}{2k}+\sum_{j=1}^{\infty}\frac{a_j\cos(j\omega t-\varphi_j)+b_j\sin(j\omega t-\varphi_j)}{k\sqrt{(1-\lambda_j^2)^2+(2\zeta\lambda_j)^2}} \end{aligned} \tag{3.7-11}$$

例 3.7-1 无阻尼单自由度系统受如图 3.7-1 所示的周期方波激励。试求系统的稳态响应。

解：周期方波激励的数学描述为

$$F(t)=\begin{cases} F_0 & (0<t<T/2)\\ -F_0 & (T/2<t<T) \end{cases}$$

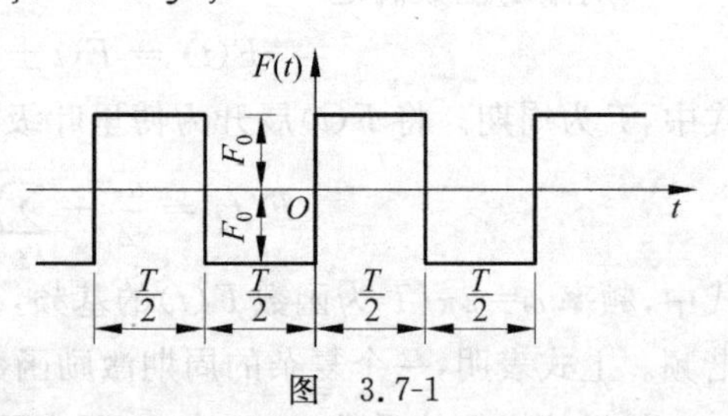

图 3.7-1

式中，T 为周期。将 $F(t)$ 展开为傅里叶级数，其

傅里叶级数的系数为

$$a_0=\frac{2}{T}\int_{-T/2}^{T/2}F(t)\mathrm{d}t=0$$

$$a_j=\frac{2}{T}\int_{-T/2}^{T/2}F(t)\cos(j\omega t)\mathrm{d}t=0$$

$$b_j=\frac{2}{T}\int_{-T/2}^{T/2}F(t)\sin(j\omega t)\mathrm{d}t=\frac{4F_0}{T}\int_0^{T/2}\sin(j\omega t)\mathrm{d}t$$

$$=-\frac{2F_0}{j\pi}(\cos j\pi-1)=\begin{cases}0 & (j\text{ 为偶数})\\ \dfrac{4F_0}{j\pi} & (j\text{ 为奇数})\end{cases}$$

则周期方波表示的傅里叶级数为

$$F(t)=\frac{4F_0}{\pi}\sum_{j=1,3,5,\cdots}^{\infty}\frac{1}{j}\sin(j\omega t)$$

对于任一项激励的响应为

$$x_j=\frac{4F_0/j\pi}{k(1-\lambda_j^2)}\sin(j\omega t)$$

式中，$\lambda_j=\dfrac{j\omega}{\omega_n}$为第 j 项对应的频率比，那么响应由叠加原理得

$$x=\sum_{j=1,3,5,\cdots}^{\infty}\frac{4F_0}{k\pi}\frac{1}{j}\frac{\sin(j\omega t)}{1-(j\omega/\omega_n)^2}$$

例 3.7-2 图 3.7-2 所示凸轮使顶杆 D 沿水平线进行周期锯齿波形运动，通过弹簧 k_1 使振动系统有强迫振动。已知凸轮升程为 2 cm，转速为 60 r/min，$k_1=k=10$ N/cm，$c=0.5$ N·s/cm，$m=1/20$ kg。试求振动系统的稳态振动。

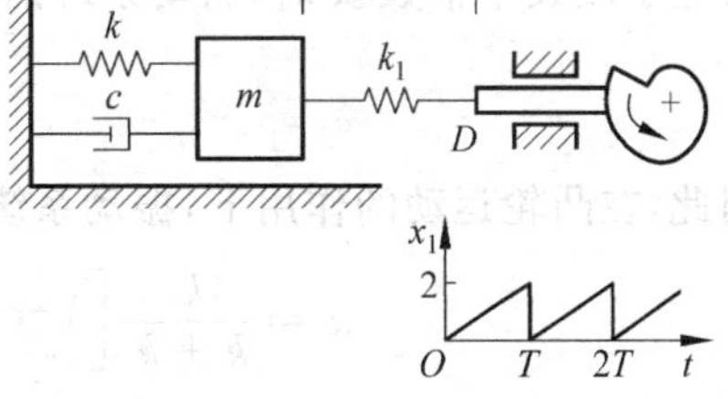

图 3.7-2

解：顶杆 D 的运动方程为

$$x_1=\frac{2}{T}t\quad(0<t<T)$$

激振频率为 1 Hz，即 $T=1$ s，$\omega=2\pi$ s^{-1}。将激励 x_1 展开成傅里叶级数为

$$x_1=\frac{a_0}{2}+\sum_{j=1}^{\infty}(a_j\cos j\omega t+b_j\sin j\omega t)$$

其中

$$a_0=\frac{2}{T}\int_0^T x_1\mathrm{d}t=\frac{2\omega}{2\pi}\int_0^{2\pi/\omega}\frac{2\omega}{2\pi}t\mathrm{d}t=\frac{\omega^2}{\pi^2}\int_0^{2\pi/\omega}t\mathrm{d}t=\frac{\omega^2}{2\pi^2}t^2\Big|_0^{2\pi/\omega}=2$$

$$a_j=\frac{2}{T}\int_0^T x_1\cos j\omega t\mathrm{d}t=\frac{2\omega^2}{2\pi^2}\int_0^{2\pi/\omega}t\cos j\omega t\mathrm{d}t$$

$$=\frac{\omega^2}{\pi^2}\frac{1}{(j\omega)^2}(\cos j\omega t+j\omega t\sin j\omega t)\Big|_0^{2\pi/\omega}$$

$$=\frac{1}{j^2\pi^2}(\cos j2\pi+j2\pi\sin j2\pi-1)=0$$

$$b_j=\frac{2}{T}\int_0^T x_1\sin j\omega t\mathrm{d}t=\frac{2\omega^2}{2\pi^2}\int_0^{2\pi/\omega}t\sin j\omega t\mathrm{d}t$$

$$=\frac{\omega^2}{\pi^2}\frac{1}{(j\omega)^2}(\sin j\omega t-j\omega t\cos j\omega t)\Big|_0^{2\pi/\omega}$$

$$=\frac{1}{\pi^2 j^2}(\sin j2\pi-j2\pi\cos j2\pi)=-\frac{2}{\pi j}$$

得 x_1 的傅里叶级数为

$$x_1=1-\frac{2}{\pi}\sum_{j=1}^{\infty}\frac{1}{j}\sin j\omega t$$

振动系统的运动微分方程为

$$m\ddot{x}=-c\dot{x}-kx-k_1(x-x_1)$$

或

$$m\ddot{x}+c\dot{x}+(k+k_1)x=k_1x_1=k_1-\frac{2k_1}{\pi}\sum_{j=1}^{\infty}\frac{1}{j}\sin j\omega t$$

令

$$\omega_{\mathrm{n}}^2=\frac{k+k_1}{m},\quad 2\zeta\omega_{\mathrm{n}}=\frac{c}{m},\quad \lambda=\frac{\omega}{\omega_{\mathrm{n}}}$$

则对应于激励的第 j 次谐频 $-\frac{2k_1}{j\pi}\sin j\omega t$,振动系统的稳态运动为

$$x_j=\frac{-2k_1\sin(j\omega t-\varphi_j)}{(k+k_1)j\pi\sqrt{(1-j^2\lambda^2)^2+(2\zeta j\lambda)^2}}$$

$$\tan\varphi_j=\frac{2\zeta j\lambda}{1-(j\lambda)^2}$$

对应于级数中常数项 k_1,振动系统的响应为

$$x_0=\frac{k_1}{k+k_1}$$

因此,在凸轮运动的作用下,振动系统的稳态运动为

$$x=\frac{k_1}{k+k_1}\left[1-\frac{2}{\pi}\sum_{j=1}^{\infty}\frac{\sin(j\omega t-\varphi_j)}{j\sqrt{(1-j^2\lambda^2)^2+(2\zeta j\lambda)^2}}\right]$$

由给出的数据,有

$$\omega_{\mathrm{n}}^2=\frac{k+k_1}{m}=400,\quad \lambda=\frac{\omega}{\omega_{\mathrm{n}}}=\frac{2\pi}{20}=0.1\pi,$$

$$\zeta=\frac{c}{2m\omega_{\mathrm{n}}}=\frac{0.5}{2\times(1/20)\times 20}=0.25$$

因此得

$$x=\frac{1}{2}\left[1-\frac{2}{\pi}\sum_{j=1}^{\infty}\frac{\sin(2j\pi t-\varphi_j)}{j\sqrt{[1-(0.1\pi j)^2]^2+(0.05\pi j)^2}}\right]$$

$$\varphi_j=\arctan\frac{0.05\pi j}{1-(0.1\pi j)^2}$$

引入下述定义:

(1) 若 $F(t)=F(-t)$,则函数 $F(t)$ 称为 t 的偶函数。

(2) 若 $F(t)=-F(-t)$,则函数 $F(t)$ 称为 t 的奇函数。

如果把 $F(t)$ 按 t 展成幂级数,而 $F(t)$ 为偶函数,那么 t 的奇次幂的系数均为零;反之,如

果 $F(t)$是奇函数，那么 t 的偶次幂的系数均为零。作为例子，容易证明，$\cos j\omega t$ 是 t 的偶函数，$\sin j\omega t$ 为 t 的奇函数。在傅里叶展开式中，如果 $F(t)$是偶函数，系数 b_j 均为零；如果 $F(t)$为奇函数，则系数 a_j 均为零。

3.8 系统对任意激励的响应·卷积积分

3.7 节讨论了周期激励作用下系统的响应。在不考虑初始阶段的瞬态振动时，它是稳态的周期振动。但在许多实际问题中，激励并非是周期函数，而是任意的时间函数，或者是在极短时间间隔内的冲击作用。例如，列车在启动时各车厢挂钩之间的冲击力；火炮在发射时作用于支承结构的反作用力；地震波以及强烈爆炸形成的冲击波对房屋建筑的作用；精密仪表在运输过程中包装箱速度(大小与方向)的突变等。在这种激励情况下，系统通常没有稳态振动，而只有瞬态振动。在激励停止作用后，振动系统将按固有频率进行自由振动。但只要激励持续，即使存在阻尼，由激励产生的响应也将会无限地持续下去。系统在任意激励作用下的振动状态，包括激励作用停止后的自由振动，称为任意激励的响应，周期激励是任意激励的一种特例。

有多种方法可以确定系统对任意激励的响应，这取决于描述激励函数的方式。一种方法是用傅里叶积分来表示激励，它是由傅里叶级数通过令周期趋近于无穷大的极限过程来得到的。所以，实质上激励不再是周期的。另一种方法是将激励视为持续时间非常短的脉冲的叠加，引用卷积积分的方法，对具有任何非齐次项的微分方程，都用统一的数学形式把解表示出来，而且所得到的解除代表强迫振动外，还包括伴随发生的自由振动。

1. 脉冲响应

一单位脉冲输入，具有零初始条件的系统响应，称为系统的脉冲响应。

宽度 T_0、高度 $1/T_0$ 的矩形脉冲，如图 3.8-1(a)所示。这个矩形脉冲的面积为 1，为了得到单位脉冲，使脉冲宽度 T_0 接近于零，而保持面积为 1，在极限情况下，单位脉冲的数学定义为

$$\left.\begin{aligned}&\delta(t)=0\quad(t\neq 0)\\&\int_{-\infty}^{\infty}\delta(t)\,\mathrm{d}t=1\end{aligned}\right\}\tag{3.8-1}$$

这个脉冲发生在 $t=0$ 处，如图 3.8-1(b)所示。如果单位脉冲发生在 $t=a$ 处，则它可由式(3.8-2)定义：

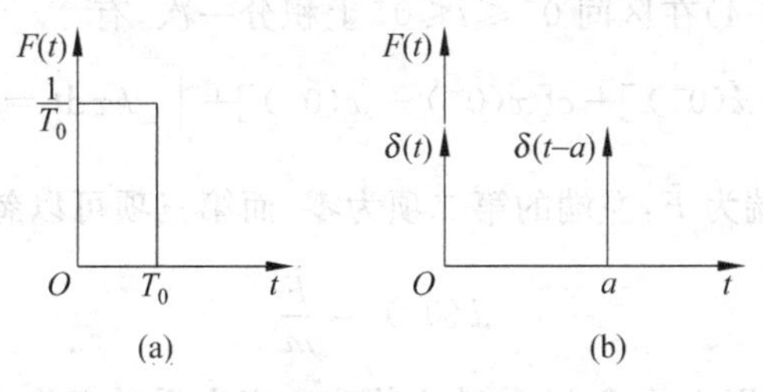

图　3.8-1

$$\left.\begin{aligned} &\delta(t-a)=0 \quad (t\neq a)\\ &\int_{-\infty}^{\infty}\delta(t-a)\mathrm{d}t=1 \end{aligned}\right\} \tag{3.8-2}$$

注意,$\delta(t-a)$是一个沿着时间轴正向移动了 a 时间的单位脉冲。

具有上述特性的任何函数(并不一定是矩形脉冲),都可用来作为一个脉冲,称为 δ 函数。数学上,单位脉冲必须具有零脉冲宽度、单位面积和无限的高度。这样的脉冲模型不可能在现实应用中实现。然而在具体系统的脉冲试验中,若激励的持续时间同系统的固有周期($T=1/f$)相比非常的短,则激励就可以考虑为一个脉冲。δ 函数的单位为 s^{-1},在其他方面的情况,δ 函数将有不同的量纲。

如果在 $t=0$ 与 $t=a$ 处分别作用有瞬时冲量 $\hat{F}$,则对应的脉冲力可方便地写成

$$F(t)=\begin{cases}\hat{F}\delta(t) & (t=0)\\ \hat{F}\delta(t-a) & (t=a)\end{cases} \tag{3.8-3}$$

式中,$\hat{F}$ 的单位为 N·s。

现在来研究单自由度阻尼系统对脉冲力 $F=\hat{F}\delta(t)$的响应,系统振动微分方程为

$$m\ddot{x}+c\dot{x}+kx=\hat{F}\delta(t) \tag{3.8-4}$$

假定系统在脉冲力 $\hat{F}\delta(t)$作用之前处于静止,即

$$x(0^-)=\dot{x}(0^-)=0 \tag{3.8-5}$$

由于 $\hat{F}\delta(t)$作用在 $t=0$ 处,对于 $t\geqslant 0^+$,系统不再受脉冲力的作用,但其影响依然存在。另外,系统对于零初始条件的响应,将变成 $t=0^+$ 时的初始条件引起的自由振动。

为了找出 $t=0^+$ 时的初始条件,对方程(3.8-4)在区间 $0^-\leqslant t\leqslant 0^+$ 上积分两次,有

$$m[x(0^+)-x(0^-)]+\int_{0^-}^{0^+}cx\,\mathrm{d}t+\int_{0^-}^{0^+}\int_{0^-}^{0^+}kx\,\mathrm{d}t\mathrm{d}t=\int_{0^-}^{0^+}\int_{0^-}^{0^+}\hat{F}\delta(t)\,\mathrm{d}t\mathrm{d}t \tag{3.8-6}$$

因为

$$\int_{-\infty}^{\infty}\hat{F}\delta(t)\,\mathrm{d}t=\int_{0^-}^{0^+}\hat{F}\delta(t)\,\mathrm{d}t=\hat{F}=\text{常量} \tag{3.8-7}$$

则方程(3.8-6)的右端积分两次为无限小量,可以略去不计。又因为位移 x 为有限值,所以方程(3.8-6)左端第二项和第三项的积分值是无限小量或高一阶的无限小量,同样近似取为零。考虑到 $x(0^-)=0$,则有

$$x(0^+)=0 \tag{3.8-8}$$

也就是说,在脉冲力 $\hat{F}\delta(t)$作用的极短时间内,质量 m 还来不及发生位移。

现在,只对方程(3.8-4)在区间 $0^-\leqslant t\leqslant 0^+$ 上积分一次,有

$$m[\dot{x}(0^+)-\dot{x}(0^-)]+c[x(0^+)-x(0^-)]+\int_{0^-}^{0^+}kx\,\mathrm{d}t=\int_{0^-}^{0^+}\hat{F}\delta(t)\,\mathrm{d}t \tag{3.8-9}$$

同理,方程(3.8-9)的右端为 $\hat{F}$,左端的第二项为零,而第三项可以忽略不计,得

$$\dot{x}(0^+)=\frac{\hat{F}}{m} \tag{3.8-10}$$

可见,若系统在脉冲力作用之前静止,脉冲力使速度产生瞬时变化,则可以认为在 $t=0$ 时作

用的脉冲力等效于初始位移 $x(0)=0$ 和初始速度 $v_0=\hat{F}/m$ 的初始干扰作用，所以方程(3.8-4)等价于初始条件引起的自由振动，即

$$\left.\begin{aligned} m\ddot{x}+c\dot{x}+kx&=0 \\ x(0)=0,\quad \dot{x}(0)&=\frac{\hat{F}}{m} \end{aligned}\right\} \tag{3.8-11}$$

其解为

$$x(t)=\begin{cases} \dfrac{\hat{F}}{m\omega_{\mathrm{d}}}\mathrm{e}^{-\zeta\omega_{\mathrm{n}}t}\sin\omega_{\mathrm{d}}t, \quad \omega_{\mathrm{d}}=\sqrt{1-\zeta^2}\,\omega_{\mathrm{n}} & (t>0) \\ 0 & (t<0) \end{cases} \tag{3.8-12}$$

令 $\hat{F}=1$，则系统受单位脉冲力 $F(t)=\delta(t)$ 作用，其响应称为脉冲响应，即

$$h(t)=\begin{cases} \dfrac{1}{m\omega_{\mathrm{d}}}\mathrm{e}^{-\zeta\omega_{\mathrm{n}}t}\sin\omega_{\mathrm{d}}t & (t>0) \\ 0 & (t<0) \end{cases} \tag{3.8-13}$$

2. 卷积积分

利用脉冲响应，可以计算振动系统对任意激励函数 $F(t)$ 的响应，把 $F(t)$ 视为一系列幅值不等的脉冲，用脉冲序列近似地代替激励 $F(t)$，如图 3.8-2 所示，脉冲的强度由脉冲的面积确定，在任意时刻 $t=\tau$ 处，相应的时间增量为 $\Delta\tau$，有一个大小为 $F(\tau)\Delta\tau$ 的脉冲，相应的力的数学表达为 $F(\tau)\Delta\tau\delta(t-\tau)$。因为在 $t=\tau$ 处对脉冲的响应为 $h(t-\tau)$，所以脉冲 $F(\tau)\Delta\tau\delta(t-\tau)$ 的响应为其单位脉冲响应和脉冲强度的乘积，即 $F(\tau)\Delta\tau h(t-\tau)$。通过叠加，求出序列中每一脉冲引起的响应的总和为

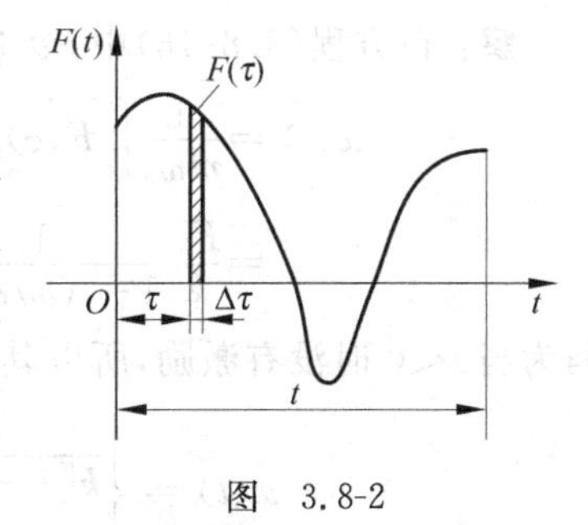

图　3.8-2

$$x(t)\approx\sum F(\tau)h(t-\tau)\Delta\tau \tag{3.8-14}$$

令 $\Delta\tau\to0$，并取极限，上式表示为积分形式

$$x(t)=\int_0^t F(\tau)h(t-\tau)\mathrm{d}\tau \tag{3.8-15}$$

式(3.8-15)称为卷积积分，又称为杜哈梅尔(Duhamel)积分，它将响应表示成脉冲响应的叠加。这里 $h(t-\tau)$ 是将方程(3.8-13)中的 t 用 $t-\tau$ 代替后得到的。因而，将方程(3.8-13)中的 t 换成 $t-\tau$ 后代入方程(3.8-15)，得到

$$x(t)=\frac{1}{m\omega_{\mathrm{d}}}\int_0^t F(\tau)\mathrm{e}^{-\zeta\omega_{\mathrm{n}}(t-\tau)}\sin\omega_{\mathrm{d}}(t-\tau)\mathrm{d}\tau \tag{3.8-16}$$

式(3.8-16)表示单自由度有阻尼的弹簧-质量系统对任意激励 $F(t)$ 的响应。要注意的是，方程(3.8-16)是在零初始条件下，对于输入 $F(t)$ 得到的系统输出 $x(t)$。若在 $t=0$ 时，任意激励 $F(t)$ 作用的瞬时，系统的初始位移和初始速度为

$$t=0,\quad x(0)=x_0,\quad \dot{x}(0)=\dot{x}_0$$

则系统的响应是由激励和初始条件引起的响应的叠加，即

$$x(t)=e^{-\zeta\omega_n t}\left(x_0\cos\omega_d t+\frac{\dot{x}_0+\zeta\omega_n x_0}{\omega_d}\sin\omega_d t\right)+$$
$$\frac{1}{m\omega_d}\int_0^t F(\tau)e^{-\zeta\omega_n(t-\tau)}\sin\omega_d(t-\tau)d\tau \tag{3.8-17}$$

式(3.8-15)积分式中的脉冲响应被推迟或移动了时间 $t=\tau$，也可以移动激励函数 $F(t)$ 来代替脉冲响应的移动而导出一个相似的式子。令 $t-\tau=u$，则 $-d\tau=du$，此外考虑式(3.8-15)中的积分限界，当 $\tau=0$ 时，$u=t$，当 $\tau=t$ 时，$u=0$，将其代入式(3.8-15)，得到

$$x(t)=\int_0^t F(t-u)h(u)du \tag{3.8-18}$$

上式为卷积积分的另一种表达形式。式(3.8-15)中的 τ 和式(3.8-18)中的 u 只是积分变量，可见卷积积分对于激励 $F(t)$ 和脉冲响应 $h(t)$ 是对称的，即

$$x(t)=\int_0^t F(\tau)h(t-\tau)d\tau=\int_0^t F(t-\tau)h(\tau)d\tau \tag{3.8-19}$$

卷积积分在线性系统研究中是一个有力的工具。虽然式(3.8-16)不便于笔算，但是用计算机可以容易地进行计算。

例 3.8-1 设一单自由度无阻尼系统受到的简谐激励如下：

$$F(t)=\begin{cases}F_0\sin\omega t & (t>0)\\ 0 & (t<0)\end{cases}$$

试用卷积积分计算其响应。

解：在方程(3.8-16)中，令 $\zeta=0$，$\omega_d=\omega_n$，则

$$x(t)=\frac{1}{m\omega_n}\int_0^t F(\tau)\sin\omega_n(t-\tau)d\tau=\frac{F_0}{m\omega_n}\int_0^t \sin\omega\tau\sin\omega_n(t-\tau)d\tau$$
$$=\frac{F_0}{k}\frac{1}{1-(\omega/\omega_n)^2}\left(\sin\omega t-\frac{\omega}{\omega_n}\sin\omega_n t\right)$$

因为当 $t<0$ 时没有激励，所以其响应应该写成下面的形式：

$$x(t)=\begin{cases}\dfrac{F_0}{k[1-(\omega/\omega_n)^2]}\left(\sin\omega t-\dfrac{\omega}{\omega_n}\sin\omega_n t\right) & (t>0)\\ 0 & (t<0)\end{cases}$$

上式右端第一项代表强迫振动，它是按激励频率 ω 进行的稳态运动，即使振动系统有阻尼也并不衰减；第二项是按固有频率 ω_n 进行的自由振动，只要振动有极微小的阻尼就会迅速衰减，所以是瞬态振动。应用卷积积分，则稳态振动与瞬态振动可同时得出。

例 3.8-2 试确定单自由度无阻尼系统在零初始条件下对图 3.8-3 中激励函数的响应。

解：由图可得激励函数为

$$F(t)=\begin{cases}F_1(t/t_1) & (0\leqslant t\leqslant t_1)\\ F_1[(t_2-t)/(t_2-t_1)] & (t_1\leqslant t\leqslant t_2)\end{cases}$$

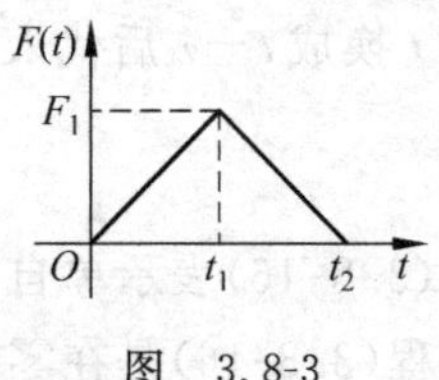

图 3.8-3

当 $0<t<t_1$，$F(t)=F_1\dfrac{t}{t_1}$ 时，由方程(3.8-17)得到

$$x(t)=\frac{F_1}{m\omega_n t_1}\int_0^t \tau\sin\omega_n(t-\tau)d\tau=\frac{F_1}{k}\left(\frac{t}{t_1}-\frac{\sin\omega_n t}{\omega_n t_1}\right)$$

当 $t_1<t<t_2$，$F(t)=F_1\dfrac{t_2-t}{t_2-t_1}$ 时，有

$$x(t)=\frac{F_1}{m\omega_n t_1}\int_0^{t_1}\tau\sin\omega_n(t-\tau)\mathrm{d}\tau+\frac{F_1}{m\omega_n}\int_{t_1}^{t}\frac{t_2-\tau}{t_2-t_1}\sin\omega_n(t-\tau)\mathrm{d}\tau$$

$$=\frac{F_1}{k}\left[\frac{t}{t_1}-\frac{\sin\omega_n t}{\omega_n t_1}-\frac{t_2(t-t_1)}{t_1(t_2-t_1)}+\frac{t_2\sin\omega_n(t-t_1)}{\omega_n t_1(t_2-t_1)}\right]$$

当 $t>t_2$ 时，得

$$x(t)=\frac{F_1}{m\omega_n t_1}\int_0^{t_1}\tau\sin\omega_n(t-\tau)\mathrm{d}\tau+\frac{F_1}{m\omega_n}\int_{t_1}^{t_2}\frac{t_2-\tau}{t_2-t_1}\sin\omega_n(t-\tau)\mathrm{d}\tau$$

$$=\frac{F_1}{k}\left[\frac{t_2\sin\omega_n(t-t_1)}{\omega_n t_1(t_2-t_1)}-\frac{\sin\omega_n(t-t_2)}{\omega_n(t_2-t_1)}+\frac{\sin\omega_n t}{\omega_n t_1}\right]$$

例 3.8-3　如图 3.8-4 所示为一弹簧-质量系统，箱子由高 h 处静止自由下落，当箱子触到地面时，试求传递到质量 m 上的最大力是多少？假定质量 m 和箱子之间有足够的间隙，不会碰撞。

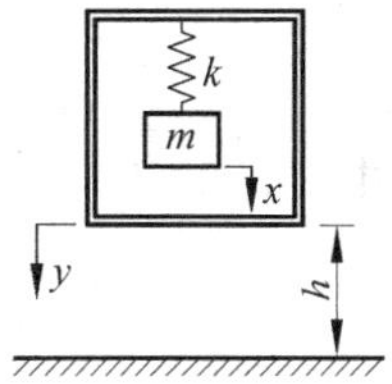

图　3.8-4

解：设 x 与 y 分别代表质量 m 与箱子的绝对位移，在自由下落过程中，质量 m 的运动微分方程为

$$m\ddot{x}=-k(x-y)$$

以 $z=x-y$ 代表质量 m 相对于箱子的相对位移，有

$$\ddot{z}+\omega_n^2 z=-\ddot{y}$$

式中

$$\omega_n=\sqrt{\frac{k}{m}}$$

假定箱子的质量远大于质量 m，因而可以认为质量 m 的运动不影响箱子的自由下落。由于箱子是由高 h 处自由下落，故有

$$y=\frac{1}{2}gt^2\quad 或\quad \ddot{y}=g$$

由卷积积分式(3.8-16)，有

$$z=-\frac{g}{\omega_n}\int_0^t\sin\omega_n(t-\tau)\mathrm{d}\tau=-\frac{g}{\omega_n^2}(1-\cos\omega_n t)$$

因而

$$\dot{z}=-\frac{g}{\omega_n}\sin\omega_n t$$

这就是在箱子着地前质量 m 相对于箱子的位移与速度。

设箱子着地的瞬时为 t_1，由自由落体知

$$t_1=\sqrt{\frac{2h}{g}}$$

在瞬时 t_1 之前，质量 m 的相对位移和相对速度为

$$z_1=-\frac{g}{\omega_n^2}(1-\cos\omega_n t_1)$$

$$\dot{z}_1=-\frac{g}{\omega_n}\sin\omega_n t_1$$

同时箱子的速度为

$$\dot{y}=gt_1$$

由于箱子着地后即静止在地面上,不回跳。在箱子着地的瞬间,质量 m 相对箱子的位移与速度分别为

$$z_0 = z_1 = -\frac{g}{\omega_n^2}(1-\cos\omega_n t_1)$$

$$\dot{z}_0 = \dot{z}_1 + \dot{y} = -\frac{g}{\omega_n}\sin\omega_n t_1 + g t_1$$

改取瞬时 t_1 为初始瞬时,则箱子着地后质量 m 相对箱子作自由振动,其相对运动方程为

$$\begin{aligned} z &= \frac{\dot{z}_0}{\omega_n}\sin\omega_n t + z_0\cos\omega_n t \\ &= \frac{g}{\omega_n^2}(\omega_n t_1 - \sin\omega_n t_1)\sin\omega_n t - \frac{g}{\omega_n^2}(1-\cos\omega_n t_1)\cos\omega_n t \\ &= A\sin(\omega_n t - \varphi) \end{aligned}$$

式中

$$A = \frac{g}{\omega_n^2}\sqrt{(\omega_n t_1 - \sin\omega_n t_1)^2 + (1-\cos\omega_n t_1)^2}$$

$$\varphi = \arctan\left(\frac{1-\cos\omega_n t_1}{\omega_n t_1 - \sin\omega_n t_1}\right)$$

通过弹簧传递到质量 m 上的最大力等于 kA,即

$$F_{\max} = kA = \frac{kg}{\omega_n^2}\sqrt{(\omega_n t_1 - \sin\omega_n t_1)^2 + (1-\cos\omega_n t_1)^2}$$

3. 单位阶跃响应

作为卷积积分的一种应用,现在来计算单自由度阻尼系统对单位阶跃函数的响应。如图 3.8-5 所示的单位阶跃函数在数学上可以定义为

$$u(t-a) = \begin{cases} 1 & (t > a) \\ 0 & (t < a) \end{cases} \tag{3.8-20}$$

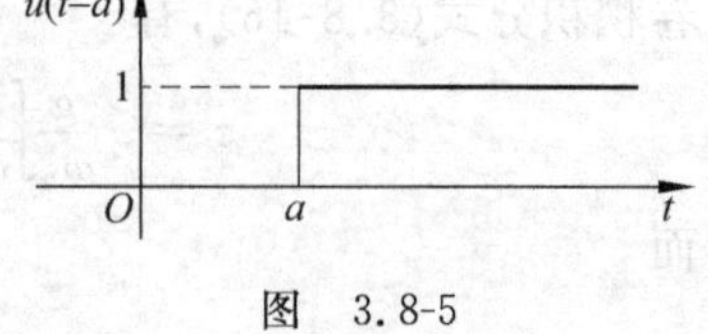

图 3.8-5

显然,函数在 $t=a$ 处有一突变,其值从 0 跳变到 1。如果突变发生于 $t=0$ 处,那么这一函数可以简单地写成 $u(t)$。单位阶跃函数是无量纲的函数。于是当一个任意函数 $F(t)$ 与单位阶跃函数 $u(t-a)$ 相乘时,$F(t)u(t-a)$ 相对于 $t<a$ 的部分等于零,而其余 $t>a$ 的部分则不受影响,即

$$F(t)u(t-a) = \begin{cases} F(t) & (t > a) \\ 0 & (t < a) \end{cases} \tag{3.8-21}$$

单位阶跃函数 $u(t-a)$ 与脉冲函数 $\delta(t-a)$ 之间存在着密切的关系,即

$$u(t-a) = \int_{-\infty}^{t}\delta(\tau - a)\,\mathrm{d}\tau \tag{3.8-22}$$

反过来,则 $\delta(t-a)$ 可以视为 $u(t-a)$ 对时间的导数,即

$$\delta(t-a) = \frac{\mathrm{d}u(t-a)}{\mathrm{d}t} \tag{3.8-23}$$

当初始条件为零时,系统对在 $t=0$ 处所作用的单位阶跃函数 $u(t)$ 的响应,称为系统的

单位阶跃响应，用 $g(t)$ 表示。

将 $F(\tau)=u(\tau)$ 代入卷积积分，可得单位阶跃响应

$$g(t)=\int_0^t u(\tau)h(t-\tau)\mathrm{d}\tau=\frac{1}{m\omega_\mathrm{d}}\int_0^t \mathrm{e}^{-\zeta\omega_\mathrm{n}(t-\tau)}\sin\omega_\mathrm{d}(t-\tau)\mathrm{d}\tau \tag{3.8-24}$$

考虑到

$$\sin\omega_\mathrm{d}(t-\tau)=\frac{1}{2\mathrm{i}}\left[\mathrm{e}^{\mathrm{i}\omega_\mathrm{d}(t-\tau)}-\mathrm{e}^{-\mathrm{i}\omega_\mathrm{d}(t-\tau)}\right] \tag{3.8-25}$$

因而积分式(3.8-24)可以改写成

$$g(t)=\frac{1}{2\mathrm{i}m\omega_\mathrm{d}}\int_0^t \mathrm{e}^{-\zeta\omega_\mathrm{n}(t-\tau)}\left[\mathrm{e}^{\mathrm{i}\omega_\mathrm{d}(t-\tau)}-\mathrm{e}^{-\mathrm{i}\omega_\mathrm{d}(t-\tau)}\right]\mathrm{d}\tau \tag{3.8-26}$$

令 $t-\tau=\alpha$，$\mathrm{d}\tau=-\mathrm{d}\alpha$，并互换积分的限界后，积分式(3.8-26)成为

$$\begin{aligned}g(t)&=\frac{1}{2\mathrm{i}m\omega_\mathrm{d}}\int_0^t \mathrm{e}^{-\zeta\omega_\mathrm{n}\alpha}\left(\mathrm{e}^{\mathrm{i}\omega_\mathrm{d}\alpha}-\mathrm{e}^{-\mathrm{i}\omega_\mathrm{d}\alpha}\right)\mathrm{d}\alpha=\frac{1}{2\mathrm{i}m\omega_\mathrm{d}}\left[\frac{\mathrm{e}^{-(\zeta\omega_\mathrm{n}-\mathrm{i}\omega_\mathrm{d})\alpha}}{-(\zeta\omega_\mathrm{n}-\mathrm{i}\omega_\mathrm{d})}-\frac{\mathrm{e}^{-(\zeta\omega_\mathrm{n}+\mathrm{i}\omega_\mathrm{d})\alpha}}{-(\zeta\omega_\mathrm{n}+\mathrm{i}\omega_\mathrm{d})}\right]\Bigg|_0^t\\&=\frac{1}{2\mathrm{i}m\omega_\mathrm{d}}\left\{\frac{\mathrm{e}^{-\zeta\omega_\mathrm{n}t}\left[-(\zeta\omega_\mathrm{n}+\mathrm{i}\omega_\mathrm{d})\mathrm{e}^{\mathrm{i}\omega_\mathrm{d}t}+(\zeta\omega_\mathrm{n}-\mathrm{i}\omega_\mathrm{d})\mathrm{e}^{-\mathrm{i}\omega_\mathrm{d}t}\right]}{\zeta^2\omega_\mathrm{n}^2+\omega_\mathrm{d}^2}-\frac{-\mathrm{i}2\omega_\mathrm{d}}{\zeta^2\omega_\mathrm{n}^2+\omega_\mathrm{d}^2}\right\}\\&=\frac{1}{2\mathrm{i}m\omega_\mathrm{d}}\left[\frac{\mathrm{i}2\omega_\mathrm{d}}{\omega_\mathrm{n}^2}-\frac{\mathrm{e}^{-\zeta\omega_\mathrm{n}t}(\mathrm{i}2\omega_\mathrm{d}\cos\omega_\mathrm{d}t+\mathrm{i}2\zeta\omega_\mathrm{n}\sin\omega_\mathrm{d}t)}{\omega_\mathrm{n}^2}\right]\end{aligned} \tag{3.8-27}$$

作一些代数运算后，并注意到 $\zeta^2\omega_\mathrm{n}^2+\omega_\mathrm{d}^2=\omega_\mathrm{n}^2$，$m\omega_\mathrm{n}^2=k$，$\mathrm{e}^{\pm\mathrm{i}\omega_\mathrm{d}t}=\cos\omega_\mathrm{d}t\pm\mathrm{i}\sin\omega_\mathrm{d}t$，方程(3.8-27)简化为

$$g(t)=\frac{1}{k}\left[1-\mathrm{e}^{-\zeta\omega_\mathrm{n}t}\left(\cos\omega_\mathrm{d}t+\frac{\zeta\omega_\mathrm{n}}{\omega_\mathrm{d}}\sin\omega_\mathrm{d}t\right)\right]u(t) \tag{3.8-28}$$

式中单位阶跃函数 $u(t)$ 表明 $t<0$ 时 $g(t)=0$。$g(t)$ 对 t 的曲线如图 3.8-6 所示。式(3.8-28)也可以变换为

$$g(t)=\frac{1}{k}\left[1-\frac{\mathrm{e}^{-\zeta\omega_\mathrm{n}t}}{\sqrt{1-\zeta^2}}\cos(\omega_\mathrm{d}t-\varphi)\right] \tag{3.8-29}$$

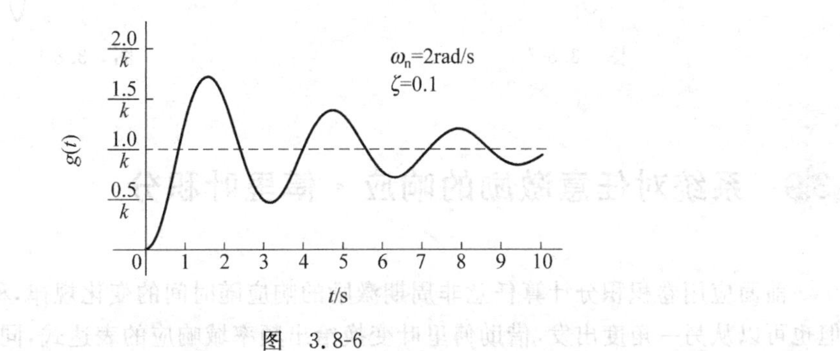

图　3.8-6

式中

$$\left.\begin{aligned}A&=\sqrt{1+\left(\frac{\zeta\omega_\mathrm{n}}{\omega_\mathrm{d}}\right)^2}=\sqrt{1+\frac{\zeta^2\omega_\mathrm{n}^2}{(1-\zeta^2)\omega_\mathrm{n}^2}}=\sqrt{\frac{1}{1-\zeta^2}}\\\tan\varphi&=\frac{\zeta\omega_\mathrm{n}}{\omega_\mathrm{d}}=\frac{\zeta}{\sqrt{1-\zeta^2}}\end{aligned}\right\} \tag{3.8-30}$$

这说明突加单位力不仅使弹簧产生静变形$\frac{1}{k}$,同时使系统发生振幅为$\frac{e^{-\zeta\omega_n t}}{k\sqrt{1-\zeta^2}}$的衰减运动。若忽略阻尼不计,即$\zeta=0$,$\omega_d=\omega_n$,则单位阶跃响应为

$$g(t)=\frac{1}{k}[1-\cos\omega_n t]u(t) \tag{3.8-31}$$

可见弹簧最大变形为$\frac{2}{k}$,等于静变形的2倍。

例 3.8-4 试用单位阶跃函数的概念计算单自由度无阻尼系统对图3.8-7所示的矩形脉冲的响应$x(t)$。

解:图3.8-7中所描述的函数$F(t)$可以方便地用单位阶跃函数来表示:

$$F(t)=F_0[u(t+T)-u(t-T)]$$

根据单自由度无阻尼系统对在$t=0$处所作用的单位阶跃函数的响应式(3.8-31),可以把$u(t+T)$的响应表示为$g(t+T)$,这只要在方程(3.8-31)中用$t+T$代替t后就可得到。同样,对$u(t-T)$的响应表示为$g(t-T)$。因而系统对$F(t)$的响应就成为

$$\begin{aligned}x(t)&=F_0[g(t+T)-g(t-T)]\\&=\frac{F_0}{k}\{[1-\cos\omega_n(t+T)]u(t+T)-[1-\cos\omega_n(t-T)]u(t-T)\}\end{aligned}$$

$x(t)$对t的曲线如图3.8-8所示。

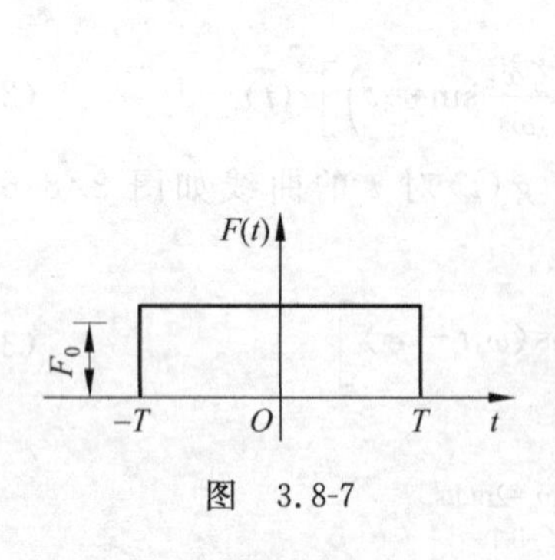

图 3.8-7

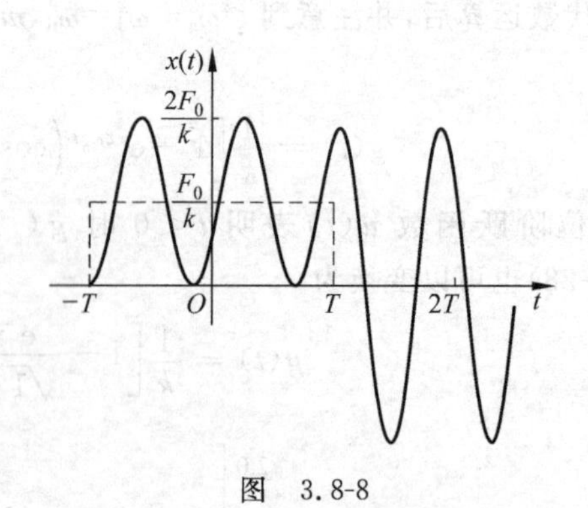

图 3.8-8

3.9 系统对任意激励的响应·傅里叶积分

前面应用卷积积分计算任意非周期激励的响应随时间的变化规律,称为时域分析方法。但也可以从另一角度出发,借助傅里叶变换给出频率域响应的表达式,同时给出脉冲响应函数与复频率响应函数的傅里叶变换关系。

单自由度线性系统受非周期激励的振动微分方程为

$$m\ddot{x}+c\dot{x}+kx=F(t) \tag{3.9-1}$$

令作用在系统上的激励具有如下的形式,即

$$F(t)=kf(t) \tag{3.9-2}$$

注意到$f(t)$的量纲与位移的量纲相同。

周期激励函数可以利用傅里叶级数来表示，即表达成为无穷个简谐分量的叠加。对于任意非周期激励函数 $F(t)=kf(t)$，可视为周期 T 趋于无穷大的周期函数，也就是说，非周期函数可视为周期为无穷大的周期函数。这样，离散频率越来越接近，直到成为连续为止。这时傅里叶级数就成为傅里叶积分。

考虑傅里叶级数的复数形式，即

$$f(t)=\sum_{p=-\infty}^{\infty}C_p\mathrm{e}^{\mathrm{i}p\omega t}\mathrm{d}t,\quad \omega=\frac{2\pi}{T}\tag{3.9-3}$$

系数 C_p 为

$$C_p=\frac{1}{T}\int_{-T/2}^{T/2}f(t)\mathrm{e}^{-\mathrm{i}p\omega t}\mathrm{d}t\quad (p=0,\pm1,\pm2,\cdots)\tag{3.9-4}$$

式中，$T=\dfrac{2\pi}{\omega}$为激励函数的周期。傅里叶级数式(3.9-3)和式(3.9-4)提供了有关周期函数 $f(t)$的频率组成依据。令 $p\omega=\omega_p$，有 $\Delta\omega_p=(p+1)\omega-p\omega=\omega=\dfrac{2\pi}{T}$，将傅里叶级数展开式(3.9-3)和式(3.9-4)中的 $p\omega$ 以 ω_p，T 以$\dfrac{2\pi}{\Delta\omega_p}$代替，写成

$$f(t)=\sum_{p=-\infty}^{\infty}\frac{1}{T}(TC_p)\mathrm{e}^{\mathrm{i}\omega_p t}=\frac{1}{2\pi}\sum_{p=-\infty}^{\infty}(TC_p)\mathrm{e}^{\mathrm{i}\omega_p t}\Delta\omega_p\tag{3.9-5}$$

$$TC_p=\int_{-T/2}^{T/2}f(t)\mathrm{e}^{-\mathrm{i}\omega_p t}\mathrm{d}t\tag{3.9-6}$$

当 $T\to\infty$，$\Delta\omega_p\to0$ 时，离散频率 ω_p 就成为连续频率 ω，将 TC_p 记作 ω 的函数 $F(\omega)$，称为激励的频谱函数。上面两式转化为傅里叶变换公式，即

$$f(t)=\frac{1}{2\pi}\int_{-\infty}^{\infty}F(\omega)\mathrm{e}^{\mathrm{i}\omega t}\mathrm{d}\omega\tag{3.9-7}$$

$$F(\omega)=\int_{-\infty}^{\infty}f(t)\mathrm{e}^{-\mathrm{i}\omega t}\mathrm{d}t\tag{3.9-8}$$

积分式(3.9-8)称为关于函数 $f(t)$的傅里叶变换，它给出了 $f(t)$的连续频谱函数。积分式(3.9-7)称为关于函数 $F(\omega)$的傅里叶逆变换，它将非周期函数 $f(t)$表示为频率为 ω、幅值为 $F(\omega)\mathrm{d}\omega$ 的简谐分量的无穷叠加。$f(t)$和 $F(\omega)$共称为傅里叶变换对。

利用复频率响应函数 $H(\omega)$，将 $f(t)$以傅里叶变换式(3.9-7)代入 $x(t)=H(\omega)f(t)$，可得系统的稳态响应为

$$x(t)=\frac{1}{2\pi}\int_{-\infty}^{\infty}H(\omega)F(\omega)\mathrm{e}^{\mathrm{i}\omega t}\mathrm{d}\omega\tag{3.9-9}$$

在非周期激励作用下，系统的响应又可由傅里叶积分表示为

$$x(t)=\frac{1}{2\pi}\int_{-\infty}^{\infty}X(\omega)\mathrm{e}^{\mathrm{i}\omega t}\mathrm{d}\omega\tag{3.9-10}$$

式中

$$X(\omega)=\int_{-\infty}^{\infty}x(t)\mathrm{e}^{-\mathrm{i}\omega t}\mathrm{d}t\tag{3.9-11}$$

因此 $x(t)$与 $X(\omega)$组成了傅里叶变换对。比较式(3.9-9)和式(3.9-10)得

$$X(\omega)=H(\omega)F(\omega)\tag{3.9-12}$$

式(3.9-12)为系统响应的频率域表达式，系统在频率域的响应 $X(\omega)$等于复频率响应$H(\omega)$

与激励的傅里叶变换 $F(\omega)$的乘积。

例 3.9-1 试用傅里叶变换法计算单自由度无阻尼系统对图 3.8-7 所示的矩形脉冲激励 $F(t)$的响应 $x(t)$,并画出频谱图。

解:因为 $f(t)=F(t)/k$,函数 $f(t)$可以定义为

$$f(t)=\begin{cases}\dfrac{F_0}{k} & (-T<t<T)\\ 0 & (t<-T,t>T)\end{cases} \tag{a}$$

利用式(3.9-8),可以对 $f(t)$进行傅里叶变换,积分得

$$F(\omega)=\int_{-\infty}^{\infty}f(t)\mathrm{e}^{-\mathrm{i}\omega t}\mathrm{d}t=\frac{F_0}{k}\int_{-T}^{T}\mathrm{e}^{-\mathrm{i}\omega t}\mathrm{d}t=\frac{F_0}{k}\frac{1}{\mathrm{i}\omega}(\mathrm{e}^{\mathrm{i}\omega T}-\mathrm{e}^{-\mathrm{i}\omega T}) \tag{b}$$

当 $\zeta=0$,复频率响应为

$$H(\omega)=\frac{1}{1-(\omega/\omega_{\mathrm{n}})^2} \tag{c}$$

将方程(b)和方程(c)代入方程(3.9-12),得到

$$X(\omega)=H(\omega)F(\omega)=\frac{F_0}{k}\left\{\frac{\mathrm{e}^{\mathrm{i}\omega T}-\mathrm{e}^{-\mathrm{i}\omega T}}{\mathrm{i}\omega[1-(\omega/\omega_{\mathrm{n}})^2]}\right\} \tag{d}$$

于是,响应 $x(t)$可以表示成傅里叶逆变换形式,即

$$x(t)=\frac{1}{2\pi}\int_{-\infty}^{\infty}X(\omega)\mathrm{e}^{\mathrm{i}\omega t}\mathrm{d}\omega=\frac{F_0}{k}\frac{1}{\mathrm{i}2\pi}\int_{-\infty}^{\infty}\frac{\mathrm{e}^{\mathrm{i}\omega T}-\mathrm{e}^{-\mathrm{i}\omega T}}{\omega[1-(\omega/\omega_{\mathrm{n}})^2]}\mathrm{e}^{\mathrm{i}\omega t}\mathrm{d}\omega \tag{e}$$

为了计算此积分,需要作复平面内的围道积分(这已经超出了本书的范围),这里只给出积分的结果,有

$$x(t)=\begin{cases}0 & (t<-T)\\ \dfrac{F_0}{k}[1-\cos\omega_{\mathrm{n}}(t+T)] & (-T<t<T)\\ \dfrac{F_0}{k}[\cos\omega_{\mathrm{n}}(t-T)-\cos\omega_{\mathrm{n}}(t+T)] & (t>T)\end{cases} \tag{f}$$

注意到本例题响应 $x(t)$的结果与例题 3.8-4 的结果相同。

与 $f(t)$有关的频谱由方程(b)给出,因为$(\mathrm{e}^{\mathrm{i}\omega T}-\mathrm{e}^{-\mathrm{i}\omega T})/\mathrm{i}2=\sin\omega T$,方程(b)简化为

$$F(\omega)=\frac{2F_0}{k}\frac{\sin\omega T}{\omega} \tag{g}$$

图 3.9-1(a)表示 $F(\omega)$对 ω 的频谱图。此外,与 $x(t)$有关的频谱由方程(d)给出;同理,方程

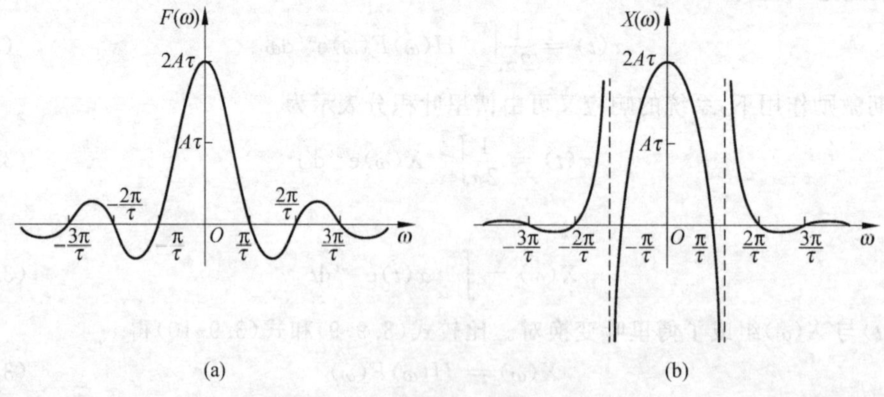

图 3.9-1

(d)简化为

$$X(\omega)=\frac{2F_0}{k}\frac{\sin\omega T}{\omega[1-(\omega/\omega_n)^2]} \tag{h}$$

图3.9-1(b)表示$X(\omega)$对ω的频谱图。

将此例题与例题3.8-4相比较，可以看出，对于求响应$x(t)$的问题，用卷积积分要比用傅里叶变换法简单，因为卷积积分能够避免本例题中涉及的复平面内围道积分的计算。

3.10 用拉普拉斯变换法求系统响应·传递函数

拉普拉斯(Laplace)变换作为一种工具已经广泛地应用于线性系统的研究中，除了为求解线性微分方程提供有效方法外，还可以用来表示联系激励和响应的简单代数式。拉普拉斯变换既适合于瞬态振动，又适合于强迫振动，这一方法的主要优点在于它可以比较容易地来处理不连续函数，并且可以自动地考虑初始条件。

用符号$\bar{x}(s)=Lx(t)$表示$x(t)$的拉普拉斯变换，则$x(t)$的拉普拉斯变换定义为

$$\bar{x}(s)=Lx(t)=\int_0^\infty e^{-st}x(t)\mathrm{d}t \tag{3.10-1}$$

式中，s一般为一复量，函数e^{-st}称为变换的核。因为式(3.10-1)是一个以t为积分变量的定积分，所以将得出一个以s为变量的函数。

为了用拉普拉斯变换法求解系统(3.9-1)的响应，需要计算导数$\dot{x}$和$\ddot{x}$的变换。应用分部积分，可以得出

$$L\dot{x}(t)=\int_0^\infty e^{-st}\dot{x}(t)\mathrm{d}t=e^{-st}x(t)\Big|_0^\infty+s\int_0^\infty e^{-st}x(t)\mathrm{d}t=-x(0)+s\bar{x}(s) \tag{3.10-2}$$

式中，$x(0)$为m的初始位移。同理，二阶导数的拉普拉斯变换可以表示为

$$L\ddot{x}(t)=\int_0^\infty e^{-st}\ddot{x}(t)\mathrm{d}t=-\dot{x}(0)-sx(0)+s^2\bar{x}(s) \tag{3.10-3}$$

式中，$\dot{x}(0)$为m的初始速度。激励函数的拉普拉斯变换简单地表示为

$$\bar{F}(s)=LF(t)=\int_0^\infty e^{-st}F(t)\mathrm{d}t \tag{3.10-4}$$

对方程(3.9-1)两边进行变换，整理后得

$$(ms^2+cs+k)\bar{x}(s)=\bar{F}(s)+m\dot{x}(0)+(ms+c)x(0) \tag{3.10-5}$$

或改写为

$$\bar{x}(s)=\frac{\bar{F}(s)}{ms^2+cs+k}+\frac{m\dot{x}(0)+(ms+c)x(0)}{ms^2+cs+k} \tag{3.10-6}$$

上式称为微分方程的辅助方程。右端第一项表示强迫振动响应，第二项表示由初始条件引起的响应。

如果不考虑方程(3.10-5)的齐次解，即令$x(0)=\dot{x}(0)=0$，就可以将变换激励和变换响应之比写成如下形式：

$$\bar{Z}(s)=\frac{\bar{F}(s)}{\bar{x}(s)}=ms^2+cs+k \tag{3.10-7}$$

函数 $\bar{Z}(s)$称为系统的广义阻抗，包含反映系统特性的所有参数，是以 s 为变量的复数域内的代数表达式。该域表示一复平面，称为拉普拉斯平面。令 $\bar{Z}(s)$的倒数以 $\bar{Y}(s)$表示，即

$$\bar{Y}(s)=\frac{1}{\bar{Z}(s)} \tag{3.10-8}$$

$\bar{Y}(s)$称为系统的导纳。

在研究变换响应与变换激励的关系时，还要建立一个更为普遍的概念，这一概念称为传递函数。对于方程(3.10-5)所描述的二阶系统的特殊情形，传递函数具有下面的形式，即

$$\bar{G}(s)=\frac{\bar{x}(s)}{\bar{F}(s)}=\frac{1}{ms^2+cs+k}=\frac{1}{m(s^2+2\zeta\omega_{\mathrm{n}}s+\omega_{\mathrm{n}}^2)} \tag{3.10-9}$$

式中，ζ 和 ω_{n} 分别为相对阻尼系数和无阻尼系统的固有频率。注意到，如果令 $\bar{G}(s)$中的 $s=\mathrm{i}\omega$，并乘以 k，就可以得到复频率响应函数 $H(\omega)$。

方程(3.10-9)可以改写为

$$\bar{x}(s)=\bar{G}(s)\bar{F}(s) \tag{3.10-10}$$

传递函数可以视为是一个代数算子，它对变换激励进行运算就得出变换响应。方程(3.10-10)可以用图 3.10-1 表示，以代数算子 $\bar{G}(s)$表示在拉普拉斯平面内的关系图。

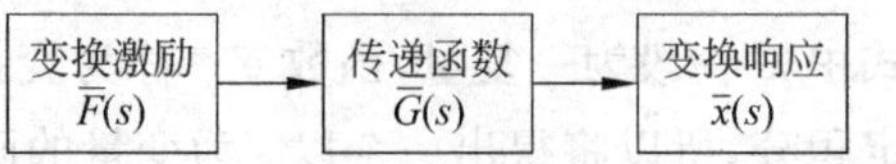

变换激励 $\bar{F}(s)$ → 传递函数 $\bar{G}(s)$ → 变换响应 $\bar{x}(s)$

图 3.10-1

响应 $x(t)$可由拉普拉斯逆变换求得。从变换响应回到 $x(t)$时，需要计算 $\bar{x}(s)$的拉普拉斯逆变换，可以表示为

$$x(t)=L^{-1}\bar{x}(s)=L^{-1}\bar{G}(s)\bar{F}(s) \tag{3.10-11}$$

一般来讲，L^{-1}的运算将涉及在复数域内的线积分，在很多情况下，这个积分可以用围道积分来代替，再转变为用复数代数中的剩余定理来计算。然而深入地研究拉普拉斯变换理论已经超出了本书的范畴。如果能够寻找一种将$\bar{x}(s)$分解成其逆变换为已知函数组合的方法，则在现有的知识结构中就可以得到简单响应问题的拉普拉斯逆变换的解答，这一方法可以通过部分分式法来实现。也就是说，把函数$\bar{x}(s)$分解成几个已知其逆变换的简单函数之和。表 3.10-1 给出了一些简单函数的拉普拉斯变换对表。

表 3.10-1　拉普拉斯变换对表

$f(t)$	$\bar{f}(s)$	$f(t)$	$\bar{f}(s)$
$\delta(t)$(Dirac δ 函数)	1	$\sinh\omega t$	$\frac{\omega}{s^2-\omega^2}$
$u(t)$(单位阶跃函数)	$\frac{1}{s}$	$1-\mathrm{e}^{-\omega t}$	$\frac{\omega}{s(s+\omega)}$
$t^n,\ n=1,2,\cdots$	$\frac{n!}{s^{n+1}}$	$1-\cos\omega t$	$\frac{\omega^2}{s(s^2+\omega^2)}$
$\mathrm{e}^{-\omega t}$	$\frac{1}{s+\omega}$	$\omega t-\sin\omega t$	$\frac{\omega^3}{s^2(s^2+\omega^2)}$
$t\mathrm{e}^{-\omega t}$	$\frac{1}{(s+\omega)^2}$	$\omega t\cos\omega t$	$\frac{\omega(s^2-\omega^2)}{(s^2+\omega^2)^2}$

续表

$f(t)$	$\bar{f}(s)$	$f(t)$	$\bar{f}(s)$
$\cos\omega t$	$\dfrac{s}{s^2+\omega^2}$	$\omega t\sin\omega t$	$\dfrac{2\omega^2 s}{(s^2+\omega^2)^2}$
$\sin\omega t$	$\dfrac{\omega}{s^2+\omega^2}$	$\dfrac{1}{\sqrt{1-\zeta^2}\omega}\mathrm{e}^{-\zeta\omega t}\sin\sqrt{1-\zeta^2}\omega t$	$\dfrac{1}{s^2+2\zeta\omega s+\omega^2}$
$\cos\mathrm{h}\omega t$	$\dfrac{s}{s^2-\omega^2}$	$\mathrm{e}^{-\zeta\omega t}\left[\cos\sqrt{1-\zeta^2}\,\omega t+\dfrac{\zeta}{\sqrt{1-\zeta^2}}\sin\sqrt{1-\zeta^2}\,\omega t\right]$	$\dfrac{s+2\zeta\omega}{s^2+2\zeta\omega s+\omega^2}$

例 3.10-1 脉冲响应。设在 $t=a$ 处作用一单位脉冲激励。可以得出其拉普拉斯变换为

$$\bar{F}(s)=\int_0^{\infty}\mathrm{e}^{-st}\delta(t-a)\mathrm{d}t=\mathrm{e}^{-as}\int_0^{\infty}\delta(t-a)\mathrm{d}t=\mathrm{e}^{-as} \tag{a}$$

先对方程(a)作一些说明：对于任何不等于 a 的值，δ 函数为零，以 $\delta(t-a)$ 乘任一函数 $f(t)$，使 $f(t)$ 在 $t\neq a$ 时的值都等于零；而当 $t=a$ 时，$f(t)=f(a)$，于是有 $f(t)\delta(t-a)=f(a)\delta(t-a)$。由于 $\delta(t-a)$ 的持续时间为无穷小，所以式中的 $f(a)$ 为常数。又因为方程(a)中的 e^{-st} 起 $f(t)$ 的作用，所以得到 $\mathrm{e}^{-st}\delta(t-a)=\mathrm{e}^{-as}\delta(t-a)$，这里 e^{-as} 为常数。把 e^{-as} 放到积分号的外面，就得到了上面的结果。

对于脉冲响应来说，激励具有 $F(t)=\delta(t)$ 的形式，由此可以得出 $a=0$ 和 $\bar{F}(s)=1$。根据方程(3.10-10)，得到

$$\bar{h}(s)=\bar{G}(s) \tag{b}$$

因而，脉冲响应的拉普拉斯变换 $\bar{h}(s)$（$\bar{h}(s)=Lh(t)$）等于传递函数 $\bar{G}(s)$。由此，脉冲响应为

$$h(t)=L^{-1}\bar{h}(s)=L^{-1}\bar{G}(s) \tag{c}$$

即脉冲响应可简单地表示为传递函数的拉普拉斯逆变换。

考虑单自由度有阻尼系统，方程(3.10-9)用部分分式的形式写出其传递函数，即

$$\begin{aligned}\bar{h}(s)=\bar{G}(s)&=\frac{1}{m(s^2+2\zeta\omega_{\mathrm{n}}s+\omega_{\mathrm{n}}^2)}\\&=\frac{1}{\mathrm{i}2\omega_{\mathrm{d}}m}\left(\frac{1}{s+\zeta\omega_{\mathrm{n}}-\mathrm{i}\omega_{\mathrm{d}}}-\frac{1}{s+\zeta\omega_{\mathrm{n}}+\mathrm{i}\omega_{\mathrm{d}}}\right)\end{aligned} \tag{d}$$

因为

$$L^{-1}\frac{1}{s-a}=\mathrm{e}^{at} \tag{e}$$

从方程(c)和方程(d)得出脉冲响应为

$$\begin{aligned}h(t)=L^{-1}\bar{G}(s)&=L^{-1}\frac{1}{\mathrm{i}2\omega_{\mathrm{d}}m}\left(\frac{1}{s+\zeta\omega_{\mathrm{n}}-\mathrm{i}\omega_{\mathrm{d}}}-\frac{1}{s+\zeta\omega_{\mathrm{n}}+\mathrm{i}\omega_{\mathrm{d}}}\right)\\&=\frac{1}{\mathrm{i}2\omega_{\mathrm{d}}m}\left[\mathrm{e}^{-(\zeta\omega_{\mathrm{n}}-\mathrm{i}\omega_{\mathrm{d}})t}-\mathrm{e}^{-(\zeta\omega_{\mathrm{n}}+\mathrm{i}\omega_{\mathrm{d}})t}\right]=\frac{1}{m\omega_{\mathrm{d}}}\mathrm{e}^{-\zeta\omega_{\mathrm{n}}t}\sin\omega_{\mathrm{d}}t\end{aligned} \tag{f}$$

这与用经典方法得到的式(3.8-13)相同。因为当 $t<0$ 时，没有激励，所以方程(f)应该乘以 $u(t)$ 后，才与实际相符。

例 3.10-2 阶跃响应。设 $F(t)=u(t-a)$，可以写出其拉普拉斯变换为

$$\bar{F}(s)=\int_0^{\infty}\mathrm{e}^{-st}u(t-a)\mathrm{d}t=\int_a^{\infty}\mathrm{e}^{-st}\mathrm{d}t=\left.\frac{\mathrm{e}^{-st}}{-s}\right|_a^{\infty}=\frac{\mathrm{e}^{-as}}{s} \tag{a}$$

显然,当 $F(t)=u(t)$,即当 $a=0$ 时,有 $\bar{F}(s)=\frac{1}{s}$。代入方程(3.10-10),得到

$$\bar{g}(s)=\frac{\bar{G}(s)}{s}=\frac{\bar{h}(s)}{s} \tag{b}$$

式中,$\bar{g}(s)=Lg(t)$ 为 $g(t)$ 的拉普拉斯变换。因而阶跃响应为

$$g(t)=L^{-1}\bar{g}(s)=L^{-1}\frac{\bar{G}(s)}{s} \tag{c}$$

考虑单自由度有阻尼系统,从方程(3.10-9)可以用部分分式的形式写出 $\bar{g}(s)$,即

$$\begin{aligned}\bar{g}(s)=\frac{\bar{G}(s)}{s}&=\frac{1}{ms(s^2+2\zeta\omega_\mathrm{n}s+\omega_\mathrm{n}^2)}\\&=\frac{1}{m\omega_\mathrm{n}^2}\left(\frac{1}{s}-\frac{\zeta\omega_\mathrm{n}+\mathrm{i}\omega_\mathrm{d}}{\mathrm{i}2\omega_\mathrm{d}}\frac{1}{s+\zeta\omega_\mathrm{n}-\mathrm{i}\omega_\mathrm{d}}+\frac{\zeta\omega_\mathrm{n}-\mathrm{i}\omega_\mathrm{d}}{\mathrm{i}2\omega_\mathrm{d}}\frac{1}{s+\zeta\omega_\mathrm{n}+\mathrm{i}\omega_\mathrm{d}}\right)\end{aligned} \tag{d}$$

从例题 3.10-1 中的方程(e),可以得到阶跃响应为

$$\begin{aligned}g(t)=L^{-1}\bar{g}(s)&=\frac{1}{k}\left[1-\frac{\zeta\omega_\mathrm{n}+\mathrm{i}\omega_\mathrm{d}}{\mathrm{i}2\omega_\mathrm{d}}\mathrm{e}^{-(\zeta\omega_\mathrm{n}-\mathrm{i}\omega_\mathrm{d})t}+\frac{\zeta\omega_\mathrm{n}-\mathrm{i}\omega_\mathrm{d}}{\mathrm{i}2\omega_\mathrm{d}}\mathrm{e}^{-(\zeta\omega_\mathrm{n}+\mathrm{i}\omega_\mathrm{d})t}\right]\\&=\frac{1}{k}\left[1-\frac{1}{\sqrt{1-\zeta^2}}\mathrm{e}^{-\zeta\omega_\mathrm{n}t}\cos(\omega_\mathrm{d}t-\varphi)\right]\end{aligned} \tag{e}$$

$$\varphi=\arctan\frac{\zeta}{\sqrt{1-\zeta^2}} \tag{f}$$

这与用经典方法得到的式(3.8-29)和式(3.8-30)相同。因为当 $t<0$ 时激励为零,所以方程(e)右边还应该乘以 $u(t)$。

3.11 复频率响应与脉冲响应之间的关系

可以证明,描述系统响应特性的在时域和频域中分别定义的脉冲响应函数 $h(t)$ 和复频率响应函数 $H(\omega)$ 恰好组成傅里叶变换对。

令激励函数为单位脉冲形式

$$f(t)=\delta(t) \tag{3.11-1}$$

此时系统的响应为脉冲响应,即

$$x(t)=h(t) \tag{3.11-2}$$

将式(3.11-1)代入式(3.9-8)得出该激励的傅里叶变换:

$$F(\omega)=\int_{-\infty}^{\infty}\delta(t)\mathrm{e}^{-\mathrm{i}\omega t}\mathrm{d}t=\mathrm{e}^0=1 \tag{3.11-3}$$

这里应用 $\int_{-\infty}^{\infty}f(t)\delta(t-a)\mathrm{d}t=f(a)$。根据方程(3.9-12)得到

$$X(\omega)=H(\omega) \tag{3.11-4}$$

根据式(3.9-10)、式(3.11-2)和式(3.11-4),有

$$h(t)=\frac{1}{2\pi}\int_{-\infty}^{\infty}X(\omega)\mathrm{e}^{\mathrm{i}\omega t}\mathrm{d}\omega=\frac{1}{2\pi}\int_{-\infty}^{\infty}H(\omega)\mathrm{e}^{\mathrm{i}\omega t}\mathrm{d}\omega \tag{3.11-5}$$

因为 $F(t)=k\delta(t)$，上式所给出的脉冲响应对应于弹簧常数 k 等于 1。同样，根据式(3.9-11)、式(3.11-2)和式(3.11-4)，有

$$H(\omega)=\int_{-\infty}^{\infty}x(t)\mathrm{e}^{-\mathrm{i}\omega t}\mathrm{d}t=\int_{-\infty}^{\infty}h(t)\mathrm{e}^{-\mathrm{i}\omega t}\mathrm{d}t \tag{3.11-6}$$

明显可以看出，复频率响应 $H(\omega)$ 和脉冲响应 $h(t)$ 为傅里叶变换对。因此，系统的特性可以用复频率响应 $H(\omega)$ 在频率域内描述，也可以用脉冲响应 $h(t)$ 在时间域内描述，它们之间的关系如图 3.11-1 所示，图中的双箭头表示傅里叶变换对。

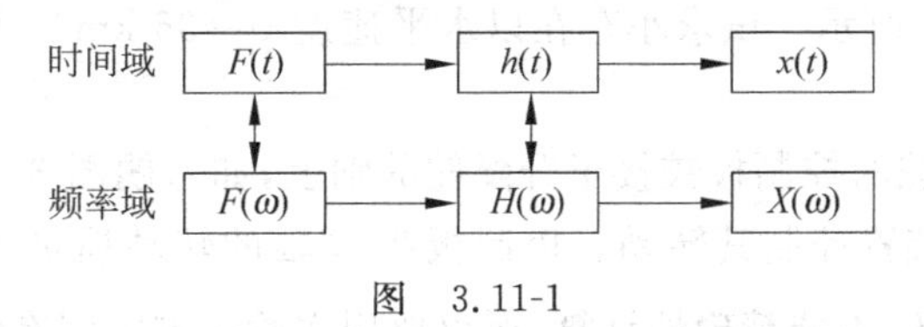

图　3.11-1

3.12　课堂讨论

如图 3.12-1 所示为一内燃机排气阀系统简图。已知摇杆 AB 对转轴 O 的转动惯量为 I，气阀 BC 的质量为 m_v，阀簧质量为 m_s，弹簧刚度为 k_s，计算时根据考虑弹簧本身质量的瑞利法可近似地将 $m_s/3$ 集中于 B 点，挺杆 AD 的质量为 m_t，弹簧刚度为 k_t。求系统固有频率和响应。

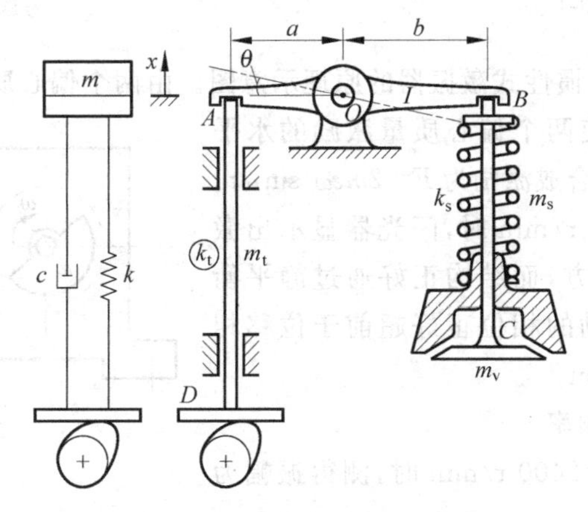

图 3.12-1　内燃机排气阀系统

课堂讨论：内燃机排气阀系统振动分析

习题

3.1　小车重 490 N,可以简化为用弹簧支在轮上的一个重量,弹簧系数 $k=50\ \mathrm{N/cm}$,轮子的重量与变形都略去不计。路面成正弦波形,可表示为 $y=Y\sin\frac{2\pi x}{L}$,其中 $Y=4\ \mathrm{cm}$,$L=10\ \mathrm{m}$,如习题图 3-1 所示。试求小车在以水平速度 $v=36\ \mathrm{km/h}$ 行驶时,车身上下振动的振幅。

3.2　一飞机升降舵的控制板铰接于升降舵的轴上,如习题图 3-2 所示的 O 点,另有一相当于扭簧 k_θ 的联动装置控制其转动。控制板绕 O 轴的转动惯量为 I_O,系统的固有频率为 $\omega_n=\sqrt{k_\theta/I_O}$。因为 k_θ 不能精确地计算,所以要用实验来测定固有频率 ω_n。为此,将升降舵固定,控制板用弹簧 k_2 来简谐地激励,并用弹簧 k_1 来抑制。改变激励频率 ω,直到达到共振频率 ω_r 为止。试以 ω_r 和实验装置的参数来表示控制板的固有频率 ω_n。

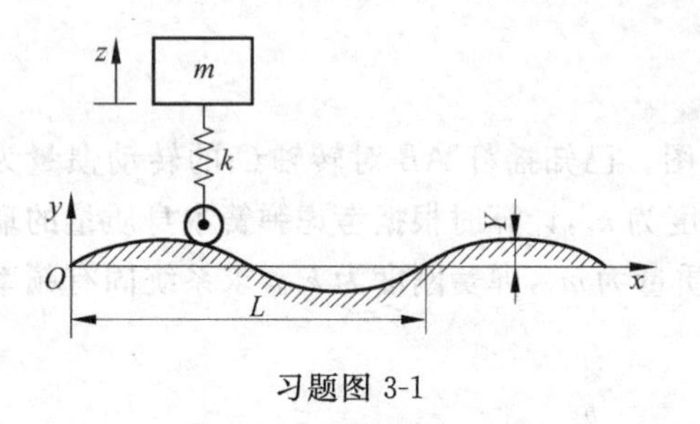

习题图 3-1

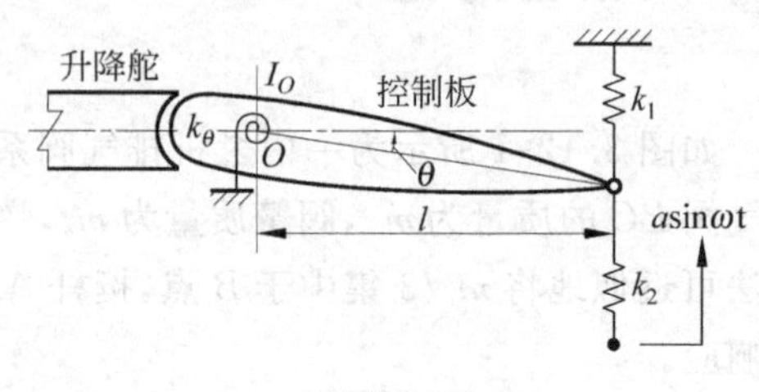

习题图 3-2

3.3　习题图 3-3 为惯性式激振器的原理示意图。由两个偏心质量 m 以角速度 ω 按相反方向转动,这样可以使两个偏心质量激励的水平分量相互抵消,铅垂分量合成激励为 $F=2me\omega^2\sin\omega t$。在激振器转速为 $n=600\ \mathrm{r/min}$ 时,闪光器显示出激振器的偏心质量在正上方,而结构正好通过静平衡位置向上移动(说明激励的相位正好超前于位移相位 $\pi/2$),此时振幅为 1 cm。

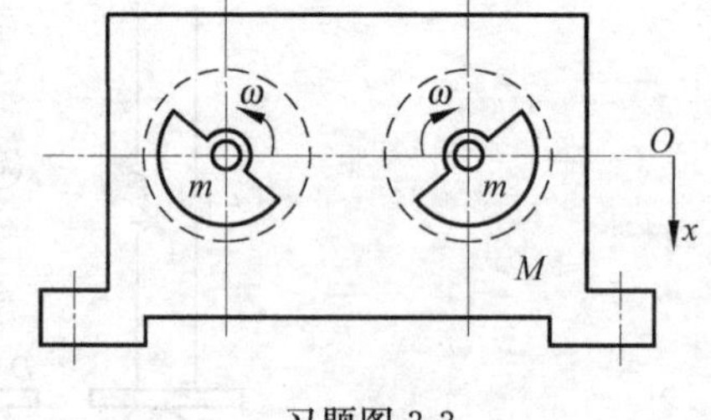

习题图 3-3

(1) 求结构的固有频率。

(2) 如调转速至 $n=2400\ \mathrm{r/min}$ 时,测得振幅为 0.05 cm,求 ζ。

3.4　试证明当振动系统的阻尼仅为结构阻尼时,在简谐激励作用下的振幅值,在 $\omega=\omega_n$ 时为最大,并导出此时的振幅值。

3.5　一重 $W=1960\ \mathrm{N}$ 的机器,放在刚度为 $k=39\ 200\ \mathrm{N/m}$ 的弹性支承上,支承的相对阻尼系数 $\zeta=0.2$。若机器在静止时受到一激励 $F=F_0\sin\omega t$ 作用而振动,$\omega=\omega_n$。问机器经过多少时间后初始阶段的瞬态位移在稳态位移的 1/100 以下?

3.6　如习题图 3-6 所示的弹簧-质量系统中,在两个弹簧的连接处作用一激励 $F_0\sin\omega t$。试求质量块 m 的振幅。

3.7　试求如习题图 3-7 所示的有阻尼弹簧-质量系统的振动微分方程，并求其稳态响应。

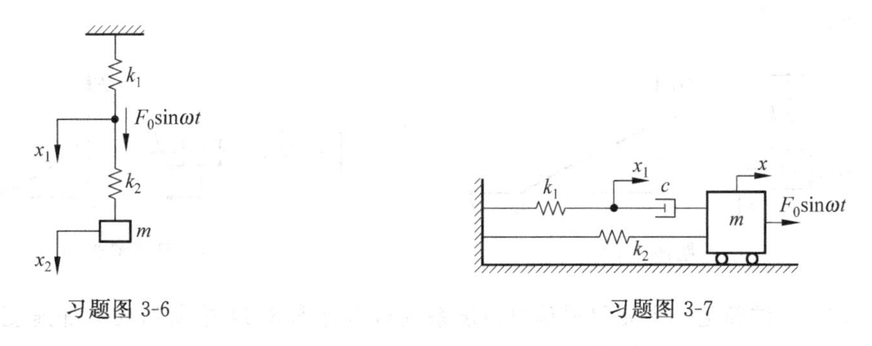

习题图 3-6　　　　习题图 3-7

3.8　用激振器对某结构物激振。如该结构物在低频率时可视为单自由度系统。已测得两次用不同频率 ω_1 与 ω_2 激振的结果为

$\omega_1=16\ \mathrm{s}^{-1}$时，激励 $F_1=500$ N，振幅 $X_1=0.72\times10^{-6}$ m，相位角 $\varphi_1=15°$；

$\omega_2=25\ \mathrm{s}^{-1}$时，激励 $F_2=500$ N，振幅 $X_2=1.45\times10^{-6}$ m，相位角 $\varphi_2=55°$。

试计算系统的等效质量 m，等效刚度 k，固有频率 ω_n 及相对阻尼系数 ζ。

3.9　如习题图 3-9 所示，某洗衣机机器部分重 $W=2.2\times10^3$ N，用 4 根螺旋弹簧在对称位置支承，每个弹簧的螺圈平均半径 $R=5.1$ cm，弹簧丝直径 $d=1.8$ cm，圈数 $n=10$，剪切弹性模量$G=8\times10^5\ \mathrm{N/cm^2}$。同时装有 4 个阻尼器，总的相对阻尼系数为 $\zeta=0.1$。在脱水时转速 $N=600$ r/min，此时衣物偏心重 $w=10$ N，偏心距为 $e=40$ cm。试求：

(1) 洗衣机的最大振幅；

(2) 隔振系数 η。

3.10　试将习题图 3-10 中用图解表示的干扰力 $F(t)$展开成三角级数。

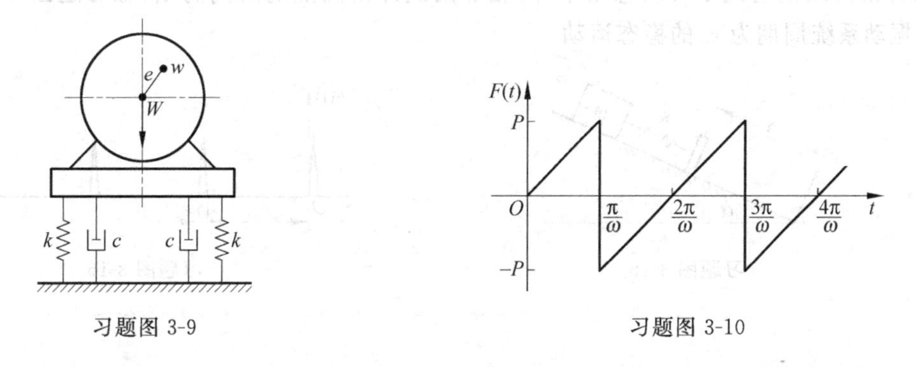

习题图 3-9　　　　习题图 3-10

3.11　将习题图 3-11 所示的半正弦激励函数展成傅里叶级数，并求出弹簧-质量系统在此激励函数作用下的响应。

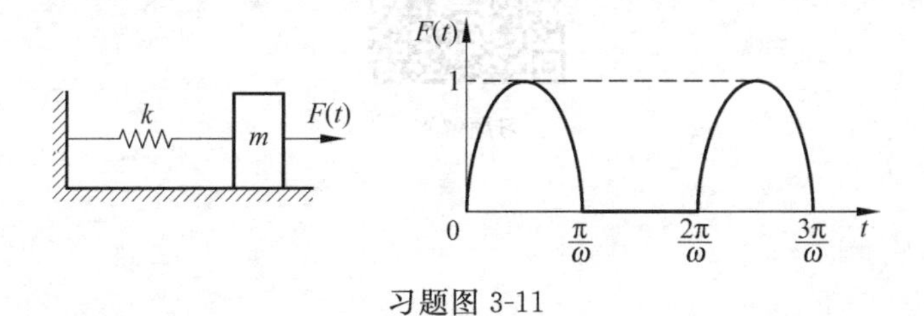

习题图 3-11

3.12　试确定一个无阻尼弹簧-质量系统对习题图 3-12 所示激励的响应。

3.13　试求习题图 3-13 所示弹簧-质量系统在力 $F=F_0\mathrm{e}^{-bt}$ 作用下的响应。系统初始时静止。

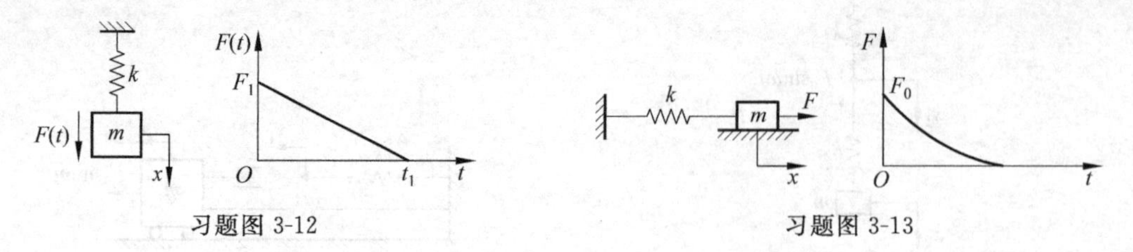

习题图 3-12　　　　习题图 3-13

3.14　试确定一个无阻尼单自由度系统对习题图 3-14 中所给支承加速度的三角函数 $\ddot{x}_{\mathrm{g}}=a(1-\sin \pi t/2t_1)$ 的响应。

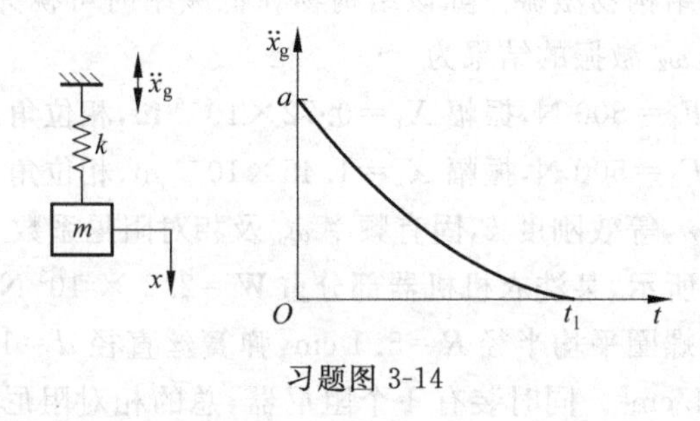

习题图 3-14

3.15　一弹簧-质量系统从一光滑斜面上滑下，斜面倾角 $\alpha=30°$，如习题图 3-15 所示。求弹簧从开始接触固定面到脱开接触的时间 t_1。

3.16　无阻尼振动系统在重复冲击的作用下进行稳态运动。每次冲击的冲量为常值 $\hat{F}$，冲击持续的时间 ε 可以忽略不计，相邻两次冲击间隔的时间为 τ_i，如习题图 3-16 所示。求振动系统周期为 τ_i 的稳态运动。

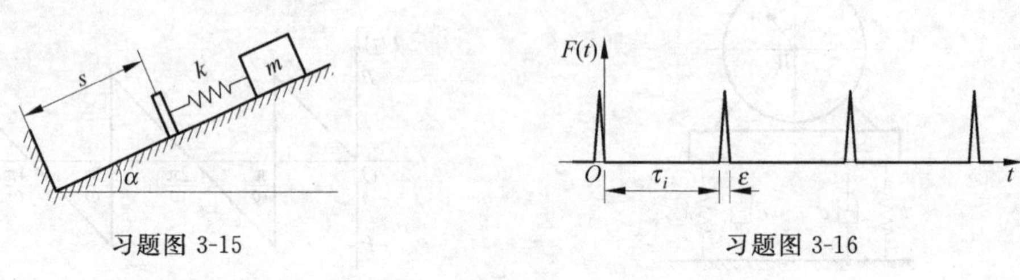

习题图 3-15　　　　习题图 3-16

习题解答

CHAPTER

第4章 两自由度系统的振动

当振动系统需要两个独立坐标描述其运动时，则认为系统具有两个自由度。两自由度系统是最简单的多自由度系统，因此研究两自由度系统是分析和掌握多自由度系统的基础。

两自由度系统具有两个固有频率，两自由度系统以固有频率进行的振动与单自由度系统不同，它是指整个系统在运动过程中的某一位移形状，称为固有振型，因此两自由度具有两个与固有频率相对应的固有振型。在任意初始条件下的自由振动一般由这两个固有振型的叠加得到。但强迫简谐振动将会发生在激励频率，两个坐标的振幅将在这两个固有频率下趋向最大值。

两自由度系统的振动微分方程一般由两个联立的微分方程组成。如果恰当地选取坐标，可使两个微分方程解除耦合，这种坐标称为主坐标或固有坐标。用固有坐标建立的系统振动微分方程为两个独立的单自由度系统的微分方程。

4.1 自由振动

如图 4.1-1(a)所示的无阻尼两弹簧-质量系统，可沿光滑水平面滑动的两个质量 m_1 与 m_2 分别用弹簧 k_1 与 k_3 连至定点，并用弹簧 k_2 相互连接。三个弹簧的轴线沿同一水平线，质量 m_1 与 m_2 只限于沿着这直线进行往复运动。这样 m_1 与 m_2 在任一瞬时的位置只需用坐标 x_1 与 x_2 就可以完全确定，因此系统具有两个自由度。

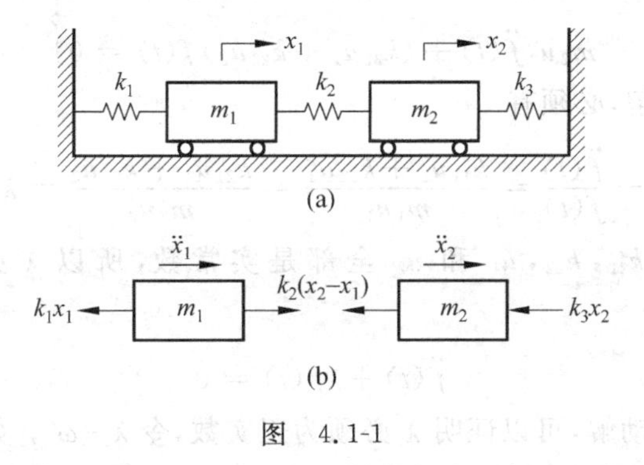

图 4.1-1

取 m_1 与 m_2 的静平衡位置为坐标原点。在振动过程中任一瞬时 t，m_1 与 m_2 的位置分别为 x_1 和 x_2，作用于 m_1 与 m_2 的重力与光滑水平面的法向反力相平衡，在质量 m_1 的水平方向作用有弹性恢复力 k_1x_1 和 $k_2(x_2-x_1)$，质量 m_2 的水平方向则受到 $k_2(x_2-x_1)$ 和 k_3x_2 作用，方向如图 4.1-1(b)所示。取加速度和力的正方向与坐标正方向一致，根据牛顿运动定律有

$$m_1\ddot{x}_1 = -k_1x_1 + k_2(x_2-x_1)$$
$$m_2\ddot{x}_2 = -k_2(x_2-x_1) - k_3x_2$$

移项得

$$\left.\begin{aligned} m_1\ddot{x}_1 + (k_1+k_2)x_1 - k_2x_2 = 0 \\ m_2\ddot{x}_2 - k_2x_1 + (k_2+k_3)x_2 = 0 \end{aligned}\right\} \tag{4.1-1}$$

方程(4.1-1)就是图 4.1-1 所示的两自由度系统自由振动的微分方程，为二阶常系数线性齐次常微分方程组。方程(4.1-1)可以使用矩阵形式来表示，即

$$\begin{bmatrix} m_1 & 0 \\ 0 & m_2 \end{bmatrix}\begin{bmatrix} \ddot{x}_1 \\ \ddot{x}_2 \end{bmatrix} + \begin{bmatrix} k_1+k_2 & -k_2 \\ -k_2 & k_2+k_3 \end{bmatrix}\begin{bmatrix} x_1 \\ x_2 \end{bmatrix} = \begin{bmatrix} 0 \\ 0 \end{bmatrix} \tag{4.1-2}$$

由系数矩阵组成的常数矩阵 $\boldsymbol{M}$ 和 $\boldsymbol{K}$ 分别称为质量矩阵和刚度矩阵，向量 $\boldsymbol{x}$ 称为位移向量。设

$$k_1+k_2 = k_{11}, \quad -k_2 = k_{12} = k_{21}, \quad k_2+k_3 = k_{22} \tag{4.1-3}$$

分别为刚度矩阵 $\boldsymbol{K}$ 中的元素，因而方程(4.1-1)可以写成

$$\left.\begin{aligned} m_1\ddot{x}_1 + k_{11}x_1 + k_{12}x_2 = 0 \\ m_2\ddot{x}_2 + k_{21}x_1 + k_{22}x_2 = 0 \end{aligned}\right\} \tag{4.1-4}$$

方程(4.1-4)为系统自由振动的微分方程。

方程(4.1-4)是齐次的，如果 x_1 和 x_2 为方程(4.1-4)的一个解，那么与其相差一个常数因子 α 的 αx_1 和 αx_2 也将是一个解。通常感兴趣的是一种特殊形式的解，也就是 x_1 和 x_2 同步运动的解。在同步运动的情况下，比值 x_2/x_1 必定与时间无关，也就是说 x_1 和 x_2 对时间有相同的依赖关系。用 $f(t)$ 表示 x_1 和 x_2 对时间的依赖部分，则其所求得的解可以写成

$$x_1 = u_1f(t), \quad x_2 = u_2f(t) \tag{4.1-5}$$

式中，常数 u_1 和 u_2 起振幅的作用。将方程(4.1-5)代入方程(4.1-4)得

$$\left.\begin{aligned} m_1u_1\ddot{f}(t) + (k_{11}u_1 + k_{12}u_2)f(t) = 0 \\ m_2u_2\ddot{f}(t) + (k_{21}u_1 + k_{22}u_2)f(t) = 0 \end{aligned}\right\} \tag{4.1-6}$$

为了使方程(4.1-6)有解，必须有

$$-\frac{\ddot{f}(t)}{f(t)} = \frac{k_{11}u_1 + k_{12}u_2}{m_1u_1} = \frac{k_{21}u_1 + k_{22}u_2}{m_2u_2} = \lambda \tag{4.1-7}$$

因为 $m_1, m_2, k_{11}, k_{12}, k_{21}, k_{22}, u_1$ 和 u_2 全部是实常数，所以 λ 必为实常数。又由方程(4.1-7)得

$$\ddot{f}(t) + \lambda f(t) = 0 \tag{4.1-8}$$

为使方程(4.1-8)有振动解，可以证明 λ 必须为正实数，令 $\lambda=\omega^2$。如果同步运动是可能的话，那么对时间的依赖是简谐函数，也就是说方程(4.1-8)唯一可能的解为

$$f(t) = C\sin(\omega t + \varphi) \tag{4.1-9}$$

式中，C 为任意常数；ω 为简谐振动的频率，$\omega=\sqrt{\lambda}$；φ 为初相位角。所有这三个量对坐标 x_1

和 x_2 都是相同的,C 和 φ 由初始条件决定。

另外,由方程(4.1-7)还可以得到

$$\left.\begin{aligned}(k_{11}-\omega^2 m_1)u_1+k_{12}u_2&=0\\ k_{21}u_1+(k_{22}-\omega^2 m_2)u_2&=0\end{aligned}\right\}\tag{4.1-10}$$

方程(4.1-10)是以 u_1 和 u_2 为未知数的两个联立齐次代数方程组,其中 ω^2 起参数作用。方程(4.1-10)具有非零解的条件为 u_1 和 u_2 的系数行列式等于零,即

$$\Delta(\omega^2)=\det\begin{bmatrix}k_{11}-\omega^2 m_1 & k_{12}\\ k_{21} & k_{22}-\omega^2 m_2\end{bmatrix}=0\tag{4.1-11}$$

$\Delta(\omega^2)$称为特征行列式,它是 ω^2 的二次多项式。展开方程(4.1-11),并考虑 $k_{12}=k_{21}$,得到

$$\Delta(\omega^2)=m_1m_2\omega^4-(m_1k_{22}+m_2k_{11})\omega^2+k_{11}k_{22}-k_{12}^2=0\tag{4.1-12}$$

方程(4.1-12)称为特征方程或频率方程,它是 ω^2 的二次方程,其根为

$$\begin{matrix}\omega_1^2\\ \omega_2^2\end{matrix}=\frac{1}{2}\frac{m_1k_{22}+m_2k_{11}}{m_1m_2}\mp\frac{1}{2}\sqrt{\left(\frac{m_1k_{22}+m_2k_{11}}{m_1m_2}\right)^2-4\frac{k_{11}k_{22}-k_{12}^2}{m_1m_2}}\tag{4.1-13}$$

因为 $k_{11}k_{22}=(k_1+k_2)(k_2+k_3)>k_2^2=k_{12}^2$,可见式(4.1-13)中“$\mp$”号后面的项要小于前面的项,于是 ω_1^2和 ω_2^2都是正数。这样,特征方程(4.1-12)有两个正实根 ω_1^2和 ω_2^2,故系统有两个频率 ω_1 和 ω_2,它们唯一地取决于振动系统的质量和弹簧刚度,称为系统的固有频率。

可以看出,只有两种振型的同步运动是可能的,它们分别以固有频率 ω_1 和 ω_2 来显示其特征。用 $u_1^{(1)}$ 和 $u_2^{(1)}$ 表示对应于 ω_1 的值,用 $u_1^{(2)}$ 和 $u_2^{(2)}$ 表示对应于 ω_2 的值。对于齐次问题来说,只可能确定比值$\frac{u_2^{(1)}}{u_1^{(1)}}$和$\frac{u_2^{(2)}}{u_1^{(2)}}$。将 ω_1^2 和 ω_2^2代入方程(4.1-10),分别求出

$$r_1=\frac{u_2^{(1)}}{u_1^{(1)}}=-\frac{k_{11}-\omega_1^2 m_1}{k_{12}}=-\frac{k_{12}}{k_{22}-\omega_1^2 m_2}\tag{4.1-14a}$$

$$r_2=\frac{u_2^{(2)}}{u_1^{(2)}}=-\frac{k_{11}-\omega_2^2 m_1}{k_{12}}=-\frac{k_{12}}{k_{22}-\omega_2^2 m_2}\tag{4.1-14b}$$

可见,成对的常数 $u_1^{(1)}$ 和 $u_2^{(1)}$ 与另一对常数 $u_1^{(2)}$ 和 $u_2^{(2)}$ 可以确定当系统分别以频率 ω_1 和 ω_2 进行同步简谐运动时呈现的形状,称为系统的固有振型(或主振型)。表示为下列矩阵形式:

$$\boldsymbol{u}^{(1)}=\begin{bmatrix}u_1^{(1)}\\ u_2^{(1)}\end{bmatrix}=u_1^{(1)}\begin{bmatrix}1\\ r_1\end{bmatrix}\tag{4.1-15a}$$

$$\boldsymbol{u}^{(2)}=\begin{bmatrix}u_1^{(2)}\\ u_2^{(2)}\end{bmatrix}=u_1^{(2)}\begin{bmatrix}1\\ r_2\end{bmatrix}\tag{4.1-15b}$$

式中,$\boldsymbol{u}^{(1)}$ 和 $\boldsymbol{u}^{(2)}$ 称为振型向量或模态向量。可见,两自由度系统有两个固有频率,相应地存在两个固有振型。其中较低的频率 ω_1 称为第一阶固有频率,简称为基频;较高的频率 ω_2 称为第二阶固有频率。相应的振型 $\boldsymbol{u}^{(1)}$ 称为第一阶固有振型,$\boldsymbol{u}^{(2)}$ 称为第二阶固有振型。对于一个给定的系统,以固有频率作振动的振型形状是一定的,但其振幅则不唯一。

回到方程(4.1-5)和方程(4.1-9),可以分别得出对应于 ω_1 和 ω_2 的运动方程

$$\boldsymbol{x}^{(1)}(t)=\begin{bmatrix}x_1^{(1)}(t)\\ x_2^{(1)}(t)\end{bmatrix}=\boldsymbol{u}^{(1)}f_1(t)=C_1\begin{bmatrix}1\\ r_1\end{bmatrix}\sin(\omega_1 t+\varphi_1)\tag{4.1-16a}$$

$$\boldsymbol{x}^{(2)}(t)=\begin{bmatrix}x_1^{(2)}(t)\\ x_2^{(2)}(t)\end{bmatrix}=\boldsymbol{u}^{(2)}f_2(t)=C_2\begin{bmatrix}1\\ r_2\end{bmatrix}\sin(\omega_2 t+\varphi_2)\tag{4.1-16b}$$

式中,常数 $u_1^{(1)}$ 和 $u_1^{(2)}$ 已分别并入 C_1 和 C_2 中,$f_1(t)$和 $f_2(t)$对应于 ω_1,$\boldsymbol{u}^{(1)}$和 ω_2,$\boldsymbol{u}^{(2)}$两种同步运动对时间的依赖。式(4.1-16)给出了两自由度系统的两阶固有振型,在一般情况下,振动系统的运动将通过两个固有振型的叠加求得,即

$$\begin{aligned}\boldsymbol{x}(t) &= \boldsymbol{x}^{(1)}(t) + \boldsymbol{x}^{(2)}(t) \\ &= C_1\begin{bmatrix}1\\r_1\end{bmatrix}\sin(\omega_1 t+\varphi_1) + C_2\begin{bmatrix}1\\r_2\end{bmatrix}\sin(\omega_2 t+\varphi_2)\end{aligned} \tag{4.1-17}$$

式中,常数 C_1 和 C_2 以及相角 φ_1 和 φ_2 由初始条件确定。在一般情况下,振动系统的自由振动是两种不同频率固有振型的叠加,其结果通常不再是简谐振动。

例 4.1-1 在图 4.1-1(a)所示的系统中,设 $m_1=m, m_2=2m, k_1=k_2=k, k_3=2k$,试求固有频率和固有振型。

解:根据已知条件

$$k_{11}=k_1+k_2=2k,\quad k_{12}=-k_2=-k,\quad k_{22}=k_2+k_3=3k$$

代入式(4.1-12),得特征方程

$$\Delta(\omega^2)=2m^2\omega^4-7mk\omega^2+5k^2=0$$

其根为

$$\left.\begin{matrix}\omega_1^2\\ \omega_2^2\end{matrix}\right\} = \left[\frac{7}{4}\mp\frac{1}{2}\sqrt{\left(\frac{7}{2}\right)^2-10}\right]\frac{k}{m} = \begin{cases}k/m\\ 5k/2m\end{cases}$$

固有频率为

$$\omega_1=\sqrt{\frac{k}{m}},\quad \omega_2=1.5811\sqrt{\frac{k}{m}}$$

将 ω_1^2 和 ω_2^2 代入式(4.1-14)得

$$r_1=-\frac{k_{11}-\omega_1^2 m_1}{k_{12}}=-\frac{2k-(k/m)m}{-k}=1$$

$$r_2=-\frac{k_{11}-\omega_2^2 m_1}{k_{12}}=-\frac{2k-(5k/2m)m}{k}=-0.5$$

故根据式(4.1-15)得系统的固有振型为

$$\boldsymbol{u}^{(1)}=u_1^{(1)}\begin{bmatrix}1\\1\end{bmatrix},\quad \boldsymbol{u}^{(2)}=u_1^{(2)}\begin{bmatrix}1\\-0.5\end{bmatrix}$$

可用图 4.1-2 显示这两个固有振型。在第一阶主振型中,两个质量以相同的振幅作同向运动,则中间弹簧无变形,可用无重刚杆代替。在第二阶主振型中,两质量以振幅比1∶0.5反向运动,注意到第二阶固有振型具有一个零位移的点,这种始终保持不动的点称为节点。

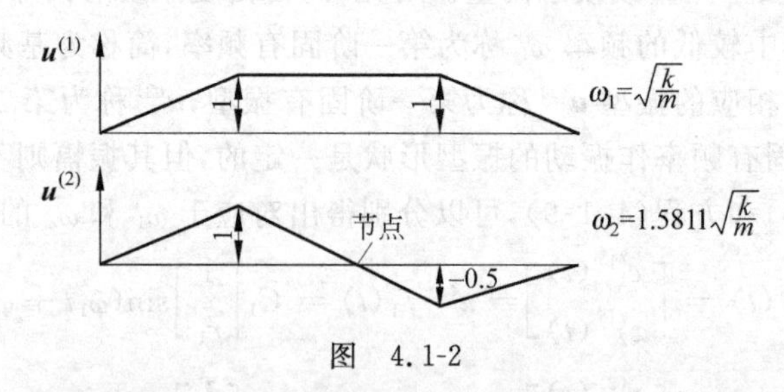

图 4.1-2

例 4.1-2 求图 4.1-3 所示扭转振动系统的固有频率和固有振型。已知两圆盘对转轴

的转动惯量为 I_1 和 I_2，轴段的扭转刚度为 k_θ。

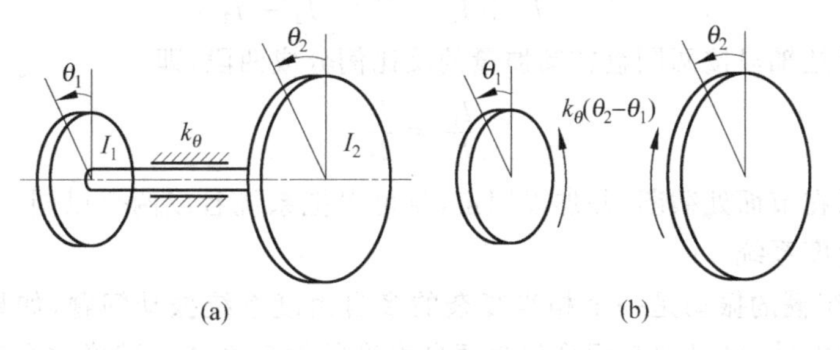

图　4.1-3

解：设 θ_1 与 θ_2 分别表示圆盘 I_1 与 I_2 的角位移，则轴的相对转角为 $\theta_2-\theta_1$，因此轴对圆盘的弹性扭矩为 $k_\theta(\theta_2-\theta_1)$，方向如图 4.1-3(b)所示。分别列出两圆盘的转动方程，即振动系统的扭转振动微分方程组

$$I_1\ddot{\theta}_1 = k_\theta(\theta_2-\theta_1)$$

$$I_2\ddot{\theta}_2 = -k_\theta(\theta_2-\theta_1)$$

移项可得

$$I_1\ddot{\theta}_1 + k_\theta\theta_1 - k_\theta\theta_2 = 0$$

$$I_2\ddot{\theta}_2 - k_\theta\theta_1 + k_\theta\theta_2 = 0$$

设

$$\theta_1 = \Theta_1\sin(\omega t+\varphi),\quad \theta_2 = \Theta_2\sin(\omega t+\varphi)$$

代入扭转振动微分方程组，得

$$(k_\theta-\omega^2 I_1)\Theta_1 - k_\theta\Theta_2 = 0$$

$$-k_\theta\Theta_1 + (k_\theta-\omega^2 I_2)\Theta_2 = 0$$

特征方程为

$$(k_\theta-\omega^2 I_1)(k_\theta-\omega^2 I_2) - k_\theta^2 = 0$$

或者

$$I_1 I_2\omega^4 - k_\theta(I_1+I_2)\omega^2 = 0$$

故根为

$$\omega_1^2 = 0,\quad \omega_2^2 = k_\theta\frac{I_1+I_2}{I_1 I_2}$$

相应的振幅比

$$r_1 = \frac{\Theta_2^{(1)}}{\Theta_1^{(1)}} = \frac{k_\theta-\omega_1^2 I_1}{k_\theta} = 1,\quad r_2 = \frac{\Theta_2^{(2)}}{\Theta_1^{(2)}} = \frac{k_\theta-\omega_2^2 I_1}{k_\theta} = -\frac{I_1}{I_2}$$

这里出现一个根为零，相应的振幅比为 1，即 $\theta_1=\theta_2$。这表明圆盘以同样的转角转动，轴段相对无变形，整个系统作为一个刚体进行定轴转动，所以振动系统没有扭振。当扭振的频率为 ω_2 时，相应的固有振型如图 4.1-4 所示，圆盘 I_1 与 I_2 恒沿相反方向运动，轴上有一个截面始终保持不动，这个截面称为节面。节面至圆盘 I_1 与 I_2 的距离为

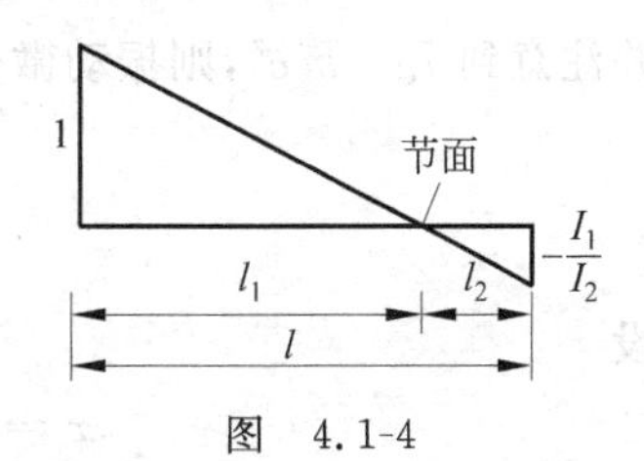

图　4.1-4

$$l_1=\frac{I_2 l}{I_1+I_2},\quad l_2=\frac{I_1 l}{I_1+I_2}$$

节面的位置正好把轴段按两圆盘转动惯量的反比例分成两段，即

$$\frac{l_1}{l_2}=\frac{I_2}{I_1}$$

如果设想把轴系在节面处截断，并加以固定，就可以把系统看成两个以同一频率，按相反方向扭振的单自由度系统。

例 4.1-3 车辆的振动是一个相当复杂的多自由度系统振动问题，如果只考虑车体的上下振动与俯仰振动，可以把车辆简化为两自由度的振动系统。试确定车辆质心的铅垂运动及绕质心俯仰运动的固有频率与固有振型。如图 4.1-5(a)所示，已知车体质量为 m，绕质心回转半径为 ρ，前轴与质心的距离为 l_1，后轴与质心的距离为 l_2，前轮悬挂刚度为 k_1，后轮悬挂刚度为 k_2。

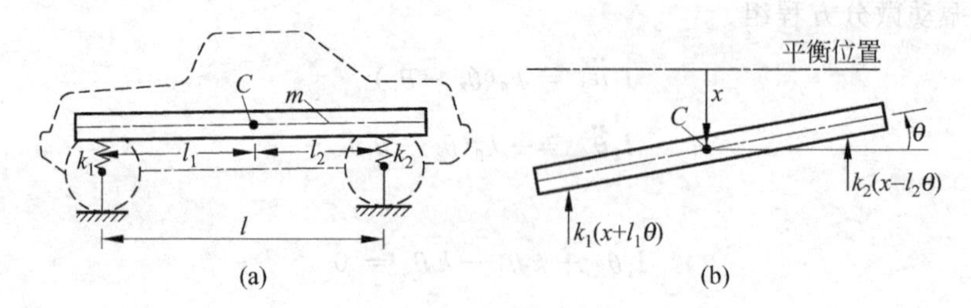

图 4.1-5

解：如图 4.1-5(b)所示，取车体质心 C 的铅垂向坐标 x 和绕横向水平质心轴的转角 θ 为广义坐标。设在某瞬时 t，质心 C 相对于静平衡位置向下位移 x，车体有仰角 θ，则前后弹簧将分别缩短 $(x+l_1\theta)$ 与 $(x-l_2\theta)$，由牛顿运动定律有

$$m\ddot{x}=-k_1(x+l_1\theta)-k_2(x-l_2\theta)$$

$$I_C\ddot{\theta}=-k_1(x+l_1\theta)l_1+k_2(x-l_2\theta)l_2$$

移项可得

$$m\ddot{x}+(k_1+k_2)x-(k_2l_2-k_1l_1)\theta=0$$

$$I_C\ddot{\theta}-(k_2l_2-k_1l_1)x+(k_1l_1^2+k_2l_2^2)\theta=0$$

写成矩阵形式为

$$\begin{bmatrix} m & 0\\ 0 & I_C\end{bmatrix}\begin{bmatrix}\ddot{x}\\ \ddot{\theta}\end{bmatrix}+\begin{bmatrix} k_1+k_2 & -(k_2l_2-k_1l_1)\\ -(k_2l_2-k_1l_1) & k_1l_1^2+k_2l_2^2\end{bmatrix}\begin{bmatrix}x\\ \theta\end{bmatrix}=\begin{bmatrix}0\\ 0\end{bmatrix}$$

令

$$k_{11}=k_1+k_2,\quad k_{12}=k_{21}=-(k_2l_2-k_1l_1),\quad k_{22}=k_1l_1^2+k_2l_2^2$$

并注意到 $I_C=m\rho^2$，则振动微分方程改写为

$$m\ddot{x}+k_{11}x+k_{12}\theta=0$$

$$m\rho^2\ddot{\theta}+k_{21}x+k_{22}\theta=0$$

设

$$x=X\sin(\omega t+\varphi),\quad \theta=\Theta\sin(\omega t+\varphi)$$

代入振动微分方程，有

$$(k_{11}-\omega^2 m)X+k_{12}\Theta=0$$
$$k_{21}X+(k_{22}-\omega^2 m\rho^2)\Theta=0$$

特征方程为

$$m^2\rho^2\omega^4-(k_{11}m\rho^2+k_{22}m)\omega^2+k_{11}k_{22}-k_{12}^2=0$$

则求得固有频率为

$$\begin{matrix}\omega_1^2\\ \omega_2^2\end{matrix}=\frac{1}{2}\frac{(k_{11}\rho^2+k_{22})}{m\rho^2}\mp\frac{1}{2}\sqrt{\left(\frac{k_{11}\rho^2+k_{22}}{m\rho^2}\right)^2-4\frac{k_{11}k_{22}-k_{12}^2}{m^2\rho^2}}$$

振幅比

$$r_1=\frac{X^{(1)}}{\Theta^{(1)}}=-\frac{k_{12}}{k_{11}-\omega_1^2 m}=-\frac{k_{22}-\omega_1^2 m\rho^2}{k_{21}},$$
$$r_2=\frac{X^{(2)}}{\Theta^{(2)}}=-\frac{k_{12}}{k_{11}-\omega_2^2 m}=-\frac{k_{22}-\omega_2^2 m\rho^2}{k_{21}}$$

若$r_1>0$，$r_2<0$，则在第一阶固有振动时x与θ是同方向，而在第二阶固有振动时x与θ是反方向。若$|r_2|\ll|r_1|$，表明两种固有振动如以相同的角位移θ作比较，第一阶固有振动的质心位移远大于第二阶固有振动的质心位移，也就是第一阶固有振动以上下垂直振动为主，其固有振型如图4.1-6(a)所示；第二阶固有振动以车体绕质心的俯仰振动为主，其固有振型如图4.1-6(b)所示。

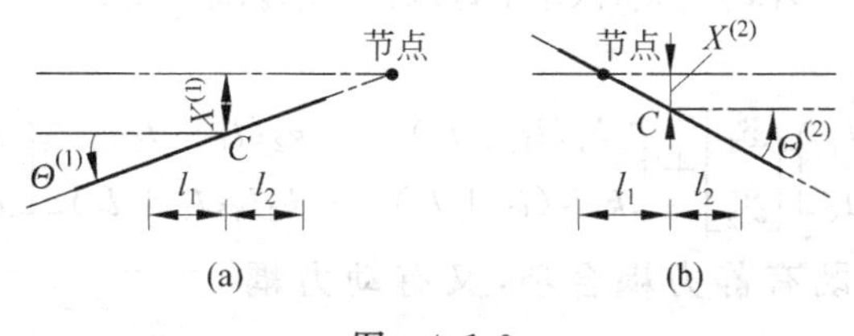

图　4.1-6

4.2　静力耦合和动力耦合

一般情况下，两自由度以上振动系统的微分方程组都会出现耦合项，如果以矩阵形式表示，则耦合项体现在非对角元素上。振动微分方程通过刚度项来耦合，称为静力耦合或弹性耦合；振动微分方程通过质量项来耦合，称为动力耦合或惯性耦合。耦合的性质取决于所选用的坐标，而不取决于系统的基本特性。

同样以上下振动和俯仰振动的车体(图4.2-1)为研究对象来说明耦合的性质。

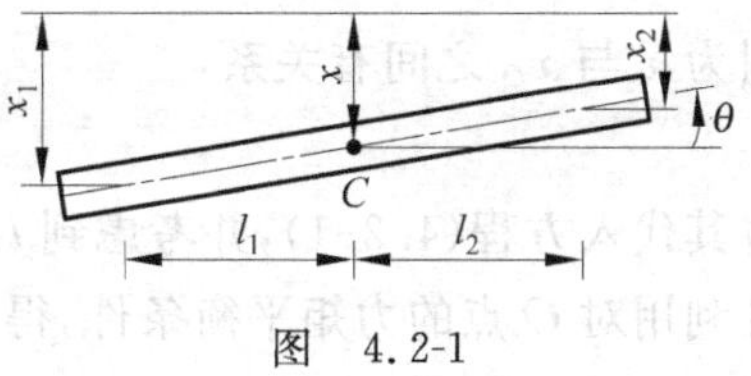

如前所述，从车体质心C的铅垂坐标x和绕横向水平质心轴的转角θ为广义坐标所建立的振动微分方程为

图　4.2-1

$$\left.\begin{aligned}m\ddot{x}&=-k_1(x+l_1\theta)-k_2(x-l_2\theta)\\ I_C\ddot{\theta}&=-k_1(x+l_1\theta)l_1+k_2(x-l_2\theta)l_2\end{aligned}\right\}\tag{4.2-1}$$

其矩阵形式为

$$\begin{bmatrix} m & 0 \\ 0 & I_C \end{bmatrix}\begin{bmatrix} \ddot{x} \\ \ddot{\theta} \end{bmatrix}+\begin{bmatrix} k_1+k_2 & -(k_2l_2-k_1l_1) \\ -(k_2l_2-k_1l_1) & k_1l_1^2+k_2l_2^2 \end{bmatrix}\begin{bmatrix} x \\ \theta \end{bmatrix}=\begin{bmatrix} 0 \\ 0 \end{bmatrix} \tag{4.2-2}$$

可见其耦合为静力耦合或弹性耦合。

现在以弹簧支承处的位移 x_1 与 x_2 为广义坐标来建立振动微分方程。因为 x_1 与 x_2 同 x 与 θ 有如下关系：

$$x_1 = x + l_1\theta, \quad x_2 = x - l_2\theta \tag{4.2-3}$$

转换后得

$$x = \frac{l_2x_1 + l_1x_2}{l_1 + l_2}, \quad \theta = \frac{x_1 - x_2}{l_1 + l_2} \tag{4.2-4}$$

将其代入方程(4.2-1)得

$$\left.\begin{aligned} m\left(\frac{l_2\ddot{x}_1 + l_1\ddot{x}_2}{l_1 + l_2}\right) &= -k_1x_1 - k_2x_2 \\ I_C\left(\frac{\ddot{x}_1 - \ddot{x}_2}{l_1 + l_2}\right) &= -k_1l_1x_1 + k_2l_2x_2 \end{aligned}\right\} \tag{4.2-5}$$

整理后得

$$\left.\begin{aligned} ml_2\ddot{x}_1 + ml_1\ddot{x}_2 + k_1(l_1+l_2)x_1 + k_2(l_1+l_2)x_2 &= 0 \\ I_C\ddot{x}_1 - I_C\ddot{x}_2 + k_1l_1(l_1+l_2)x_1 - k_2l_2(l_1+l_2)x_2 &= 0 \end{aligned}\right\} \tag{4.2-6}$$

写成矩阵形式为

$$\begin{bmatrix} ml_2 & ml_1 \\ I_C & -I_C \end{bmatrix}\begin{bmatrix} \ddot{x}_1 \\ \ddot{x}_2 \end{bmatrix}+\begin{bmatrix} k_1(l_1+l_2) & k_2(l_1+l_2) \\ k_1l_1(l_1+l_2) & -k_2l_2(l_1+l_2) \end{bmatrix}\begin{bmatrix} x_1 \\ x_2 \end{bmatrix}=\begin{bmatrix} 0 \\ 0 \end{bmatrix} \tag{4.2-7}$$

可见其振动微分方程既有静力耦合项，又有动力耦合项。

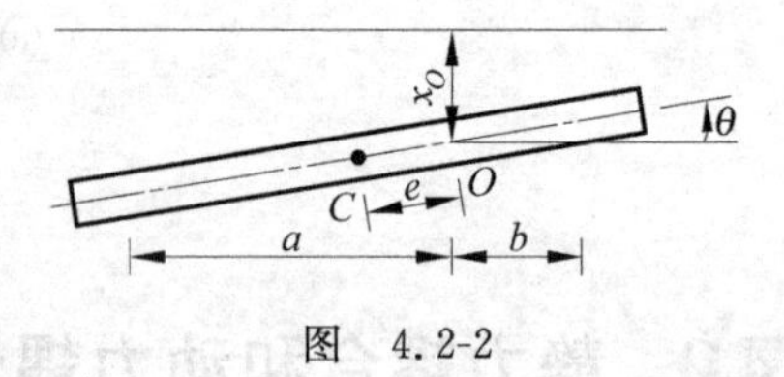

图 4.2-2

其次以弹性力合力作用点 O(一个铅垂方向的力作用于 O 点时，系统只产生平动)的坐标 x_O 与车体绕质心轴的角位移 θ 为广义坐标建立方程(图 4.2-2)。设 O 点位于和弹簧 k_1 与 k_2 的距离分别为 a 与 b 处，从对于 O 点力矩为零的条件得出

$$k_1x_Oa = k_2x_Ob \tag{4.2-8}$$

或

$$k_1a = k_2b \tag{4.2-9}$$

因为 x 与 x_O 之间有关系

$$x = x_O + e\theta \tag{4.2-10}$$

将其代入方程(4.2-1)，并考虑到 $l_1=a-e, l_2=b+e, I_O=I_C+me^2$ 和方程(4.2-1)第一式，且利用对 O 点的力矩平衡条件，得

$$\begin{aligned} &m\ddot{x}_O + me\ddot{\theta} = -k_1(x_O + a\theta) - k_2(x_O - b\theta) \\ &me\ddot{x}_O + I_O\ddot{\theta} - me\ddot{x} \\ &= -k_1(x_O + a\theta)a + k_2(x_O - b\theta)b + k_1(x + l_1\theta)e + k_2(x - l_2\theta)e \end{aligned} \tag{4.2-11}$$

整理后得

$$\left.\begin{aligned} m\ddot{x}_O + me\ddot{\theta} + (k_1 + k_2)x_O &= 0 \\ me\ddot{x}_O + I_O\ddot{\theta} + (k_1a^2 + k_2b^2)\theta &= 0 \end{aligned}\right\} \tag{4.2-12}$$

写成矩阵形式

$$\begin{bmatrix} m & me \\ me & I_O \end{bmatrix}\begin{bmatrix} \ddot{x}_O \\ \ddot{\theta} \end{bmatrix} + \begin{bmatrix} k_1 + k_2 & 0 \\ 0 & k_1a^2 + k_2b^2 \end{bmatrix}\begin{bmatrix} x_O \\ \theta \end{bmatrix} = \begin{bmatrix} 0 \\ 0 \end{bmatrix} \tag{4.2-13}$$

可见其耦合为动力耦合或惯性耦合。

4.3 任意初始条件的自由振动

两自由度系统的自由振动规律依赖于初始条件。若给定初始条件 $x_1(0)=x_{10}$，$x_2(0)=x_{20}$，$\dot{x}_1(0)=\dot{x}_{10}$，$\dot{x}_2(0)=\dot{x}_{20}$，并将其代入方程(4.1-17)及其导数方程

$$\left.\begin{aligned} \dot{x}_1 &= C_1\omega_1\cos(\omega_1 t + \varphi_1) + C_2\omega_2\cos(\omega_2 t + \varphi_2) \\ \dot{x}_2 &= r_1C_1\omega_1\cos(\omega_1 t + \varphi_1) + r_2C_2\omega_2\cos(\omega_2 t + \varphi_2) \end{aligned}\right\} \tag{4.3-1}$$

就可以完全确定 $C_1, C_2, \varphi_1, \varphi_2$，求出自由振动规律。

初始时刻($t=0$ 时)，有

$$\begin{aligned} x_{10} &= C_1\sin\varphi_1 + C_2\sin\varphi_2 \\ x_{20} &= C_1r_1\sin\varphi_1 + C_2r_2\sin\varphi_2 \\ \dot{x}_{10} &= C_1\omega_1\cos\varphi_1 + C_2\omega_2\cos\varphi_2 \\ \dot{x}_{20} &= r_1C_1\omega_1\cos\varphi_1 + r_2C_2\omega_2\cos\varphi_2 \end{aligned}$$

这是一组未知量为 $C_1, C_2, \varphi_1, \varphi_2$ 的四元一次代数方程组。解之得

$$C_1 = \frac{1}{r_2 - r_1}\sqrt{(r_2x_{10} - x_{20})^2 + \frac{(r_2\dot{x}_{10} - \dot{x}_{20})^2}{\omega_1^2}} \tag{4.3-2a}$$

$$C_2 = \frac{1}{r_1 - r_2}\sqrt{(r_1x_{10} - x_{20})^2 + \frac{(r_1\dot{x}_{10} - \dot{x}_{20})^2}{\omega_2^2}} \tag{4.3-2b}$$

$$\varphi_1 = \arctan\frac{\omega_1(r_2x_{10} - x_{20})}{r_2\dot{x}_{10} - \dot{x}_{20}} \tag{4.3-2c}$$

$$\varphi_2 = \arctan\frac{\omega_2(r_1x_{10} - x_{20})}{r_1\dot{x}_{10} - \dot{x}_{20}} \tag{4.3-2d}$$

将其代入方程(4.1-17)就得到系统在上述初始条件下的响应。

例 4.3-1　在例 4.1-1 中，求系统在下面三种不同初始条件下的自由振动规律。

(1) 设在 $t=0$ 时，有 $x_{10}=x_{20}=1$，$\dot{x}_{10}=\dot{x}_{20}=0$；

(2) 设在 $t=0$ 时，有 $x_{10}=1$，$x_{20}=-0.5$，$\dot{x}_{10}=\dot{x}_{20}=0$；

(3) 设在 $t=0$ 时，有 $x_{10}=1$，$x_{20}=0$，$\dot{x}_{10}=\dot{x}_{20}=0$。

解：(1) 将初始条件代入方程(4.1-17)及其导数方程(4.3-1)，得

$$1 = C_1\sin\varphi_1 + C_2\sin\varphi_2$$

$$\begin{aligned}1 &= C_1\sin\varphi_1 - 0.5C_2\sin\varphi_2\\0 &= C_1\omega_1\cos\varphi_1 + C_2\omega_2\cos\varphi_2\\0 &= C_1\omega_1\cos\varphi_1 - 0.5C_2\omega_2\cos\varphi_2\end{aligned}$$

联立求得

$$C_1 = 1,\quad C_2 = 0,\quad \varphi_1 = 90^\circ$$

代入方程(4.1-17)得

$$x_1 = \cos\omega_1 t = \cos\left(\sqrt{\frac{k}{m}}\right)t,\quad x_2 = \cos\omega_1 t = \cos\left(\sqrt{\frac{k}{m}}\right)t$$

可见振动系统按第一阶固有振型作简谐振动。

(2) 将初始条件代入方程(4.1-17)及其导数方程(4.3-1),有

$$\begin{aligned}1 &= C_1\sin\varphi_1 + C_2\sin\varphi_2\\-0.5 &= C_1\sin\varphi_1 - 0.5C_2\sin\varphi_2\\0 &= C_1\omega_1\cos\varphi_1 + C_2\omega_2\cos\varphi_2\\0 &= C_1\omega_1\cos\varphi_1 - 0.5C_2\omega_2\cos\varphi_2\end{aligned}$$

联立求得

$$C_1 = 0,\quad C_2 = 1,\quad \varphi_2 = 90^\circ$$

代入方程(4.1-17)得

$$x_1 = \cos\omega_2 t = \cos\left(\sqrt{\frac{5k}{2m}}\right)t,\quad x_2 = -0.5\cos\omega_2 t = -0.5\cos\left(\sqrt{\frac{5k}{2m}}\right)t$$

可见振动系统按第二阶固有振型作简谐振动。

(3) 将初始条件代入方程(4.1-17)及其导数方程(4.3-1),有

$$\begin{aligned}1 &= C_1\sin\varphi_1 + C_2\sin\varphi_2\\0 &= C_1\sin\varphi_1 - 0.5C_2\sin\varphi_2\\0 &= C_1\omega_1\cos\varphi_1 + C_2\omega_2\cos\varphi_2\\0 &= C_1\omega_1\cos\varphi_1 - 0.5C_2\omega_2\cos\varphi_2\end{aligned}$$

联立求得

$$C_1 = \frac{1}{3},\quad C_2 = \frac{2}{3},\quad \varphi_1 = \varphi_2 = 90^\circ$$

代入方程(4.1-17)得

$$x_1 = \frac{1}{3}\cos\omega_1 t + \frac{2}{3}\cos\omega_2 t = \frac{1}{3}\cos\sqrt{\frac{k}{m}}t + \frac{2}{3}\cos\sqrt{\frac{5k}{2m}}t$$

$$x_2 = \frac{1}{3}\cos\omega_1 t - \frac{1}{3}\cos\omega_2 t = \frac{1}{3}\cos\sqrt{\frac{k}{m}}t - \frac{1}{3}\cos\sqrt{\frac{5k}{2m}}t$$

由上述三种情况可以看出:一个两自由度振动系统的自由振动,若初始条件符合第一阶固有振型,则运动是按固有频率 ω_1 的简谐振动,不出现频率 ω_2 的振动;若初始条件符合第二阶固有振型,则运动是按固有频率 ω_2 的简谐振动,不出现频率 ω_1 的振动;但如果给出任意的初始条件,则运动将为两种固有振型的叠加,频率 ω_1 和 ω_2 的简谐振动同时发生。一般情况下,系统的自由振动不仅不再是简谐振动,而且也不是周期振动。

例 4.3-2 如图 4.3-1(a)所示的双摆,由两个摆长均为 l,质量均为 m 的单摆组成。上

端用铰悬挂，中间距悬挂点为 a 处，用刚度为 k 的弹簧相连，两摆在铅垂位置时弹簧没有变形。求：

(1) 系统的固有频率和固有振型；

(2) 当 $t=0$ 时，$\theta_1=\theta_0$，$\theta_2=0$，$\dot{\theta}_1=\dot{\theta}_2=0$，求系统自由振动的响应。

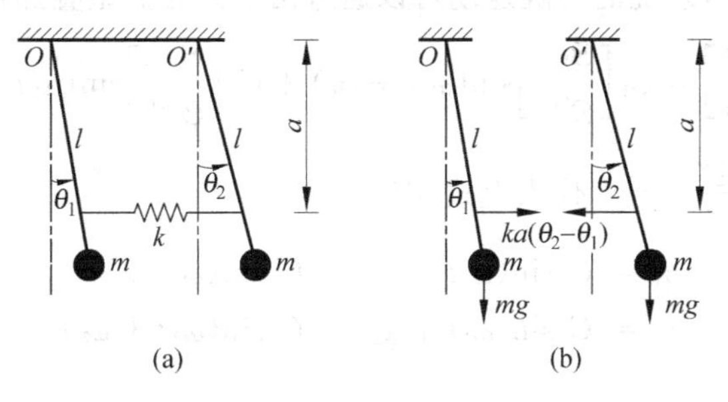

图 4.3-1

解：(1)取两摆离开铅垂平衡位置的角位移 θ_1 与 θ_2 为广义坐标，以逆时针方向为正。任一瞬时位置，两个摆上所受的力如图 4.3-1(b)所示。由转动方程式分别列出两个摆的振动微分方程为

$$ml^2\ddot{\theta}_1=-mgl\theta_1+ka^2(\theta_2-\theta_1)$$

$$ml^2\ddot{\theta}_2=-mgl\theta_2-ka^2(\theta_2-\theta_1)$$

写成矩阵方程为

$$\begin{bmatrix} ml^2 & 0 \\ 0 & ml^2 \end{bmatrix}\begin{bmatrix} \ddot{\theta}_1 \\ \ddot{\theta}_2 \end{bmatrix}+\begin{bmatrix} mgl+ka^2 & -ka^2 \\ -ka^2 & mgl+ka^2 \end{bmatrix}\begin{bmatrix} \theta_1 \\ \theta_2 \end{bmatrix}=\begin{bmatrix} 0 \\ 0 \end{bmatrix}$$

可以看出是静力耦合系统。其特征值问题为

$$-\omega^2\begin{bmatrix} ml^2 & 0 \\ 0 & ml^2 \end{bmatrix}\begin{bmatrix} \Theta_1 \\ \Theta_2 \end{bmatrix}+\begin{bmatrix} mgl+ka^2 & -ka^2 \\ -ka^2 & mgl+ka^2 \end{bmatrix}\begin{bmatrix} \Theta_1 \\ \Theta_2 \end{bmatrix}=\begin{bmatrix} 0 \\ 0 \end{bmatrix}$$

从而得特征方程为

$$\det\begin{bmatrix} mgl+ka^2-\omega^2 ml^2 & -ka^2 \\ -ka^2 & mgl+ka^2-\omega^2 ml^2 \end{bmatrix}$$

$$=(mgl+ka^2-\omega^2 ml^2)^2-(ka^2)^2=0$$

即

$$mgl+ka^2-\omega^2 ml^2=\pm ka^2$$

于是得到两个固有频率为

$$\omega_1=\sqrt{\frac{g}{l}},\quad \omega_2=\sqrt{\frac{g}{l}+2\frac{k}{m}\frac{a^2}{l^2}}$$

系统的固有振型可以由下面方程求出：

$$-\omega_i^2\begin{bmatrix} ml^2 & 0 \\ 0 & ml^2 \end{bmatrix}\begin{bmatrix} \Theta_1^{(i)} \\ \Theta_2^{(i)} \end{bmatrix}+\begin{bmatrix} mgl+ka^2 & -ka^2 \\ -ka^2 & mgl+ka^2 \end{bmatrix}\begin{bmatrix} \Theta_1^{(i)} \\ \Theta_2^{(i)} \end{bmatrix}=\begin{bmatrix} 0 \\ 0 \end{bmatrix}\quad (i=1,2)$$

分别将 ω_1^2 和 ω_2^2 代入上面方程，求得 r_1 和 r_2 为

$$r_1 = \frac{\Theta_2^{(1)}}{\Theta_1^{(1)}} = 1, \quad r_2 = \frac{\Theta_2^{(2)}}{\Theta_1^{(2)}} = -1$$

可见，在第一阶固有振型时，两个摆作同向运动，且弹簧不变形；在第二阶固有振型时，两个摆作反向运动，弹簧受拉或压，弹簧的中点固定不动。

(2) 前面已经指出，系统的一般运动可以通过两个固有振型叠加得到，即

$$\begin{bmatrix}\theta_1(t)\\ \theta_2(t)\end{bmatrix} = C_1\begin{bmatrix}\Theta_1^{(1)}\\ \Theta_2^{(1)}\end{bmatrix}\sin(\omega_1 t+\varphi_1) + C_2\begin{bmatrix}\Theta_1^{(2)}\\ \Theta_2^{(2)}\end{bmatrix}\sin(\omega_2 t+\varphi_2)$$

将 $r_1 = \frac{\Theta_2^{(1)}}{\Theta_1^{(1)}} = 1$，$r_2 = \frac{\Theta_2^{(2)}}{\Theta_1^{(2)}} = -1$ 代入上式，有

$$\theta_1 = C_1\sin(\omega_1 t+\varphi_1) + C_2\sin(\omega_2 t+\varphi_2)$$
$$\theta_2 = C_1\sin(\omega_1 t+\varphi_1) - C_2\sin(\omega_2 t+\varphi_2)$$

其导数为

$$\dot{\theta}_1 = C_1\omega_1\cos(\omega_1 t+\varphi_1) + C_2\omega_2\cos(\omega_2 t+\varphi_2)$$
$$\dot{\theta}_2 = C_1\omega_1\cos(\omega_1 t+\varphi_1) - C_2\omega_2\cos(\omega_2 t+\varphi_2)$$

代入初始条件 $\theta_1(0)=\theta_0$，$\theta_2(0)=0$，$\dot{\theta}_1(0)=\dot{\theta}_2(0)=0$，联立求解得

$$C_1 = C_2 = \theta_0/2, \quad \varphi_1 = \varphi_2 = 90°$$

代入振动规律 θ_1 和 θ_2 得

$$\theta_1 = \frac{\theta_0}{2}\cos\omega_1 t + \frac{\theta_0}{2}\cos\omega_2 t = \theta_0\cos\frac{\omega_2-\omega_1}{2}t\cos\frac{\omega_2+\omega_1}{2}t$$

$$\theta_2 = \frac{\theta_0}{2}\cos\omega_1 t - \frac{\theta_0}{2}\cos\omega_2 t = \theta_0\sin\frac{\omega_2-\omega_1}{2}t\sin\frac{\omega_2+\omega_1}{2}t$$

当两个频率 ω_1 和 ω_2 相差很小时(即 $ka^2 \ll mgl$ 时)，也就是说，弹簧 k 所提供的耦合非常弱。在这种情况下，振动规律可以写成下面的形式：

$$\theta_1 = \theta_0\cos\frac{\omega_B}{2}t\cos\frac{\omega_A}{2}t, \quad \theta_2 = \theta_0\sin\frac{\omega_B}{2}t\sin\frac{\omega_A}{2}t$$

式中，$\omega_B=\omega_2-\omega_1$，$\omega_A=\omega_2+\omega_1$。可以看出，左摆和右摆的运动为频率 $\omega_A/2=(\omega_2+\omega_1)/2$ 的余弦运动与正弦运动，振幅不是常值，而是缓慢改变的函数 $\theta_0\cos(\omega_B/2)t$ 和 $\theta_0\sin(\omega_B/2)t$。角位移 θ_1 与 θ_2 随时间变化的曲线如图 4.3-2 所示，图中包络虚线表示缓慢变化的振幅。在 $t=0$ 时，左摆的振幅为 θ_0，而右摆静止不动；此后左摆振幅逐渐减小，右摆振幅逐渐增大。直到 $(\omega_B t)/2=\pi/2$ 时(图中的 t_1)，左摆静止不动，而右摆的振幅等于 θ_0；随后右摆振幅逐渐减小，左摆振幅逐渐加大，到 $(\omega_B t)/2=\pi$ 时两摆的振幅又回到 $t=0$ 时的情形。以后每隔 $2\pi/\omega_B$ 重复一次，同时能量也从一个摆传到另一个摆，交替转换，使两个摆持续地交替振动。像这样振幅有规律地时而减小时而增大的现象称为拍。拍的周期和频率分别为

$$T_B = \frac{2\pi}{\omega_B} = \frac{2\pi}{\omega_2-\omega_1}, \quad \omega_B = \omega_2-\omega_1$$

拍是一种比较普遍的现象，凡是由两个频率相近的简谐振动合成的振动，都可能产生拍的现象。例如在双发动机螺旋桨飞机中，由于两个螺旋桨产生的声波彼此加强和抵消，因而发出时强时弱的嗡嗡声；汽车振动中两个固有频率相近时也可以观察到拍的现象。

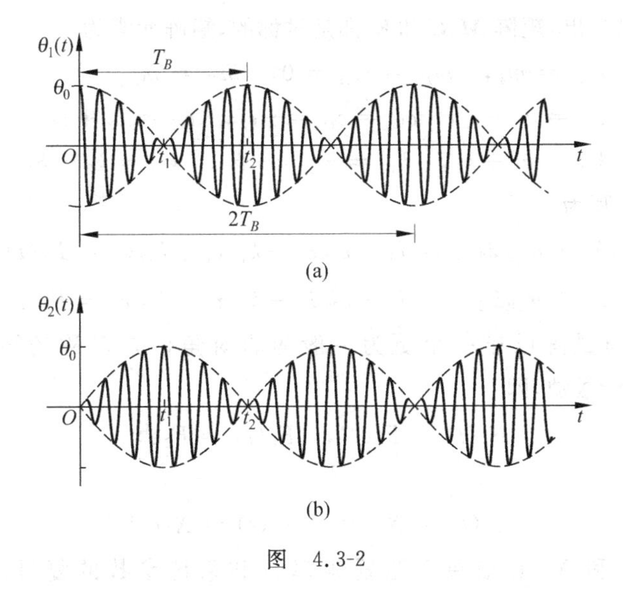

图 4.3-2

4.4 简谐激励的强迫振动

如图 4.4-1(a)所示的有阻尼两自由度振动系统，可以用 $x_1(t)$ 和 $x_2(t)$ 两个坐标来完全地描述。由图 4.4-1(b)，应用牛顿定律得系统的振动微分方程为

$$\left.\begin{aligned} m_1\ddot{x}_1 &= F_1(t) - c_1\dot{x}_1 + c_2(\dot{x}_2 - \dot{x}_1) - k_1x_1 + k_2(x_2 - x_1) \\ m_2\ddot{x}_2 &= F_2(t) - c_2(\dot{x}_2 - \dot{x}_1) - c_3\dot{x}_2 - k_2(x_2 - x_1) - k_3x_2 \end{aligned}\right\} \tag{4.4-1}$$

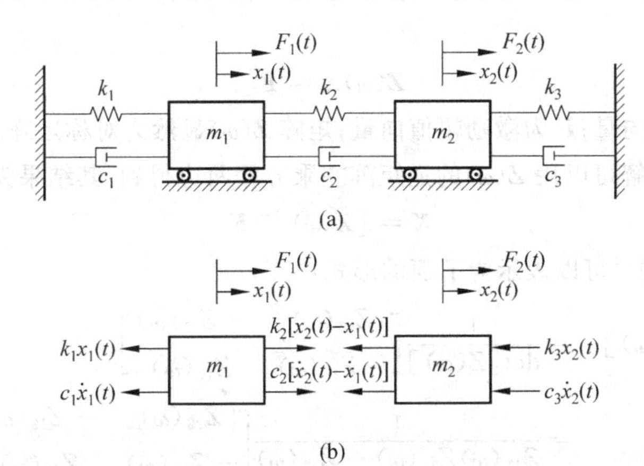

图 4.4-1

写成矩阵形式为

$$\begin{bmatrix} m_1 & 0 \\ 0 & m_2 \end{bmatrix}\begin{bmatrix} \ddot{x}_1 \\ \ddot{x}_2 \end{bmatrix} + \begin{bmatrix} c_1 + c_2 & -c_2 \\ -c_2 & c_2 + c_3 \end{bmatrix}\begin{bmatrix} \dot{x}_1 \\ \dot{x}_2 \end{bmatrix} + \begin{bmatrix} k_1 + k_2 & -k_2 \\ -k_2 & k_2 + k_3 \end{bmatrix}\begin{bmatrix} x_1 \\ x_2 \end{bmatrix} = \begin{bmatrix} F_1(t) \\ F_2(t) \end{bmatrix} \tag{4.4-2}$$

从方程(4.4-2)可以看出,矩阵 $\boldsymbol{M}$,$\boldsymbol{C}$ 和 $\boldsymbol{K}$ 都是对称的,矩阵元素为

$$m_{11}=m_1,\quad m_{12}=m_{21}=0,\quad m_{22}=m_2$$
$$c_{11}=c_1+c_2,\quad c_{12}=c_{21}=-c_2,\quad c_{22}=c_2+c_3$$
$$k_{11}=k_1+k_2,\quad k_{12}=k_{21}=-k_2,\quad k_{22}=k_2+k_3$$

由此方程(4.4-2)改写为

$$\left.\begin{aligned}m_{11}\ddot{x}_1+m_{12}\ddot{x}_2+c_{11}\dot{x}_1+c_{12}\dot{x}_2+k_{11}x_1+k_{12}x_2=F_1(t)\\ m_{21}\ddot{x}_1+m_{22}\ddot{x}_2+c_{21}\dot{x}_1+c_{22}\dot{x}_2+k_{21}x_1+k_{22}x_2=F_2(t)\end{aligned}\right\}\tag{4.4-3}$$

这样,原来的对角质量阵已被一个更为一般的非对角但是对称的矩阵所代替。考虑 $F_1(t)$ 和 $F_2(t)$ 为简谐激励,即

$$F_1(t)=F_1\mathrm{e}^{\mathrm{i}\omega t},\quad F_2(t)=F_2\mathrm{e}^{\mathrm{i}\omega t}\tag{4.4-4}$$

并设稳态响应为

$$x_1(t)=X_1\mathrm{e}^{\mathrm{i}\omega t},\quad x_2(t)=X_2\mathrm{e}^{\mathrm{i}\omega t}\tag{4.4-5}$$

一般来说,这里 X_1 和 X_2 是取决于激励频率 ω 和系统参数的复量。把式(4.4-4)和式(4.4-5)代入方程(4.4-3),得到两个代数方程

$$\left.\begin{aligned}(-\omega^2m_{11}+\mathrm{i}\omega c_{11}+k_{11})X_1+(-\omega^2m_{12}+\mathrm{i}\omega c_{12}+k_{12})X_2=F_1\\ (-\omega^2m_{21}+\mathrm{i}\omega c_{21}+k_{21})X_1+(-\omega^2m_{22}+\mathrm{i}\omega c_{22}+k_{22})X_2=F_2\end{aligned}\right\}\tag{4.4-6}$$

引入记号

$$Z_{ij}(\omega)=-\omega^2m_{ij}+\mathrm{i}\omega c_{ij}+k_{ij}\quad(i,j=1,2)\tag{4.4-7}$$

于是方程(4.4-6)可以改写为

$$\left.\begin{aligned}Z_{11}(\omega)X_1+Z_{12}(\omega)X_2=F_1\\ Z_{21}(\omega)X_1+Z_{22}(\omega)X_2=F_2\end{aligned}\right\}\tag{4.4-8}$$

写成矩阵形式为

$$\boldsymbol{Z}(\omega)\boldsymbol{X}=\boldsymbol{F}\tag{4.4-9}$$

式中,$\boldsymbol{X}$ 为位移幅值向量;$\boldsymbol{F}$ 为激励幅值向量;矩阵 $\boldsymbol{Z}(\omega)$ 显然为对称矩阵。

方程(4.4-9)的解可以用 $\boldsymbol{Z}(\omega)$ 的逆矩阵左乘方程两边得到,其结果为

$$\boldsymbol{X}=[\boldsymbol{Z}(\omega)]^{-1}\boldsymbol{F}\tag{4.4-10}$$

式中,逆矩阵 $[\boldsymbol{Z}(\omega)]^{-1}$ 可以表示为下面的形式:

$$\begin{aligned}[\boldsymbol{Z}(\omega)]^{-1}&=\frac{1}{\det[\boldsymbol{Z}(\omega)]}\begin{bmatrix}Z_{22}(\omega)&-Z_{12}(\omega)\\-Z_{21}(\omega)&Z_{11}(\omega)\end{bmatrix}\\&=\frac{1}{Z_{11}(\omega)Z_{22}(\omega)-Z_{12}^2(\omega)}\begin{bmatrix}Z_{22}(\omega)&-Z_{12}(\omega)\\-Z_{21}(\omega)&Z_{11}(\omega)\end{bmatrix}\end{aligned}\tag{4.4-11}$$

把方程(4.4-11)代入方程(4.4-10),进行乘法运算可得解为

$$\left.\begin{aligned}X_1(\omega)=\frac{Z_{22}(\omega)F_1-Z_{12}(\omega)F_2}{Z_{11}(\omega)Z_{22}(\omega)-Z_{12}^2(\omega)}\\ X_2(\omega)=\frac{-Z_{21}(\omega)F_1+Z_{11}(\omega)F_2}{Z_{11}(\omega)Z_{22}(\omega)-Z_{12}^2(\omega)}\end{aligned}\right\}\tag{4.4-12}$$

将式(4.4-12)代入式(4.4-5)即可得两自由度系统受简谐激励的稳态响应的复数表达式。

例 4.4-1　如图 4.4-1 所示系统，设 $m_1=m, m_2=2m, c_1=c_2=c_3=0, k_1=k_2=k$，$k_3=2k$，并设 $F_1(t)=F_0\sin\omega t, F_2(t)=0$。求系统的稳态响应，并绘出频率响应曲线。

解：根据已知条件，由式(4.4-7)得

$$Z_{11}(\omega)=k_{11}-\omega^2 m_1=2k-\omega^2 m,\quad Z_{12}(\omega)=Z_{21}(\omega)=k_{12}=-k,$$

$$Z_{22}(\omega)=k_{22}-\omega^2 m_2=3k-2\omega^2 m$$

于是由式(4.4-12)得稳态响应的幅值为

$$X_1(\omega)=\frac{(3k-2\omega^2 m)F_0}{(2k-\omega^2 m)(3k-2\omega^2 m)-k^2}=\frac{(3k-2\omega^2 m)F_0}{2m^2\omega^4-7mk\omega^2+5k^2}$$

$$X_2(\omega)=\frac{kF_0}{2m^2\omega^4-7mk\omega^2+5k^2}$$

已知 X_1 和 X_2 的分母为特征行列式，即

$$\Delta(\omega^2)=2m^2\omega^4-7mk\omega^2+5k^2=2m^2(\omega^2-\omega_1^2)(\omega^2-\omega_2^2)$$

式中

$$\omega_1^2=\frac{k}{m},\quad \omega_2^2=\frac{5k}{2m}$$

为系统固有频率的平方。因此稳态响应的幅值可以写成

$$X_1(\omega)=\frac{2F_0}{5k}\frac{3/2-(\omega/\omega_1)^2}{[1-(\omega/\omega_1)^2][1-(\omega/\omega_2)^2]}$$

$$X_2(\omega)=\frac{F_0}{5k}\frac{1}{[1-(\omega/\omega_1)^2][1-(\omega/\omega_2)^2]}$$

$X_1(\omega)$ 对 $\frac{\omega}{\omega_1}$ 和 $X_2(\omega)$ 对 $\frac{\omega}{\omega_1}$ 的频率响应曲线绘于图 4.4-2。从图中可以看出，当 $\omega=\omega_1$ 或 $\omega=\omega_2$ 时，X_1 和 X_2 均趋于无穷大，即两自由度系统存在两个共振频率。

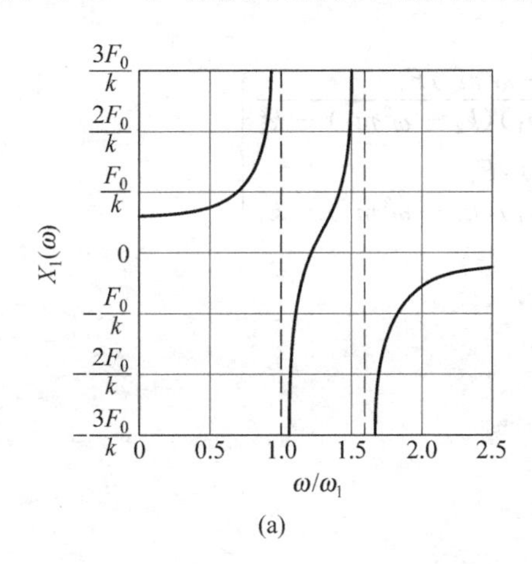

(a)

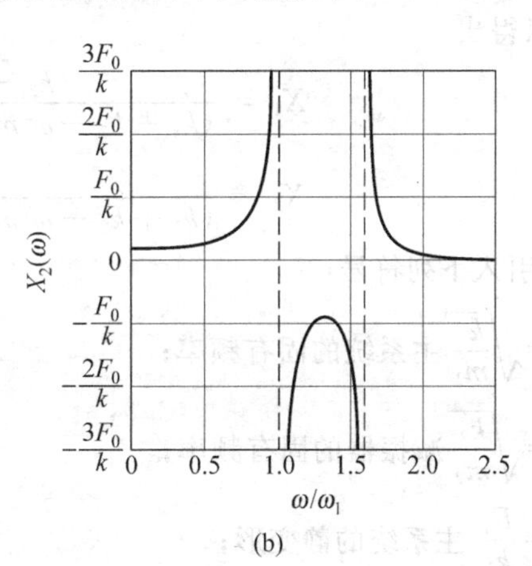

(b)

图　4.4-2

4.5 动力减振器

1. 无阻尼动力减振器

机器或结构物在交变力的作用下,特别是固有频率接近激振频率时将引起强烈的振动,为了减除振动,一般通过改变系统的质量或刚度来实现,但有时这是不可能做到的。在这种情况下,采用动力减振器是一种有效的减振措施。然而加上动力减振器以后,必然会增加系统的自由度数目。比如原来的单自由度系统会变为两自由度系统,因而就有两个固有频率,每当激振频率与其中任一固有频率相等时,系统都会发生共振,因此,如果激振频率可以在相当大的范围内改变时,动力减振器只能使原来的一个共振频率的振动系统改变为两个共振频率的振动系统,不能起到减振的作用。所以,动力减振器只适用于激振频率基本固定的情形。例如,同步电机等恒速运转的机器,虽然产生了两个固有频率,但两个频率一般来说不等于激振运转频率,因而避免了共振。

考虑图4.5-1所示的系统,由质量m_1和弹簧k_1组成的系统称为主系统,而由质量m_2和弹簧k_2组成的附加系统称为减振器。这个组合系统的振动微分方程为

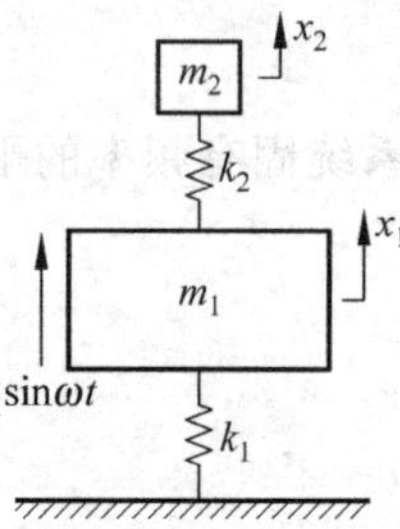

$$\left.\begin{aligned} m_1\ddot{x}_1+(k_1+k_2)x_1-k_2x_2&=F_1\sin\omega t\\ m_2\ddot{x}_2-k_2x_1+k_2x_2&=0\end{aligned}\right\}\tag{4.5-1}$$

图 4.5-1

设其解为

$$x_1=X_1\sin\omega t,\quad x_2=X_2\sin\omega t\tag{4.5-2}$$

代入方程(4.5-1)有

$$\begin{bmatrix} k_1+k_2-\omega^2m_1 & -k_2\\ -k_2 & k_2-\omega^2m_2\end{bmatrix}\begin{bmatrix}X_1\\X_2\end{bmatrix}=\begin{bmatrix}F_1\\0\end{bmatrix}\tag{4.5-3}$$

从而可以得出

$$\left.\begin{aligned} X_1&=\frac{(k_2-\omega^2m_2)F_1}{(k_1+k_2-\omega^2m_1)(k_2-\omega^2m_2)-k_2^2}\\ X_2&=\frac{k_2F_1}{(k_1+k_2-\omega^2m_1)(k_2-\omega^2m_2)-k_2^2}\end{aligned}\right\}\tag{4.5-4}$$

习惯上,引入下列符号:

$\omega_n=\sqrt{\dfrac{k_1}{m_1}}$ 主系统的固有频率;

$\omega_a=\sqrt{\dfrac{k_2}{m_2}}$ 减振器的固有频率;

$x_{st}=\dfrac{F_1}{k_1}$ 主系统的静变形;

$\mu=\dfrac{m_2}{m_1}$ 减振器质量对主质量的比值。

于是,方程(4.5-4)可以写为

$$\left.\begin{aligned} X_1 &= \frac{[1-(\omega/\omega_a)^2]x_{st}}{[1+\mu(\omega_a/\omega_n)^2-(\omega/\omega_n)^2][1-(\omega/\omega_a)^2]-\mu(\omega_a/\omega_n)^2} \\ X_2 &= \frac{x_{st}}{[1+\mu(\omega_a/\omega_n)^2-(\omega/\omega_n)^2][1-(\omega/\omega_a)^2]-\mu(\omega_a/\omega_n)^2} \end{aligned}\right\} \tag{4.5-5}$$

根据方程(4.5-5)可以看出，当 $\omega=\omega_a$ 时，主质量的振幅 X_1 减小到零。因而减振器实际上可以完成设计所要求的任务，也就是说，只要减振器的固有频率等于激励频率，就可以消除主质量的振动，使主系统保持不动。此外，还可以从方程(4.5-5)第二式看出，当 $\omega=\omega_a$ 时，减振器以频率 ω 振动，其振幅 X_2 为

$$X_2=-\left(\frac{\omega_n}{\omega_a}\right)^2\frac{x_{st}}{\mu}=-\frac{F_1}{k_2} \tag{4.5-6}$$

将其代入方程(4.5-2)第二式，有

$$x_2=-\frac{F_1}{k_2}\sin\omega t \tag{4.5-7}$$

由此得出，在任何瞬时，减振器弹簧中的力为

$$k_2x_2=-F_1\sin\omega t \tag{4.5-8}$$

这也就是减振器对主质量的作用力，它正好平衡了主质量上的作用力 $F_1\sin\omega t$，使主系统的振动转移到减振器上来。

图4.5-2画出了主系统的频率响应曲线，可以看出，当 $\omega=\omega_a$ 时，$X_1=0$，主系统不作振动，图中阴影部分可以认为是减振器工作良好的频率范围。显然附加减振器后，系统由单自由度变为两自由度，出现了两个共振频率。为了消除主系统的振动，同时又不产生新的共振，使主系统能够安全地工作在远离新的共振点的频率范围内，控制附加减振器后两自由度系统的固有频率相距较远为好。

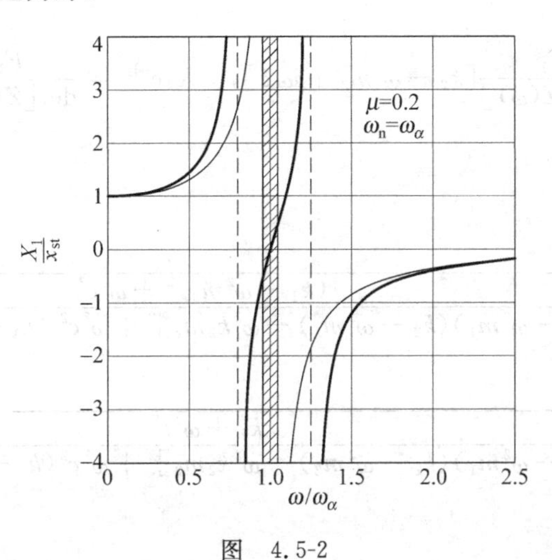

图　4.5-2

2. 有阻尼动力减振器

无阻尼减振器是为了在某个给定的频率消除主系统的振动而设计的，适用于激振频率不变或稍有变动的工作设备。但有些设备的激振频率在一个比较宽的范围内变动，要消除

其振动，就产生了有阻尼动力减振器。

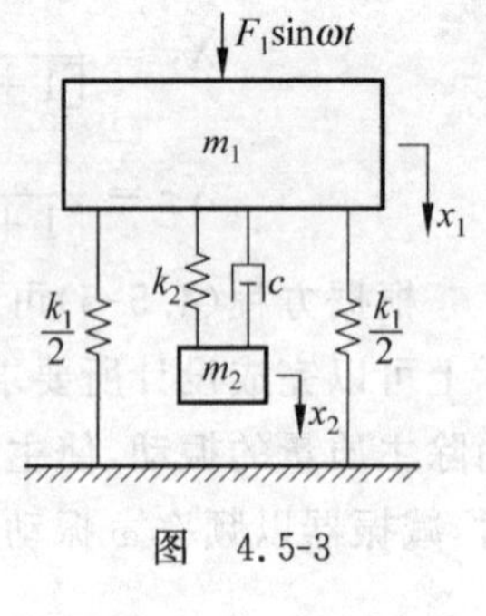

图 4.5-3

考虑图 4.5-3 所示的系统，由质量 m_1 和弹簧 k_1 组成的系统是主系统。为了使系统能在相当宽的频率范围内工作，同时使主系统的振动减小到要求程度，设计了由质量 m_2、弹簧 k_2 和黏性阻尼器 c 组成的系统，称为有阻尼动力减振器。这个组合系统的振动微分方程为

$$\left.\begin{aligned}&m_1\ddot{x}_1+c\dot{x}_1-c\dot{x}_2+(k_1+k_2)x_1-k_2x_2=F_1\sin\omega t\\&m_2\ddot{x}_2-c\dot{x}_1+c\dot{x}_2-k_2x_1+k_2x_2=0\end{aligned}\right\}\tag{4.5-9}$$

仍只考虑稳态振动。用复量表示法，以 $F_1e^{i\omega t}$ 表示方程(4.5-9)第一式右端的激励，并设

$$x_1(t)=X_1e^{i(\omega t-\varphi)},\quad x_2(t)=X_2e^{i(\omega t-\varphi)}\tag{4.5-10}$$

应该注意，这里的实量振幅 X_1 和 X_2 与 4.4 节的复量幅值(见式(4.4-5))相差 $e^{-i\varphi}$。将式(4.5-10)代入方程(4.5-9)，有

$$\begin{bmatrix}k_1+k_2-\omega^2m_1+i\omega c & -(k_2+i\omega c)\\-(k_2+i\omega c) & k_2-\omega^2m_2+i\omega c\end{bmatrix}\begin{bmatrix}X_1e^{-i\varphi}\\X_2e^{-i\varphi}\end{bmatrix}=\begin{bmatrix}F_1\\0\end{bmatrix}\tag{4.5-11}$$

相应的频率方程为

$$\begin{aligned}\det[\boldsymbol{Z}(\omega)]&=\begin{vmatrix}k_1+k_2-\omega^2m_1+i\omega c & -(k_2+i\omega c)\\-(k_2+i\omega c) & k_2-\omega^2m_2+i\omega c\end{vmatrix}\\&=(k_1-\omega^2m_1)(k_2-\omega^2m_2)-\omega^2k_2m_2+\\&\quad i\omega c(k_1-\omega^2m_1-\omega^2m_2)\end{aligned}\tag{4.5-12}$$

从而得出

$$X_1e^{-i\varphi}=\frac{F_1}{\det[\boldsymbol{Z}(\omega)]}[k_2-\omega^2m_2+i\omega c],\quad X_2e^{-i\varphi}=\frac{F_1}{\det[\boldsymbol{Z}(\omega)]}[k_2+i\omega c]\tag{4.5-13}$$

因而有

$$\left.\begin{aligned}X_1&=|X_1e^{-i\varphi}|\\&=F_1\sqrt{\frac{(k_2-\omega^2m_2)^2+\omega^2c^2}{[(k_1-\omega^2m_1)(k_2-\omega^2m_2)-\omega^2k_2m_2]^2+\omega^2c^2(k_1-\omega^2m_1-\omega^2m_2)^2}}\\X_2&=|X_2e^{-i\varphi}|\\&=F_1\sqrt{\frac{k_2^2+\omega^2c^2}{[(k_1-\omega^2m_1)(k_2-\omega^2m_2)-\omega^2k_2m_2]^2+\omega^2c^2(k_1-\omega^2m_1-\omega^2m_2)^2}}\end{aligned}\right\}\tag{4.5-14}$$

引入符号

$$\omega_1=\sqrt{\frac{k_1}{m_1}},\quad \omega_2=\sqrt{\frac{k_2}{m_2}},\quad x_{st}=\frac{F_1}{k_1},\quad \mu=\frac{m_2}{m_1},$$

$$\alpha=\frac{\omega_2}{\omega_1},\quad \lambda=\frac{\omega}{\omega_1},\quad \zeta=\frac{c}{2m_2\omega_1}$$

把式(4.5-14)中的第一式写成无量纲的形式为

$$\frac{X_1}{x_{st}}=\sqrt{\frac{(\alpha^2-\lambda^2)^2+(2\zeta\lambda)^2}{[(1-\lambda^2)(\alpha^2-\lambda^2)-\mu\alpha^2\lambda^2]^2+(2\zeta\lambda)^2(1-\lambda^2-\mu\lambda^2)^2}} \tag{4.5-15}$$

可见，X_1 是 α,λ,μ 和 ζ 的函数。由于 μ 和 α 是已知的，所以 X_1/x_{st} 为 λ 和 ζ 的函数。

图 4.5-4 为对应于 $\mu=1/20,\alpha=1$ 的主系统振幅频率响应曲线。从图中曲线可以看出：

(1) 当 $\zeta=0$ 时，相当于无阻尼强迫振动，此时的曲线同图 4.5-2 的曲线具有相同的形式。当 $\lambda=0.895$ 和 $\lambda=1.12$ 时为两个共振频率。

由式(4.5-15)可得无阻尼减振器的主系统振幅的无量纲表达式为

$$\frac{X_1}{x_{st}}=\pm\frac{\alpha^2-\lambda^2}{(1-\lambda^2)(\alpha^2-\lambda^2)-\mu\alpha^2\lambda^2} \tag{4.5-16}$$

此时 X_1/x_{st} 为 λ 的函数，其中 μ 和 α 是已知的。

(2) 当 $\zeta=\infty$ 时，相当于 m_1 和 m_2 刚性连接，系统成为以质量 m_1+m_2 和刚度 k_1 构成的单自由度系统，此时的曲线同图 3.1-2 的幅频特性曲线具有相同的形式。当 $\lambda=0.976$ 时为共振频率。

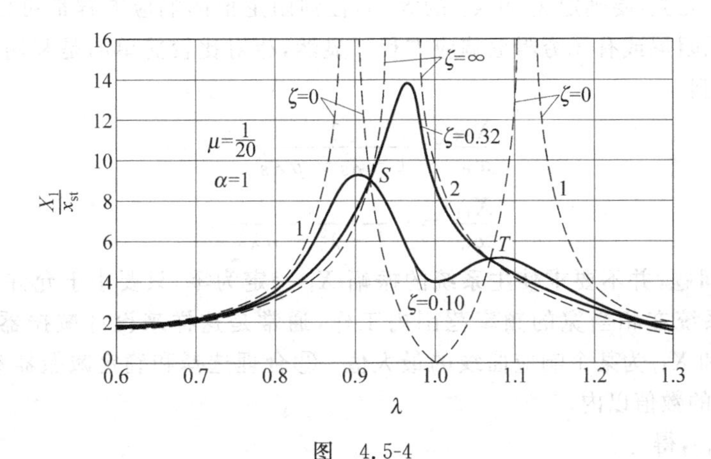

图　4.5-4

这种极端的情况，可由单自由度系统(质量 m_1+m_2 和刚度 k_1)理论加以研究，可得减振器的主系统振幅的无量纲表达式为

$$\frac{X_1}{x_{st}}=\pm\frac{1}{1-\lambda^2}=\pm\frac{1}{1-(\omega/\omega_n)^2}=\pm\frac{1}{1-[\omega^2(m_1+m_2)/k_1]} \tag{4.5-17}$$

式中，固有频率 $\omega_n^2=k_1/(m_1+m_2)$。应用式(4.5-15)，可以得到同样的结果，即

$$\begin{aligned}\frac{X_1}{x_{st}}=\left(\frac{X_1}{x_{st}}\right)_{\zeta=\infty}&=\pm\frac{1}{1-\lambda^2-\mu\lambda^2}\\&=\pm\frac{1}{1-(\omega/\omega_1)^2-(m_2/m_1)(\omega/\omega_1)^2}\\&=\pm\frac{1}{1-[\omega^2(m_1+m_2)/k_1]}\end{aligned} \tag{4.5-18}$$

此时，X_1/x_{st} 为 λ 的函数，其中 μ 是已知的。

(3) 对于其他阻尼值，响应曲线将介于 $\zeta=0$ 和 $\zeta=\infty$ 曲线之间，图 4.5-4 中画出了 $\zeta=0.10$ 和 $\zeta=0.32$ 两条曲线。从图中可以看出，阻尼使共振点附近的振幅有显著的减小，而在激振频率 $\omega\ll\omega_1$ 或 $\omega\gg\omega_2$ 的范围内，阻尼的影响是很小的。

(4) 有趣的是,无论ζ值如何,所有响应曲线都交于S点和T点。这表明对于这两点的频率,质量m_1稳态响应的振幅X_1与减振器的阻尼c无关。因此在设计有阻尼动力减振器时,可以使X_1/x_{st}在S点和T点所对应的振幅以下。据此合理地选择最佳阻尼比ζ和最佳频率比α,以达到(在相当宽的频率范围内)减小主系统振动的目的。

由于所有响应曲线都交于S点和T点,所以为了寻求与S点和T点相对应的$\lambda_S=(\omega/\omega_1)_S$和$\lambda_T=(\omega/\omega_1)_T$,最简便的方法就是令(1)($\zeta=0$)和(2)($\zeta=\infty$)情况下主系统振幅的无量纲式(4.5-16)和式(4.5-18)相等,即

$$\frac{\alpha^2-\lambda^2}{(1-\lambda^2)(\alpha^2-\lambda^2)-\mu\alpha^2\lambda^2}=\pm\frac{1}{1-\lambda^2-\mu\lambda^2} \tag{4.5-19}$$

上式等号右边取正号,有$\mu\lambda^4=0$,即$\lambda=0$,这不是所期望的。因而取负号,得

$$\lambda^4-\frac{2(1+\alpha^2+\mu\alpha^2)}{2+\mu}\lambda^2+\frac{2\alpha^2}{2+\mu}=0 \tag{4.5-20}$$

由式(4.5-20)可以求得S点和T点对应的λ_S和λ_T的表达式。由于S点和T点的响应与减振器的阻尼c无关,要确定λ_S和λ_T的大小,任何阻尼值的响应方程都可以应用,简单的做法就是利用无阻尼或有无穷阻尼响应方程。显然,相对比较简单的是利用有无穷阻尼响应方程,可以得到

$$\frac{X_{1S}}{x_{st}}=\frac{1}{1-\lambda_S^2-\mu\lambda_S^2} \tag{4.5-21}$$

$$\frac{X_{1T}}{x_{st}}=-\frac{1}{1-\lambda_T^2-\mu\lambda_T^2} \tag{4.5-22}$$

对于工程问题,并不要求使主系统的振幅X_1一定为零,只要小于允许的数值就可以了。为了使主系统在相当宽的频率范围内工作,通常是这样来设计减振器:①令$X_{1S}=X_{1T}$;②使X_{1S}和X_{1T}为某个响应曲线的最大值;③合理选择和确定减振器参数,把X_{1S}和X_{1T}控制在要求的数值以内。

由$X_{1S}=X_{1T}$,得

$$\frac{1}{1-\lambda_S^2-\mu\lambda_S^2}=-\frac{1}{1-\lambda_T^2-\mu\lambda_T^2} \tag{4.5-23}$$

或

$$\lambda_T^2+\lambda_S^2=\frac{2}{1+\mu} \tag{4.5-24}$$

λ_S^2和λ_T^2为方程(4.5-20)的两个根,并且两个根之和等于中间项的负系数,即

$$\frac{2}{1+\mu}=\lambda_T^2+\lambda_S^2=\frac{2(1+\alpha^2+\mu\alpha^2)}{2+\mu} \tag{4.5-25}$$

从而解得

$$\alpha=\frac{\omega_2}{\omega_1}=\frac{1}{1+\mu}=\frac{1}{1+\frac{m_2}{m_1}} \tag{4.5-26}$$

如果减振器的质量m_2已选定,那么μ值为已知,从方程(4.5-26)即可确定α的值,由该值可确定减振器的频率和弹簧常数。为了确定对应于S点和T点的强迫振动的振幅,将方程(4.5-20)的两根代入方程(4.5-21)和方程(4.5-22)。将方程(4.5-26)代入方程(4.5-20)得

$$\lambda^4-\frac{2}{2+\mu}\lambda^2+\frac{2}{(2+\mu)(1+\mu)^2}=0 \tag{4.5-27}$$

得出

$$\lambda_{S,T}^2=\frac{1}{1+\mu}\left(1\mp\sqrt{\frac{\mu}{2+\mu}}\right) \tag{4.5-28}$$

然后从方程(4.5-21)和方程(4.5-22),得到

$$\frac{X_{1S}}{x_{st}}=\sqrt{\frac{2+\mu}{\mu}}=\frac{X_{1T}}{x_{st}} \tag{4.5-29}$$

已知主系统允许的最大振动,可通过式(4.5-29)确定 μ,从而确定减振器质量 m_2。把从式(4.5-29)得到的 μ 值代入式(4.5-26)可得 α,即确定了 ω_2,从而得到了减振器弹簧的弹簧常数 k_2。最后,要确定减振器阻尼器的阻尼系数 c。为使 X_{1S} 和 X_{1T} 为响应曲线的最大值,应在响应曲线的 S 点和 T 点有水平切线,从而可确定相应的 ζ 值。由于使 X_{1S} 和 X_{1T} 为最大值的 ζ 值并不相等,故取平均值得

$$\zeta=\frac{c}{2m_2\omega_1}=\sqrt{\frac{3\mu}{8(1+\mu)^3}} \tag{4.5-30}$$

减振器参数 m_2,k_2 和 c 确定以后,就与主系统构成了一个确定的两自由度系统,其响应方程和曲线都是确定的,在 S 点和 T 点有最大值,且小于允许的数值。

图 4.5-5 表示出在 S 点和 T 点分别具有水平切线的两条响应曲线($\mu=1/4$)。对于这两条切线,在 S 点和 T 点以外的响应值相差很小。显然,在相当宽的频率范围内,主系统有着小于允许振幅的振动,这就达到了减小主系统振动的目的。

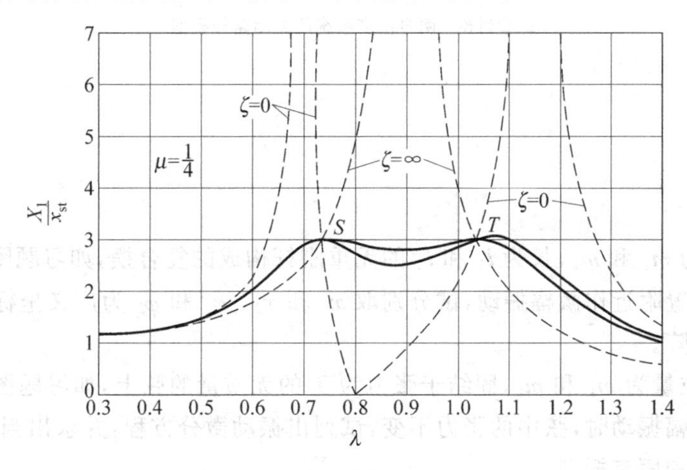

图　4.5-5

4.6 课堂讨论

振动系统包括三部分：振动源、振动传递路径及振动接受结构。比如,汽车行驶过程中由于路面的凹凸不平,使轮胎产生振动,并通过车辆结构传递给乘员车厢和传到方向盘;又如,交通载荷通过车辆—结构—基础—地基—周围地层—邻近建筑物的路径传递振动。实践表明,多数振动和噪声问题往往在系统级分析阶段才能被发现,因此建立振动和噪声的传递系统预测模型具有重要的意义。根据系统级的计算模拟结果,可以分析主要的传递路径,

辨别是结构传递问题还是空气传播问题,并能够识别出在一定运行频率或运转转速下激励源的数目和贡献量的排序,然后修改模型参数,探究设计空间,最后解决问题。如图 4.6-1 所示的有阻尼两自由度的振动传递系统。

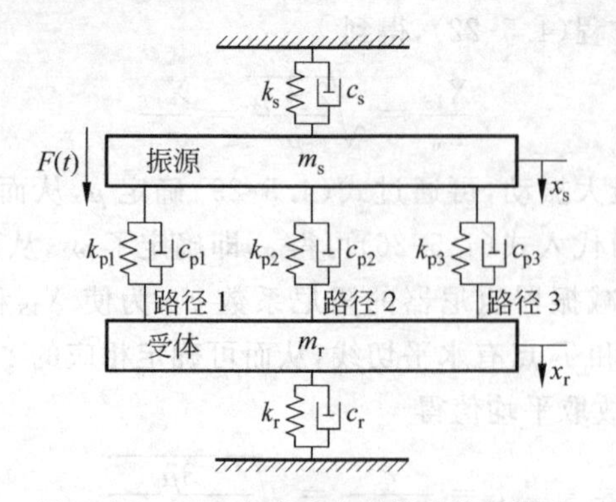

图 4.6-1 两自由度系统的振动路径模型

课堂讨论:两自由度系统的振动路径模型

习题

4.1 质量为 m_1 和 m_2,长为 l_1 和 l_2 的无重刚杆构成的复合摆,如习题图 4-1 所示。假设摆在其铅垂位置附近作微幅振动,试分别取 x_1 和 x_2,φ_1 和 φ_2 为广义坐标建立系统的质量矩阵和刚度矩阵。

4.2 两个质量为 m_1 和 m_2,固结于张力为 T 的无质量的弦上,如习题图 4-2 所示。假设质量作横向微幅振动时,弦中的张力不变,试列出振动微分方程,并求出当 $m_1=m_2=m$时系统的固有频率和固有振型。

4.3 一单摆铰支在质量 M 的中心,如习题图 4-3 所示,质量 M 在光滑水平面上滑动,求系统的固有频率。

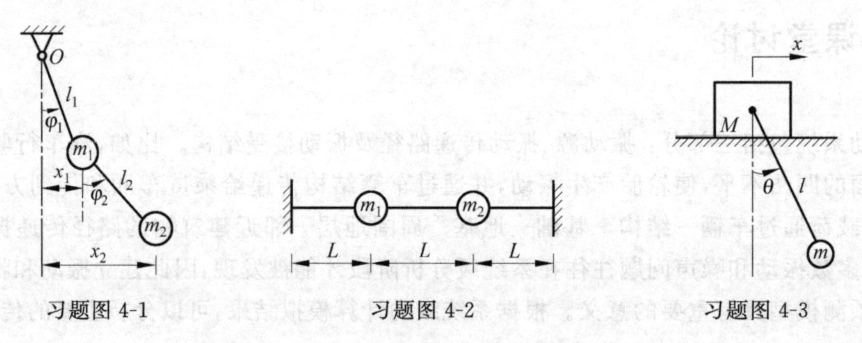

习题图 4-1 习题图 4-2 习题图 4-3

4.4　一重为 P 的均匀圆柱体可在水平面上作无滑动的滚动，在圆柱体的轴 B 上铰接一长为 l、重为 W 的均匀等直杆 BD，如习题图 4-4 所示。在 $t=0$ 时，圆柱体是静止的。BD 杆在偏离平衡位置微小 φ_0 角处突然释放。求该系统的微幅振动微分方程及在此条件下的响应。

4.5　两个质量块 m_1 和 m_2 用一弹簧 k 相连，m_1 的上端用绳子拴住，放在一个与水平面成 α 角的光滑斜面上，如习题图 4-5 所示。若 $t=0$ 时突然割断绳子，两质量块将沿斜面下滑。试求瞬时 t 两质量块的位置。

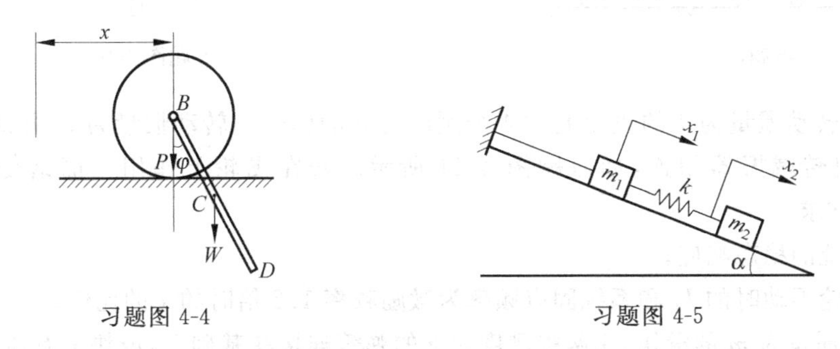

习题图 4-4　　习题图 4-5

4.6　习题图 4-6 所示的系统为一辆支于其前面和后面弹簧上的汽车示意图。试以 A 点作为刚体运动的参考点，假设汽车具有下列特性值：重量 $W=1470$ N；弹簧常数 $k_1=2980$ N/m；$k_2=3720$ N/m；长度 $l_1=1.8$ m，$l_2=1.2$ m；质量惯性矩 $I_C=210$ kg・m^2。试确定该系统的频率和振型，并计算对于初始竖直平移 y_0 而无转动的自由振动响应（$y_{0A}=y_0$，$\theta_{0A}=0$，$\dot{y}_{0A}=\dot{\theta}_{0A}=0$）。

4.7　如习题图 4-7 所示的两自由度系统，横梁的刚度系数为 k_1，其上置有一质量 m_1，悬挂弹簧的弹簧常数为 k_2，悬挂质量为 m_2，若 $k_1=k_2=k$，$m_1=2m$，$m_2=m$，试确定固有频率 ω_1 和 ω_2，以及固有振型 $\boldsymbol{u}^{(1)}$ 和 $\boldsymbol{u}^{(2)}$。假设质量 m_1 上承受正弦力 $F(t)=F_1\sin\omega t$ 的作用，试确定系统的稳态响应。

4.8　一质量为 m 的重块处于无摩擦的水平面上，通过刚度为 k 的弹簧与质量为 M、长为 l 的均质刚杆连接，如习题图 4-8 所示。求重块的稳态响应。

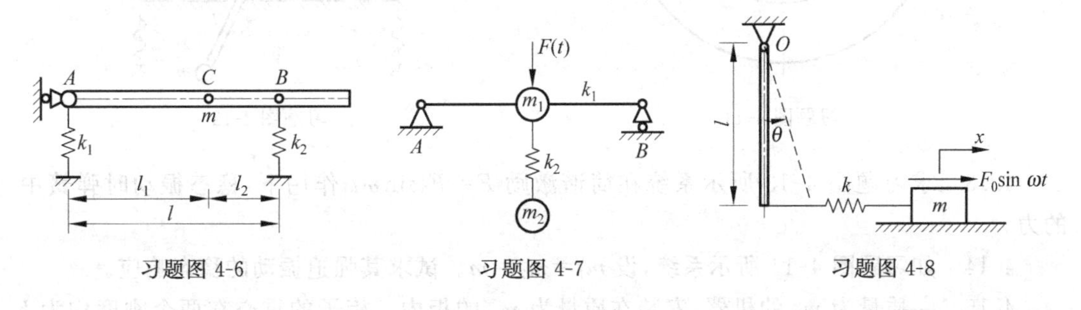

习题图 4-6　　习题图 4-7　　习题图 4-8

4.9　如习题图 4-9 所示的系统，设激励为简谐形式，两滑块的质量分别为 m_1（不包括偏心质量 m）和 m_2，刚度系数分别为 k_1 与 k_2，偏心距为 e，转动角速度为 ω。求系统的稳态响应。

4.10　两刚性皮带轮上套以弹性的皮带，如习题图 4-10 所示。I_1 和 I_2 分别为两轮绕定轴的转动惯量，r_1 和 r_2 分别为其半径，k 为皮带的拉伸弹性刚度，皮带在简谐力矩

$M_0\sin\omega t$ 作用下有张力 T_1 与 T_2，且已知皮带的预紧张力为 T_0。试确定皮带轮系统的固有频率和皮带张力 T_1 与 T_2 的表达式。

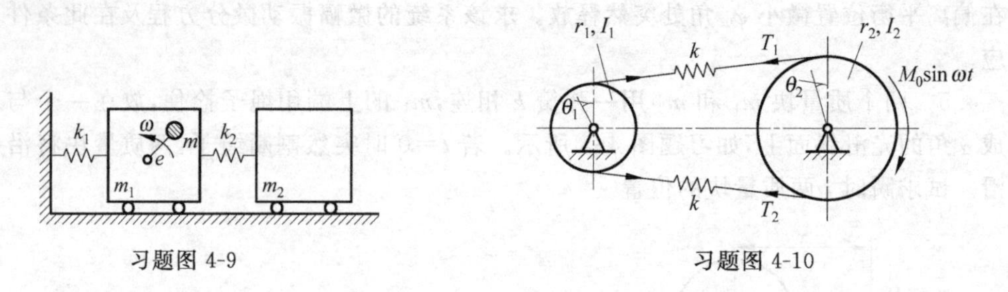

习题图 4-9　　　　习题图 4-10

4.11　转动惯量为 I 的飞轮通过 4 个刚度为 k 的弹簧与转动惯量为 I_d 并能在轴上自由转动的扭转减振器相连，如习题图 4-11 所示。若在飞轮上作用一简谐变化的扭矩 $M\sin\omega t$。试求：

(1) 系统的稳态响应；

(2) 飞轮不动时的 I_d 和系统固有频率为激励频率 1.2 倍时的 I 的比值。

4.12　质量为 m 的滑块，用两根刚度为 k 的弹簧连接在基础上，滑块上有质量为 m、摆长为 l 的单摆，如习题图 4-12 所示，设 $k/m=g/l=\omega_0^2$，当基础作水平方向的简谐振动 $x_s=a\sin\omega t$ 时，试求：

(1) 若 $\omega^2=k/m$，摆的最大摆角 θ_{max}；

(2) 系统发生共振时的 ω 值。

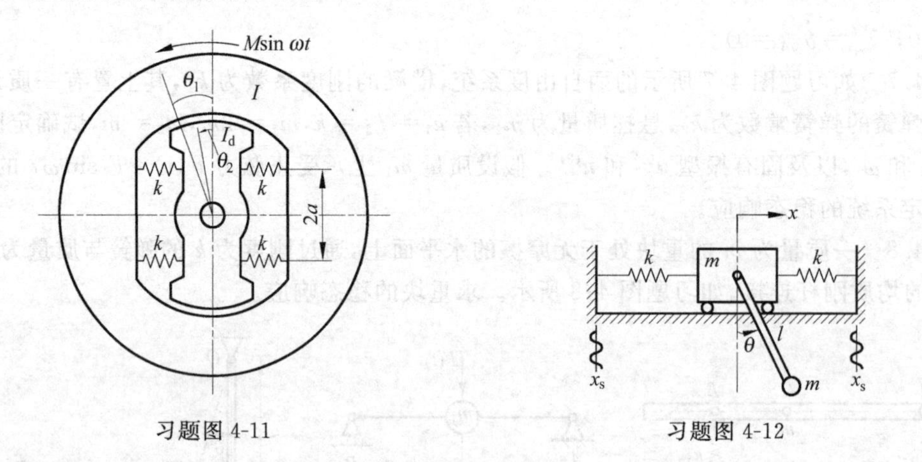

习题图 4-11　　　　习题图 4-12

4.13　求习题图 4-13 所示系统在简谐激励 $F=F_0\sin\omega t$ 作用下，稳态振动时弹簧中的力。

4.14　如习题图 4-14 所示系统，设 $m_1=m_2=m$。试求其强迫振动的稳态响应。

4.15　一质量为 m_2 的机器，安装在质量为 m_1 的柜内。柜子的重心在两个刚度均为 k 的柔性腿的中间，如习题图 4-15 所示。若机器受到一简谐力矩 $M_0\sin\omega t$ 的作用。试问：

(1) 欲使柜子不产生摆动，k 应为多少？

(2) 欲使柜子不产生垂直振动，机器应安装在什么位置？

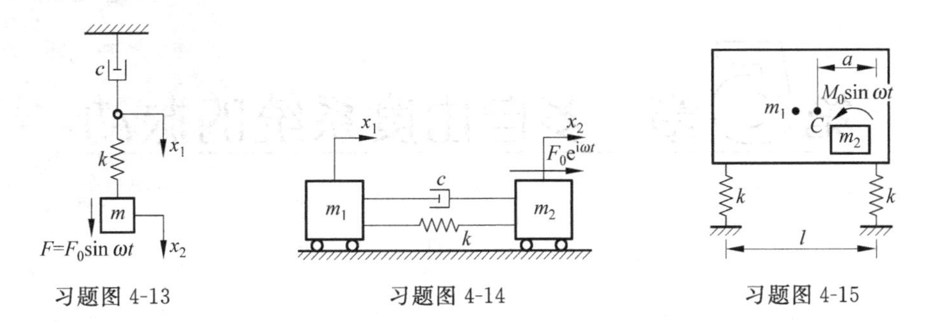

习题图 4-13　　习题图 4-14　　习题图 4-15

4.16　试求习题图 4-16 所示双弹簧-质量系统在两简谐激励作用下强迫振动的振幅。

4.17　试用习题图 4-17 所示两自由度系统，证明在强迫振动共振时系统的运动为主振动。

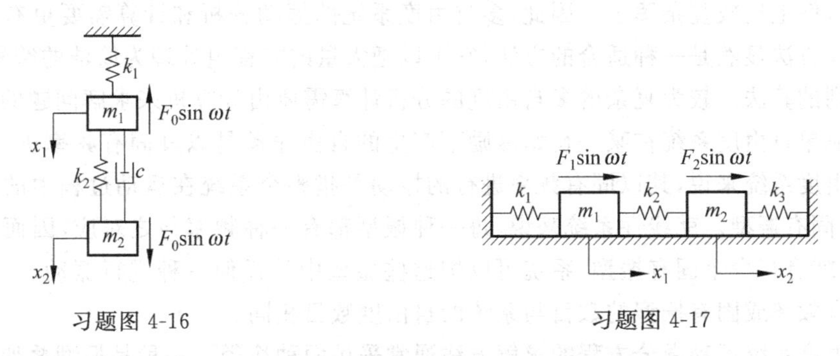

习题图 4-16　　习题图 4-17

习题解答

CHAPTER

第5章　多自由度系统的振动

多自由度系统是指具有有限个自由度的系统，它包括前述的两自由度系统。一般来说，多自由度系统的振动分析与两自由度系统的分析并无本质区别，只是由于自由度数目的增加在数学求解上比较复杂罢了。因此，多自由度系统的振动分析和计算需要更有效的处理方法。矩阵方法显然是一种适合的方法，它可以把大量的方程组处理为简洁的符号，并为求解提供规则的算法。较为复杂的多自由度的分析计算需要由计算机来求解问题的数值解。

无阻尼单自由度系统在某一初始激励下产生的自由振动是以其固有频率进行的振动，对于多自由度系统来说，其以固有频率进行的振动是指整个系统在运动过程中的某一位移形状，称为固有振型。就线性系统来说，每一种振型都有一种频率与之对应，因而有多少个固有频率，就有多少个固有振型，系统可以按这些振型中的任何一种进行振动。一般来说，系统的固有频率或固有振型的数目与系统的自由度数目相同。

多自由度系统运动微分方程的求解方法通常采用两种途径。一种是振型叠加法或模态分析法，它是通过坐标变换，使耦合的运动微分方程转化为一组新坐标下的相互独立的运动微分方程，对已经解耦的每一个方程就像单自由度系统一样地独立求解，然后进行坐标的反变换，求得原坐标的振动响应解。另一种是直接积分法，它是通过直接积分微分方程求出方程的数值解，这部分将在第7章振动分析的数值方法中加以介绍。

5.1　多自由度系统运动微分方程

建立多自由度系统微分方程，一般采用两种主要方法。一种是牛顿力学方法，应用这种方法对系统建立振动微分方程，必须考虑约束反力并画出物体的受力图。对于一些简单问题，采用这种方法比较直观、简便。另一种是分析力学方法，应用这种方法对系统建立振动微分方程，应该合理选取系统的广义坐标，然后根据拉格朗日方程等分析力学方法，建立系统的运动方程。由于这种方法仅涉及动能、势能和功等标量形式的物理量，因此对于复杂的多自由度振动系统建立运动微分方程较为方便。

下面通过具体例子说明建立多自由度系统运动微分方程的牛顿力学方法和拉格朗日方程的方法。

例 5.1-1　考虑图5.1-1(a)的三自由度系统，应用牛顿第二定律导出系统的运动微分方程。设弹簧是线性的，阻尼是黏性的。

解：如图5.1-1(a)所示，坐标 q_1，q_2，q_3 分别表示 m_1，m_2，m_3 偏离其各自平衡位置的水

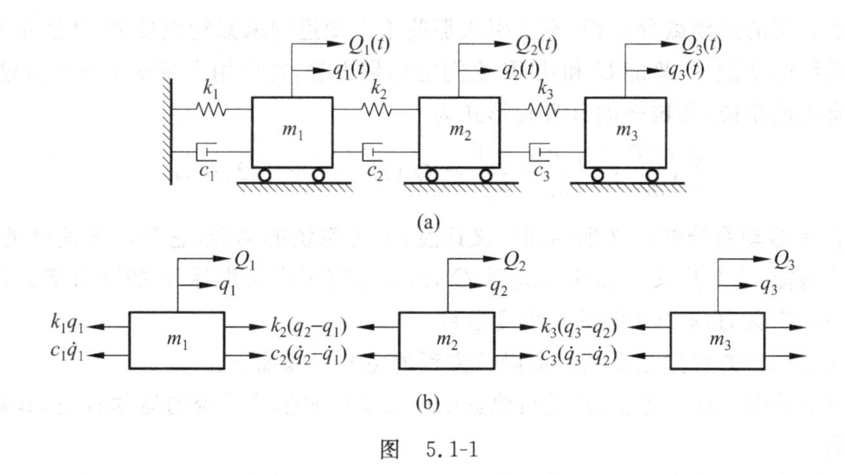

图　5.1-1

平位移，而 Q_1,Q_2,Q_3 是相应的外激励。为了用牛顿第二定律导出运动方程，分别作出质量 m_1,m_2,m_3 的受力图，如图 5.1-1(b)所示。对质量 $m_i(i=1,\ 2,\ 3)$应用牛顿第二定律可导出运动微分方程：

$$m_1\ddot{q}_1=Q_1-c_1\dot{q}_1-k_1q_1+c_2(\dot{q}_2-\dot{q}_1)+k_2(q_2-q_1)$$

$$m_2\ddot{q}_2=Q_2-c_2(\dot{q}_2-\dot{q}_1)-k_2(q_2-q_1)+c_3(\dot{q}_3-\dot{q}_2)+k_3(q_3-q_2)$$

$$m_3\ddot{q}_3=Q_3-c_3(\dot{q}_3-\dot{q}_2)-k_3(q_3-q_2)$$

改写成下列形式：

$$m_1\ddot{q}_1+(c_1+c_2)\dot{q}_1-c_2\dot{q}_2+(k_1+k_2)q_1-k_2q_2=Q_1$$

$$m_2\ddot{q}_2-c_2\dot{q}_1+(c_2+c_3)\dot{q}_2-c_3\dot{q}_3-k_2q_1+(k_2+k_3)q_2-k_3q_3=Q_2$$

$$m_3\ddot{q}_3-c_3\dot{q}_2+c_3\dot{q}_3-k_3q_2+k_3q_3=Q_3$$

此式可用矩阵形式表达为

$$\boldsymbol{M}\ddot{\boldsymbol{q}}+\boldsymbol{C}\dot{\boldsymbol{q}}+\boldsymbol{K}\boldsymbol{q}=\boldsymbol{Q}$$

其中，各矩阵和列阵分别为

$$\boldsymbol{M}=\begin{bmatrix} m_1 & 0 & 0 \\ 0 & m_2 & 0 \\ 0 & 0 & m_3 \end{bmatrix},\quad \boldsymbol{C}=\begin{bmatrix} c_1+c_2 & -c_2 & 0 \\ -c_2 & c_2+c_3 & -c_3 \\ 0 & -c_3 & c_3 \end{bmatrix}$$

$$\boldsymbol{K}=\begin{bmatrix} k_1+k_2 & -k_2 & 0 \\ -k_2 & k_2+k_3 & -k_3 \\ 0 & -k_3 & k_3 \end{bmatrix},\quad \boldsymbol{q}=\begin{bmatrix} q_1 \\ q_2 \\ q_3 \end{bmatrix}$$

$$\dot{\boldsymbol{q}}=\begin{bmatrix} \dot{q}_1 \\ \dot{q}_2 \\ \dot{q}_3 \end{bmatrix},\quad \ddot{\boldsymbol{q}}=\begin{bmatrix} \ddot{q}_1 \\ \ddot{q}_2 \\ \ddot{q}_3 \end{bmatrix},\quad \boldsymbol{Q}=\begin{bmatrix} Q_1 \\ Q_2 \\ Q_3 \end{bmatrix}$$

式中，$\boldsymbol{M},\boldsymbol{C}$和$\boldsymbol{K}$分别为质量矩阵、阻尼矩阵和刚度矩阵；$\boldsymbol{q},\dot{\boldsymbol{q}},\ddot{\boldsymbol{q}}$ 和$\boldsymbol{Q}$分别为位移向量、速度向量、加速度向量和外激励向量。显然可见，$\boldsymbol{M},\boldsymbol{C},\boldsymbol{K}$ 为对称矩阵。

可以看出，应用牛顿力学建立系统的运动微分方程，必须画出受力图，为此常常要引入那些未知的约束反力，因此对于较为复杂的系统，显得比较烦琐。然而应用拉格朗日方程建立多自由度系统的运动微分方程,不必引入那些不用知道的未知约束反力,从能量观点上统一建立起系统的动能 T、势能 U 和功 W 之间的标量方程,在应用上带来了不少方便。

考虑有阻尼系统,其拉格朗日方程形式为

$$\frac{\mathrm{d}}{\mathrm{d}t}\left(\frac{\partial T}{\partial \dot{q}_j}\right)-\frac{\partial T}{\partial q_j}+\frac{\partial U}{\partial q_j}=Q_j(t) \quad (j=1,2,\cdots,n) \tag{5.1-1}$$

式中,q_j,$\dot{q}_j$ 为振动系统的广义坐标和广义速度;T 为系统的动能,它是广义速度的二次型;U 为系统的势能,它是广义坐标的二次型;$Q_j(t)$为对应于广义坐标 q_j 的除有势力以外的其他非有势力的广义力;n 为系统的自由度数目。

应用拉格朗日方程建立系统运动微分方程的主要步骤如下:

(1) 判断系统的自由度数,并适当地选取广义坐标来描述系统的运动状态,其数目和自由度数相同。

(2) 计算系统的动能和势能,并将动能表示为广义速度的二次型,将势能表示为广义坐标的二次型。

(3) 对于非有势力,计算对应于各广义坐标的广义力。

(4) 将求得的动能、势能和广义力代入拉格朗日方程中进行运算,即可得到系统的运动微分方程。

例 5.1-2 图 5.1-2 所示的刚体由 4 根拉伸弹簧支承,被限制在图示光滑水平面内运动,图示位置为平衡位置,且弹簧为原长。已知质量为 m,转动惯量为 I。试导出微幅运动的微分方程。

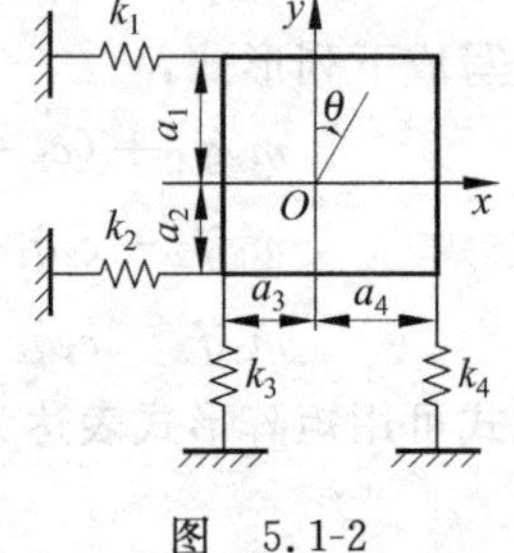

图 5.1-2

解:取刚体质心 O 点偏离平衡位置的 x,y 和刚体绕质心的转角 θ 为广义坐标,即

$$q_1=x,\quad q_2=y,\quad q_3=\theta$$

系统的动能为

$$T=\frac{1}{2}m(\dot{x}^2+\dot{y}^2)+\frac{1}{2}I_O\dot{\theta}^2$$

系统的势能为

$$U=\frac{1}{2}k_1(x+a_1\theta)^2+\frac{1}{2}k_2(x-a_2\theta)^2+\frac{1}{2}k_3(y+a_3\theta)^2+\frac{1}{2}k_4(y-a_4\theta)^2$$

计算拉格朗日方程中各项导数如下:

$$\frac{\mathrm{d}}{\mathrm{d}t}\left(\frac{\partial T}{\partial \dot{x}}\right)=m\ddot{x},\quad \frac{\partial T}{\partial x}=0,\quad \frac{\partial U}{\partial x}=k_1(x+a_1\theta)+k_2(x-a_2\theta)$$

$$\frac{\mathrm{d}}{\mathrm{d}t}\left(\frac{\partial T}{\partial \dot{y}}\right)=m\ddot{y},\quad \frac{\partial T}{\partial y}=0,\quad \frac{\partial U}{\partial y}=k_3(y+a_3\theta)+k_4(y-a_4\theta)$$

$$\frac{\mathrm{d}}{\mathrm{d}t}\left(\frac{\partial T}{\partial \dot{\theta}}\right)=I_O\ddot{\theta},\quad \frac{\partial T}{\partial \theta}=0$$

$$\frac{\partial U}{\partial \theta}=k_1(x+a_1\theta)a_1-k_2(x-a_2\theta)a_2+k_3(y+a_3\theta)a_3-k_4(y-a_4\theta)a_4$$

代入拉格朗日方程(5.1-1)得系统运动微分方程为

$$m\ddot{x}+(k_1+k_2)x+(k_1a_1-k_2a_2)\theta=0$$

$$m\ddot{y}+(k_3+k_4)y+(k_3a_3-k_4a_4)\theta=0$$

$$I_O\ddot{\theta}+(k_1a_1-k_2a_2)x+(k_3a_3-k_4a_4)y+(k_1a_1^2+k_2a_2^2+k_3a_3^2+k_4a_4^2)\theta=0$$

写成矩阵形式

$$\boldsymbol{M}\ddot{\boldsymbol{q}}+\boldsymbol{K}\boldsymbol{q}=0$$

其中，质量矩阵和刚度矩阵分别为

$$\boldsymbol{M}=\begin{bmatrix} m & 0 & 0\\ 0 & m & 0\\ 0 & 0 & I_O\end{bmatrix}$$

$$\boldsymbol{K}=\begin{bmatrix} k_1+k_2 & 0 & k_1a_1-k_2a_2\\ 0 & k_3+k_4 & k_3a_3-k_4a_4\\ k_1a_1-k_2a_2 & k_3a_3-k_4a_4 & k_1a_1^2+k_2a_2^2+k_3a_3^2+k_4a_4^2\end{bmatrix}$$

位移向量为

$$\boldsymbol{q}=[x\quad y\quad \theta]^{\mathrm{T}}$$

例 5.1-3　如图 5.1-3 所示的质量块 m，可沿光滑水平面滑动，其右侧与刚度为 k 的弹簧相连，左侧与阻尼系数为 c 的阻尼器相连，并在质量块 m 上作用一水平外激励 Q。摆锤重 m_1，由一长为 l 的无重刚杆与滑块 m 以铰相连，并只能在图示铅垂面内摆动。试列出此系统的振动微分方程。

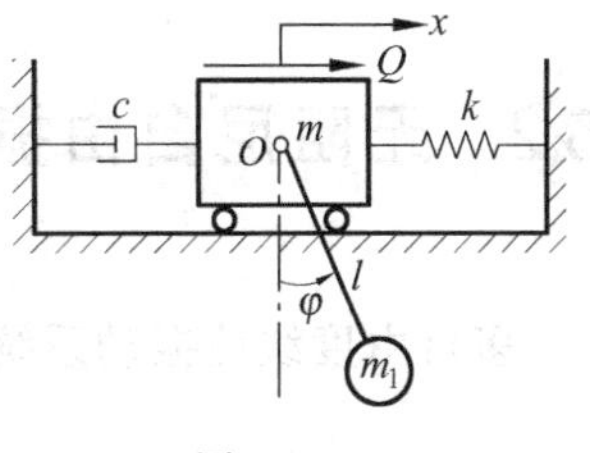

图　5.1-3

解：以平衡时质量块 m 的质心 O 点为坐标原点。以 $q_1=x$ 和 $q_2=\varphi$ 为广义坐标，则质点 m_1 坐标为

$$x_1=x+l\sin\varphi,\quad y_1=l\cos\varphi$$

系统动能为

$$T=\frac{1}{2}m\dot{x}^2+\frac{1}{2}m_1(\dot{x}_1^2+\dot{y}_1^2)$$

即

$$T=\frac{1}{2}(m+m_1)\dot{x}^2+\frac{1}{2}m_1l^2\dot{\varphi}^2+m_1l\dot{x}\dot{\varphi}\cos\varphi$$

摆锤 m_1 所受重力 m_1g 和弹簧反力 kx 为有势力，滑块 m 所受重力 mg 与光滑面的反力相平衡。以平衡位置为势能的零位置，则系统势能为

$$U=m_1gl(1-\cos\varphi)+\frac{1}{2}kx^2$$

外激励 Q 与阻尼力 $c\dot{x}$ 为非有势力，它们与广义坐标 q_1 和 q_2 对应的广义力分别为

$$Q_1=Q-c\dot{x},\quad Q_2=0$$

计算拉格朗日方程各项导数如下：

$$\frac{\mathrm{d}}{\mathrm{d}t}\left(\frac{\partial T}{\partial\dot{x}}\right)=(m+m_1)\ddot{x}+m_1l\ddot{\varphi}\cos\varphi-m_1l\dot{\varphi}^2\sin\varphi,\quad \frac{\partial T}{\partial x}=0,\quad \frac{\partial U}{\partial x}=kx$$

$$\frac{\mathrm{d}}{\mathrm{d}t}\left(\frac{\partial T}{\partial\dot{\varphi}}\right)=m_1l^2\ddot{\varphi}+m_1l\ddot{x}\cos\varphi-m_1l\dot{x}\dot{\varphi}\sin\varphi$$

$$\frac{\partial T}{\partial\varphi}=-m_1l\dot{x}\dot{\varphi}\sin\varphi,\quad \frac{\partial U}{\partial\varphi}=m_1gl\sin\varphi$$

代入拉格朗日方程(5.1-1)得系统运动微分方程为

$$(m+m_1)\ddot{x}+m_1 l\ddot{\varphi}\cos\varphi-m_1 l\dot{\varphi}^2\sin\varphi+c\dot{x}+kx=Q$$

$$m_1 l^2\ddot{\varphi}+m_1 l\ddot{x}\cos\varphi+m_1 gl\sin\varphi=0$$

上述方程是非线性方程,对于微幅振动,有 $\sin\varphi\approx\varphi$ 和 $\cos\varphi\approx1$,并略去非线性乘积项后,有

$$(m+m_1)\ddot{x}+m_1 l\ddot{\varphi}+c\dot{x}+kx=Q$$

$$m_1 l^2\ddot{\varphi}+m_1 l\ddot{x}+m_1 gl\varphi=0$$

写成矩阵形式

$$\boldsymbol{M}\ddot{\boldsymbol{q}}+\boldsymbol{C}\dot{\boldsymbol{q}}+\boldsymbol{K}\boldsymbol{q}=\boldsymbol{Q}$$

其中,质量矩阵、阻尼矩阵和刚度矩阵分别为

$$\boldsymbol{M}=\begin{bmatrix}m+m_1 & m_1 l\\ m_1 l & m_1 l^2\end{bmatrix},\quad \boldsymbol{C}=\begin{bmatrix}c & 0\\ 0 & 0\end{bmatrix},\quad \boldsymbol{K}=\begin{bmatrix}k & 0\\ 0 & m_1 gl\end{bmatrix}$$

位移向量和外激励向量分别为

$$\boldsymbol{q}=\begin{bmatrix}x\\ \varphi\end{bmatrix},\quad \boldsymbol{Q}=\begin{bmatrix}Q\\ 0\end{bmatrix}$$

5.2 无阻尼自由振动·特征值问题

多自由度线性振动系统微分方程的一般表达式为

$$\boldsymbol{M}\ddot{\boldsymbol{q}}+\boldsymbol{C}\dot{\boldsymbol{q}}+\boldsymbol{K}\boldsymbol{q}=\boldsymbol{Q}(t)\tag{5.2-1}$$

式中,$\boldsymbol{M}$,$\boldsymbol{C}$ 和 $\boldsymbol{K}$ 分别为 $n\times n$ 阶的质量、阻尼和刚度矩阵;$\boldsymbol{q}$,$\dot{\boldsymbol{q}}$,$\ddot{\boldsymbol{q}}$ 和 $\boldsymbol{Q}$ 分别为广义坐标、广义速度、广义加速度和广义力的 n 维向量。

对无阻尼的自由振动,方程(5.2-1)可以表示为

$$\boldsymbol{M}\ddot{\boldsymbol{q}}+\boldsymbol{K}\boldsymbol{q}=\boldsymbol{0}\tag{5.2-2}$$

它表示一组 n 个联立的齐次微分方程组

$$\sum_{j=1}^{n}m_{ij}\ddot{q}_j+\sum_{j=1}^{n}k_{ij}q_j=0\quad(i,j=1,2,\cdots,n)\tag{5.2-3}$$

由第4章的讨论可知,对于 n 个联立的齐次方程一定存在着同步运动的解,即在运动过程中,所有坐标应具有对时间相同的依赖关系,并除振幅外,运动的一般形状并不改变,即各质量位移的比值保持不变。在数学上,这一类运动可以表示为

$$q_j(t)=u_j f(t)\quad(j=1,2,\cdots,n)\tag{5.2-4}$$

式中,u_j 为一组常数,而 $f(t)$ 对于所有坐标 $q_j(t)$ 是相同的。

将方程(5.2-4)代入方程(5.2-3),并注意到函数 $f(t)$ 不依赖于下标 j,有

$$\ddot{f}(t)\sum_{j=1}^{n}m_{ij}u_j+f(t)\sum_{j=1}^{n}k_{ij}u_j=0\quad(i,j=1,2,\cdots,n)\tag{5.2-5}$$

将其写成下面的形式:

$$-\frac{\ddot{f}(t)}{f(t)}=\frac{\sum_{j=1}^{n}k_{ij}u_j}{\sum_{j=1}^{n}m_{ij}u_j}\quad(i,j=1,2,\cdots,n)\tag{5.2-6}$$

在上式中分离开了与时间有关的部分和与位置有关的部分。可以看出，方程(5.2-6)的左边不依赖于下标 j，而右边不依赖于时间 t，因而两个比值必定等于常数。可以证明，这个常数是一正实数，令常数 $\lambda=\omega^2$，于是有

$$\ddot{f}(t)+\omega^2 f(t)=0 \tag{5.2-7}$$

$$\sum_{j=1}^{n}(k_{ij}-\omega^2 m_{ij})u_j=0 \quad (i,j=1,2,\cdots,n) \tag{5.2-8}$$

如果同步运动是可能的，那么对时间的依赖关系是简谐函数，因为 $f(t)$ 是一实函数，所以方程(5.2-7)唯一可以接受的解是具有频率 ω 的简谐函数，即

$$f(t)=C\sin(\omega t+\varphi) \tag{5.2-9}$$

式中，C 为任意常数；ω 为简谐运动的频率；φ 为相角。这三个量对每一个坐标 $q_j(t)(j=1,2,\cdots,n)$ 都是相同的。

把方程(5.2-8)写成矩阵形式

$$(\boldsymbol{K}-\omega^2\boldsymbol{M})\boldsymbol{u}=\boldsymbol{0} \tag{5.2-10a}$$

或者写为

$$\boldsymbol{K}\boldsymbol{u}=\omega^2\boldsymbol{M}\boldsymbol{u} \tag{5.2-10b}$$

方程(5.2-10)是关于矩阵 $\boldsymbol{M}$ 和 $\boldsymbol{K}$ 的特征值问题。方程(5.2-10)存在非零解的条件是：当且仅当系数行列式等于零，即

$$\Delta(\omega^2)=\det(\boldsymbol{K}-\omega^2\boldsymbol{M})=0 \tag{5.2-11}$$

式中，$\Delta(\omega^2)$ 称为特征行列式，而方程(5.2-11)称为特征方程或频率方程，将其展开后可得到 ω^2 的 n 次代数方程式

$$\omega^{2n}+a_1\omega^{2(n-1)}+a_2\omega^{2(n-2)}+\cdots+a_{n-1}\omega^2+a_n=0 \tag{5.2-12}$$

这一 n 次代数方程有 n 个根 $\omega_r^2(r=1,2,\cdots,n)$，这些根称为特征值，它们的平方根 $\omega_r(r=1,2,\cdots,n)$ 称为系统的固有频率。将固有频率由小到大依次排列，即

$$\omega_1\leqslant\omega_2\leqslant\cdots\leqslant\omega_r\leqslant\cdots\leqslant\omega_n \tag{5.2-13}$$

称最低的固有频率 ω_1 为基频。在实际问题中，往往基频是所有频率中最重要的一个。一般来说，这 n 个根 $\omega_r^2(r=1,2,\cdots,n)$ 可以是单根，也可以是重根；可以是实数，也可以是复数。但是，当系统的质量矩阵为正定实对称矩阵，刚度矩阵为正定或半正定的实对称矩阵时，根据线性代数理论，所有的特征值都是实数，并且是正数或零。事实上，只有当刚度矩阵为半正定时，系统才有零特征值。

将求得的固有频率 $\omega_r(r=1,2,\cdots,n)$ 分别代入方程(5.2-10)得

$$(\boldsymbol{K}-\omega_r^2\boldsymbol{M})\boldsymbol{u}^{(r)}=\boldsymbol{0} \quad (r=1,2,\cdots,n) \tag{5.2-14}$$

解此特征值问题，可求得非零解向量 $\boldsymbol{u}^{(r)}=[u_1^{(r)} \quad u_2^{(r)} \quad \cdots \quad u_n^{(r)}]^{\mathrm{T}}(r=1,2,\cdots,n)$。称向量 $\boldsymbol{u}^{(r)}$ 为对应特征值 ω_r^2 的特征向量，也称为振型向量或模态向量，它表示了所谓的固有振型。特征向量各元素的值是不唯一确定的量，但任意两个元素 $u_i^{(r)}$ 和 $u_j^{(r)}$ 的比值是一常数。也就是说，$\boldsymbol{u}^{(r)}$ 为齐次方程组(5.2-14)的解，那么 $\alpha_r\boldsymbol{u}^{(r)}$ 也是一个解，α_r 为任意常数。因此，可以说，固有振型的形状是唯一的，而振幅不是唯一的。

如果特征向量 $\boldsymbol{u}^{(r)}$ 中的一个元素被指定为某一个值，那么特征向量就是唯一确定的向量。因为其余的 $n-1$ 个元素的值可以根据任意两个元素的比值是常数这一点自行调整。调整固有振型的元素使其成为单值的过程称为正则化，而所得到的向量称为正则振型。一

个很简便的正则化方法就是令

$$\boldsymbol{u}^{(r)\mathrm{T}}\boldsymbol{M}\boldsymbol{u}^{(r)}=1\quad(r=1,2,\cdots,n)\tag{5.2-15}$$

将方程(5.2-14)两边左乘特征向量 $\boldsymbol{u}^{(r)}$ 的转置 $\boldsymbol{u}^{(r)\mathrm{T}}$,有

$$\boldsymbol{u}^{(r)\mathrm{T}}\boldsymbol{K}\boldsymbol{u}^{(r)}=\omega_r^2\quad(r=1,2,\cdots,n)\tag{5.2-16}$$

另一个正则化方法是使振型向量中最大元素的值等于1。这样,可以很方便地画出振型图。需要指出的是,正则化并无物理意义,仅仅是为了处理问题方便。

例 5.2-1 图 5.2-1 表示一个三自由度系统,求固有频率和固有振型,并求正则振型。

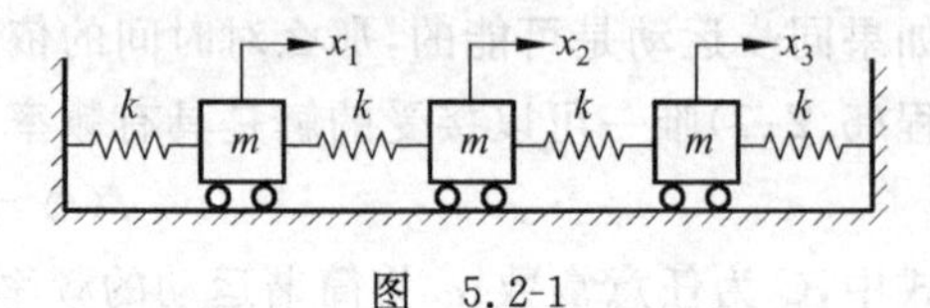

图 5.2-1

解:系统的运动微分方程为

$$\boldsymbol{M}\ddot{\boldsymbol{x}}+\boldsymbol{K}\boldsymbol{x}=\boldsymbol{0}$$

其中质量矩阵和刚度矩阵为

$$\boldsymbol{M}=\begin{bmatrix}m&0&0\\0&m&0\\0&0&m\end{bmatrix},\quad\boldsymbol{K}=\begin{bmatrix}2k&-k&0\\-k&2k&-k\\0&-k&2k\end{bmatrix}$$

其特征值问题为

$$\boldsymbol{K}\boldsymbol{u}=\omega^2\boldsymbol{M}\boldsymbol{u}$$

特征方程为

$$\Delta(\omega^2)=\begin{vmatrix}2k-\omega^2m&-k&0\\-k&2k-\omega^2m&-k\\0&-k&2k-\omega^2m\end{vmatrix}$$
$$=(2k-m\omega^2)(m^2\omega^4-4mk\omega^2+2k^2)=0$$

求得固有频率为

$$\omega_1=\sqrt{(2-\sqrt{2})\frac{k}{m}},\quad\omega_2=\sqrt{\frac{2k}{m}},\quad\omega_3=\sqrt{(2+\sqrt{2})\frac{k}{m}}$$

计算对应三个固有频率的固有振型,将 ω_1 代入特征值问题方程,有

$$\begin{bmatrix}\sqrt{2}&-1&0\\-1&\sqrt{2}&-1\\0&-1&\sqrt{2}\end{bmatrix}\begin{bmatrix}u_1^{(1)}\\u_2^{(1)}\\u_3^{(1)}\end{bmatrix}=\begin{bmatrix}0\\0\\0\end{bmatrix}$$

因为这是齐次方程组,如果振型向量的某一元素被给定,那么就可以唯一地求出其余两个元素。至于给定哪一个元素是无关紧要的,因为无论给定哪一个元素,都可以得到相同的结果。习惯上令 $u_1^{(1)}=1$,可解得

$$\begin{bmatrix}u_2^{(1)}\\u_3^{(1)}\end{bmatrix}=\begin{bmatrix}\sqrt{2}\\1\end{bmatrix}$$

故求得对应固有频率 ω_1 的固有振型为

$$\begin{bmatrix}u_1^{(1)}\\u_2^{(1)}\\u_3^{(1)}\end{bmatrix}=\begin{bmatrix}1\\\sqrt{2}\\1\end{bmatrix}$$

同理,将 ω_2 代入特征值问题方程,并令 $u_1^{(2)}=1$,可解出对应固有频率 ω_2 的固有振型为

$$\begin{bmatrix} u_1^{(2)} \\ u_2^{(2)} \\ u_3^{(2)} \end{bmatrix} = \begin{bmatrix} 1 \\ 0 \\ -1 \end{bmatrix}$$

同样,可得到对应于固有频率 ω_3 的固有振型为

$$\begin{bmatrix} u_1^{(3)} \\ u_2^{(3)} \\ u_3^{(3)} \end{bmatrix} = \begin{bmatrix} 1 \\ -\sqrt{2} \\ 1 \end{bmatrix}$$

各阶振型图如图 5.2-2 所示。

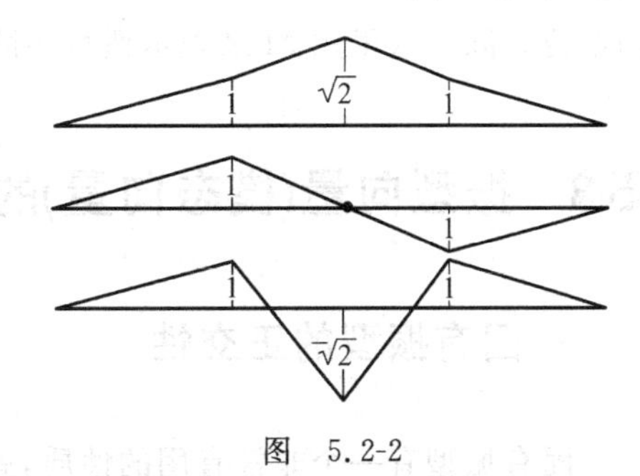

图 5.2-2

下面求正则振型。令

$$\boldsymbol{u}^{(1)} = \alpha_1 \begin{bmatrix} 1 \\ \sqrt{2} \\ 1 \end{bmatrix}$$

代入 $\boldsymbol{u}^{(1)\mathrm{T}}\boldsymbol{M}\boldsymbol{u}^{(1)}=1$ 中,有

$$\alpha_1^2 \begin{bmatrix} 1 & \sqrt{2} & 1 \end{bmatrix} \begin{bmatrix} m & 0 & 0 \\ 0 & m & 0 \\ 0 & 0 & m \end{bmatrix} \begin{bmatrix} 1 \\ \sqrt{2} \\ 1 \end{bmatrix} = 1$$

令

$$M_1 = \begin{bmatrix} 1 & \sqrt{2} & 1 \end{bmatrix} \begin{bmatrix} m & 0 & 0 \\ 0 & m & 0 \\ 0 & 0 & m \end{bmatrix} \begin{bmatrix} 1 \\ \sqrt{2} \\ 1 \end{bmatrix} = 4m$$

则

$$\alpha_1 = \frac{1}{\sqrt{M_1}} = \frac{1}{2\sqrt{m}}$$

求得第一阶正则振型向量为

$$\boldsymbol{u}^{(1)} = \frac{1}{\sqrt{m}} \begin{bmatrix} 1/2 \\ \sqrt{2}/2 \\ 1/2 \end{bmatrix}$$

同样令

$$\boldsymbol{u}^{(2)} = \alpha_2 \begin{bmatrix} 1 \\ 0 \\ -1 \end{bmatrix}$$

由正则方法得到

$$M_2 = \begin{bmatrix} 1 & 0 & -1 \end{bmatrix} \begin{bmatrix} m & 0 & 0 \\ 0 & m & 0 \\ 0 & 0 & m \end{bmatrix} \begin{bmatrix} 1 \\ 0 \\ -1 \end{bmatrix} = 2m$$

$$\alpha_2 = \frac{1}{\sqrt{M_2}} = \frac{1}{\sqrt{2m}}$$

则第二阶正则振型向量为

$$u^{(2)}=\frac{1}{\sqrt{m}}\begin{bmatrix}\sqrt{2}/2\\0\\-\sqrt{2}/2\end{bmatrix}$$

重复上述过程，同样求出第三阶正则振型向量为

$$u^{(3)}=\frac{1}{\sqrt{m}}\begin{bmatrix}1/2\\-\sqrt{2}/2\\1/2\end{bmatrix}$$

注意到，如果用 $\boldsymbol{u}^{(r)\mathrm{T}}\boldsymbol{M}\boldsymbol{u}^{(r)}=1(r=1,2,\cdots,n)$ 的正则化方法，那么 $\boldsymbol{u}^{(r)}$ 中元素的单位与 $M^{-1/2}$ 的单位相同。这里用 M 来表示惯量矩阵 $\boldsymbol{M}$ 中元素 m_{ij} 的单位。

5.3 振型向量(模态向量)的正交性·展开定理

1. 固有振型的正交性

固有振型有一个非常有用的性质，就是固有振型之间存在着关于质量矩阵 $\boldsymbol{M}$ 和刚度矩阵 $\boldsymbol{K}$ 的正交性。

考虑特征值问题(5.2-10)的两组解 $\omega_r^2,\boldsymbol{u}^{(r)}$ 和 $\omega_s^2,\boldsymbol{u}^{(s)}$。这些解可以写成

$$\boldsymbol{K}\boldsymbol{u}^{(r)}=\omega_r^2\boldsymbol{M}\boldsymbol{u}^{(r)}\quad(r=1,2,\cdots,n)\tag{5.3-1}$$

$$\boldsymbol{K}\boldsymbol{u}^{(s)}=\omega_s^2\boldsymbol{M}\boldsymbol{u}^{(s)}\quad(s=1,2,\cdots,n)\tag{5.3-2}$$

用 $\boldsymbol{u}^{(s)\mathrm{T}}$ 左乘方程(5.3-1)的两边和用 $\boldsymbol{u}^{(r)\mathrm{T}}$ 左乘方程(5.3-2)的两边，得

$$\boldsymbol{u}^{(s)\mathrm{T}}\boldsymbol{K}\boldsymbol{u}^{(r)}=\omega_r^2\boldsymbol{u}^{(s)\mathrm{T}}\boldsymbol{M}\boldsymbol{u}^{(r)}\tag{5.3-3}$$

$$\boldsymbol{u}^{(r)\mathrm{T}}\boldsymbol{K}\boldsymbol{u}^{(s)}=\omega_s^2\boldsymbol{u}^{(r)\mathrm{T}}\boldsymbol{M}\boldsymbol{u}^{(s)}\tag{5.3-4}$$

因为矩阵 $\boldsymbol{M}$ 和 $\boldsymbol{K}$ 是对称的，转置方程(5.3-4)，并与方程(5.3-3)相减，可得

$$(\omega_r^2-\omega_s^2)\boldsymbol{u}^{(s)\mathrm{T}}\boldsymbol{M}\boldsymbol{u}^{(r)}=0\tag{5.3-5}$$

当 $r\neq s$，即 $\omega_r\neq\omega_s$ 时，必须有

$$\boldsymbol{u}^{(s)\mathrm{T}}\boldsymbol{M}\boldsymbol{u}^{(r)}=0\quad(r\neq s)\tag{5.3-6}$$

这就是振型向量的正交性条件。这个正交性是关于质量矩阵 $\boldsymbol{M}$ 的，它起了加权矩阵的作用。将方程(5.3-6)代入方程(5.3-3)，可得振型向量关于刚度矩阵也是正交的，即

$$\boldsymbol{u}^{(s)\mathrm{T}}\boldsymbol{K}\boldsymbol{u}^{(r)}=0\quad(r\neq s)\tag{5.3-7}$$

需要再次强调指出，正交性关系式(5.3-6)和式(5.3-7)只有当 $\boldsymbol{M}$ 和 $\boldsymbol{K}$ 为对称矩阵时才是正确的。

如果 $r=s$，则不论 $\boldsymbol{u}^{(s)\mathrm{T}}\boldsymbol{M}\boldsymbol{u}^{(r)}$ 取任何值，式(5.3-5)都自然满足，因而可令

$$\boldsymbol{u}^{(r)\mathrm{T}}\boldsymbol{M}\boldsymbol{u}^{(r)}=M_r\tag{5.3-8}$$

$$\boldsymbol{u}^{(r)\mathrm{T}}\boldsymbol{K}\boldsymbol{u}^{(r)}=K_r\tag{5.3-9}$$

称 M_r 为广义质量(或模态质量)，K_r 为广义刚度(或模态刚度)。

如果将振型向量正则化，则称振型向量为关于质量矩阵和刚度矩阵的正则正交性。如果正则化是按照方程(5.2-15)得到的，那么振型向量应满足下面的关系式：

$$\boldsymbol{u}^{(s)\mathrm{T}}\boldsymbol{M}\boldsymbol{u}^{(r)} = \delta_{rs} \tag{5.3-10}$$

$$\boldsymbol{u}^{(s)\mathrm{T}}\boldsymbol{K}\boldsymbol{u}^{(r)} = \delta_{rs}\omega_r^2 \tag{5.3-11}$$

式中，δ_{rs} 为 Kronig δ 符号，其数学定义为

$$\delta_{rs} = \begin{cases} 1 & (r = s) \\ 0 & (r \neq s) \end{cases} \tag{5.3-12}$$

例 5.3-1　图 5.3-1 所示 3 个弹簧悬挂着质量 m，3 个弹簧位于同一平面内，弹簧常数分别为 k_1，k_2 和 k_3，试写出质量 m 的运动微分方程。若弹簧刚度 $k_1=k_2=k_3=k$，并且 $\alpha_1=0°$，$\alpha_2=120°$，$\alpha_3=210°$，求系统的固有频率和固有振型，并验证振型向量的正交性。

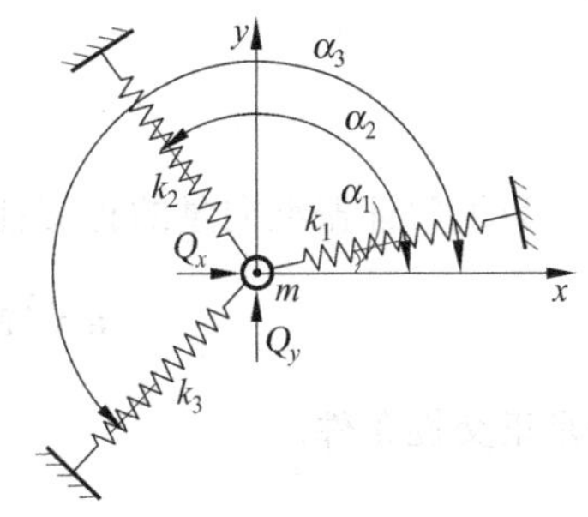

图　5.3-1

解：取直角坐标 x-y 如图 5.3-1 所示。如果只考虑微小位移，并设弹性恢复力为 R_1，R_2 和 R_3，则质量 m 的运动微分方程为

$$m\ddot{x} = \sum_{i=1}^{3} R_i\cos\alpha_i + Q_x, \quad m\ddot{y} = \sum_{i=1}^{3} R_i\sin\alpha_i + Q_y$$

式中，弹性力 $R_i = -k_i(x\cos\alpha_i + y\sin\alpha_i)$。

将 R_i 的值代入运动微分方程，得

$$m\ddot{x} + \sum_{i=1}^{3} k_i(x\cos^2\alpha_i + y\sin\alpha_i\cos\alpha_i) = Q_x$$

$$m\ddot{y} + \sum_{i=1}^{3} k_i(x\sin\alpha_i\cos\alpha_i + y\sin^2\alpha_i) = Q_y$$

写成矩阵形式为

$$\begin{bmatrix} m & 0 \\ 0 & m \end{bmatrix}\begin{bmatrix} \ddot{x} \\ \ddot{y} \end{bmatrix} + \sum_{i=1}^{3} k_i\begin{bmatrix} \cos^2\alpha_i & \sin\alpha_i\cos\alpha_i \\ \sin\alpha_i\cos\alpha_i & \sin^2\alpha_i \end{bmatrix}\begin{bmatrix} x \\ y \end{bmatrix} = \begin{bmatrix} Q_x \\ Q_y \end{bmatrix}$$

当 $\alpha_1=0°$ 时，有

$$\sin\alpha_1 = 0, \quad \cos\alpha_1 = 1, \quad \sin\alpha_1\cos\alpha_1 = 0$$

当 $\alpha_2=120°$ 时，有

$$\sin\alpha_2 = \sqrt{3}/2, \quad \cos\alpha_2 = -1/2, \quad \sin\alpha_2\cos\alpha_2 = -\sqrt{3}/4$$

当 $\alpha_3=210°$ 时，有

$$\sin\alpha_3 = -1/2, \quad \cos\alpha_3 = -\sqrt{3}/2, \quad \sin\alpha_3\cos\alpha_3 = \sqrt{3}/4$$

将以上各 α_i 值和 $k_1=k_2=k_3=k$ 代入刚度矩阵，得

$$\sum_{i=1}^{3} k_i\begin{bmatrix} \cos^2\alpha_i & \sin\alpha_i\cos\alpha_i \\ \sin\alpha_i\cos\alpha_i & \sin^2\alpha_i \end{bmatrix} = k\begin{bmatrix} 1 & 0 \\ 0 & 0 \end{bmatrix} + k\begin{bmatrix} 1/4 & -\sqrt{3}/4 \\ -\sqrt{3}/4 & 3/4 \end{bmatrix} + k\begin{bmatrix} 3/4 & \sqrt{3}/4 \\ \sqrt{3}/4 & 1/4 \end{bmatrix}$$

$$= k\begin{bmatrix} 2 & 0 \\ 0 & 1 \end{bmatrix}$$

代入质量 m 的运动微分方程为

$$\begin{bmatrix} m & 0 \\ 0 & m \end{bmatrix}\begin{bmatrix} \ddot{x} \\ \ddot{y} \end{bmatrix} + \begin{bmatrix} 2k & 0 \\ 0 & k \end{bmatrix}\begin{bmatrix} x \\ y \end{bmatrix} = \begin{bmatrix} Q_x \\ Q_y \end{bmatrix}$$

特征值问题为

$$\begin{bmatrix}2k-\omega^2 m & 0\\ 0 & k-\omega^2 m\end{bmatrix}\begin{bmatrix}u_1\\ u_2\end{bmatrix}=\begin{bmatrix}0\\ 0\end{bmatrix}$$

由此得固有频率为

$$\omega_1=\sqrt{\frac{k}{m}},\quad \omega_2=\sqrt{\frac{2k}{m}}$$

由于运动微分方程是两个独立的方程,表明 x,y 正好是两个固有坐标,因此固有振型为

$$\boldsymbol{u}^{(1)}=\begin{bmatrix}0\\ 1\end{bmatrix},\quad \boldsymbol{u}^{(2)}=\begin{bmatrix}1\\ 0\end{bmatrix}$$

为了验证振型向量的正交性,将振型向量 $\boldsymbol{u}^{(1)}$ 和 $\boldsymbol{u}^{(2)}$ 代入方程(5.3-6),有

$$\boldsymbol{u}^{(1)\mathrm{T}}\boldsymbol{M}\boldsymbol{u}^{(2)}=\begin{bmatrix}0 & 1\end{bmatrix}\begin{bmatrix}m & 0\\ 0 & m\end{bmatrix}\begin{bmatrix}1\\ 0\end{bmatrix}=0$$

满足正交性条件。

2. 具有重特征值的系统

具有重特征值的系统,也就是有相同固有频率的系统,称为退化系统。现在来讨论当系统存在 p 个相同的固有频率时,特征向量的正交性。这里 p 是一个整数,且有$2\leqslant p\leqslant n$。在这种情况下,对应重特征值的特征向量与其余 $n-p$ 个特征向量是正交的,但一般来说,p 个重特征值的特征向量之间并非一定正交。但是当特征值问题是由实对称矩阵 $\boldsymbol{M}$ 和 $\boldsymbol{K}$ 来确定的时候,相应于重特征值的特征向量恰好是相互正交的。根据线性代数理论,如果实对称矩阵的特征值重复 p 次,那么,对应于重复的特征值,有 p 个但不超过 p 个相互正交的特征向量。由于对应于重特征值的特征向量的任一线性组合也是一个特征向量,所以特征向量不是唯一的。一般来说,总可以选择 p 个对应于重特征值的特征向量的线性组合,使它们构成相互正交的特征向量组,从而使得问题中的特征向量唯一地确定。

假定系统的固有频率 ω_1 和 ω_2 相等,其他各固有频率与它们不同,则将 ω_1^2 代入方程(5.2-10)求固有振型时,方程组 n 个式子中,只有 $n-2$ 个是独立的,这正是由于 ω_1^2 是一个特征方程的二重根。两个固有振型 $\boldsymbol{u}^{(1)}$ 和 $\boldsymbol{u}^{(2)}$ 的取值具有一定的任意性,事实上,可以把任意的组合 $C_1\boldsymbol{u}^{(1)}+C_2\boldsymbol{u}^{(2)}$ 看成是对应于固有频率 $\omega_1=\omega_2$ 的一个固有振型(其中 C_1 和 C_2 为任意常数)。将 $\omega_1^2,\omega_2^2=\omega_1^2$ 和 $\boldsymbol{u}^{(1)},\boldsymbol{u}^{(2)}$ 分别代入方程(5.2-10),有

$$(\boldsymbol{K}-\omega_1^2\boldsymbol{M})\boldsymbol{u}^{(1)}=\boldsymbol{0} \tag{5.3-13}$$

$$(\boldsymbol{K}-\omega_1^2\boldsymbol{M})\boldsymbol{u}^{(2)}=\boldsymbol{0} \tag{5.3-14}$$

因此,有

$$\begin{aligned}&(\boldsymbol{K}-\omega_1^2\boldsymbol{M})(C_1\boldsymbol{u}^{(1)}+C_2\boldsymbol{u}^{(2)})\\ &=C_1(\boldsymbol{K}-\omega_1^2\boldsymbol{M})\boldsymbol{u}^{(1)}+C_2(\boldsymbol{K}-\omega_1^2\boldsymbol{M})\boldsymbol{u}^{(2)}=\boldsymbol{0}\end{aligned} \tag{5.3-15}$$

故 $C_1\boldsymbol{u}^{(1)}+C_2\boldsymbol{u}^{(2)}$ 也可以看成是对应于 ω_1 或 ω_2 的固有振型。由于 C_1 和 C_2 为任意常数,所以可以认为有无穷多个固有振型的解,其中只能任意选取两个相互独立的解,其他的解均可由这两个解的线性组合得到。这样任意两个独立的固有振型 $\boldsymbol{u}^{(1)}$ 和 $\boldsymbol{u}^{(2)}$ 一般不满足正交性条件,即

$$\boldsymbol{u}^{(1)\mathrm{T}}\boldsymbol{M}\boldsymbol{u}^{(2)} \neq 0, \quad \boldsymbol{u}^{(1)\mathrm{T}}\boldsymbol{K}\boldsymbol{u}^{(2)} \neq 0 \tag{5.3-16}$$

但可以作向量 $\boldsymbol{u}^{(2)}+C\boldsymbol{u}^{(1)}$，其中 C 为待定常数，要求这个向量对质量矩阵 $\boldsymbol{M}$ 与 $\boldsymbol{u}^{(1)}$ 正交，即

$$\boldsymbol{u}^{(1)\mathrm{T}}\boldsymbol{M}\boldsymbol{u}^{(2)} + C\boldsymbol{u}^{(1)} = 0 \tag{5.3-17}$$

由此可解出待定常数 C 为

$$C = -\frac{\boldsymbol{u}^{(1)\mathrm{T}}\boldsymbol{M}\boldsymbol{u}^{(2)}}{\boldsymbol{u}^{(1)\mathrm{T}}\boldsymbol{M}\boldsymbol{u}^{(1)}} = -\frac{\boldsymbol{u}^{(1)\mathrm{T}}\boldsymbol{M}\boldsymbol{u}^{(2)}}{M_1} \tag{5.3-18}$$

由这个 C 值组合的向量 $\boldsymbol{u}^{(2)}+C\boldsymbol{u}^{(1)}$，就是对质量矩阵 $\boldsymbol{M}$ 与 $\boldsymbol{u}^{(1)}$ 是正交的，不难进一步证明它们对刚度矩阵 $\boldsymbol{K}$ 也是正交的，而 $\boldsymbol{u}^{(1)}$ 与 $\boldsymbol{u}^{(2)}+C\boldsymbol{u}^{(1)}$ 是彼此独立的固有振型。但是，这种既相互独立又正交的固有振型仍有无穷多组，其中任意一组都可以作为重特征值的特征向量。

例 5.3-2　在图 5.3-2 所示的系统中，$m_1=m_2=m$，$k_1=k_2=2k$，$k_3=k$，$k_4=k_5=4k$，试求作微幅振动时，系统的固有频率和固有振型。

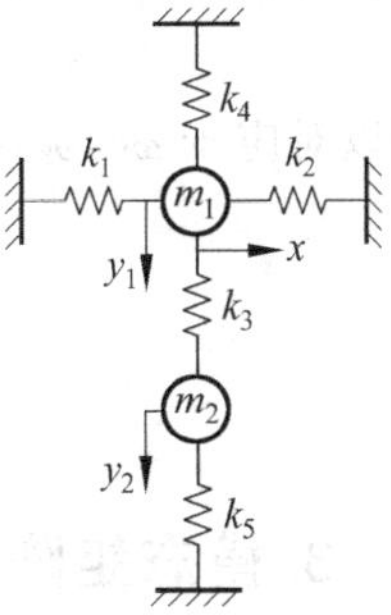

解：由于系统作微幅振动，可以认为弹簧 k_1 和 k_2 在 x 方向的变形不影响其他弹簧的状态，而其他弹簧在 y 方向的变形也不影响弹簧 k_1 和 k_2 的状态。系统运动微分方程为

$$\begin{bmatrix} m & 0 & 0 \\ 0 & m & 0 \\ 0 & 0 & m \end{bmatrix}\begin{bmatrix} \ddot{x} \\ \ddot{y}_1 \\ \ddot{y}_2 \end{bmatrix} + \begin{bmatrix} 4k & 0 & 0 \\ 0 & 5k & -k \\ 0 & -k & 5k \end{bmatrix}\begin{bmatrix} x \\ y_1 \\ y_2 \end{bmatrix} = \begin{bmatrix} 0 \\ 0 \\ 0 \end{bmatrix}$$

图　5.3-2

特征值问题为

$$\begin{bmatrix} 4k-\omega^2 m & 0 & 0 \\ 0 & 5k-\omega^2 m & -k \\ 0 & -k & 5k-\omega^2 m \end{bmatrix}\begin{bmatrix} u_1 \\ u_2 \\ u_3 \end{bmatrix} = \begin{bmatrix} 0 \\ 0 \\ 0 \end{bmatrix}$$

特征方程为

$$(4k-\omega^2 m)(m^2\omega^4 - 10km\omega^2 + 24k^2) = 0$$

解得特征值为

$$\omega_1^2 = \omega_2^2 = 4k/m, \quad \omega_3^2 = 6k/m$$

可见，此系统存在重特征值。

将 ω_3^2 代入特征值问题方程之中，求出第三阶固有振型为

$$\boldsymbol{u}^{(3)} = [0 \quad -1 \quad 1]^{\mathrm{T}}$$

将 $\omega_1^2=\omega_2^2$ 代入特征值问题方程为

$$\begin{bmatrix} 0 & 0 & 0 \\ 0 & 1 & -1 \\ 0 & -1 & 1 \end{bmatrix}\begin{bmatrix} u_1^{(r)} \\ u_2^{(r)} \\ u_3^{(r)} \end{bmatrix} = \begin{bmatrix} 0 \\ 0 \\ 0 \end{bmatrix} \quad (r=1,2)$$

可见 $u_1^{(r)}$ 可取任意值，并有 $u_2^{(r)}=u_3^{(r)}$。先取对应于 ω_1 和 ω_2 的两阶固有振型向量为 $\boldsymbol{u}^{(1)\mathrm{T}}=[1 \quad 1 \quad 1]$，$\boldsymbol{u}^{(2)\mathrm{T}}=[-4 \quad 1 \quad 1]$，不难验证，它们与 $\boldsymbol{u}^{(3)}$ 满足关于 $\boldsymbol{M}$ 和 $\boldsymbol{K}$ 的正交性条件，但它们之间不正交，因为

$$\boldsymbol{u}^{(1)\mathrm{T}}\boldsymbol{M}\boldsymbol{u}^{(2)} = -2m \neq 0$$

令新的第二阶振型向量为

$$\boldsymbol{u}^{(2)} = C\boldsymbol{u}^{(1)} + \boldsymbol{u}^{(2)} = [C-4 \quad C+1 \quad C+1]^{\mathrm{T}}$$

由正交性条件

$$\boldsymbol{u}^{(1)\mathrm{T}}\boldsymbol{M}\boldsymbol{u}^{(2)}=\begin{bmatrix}1 & 1 & 1\end{bmatrix}\begin{bmatrix}m & 0 & 0\\0 & m & 0\\0 & 0 & m\end{bmatrix}\begin{bmatrix}C-4\\C+1\\C+1\end{bmatrix}=0$$

解得

$$C=\frac{2}{3}$$

于是

$$\boldsymbol{u}^{(2)}=\begin{bmatrix}-\frac{10}{3} & \frac{5}{3} & \frac{5}{3}\end{bmatrix}^{\mathrm{T}}$$

约去比例因子 5/3,取

$$\boldsymbol{u}^{(2)}=\begin{bmatrix}-2 & 1 & 1\end{bmatrix}^{\mathrm{T}}$$

所以对应于 $\omega_1,\omega_2,\omega_3$ 的固有振型为

$$\boldsymbol{u}^{(1)}=\begin{bmatrix}1\\1\\1\end{bmatrix},\quad \boldsymbol{u}^{(2)}=\begin{bmatrix}-2\\1\\1\end{bmatrix},\quad \boldsymbol{u}^{(3)}=\begin{bmatrix}0\\-1\\1\end{bmatrix}$$

3. 模态矩阵

振型向量可以排列成为 n 阶方阵,称为模态矩阵(或振型矩阵),即

$$\boldsymbol{u}=\begin{bmatrix}\boldsymbol{u}^{(1)} & \boldsymbol{u}^{(2)} & \cdots & \boldsymbol{u}^{(n)}\end{bmatrix} \tag{5.3-19}$$

$\boldsymbol{u}$ 的每一列是一个振型向量 $\boldsymbol{u}^{(r)}(r=1,2,\cdots,n)$。引入振型矩阵 $\boldsymbol{u}$ 之后,由方程(5.2-14)所表示的特征值问题的所有 n 个解可以写成简洁的矩阵方程,即

$$\boldsymbol{K}\boldsymbol{u}=\boldsymbol{M}\boldsymbol{u}\boldsymbol{\omega}^2 \tag{5.3-20}$$

式中,$\boldsymbol{\omega}^2$ 为固有频率平方的对角矩阵,即

$$\boldsymbol{\omega}^2=\begin{bmatrix}\omega_1^2 & & & \\ & \omega_2^2 & & \\ & & \ddots & \\ & & & \omega_n^2\end{bmatrix}$$

应用振型矩阵 $\boldsymbol{u}$,可以把式(5.3-6)和式(5.3-8)合并成一个式子,即

$$\boldsymbol{u}^{\mathrm{T}}\boldsymbol{M}\boldsymbol{u}=\boldsymbol{M}_r=\begin{bmatrix}M_1 & & & \\ & M_2 & & \\ & & \ddots & \\ & & & M_n\end{bmatrix} \tag{5.3-21}$$

类似地,可将式(5.3-7)和式(5.3-9)合并为

$$\boldsymbol{u}^{\mathrm{T}}\boldsymbol{K}\boldsymbol{u}=\boldsymbol{K}_r=\begin{bmatrix}K_1 & & & \\ & K_2 & & \\ & & \ddots & \\ & & & K_n\end{bmatrix} \tag{5.3-22}$$

称 $\boldsymbol{M}_r$ 为模态质量矩阵(或广义质量矩阵)，$\boldsymbol{K}_r$ 为模态刚度矩阵(或广义刚度矩阵)。可见振型矩阵 $\boldsymbol{u}$ 可以用来作为使系统的运动微分方程不耦合的变换矩阵，这是由于固有振型具有正交性的缘故。

若振型向量按照方程(5.2-15)进行正则化，然后排列成正则振型矩阵 $\boldsymbol{u}$，则模态质量矩阵为单位矩阵，模态刚度矩阵为固有频率平方的对角矩阵，即

$$\boldsymbol{M}_r = \boldsymbol{u}^{\mathrm{T}}\boldsymbol{M}\boldsymbol{u} = \boldsymbol{I} = \begin{bmatrix} 1 & & & \\ & 1 & & \\ & & \ddots & \\ & & & 1 \end{bmatrix} \tag{5.3-23}$$

$$\boldsymbol{K}_r = \boldsymbol{u}^{\mathrm{T}}\boldsymbol{K}\boldsymbol{u} = \boldsymbol{\Lambda} = \begin{bmatrix} \omega_1^2 & & & \\ & \omega_2^2 & & \\ & & \ddots & \\ & & & \omega_n^2 \end{bmatrix} \tag{5.3-24}$$

由于振型向量只表示系统作固有振动时各坐标之间幅值的相对大小，所以模态质量和模态刚度的值依赖于正则化方法，只有进行正则化后，才能确定振型向量各元素的具体数值，也才能使 $\boldsymbol{M}_r$ 和 $\boldsymbol{K}_r$ 具有确定的值。

4. 展开定理

特征向量 $\boldsymbol{u}^{(r)}(r=1,2,\cdots,n)$ 形成一个线性独立组，即有

$$c_1\boldsymbol{u}^{(1)} + c_2\boldsymbol{u}^{(2)} + \cdots + c_n\boldsymbol{u}^{(n)} \neq 0 \tag{5.3-25}$$

式中，$c_1,c_2,\cdots,c_n$ 为不同时为零的常数。由于固有振型的线性独立性，于是系统的任何一个位形的 n 维向量 $\boldsymbol{w}$ 可以由 n 个固有振型的线性组合构成，即

$$\boldsymbol{w} = C_1\boldsymbol{u}^{(1)} + C_2\boldsymbol{u}^{(2)} + \cdots + C_n\boldsymbol{u}^{(n)} = \sum_{r=1}^{n} C_r\boldsymbol{u}^{(r)} \tag{5.3-26}$$

式中，$\boldsymbol{w}$ 称为 $\boldsymbol{u}^{(1)},\boldsymbol{u}^{(2)},\cdots,\boldsymbol{u}^{(n)}$ 的线性组合；系数 $C_1,C_2,\cdots,C_n$ 表示每一个振型的参与程度。改变系数 $C_1,C_2,\cdots,C_n$ 而得到的所有线性组合组成的向量空间 $\boldsymbol{w}$，是由 $\boldsymbol{u}^{(1)},\boldsymbol{u}^{(2)},\cdots,\boldsymbol{u}^{(n)}$ 生成的，向量组 $\boldsymbol{u}^{(r)}(r=1,2,\cdots,n)$ 称为 $\boldsymbol{w}$ 的生成系统，因为这个向量组是独立的，所以生成系统称为 $\boldsymbol{w}$ 的基。因此，属于空间 $\boldsymbol{w}$ 的任何向量都可以表示成线性组合(5.3-26)的形式。实际上，这就是说，系统的任何可能的运动都可以描述为振型向量的线性组合，也就意味着由任意激励产生的系统的运动可以看作固有振型用适当的常数相乘后的叠加。如果用正则振型来表示系统的运动，就是把一组联立的运动微分方程变换成一组独立的方程，这里的变换矩阵就是振型矩阵 $\boldsymbol{u}$。把联立的运动微分方程变换成一组互不相关的方程来得出系统响应的过程称为振型分析或模态分析。

考虑固有振型的正交性条件，用 $\boldsymbol{u}^{(r)\mathrm{T}}\boldsymbol{M}$ 左乘方程(5.3-26)的两端，得

$$C_r = \frac{1}{M_r}\boldsymbol{u}^{(r)\mathrm{T}}\boldsymbol{M}\boldsymbol{w} \quad (r=1,2,\cdots,n) \tag{5.3-27}$$

若 $\boldsymbol{u}^{(r)\mathrm{T}}$ 为正则振型向量，则式(5.3-27)中的 $M_r=1$，即

$$C_r = \boldsymbol{u}^{(r)\mathrm{T}}\boldsymbol{M}\boldsymbol{w} \quad (r=1,2,\cdots,n) \tag{5.3-28}$$

系数 C_r 表示第 r 阶固有振型 $\boldsymbol{u}^{(r)}$ 对 $\boldsymbol{w}$ 所起作用的一种度量。方程(5.3-26)和方程(5.3-27)与方程(5.3-28)在振动分析中称为展开定理。以展开定理为基础，可用振型分析导出系统的响应。

5.4 半正定系统

考查一个保守系统，系统的动能和势能为

$$T = \frac{1}{2}\sum_{r=1}^{n}\sum_{s=1}^{n} m_{rs}\dot{q}_r\dot{q}_s = \frac{1}{2}\dot{\boldsymbol{q}}^{\mathrm{T}}\boldsymbol{M}\dot{\boldsymbol{q}} \tag{5.4-1}$$

$$U = \frac{1}{2}\sum_{r=1}^{n}\sum_{s=1}^{n} k_{rs}q_r q_s = \frac{1}{2}\boldsymbol{q}^{\mathrm{T}}\boldsymbol{K}\boldsymbol{q} \tag{5.4-2}$$

式中，$\boldsymbol{q}=[q_1 \quad q_2 \quad \cdots \quad q_n]^{\mathrm{T}}$ 为广义坐标向量；$\dot{\boldsymbol{q}}=[\dot{q}_1 \quad \dot{q}_2 \quad \cdots \quad \dot{q}_n]^{\mathrm{T}}$ 为广义速度向量；$\boldsymbol{M}$ 为系统的质量矩阵；$\boldsymbol{K}$ 为系统的刚度矩阵。可见，动能和势能分别是广义速度和广义坐标的二次型。前面已经指出，质量矩阵 $\boldsymbol{M}$ 和刚度矩阵 $\boldsymbol{K}$ 都是实对称矩阵。按定义动能永远是正的，且只有当速度全为零时才为零，所以质量矩阵 $\boldsymbol{M}$ 是正定的。势能如取最小值为零，则它是非负的，它可以在坐标不全为零时等于零，可见刚度矩阵 $\boldsymbol{K}$ 既可能是正定的，也可能是半正定的，$\boldsymbol{K}$ 为负定的情况这里不加以讨论。如果振动系统的质量矩阵 $\boldsymbol{M}$ 和刚度矩阵 $\boldsymbol{K}$ 都是正定的，就称为正定系统；如果质量矩阵 $\boldsymbol{M}$ 是正定的，而刚度矩阵 $\boldsymbol{K}$ 是半正定的，就称为半正定系统。由于产生半正定系统的物理条件是系统具有不完全约束，所以整个系统可能像刚体一样运动，可见半正定系统一定会出现零值的固有频率，相应的固有振型称为刚体振型或零振型。一般情况下，对于一个半正定系统，系统的运动是刚体运动和弹性运动的复合。

例 5.4-1 如图 5.4-1 所示系统，两质量 $m_1=2m$，$m_2=m$，两质量之间的弹簧刚度为 $2k$，求系统的固有频率和固有振型。

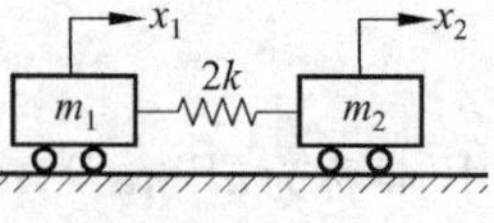

图 5.4-1

解：系统的运动微分方程为

$$m_1\ddot{x}_1 = -2k(x_1 - x_2)$$

$$m_2\ddot{x}_2 = 2k(x_1 - x_2)$$

写成矩阵形式为

$$\begin{bmatrix} 2m & 0 \\ 0 & m \end{bmatrix}\begin{bmatrix} \ddot{x}_1 \\ \ddot{x}_2 \end{bmatrix} + \begin{bmatrix} 2k & -2k \\ -2k & 2k \end{bmatrix}\begin{bmatrix} x_1 \\ x_2 \end{bmatrix} = \begin{bmatrix} 0 \\ 0 \end{bmatrix}$$

假定运动是同步的，有

$$x_i(t) = X_i f(t) \quad (i=1,2)$$

式中，X_i 为常数；$f(t)$ 为简谐函数。于是有特征值问题

$$\begin{bmatrix} 2k & -2k \\ -2k & 2k \end{bmatrix}\begin{bmatrix} X_1 \\ X_2 \end{bmatrix} = \omega^2\begin{bmatrix} 2m & 0 \\ 0 & m \end{bmatrix}\begin{bmatrix} X_1 \\ X_2 \end{bmatrix}$$

特征方程为

$$\det\begin{bmatrix} 2k-2\omega^2 m & -2k \\ -2k & 2k-\omega^2 m \end{bmatrix} = m\omega^2(2m\omega^2 - 6k) = 0$$

求得特征值为

$$\omega_1^2=0,\quad \omega_2^2=3k/m$$

代入特征值问题方程，求出特征向量为

$$\boldsymbol{X}^{(1)}=\begin{bmatrix}1\\1\end{bmatrix},\quad \boldsymbol{X}^{(2)}=\begin{bmatrix}1\\-2\end{bmatrix}$$

此例题中两个质量组成的系统是不完全约束系统，存在着刚体运动（$\omega_1=0$，$\boldsymbol{X}^{(1)}=[1\quad 1]^{\mathrm{T}}$），作为整体的 x 方向移动。

因为由零固有频率和刚体振型所定义的刚体运动是特征值问题的一个解，所以任何其他的特征向量必定与之正交，即应满足条件

$$\boldsymbol{X}^{(1)\,\mathrm{T}}\begin{bmatrix}m_1 & 0\\0 & m_2\end{bmatrix}\boldsymbol{X}=0$$

由于 $\boldsymbol{X}^{(1)}$ 是一个元素为同一常数的向量，上式的结果为

$$m_1X_1+m_2X_2=0$$

根据同步运动解，上式也可以写成

$$m_1\dot{x}_1+m_2\dot{x}_2=0$$

这一式子的物理意义是：半正定系统在作这样的自由振动时，其总动量守恒且恒为零。所以这种刚体振型的正交性相当于动量守恒。

例 5.4-2 图 5.4-2 所示系统，三圆盘的转动惯量分别为 I_1，I_2 和 I_3，其间两段轴的抗扭刚度分别为 k_1 和 k_2，求系统的第一阶固有频率及固有振型，并加以讨论。

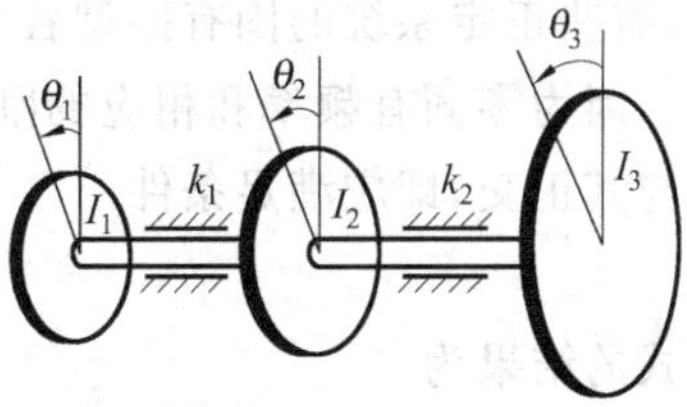

图 5.4-2

解：系统的动能为

$$T=\frac{1}{2}(I_1\dot{\theta}_1^2+I_2\dot{\theta}_2^2+I_3\dot{\theta}_3^2)=\frac{1}{2}\dot{\boldsymbol{\theta}}^{\mathrm{T}}\boldsymbol{I}\dot{\boldsymbol{\theta}}$$

式中转动惯量矩阵为

$$\boldsymbol{I}=\begin{bmatrix}I_1 & 0 & 0\\0 & I_2 & 0\\0 & 0 & I_3\end{bmatrix}$$

系统的势能为

$$U=\frac{1}{2}[k_1\,(\theta_2-\theta_1)^2+k_2\,(\theta_3-\theta_2)^2]=\frac{1}{2}\boldsymbol{\theta}^{\mathrm{T}}\boldsymbol{K}\boldsymbol{\theta}$$

式中刚度矩阵为

$$\boldsymbol{K}=\begin{bmatrix}k_1 & -k_1 & 0\\-k_1 & k_1+k_2 & -k_2\\0 & -k_2 & k_2\end{bmatrix}$$

代入拉格朗日方程可得自由振动的方程为

$$I_1\ddot{\theta}_1+k_1\theta_1-k_1\theta_2=0$$

$$I_2\ddot{\theta}_2-k_1\theta_1+(k_1+k_2)\theta_2-k_2\theta_3=0$$

$$I_3\ddot{\theta}_3-k_2\theta_2+k_2\theta_3=0$$

写成矩阵形式为

$$\boldsymbol{I}\ddot{\boldsymbol{\theta}}+\boldsymbol{K}\boldsymbol{\theta}=\boldsymbol{0}$$

设同步运动解为

$$\boldsymbol{\theta}=\boldsymbol{\Theta}f(t)$$

式中,$f(t)$为简谐函数。将上式代入运动微分方程得特征值问题为

$$\omega^2\boldsymbol{I\Theta}=\boldsymbol{K\Theta}$$

系统的特征方程为

$$\omega^2\left\{\omega^4-\left[k_1\left(\frac{1}{I_1}+\frac{1}{I_2}\right)+k_2\left(\frac{1}{I_2}+\frac{1}{I_3}\right)\right]\omega^2+k_1k_2\left(\frac{I_1+I_2+I_3}{I_1I_2I_3}\right)\right\}=0$$

固有振型的相对幅值为

$$\frac{\Theta_2}{\Theta_1}=\frac{k_1-\omega^2I_1}{k_1},\quad \frac{\Theta_3}{\Theta_2}=\frac{k_2}{k_2-\omega^2I_3}$$

系统的第一阶固有频率和相应的固有振型由上面两式可得

$$\omega_1=0,\quad \boldsymbol{\Theta}^{(1)\mathrm{T}}=[1\quad 1\quad 1]$$

系统按此振型振动时,各圆盘的扭角都相同,各圆盘之间不产生相对扭角,整个系统以相同的角位移转动,也就是刚体运动。所以一个不完全约束系统的一般运动是在刚体运动上叠加弹性振型的组合运动。需要再次指出的是,对于一个半正定系统,至少有一个零特征值,相应的固有振型为刚体振型。但是,不能依据固有振型各元素相等来定义零固有频率,实际上,有些正定系统的固有振型各元素相等,但并不存在零固有频率。

因为零固有频率和相应的刚体振型是特征值问题的一个解,所以任何其他的特征向量必与其正交,即应满足条件

$$\boldsymbol{\Theta}^{(1)\mathrm{T}}\boldsymbol{I\Theta}=0$$

上式的结果为

$$I_1\Theta_1+I_2\Theta_2+I_3\Theta_3=0$$

根据同步运动的解,并求导可得

$$I_1\dot{\theta}_1+I_2\dot{\theta}_2+I_3\dot{\theta}_3=0$$

上式的物理意义是:与弹性运动相关的系统的动量矩等于零。于是得出,这种刚体振型的正交性相当于动量矩守恒。

另外,半正定系统的刚度矩阵是奇异矩阵,也就是说其不存在逆矩阵,这一点由刚度矩阵的系数行列式 det$\boldsymbol{K}$ 等于零显然可见。为了克服系统刚度矩阵的奇异性,必须限制刚体运动,消除刚体振型。为此,希望能够将一个不完全约束系统的特征值问题变换成为一个仅仅寻求弹性振型的问题。这样就可以利用刚体振型与其他阶固有振型(弹性振型)的正交性条件所建立起来的守恒方程(动量或动量矩守恒)加以约束处理。如以三圆盘系统为例,有

$$I_1\theta_1+I_2\theta_2+I_3\theta_3=0$$

得

$$\theta_3=-\frac{I_1}{I_3}\theta_1-\frac{I_2}{I_3}\theta_2$$

这样,受约束向量$\boldsymbol{\theta}_r$与响应向量$\boldsymbol{\theta}$之间的关系表示为

$$\begin{bmatrix}\theta_1\\ \theta_2\\ \theta_3\end{bmatrix}_r = \begin{bmatrix}1 & 0 & 0\\ 0 & 1 & 0\\ -\dfrac{I_1}{I_3} & -\dfrac{I_2}{I_3} & 0\end{bmatrix}\begin{bmatrix}\theta_1\\ \theta_2\\ \theta_3\end{bmatrix} = \begin{bmatrix}1 & 0\\ 0 & 1\\ -\dfrac{I_1}{I_3} & -\dfrac{I_2}{I_3}\end{bmatrix}\begin{bmatrix}\theta_1\\ \theta_2\end{bmatrix}$$

对于角速度 $\dot{\theta}_i(i=1,2,3)$也存在类似的结果，所以

$$\boldsymbol{\theta}_r = \boldsymbol{r\theta}, \quad \dot{\boldsymbol{\theta}}_r = \boldsymbol{r}\dot{\boldsymbol{\theta}} \tag{5.4-3}$$

这里

$$\boldsymbol{r} = \begin{bmatrix}1 & 0\\ 0 & 1\\ -\dfrac{I_1}{I_3} & -\dfrac{I_2}{I_3}\end{bmatrix}$$

起一个约束矩阵的作用。注意到，虽然受约束向量$\boldsymbol{\theta}_r$和$\dot{\boldsymbol{\theta}}_r$有三个元素，但式(5.4-3)中的响应向量只有两个元素。线性变换式(5.4-3)可以用来简化动能和势能，使它们只含有 θ_1 和 θ_2，依据动能和势能的表达式，有

$$T = \frac{1}{2}\dot{\boldsymbol{\theta}}_r^{\mathrm{T}}\boldsymbol{I}\dot{\boldsymbol{\theta}}_r = \frac{1}{2}\dot{\boldsymbol{\theta}}^{\mathrm{T}}\boldsymbol{r}^{\mathrm{T}}\boldsymbol{Ir}\dot{\boldsymbol{\theta}} = \frac{1}{2}\dot{\boldsymbol{\theta}}^{\mathrm{T}}\boldsymbol{I}'\dot{\boldsymbol{\theta}} \tag{5.4-4}$$

$$U = \frac{1}{2}\boldsymbol{\theta}_r^{\mathrm{T}}\boldsymbol{K}\boldsymbol{\theta}_r = \frac{1}{2}\boldsymbol{\theta}^{\mathrm{T}}\boldsymbol{r}^{\mathrm{T}}\boldsymbol{Kr}\boldsymbol{\theta} = \frac{1}{2}\boldsymbol{\theta}^{\mathrm{T}}\boldsymbol{K}'\boldsymbol{\theta} \tag{5.4-5}$$

式中

$$\boldsymbol{I}' = \boldsymbol{r}^{\mathrm{T}}\boldsymbol{Ir} = \frac{1}{I_3}\begin{bmatrix}I_1I_3 + I_1^2 & I_1I_2\\ I_1I_2 & I_2I_3 + I_2^2\end{bmatrix}$$

$$\boldsymbol{K}' = \boldsymbol{r}^{\mathrm{T}}\boldsymbol{Kr} = \frac{1}{I_3^2}\begin{bmatrix}k_1I_3^2 + k_2I_1^2 & -k_1I_3^2 + k_2I_1(I_2 + I_3)\\ -k_1I_3^2 + k_2I_1(I_2 + I_3) & (k_1 + k_2)I_3^2 + k_2I_2(I_2 + 2I_3)\end{bmatrix}$$

这里 $\boldsymbol{I}'$和$\boldsymbol{K}'$均为 2×2 阶对称正定矩阵。

经过变换之后，系统的特征值问题成为

$$\omega^2\boldsymbol{I}'\boldsymbol{\Theta} = \boldsymbol{K}'\boldsymbol{\Theta} \tag{5.4-6}$$

它具有正定系统的一切特性。它的解由固有频率 ω_1 和 ω_2 以及相应的固有振型$\boldsymbol{\Theta}^{(1)}$和$\boldsymbol{\Theta}^{(2)}$组成。考虑到变换关系式(5.4-3)，有

$$\boldsymbol{\Theta}_r^{(1)} = \boldsymbol{r\Theta}^{(1)}, \quad \boldsymbol{\Theta}_r^{(2)} = \boldsymbol{r\Theta}^{(2)} \tag{5.4-7}$$

式中，受约束振型$\boldsymbol{\Theta}_r^{(1)}$和$\boldsymbol{\Theta}_r^{(2)}$中的元素自动满足由正交条件得出的结果 $I_1\Theta_1 + I_2\Theta_2 + I_3\Theta_3 = 0$。显然，式(5.4-7)只表示弹性振型。

例 5.4-3 考虑图 5.4-2 所示的系统，设 $k_1 = k_2 = k, I_1 = I_2 = I_3 = I$，求系统的固有振型。

解：固有振型可以通过解特征问题式(5.4-6)得到，而式(5.4-6)中的 $\boldsymbol{I}'$和$\boldsymbol{K}'$根据已知条件可以得出

$$\boldsymbol{I}' = \frac{1}{I}\begin{bmatrix}2I^2 & I^2\\ I^2 & 2I^2\end{bmatrix} = I\begin{bmatrix}2 & 1\\ 1 & 2\end{bmatrix}, \quad \boldsymbol{K}' = \frac{1}{I^2}\begin{bmatrix}2kI^2 & kI^2\\ kI^2 & 5kI^2\end{bmatrix} = k\begin{bmatrix}2 & 1\\ 1 & 5\end{bmatrix}$$

显然 $\boldsymbol{K}'$是非奇异矩阵，因为它的行列式不等于零。

特征值问题为

$$\boldsymbol{K}'\boldsymbol{\Theta} = \omega^2 \boldsymbol{I}'\boldsymbol{\Theta}$$

特征方程为

$$(k - \omega^2 I)(3k - \omega^2 I) = 0$$

解得固有频率为

$$\omega_1 = \sqrt{\frac{k}{I}}, \quad \omega_2 = \sqrt{\frac{3k}{I}}$$

相应的固有振型为

$$\boldsymbol{\Theta}^{(1)} = \begin{bmatrix} 1 \\ 0 \end{bmatrix}, \quad \boldsymbol{\Theta}^{(2)} = \begin{bmatrix} 0.5 \\ -1 \end{bmatrix}$$

这样,对应于弹性振型的受约束特征向量为

$$\boldsymbol{\Theta}_r^{(1)} = \begin{bmatrix} 1 & 0 \\ 0 & 1 \\ -1 & -1 \end{bmatrix} \begin{bmatrix} \Theta_1^{(1)} \\ \Theta_2^{(1)} \end{bmatrix} = \begin{bmatrix} 1 & 0 \\ 0 & 1 \\ -1 & -1 \end{bmatrix} \begin{bmatrix} 1 \\ 0 \end{bmatrix} = \begin{bmatrix} 1 \\ 0 \\ -1 \end{bmatrix}$$

$$\boldsymbol{\Theta}_r^{(2)} = \begin{bmatrix} 1 & 0 \\ 0 & 1 \\ -1 & -1 \end{bmatrix} \begin{bmatrix} \Theta_1^{(2)} \\ \Theta_2^{(2)} \end{bmatrix} = \begin{bmatrix} 1 & 0 \\ 0 & 1 \\ -1 & -1 \end{bmatrix} \begin{bmatrix} 0.5 \\ -1 \end{bmatrix} = \begin{bmatrix} 0.5 \\ -1 \\ 0.5 \end{bmatrix}$$

如果把零固有频率和刚体振型记为 ω_0 和 $\boldsymbol{\Theta}^{(0)}$,则系统的固有频率和固有振型为

$$\omega_0 = 0, \quad \boldsymbol{\Theta}^{(0)} = \begin{bmatrix} 1 \\ 1 \\ 1 \end{bmatrix}, \quad \omega_1 = \sqrt{\frac{k}{I}}, \quad \boldsymbol{\Theta}^{(1)} = \begin{bmatrix} 1 \\ 0 \\ -1 \end{bmatrix}, \quad \omega_2 = \sqrt{\frac{3k}{I}}, \quad \boldsymbol{\Theta}^{(2)} = \begin{bmatrix} 0.5 \\ -1 \\ 0.5 \end{bmatrix}$$

5.5 系统对初始条件的响应·振型叠加法

系统自由振动的微分方程是 n 个二阶的常微分方程组,其矩阵形式为

$$\boldsymbol{M}\ddot{\boldsymbol{q}}(t) + \boldsymbol{K}\boldsymbol{q}(t) = \boldsymbol{0} \tag{5.5-1}$$

式中,$\boldsymbol{q}(t)$ 为广义坐标 $q_i(t)(i=1,2,\cdots,n)$ 的向量。如果给定 $2n$ 个初始条件(即初始位移向量 $\boldsymbol{q}(0)=\boldsymbol{q}_0$ 和初始速度向量 $\dot{\boldsymbol{q}}(0)=\dot{\boldsymbol{q}}_0$),就完全确定了方程的一组特解,这组特解就是系统对初始条件的响应。数学上称这类问题为微分方程组的初值问题。

一般来说,式(5.5-1)是耦合(弹性耦合或惯性耦合)方程,在给定 $2n$ 个初始条件下,要求解联立方程组。显然理想的情况是把方程解耦,使每一个方程中只有一个待求的坐标,方程之间无耦合,如同单自由度系统一样,每个方程可以独立求解。前面已经阐述了方程的耦合不是系统本身固有的属性,而是由坐标系的选择所决定的。借助于固有振型或正则振型进行坐标变换,就可以找到使方程解耦的一组广义坐标,避免求解联立方程,这就是振型叠加法的长处。解方程(5.5-1)的特征值问题,求得系统的振型矩阵 $\boldsymbol{u}$,取 $\boldsymbol{u}$ 为坐标变换矩阵,可以将方程(5.5-1)解耦。令

$$\boldsymbol{q}(t) = \boldsymbol{u}\boldsymbol{\xi}(t) \tag{5.5-2}$$

称 $\boldsymbol{\xi}(t)$ 为固有坐标向量。将式(5.5-2)代入方程(5.5-1)后,并用 $\boldsymbol{u}^{\mathrm{T}}$ 左乘方程两边,由正交性得解耦的方程为

$$\boldsymbol{M}_r \ddot{\boldsymbol{\xi}}(t) + \boldsymbol{K}_r \boldsymbol{\xi}(t) = \boldsymbol{0} \tag{5.5-3}$$

式中，$\boldsymbol{M}_r$ 为模态质量矩阵，$\boldsymbol{K}_r$ 为模态刚度矩阵，它们都是对角矩阵。

若取正则振型矩阵 $\boldsymbol{u}$ 为坐标变换矩阵，有

$$\boldsymbol{q}(t) = \boldsymbol{u}\boldsymbol{\eta}(t) \tag{5.5-4}$$

称$\boldsymbol{\eta}(t)$为正则坐标向量。同样，将式(5.5-4)代入方程(5.5-1)后，并用正则振型矩阵的转置 $\boldsymbol{u}^{\mathrm{T}}$左乘方程两边，由正交性条件得解耦方程为

$$\ddot{\boldsymbol{\eta}}(t) + \boldsymbol{\Lambda}\boldsymbol{\eta}(t) = \boldsymbol{0} \tag{5.5-5}$$

式中，$\boldsymbol{u}^{\mathrm{T}}\boldsymbol{M}\boldsymbol{u}=\boldsymbol{I}$ 为单位矩阵；$\boldsymbol{u}^{\mathrm{T}}\boldsymbol{K}\boldsymbol{u}=\boldsymbol{\Lambda}$ 为对角元素是各阶固有频率平方的对角矩阵。可见，正则坐标下的运动方程具有单位模态质量矩阵和由 n 阶固有频率平方组成的模态刚度矩阵。

把方程(5.5-5)写成分量的形式为

$$\ddot{\eta}_r(t) + \omega_r^2\eta_r(t) = 0 \quad (r = 1,2,\cdots,n) \tag{5.5-6}$$

由此可见，由固有坐标和正则坐标表达的运动微分方程(5.5-3)和方程(5.5-5)在形式上与单自由度系统是一样的，所以应有与无阻尼单自由度系统自由振动方程相类似的解，即

$$\eta_r(t) = \eta_{r0}\cos\omega_r t + \frac{\dot{\eta}_{r0}}{\omega_r}\sin\omega_r t \quad (r = 1,2,\cdots,n) \tag{5.5-7}$$

式中，η_{r0}和 $\dot{\eta}_{r0}(r=1,2,\cdots,n)$为正则坐标的初始位移和初始速度，由给定原坐标的初始条件 $\boldsymbol{q}(0)=\boldsymbol{q}_0$和 $\dot{\boldsymbol{q}}(0)=\dot{\boldsymbol{q}}_0$ 来确定。由式(5.5-4)得

$$\boldsymbol{\eta}(t) = \boldsymbol{u}^{-1}\boldsymbol{q}(t) \tag{5.5-8}$$

为了避免求逆矩阵的繁琐运算，可以在方程(5.5-4)两边同时左乘 $\boldsymbol{u}^{\mathrm{T}}\boldsymbol{M}$，有

$$\boldsymbol{\eta}(t) = \boldsymbol{u}^{\mathrm{T}}\boldsymbol{M}\boldsymbol{q}(t) \tag{5.5-9}$$

这里必须注意的是 $\boldsymbol{u}$ 为正则振型矩阵。这样正则坐标向量的初始条件为

$$\boldsymbol{\eta}_0 = \boldsymbol{u}^{\mathrm{T}}\boldsymbol{M}\boldsymbol{q}_0,\quad \dot{\boldsymbol{\eta}}_0 = \boldsymbol{u}^{\mathrm{T}}\boldsymbol{M}\dot{\boldsymbol{q}}_0 \tag{5.5-10}$$

所以正则坐标的初始位移 η_{r0}和初始速度$\dot{\eta}_{r0}$可以表示为

$$\eta_{r0} = \boldsymbol{u}^{(r)\mathrm{T}}\boldsymbol{M}\boldsymbol{q}_0,\quad \dot{\eta}_{r0} = \boldsymbol{u}^{(r)\mathrm{T}}\boldsymbol{M}\dot{\boldsymbol{q}}_0 \quad (r = 1,2,\cdots,n) \tag{5.5-11}$$

由式(5.5-4)求出原坐标 $\boldsymbol{q}(t)$的普遍表达式为

$$\begin{aligned}\boldsymbol{q}(t) &= \boldsymbol{u}\boldsymbol{\eta}(t) = \sum_{r=1}^{n}\boldsymbol{u}^{(r)}\eta_r(t) = \sum_{r=1}^{n}\boldsymbol{u}^{(r)}\left(\eta_{r0}\cos\omega_r t + \frac{\dot{\eta}_{r0}}{\omega_r}\sin\omega_r t\right)\\ &= \sum_{r=1}^{n}\boldsymbol{u}^{(r)}\left[\boldsymbol{u}^{(r)\mathrm{T}}\boldsymbol{M}\boldsymbol{q}_0\cos\omega_r t + \frac{1}{\omega_r}\boldsymbol{u}^{(r)\mathrm{T}}\boldsymbol{M}\dot{\boldsymbol{q}}_0\sin\omega_r t\right]\end{aligned} \tag{5.5-12}$$

上式表达了系统对初始位移向量 $\boldsymbol{q}_0$ 和初始速度向量 $\dot{\boldsymbol{q}}_0$ 的响应，是由 n 个简谐运动叠加而成的。

上述求响应的方法是采用振型矩阵作为坐标变换矩阵，将原广义坐标下耦合的运动微分方程变换为固有坐标或正则坐标表示的相互独立的运动微分方程，因此广义坐标的响应是固有坐标或正则坐标表示的各阶固有振型的线性组合，这种方法称为振型叠加法，其理论基础为展开定理。

例 5.5-1　考虑图 5.5-1 所示的两自由度系统。若给定初始条件 $q_1(0)=q_2(0)=0$，$\dot{q}_1(0)=v_0$，$\dot{q}_2(0)=0$，求系统的响应。

解:系统的运动微分方程为

$$m_1\ddot{q}_1+(k_1+k_2)q_1-k_2q_2=0$$
$$m_2\ddot{q}_2-k_2q_1+(k_2+k_3)q_2=0$$

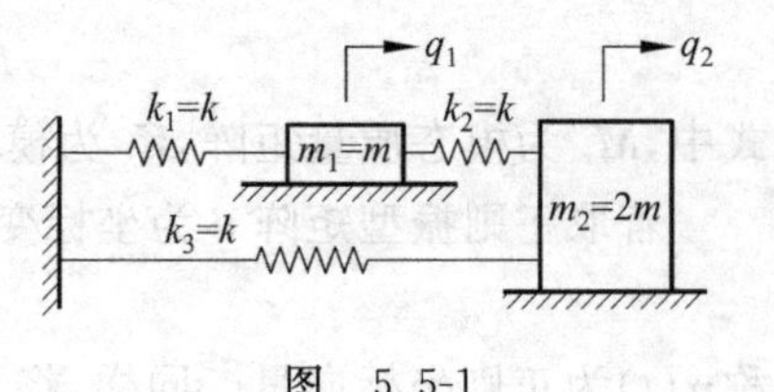

图 5.5-1

写成矩阵形式为

$$\boldsymbol{M}\ddot{\boldsymbol{q}}+\boldsymbol{K}\boldsymbol{q}=\boldsymbol{0}$$

式中

$$\boldsymbol{M}=\begin{bmatrix}m_1&0\\0&m_2\end{bmatrix}=\begin{bmatrix}m&0\\0&2m\end{bmatrix},\quad \boldsymbol{K}=\begin{bmatrix}k_1+k_2&-k_2\\-k_2&k_2+k_3\end{bmatrix}=\begin{bmatrix}2k&-k\\-k&2k\end{bmatrix}$$

特征值问题为

$$\boldsymbol{K}\boldsymbol{u}=\omega^2\boldsymbol{M}\boldsymbol{u}$$

特征方程为

$$\Delta(\omega^2)=\begin{vmatrix}2k-\omega^2m&-k\\-k&2k-2\omega^2m\end{vmatrix}=2m^2\omega^4-6km\omega^2+3k^2=0$$

求得固有频率为

$$\omega_1=\sqrt{\frac{3}{2}\left(1-\frac{1}{\sqrt{3}}\right)\frac{k}{m}}=0.796\,226\sqrt{\frac{k}{m}},\quad \omega_2=\sqrt{\frac{3}{2}\left(1+\frac{1}{\sqrt{3}}\right)\frac{k}{m}}=1.538\,188\sqrt{\frac{k}{m}}$$

为了求出固有振型,把固有频率代入特征值问题,有

$$\left.\begin{aligned}(2k-\omega_r^2m)u_1^{(r)}-ku_2^{(r)}&=0\\-ku_1^{(r)}+(2k-2\omega_r^2m)u_2^{(r)}&=0\end{aligned}\right.\quad(r=1,2)$$

解得固有振型为

$$\boldsymbol{u}^{(1)}=\begin{bmatrix}1.000\,000\\1.366\,025\end{bmatrix},\quad \boldsymbol{u}^{(2)}=\begin{bmatrix}1.000\,000\\-0.366\,025\end{bmatrix}$$

为了确定系统对初始条件的响应,还需把振型向量正则化。为此,假定正则化振型向量具有如下形式:

$$\boldsymbol{u}^{(1)}=\alpha_1\begin{bmatrix}1.000\,000\\1.366\,025\end{bmatrix},\quad \boldsymbol{u}^{(2)}=\alpha_2\begin{bmatrix}1.000\,000\\-0.366\,025\end{bmatrix}$$

式中,α_1 和 α_2 为待定常数。事实上,根据正则化方法,有

$$\boldsymbol{u}^{(1)\mathrm{T}}\boldsymbol{M}\boldsymbol{u}^{(1)}=\alpha_1^2\begin{bmatrix}1.000\,000\\1.366\,025\end{bmatrix}^{\mathrm{T}}\begin{bmatrix}m&0\\0&2m\end{bmatrix}\begin{bmatrix}1.000\,000\\1.366\,025\end{bmatrix}=4.732\,049m\alpha_1^2=1$$

$$\boldsymbol{u}^{(2)\mathrm{T}}\boldsymbol{M}\boldsymbol{u}^{(2)}=\alpha_2^2\begin{bmatrix}1.000\,000\\-0.366\,025\end{bmatrix}^{\mathrm{T}}\begin{bmatrix}m&0\\0&2m\end{bmatrix}\begin{bmatrix}1.000\,000\\-0.366\,025\end{bmatrix}=1.267\,949m\alpha_2^2=1$$

得到常数

$$\alpha_1=\frac{0.459\,701}{\sqrt{m}},\quad \alpha_2=\frac{0.888\,074}{\sqrt{m}}$$

由此得正则化振型为

$$\boldsymbol{u}^{(1)}=\frac{1}{\sqrt{m}}\begin{bmatrix}0.459\,701\\0.627\,963\end{bmatrix},\quad \boldsymbol{u}^{(2)}=\frac{1}{\sqrt{m}}\begin{bmatrix}0.888\,074\\-0.325\,057\end{bmatrix}$$

多自由度系统对于初始条件的一般响应由方程(5.5-12)给出,根据本题的初始条件

$q_1(0)=q_2(0)=0,\dot{q}_1(0)=v_0,\dot{q}_2(0)=0$，响应为

$$\boldsymbol{q}(t)=\sum_{r=1}^{2}\boldsymbol{u}^{(r)}\left[\frac{1}{\omega_r}\boldsymbol{u}^{(r)\mathrm{T}}\boldsymbol{M}\dot{\boldsymbol{q}}_0\sin\omega_r t\right]$$

其中

$$\frac{1}{\omega_1}\boldsymbol{u}^{(1)\mathrm{T}}\boldsymbol{M}\dot{\boldsymbol{q}}_0=\frac{1}{0.796\,226\sqrt{k/m}}\,\frac{1}{\sqrt{m}}\begin{bmatrix}0.459\,701\\0.627\,963\end{bmatrix}^{\mathrm{T}}\begin{bmatrix}m&0\\0&2m\end{bmatrix}\begin{bmatrix}v_0\\0\end{bmatrix}=0.577\,350\,\frac{mv_0}{\sqrt{k}}$$

$$\frac{1}{\omega_2}\boldsymbol{u}^{(2)\mathrm{T}}\boldsymbol{M}\dot{\boldsymbol{q}}_0=\frac{1}{1.538\,188\sqrt{k/m}}\,\frac{1}{\sqrt{m}}\begin{bmatrix}0.888\,074\\-0.325\,057\end{bmatrix}^{\mathrm{T}}\begin{bmatrix}m&0\\0&2m\end{bmatrix}\begin{bmatrix}v_0\\0\end{bmatrix}=0.577\,350\,\frac{mv_0}{\sqrt{k}}$$

于是，得其响应为

$$\begin{aligned}\boldsymbol{q}(t)&=\frac{1}{\sqrt{m}}\begin{bmatrix}0.459\,701\\0.627\,693\end{bmatrix}\left(0.577\,350\,\frac{mv_0}{\sqrt{k}}\sin 0.796\,226\sqrt{\frac{k}{m}}t\right)+\\&\quad\frac{1}{\sqrt{m}}\begin{bmatrix}0.888\,074\\-0.325\,057\end{bmatrix}\left(0.577\,350\,\frac{mv_0}{\sqrt{k}}\sin 1.538\,188\sqrt{\frac{k}{m}}t\right)\\&=\begin{bmatrix}0.265\,408\\0.362\,555\end{bmatrix}\sqrt{\frac{m}{k}}v_0\sin 0.796\,226\sqrt{\frac{m}{k}}t+\\&\quad\begin{bmatrix}0.512\,730\\-0.187\,672\end{bmatrix}\sqrt{\frac{m}{k}}v_0\sin 1.538\,188\sqrt{\frac{m}{k}}t\end{aligned}$$

5.6 影响系数

如前所述，许多工程结构可以简化为多个质量和弹簧组成的离散线性系统，研究这种系统的运动时，不仅要知道系统的质量特性，而且要知道系统的刚度特性，这些特性以影响系数的形式包含在运动微分方程之中。事实上，刚度系数应该更恰当地称为刚度影响系数，而与之相对应的为柔度影响系数。可以预计，这两类影响系数是密切相关的，因为它们都用来描述系统在力作用下的变形情况。

考虑一个简单的离散系统，如图 5.6-1 所示。这个系统由 n 个质点 $m_i(i=1,2,\cdots,n)$ 组成，当平衡时，各质点 m_i 的坐标为 $x=x_i$。设在每一个质点 m_i 上分别作用有力 F_i，产生相应的位移 $u_j(j=1,2,\cdots,n)$。下面用柔度影响系数和刚度影响系数来建立作用于系统上的力和由此产生的位移之间的关系。

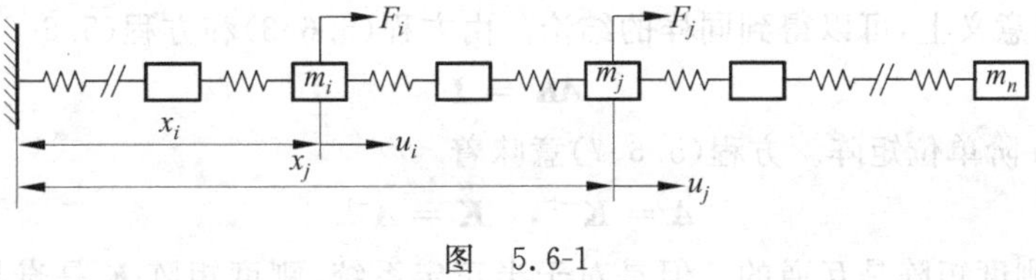

图　5.6-1

1. 柔度影响系数(或柔度系数)

柔度系数 a_{ij} 的定义为：由施加在 $x=x_j$ 处的单位力 $F_j=1$ 所引起的 $x=x_i$ 处的位移。

一个 n 自由度系统共有 n 个广义坐标，对应着 n 个位移，所以有 $n\times n$ 个柔度系数 $a_{ij}(i,j=1,2,\cdots,n)$，组成柔度矩阵

$$\boldsymbol{A}=[a_{ij}]\quad(i,j=1,2,\cdots,n) \tag{5.6-1}$$

由于系统是线性的，位移与作用力成正比，所以当 $x=x_j$ 点施加任意大小的力 F_j 时，在 $x=x_i$ 点引起的位移为 $a_{ij}F_j$。由叠加原理，把每个力所引起的位移简单地加起来就可得到由所有的力 $F_j(j=1,2,\cdots,n)$ 引起的在 $x=x_i$ 处的位移 u_i，即

$$u_i=\sum_{j=1}^{n}a_{ij}F_j \tag{5.6-2}$$

写成矩阵形式为

$$\boldsymbol{u}=\boldsymbol{AF} \tag{5.6-3}$$

上式为用柔度矩阵表示的位移方程。

2. 刚度影响系数(或刚度系数)

刚度系数 k_{ij} 的定义为：仅在 $x=x_j$ 处产生一个单位位移 $u_j=1$，而在 $x\neq x_j$ 的所有其他各点的位移为零时，在 $x=x_i$ 处所需施加的力。

一个 n 自由度系统有 n 个广义坐标，对应着 n 个单位位移，而每个单位位移对应着 n 个刚度系数，所以有 $n\times n$ 个刚度系数 k_{ij}，组成刚度矩阵

$$\boldsymbol{K}=[k_{ij}]\quad(i,j=1,2,\cdots,n) \tag{5.6-4}$$

当在 $x=x_j$ 点产生任意大小的位移 u_j 时，在 $x=x_i$ 点需加的力应为 $k_{ij}u_j$。那么在 $x\neq x_j$点也产生任意大小的位移时，则在 $x=x_i$ 点应加的力由叠加原理得

$$F_i=\sum_{j=1}^{n}k_{ij}u_j \tag{5.6-5}$$

写成矩阵形式为

$$\boldsymbol{F}=\boldsymbol{Ku} \tag{5.6-6}$$

上式为用刚度矩阵表示的力方程。

3. 刚度系数和柔度系数的关系

对于仅具有一个弹簧的单自由度系统，刚度系数和柔度系数互为倒数。对于多自由度系统，在普遍的意义上，可以得到同样的结论。由方程(5.6-3)和方程(5.6-6)得

$$\boldsymbol{AK}=\boldsymbol{I} \tag{5.6-7}$$

式中，$\boldsymbol{I}$ 为 $n\times n$ 阶单位矩阵。方程(5.6-7)意味着

$$\boldsymbol{A}=\boldsymbol{K}^{-1},\quad \boldsymbol{K}=\boldsymbol{A}^{-1} \tag{5.6-8}$$

即柔度矩阵和刚度矩阵是互逆的。但是对于半正定系统，刚度矩阵 $\boldsymbol{K}$ 是奇异矩阵，因此不能由半正定系统的刚度矩阵 $\boldsymbol{K}$ 求逆得到柔度矩阵 $\boldsymbol{A}$。在物理意义上，说明任意半正定系统在其上某一点加以单位力后，通常系统将无法维持平衡而产生刚体运动，因此柔度系数和柔度矩阵 $\boldsymbol{A}$ 没有意义。所以半正定系统只能用刚度矩阵 $\boldsymbol{K}$ 来建立振动微分方程式，而用柔度矩阵 $\boldsymbol{A}$ 建立运动微分方程式的方法，只能对正定系统才能使用。

例 5.6-1　考虑图 5.6-2(a)所示的三自由度系统，根据定义计算其柔度矩阵和刚度矩阵。

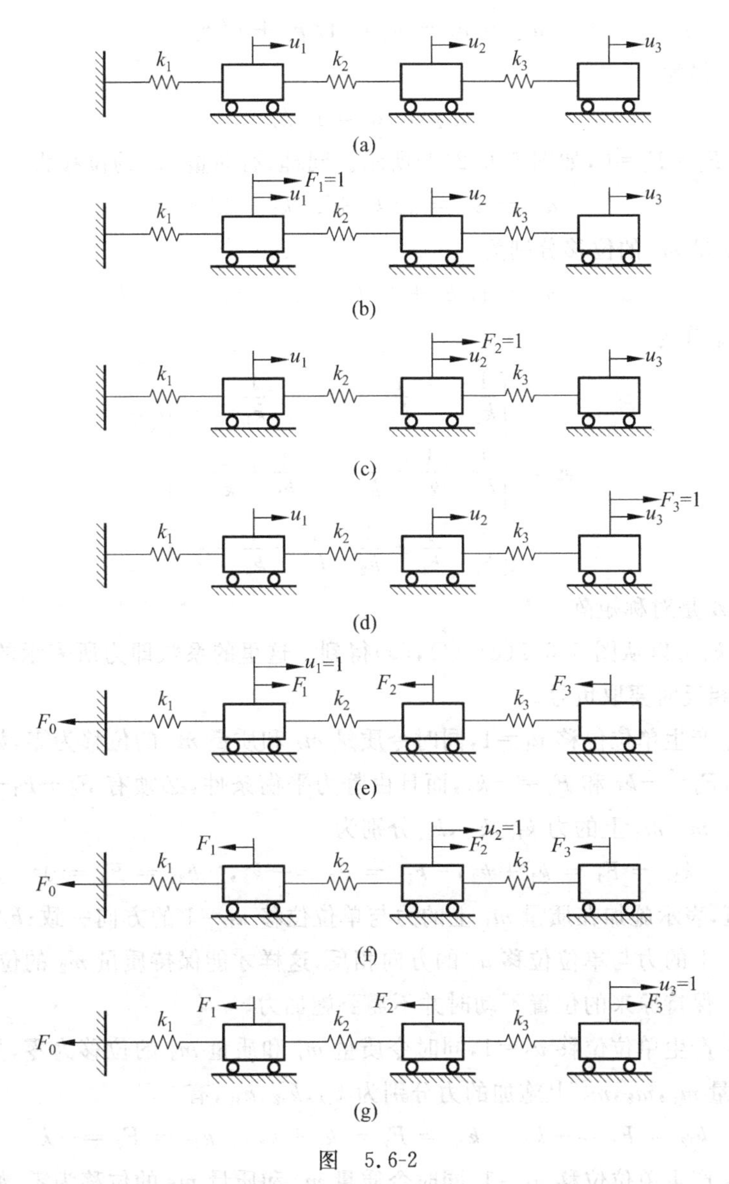

图　5.6-2

解：为了计算柔度系数 a_{ij}，可分别以图 5.6-2(b)，(c)，(d)所示的顺序施加单位力 $F_j=1(j=1,\ 2,\ 3)$。

令 $F_1=1, F_2=F_3=0$，如图 5.6-2(b)所示。质量 m_1 的位移为

$$a_{11}=u_1=1/k_1$$

由于其余质量 m_2, m_3 不受力，因此产生与 m_1 相同的位移，即有

$$a_{21}=u_2=u_1=1/k_1, \quad a_{31}=u_3=u_2=u_1=1/k_1$$

令 $F_2=1, F_1=F_3=0$，如图 5.6-2(c)所示。质量 m_2 受 k_1, k_2 两个串联弹簧的作用，于是质量 m_2 的位移为

$$a_{22} = u_2 = 1/k_1 + 1/k_2$$

质量 m_3 与质量 m_2 具有相同的位移，即

$$a_{32} = u_3 = u_2 = 1/k_1 + 1/k_2$$

而质量 m_1 的位移为

$$a_{12} = u_1 = 1/k_1$$

令 $F_3=1, F_1=F_2=0$，如图 5.6-2(d)所示。同理，有质量 m_3 的位移为

$$a_{33} = u_3 = 1/k_1 + 1/k_2 + 1/k_3$$

而质量 m_2 和质量 m_1 的位移分别为

$$a_{23} = u_2 = 1/k_1 + 1/k_2, \quad a_{13} = u_1 = 1/k_1$$

则系统的柔度矩阵为

$$\boldsymbol{A} = \begin{bmatrix} \dfrac{1}{k_1} & \dfrac{1}{k_1} & \dfrac{1}{k_1} \\ \dfrac{1}{k_1} & \dfrac{1}{k_1}+\dfrac{1}{k_2} & \dfrac{1}{k_1}+\dfrac{1}{k_2} \\ \dfrac{1}{k_1} & \dfrac{1}{k_1}+\dfrac{1}{k_2} & \dfrac{1}{k_1}+\dfrac{1}{k_2}+\dfrac{1}{k_3} \end{bmatrix}$$

可见柔度矩阵 $\boldsymbol{A}$ 是对称矩阵。

刚度系数 k_{ij} 可以从图 5.6-2(e)，(f)，(g)得到。这里的系数即为所表示的力，当力的方向与单位位移相反时要取负号。

令质量 m_1 产生单位位移 $u_1=1$，同时令质量 m_2 和质量 m_3 的位移为零，如图 5.6-2(e)所示。可得出，$F_0=-k_1$ 和 $F_2=-k_2$，而且由静力平衡条件，必须有 $F_0+F_1+F_2=0$，得出施加在质量 m_1, m_2, m_3 上的力 k_{11}, k_{21}, k_{31} 分别为

$$k_{11} = F_1 = k_1 + k_2, \quad k_{21} = F_2 = -k_2, \quad k_{31} = F_3 = 0$$

这里 k_{11} 为正值，表示施加在质量 m_1 上的力与单位位移 $u_1=1$ 的方向一致；k_{21} 为负值，表示施加在质量 m_2 上的力与单位位移 u_1 的方向相反，这样才能保持质量 m_2 的位移为零；$k_{31}=0$，表示质量 m_3 保持原来的位置不动时并不需要施加力。

令质量 m_2 产生单位位移 $u_2=1$，同时令质量 m_1 和质量 m_3 的位移为零，如图 5.6-2(f)所示。设在质量 m_1, m_2, m_3 上施加的力分别为 k_{12}, k_{22}, k_{32}，有

$$k_{12} = F_1 = -k_2, \quad k_{22} = F_2 = k_2 + k_3, \quad k_{32} = F_3 = -k_3$$

令质量 m_3 产生单位位移 $u_3=1$，同时令质量 m_1 和质量 m_2 的位移为零，如图 5.6-2(g)所示。设在质量 m_1, m_2, m_3 上施加的力分别为 k_{13}, k_{23}, k_{33}，有

$$k_{13} = F_1 = 0, \quad k_{23} = F_2 = -k_3, \quad k_{33} = F_3 = k_3$$

则系统的刚度矩阵为

$$\boldsymbol{K} = \begin{bmatrix} k_1+k_2 & -k_2 & 0 \\ -k_2 & k_2+k_3 & -k_3 \\ 0 & -k_3 & k_3 \end{bmatrix}$$

如前所述，刚度矩阵 $\boldsymbol{K}$ 为对称矩阵。

应用矩阵代数理论，不难证明柔度矩阵 $\boldsymbol{A}$ 和刚度矩阵 $\boldsymbol{K}$ 是互逆的。

例 5.6-2　设有集中质量 m_1 和 m_2 以及长为 l_1 和 l_2 的无重刚杆所构成的复合摆，如图 5.6-3(a)所示。假定摆在其铅垂稳定平衡位置附近作微幅振动。取质量 m_1 和 m_2 的水平位移 u_1 和 u_2 作为坐标，求系统的柔度矩阵和刚度矩阵。

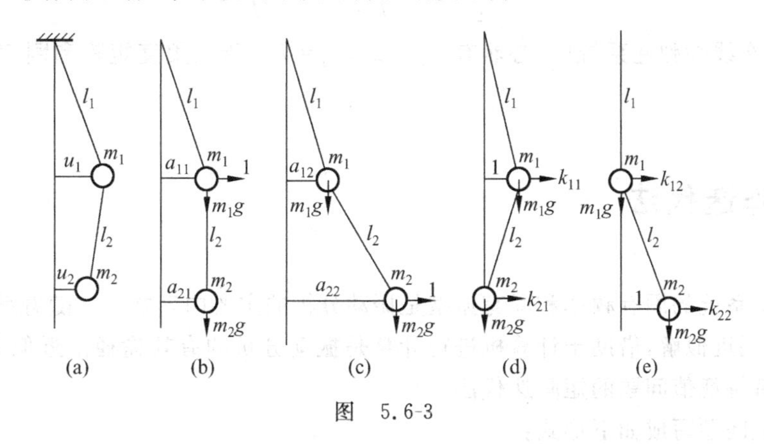

图　5.6-3

解：先仅在质量 m_1 上作用一单位水平力，如图 5.6-3(b)所示。由静力平衡条件得

$$a_{11} = a_{21},\quad 1\cdot l_1 = (m_1 + m_2)g\cdot a_{11}$$

因而有

$$a_{11} = a_{21} = \frac{l_1}{(m_1 + m_2)g}$$

再仅在 m_2 上作用一单位水平力，如图 5.6-3(c)所示。由静力平衡条件可得

$$1\cdot(l_1 + l_2) = m_1 g\cdot a_{12} + m_2 g\cdot a_{22},\quad 1\cdot l_2 = m_2 g\cdot(a_{22} - a_{12})$$

因而有

$$a_{12} = \frac{l_1}{(m_1 + m_2)g},\quad a_{22} = \frac{l_1}{(m_1 + m_2)g} + \frac{l_2}{m_2 g}$$

故系统的柔度矩阵为

$$\mathbf{A} = \frac{1}{g}\begin{bmatrix} \dfrac{l_1}{m_1 + m_2} & \dfrac{l_1}{m_1 + m_2} \\ \dfrac{l_1}{m_1 + m_2} & \dfrac{l_1}{m_1 + m_2} + \dfrac{l_2}{m_2} \end{bmatrix}$$

先令 $u_1 = 1, u_2 = 0$，如图 5.6-3(d)所示。由静力平衡条件得

$$k_{11}\cdot l_1 + k_{21}\cdot(l_1 + l_2) - m_1 g\cdot 1 = 0,\quad m_2 g\cdot 1 + k_{21}\cdot l_2 = 0$$

于是有

$$k_{11} = \left(\frac{m_1 + m_2}{l_1} + \frac{m_2}{l_2}\right)g,\quad k_{21} = -\frac{m_2 g}{l_2}$$

再令 $u_1 = 0, u_2 = 1$，如图 5.6-3(e)所示。由静力平衡条件得

$$k_{12}\cdot l_1 + k_{22}\cdot(l_1 + l_2) - m_2 g\cdot 1 = 0,\quad k_{22}\cdot l_2 - m_2 g\cdot 1 = 0$$

于是有

$$k_{12} = -\frac{m_2 g}{l_2},\quad k_{22} = \frac{m_2 g}{l_2}$$

故系统的刚度矩阵为

$$K = g\begin{bmatrix} \frac{m_1+m_2}{l_1}+\frac{m_2}{l_2} & -\frac{m_2}{l_2} \\ -\frac{m_2}{l_2} & \frac{m_2}{l_2} \end{bmatrix}$$

事实上,在线性弹性系统中,必然有 $a_{ij}=a_{ji}$,$k_{ij}=k_{ji}$,所以柔度矩阵和刚度矩阵是对称矩阵。

5.7 矩阵迭代法

求解振动系统的固有频率和固有振型是振动分析的主要内容之一。随着系统自由度数目的增加,采用近似解,借助于计算机进行计算是振动分析的有效途径。近似方法有很多,这里介绍求解特征值问题的矩阵迭代法。

把特征值问题写成如下形式:

$$\boldsymbol{Mu}-\lambda\boldsymbol{Ku}=0,\quad \lambda=\frac{1}{\omega^2} \tag{5.7-1}$$

用 $\boldsymbol{K}^{-1}=\boldsymbol{A}$ 左乘方程(5.7-1),特征值问题变为

$$(\boldsymbol{D}-\lambda\boldsymbol{I})\boldsymbol{u}=0 \tag{5.7-2}$$

式中,$\boldsymbol{D}=\boldsymbol{K}^{-1}\boldsymbol{M}=\boldsymbol{AM}$ 称为动力矩阵。一般来说,$\boldsymbol{D}$ 是不对称的;$\boldsymbol{I}$ 为单位矩阵。

如果 $\boldsymbol{u}^{(r)}$ 表示对应于特征值 λ_r 的特征向量,那么特征值问题的 n 个解可以写成

$$\boldsymbol{Du}^{(r)}=\lambda_r\boldsymbol{u}^{(r)},\quad \boldsymbol{\lambda}_r=\frac{1}{\omega_r^2}\quad(r=1,2,\cdots,n) \tag{5.7-3}$$

用线性变换的语言给解(5.7-3)一个有意义的解释,认为动力矩阵 $\boldsymbol{D}$ 是一种线性变换,它变换任一特征向量 $\boldsymbol{u}^{(r)}$ 为常数标量乘子 $\lambda_r=1/\omega_r^2$ 乘上 $\boldsymbol{u}^{(r)}$ 自身。另一方面,如果用 $\boldsymbol{D}$ 左乘除了特征向量以外的任何向量 $\boldsymbol{w}_1$,将变成另一个向量 $\boldsymbol{w}_2$,一般来说,它不同于 $\boldsymbol{w}_1$。根据展开定理,有

$$\boldsymbol{w}_1=C_1\boldsymbol{u}^{(1)}+C_2\boldsymbol{u}^{(2)}+\cdots+C_n\boldsymbol{u}^{(n)}=\sum_{r=1}^{n}C_r\boldsymbol{u}^{(r)} \tag{5.7-4}$$

式中,C_r 为常系数,它取决于基 $\boldsymbol{u}^{(r)}$ 和向量 $\boldsymbol{w}_1$。

用 $\boldsymbol{D}$ 左乘 $\boldsymbol{w}_1$,考虑到方程(5.7-3),有

$$\boldsymbol{w}_2=\boldsymbol{Dw}_1=\sum_{r=1}^{n}C_r\boldsymbol{Du}^{(r)}=\sum_{r=1}^{n}C_r\lambda_r\boldsymbol{u}^{(r)}=\lambda_1\sum_{r=1}^{n}C_r\frac{\lambda_r}{\lambda_1}\boldsymbol{u}^{(r)} \tag{5.7-5}$$

可以看到,在 $\boldsymbol{w}_1$ 中,特征向量 $\boldsymbol{u}^{(r)}$ 与常数 C_r 相乘,而在向量 $\boldsymbol{w}_2$ 中的特征向量 $\boldsymbol{u}^{(r)}$ 则与常数 $C_r(\lambda_r/\lambda_1)$ 相乘。由于问题是齐次的,所以在式(5.7-5)的级数中,常数乘子 λ_1 是不重要的,可以略去不计。对于 $\lambda_r=1/\omega_r^2$,已经约定了其排列次序为

$$\lambda_1\geqslant\lambda_2\geqslant\cdots\geqslant\lambda_n \tag{5.7-6}$$

此处只限于讨论不同特征值的情况,所以有

$$\lambda_1>\lambda_2>\cdots>\lambda_n \tag{5.7-7}$$

因此,$\lambda_r/\lambda_1<1(r=2,3,\cdots,n)$,而且比值 λ_r/λ_1 随着 r 的增加而减小,这也就使 $\boldsymbol{w}_2$ 中较高阶振型的参与量趋于减小。因此,如果把 $\boldsymbol{w}_1$ 看作一个用来求得振型向量 $\boldsymbol{u}^{(1)}$ 的试算向量,那

么 w_2 必定可以认为是一个改善了的试算向量，将 w_2 作为一个新的试算向量重复前面的过程，进行第二次迭代，即

$$\boldsymbol{w}_3 = \boldsymbol{D}\boldsymbol{w}_2 = \boldsymbol{D}^2\boldsymbol{w}_1 = \sum_{r=1}^{n} C_r\lambda_r\boldsymbol{D}\boldsymbol{u}^{(r)} = \lambda_1^2\sum_{r=1}^{n} C_r\left(\frac{\lambda_r}{\lambda_1}\right)^2\boldsymbol{u}^{(r)} \tag{5.7-8}$$

显然，$\boldsymbol{w}_3$ 对 $\boldsymbol{u}^{(1)}$ 来说是较 $\boldsymbol{w}_2$ 更好的试算向量。随着迭代次数的增加，在试算向量中，第一阶振型所占的比例越来越大。这样，重复地把新得到的向量左乘动力矩阵 $\boldsymbol{D}$，就能建立一个收敛于第一特征值和特征向量的迭代过程。一般情况下，有

$$\boldsymbol{w}_p = \boldsymbol{D}\boldsymbol{w}_{p-1} = \boldsymbol{D}^{p-1}\boldsymbol{w}_1 = \lambda_1^{p-1}\sum_{r=1}^{n} C_r\left(\frac{\lambda_r}{\lambda_1}\right)^{p-1}\boldsymbol{u}^{(r)} \tag{5.7-9}$$

只要整数 p 足够大，级数(5.7-9)中的第一项就成为主要的一项，即

$$\lim_{p\to\infty}\frac{1}{\lambda_1^{p-1}}\boldsymbol{w}_p = \lim_{p\to\infty}\sum_{r=1}^{n} C_r\left(\frac{\lambda_r}{\lambda_1}\right)^{p-1}\boldsymbol{u}^{(r)} = C_1\boldsymbol{u}^{(1)} \tag{5.7-10}$$

因此式(5.7-9)可以近似地表示为

$$\boldsymbol{w}_p = \lambda_1^{p-1}C_1\boldsymbol{u}^{(1)} \tag{5.7-11}$$

同样，有

$$\boldsymbol{w}_{p-1} = \lambda^{p-2}C_1\boldsymbol{u}^{(1)} \tag{5.7-12}$$

当满足精度要求时，$\boldsymbol{w}_{p-1}$ 或 $\boldsymbol{w}_p$ 都可以视为特征向量 $\boldsymbol{u}^{(1)}$，因而满足方程(5.7-3)。在这一点上，$\boldsymbol{w}_{p-1}$ 和 $\boldsymbol{w}_p$ 互成比例，比例常数是 $\lambda_1 = 1/\omega_1^2$。于是，最低的固有频率为

$$\lim_{p\to\infty}\frac{w_{i,p-1}}{w_{i,p}} = \omega_1^2 \tag{5.7-13}$$

式中，$w_{i,p-1}$ 和 $w_{i,p}$ 分别为向量 $\boldsymbol{w}_{p-1}$ 或 $\boldsymbol{w}_p$ 第 i 行中的元素。虽然在式(5.7-10)和式(5.7-13)中令 p 趋于无穷大，但实际上，只要迭代有限次就足以达到所要求的精确度。

可以看到，迭代过程的收敛速度取决于比值 $(\lambda_r/\lambda_1)^{p-1}$ $(r=2,3,\cdots,n)$ 以多快的速度趋于零。有两个重要因素将影响达到满意的精度时所需要的迭代次数。第一个因素取决于系统的本身，特别是取决于 λ_1 比 λ_2 大多少。显然，λ_1 较 λ_2 越大，特征向量 $\boldsymbol{u}^{(1)}$ 与 $\boldsymbol{u}^{(2)}$ 分离得就越快，即收敛所需的迭代次数相对要少。第二个因素取决于分析者的技巧和经验，因为第一个试算向量越接近于第一振型向量 $\boldsymbol{u}^{(1)}$，收敛就越快，迭代次数就越少。一般来说，对于一个给定的系统，根据实际情况总是可以找到一些选择第一试算向量的线索。在某些情况下，由系统的性质可以粗略地推测第一振型中各质量位移的比值关系。

这种迭代法有一个最大的优点，就是能“防止误差”。就是说，如果在某一步迭代时有了误差，只是意味着将以一个新的试算向量开始重新迭代，这样很可能迟缓了收敛，但决不会破坏收敛。一般来说，只要动力矩阵 $\boldsymbol{D}$ 是正确的，不管第一个试算向量如何粗劣，收敛总是可以实现的，迭代过程就能防止误差。

应用矩阵迭代法如何获得更高阶的振型，是工程实际中经常遇到的问题。从前面的讨论可以看出，如果在任意选取的试算向量中包含第一阶特征向量 $\boldsymbol{u}^{(1)}$，即 $C_1\neq 0$，则迭代结果一定收敛于 $\boldsymbol{u}^{(1)}$。因此，为了求得第二阶以上的特征向量，必须利用正交条件，消除第一阶特征向量，这样经过迭代将会收敛于第二阶特征向量。同理，若在试算向量中消除前 r 阶特征向量，那么迭代结果将得到第 $r+1$ 阶特征向量和特征值。

假定 λ_1 和 $\boldsymbol{u}^{(1)}$ 是与动力矩阵 $\boldsymbol{D}$ 有关的第一特征值和特征向量，而 $\boldsymbol{u}^{(1)}$ 是正则化了的正则向量，满足 $\boldsymbol{u}^{(1)\mathrm{T}}\boldsymbol{M}\boldsymbol{u}^{(1)}=1$。任选一个试算向量 $\boldsymbol{w}_1$，用动力矩阵 $\boldsymbol{D}$ 左乘 $\boldsymbol{w}_1$，并把第一阶特

征值与特征向量分离出来，有

$$\boldsymbol{D}\boldsymbol{w}_1 - C_1\lambda_1\boldsymbol{u}^{(1)} = \sum_{r=2}^{n} C_r\lambda_r\boldsymbol{u}^{(r)} \tag{5.7-14}$$

则由式(5.3-28)得

$$C_1 = \boldsymbol{u}^{(1)\mathrm{T}}\boldsymbol{M}\boldsymbol{w}_1 \tag{5.7-15}$$

将式(5.7-15)代入方程(5.7-14)得

$$\boldsymbol{D}\boldsymbol{w}_1 - \lambda_1\boldsymbol{u}^{(1)}\boldsymbol{u}^{(1)\mathrm{T}}\boldsymbol{M}\boldsymbol{w}_1 = \sum_{r=2}^{n} C_r\lambda_r\boldsymbol{u}^{(r)} \tag{5.7-16}$$

令

$$\boldsymbol{D}^{(2)} = \boldsymbol{D} - \lambda_1\boldsymbol{u}^{(1)}\boldsymbol{u}^{(1)\mathrm{T}}\boldsymbol{M} \tag{5.7-17}$$

所以有

$$\boldsymbol{D}^{(2)}\boldsymbol{w}_1 = \sum_{r=2}^{n} C_r\lambda_r\boldsymbol{u}^{(r)} \tag{5.7-18}$$

方程(5.7-18)的右边完全排除了第一阶特征向量。因此可以断定，任意试算向量用$\boldsymbol{D}^{(2)}$左乘后，进行迭代运算，就可以收敛到第二阶特征向量和特征值。同样地，若求第三阶特征值和特征向量，可以取

$$\boldsymbol{D}^{(3)} = \boldsymbol{D}^{(2)} - \lambda_2\boldsymbol{u}^{(2)}\boldsymbol{u}^{(2)\mathrm{T}}\boldsymbol{M} \tag{5.7-19}$$

于是可以写出普遍式为

$$\boldsymbol{D}^{(s)} = \boldsymbol{D}^{(s-1)} - \lambda_{s-1}\boldsymbol{u}^{(s-1)}\boldsymbol{u}^{(s-1)\mathrm{T}}\boldsymbol{M} \quad (s = 2,3,\cdots,n) \tag{5.7-20}$$

需要指出，当系统有重特征值时，仍可用矩阵迭代法依次求出这n个相等的特征值和对应的n个彼此正交的特征向量，但这种正交的特征向量组并不是唯一的，随着所选试算向量的不同，求得的正交特征向量组的形式也不同，但这并不妨碍振型叠加法的理论分析。另外，由于半正定系统的柔度矩阵没有意义，除非设法进行一些特殊处理，消除系统作刚体运动的自由度，否则不能应用矩阵迭代法求半正定系统的特征值和特征向量。

例 5.7-1 考虑图 5.7-1 所示的三自由度系统，用矩阵迭代法求特征值和特征向量。

解：系统的质量矩阵、柔度矩阵和动力矩阵为

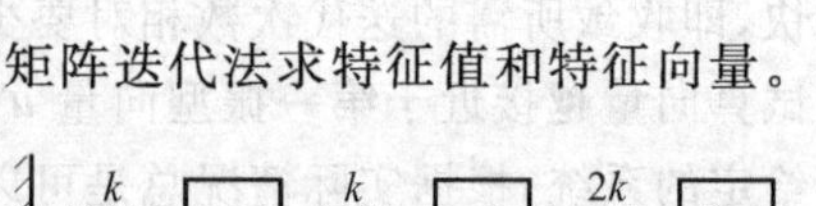

$$\boldsymbol{M} = m\begin{bmatrix}1 & 0 & 0\\0 & 1 & 0\\0 & 0 & 2\end{bmatrix},\quad \boldsymbol{A} = \frac{1}{k}\begin{bmatrix}1 & 1 & 1\\1 & 2 & 2\\1 & 2 & 2.5\end{bmatrix},$$

图 5.7-1

$$\boldsymbol{D} = \boldsymbol{A}\boldsymbol{M} = \frac{m}{k}\begin{bmatrix}1 & 1 & 2\\1 & 2 & 4\\1 & 2 & 5\end{bmatrix}$$

于是特征值问题写成

$$\begin{bmatrix}1 & 1 & 2\\1 & 2 & 4\\1 & 2 & 5\end{bmatrix}\begin{bmatrix}u_1\\u_2\\u_3\end{bmatrix} = \lambda\begin{bmatrix}u_1\\u_2\\u_3\end{bmatrix},\quad \boldsymbol{\lambda} = \frac{k}{m\,\boldsymbol{\omega}^2}$$

任选第一个试算向量

$$\boldsymbol{w}_1 = (1\ \ 2\ \ 3)^{\mathrm{T}}$$

第一次迭代为

$$\begin{bmatrix}1 & 1 & 2\\1 & 2 & 4\\1 & 2 & 5\end{bmatrix}\begin{bmatrix}1\\2\\3\end{bmatrix}=20\begin{bmatrix}0.450\,000\\0.850\,000\\1.000\,000\end{bmatrix}$$

将此向量作为改善的试算向量作第二次迭代得到

$$\begin{bmatrix}1 & 1 & 2\\1 & 2 & 4\\1 & 2 & 5\end{bmatrix}\begin{bmatrix}0.450\,000\\0.850\,000\\1.000\,000\end{bmatrix}=7.150\,000\begin{bmatrix}0.461\,538\\0.860\,140\\1.000\,000\end{bmatrix}$$

第三次迭代得出

$$\begin{bmatrix}1 & 1 & 2\\1 & 2 & 4\\1 & 2 & 5\end{bmatrix}\begin{bmatrix}0.461\,538\\0.860\,140\\1.000\,000\end{bmatrix}=7.181\,818\begin{bmatrix}0.462\,512\\0.860\,759\\1.000\,000\end{bmatrix}$$

在第六次迭代以后，认为达到精度要求，迭代结束，其收敛的结果为

$$\begin{bmatrix}1 & 1 & 2\\1 & 2 & 4\\1 & 2 & 5\end{bmatrix}\begin{bmatrix}0.462\,598\\0.860\,806\\1.000\,000\end{bmatrix}=7.184\,210\begin{bmatrix}0.462\,598\\0.860\,806\\1.000\,000\end{bmatrix}$$

于是得出

$$\lambda_1=7.184\,210,\quad \boldsymbol{u}^{(1)}=\begin{bmatrix}0.462\,598\\0.860\,806\\1.000\,000\end{bmatrix}$$

根据 $\boldsymbol{u}^{(1)\mathrm{T}}\boldsymbol{M}\boldsymbol{u}^{(1)}=1$ 将特征向量正则化，于是得到第一阶正则振型和固有频率

$$\boldsymbol{u}^{(1)}=\frac{1}{\sqrt{m}}\begin{bmatrix}0.269\,108\\0.500\,758\\0.581\,731\end{bmatrix},\quad \omega_1=\sqrt{\frac{k}{\lambda m}}=\frac{1}{\sqrt{7.184\,210}}\sqrt{\frac{k}{m}}=0.373\,087\sqrt{\frac{k}{m}}$$

为了求得第二阶固有频率和振型向量，由式(5.7-20)(令 $s=2$)得出矩阵

$$\begin{aligned}\boldsymbol{D}^{(2)}&=\boldsymbol{D}-\lambda_1\boldsymbol{u}^{(1)}\boldsymbol{u}^{(1)\mathrm{T}}\boldsymbol{M}\\&=\begin{bmatrix}1 & 1 & 2\\1 & 2 & 4\\1 & 2 & 5\end{bmatrix}-7.184\,210\begin{bmatrix}0.269\,108\\0.500\,758\\0.581\,731\end{bmatrix}\begin{bmatrix}0.269\,108\\0.500\,758\\0.581\,731\end{bmatrix}^{\mathrm{T}}\begin{bmatrix}1 & 0 & 0\\0 & 1 & 0\\0 & 0 & 2\end{bmatrix}\\&=\begin{bmatrix}0.479\,727 & 0.031\,870 & -0.249\,355\\0.031\,870 & 0.198\,495 & -0.185\,614\\-0.124\,674 & -0.092\,803 & 0.137\,569\end{bmatrix}\end{aligned}$$

因为期望有一个节点，取 $\boldsymbol{w}_1=(1\quad 1\quad -1)^{\mathrm{T}}$ 作为第二阶振型的第一个试算向量，第二阶振型的第一次迭代为

$$\begin{bmatrix}0.479\,727 & 0.031\,870 & -0.249\,355\\0.031\,870 & 0.198\,495 & -0.185\,614\\-0.124\,674 & -0.092\,803 & 0.137\,569\end{bmatrix}\begin{bmatrix}1\\1\\-1\end{bmatrix}=0.760\,952\begin{bmatrix}1.000\,000\\0.546\,656\\-0.466\,581\end{bmatrix}$$

第二次迭代得

$$\begin{bmatrix} 0.479727 & 0.031870 & -0.249355 \\ 0.031870 & 0.198495 & -0.185614 \\ -0.124674 & -0.092803 & 0.137569 \end{bmatrix}\begin{bmatrix} 1.000000 \\ 0.546656 \\ -0.466581 \end{bmatrix} = 0.613493\begin{bmatrix} 1.000000 \\ 0.369983 \\ -0.390537 \end{bmatrix}$$

第 14 次迭代得出

$$\begin{bmatrix} 0.479727 & 0.031870 & -0.249355 \\ 0.031870 & 0.198495 & -0.185614 \\ -0.124674 & -0.092803 & 0.137569 \end{bmatrix}\begin{bmatrix} 1.000000 \\ 0.254102 \\ -0.340662 \end{bmatrix} = 0.572771\begin{bmatrix} 1.000000 \\ 0.254097 \\ -0.340659 \end{bmatrix}$$

到这里,可以认为已经收敛了。第二阶正则振型及其固有频率为

$$\boldsymbol{u}^{(2)} = \frac{1}{\sqrt{m}}\begin{bmatrix} 0.878186 \\ 0.223144 \\ -0.299162 \end{bmatrix}, \quad \omega_2 = \sqrt{\frac{k}{\lambda_2 m}} = \frac{1}{\sqrt{0.572771}}\sqrt{\frac{k}{m}} = 1.321325\sqrt{\frac{k}{m}}$$

对于第三阶振型,同样由方程(5.7-20)(令 $s=3$)得到

$$\boldsymbol{D}^{(3)} = \boldsymbol{D}^{(2)} - \lambda_2 \boldsymbol{u}^{(2)}\boldsymbol{u}^{(2)\mathrm{T}}\boldsymbol{M} = \begin{bmatrix} 0.038000 & -0.080371 & 0.051602 \\ -0.080371 & 0.169975 & -0.109142 \\ 0.025804 & -0.054567 & 0.035045 \end{bmatrix}$$

重复上述过程,求得第三阶正则振型及其固有频率为

$$\boldsymbol{u}^{(3)} = \frac{1}{\sqrt{m}}\begin{bmatrix} 0.395440 \\ -0.836328 \\ 0.268514 \end{bmatrix}, \quad \omega_3 = \sqrt{\frac{k}{\lambda_3 m}} = \frac{1}{\sqrt{0.243016}}\sqrt{\frac{k}{m}} = 2.028509\sqrt{\frac{k}{m}}$$

5.8 瑞利商

在有些情况下,并不需要知道特征值问题的全部解,而只要估算系统的固有频率,特别是求出基频就足够了,这种估算可以用瑞利商方法来实现。

设 λ_r 和 $\boldsymbol{u}^{(r)}(r=1,2,\cdots,n)$ 为特征值问题的全部解,即满足

$$\lambda_r \boldsymbol{M}\boldsymbol{u}^{(r)} = \boldsymbol{K}\boldsymbol{u}^{(r)}, \quad \lambda_r = \omega_r^2 \quad (r=1,2,\cdots,n) \tag{5.8-1}$$

(这里应该注意,在 5.7 节中,参数 λ_r 是作为 ω_r^2 的倒数来定义的。)用 $\boldsymbol{u}^{(r)\mathrm{T}}$ 左乘方程(5.8-1)的两边,并用标量 $\boldsymbol{u}^{(r)\mathrm{T}}\boldsymbol{M}\boldsymbol{u}^{(r)}$ 去除,得到

$$\lambda_r = \omega_r^2 = \frac{\boldsymbol{u}^{(r)\mathrm{T}}\boldsymbol{K}\boldsymbol{u}^{(r)}}{\boldsymbol{u}^{(r)\mathrm{T}}\boldsymbol{M}\boldsymbol{u}^{(r)}} \quad (r=1,2,\cdots,n) \tag{5.8-2}$$

式中的分子和分母分别对应所给振型中的与势能和动能相关的量。

事实上,当系统按固有振型 $\boldsymbol{u}^{(r)}$ 作振动时,其动能的最大值为

$$T_{\max} = \frac{1}{2}\omega_r^2 \boldsymbol{u}^{(r)\mathrm{T}}\boldsymbol{M}\boldsymbol{u}^{(r)} \tag{5.8-3}$$

而势能的最大值为

$$U_{\max} = \frac{1}{2}\boldsymbol{u}^{(r)\mathrm{T}}\boldsymbol{K}\boldsymbol{u}^{(r)} \tag{5.8-4}$$

可见,式(5.8-2)的分子刚好等于 $2U_{\max}$,而分母则与 $2T_{\max}$ 密切相关。理论上,若将精确的固

有振型 $\boldsymbol{u}^{(r)}$ 代入式(5.8-2)中，则可求出各阶固有频率的精确值；实际上，关于系统的高阶固有振型很难作出合理的假设，所以式(5.8-2)往往只有在估算系统的基本固有频率 ω_1 时才是切实可行的。

若用任选的向量(或者说假设的振型向量)$\boldsymbol{w}$ 代入式(5.8-2)中的固有振型向量 $\boldsymbol{u}^{(r)}$，得到

$$\lambda = \omega^2 = R(w) = \frac{\boldsymbol{w}^{\mathrm{T}}\boldsymbol{K}\boldsymbol{w}}{\boldsymbol{w}^{\mathrm{T}}\boldsymbol{M}\boldsymbol{w}} \tag{5.8-5}$$

式中，$R(w)$为一个标量，称为瑞利商，它的值不仅取决于矩阵 $\boldsymbol{M}$ 和 $\boldsymbol{K}$，也取决于向量 $\boldsymbol{w}$。瑞利商具有非常重要的性质，值得很好地探讨。很清楚，如果这个任意的向量 $\boldsymbol{w}$ 与系统的某个特征向量相一致，那么瑞利商就化为相应的特征值。

根据展开定理，把任意向量 $\boldsymbol{w}$ 表示为系统特征向量的一个线性组合，即

$$\boldsymbol{w} = \sum_{r=1}^{n} C_r \boldsymbol{u}^{(r)} = \boldsymbol{u}\boldsymbol{C} \tag{5.8-6}$$

式中，$\boldsymbol{u}$ 为振型矩阵；$\boldsymbol{C}$ 为由 C_r 组成的向量。设特征向量是正则振型向量，则有

$$\boldsymbol{u}^{\mathrm{T}}\boldsymbol{M}\boldsymbol{u} = \boldsymbol{I} \tag{5.8-7}$$

$$\boldsymbol{u}^{\mathrm{T}}\boldsymbol{K}\boldsymbol{u} = \boldsymbol{\Lambda} = \boldsymbol{\lambda} \tag{5.8-8}$$

式中，$\boldsymbol{I}$ 为单位矩阵；$\boldsymbol{\Lambda}$ 为特征值构成的对角矩阵。把方程(5.8-5)按式(5.8-6)进行变换，并考虑到式(5.8-7)和式(5.8-8)，得到

$$R(w) = \frac{\boldsymbol{C}^{\mathrm{T}}\boldsymbol{u}^{\mathrm{T}}\boldsymbol{K}\boldsymbol{u}\boldsymbol{C}}{\boldsymbol{C}^{\mathrm{T}}\boldsymbol{u}^{\mathrm{T}}\boldsymbol{M}\boldsymbol{u}\boldsymbol{C}} = \frac{\boldsymbol{C}^{\mathrm{T}}\boldsymbol{\Lambda}\boldsymbol{C}}{\boldsymbol{C}^{\mathrm{T}}\boldsymbol{I}\boldsymbol{C}} = \frac{\sum_{i=1}^{n}\lambda_i C_i^2}{\sum_{i=1}^{n} C_i^2} \tag{5.8-9}$$

假设试算向量 $\boldsymbol{w}$ 与特征向量 $\boldsymbol{u}^{(r)}$ 只有极微小的差别，即系数 $C_i(i\neq r)$与 C_r 相比非常小，即

$$\varepsilon_i = \frac{C_i}{C_r} \ll 1 \quad (i = 1,2,\cdots,n;i \neq r) \tag{5.8-10}$$

以 C_r^2 去除方程(5.8-9)的分子和分母得

$$R(w) = \frac{\lambda_r + \sum_{i=1}^{n}(1-\delta_{ir})\lambda_i\varepsilon_i^2}{1+\sum_{i=1}^{n}(1-\delta_{ir})\varepsilon_i^2} \approx \lambda_r + \sum_{i=1}^{n}(\lambda_i - \lambda_r)\varepsilon_i^2 \tag{5.8-11}$$

式中，δ_{ir}为 Kronig δ 符号，其数学定义为

$$\delta_{ir} = \begin{cases} 1 & (i = r) \\ 0 & (i \neq r) \end{cases} \tag{5.8-12}$$

写成 $1-\delta_{ir}$ 就可以从分子和分母的级数中自动排除对应于 $i=r$ 的项。注意到在方程(5.8-11)右边的级数是一个二阶的微量。因此，如果试算向量 $\boldsymbol{w}$ 与特征向量 $\boldsymbol{u}^{(r)}$ 相差一阶微量。那么，瑞利商 $R(w)$与特征值 λ_r 就相差二阶微量。这意味着瑞利商在一个特征向量附近有平稳值。

瑞利商的最重要特性还在于它在基本振型附近有极小值。如果在方程(5.8-11)中，令 $r=1$，得到

$$R(w) \approx \lambda_1 + \sum_{i=1}^{n}(\lambda_i - \lambda_1){\varepsilon_i}^2 \tag{5.8-13}$$

在一般情况下,$\lambda_i > \lambda_1 (i=2,3,\cdots,n)$,可见

$$R(w) \geqslant \lambda_1 \tag{5.8-14}$$

式中等号只有当所有的 $\varepsilon_i (i=1,2,\cdots,n)$ 都等于零时才成立。因此,瑞利商永远不会低于第一特征值,而第一特征值也就是瑞利商所能取的极小值。根据这一点,可以说:瑞利商的一个实际应用就是估算系统的基本频率。

例 5.8-1 如图 5.8-1 所示的三自由度扭振系统中,假设各盘的转动惯量分别为 $I_1 = I_2 = I, I_3 = 2I$,而各轴段的扭转刚度分别为 $k_1 = k_2 = k, k_3 = 2k$,轴本身的质量略去不计。用瑞利商方法估算系统的基频。

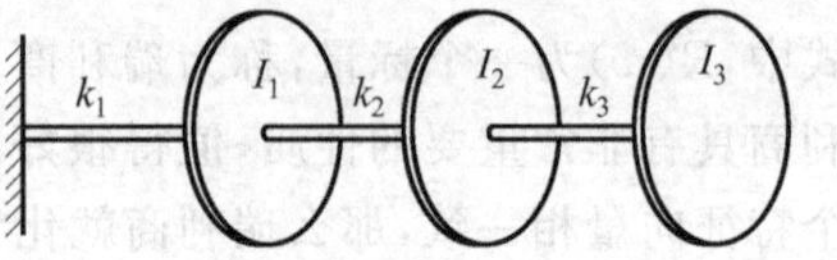

图 5.8-1

解:系统的质量矩阵和刚度矩阵分别为

$$\boldsymbol{M} = I\begin{bmatrix}1 & 0 & 0\\0 & 1 & 0\\0 & 0 & 2\end{bmatrix},\quad \boldsymbol{K} = k\begin{bmatrix}2 & -1 & 0\\-1 & 3 & -2\\0 & -2 & 2\end{bmatrix}$$

如果取静变形模式作为假设振型,即取

$$\boldsymbol{w} = (3 \quad 5 \quad 5.5)^{\mathrm{T}}$$

方程(5.8-5)中的矩阵三重积的值为

$$\boldsymbol{w}^{\mathrm{T}}\boldsymbol{K}\boldsymbol{w} = (3 \quad 5 \quad 5.5)\begin{bmatrix}2 & -1 & 0\\-1 & 3 & -2\\0 & -2 & 2\end{bmatrix}\begin{bmatrix}3\\5\\5.5\end{bmatrix}k = 13.5k$$

$$\boldsymbol{w}^{\mathrm{T}}\boldsymbol{M}\boldsymbol{w} = (3 \quad 5 \quad 5.5)\begin{bmatrix}1 & 0 & 0\\0 & 1 & 0\\0 & 0 & 2\end{bmatrix}\begin{bmatrix}3\\5\\5.5\end{bmatrix}I = 94.5I$$

代入方程(5.8-5)得到

$$\omega^2 = R(w) = \frac{13.5k}{94.5I} = 0.142\,857\,\frac{k}{I},\quad \omega = 0.377\,964\sqrt{\frac{k}{I}}$$

而系统基频的精确值为

$$\omega_1 = 0.3731\sqrt{\frac{k}{I}}$$

用瑞利商方法求得 ω 值与精确值 ω_1 的误差为

$$\frac{\omega - \omega_1}{\omega} = \frac{0.377\,964 - 0.3731}{0.377\,964} = 0.0128 \approx 1.3\%$$

误差小于 5%,这样选取假设振型时,用瑞利商估算基频的精度是满意的。

5.9 无阻尼系统对任意激励的响应·振型叠加法

目前只介绍了离散系统的自由振动,并在 5.5 节中讨论了如何用振型分析方法来确定一个 n 自由度无阻尼系统对初始条件的响应。然而,振型分析能够用来导出无阻尼系统对任意激励的响应,在某些情况下,也可以导出有阻尼系统的响应。

不计阻尼时，n 自由度系统的强迫振动微分方程为

$$\boldsymbol{M}\ddot{\boldsymbol{q}}(t)+\boldsymbol{K}\boldsymbol{q}(t)=\boldsymbol{F}(t) \tag{5.9-1}$$

式中，$\boldsymbol{M}$ 和 $\boldsymbol{K}$ 为 $n\times n$ 阶的质量矩阵和刚度矩阵；n 维向量 $\boldsymbol{q}(t)$ 和 $\boldsymbol{F}(t)$ 分别表示广义坐标和广义力。方程(5.9-1)构成了 n 个联立的常系数微分方程组。虽然这些方程是线性的，但求解也并非是件容易的事。事实上，用振型分析来求解就要方便得多，振型分析的基本思想就是将联立的方程组变换成为互不相关的方程组，其变换矩阵就是振型矩阵。

为了用振型分析去求解方程(5.9-1)，首先必须求解特征值问题，即

$$\boldsymbol{K}\boldsymbol{u}=\boldsymbol{M}\boldsymbol{u}\boldsymbol{\omega}^2 \tag{5.9-2}$$

式中，$\boldsymbol{u}$ 为振型矩阵；$\boldsymbol{\omega}^2$ 为固有频率平方的对角矩阵。振型矩阵可以正则化，使其满足

$$\boldsymbol{u}^{\mathrm{T}}\boldsymbol{M}\boldsymbol{u}=\boldsymbol{I},\quad \boldsymbol{u}^{\mathrm{T}}\boldsymbol{K}\boldsymbol{u}=\boldsymbol{\omega}^2 \tag{5.9-3}$$

引入正则坐标，作如下线性变换：

$$\boldsymbol{q}(t)=\boldsymbol{u}\boldsymbol{\eta}(t) \tag{5.9-4}$$

式中，$\boldsymbol{\eta}(t)$ 为系统的正则坐标。因为 $\boldsymbol{u}$ 是一个常数矩阵，所以 $\ddot{\boldsymbol{q}}(t)$ 和 $\ddot{\boldsymbol{\eta}}(t)$ 之间存在着同样的变换。把式(5.9-4) 代入方程(5.9-1)，得

$$\boldsymbol{M}\boldsymbol{u}\ddot{\boldsymbol{\eta}}(t)+\boldsymbol{K}\boldsymbol{u}\boldsymbol{\eta}(t)=\boldsymbol{F}(t) \tag{5.9-5}$$

方程(5.9-5)左乘 $\boldsymbol{u}^{\mathrm{T}}$，有

$$\boldsymbol{u}^{\mathrm{T}}\boldsymbol{M}\boldsymbol{u}\ddot{\boldsymbol{\eta}}(t)+\boldsymbol{u}^{\mathrm{T}}\boldsymbol{K}\boldsymbol{u}\boldsymbol{\eta}(t)=\boldsymbol{u}^{\mathrm{T}}\boldsymbol{F}(t) \tag{5.9-6}$$

考虑到方程(5.9-3)，得到

$$\ddot{\boldsymbol{\eta}}(t)+\boldsymbol{\omega}^2\boldsymbol{\eta}(t)=\boldsymbol{N}(t) \tag{5.9-7}$$

式中，$\boldsymbol{N}(t)=\boldsymbol{u}^{\mathrm{T}}\boldsymbol{F}(t)$ 为与广义坐标向量 $\boldsymbol{\eta}(t)$ 相应的 n 维广义力向量，即正则激励。因为 $\boldsymbol{\omega}^2$ 是对角矩阵，故方程(5.9-7)表示一组互不相关的方程，即

$$\ddot{\eta}_r(t)+\omega_r^2\eta_r(t)=N_r(t)\quad (r=1,2,\cdots,n) \tag{5.9-8}$$

方程(5.9-8)具有与单自由度系统运动微分方程相同的结构，可作为 n 个独立的单自由度系统来处理。

设广义坐标 $\boldsymbol{q}(t)$ 的初始条件为

$$\boldsymbol{q}(0)=\boldsymbol{q}_0,\quad \dot{\boldsymbol{q}}(0)=\dot{\boldsymbol{q}}_0 \tag{5.9-9}$$

由式(5.9-4)的变换 $\boldsymbol{\eta}(t)=\boldsymbol{u}^{-1}\boldsymbol{q}(t)$，有

$$\boldsymbol{\eta}(0)=\boldsymbol{\eta}_0=\boldsymbol{u}^{-1}\boldsymbol{q}_0,\quad \dot{\boldsymbol{\eta}}(0)=\dot{\boldsymbol{\eta}}_0=\boldsymbol{u}^{-1}\dot{\boldsymbol{q}}_0 \tag{5.9-10}$$

也可以在坐标变换式(5.9-4)两边同时左乘 $\boldsymbol{u}^{\mathrm{T}}\boldsymbol{M}$，得

$$\boldsymbol{\eta}_0=\boldsymbol{u}^{\mathrm{T}}\boldsymbol{M}\boldsymbol{q}_0,\quad \dot{\boldsymbol{\eta}}_0=\boldsymbol{u}^{\mathrm{T}}\boldsymbol{M}\dot{\boldsymbol{q}}_0 \tag{5.9-11}$$

式中，η_{r0} 和 $\dot{\eta}_{r0}$ 为第 r 阶模态在正则坐标中的初始条件。因此，由初始条件引起的方程(5.9-8)的齐次解为

$$\eta_r(t)=\eta_{r0}\cos\omega_r t+\frac{\dot{\eta}_{r0}}{\omega_r}\sin\omega_r t\quad (r=1,2,\cdots,n) \tag{5.9-12}$$

对任意激励 $N_r(t)$ 的特解可以由卷积积分给出，即

$$\eta_r(t)=\frac{1}{\omega_r}\int_0^t N_r(\tau)\sin\omega_r(t-\tau)\mathrm{d}\tau\quad (r=1,2,\cdots,n) \tag{5.9-13}$$

所以第 r 阶模态的全解是激励 $N_r(t)$ 引起的响应和初始条件引起的响应之和，即

$$\eta_r(t)=\eta_{r0}\cos\omega_r t+\frac{\dot{\eta}_{r0}}{\omega_r}\sin\omega_r t+\frac{1}{\omega_r}\int_0^t N_r(\tau)\sin\omega_r(t-\tau)\mathrm{d}\tau \tag{5.9-14}$$

广义坐标 $\boldsymbol{q}(t)$ 的响应是广义坐标 $\boldsymbol{\eta}(t)$ 的响应的叠加，则有

$$\boldsymbol{q}(t)=\boldsymbol{u}\boldsymbol{\eta}(t)=\sum_{r=1}^{n}\boldsymbol{u}^{(r)}\eta_r(t) \tag{5.9-15}$$

因此，将正则坐标的全解(5.9-14)代入方程(5.9-15)就可以得到无阻尼 n 自由度系统的全部响应。

例 5.9-1 考虑图 5.9-1 所示系统，在系统上作用有激励向量 $\boldsymbol{F}(t)=[0 \quad F_0u(t)]^{\mathrm{T}}$，$u(t)$ 为单位阶跃函数。求在零初始条件下系统的响应。

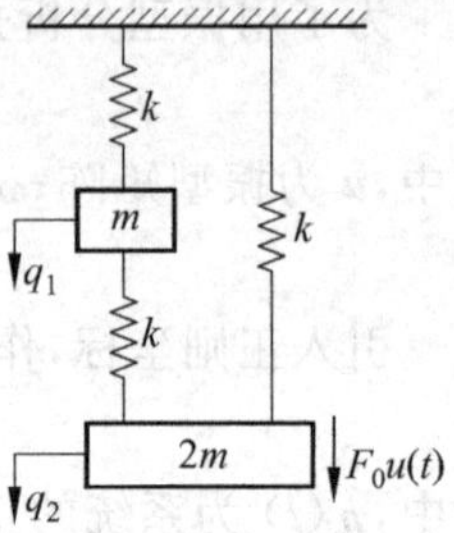

解：系统的运动微分方程为

$$m\begin{bmatrix}1 & 0\\ 0 & 2\end{bmatrix}\begin{bmatrix}\ddot{q}_1\\ \ddot{q}_2\end{bmatrix}+k\begin{bmatrix}2 & -1\\ -1 & 2\end{bmatrix}\begin{bmatrix}q_1\\ q_2\end{bmatrix}=\begin{bmatrix}0\\ F_0u(t)\end{bmatrix}$$

图 5.9-1

为了用振型分析方法求解，首先要解特征值问题，得

$$\omega_1=0.796\,226\sqrt{\frac{k}{m}},\quad \boldsymbol{u}^{(1)}=\begin{bmatrix}1.000\,000\\ 1.366\,025\end{bmatrix}$$

$$\omega_2=1.538\,188\sqrt{\frac{k}{m}},\quad \boldsymbol{u}^{(2)}=\begin{bmatrix}1.000\,000\\ -0.366\,025\end{bmatrix}$$

对振型向量进行正则化，而后把振型向量排列成振型矩阵有

$$\boldsymbol{u}=\frac{1}{\sqrt{m}}\begin{bmatrix}0.459\,701 & 0.888\,074\\ 0.627\,963 & -0.325\,057\end{bmatrix}$$

利用振型矩阵作线性变换

$$\boldsymbol{N}(t)=\boldsymbol{u}^{\mathrm{T}}\boldsymbol{F}(t)=\frac{F_0}{\sqrt{m}}\begin{bmatrix}0.627\,963\\ -0.325\,057\end{bmatrix}u(t)$$

将上式代入方程(5.9-14)，得

$$\eta_1(t)=0.627\,963\frac{F_0}{\sqrt{m}}\frac{1}{\omega_1}\int_0^t u(\tau)\sin\omega_1(t-\tau)\,\mathrm{d}\tau$$

$$=0.627\,963\frac{F_0}{\omega_1^2\sqrt{m}}(1-\cos\omega_1 t)$$

$$\eta_2(t)=-0.325\,057\frac{F_0}{\sqrt{m}}\frac{1}{\omega_2}\int_0^t u(\tau)\sin\omega_2(t-\tau)\,\mathrm{d}\tau$$

$$=-0.325\,057\frac{F_0}{\omega_2^2\sqrt{m}}(1-\cos\omega_2 t)$$

则广义坐标 $\boldsymbol{q}(t)$ 的响应为

$$q_1(t)=\frac{F_0}{m}\Big[0.459\,701\times0.627\,963\frac{1}{\omega_1^2}(1-\cos\omega_1 t)-$$

$$0.888\,074\times0.325\,057\frac{1}{\omega_2^2}(1-\cos\omega_2 t)\Big]$$

$$=\frac{F_0}{k}\Big[0.455\,295\Big(1-\cos0.796\,226\sqrt{\frac{k}{m}}t\Big)-$$

$$0.122\,009\Big(1-\cos1.538\,188\sqrt{\frac{k}{m}}t\Big)\Big]$$

$$q_2(t)=\frac{F_0}{m}\left[0.627\,963^2\frac{1}{\omega_1^2}(1-\cos\omega_1 t)+0.325\,057^2\frac{1}{\omega_2^2}(1-\cos\omega_2 t)\right]$$
$$=\frac{F_0}{k}\left[0.621\,945\left(1-\cos 0.796\,226\sqrt{\frac{k}{m}}t\right)+\right.$$
$$\left.0.044\,658\left(1-\cos 1.538\,188\sqrt{\frac{k}{m}}t\right)\right]$$

例 5.9-2 若图 5.9-1 所示系统的作用力向量为 $\boldsymbol{F}(t)=[0\quad F_0\sin\omega t]^{\mathrm{T}}$，求系统的响应。

解：根据例 5.9-1，利用振型矩阵 $\boldsymbol{u}$ 进行变换的正则激励向量为

$$\boldsymbol{N}(t)=\boldsymbol{u}^{\mathrm{T}}\boldsymbol{F}(t)=\frac{F_0}{\sqrt{m}}\begin{bmatrix}0.627\,963\\-0.325\,057\end{bmatrix}\sin\omega t$$

将上式代入式(5.9-14)，得

$$\eta_1(t)=0.627\,963\frac{F_0}{\sqrt{m}}\frac{1}{\omega_1}\int_0^t\sin\omega\tau\sin\omega_1(t-\tau)\mathrm{d}\tau$$
$$=0.627\,963\frac{F_0}{\omega_1^2\sqrt{m}}\left(\sin\omega t-\frac{\omega}{\omega_1}\sin\omega_1 t\right)\left(\frac{1}{1-\omega^2/\omega_1^2}\right)$$
$$\eta_2(t)=-0.325\,057\frac{F_0}{\sqrt{m}}\frac{1}{\omega_2}\int_0^t\sin\omega\tau\sin\omega_1(t-\tau)\mathrm{d}\tau$$
$$=-0.325\,057\frac{F_0}{\omega_2^2\sqrt{m}}\left(\sin\omega t-\frac{\omega}{\omega_2}\sin\omega_2 t\right)\left(\frac{1}{1-\omega^2/\omega_2^2}\right)$$

最后，得

$$q_1(t)=\frac{F_0}{m}\left[0.455\,295\frac{1}{\omega_1^2}\left(\sin\omega t-\frac{\omega}{\omega_1}\sin\omega_1 t\right)\left(\frac{1}{1-\omega^2/\omega_1^2}\right)-\right.$$
$$\left.0.122\,009\frac{1}{\omega_2^2}\left(\sin\omega t-\frac{\omega}{\omega_2}\sin\omega_2 t\right)\left(\frac{1}{1-\omega^2/\omega_2^2}\right)\right]$$
$$q_2(t)=\frac{F_0}{m}\left[0.621\,945\frac{1}{\omega_1^2}\left(\sin\omega t-\frac{\omega}{\omega_1}\sin\omega_1 t\right)\left(\frac{1}{1-\omega^2/\omega_1^2}\right)+\right.$$
$$\left.0.044\,658\frac{1}{\omega_2^2}\left(\sin\omega t-\frac{\omega}{\omega_2}\sin\omega_2 t\right)\left(\frac{1}{1-\omega^2/\omega_2^2}\right)\right]$$

可见，由方程(5.9-14)得到的解，包含由外加激励作用于系统引起的稳态响应和瞬态响应。当存在阻尼时，瞬态响应将很快衰减。若只考虑强迫振动的稳态响应，则只取$\sin\omega t$项。

5.10 多自由度系统的阻尼

前面各节介绍了无阻尼多自由度系统的振动分析，而在工程实际中，阻尼总是存在的(如材料阻尼、结构阻尼、黏性阻尼等)，并对系统的振动产生影响。由于各种阻尼的机理比较复杂，在振动分析计算中，常常将各种阻尼简化为黏性阻尼，其阻尼力的大小与速度的一次方成正比。阻尼系数需由工程上各种理论与经验公式给出，或直接根据实验数据确定。

对于一般黏性阻尼的多自由度系统，在外激励的作用下，系统的运动微分方程为

$$\boldsymbol{M}\ddot{\boldsymbol{q}}(t)+\boldsymbol{C}\dot{\boldsymbol{q}}(t)+\boldsymbol{K}\boldsymbol{q}(t)=\boldsymbol{F}(t) \tag{5.10-1}$$

式中,质量矩阵$\boldsymbol{M}$、刚度矩阵$\boldsymbol{K}$和外激励向量$\boldsymbol{F}(t)$的意义与前面相同,而阻尼矩阵$\boldsymbol{C}$的形式为

$$\boldsymbol{C}=[c_{ij}] \quad (i,j=1,2,\cdots,n) \tag{5.10-2}$$

阻尼矩阵$\boldsymbol{C}$一般为正定或半正定的对称矩阵。

若阻尼矩阵$\boldsymbol{C}$恰好与质量矩阵$\boldsymbol{M}$或刚度矩阵$\boldsymbol{K}$成正比,或者$\boldsymbol{C}$是$\boldsymbol{M}$与$\boldsymbol{K}$的某种线性组合,即

$$\boldsymbol{C}=a\boldsymbol{M}+b\boldsymbol{K} \tag{5.10-3}$$

式中,a和b为正的常数,则称这种阻尼为比例阻尼。对比例阻尼来说,当广义坐标转换成正则坐标时,在正则坐标中的阻尼矩阵将是一个对角矩阵。使用无阻尼系统的正则振型矩阵$\boldsymbol{u}$可以使$\boldsymbol{C}$对角化,即有

$$\begin{aligned}\boldsymbol{u}^{\mathrm{T}}\boldsymbol{C}\boldsymbol{u}&=\boldsymbol{u}^{\mathrm{T}}(a\boldsymbol{M}+b\boldsymbol{K})\boldsymbol{u}=a\boldsymbol{u}^{\mathrm{T}}\boldsymbol{M}\boldsymbol{u}+b\boldsymbol{u}^{\mathrm{T}}\boldsymbol{K}\boldsymbol{u}=a\boldsymbol{I}+b\boldsymbol{\Lambda}\\&=\begin{bmatrix}a+b\omega_1^2&&&\\&a+b\omega_2^2&&\\&&\ddots&\\&&&a+b\omega_n^2\end{bmatrix}\end{aligned} \tag{5.10-4}$$

令

$$a+b\omega_r^2=2\zeta_r\omega_r \tag{5.10-5}$$

或写成

$$\zeta_r=\frac{a+b\omega_r^2}{2\omega_r} \tag{5.10-6}$$

称ζ_r为振型比例阻尼。可以看出,令$a=0$,而$b\neq0$,有

$$\zeta_r=\frac{b}{2}\omega_r \tag{5.10-7}$$

这意味着在各个振型振动中,阻尼正比于该振型所对应的固有频率。若$b=0$,而$a\neq0$,有

$$\zeta_r=\frac{a}{2\omega_r} \tag{5.10-8}$$

这意味着在各个振型振动中,阻尼反比于该振型所对应的固有频率。所以适当地选取a和b的值,就能近似地反映实际振动中出现的倾向性。

再讨论方程(5.10-1)的解耦问题。可以看到,是否能利用正则坐标变换进行解耦,关键在于阻尼矩阵是否能对角化。除比例阻尼外,$\boldsymbol{u}^{\mathrm{T}}\boldsymbol{C}\boldsymbol{u}$一般不是对角阵,当然还有一些特殊情况,阻尼矩阵$\boldsymbol{C}$可以对角化,不过,这些情况不经常遇到,这里就不讨论了。另外,在工程实际的振动系统中,经常遇到的是阻尼比较小的情况,这时,由$\boldsymbol{u}^{\mathrm{T}}\boldsymbol{C}\boldsymbol{u}$中的非对角项引起的耦合很少出现大于或者远大于对角项的情况。因此,略去$\boldsymbol{u}^{\mathrm{T}}\boldsymbol{C}\boldsymbol{u}$非对角线元素组成的各阻尼项,即令$\boldsymbol{u}^{\mathrm{T}}\boldsymbol{C}\boldsymbol{u}$中所有非对角线元素的值为零,不会引起很大的误差。这样,对应正则坐标的阻尼矩阵就可以表示为对角矩阵,即

$$\boldsymbol{u}^{\mathrm{T}}\boldsymbol{C}\boldsymbol{u}=\begin{bmatrix}2\zeta_1\omega_1&&&\\&2\zeta_2\omega_2&&\\&&\ddots&\\&&&2\zeta_n\omega_n\end{bmatrix} \tag{5.10-9}$$

因此，可以把振型叠加法有效地推广到有阻尼多自由度系统振动问题的分析求解。有阻尼多自由度系统正则坐标的运动微分方程为

$$\ddot{\boldsymbol{\eta}}(t)+\begin{bmatrix}2\zeta_1\omega_1 & & & \\ & 2\zeta_2\omega_2 & & \\ & & \ddots & \\ & & & 2\zeta_n\omega_n\end{bmatrix}\dot{\boldsymbol{\eta}}(t)+\begin{bmatrix}\omega_1^2 & & & \\ & \omega_2^2 & & \\ & & \ddots & \\ & & & \omega_n^2\end{bmatrix}\boldsymbol{\eta}(t)=\boldsymbol{N}(t) \tag{5.10-10}$$

或展开为

$$\ddot{\eta}_r(t)+2\zeta_r\omega_r\dot{\eta}_r(t)+\omega_r^2\eta_r(t)=N_r(t)\quad(r=1,2,\cdots,n) \tag{5.10-11}$$

这一方法具有很大的实用价值，实践经验表明，它一般适用于振型比例阻尼 ζ_r 不大于 0.2 的弱阻尼系统。

若系统的阻尼较大，就不能用无阻尼系统的振型矩阵使方程解耦，即阻尼矩阵 $\boldsymbol{C}$ 不能对角化，也有一般的理论适用于这种情况，它将包含复特征值和复特征向量，这部分内容已超出了本书的范围，不再赘述。

5.11 有阻尼系统对任意激励的响应·振型叠加法

在某些情况下，系统的阻尼对振动有不可忽略的影响，必须考虑阻尼的重要作用。应该指出，由于阻尼本身的复杂性，人们至今对其的研究还很不充分，所以这里只考虑阻尼矩阵可以利用无阻尼正则振型矩阵实现对角化的有阻尼振动系统，应用振型叠加法研究具有这种阻尼的系统对简谐激励、周期激励和任意激励的响应。

假设黏性阻尼系统的运动微分方程(5.10-1)中的阻尼矩阵 $\boldsymbol{C}$ 可以实现对角化，根据式(5.10-9)得振型比例阻尼 ζ_r 为

$$\zeta_r=\frac{\boldsymbol{u}^{(r)\mathrm{T}}\boldsymbol{C}\boldsymbol{u}^{(r)}}{2\omega_r}\quad(r=1,2,\cdots,n) \tag{5.11-1}$$

对应第 r 阶正则坐标 $\eta_r(t)$ 的模态力向量为

$$N_r(t)=\boldsymbol{u}^{(r)\mathrm{T}}\boldsymbol{F}(t)\quad(r=1,2,\cdots,n) \tag{5.11-2}$$

下面分别对有阻尼振动系统在简谐激励、周期激励和任意激励作用下的响应计算问题加以阐述。

1. 简谐激励

假定一个具有黏性阻尼的多自由度系统，它的各广义坐标上有同频率、同相位的简谐激励作用。令

$$\boldsymbol{F}(t)=\boldsymbol{F}_0\sin\omega t \tag{5.11-3}$$

将方程(5.10-11)写成复数形式

$$\ddot{\eta}_r(t)+2\zeta_r\omega_r\dot{\eta}_r(t)+\omega_r^2\eta_r(t)=N_{0r}\mathrm{e}^{\mathrm{i}\omega t}\quad(r=1,2,\cdots,n) \tag{5.11-4}$$

式中

$$N_{0r}=\boldsymbol{u}^{(r)\mathrm{T}}\boldsymbol{F}_0 \tag{5.11-5}$$

则正则坐标的稳态响应为

$$\eta_r(t)=\frac{N_{0r}}{\omega_r^2}\left|H_r(\omega)\right|\mathrm{e}^{\mathrm{i}(\omega t-\varphi_r)} \tag{5.11-6}$$

式中

$$\left|H_r(\omega)\right|=\frac{1}{\sqrt{(1-\lambda_r^2)^2+(2\zeta_r\lambda_r)^2}} \tag{5.11-7}$$

$$\varphi_r=\arctan\frac{2\zeta_r\lambda_r}{1-\lambda_r^2} \tag{5.11-8}$$

$$\lambda_r=\frac{\omega}{\omega_r} \tag{5.11-9}$$

式中,$\left|H_r(\omega)\right|$,φ_r 和 λ_r 分别为对应于正则坐标的放大因子、相位角和频率比。因此系统对简谐激励的稳态响应可以表示为

$$\eta_r(t)=\mathrm{Im}\left(\frac{N_{0r}}{\omega_r^2}\left|H_r(\omega)\right|\mathrm{e}^{\mathrm{i}(\omega t-\varphi_r)}\right)$$

$$=\frac{N_{0r}}{\omega_r^2\sqrt{(1-\lambda_r^2)^2+(2\zeta_r\lambda_r)^2}}\sin(\omega t-\varphi_r) \tag{5.11-10}$$

则原广义坐标的稳态响应为

$$\boldsymbol{q}(t)=\sum_{r=1}^{n}\boldsymbol{u}^{(r)}\eta_r(t)$$

$$=\sum_{r=1}^{n}\frac{\boldsymbol{u}^{(r)}\boldsymbol{u}^{(r)\mathrm{T}}\boldsymbol{F}_0}{\omega_r^2\sqrt{(1-\lambda_r^2)^2+(2\zeta_r\lambda_r)^2}}\sin(\omega t-\varphi_r) \tag{5.11-11}$$

不难看出,当外激励频率 ω 与系统第 r 阶固有频率 ω_r 的值比较接近时,即 $\lambda_r=\omega/\omega_r\approx 1$ 时,第 r 阶正则坐标 $\eta_r(t)$ 的稳态强迫振动的振幅值就会很大,这与单自由度系统的共振现象是完全类似的。对于 n 自由度系统,当系统具有 n 个不相等的固有频率时可以出现 n 个频率不同的共振现象。

2. 周期激励

如果系统各坐标上作用的外激励为具有同一周期的周期力,则可将各外力先按傅里叶级数展开,即

$$N_r(t)=\frac{a_0}{2}+\sum_{j=1}^{\infty}(a_j\cos j\omega t+b_j\sin j\omega t) \tag{5.11-12}$$

式中,系数 a_0,a_j 和 b_j 可用 3.7 节给出的公式计算。

把外激励各简谐分量所引起的系统稳态强迫振动解分别求出,然后叠加起来,就得到系统在这种周期力作用下的响应,即

$$\eta_r(t)=\frac{1}{\omega_r^2}\left\{\frac{a_0}{2}+\sum_{j=1}^{\infty}\left|H_{rj}(j\omega)\right|\left[a_j\cos(j\omega t-\varphi_{rj})+\right.\right.$$

$$\left.\left.b_j\sin(j\omega t-\varphi_{rj})\right]\right\} \tag{5.11-13}$$

式中

$$|H_{rj}(j\omega)| = \frac{1}{\sqrt{(1-j^2\lambda_r^2)^2+(2\zeta_r j\lambda_r)^2}} \tag{5.11-14}$$

$$\varphi_{rj} = \arctan\frac{2\zeta_r j\lambda_r}{1-j^2\lambda_r^2} \tag{5.11-15}$$

$$\lambda_r = \frac{\omega}{\omega_r} \tag{5.11-16}$$

从方程(5.11-13)可以看出，任意阶正则坐标的响应 $\eta_r(t)(r=1,2,\cdots,n)$，是由各个不同频率激励引起的响应叠加而成的，因而就一般周期性激励函数来说，产生共振的可能性要比简谐函数大得多，很难预料各阶振型中哪一阶振型将受到激励的强烈影响。但是，当激励函数展开成傅里叶级数之后，可以将每一个激励频率 $j\omega$ 和每个固有频率 ω_r 相比较，从而预先推测出强烈振动所在。

原坐标的稳态响应为

$$\boldsymbol{q}(t) = \sum_{r=1}^{n}\boldsymbol{u}^{(r)}\eta_r(t) = \sum_{r=1}^{n}\frac{\boldsymbol{u}^{(r)}}{\omega_r^2}\left\{\frac{a_0}{2}+\sum_{j=1}^{\infty}|H_{rj}(j\omega)|\left[a_j\cos(j\omega t-\varphi_{rj})+ b_j\sin(j\omega t-\varphi_{rj})\right]\right\} \tag{5.11-17}$$

3. 任意激励

对于外力是一般任意随时间变化的激励，用振型叠加法也很容易求出各广义坐标的响应。根据3.8节的结果，可得方程(5.10-11)的解为

$$\eta_r(t) = \mathrm{e}^{-\zeta_r\omega_r t}\left(\eta_{r0}\cos\omega_{\mathrm{d}r}t+\frac{\dot{\eta}_{r0}+\zeta_r\omega_r\eta_{r0}}{\omega_{\mathrm{d}r}}\sin\omega_{\mathrm{d}r}t\right)+ \frac{1}{\omega_{\mathrm{d}r}}\int_0^t N_r(\tau)\mathrm{e}^{-\zeta_r\omega_r(t-\tau)}\sin\omega_{\mathrm{d}r}(t-\tau)\mathrm{d}\tau \tag{5.11-18}$$

式中

$$\omega_{\mathrm{d}r} = \sqrt{1-\zeta_r^2}\,\omega_r \tag{5.11-19}$$

$$\eta_{r0} = \boldsymbol{u}^{(r)\mathrm{T}}\boldsymbol{M}\boldsymbol{q}_0 \tag{5.11-20}$$

$$\dot{\eta}_{r0} = \boldsymbol{u}^{(r)\mathrm{T}}\boldsymbol{M}\dot{\boldsymbol{q}}_0 \tag{5.11-21}$$

式中，$\boldsymbol{q}_0$ 和 $\dot{\boldsymbol{q}}_0$ 为原广义坐标 $\boldsymbol{q}(t)$ 的初始条件。于是原广义坐标的响应为

$$\boldsymbol{q}(t) = \sum_{r=1}^{n}\boldsymbol{u}^{(r)}\eta_r(t) \tag{5.11-22}$$

由此获得原广义坐标的响应，即方程(5.10-1)的解。

例 5.11-1 求图5.11-1所示的有阻尼质量-弹簧系统的强迫振动的稳态响应。

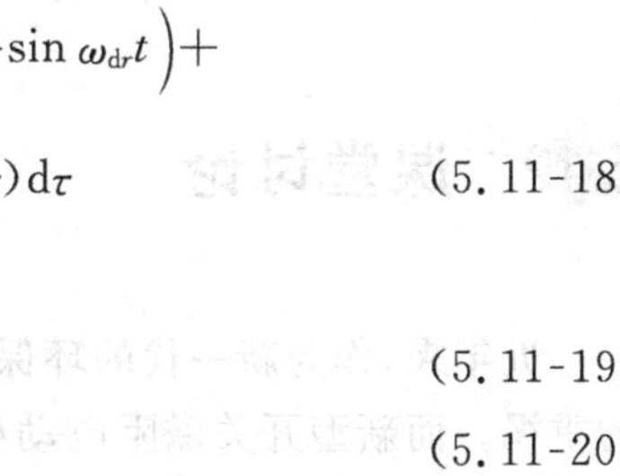

图 5.11-1

解：设 q_1 和 q_2 坐标如图5.11-1所示。系统的振动微分方程为

$$m\begin{bmatrix}1 & 0\\0 & 1\end{bmatrix}\begin{bmatrix}\ddot{q}_1\\\ddot{q}_2\end{bmatrix}+c\begin{bmatrix}2 & -1\\-1 & 2\end{bmatrix}\begin{bmatrix}\dot{q}_1\\\dot{q}_2\end{bmatrix}+k\begin{bmatrix}2 & -1\\-1 & 2\end{bmatrix}\begin{bmatrix}q_1\\q_2\end{bmatrix}=\begin{bmatrix}F_1\\F_2\end{bmatrix}\sin\omega t$$

其固有频率为

$$\omega_1=\sqrt{\frac{k}{m}},\quad \omega_2=\sqrt{\frac{3k}{m}}$$

正则振型矩阵为

$$\boldsymbol{u}=\frac{1}{\sqrt{2m}}\begin{bmatrix}1 & -1\\ 1 & 1\end{bmatrix}$$

令

$$\boldsymbol{q}(t)=\boldsymbol{u\eta}(t)$$

则正则坐标的振动微分方程为

$$\begin{bmatrix}\ddot{\eta}_1\\ \ddot{\eta}_2\end{bmatrix}+\frac{c}{m}\begin{bmatrix}1 & 0\\ 0 & 3\end{bmatrix}\begin{bmatrix}\dot{\eta}_1\\ \dot{\eta}_2\end{bmatrix}+\frac{k}{m}\begin{bmatrix}1 & 0\\ 0 & 3\end{bmatrix}\begin{bmatrix}\eta_1\\ \eta_2\end{bmatrix}=\frac{1}{\sqrt{2m}}\begin{bmatrix}F_1+F_2\\ -F_1+F_2\end{bmatrix}\sin\omega t$$

解上面两个独立的微分方程得

$$\eta_1(t)=\frac{F_1+F_2}{\sqrt{2m}}\frac{1}{\sqrt{(\omega_1^2-\omega^2)^2+(c\omega/m)^2}}\sin(\omega t-\varphi_1),\quad \tan\varphi_1=\frac{c\omega}{k-m\omega^2}$$

$$\eta_2(t)=\frac{-F_1+F_2}{\sqrt{2m}}\frac{1}{\sqrt{(\omega_2^2-\omega^2)^2+(3c\omega/m)^2}}\sin(\omega t-\varphi_2),\quad \tan\varphi_2=\frac{3c\omega}{3k-m\omega^2}$$

再变换回原坐标,即得系统的强迫振动稳态响应为

$$\begin{bmatrix}q_1(t)\\ q_2(t)\end{bmatrix}=\begin{bmatrix}\dfrac{F_1+F_2}{2m}\dfrac{\sin(\omega t-\varphi_1)}{\sqrt{(\omega_1^2-\omega^2)^2+(c\omega/m)^2}}+\dfrac{F_1-F_2}{2m}\dfrac{\sin(\omega t-\varphi_2)}{\sqrt{(\omega_2^2-\omega^2)^2+(3c\omega/m)^2}}\\ \dfrac{F_1+F_2}{2m}\dfrac{\sin(\omega t-\varphi_1)}{\sqrt{(\omega_1^2-\omega^2)^2+(c\omega/m)^2}}-\dfrac{F_1-F_2}{2m}\dfrac{\sin(\omega t-\varphi_2)}{\sqrt{(\omega_2^2-\omega^2)^2+(3c\omega/m)^2}}\end{bmatrix}$$

5.12 课堂讨论

近年来,作为新一代的环保汽车——电动汽车的开发与研究,已经越来越受到世界各国的重视。而新型开关磁阻电动机(switched reluctance motor,SRM)在电动汽车上的应用,也引起了人们广泛的关注,它的结构简单,坚固,成本低,启动性能好,效率高,有较宽的调速范围,可以工作于恒转矩状态和恒功率状态,更加适合电动汽车动力性能的要求。而其缺点是由于转矩波动引起的振动较大。可见电动机引起的车辆振动问题应该加以考虑和研究。根据所研究问题的侧重点以及电动汽车的特殊结构,对五自由度的振动模型作如下假设:

(1) 路面对汽车左右轮的激励相同,汽车结构对称,质量分配对称,因而,汽车没有横向角振动,汽车的振动问题可以简化为一个纵向铅垂平面内的振动问题。

(2) 车架、车身的刚度足够大,车架弹性引起的各阶振型可以不予考虑,将车架、车身视为刚体。

(3) 前、后轮轴的非悬挂质量和车身的分布质量分别由集中质量块代替。

(4) 车轮的力学特性简化为一个无质量的弹簧,不计阻尼。

(5) 车架和车轮的弹性力和减振器的阻尼力,分别是位移和速度的一次函数,即振动系统是线性系统。

(a) 电动汽车

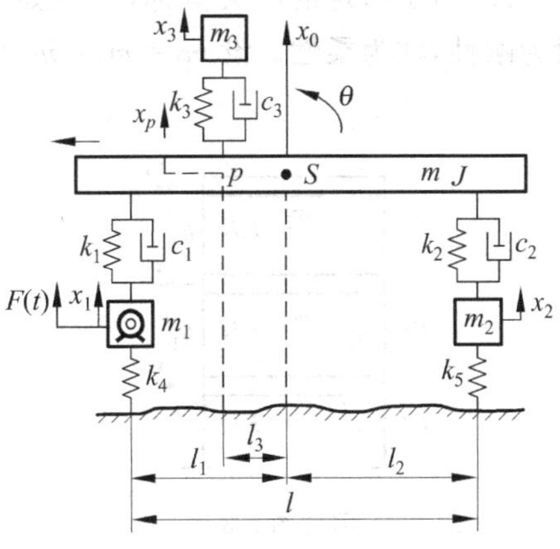

(b) 五自由度电动汽车振动模型

图 5.12-1　电动汽车与振动力学分析模型

课堂讨论：电动汽车振动模型分析

习题

5.1　写出如习题图 5-1 所示的弹簧-质量系统的刚度矩阵与阻尼矩阵。

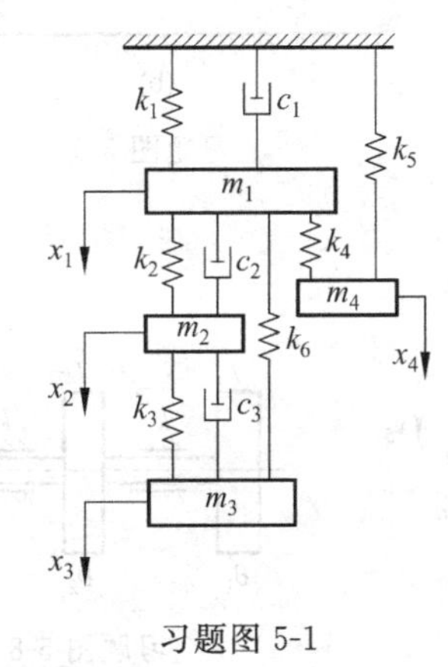

习题图 5-1

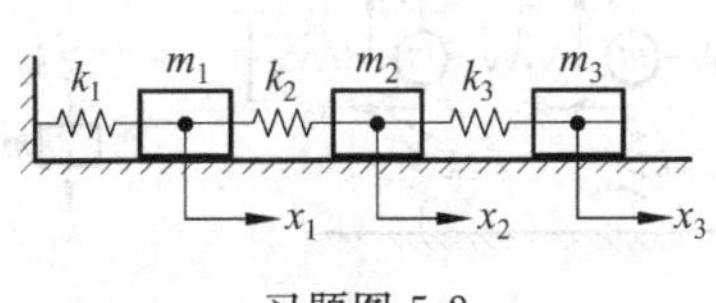

习题图 5-2

5.2　如习题图 5-2 所示的弹簧-质量系统，若 $m_1=m_2=m_3=m$，$k_1=k_2=k_3=k$，求其各阶固有频率和固有振型。如将广义坐标改为 $z_1=x_1$，$z_2=x_2-x_1$，$z_3=x_3-x_2$，再求系统固有频率和固有振型。

5.3　对于指定的广义坐标，写出如习题图 5-3(a)所示结构的固有频率及固有振型。视梁为刚性，柱为柔性。设 $m_1=m_2=m_3=m$，$h_1=h_2=h_3=h$，$EJ_1=3EJ$，$EJ_2=2EJ$，$EJ_3=EJ$。

习题图 5-3　　　　习题图 5-4

5.4　质量为 M 的刚体，用长为 a 的两根绳子对称地悬挂起来，下部有两个质量为 m，摆长为 b 的单摆，如习题图 5-4 所示。试列出此系统微幅振动的微分方程及频率方程。若 $M=2m$，$a=b=l$，计算各阶固有频率及相应的固有振型。

5.5　求如习题图 5-5 所示汽车在 $I_c=mab$ 情形下的固有频率。设 $a=2.3\ \mathrm{m}$，$b=0.94\ \mathrm{m}$，$m=5.4\times10^3\ \mathrm{kg}$，$m_1=m_2=650\ \mathrm{kg}$，$k_1=k_2=35\ \mathrm{kN/m}$，前后轮的刚度均为 $k=1200\ \mathrm{kN/m}$。

5.6　如习题图 5-6 所示，两质量被限制在水平面内运动。对于微幅振动，在相互垂直的两个方向的运动彼此独立。求系统的固有频率。

5.7　求如习题图 5-7 所示的弹簧-质量系统的固有频率及固有振型。设 $k_1=6k$，$k_2=k$，$M=4m$。

5.8　一轴盘扭振系统如习题图 5-8 所示。给定初始条件为：(1) $\theta_{10}=\theta_0$，$\theta_{20}=0$，$\theta_{30}=-\theta_0$，$\dot\theta_{10}=\dot\theta_{20}=\dot\theta_{30}=0$；(2) $\theta_{10}=\theta_{20}=\theta_{30}=0$，$\dot\theta_{10}=\omega$，$\dot\theta_{20}=\dot\theta_{30}=0$。求系统的响应。

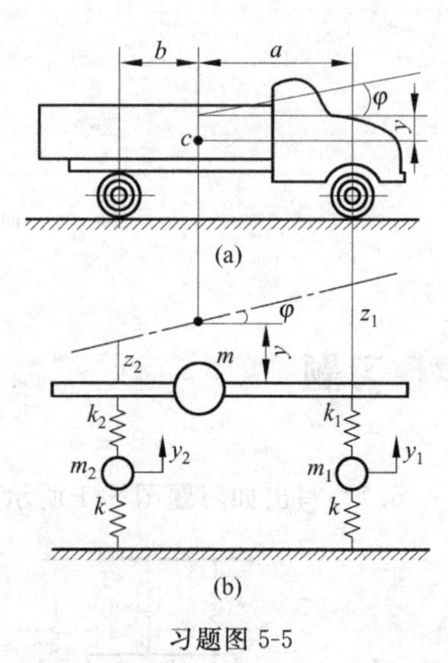

习题图 5-5

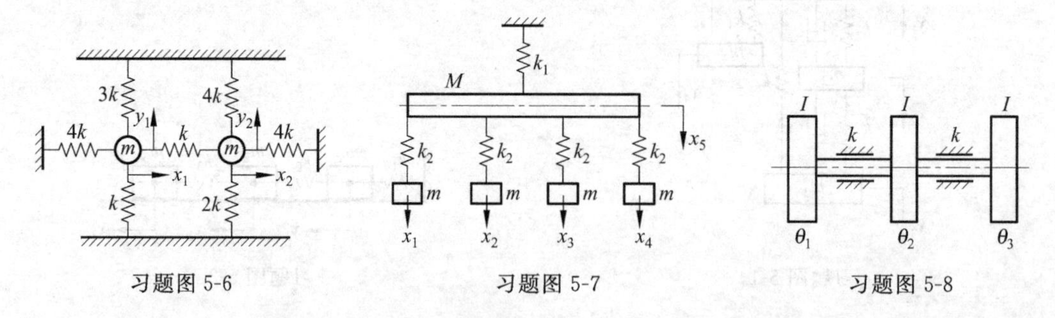

习题图 5-6　　　　习题图 5-7　　　　习题图 5-8

5.9　如习题图 5-9 所示的简化飞机模型。M 为机身部分的等效质量，m 为机翼的等效质量，机翼视为均匀的无质量梁，EJ 为机翼的弯曲刚度，l 为机翼的长度。求该系统在铅垂平面内作横向弯曲振动的固有频率及固有振型，其中 $M/m=n$。若 $M/m=n=2$，在 $t=0$

时，$y_{01}=-2y_{02}=y_{03}=y_0$，$\dot{y}_{01}=\dot{y}_{02}=\dot{y}_{03}=0$，试求其响应。

5.10　如习题图5-10所示的三自由度振动系统，假设质点的质量分别为$m_1=m_2=m$，$m_3=2m$，各弹簧的刚度系数分别为$k_1=k_2=k$，$k_3=2k$，各弹簧本身的质量略去不计。用瑞利商方法估算系统的基频。(取假设振型为$\boldsymbol{w}=[1\quad 1.8\quad 2]^{\mathrm{T}}$)

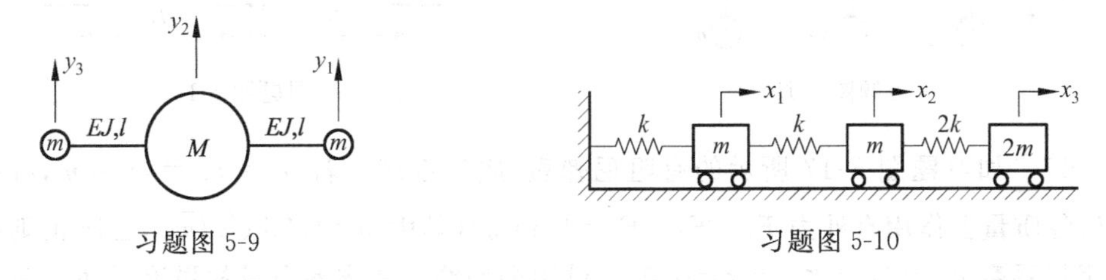

习题图5-9　　习题图5-10

5.11　用瑞利商法求如习题图5-11所示的有三个集中质量的简支梁横向振动的基频，梁本身的质量不计，抗弯刚度为EJ。

5.12　如习题图5-12所示的均质梁，有集中质量为$m_1=500$ kg，$m_2=100$ kg。试用矩阵迭代法计算系统的基本频率。

习题图5-11　　习题图5-12

5.13　对指定的广义坐标θ_1，θ_2，θ_3，求如习题图5-13所示三级摆的固有频率。当第一、第二质量上作用有简谐激振力$(F_0/2)\sin\omega t$时，求系统的稳态响应。其中F_0为常量，$\omega^2=2g/5l$。

5.14　如习题图5-14所示轴盘扭转系统，一端固定。设$I_1=I_2=I_3=I$，$k_1=k_2=k_3=k$，今在第三盘上作用一简谐力矩$M_t\sin\omega t$，试用振型叠加法求系统的稳态响应。

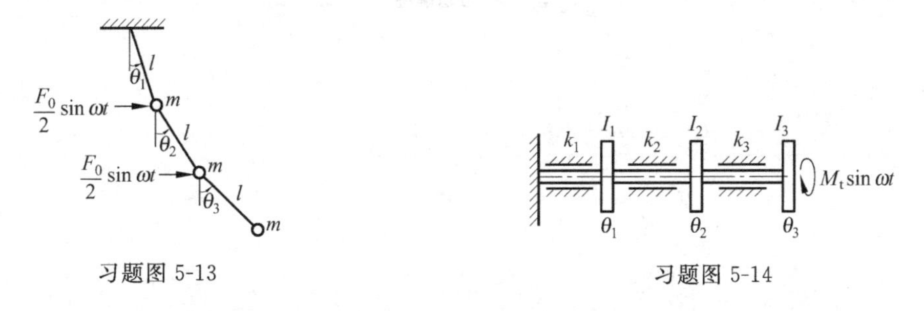

习题图5-13　　习题图5-14

5.15　三个单摆用两个弹簧连接，如习题图5-15所示，令$m_1=m_2=m_3=m$，$k_1=k_2=k$，试用微小角θ_1，θ_2，θ_3作为位移坐标，求系统的固有频率和固有振型。如果刚性简谐地面加速度$\ddot{x}_g=a\sin\omega t$，求系统的稳态响应。

5.16　如习题图5-16中所示两根于B点处铰接到一起并用弹簧支承着的刚性杆。设$l_1=l_2=l=3$m，$k_1=k_2=k_3=k$，$m_1=m_2=m$，且质量沿杆长均匀分布。将B点的微小铅垂位移y_1以及各杆绕B点的微小转角θ_1和θ_2作为广义坐标。在右边杆的质量中心处作用有铅垂方向的阶跃力P。求系统的响应。

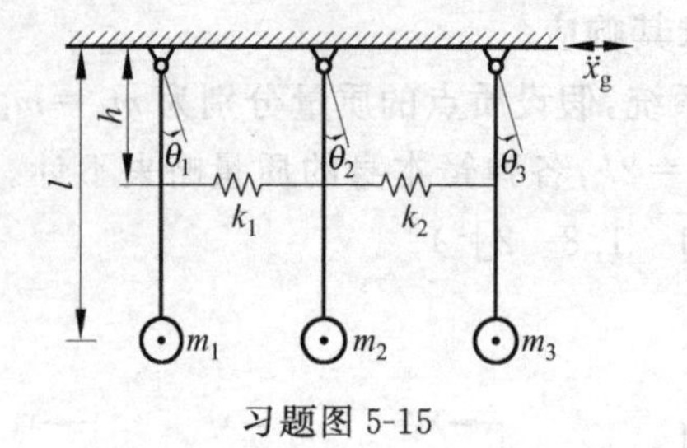

习题图 5-15

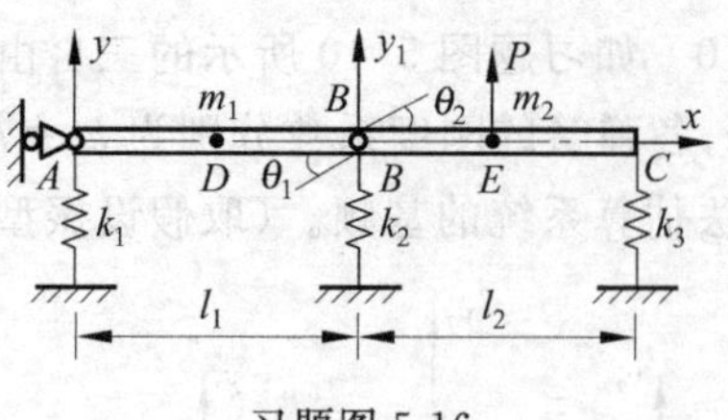

习题图 5-16

5.17 如习题图 5-17 所示的有阻尼弹簧-质量系统。若 $m_1=m_2=m_3=m$,$k_1=k_2=k_3=k$,各质量上作用有外力 $F_1=F_2=F_3=F\sin\omega t$(其中 $\omega=1.25\sqrt{k/m}$),各阶正则振型的相对阻尼系数 $\zeta_{1N}=\zeta_{2N}=\zeta_{3N}=\zeta=0.01$。试用振型叠加法求各质量的强迫振动稳态响应。

5.18 求习题图 5-18 所示的弹簧-质量系统,在 $F_1(t)=F_0u(t)$,$F_2(t)=F_3(t)=0$,$F_4(t)=-F_0u(t)$作用下的响应。设 $m_1=m_2=m_3=m_4=m$,$k_1=k_2=k_3=k$,$u(t)$为单位阶跃函数。

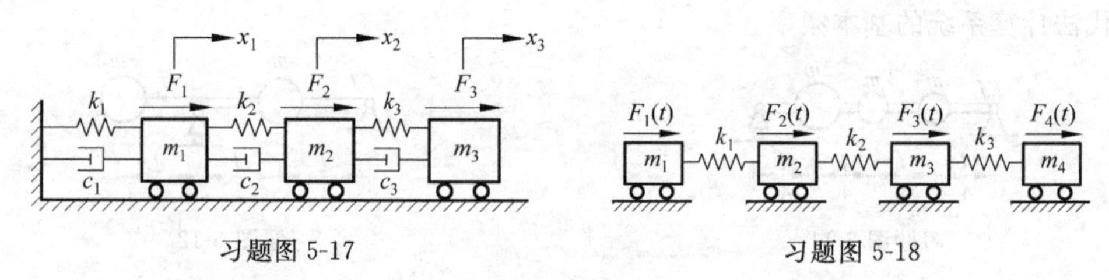

习题图 5-17　　　　习题图 5-18

习题解答

CHAPTER

第6章 连续系统的振动

离散系统(即有限自由度系统)是由分离的质量、弹簧和阻尼元件构成,而实际的振动系统具有分布的质量、弹性和阻尼等物理参数,因而称为连续系统(或分布参数系统)。在数学上,离散系统表达为方程数目与自由度数目相等的二阶常微分方程组,而连续系统需要用时间和坐标的函数来描述它的运动状态,因而得到的系统运动方程是偏微分方程。但这些只是数学模型不同而已,在物理本质上并无区别,离散系统和连续系统具有相同的动力特性,因而连续系统的振动理论在概念方面严格地与离散系统相似。若把一个连续系统离散为一个有限单元的集合,便成了离散系统。反之,离散系统的极限情况就是连续系统,可见离散系统是连续系统的近似描述,据此可以说明连续系统具有无限多的自由度。

在研究连续系统的振动时,假设材料是均匀连续和各向同性的,并在弹性范围内服从胡克(Hooke)定理,这些都是建立连续系统振动理论的前提。

连续系统的偏微分振动方程只在一些比较简单的特殊情况下才能求得解析解,例如均匀的弦、杆、轴和梁等不复杂的振动问题。但实际问题往往是复杂的,并不能归结为这些简单的情形,因而常常需要离散化成有限自由度系统进行计算。

6.1 弦的横向振动

设有一根细弦张紧于两固定点之间,两固定点连线方向取为 x 轴(向右为正),与 x 轴垂直的方向取为 y 轴(向上为正),如图 6.1-1(a)所示。弦的单位长度质量为 $\rho(x)$,在横向分布力 $f(x,t)$ 作用下作横向振动,张力为 $T(x,t)$,跨长为 L,弦 x 处的横向位移函数为 $y=y(x,t)$。取微段弦线单元体 $\mathrm{d}x$ 如图 6.1-1(b)所示,假设弦作微小横向振动,则由牛顿定律得

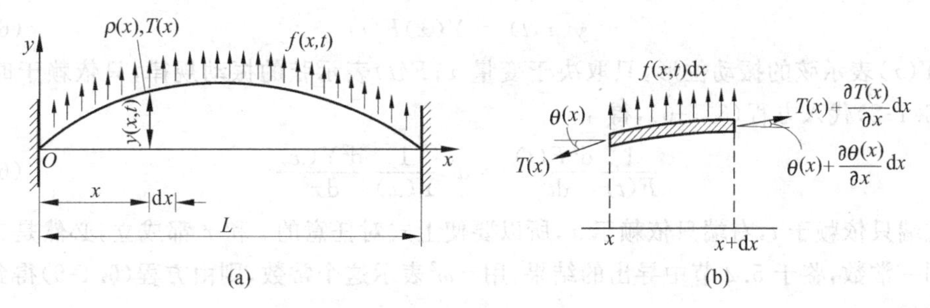

图 6.1-1

$$\rho\mathrm{d}x\,\frac{\partial^2 y}{\partial t^2}=f(x,t)\mathrm{d}x+\left(T+\frac{\partial T}{\partial x}\mathrm{d}x\right)\sin\left(\theta+\frac{\partial\theta}{\partial x}\mathrm{d}x\right)-T\sin\theta \tag{6.1-1}$$

考虑到微振动的假设，有

$$\theta\approx\sin\theta\approx\tan\theta=\frac{\partial y}{\partial x}$$

故有

$$\rho\mathrm{d}x\,\frac{\partial^2 y}{\partial t^2}=f(x,t)\mathrm{d}x+T\left(\frac{\partial y}{\partial x}+\frac{\partial^2 y}{\partial x^2}\mathrm{d}x\right)+\frac{\partial T}{\partial x}\frac{\partial y}{\partial x}\mathrm{d}x+\frac{\partial T}{\partial x}\frac{\partial^2 y}{\partial x^2}(\mathrm{d}x)^2-T\frac{\partial y}{\partial x} \tag{6.1-2}$$

消去相应项，并不计 $\mathrm{d}x$ 的二次项，两边同时除以 $\mathrm{d}x$，整理得

$$\rho\frac{\partial^2 y}{\partial t^2}-\frac{\partial}{\partial x}\left(T\frac{\partial y}{\partial x}\right)=f(x,t)\quad(0<x<L) \tag{6.1-3}$$

式中，$\rho=\rho(x)$，$T=T(x,t)$，$y=y(x,t)$。

方程(6.1-3)为弦横向振动的偏微分方程。从图 6.1-1(a)可以看出，弦在两端处的位移为零，即

$$y(0,t)=y(L,t)=0 \tag{6.1-4}$$

式(6.1-4)通常称为边界条件。方程(6.1-3)和式(6.1-4)构成了偏微分方程的边界值问题。

若弦的单位长度质量 $\rho(x)=\rho=$ 常数，设横向位移 $y(x,t)$ 为小量，弦内张力 T 可以视为常量，则方程(6.1-3)简化为

$$\rho\frac{\partial^2 y}{\partial t^2}-T\frac{\partial^2 y}{\partial x^2}=f(x,t) \tag{6.1-5}$$

如果 $f(x,t)=0$，则弦的自由振动微分方程为

$$\frac{\partial^2 y}{\partial t^2}=a^2\frac{\partial^2 y}{\partial x^2} \tag{6.1-6}$$

式中

$$a=\sqrt{\frac{T}{\rho}} \tag{6.1-7}$$

这里 a 表示弹性波沿弦向的传播速度。方程(6.1-6)通常称为波动方程。

连续系统的自由振动问题同离散系统的自由振动问题在处理上可以用相同的方法，观察弦的自由振动同样可以发现存在着同步运动的特征，即在运动中弦线的位移的一般形状不随时间改变，但一般形状的幅度却是随时间而改变的，也就是说，运动中弦的各点同时到达最大幅值，又同时通过平衡位置。用数学的语言讲，描述弦振动的位移函数 $y(x,t)$ 在时间和空间上是分离的，即边界值问题的解可以写成下面的形式

$$y(x,t)=Y(x)F(t) \tag{6.1-8}$$

式中，$Y(x)$ 表示弦的振动位形，只取决于变量 x；$F(t)$ 表示弦的振动规律，只依赖于时间 t。将式(6.1-8)代入方程(6.1-6)，得

$$\frac{1}{F(t)}\frac{\mathrm{d}^2F(t)}{\mathrm{d}t^2}=a^2\frac{1}{Y(x)}\frac{\mathrm{d}^2Y(x)}{\mathrm{d}x^2} \tag{6.1-9}$$

上式左端只依赖于 t，右端只依赖于 x，所以要使上式对任意的 t 和 x 都成立，必然是二者都等于同一常数，鉴于 5.2 节中导出的结果，用 $-\omega^2$ 表示这个常数，则由方程(6.1-9)得到如下两个方程：

$$\frac{\mathrm{d}^2 F(t)}{\mathrm{d}t^2} + \omega^2 F(t) = 0 \tag{6.1-10}$$

$$\frac{\mathrm{d}^2 Y(x)}{\mathrm{d}x^2} + \beta^2 Y(x) = 0, \quad \beta = \frac{\omega}{a} \qquad (0 < x < L) \tag{6.1-11}$$

方程(6.1-6)为偏微分方程，通过采用分离变量法，将其转化为两个二阶常微分方程，一个是关于时间变量 t 的，一个是关于空间变量 x 的。

如果同步运动是可能的话，表示依赖时间的函数 $F(t)$必须是简谐的。可见方程(6.1-10)的解为

$$F(t) = A\sin \omega t + B\cos \omega t = C\sin(\omega t + \varphi) \tag{6.1-12}$$

式中，A，B(或 C，φ)为积分常数，由两个初始条件 $y(x,0)$和 $\dot{y}(x,0)$ 来确定。

设方程(6.1-11)的解为

$$Y(x) = D\sin \beta x + E\cos \beta x \tag{6.1-13}$$

式中，D，E 为积分常数，由边界条件 $y(0,t)$和 $y(L,t)$来确定。由边界条件式(6.1-4)可得

$$Y(0) = Y(L) = 0 \tag{6.1-14}$$

显然对不同的边界条件，$Y(x)$将有不同的函数形式。把边界条件式(6.1-14)代入方程(6.1-13)得

$$E = 0, \quad D\sin \beta L = 0$$

上式中，$D=0$ 显然不是振动解，故有

$$\sin \frac{\omega L}{a} = 0 \tag{6.1-15}$$

这就是弦振动的特征方程。由此可以求得无限多阶固有频率。由式(6.1-15)得

$$\omega_r = \frac{r\pi a}{L} = \frac{r\pi}{L}\sqrt{\frac{T}{\rho}} \quad (r = 1,2,\cdots) \tag{6.1-16}$$

式中，频率 ω_1 称为基频，或基谐波，较高次频率 $\omega_r(r=2,3,\cdots)$称为高次谐波，高次谐波是基谐波的整数倍。对应于无限多阶固有频率，有无限多阶固有振型函数，即把式(6.1-16)代入式(6.1-13)得

$$Y_r(x) = \sin \frac{r\pi x}{L} \quad (r = 1,2,\cdots) \tag{6.1-17}$$

因为振型只确定系统中各点振动幅度的相对值，不能唯一地确定幅值的大小，故其表达式无需再带常数因子。

弦对应于各阶固有频率的固有振动为

$$y_r(x,t) = Y_r(x)F_r(t) = (A_r \sin \omega_r t + B_r \cos \omega_r t)\sin \frac{r\pi x}{L} \tag{6.1-18}$$

而弦的任意一个自由振动都可以表示为这些固有振型的叠加，即有

$$y(x,t) = \sum_{r=1}^{\infty} Y_r(x)F_r(t) = \sum_{r=1}^{\infty}(A_r \sin \omega_r t + B_r \cos \omega_r t)\sin \frac{r\pi x}{L} \tag{6.1-19}$$

以上的一些特性显然是和多自由度系统相一致的，只不过离散系统的固有振型是以各质点之间的振幅比来表示的，当质点数趋向于无穷时，各质点振幅就成为 x 的连续函数，即为连续系统中的振型函数 $Y(x)$，可见离散系统所描绘的固有振型只是 $Y(x)$所表达的真实振型的近似解。

设在 $t=0$ 的初始时刻,有

$$y(x,0)=f(x),\quad \frac{\partial y(x,0)}{\partial t}=g(x) \tag{6.1-20}$$

于是有

$$\left.\begin{aligned} y(x,0)&=\sum_{r=1}^{\infty}B_r\sin\frac{r\pi x}{L}=f(x)\\ \frac{\partial y(x,0)}{\partial t}&=\sum_{r=1}^{\infty}A_r\omega_r\sin\frac{r\pi x}{L}=g(x)\end{aligned}\right\} \tag{6.1-21}$$

由三角函数的正交性,有

$$\int_0^L\sin\frac{r\pi x}{L}\sin\frac{s\pi x}{L}\mathrm{d}x=\begin{cases}0 & (r\neq s)\\ L/2 & (r=s)\end{cases} \tag{6.1-22}$$

由此可得

$$B_r=\frac{2}{L}\int_0^L f(x)\sin\frac{r\pi x}{L}\mathrm{d}x,\quad A_r=\frac{1}{\omega_r}\frac{2}{L}\int_0^L g(x)\sin\frac{r\pi x}{L}\mathrm{d}x\quad (r=1,2,\cdots) \tag{6.1-23}$$

可见,在方程(6.1-19)中,初始条件决定每一阶固有模态在系统中的贡献。也就是说,张紧弦的自由振动,除了基频振动外,还可以包含谐波振动。而在振动中各种谐波的出现与否以及出现的相对大小取决于激励条件。

例 6.1-1 考虑图 6.1-2(a)所示的两端固定的弦。求振动的前三阶固有频率和相应的固有振型,并作出振型图。

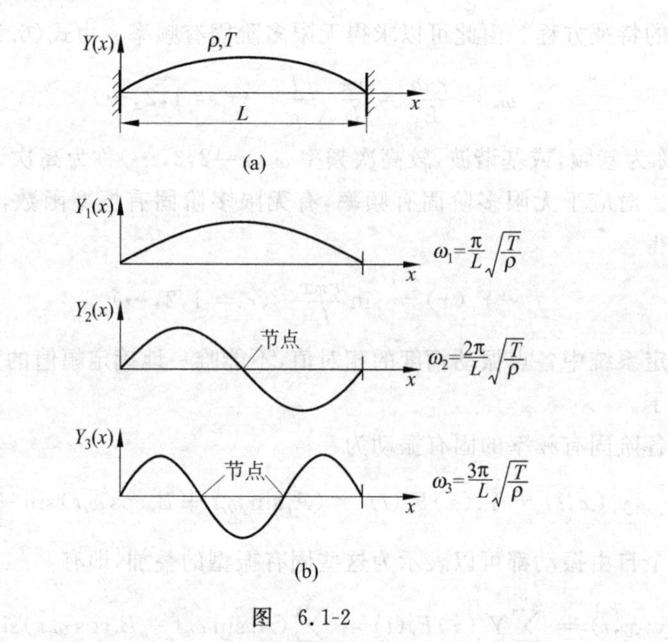

图 6.1-2

解:将 $r=1, 2, 3$ 代入式(6.1-16)和式(6.1-17),得

$$\omega_1=\frac{\pi}{L}\sqrt{\frac{T}{\rho}}$$

$$\omega_2 = \frac{2\pi}{L}\sqrt{\frac{T}{\rho}}$$

$$\omega_3 = \frac{3\pi}{L}\sqrt{\frac{T}{\rho}}$$

$$Y_1(x) = \sin\frac{\pi x}{L}$$

$$Y_2(x) = \sin\frac{2\pi x}{L}$$

$$Y_3(x) = \sin\frac{3\pi x}{L}$$

以 x 为横坐标，$Y(x)$为纵坐标，可作出前三阶固有振型，如图 6.1-2(b)所示。可见，系统各阶固有频率值由低到高成倍增长，相应的振型波形逐渐增多，振幅为零的点称为节点，节点数随阶次的增加而逐一增加，第 n 阶固有振型有 $n-1$ 个节点。

例 6.1-2 考虑均匀弦在 $x=0$ 和 $x=L$ 处固定的特征值问题，证明特征函数 $Y_r(x)$和 $Y_s(x)$满足如下正交性关系：

$$\int_0^L \rho Y_r(x)Y_s(x)\,\mathrm{d}x = \delta_{rs}, \quad \int_0^L T\frac{\mathrm{d}Y_r(x)}{\mathrm{d}x}\frac{\mathrm{d}Y_s(x)}{\mathrm{d}x}\mathrm{d}x = \omega_r^2\delta_{rs} \quad (r,s=1,2,\cdots)$$

式中，δ_{rs}为克朗尼格 δ 符号。

解：在证明特征函数的正交性条件以前，必须按照下式把振型正则化

$$\int_0^L \rho Y_r^2(x)\,\mathrm{d}x = 1 \quad (r=1,2,\cdots)$$

因此，把 $Y_r(x)=D_r\sin\frac{r\pi x}{L}(r=1,2,\cdots)$代入上式，得

$$\rho D_r^2\int_0^L \sin^2\frac{r\pi x}{L}\mathrm{d}x = \frac{1}{2}\rho D_r^2\int_0^L\left(1-\cos\frac{2r\pi x}{L}\right)\mathrm{d}x$$

$$= \frac{1}{2}\rho D_r^2\left(x-\frac{\sin(2r\pi x/L)}{2r\pi/L}\right)\Bigg|_0^L = 1$$

则得

$$D_r = \sqrt{\frac{2}{\rho L}} \quad (r=1,2,\cdots)$$

所以正则振型成为

$$Y_r(x) = \sqrt{\frac{2}{\rho L}}\sin\frac{r\pi x}{L} \quad (r=1,2,\cdots)$$

这样，有

$$\int_0^L \rho Y_r(x)Y_s(x)\,\mathrm{d}x = \frac{2}{L}\int_0^L \sin\frac{r\pi x}{L}\sin\frac{s\pi x}{L}\mathrm{d}x$$

$$= \frac{1}{L}\int_0^L\left[\cos\frac{(r-s)\pi x}{L} - \cos\frac{(r+s)\pi x}{L}\right]\mathrm{d}x$$

$$= \frac{1}{L}\left[\frac{\sin(r-s)\pi x/L}{(r-s)\pi x/L} - \frac{\sin(r+s)\pi x/L}{(r+s)\pi x/L}\right]\Bigg|_0^L$$

$$= \delta_{rs} = \begin{cases} 0 & (r\neq s) \\ 1 & (r=s) \end{cases} \quad (r,s=1,2,\cdots)$$

同样,有

$$\int_0^L T\frac{\mathrm{d}Y_r(x)}{\mathrm{d}x}\frac{\mathrm{d}Y_s(r)}{\mathrm{d}x}\mathrm{d}x = T\frac{2}{\rho L}\frac{r\pi}{L}\frac{s\pi}{L}\int_0^L \cos\frac{r\pi x}{L}\cos\frac{s\pi x}{L}\mathrm{d}x$$

$$= T\frac{2}{\rho L}\frac{r\pi}{L}\frac{s\pi}{L}\frac{L}{2}\delta_{rs} = \omega_r^2\delta_{rs} \quad (r,s=1,2,\cdots)$$

这里需注意:在本例的特殊情况中,特征函数 $Y_r(x)$满足的正交关系式仅仅是普通三角函数正交性的重复。然而,在本质上特征函数的正交性是一般的,而系统的特征函数为三角函数是非常特殊的情况。

回想离散系统,同样具有振型的正交性,同样有一组固有频率和固有振型来表示系统的特征。至此,除了离散系统的固有频率和固有振型是有限集,而连续系统的固有频率和固有振型是无限集以外,离散系统和连续系统的相似性便完备了。

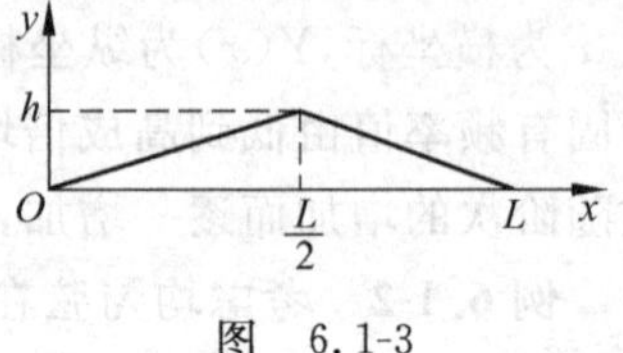

图 6.1-3

例 6.1-3 设张紧弦在初始时刻将中点拨至图 6.1-3 所示位置,然后无初速地释放,求弦的自由振动。

解:令 h 表示弦在中点的位移,初始条件是

$$y(x,0)=\begin{cases}2hx/L & (0\leqslant x\leqslant L/2)\\ 2h(1-x/L) & (L/2\leqslant x\leqslant L)\end{cases},\quad \frac{\partial y(x,0)}{\partial t}=0$$

故有

$$A_r=0 \quad (r=1,2,\cdots)$$

$$B_r=\frac{2}{L}\left[\int_0^{L/2}\frac{2hx}{L}\sin\frac{r\pi x}{L}\mathrm{d}x+\int_{L/2}^{L}2h\left(1-\frac{x}{L}\right)\sin\frac{r\pi x}{L}\mathrm{d}x\right]$$

$$=\begin{cases}0 & (r\text{ 为偶数})\\ \dfrac{8h}{r^2\pi^2}(-1)^{\frac{r-1}{2}} & (r\text{ 为奇数})\end{cases}$$

因此,弦的自由振动可以表达为

$$y(x,t)=\frac{8h}{\pi^2}\left(\sin\frac{\pi x}{L}\cos\frac{\pi}{L}\sqrt{\frac{T}{\rho}}t-\frac{1}{9}\sin\frac{3\pi x}{L}\cos\frac{3\pi}{L}\sqrt{\frac{T}{\rho}}t+\frac{1}{25}\sin\frac{5\pi x}{L}\cos\frac{5\pi}{L}\sqrt{\frac{T}{\rho}}t+\cdots\right)$$

设 $r=2n+1$,上式可以写成

$$y(x,t)=\frac{8h}{\pi^2}\sum_{n=0}^{\infty}\frac{(-1)^n}{(2n+1)^2}\sin\frac{(2n+1)\pi x}{L}\cos\frac{(2n+1)\pi}{L}\sqrt{\frac{T}{\rho}}t$$

6.2 杆的纵向振动

本节考查杆的纵向振动。讨论中假设杆的横截面在振动时始终保持为平面作整体运动,并且略去杆纵向伸缩引起的横向变形。

设杆的单位体积质量为 $\rho(x)$,杆长为 L,截面积为 $A(x)$,弹性模量为 E。杆受分布力 $f(x,t)$作用作纵向振动,如图 6.2-1(a)所示。以 $u(x,t)$表示 x 截面的位移,它是截面位置

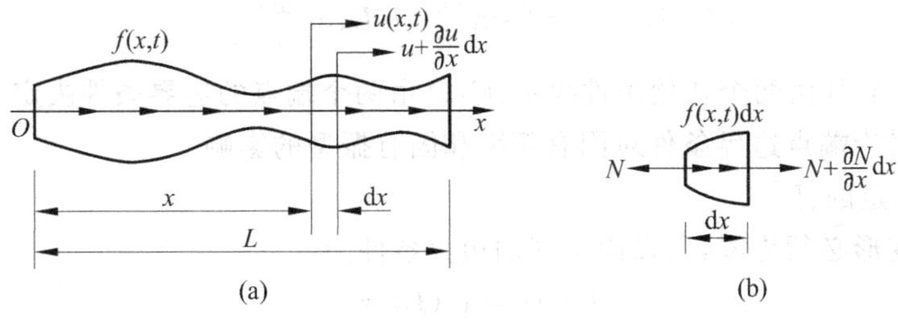

图　6.2-1

x 和时间 t 的二元函数。取微段 $\mathrm{d}x$，如图 6.2-1(b)所示，纵向应变为

$$\varepsilon = \frac{u + \frac{\partial u}{\partial x}\mathrm{d}x - u}{\mathrm{d}x} = \frac{\partial u}{\partial x} \tag{6.2-1}$$

在 x 和 $x+\mathrm{d}x$ 两截面上的内力分别为 N 和 $N+\frac{\partial N}{\partial x}\mathrm{d}x$，截面内力表示为

$$N(x,t) = A(x)E\varepsilon = A(x)E\frac{\partial u}{\partial x} \tag{6.2-2}$$

截面内力是 x,t 的函数。

根据牛顿运动定律可得

$$\begin{aligned}\rho(x)A(x)\mathrm{d}x\frac{\partial^2 u}{\partial t^2} &= f(x,t)\mathrm{d}x + N + \frac{\partial N}{\partial x}\mathrm{d}x - N \\ &= f(x,t)\mathrm{d}x + \frac{\partial N}{\partial x}\mathrm{d}x \end{aligned} \tag{6.2-3}$$

或

$$\rho(x)A(x)\frac{\partial^2 u}{\partial t^2} - \frac{\partial}{\partial x}\left[EA(x)\frac{\partial u}{\partial x}\right] = f(x,t) \tag{6.2-4}$$

上式为杆纵向振动的偏微分方程。

若杆的单位体积质量 $\rho(x)=\rho=$ 常数，截面积 $A(x)=A=$ 常数，则方程(6.2-4)简化为

$$\rho\frac{\partial^2 u}{\partial t^2} - E\frac{\partial^2 u}{\partial x^2} = \frac{1}{A}f(x,t) \tag{6.2-5}$$

如果 $f(x,t)=0$，则杆的纵向自由振动的偏微分方程为

$$\frac{\partial^2 u}{\partial t^2} = a^2\frac{\partial^2 u}{\partial x^2} \tag{6.2-6}$$

式中

$$a = \sqrt{E/\rho} \tag{6.2-7}$$

方程(6.2-6)与方程(6.1-6)具有相同的形式。a 表示弹性纵波沿 x 轴的传播速度。求解方程(6.2-6)同样需要两个初始条件和两个边界条件。

仍然采用分离变量法，将 $u(x,t)$ 表示为

$$u(x,t) = U(x)F(t) \tag{6.2-8}$$

可得类似方程(6.1-10)和方程(6.1-11)的常微分方程组，解分别为

$$F(t) = A\sin\omega t + B\cos\omega t \tag{6.2-9}$$

$$U(x) = C\sin\frac{\omega x}{a} + D\cos\frac{\omega x}{a} \tag{6.2-10}$$

式中,待定常数 A,B 由两个初始条件决定,C,D 由两个端点的边界条件决定。

现在着重讨论端点边界条件对固有频率和固有振型的影响。

(1) 两端固定的杆

固定端的变形必须为零,所以固定端的边界条件为

$$U(0) = U(L) = 0 \tag{6.2-11}$$

由此得杆的固有频率为

$$\omega_r = \frac{r\pi}{L}\sqrt{\frac{E}{\rho}} \quad (r = 1,2,\cdots) \tag{6.2-12}$$

相应的振型函数为

$$U_r(x) = \sin\frac{r\pi x}{L} \quad (r = 1,2,\cdots) \tag{6.2-13}$$

(2) 两端自由的杆

自由端的应力必须为零,故由应力和应变的关系,得自由端的边界条件为

$$\left.\frac{\mathrm{d}U(x)}{\mathrm{d}x}\right|_{x=0} = \left.\frac{\mathrm{d}U(x)}{\mathrm{d}x}\right|_{x=L} = 0 \tag{6.2-14}$$

由此得

$$C = 0, \quad \frac{\omega}{a}D\sin\frac{\omega L}{a} = 0$$

从后面一个方程可得

$$\omega = 0 \quad 或 \quad \sin\frac{\omega L}{a} = 0$$

这对应于 $\omega=0$ 杆作刚体纵向平动,故杆的固有频率为

$$\omega_r = \frac{r\pi}{L}\sqrt{\frac{E}{\rho}} \quad (r = 1,2,\cdots) \tag{6.2-15}$$

相应的振型函数为

$$U_r(x) = \cos\frac{r\pi x}{L} \quad (r = 1,2,\cdots) \tag{6.2-16}$$

(3) 一端固定一端自由的杆

这时,边界条件为

$$U(0) = 0, \quad \left.\frac{\mathrm{d}U(x)}{\mathrm{d}x}\right|_{x=L} = 0 \tag{6.2-17}$$

由此得

$$D = 0, \quad \frac{\omega}{a}C\cos\frac{\omega L}{a} = 0$$

此时频率方程为

$$\cos\frac{\omega L}{a} = 0$$

故杆的固有频率为

$$\omega_r = \frac{2r-1}{2}\frac{\pi}{L}\sqrt{\frac{E}{\rho}} \quad (r = 1,2,\cdots) \tag{6.2-18}$$

相应的振型函数为

$$U_r(x)=\sin\left(\frac{2r-1}{2}\frac{\pi x}{L}\right)\quad(r=1,2,\cdots)\tag{6.2-19}$$

两端固定的杆、两端自由的杆和一端固定一端自由的杆的前三阶固有振型图如图 6.2-2(a),(b),(c)所示。

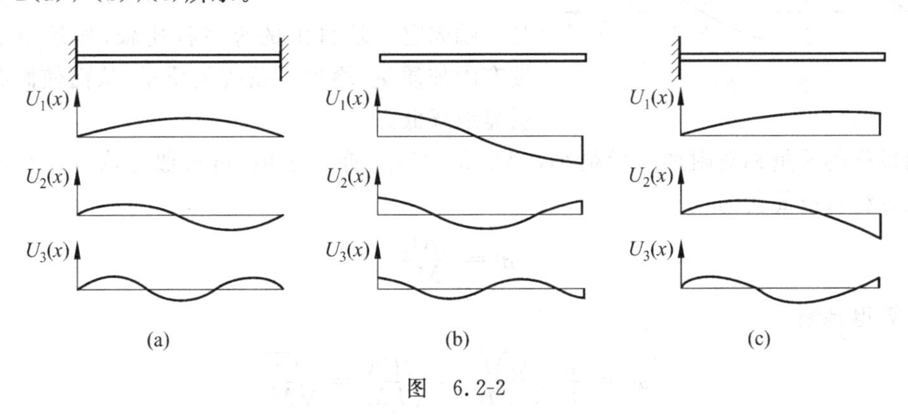

图　6.2-2

例 6.2-1　求如图 6.2-3 所示的上端固定下端有一附加质量 M 的等直杆作纵向振动的固有频率和振型函数。

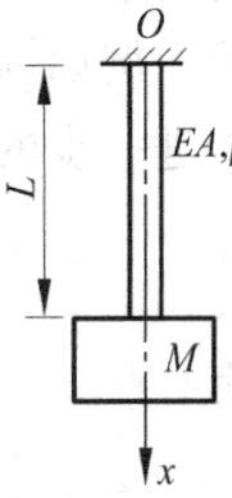

解：上端固定,其边界条件为

$$u(0,t)=0\quad 或\quad U(0)=0$$

下端具有附加质量 M,在振动时产生对杆端的惯性力,故端点的边界条件为

$$EA\frac{\partial u(L,t)}{\partial x}=-M\frac{\partial^2 u(L,t)}{\partial t^2}$$

图　6.2-3

考虑到

$$\frac{\partial u(L,t)}{\partial x}=\frac{\mathrm{d}U(L)}{\mathrm{d}x}F(t),\quad \frac{\partial^2 u(L,t)}{\partial t^2}=U(L)\frac{\mathrm{d}^2F(t)}{\mathrm{d}t^2}=-\omega^2U(L)F(t)$$

故有

$$EA\frac{\mathrm{d}U(L)}{\mathrm{d}x}=\omega^2MU(L)$$

代入方程(6.2-10),得

$$D=0,\quad EA\frac{\omega}{a}\cos\frac{\omega L}{a}=M\omega^2\sin\frac{\omega L}{a}$$

代入 $a^2=E/\rho$,整理后得

$$\frac{\rho AL}{M}=\frac{\omega L}{a}\tan\frac{\omega L}{a}$$

上式为系统的特征方程,左边为杆的质量与附加质量的比值,给定比值后,不难找到各个固有频率 ω_r 的数值解,也可以用作图求出。

设质量比 $\rho AL/M=1$,$\beta=\omega L/a$,则特征方程简化为

$$\tan\beta=\frac{1}{\beta}$$

然后作出 $\tan\beta$ 和 $1/\beta$ 两个图形如图 6.2-4 所示,得到两个图形的交点 $\beta_1,\beta_2,\cdots$,便可求出各阶固有频率。由图 6.2-4 得

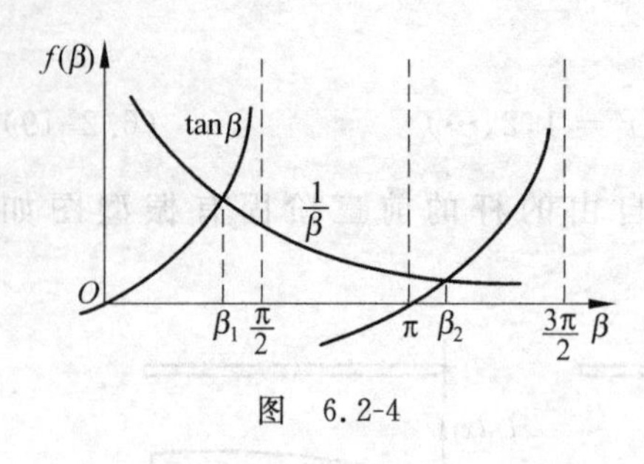

图 6.2-4

$$\beta_1=0.86,\quad \beta_2=3.43$$

$$\omega_1=\frac{\beta_1 a}{L}=\frac{0.86}{L}\sqrt{\frac{E}{\rho}},$$

$$\omega_2=\frac{\beta_2 a}{L}=\frac{3.43}{L}\sqrt{\frac{E}{\rho}}$$

与一端固定一端自由的等直杆比较，显然由于杆下端有附加质量，增加了系统的质量，从而使固有频率明显地降低。

如果杆的质量相对附加质量很小，$\rho AL/M\ll 1$，β_1 亦为小值，可近似地取 $\tan\beta_1\approx\beta_1$，因此特征方程可以简化为

$$\beta_1^2=\frac{\rho AL}{M}$$

由此计算得基频

$$\omega_1=\frac{a}{L}\sqrt{\frac{\rho AL}{M}}=\sqrt{\frac{EA}{LM}}=\sqrt{\frac{k}{M}}$$

式中，$k=EA/L$ 为不计本身质量时杆的抗拉刚度，M 为附加质量。这一结果与单自由度系统的结果相同，说明在计算基频时，如果杆本身质量比悬挂的质量小得多时，可以忽略杆的质量。例如 $\rho AL/M=1/10$ 时，误差仅为 1.25%。

进一步的近似可以取 $\tan\beta_1\approx\beta_1+\beta_1^3/3$，这时，有

$$\beta_1\left(\beta_1+\frac{\beta_1^3}{3}\right)=\frac{\rho AL}{M}$$

即有

$$\beta_1=\sqrt{\frac{\rho AL/M}{1+\beta_1^2/3}}$$

将第一次的近似 $\beta_1^2=\rho AL/M$ 代入上式，可得

$$\beta_1=\sqrt{\frac{\rho AL/M}{1+\rho AL/3M}}=\sqrt{\frac{\rho AL}{M+\rho AL/3}}$$

所以基频 ω_1 为

$$\omega_1=\frac{a}{L}\sqrt{\frac{\rho AL}{M+\rho AL/3}}=\sqrt{\frac{EA/L}{M+\rho AL/3}}=\sqrt{\frac{k}{M+\rho AL/3}}$$

上式就是将杆质量的 1/3 加到质量 M 上所得的单自由度系统的固有频率计算公式，它和瑞利法所得的结果一致。例如杆的质量等于附加质量 M 时，有

$$\omega_1=\frac{0.866}{L}\sqrt{\frac{E}{\rho}}$$

误差仅为 0.7%。可以说，只要杆的质量不大于附加质量，那么在实际应用中据此计算基频已经足够准确了。

例 6.2-2 求如图 6.2-5 所示的一端固定一端弹性支承的杆作纵向振动的固有频率和振型函数。

解：左端固定，其边界条件为

$$U(0)=0$$

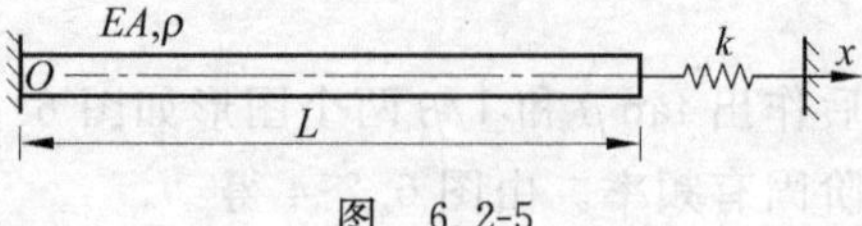

图 6.2-5

右端连接刚度为 k 的弹簧，其边界条件为轴力等于负的弹性力，即

$$EA\left.\frac{\mathrm{d}U(x)}{\mathrm{d}x}\right|_{x=L}=-kU(L)$$

代入方程(6.2-10)，得

$$D=0,\quad EA\frac{\omega}{a}\cos\frac{\omega L}{a}=-k\sin\frac{\omega L}{a}$$

由此得

$$\frac{\tan(\omega L/a)}{\omega L/a}=-\frac{EA}{kL}$$

令 $\alpha=-EA/kL$，则

$$\frac{\tan(\omega L/a)}{\omega L/a}=\alpha$$

对应于给定的 α 值，不难找到各个固有频率 ω_r 的数值解，而与各个 ω_r 相应的振型函数为

$$U_r(x)=\sin\frac{\omega_r x}{a}\quad(r=1,2,\cdots)$$

例 6.2-3 如图 6.2-6 所示的一端固定一端自由的均质杆。设在自由端作用一个轴向力 F，在 $t=0$ 时释放。求杆的运动 $u(x,t)$。

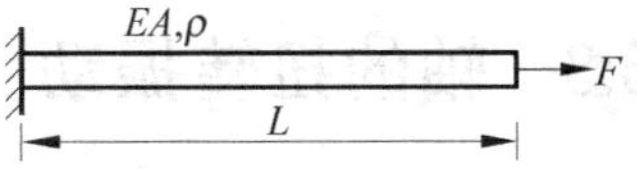

EA,ρ F L

图 6.2-6

解：由前面的讨论知，一端固定一端自由的杆的固有频率和振型函数为

$$\left.\begin{aligned}\omega_r&=\frac{2r-1}{2}\frac{\pi}{L}\sqrt{\frac{E}{\rho}}\\U_r(x)&=\sin\left(\frac{2r-1}{2}\frac{\pi x}{L}\right)\end{aligned}\right\}\quad(r=1,2,\cdots)$$

由式(6.2-8)得

$$\begin{aligned}u(x,t)&=U(x)F(t)\\&=\sum_{r=1}^{\infty}\sin\left(\frac{2r-1}{2}\frac{\pi x}{L}\right)\left(A_r\sin\frac{(2r-1)\pi at}{2L}+B_r\cos\frac{(2r-1)\pi at}{2L}\right)\end{aligned}$$

常数 A_r 和 B_r 决定于初始条件

$$u(x,0)=\frac{Fx}{EA},\quad\frac{\partial u(x,0)}{\partial t}=0$$

第一个条件给出了 $t=0$ 时是均匀初始应变；因在 $t=0$ 时释放此力，所以第二个条件表示初始速度为零。由第二个初始条件得

$$A_r=0$$

故杆的位移 $u(x,t)$ 可以表示为

$$u(x,t)=\sum_{r=1}^{\infty}\sin\left(\frac{2r-1}{2}\frac{\pi x}{L}\right)B_r\cos\frac{(2r-1)\pi at}{2L}$$

由第一个初始条件得

$$\frac{Fx}{EA}=\sum_{r=1}^{\infty}B_r\sin\frac{(2r-1)\pi x}{2L}$$

用 $\sin\frac{(2r-1)\pi}{2L}x$ 乘以上式的两边，考虑到三角函数的正交性，在 $0\leqslant x\leqslant L$ 上积分，可得 B_r

的值,有

$$B_r\int_0^L \sin^2 \frac{(2r-1)\pi x}{2L}\mathrm{d}x=\int_0^L \frac{Fx}{EA}\sin\frac{(2r-1)\pi x}{2L}\mathrm{d}x$$

由上述频率方程可得

$$B_r=\frac{8FL}{(2r-1)^2\pi^2 EA}(-1)^{r-1}\quad (r=1,2,\cdots)$$

所以杆的纵向运动为

$$u(x,t)=\frac{8FL}{\pi^2 EA}\sum_{r=1}^{\infty}\frac{(-1)^{r-1}}{(2r-1)^2}\sin\frac{(2r-1)\pi x}{2L}\cos\frac{(2r-1)\pi at}{2L}$$

在自由端 $x=L$ 处振幅最大,即

$$\begin{aligned}u_{\max}&=\frac{8FL}{\pi^2 EA}\sum_{r=1}^{\infty}\frac{(-1)^{r-1}}{(2r-1)^2}\sin\frac{(2r-1)\pi}{2}=\frac{8FL}{\pi^2 EA}\left(1+\frac{1}{9}+\frac{1}{25}+\cdots\right)\\&=\frac{8FL}{\pi^2 EA}\frac{\pi^2}{8}=\frac{FL}{EA}\end{aligned}$$

这正是杆在静拉力 F 作用下自由端的位移。

6.3 轴的扭转振动

考虑图 6.3-1(a)所示的圆轴扭转振动。除了理想的弹性体假设外,假设轴的横截面在扭转振动中仍保持为平面作整体运动,即忽略扭转振动时截面的翘曲。

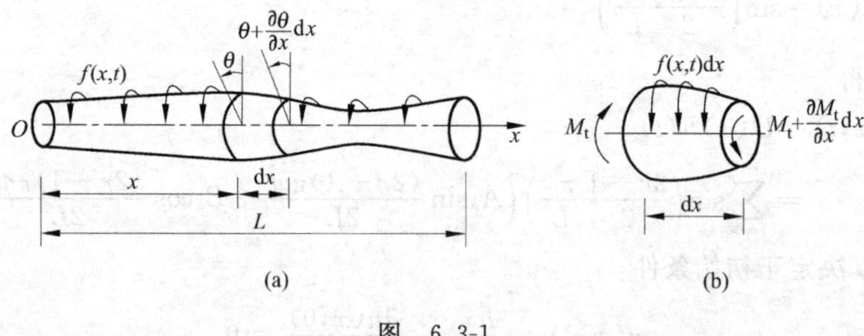

图 6.3-1

设轴的单位体积质量为 $\rho(x)$,轴长为 L,单位长度的转动惯量为 $I(x)$,剪切弹性模量为 G,截面的极惯性矩为 $J_\rho(x)$。以 $\theta(x,t)$ 表示 x 截面的角位移,设轴在分布扭转矩 $f(x,t)$ 作用下作扭转振动。取微段 $\mathrm{d}x$,由材料力学知,轴的扭转应变为 $\partial\theta/\partial x$,而作用于微段 $\mathrm{d}x$ 两侧截面上的扭矩分别为

$$M_t=GJ_\rho(x)\frac{\partial\theta}{\partial x},$$

$$M_t+\frac{\partial M_t}{\partial x}\mathrm{d}x=GJ_\rho(x)\frac{\partial\theta}{\partial x}+\frac{\partial}{\partial x}\left[GJ_\rho(x)\frac{\partial\theta}{\partial x}\right]\mathrm{d}x$$

如图 6.3-1(b)所示。列出这一微段的运动微分方程,可得

$$I(x)\mathrm{d}x\frac{\partial^2\theta}{\partial t^2}=f(x,t)\mathrm{d}x+M_t+\frac{\partial M_t}{\partial x}\mathrm{d}x-M_t \tag{6.3-1}$$

整理得

$$I(x)\frac{\partial^2\theta}{\partial t^2}-\frac{\partial}{\partial x}\left[GJ_\rho(x)\frac{\partial\theta}{\partial x}\right]=f(x,t) \tag{6.3-2}$$

上式为圆轴受外加分布扭矩作用时，轴扭转振动的偏微分方程。

若单位长度的转动惯量 $I(x)=I=$ 常数，单位体积的质量 $\rho(x)=\rho=$ 常数，截面极惯性矩 $J_\rho(x)=J_\rho=$ 常数，且有 $I=\rho J_\rho$。则方程(6.3-2)简化为

$$I\frac{\partial^2\theta}{\partial t^2}-GJ_\rho\frac{\partial^2\theta}{\partial x^2}=f(x,t) \tag{6.3-3}$$

考虑扭转自由振动，令 $f(x,t)=0$，有

$$I\frac{\partial^2\theta}{\partial t^2}=GJ_\rho\frac{\partial^2\theta}{\partial x^2} \tag{6.3-4}$$

或

$$\frac{\partial^2\theta}{\partial t^2}=a^2\frac{\partial^2\theta}{\partial x^2} \tag{6.3-5}$$

式中

$$a=\sqrt{G/\rho} \tag{6.3-6}$$

此处 a 表示剪切弹性波沿 x 轴的传播速度。可见轴的扭转振动和弦的横向振动以及杆的纵向振动具有同一形式的微分方程。其解为

$$\theta(x,t)=\Theta(x)F(t)=\left(C\sin\frac{\omega x}{a}+D\cos\frac{\omega x}{a}\right)(A\sin\omega t+B\cos\omega t) \tag{6.3-7}$$

式中同样有决定于边界条件和初始条件的四个待定常数 A,B,C,D。求轴扭转振动的固有频率和振型函数的方法与上两节完全相同，需要利用边界条件解出 C 和 D 或一个常数和固有频率 ω，其边界条件与杆的纵向振动相似，有

$$\left.\begin{aligned}
&\text{固定端}\quad \theta(0,t)=0,\quad \theta(L,t)=0\\
&\text{自由端}\quad \left.\frac{\partial\theta(x,t)}{\partial x}\right|_{x=0}=0,\quad \left.\frac{\partial\theta(x,t)}{\partial x}\right|_{x=L}=0\\
&\text{弹性载荷}\quad k_t\theta(0,t)=GJ_\rho\left.\frac{\partial\theta(x,t)}{\partial x}\right|_{x=0},\quad k_t\theta(L,t)=-GJ_\rho\left.\frac{\partial\theta(x,t)}{\partial x}\right|_{x=L}\\
&\text{惯性载荷}\quad I\left.\frac{\partial^2\theta(x,t)}{\partial t^2}\right|_{x=0}=GJ_\rho\left.\frac{\partial\theta(x,t)}{\partial x}\right|_{x=0},\quad I\left.\frac{\partial^2\theta(x,t)}{\partial t^2}\right|_{x=L}=-GJ_\rho\left.\frac{\partial\theta(x,t)}{\partial x}\right|_{x=L}
\end{aligned}\right\} \tag{6.3-8}$$

式中，k_t 为扭转弹簧刚度。

因为系统是线性的，故系统的全解是由无限阶固有模态叠加而成，即

$$\theta(x,t)=\sum_{r=1}^{\infty}\left(C_r\sin\frac{\omega_r x}{a}+D_r\cos\frac{\omega_r x}{a}\right)(A_r\sin\omega_r t+B_r\cos\omega_r t) \tag{6.3-9}$$

其模态是由边界条件决定的。现在来讨论如何根据振动的初始条件决定其余两个待定常数，从而确定系统对初始条件的响应。给定初始条件为

$$\theta(x,0)=f(x),\quad \dot\theta(x,0)=g(x) \tag{6.3-10}$$

则有

$$\left.\begin{aligned}
f(x)&=\sum_{r=1}^{\infty}\left(C_r\sin\frac{\omega_r x}{a}+D_r\cos\frac{\omega x_r}{a}\right)B_r\\
g(x)&=\sum_{r=1}^{\infty}\left(C_r\sin\frac{\omega_r x}{a}+D_r\cos\frac{\omega_r x}{a}\right)\omega_r A_r
\end{aligned}\right\} \tag{6.3-11}$$

解这两个联立方程式即可确定积分常数 A_r 和 B_r，代回方程(6.3-9)，结合系统的固有频率 ω_r 和模态函数 $\Theta_r(x)$，便求得系统的位移响应。

例 6.3-1 设轴的一端固定，另一端附有圆盘，如图 6.3-2 所示，圆盘的转动惯量为 I。试考查系统的扭振固有频率与振型函数。

解：设轴的扭转可表示为

$$\theta(x,t)=\Theta(x)F(t)$$

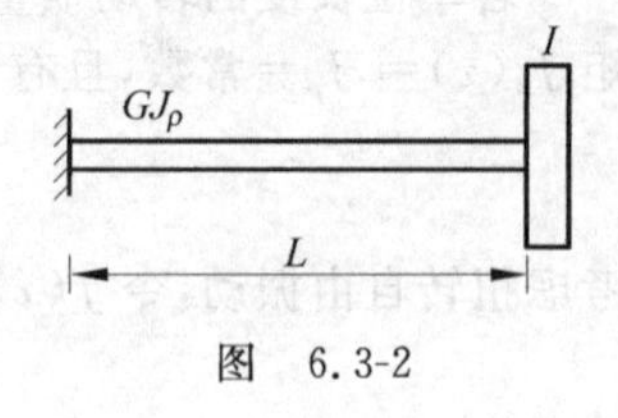

图 6.3-2

且有

$$F(t)=A\sin\omega t+B\cos\omega t$$

$$\Theta(x)=C\sin\frac{\omega x}{a}+D\cos\frac{\omega x}{a}$$

轴在固定端的边界条件为

$$\theta(0,t)=0 \quad 或 \quad \Theta(0)=0$$

轴在 L 端的边界条件可由 L 端截面的扭矩等于圆盘的惯性力矩得出

$$GJ_\rho\frac{\partial\theta(L,t)}{\partial x}=-I\frac{\partial^2\theta(L,t)}{\partial t^2} \quad 或 \quad GJ_\rho\frac{\mathrm{d}\Theta(L)}{\mathrm{d}x}=\omega^2 I\Theta(L)$$

因此有

$$D=0,\quad \frac{\omega}{a}GJ_\rho\cos\frac{\omega L}{a}=\omega^2 I\sin\frac{\omega L}{a}$$

注意到 $a^2=G/\rho$，把上式写成

$$\beta\tan\beta=\alpha$$

上式为轴系的特征方程。其中

$$\beta=\frac{\omega L}{a},\quad \alpha=\frac{\rho LJ_\rho}{I}$$

这里 α 的物理意义为轴的转动惯量与圆盘的转动惯量之比。对于给定的 α 值，不难找出轴系固有频率的数值解。在实用上，通常基频振动最为重要，所以根据轴系的特征方程，给出了对应于不同 α 值所求得的基本特征值 β_1，如表 6.3-1 所示。

表 6.3-1 基本特征值 β_1 随 α 值的变化量值

α	0.01	0.10	0.30	0.50	0.70	0.90	1.00	1.50
β_1	0.10	0.32	0.52	0.65	0.75	0.82	0.86	0.98
α	2.00	3.00	4.00	5.00	10.0	20.0	100	∞
β_1	1.08	1.20	1.27	1.32	1.42	1.52	1.57	$\pi/2$

如果 α 值很小，即轴的转动惯量与圆盘的转动惯量之比很小，可以近似地取 $\tan\beta_1\approx\beta_1$，轴系的特征方程简化为

$$\beta^2=\alpha$$

或写为

$$\omega_1=\frac{a}{L}\sqrt{\frac{\rho LJ_\rho}{I}}=\sqrt{\frac{GJ_\rho/L}{I}}=\sqrt{\frac{k_\theta}{I}}$$

式中，$k_\theta=GJ_\rho/L$ 为轴的扭转弹性刚度。上式就是略去轴的质量后所得单自由度系统的固有频率公式。可以看到，当 $\alpha=0.3$ 时，由上式给出的固有频率近似值的误差约为5%。如果轴的转动惯量与圆盘的转动惯量差不多，可用2.3节所述的瑞利法，将轴转动惯量的1/3加到圆盘的转动惯量 I 上，再按单自由度系统计算基频，可得较好的近似值。例如当 $\alpha=1$ 时，有

$$\omega_1=\sqrt{\frac{k_\theta}{I+I/3}}=\sqrt{\frac{GJ_\rho/L}{I+\rho LJ_\rho/3}}$$

用上式计算所得基频近似值的误差还不到1%。

例 6.3-2 如图6.3-3所示的等直圆轴，长为 L，以等角速度 ω 转动，某瞬时左端突然固定，求轴的扭转振动响应。

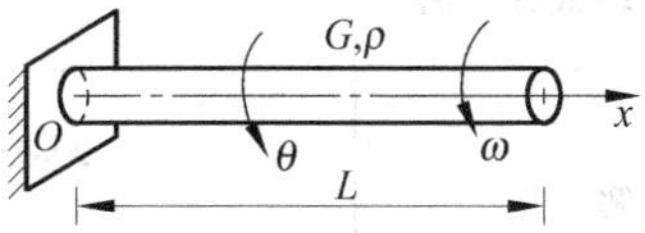

图 6.3-3

解：一端固定一端自由的圆轴的边界条件为

$$\theta(0,t)=0 \quad 或 \quad \Theta(0)=0$$

$$\frac{\partial\theta(L,t)}{\partial x}=0 \quad 或 \quad \frac{\mathrm{d}\Theta(L)}{\mathrm{d}x}=0$$

对于给定的边界条件，由式(6.3-7)可得

$$D=0,\quad \frac{\omega}{a}C\cos\frac{\omega L}{a}=0$$

因而得频率方程(或特征方程)为 $\cos\dfrac{\omega L}{a}=0$，即有

$$\frac{\omega_r L}{a}=\frac{(2r-1)\pi}{2}\quad (r=1,2,\cdots)$$

对于 $\omega_r=\dfrac{(2r-1)\pi a}{2L}$，由式(6.3-9)得

$$\theta(x,t)=\sum_{r=1}^{\infty}\sin\frac{(2r-1)\pi x}{2L}\left(A_r\sin\frac{(2r-1)\pi at}{2L}+B_r\cos\frac{(2r-1)\pi at}{2L}\right)$$

式中，常数 A_r 和 B_r 取决于初始条件

$$\theta(x,0)=0,\quad \dot{\theta}(x,0)=\omega$$

将其代入位移响应表达式，得

$$B_r=0,\quad \omega=\sum_{r=1}^{\infty}A_r\frac{(2r-1)\pi a}{2L}\sin\frac{(2r-1)\pi x}{2L}$$

将上式两边同时前乘以 $\sin\dfrac{(2r-1)\pi x}{2L}$，并沿轴全长积分，利用固有振型的正交性，解出

$$A_r=\frac{8\omega L}{(2r-1)^2\pi^2 a}\quad (r=1,2,\cdots)$$

代入扭转振动响应 $\theta(x,t)$ 表达式，得

$$\theta(x,t)=\frac{8\omega L}{\pi^2 a}\sum_{r=1}^{\infty}\frac{1}{(2r-1)^2}\sin\frac{(2r-1)\pi x}{2L}\sin\frac{(2r-1)\pi at}{2L}$$

综上所述，弦的横向振动、杆的纵向振动和轴的扭转振动具有同一形式的波动方程。它们的运动具有相同的规律，如表6.3-2所示。

表 6.3-2 弦、杆、轴的振动

	弦的横向振动	杆的纵向振动	轴的扭转振动
物理参数	T 弦的张力 ρ 弦的线质量	E 弹性模量 A 截面积 ρ 密度	G 剪切弹性模量 J_ρ 截面极惯性矩 ρ 密度
x 截面处位移 y	横向位移	纵向位移	转角
x 截面处力(或扭矩)	$T\dfrac{\partial y}{\partial x}$	$EA\dfrac{\partial y}{\partial x}$	$GJ_\rho\dfrac{\partial y}{\partial x}$
波速 a	$\sqrt{T/\rho}$	$\sqrt{E/\rho}$	$\sqrt{G/\rho}$
运动微分方程	$\dfrac{\partial^2 y}{\partial t^2}=a^2\dfrac{\partial^2 y}{\partial x^2}$		
通解	$y(x,t)=\sum_{r=1}^{\infty}y_r(x,t)=\sum_{r=1}^{\infty}Y_r(x)F_r(t)$ $F_r(t)=A_r\sin\omega_r t+B_r\cos\omega_r t,\quad Y_r(x)=C_r\sin\dfrac{\omega_r x}{a}+D_r\cos\dfrac{\omega_r x}{a}$		
	两端固定	两端自由	一端固定一端自由
边界条件	$Y(0)=Y(L)=0$	$\left.\dfrac{\mathrm{d}Y(x)}{\mathrm{d}x}\right\vert_{x=0}=\left.\dfrac{\mathrm{d}Y(x)}{\mathrm{d}x}\right\vert_{x=L}=0$	$Y(0)=\left.\dfrac{\mathrm{d}Y(x)}{\mathrm{d}x}\right\vert_{x=L}=0$
固有频率	$\omega_r=\dfrac{r\pi a}{L}\quad(r=1,2,\cdots)$	$\omega_r=\dfrac{r\pi a}{L}\quad(r=0,1,2,\cdots)$	$\omega_r=\dfrac{2r-1}{2}\dfrac{\pi a}{L}\quad(r=1,2,\cdots)$
振型函数	$Y_r(x)=\sin\dfrac{r\pi x}{L}$	$Y_r(x)=\cos\dfrac{r\pi x}{L}$	$Y_r(x)=\sin\left(\dfrac{2r-1}{2}\dfrac{\pi x}{L}\right)$

6.4 梁的弯曲振动

细长杆作垂直于轴线方向的振动时,其主要变形形式是梁的弯曲变形,通常称为横向振动或弯曲振动。下面讨论的梁的弯曲振动限于这样的条件:梁各截面的中心轴在同一平面内,且在此平面内作弯曲振动,在振动过程中仍应用平面假设,不计转动惯量和剪切变形的影响,同时截面绕中心轴的转动与横向位移相比可以忽略不计。

以 $y(x,t)$ 表示梁的横向位移,它是截面位置 x 和时间 t 的二元函数,以 $f(x,t)$ 表示作用于梁上的单位长度的横向力。系统的参数是单位体积质量 $\rho(x)$,横截面积 $A(x)$,弯曲刚度 $EJ(x)$,这里 E 为弹性模量,$J(x)$ 为横截面对垂直于 x 和 y 轴且通过横截面形心的轴的惯性矩,如图 6.4-1(a)所示。取微段 $\mathrm{d}x$,如图 6.4-1(b)所示,用 $Q(x,t)$ 表示剪切力,$M(x,t)$ 表示弯矩。

铅垂 y 方向的运动方程为

$$\rho(x)A(x)\mathrm{d}x\,\frac{\partial^2 y(x,t)}{\partial t^2}=Q-\left(Q+\frac{\partial Q}{\partial x}\mathrm{d}x\right)+f(x,t)\mathrm{d}x \tag{6.4-1}$$

简化后得

$$\rho(x)A(x)\,\frac{\partial^2 y}{\partial t^2}+\frac{\partial Q}{\partial x}=f(x,t) \tag{6.4-2}$$

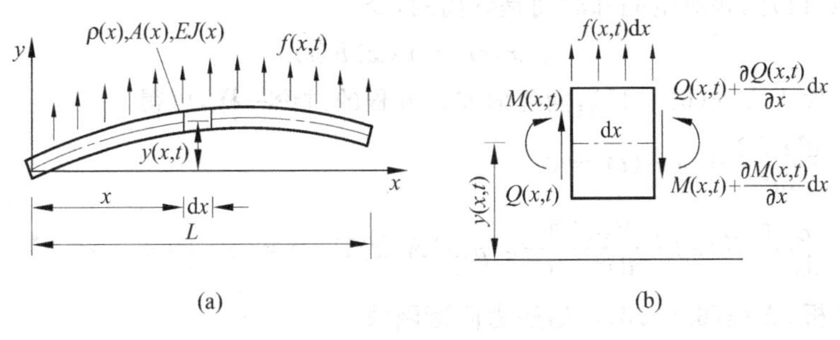

图 6.4-1

由于忽略截面转动的影响，微段的转动方程为

$$\left(M+\frac{\partial M}{\partial x}\mathrm{d}x\right)-M-\left(Q+\frac{\partial Q}{\partial x}\mathrm{d}x\right)\mathrm{d}x+f(x,t)\mathrm{d}x\frac{\mathrm{d}x}{2}=0 \tag{6.4-3}$$

略去包含 $\mathrm{d}x$ 的二次项，方程(6.4-3)简化为

$$Q=\frac{\partial M}{\partial x} \tag{6.4-4}$$

代入方程(6.4-2)得

$$\rho(x)A(x)\frac{\partial^2 y}{\partial t^2}+\frac{\partial^2 M}{\partial x^2}=f(x,t) \tag{6.4-5}$$

在整个区间中必须满足上式。由材料力学知，弯矩和挠度有如下关系式

$$M(x,t)=EJ(x)\frac{\partial^2 y(x,t)}{\partial x^2} \tag{6.4-6}$$

将式(6.4-6)代入方程(6.4-5)得

$$\rho(x)A(x)\frac{\partial^2 y(x,t)}{\partial t^2}+\frac{\partial^2}{\partial x^2}\left[EJ(x)\frac{\partial^2 y(x,t)}{\partial x^2}\right]=f(x,t) \tag{6.4-7}$$

这就是梁横向振动的偏微分方程，其中包含四阶空间导数和二阶时间导数。求解该方程，需要两个初始条件和四个边界条件。下面列出常见的边界条件：

(1) 固定端：位移和转角等于零，即

$$y(x,t)=0,\quad \frac{\partial y(x,t)}{\partial x}=0\quad (x=0\text{ 或 }x=L) \tag{6.4-8}$$

(2) 铰支端：位移和弯矩等于零，即

$$y(x,t)=0,\quad EJ(x)\frac{\partial^2 y(x,t)}{\partial x^2}=0\quad (x=0\text{ 或 }x=L) \tag{6.4-9}$$

(3) 自由端：弯矩和剪力等于零，即

$$EJ(x)\frac{\partial^2 y(x,t)}{\partial x^2}=0,\quad \frac{\partial}{\partial x}\left[EJ(x)\frac{\partial^2 y(x,t)}{\partial x^2}\right]=0\quad (x=0\text{ 或 }x=L) \tag{6.4-10}$$

这里对位移和转角的限制属于几何边界条件，对剪力和弯矩的限制属于力的边界条件。此外，还有其他的一些边界条件，如端点有弹簧支承或有集中质量等。

若 $f(x,t)=0$，即为梁的自由振动的偏微分方程

$$\rho(x)A(x)\frac{\partial^2 y(x,t)}{\partial t^2}+\frac{\partial^2}{\partial x^2}\left[EJ(x)\frac{\partial^2 y(x,t)}{\partial x^2}\right]=0 \tag{6.4-11}$$

此时方程(6.4-11)的解对空间和时间是分离的,令

$$y(x,t) = Y(x)F(t) \tag{6.4-12}$$

将式(6.4-12)代入方程(6.4-11),同前面波动方程的讨论一样,可得

$$\frac{\mathrm{d}^2 F(t)}{\mathrm{d}t^2} + \omega^2 F(t) = 0 \tag{6.4-13}$$

$$\frac{\mathrm{d}^2}{\mathrm{d}x^2}\left[EJ(x)\frac{\mathrm{d}^2 Y(x)}{\mathrm{d}x^2}\right] - \omega^2 \rho(x) A(x) Y(x) = 0 \quad (0 < x < L) \tag{6.4-14}$$

根据前面的分析,方程(6.4-13)的通解为简谐函数

$$F(t) = A\sin\omega t + B\cos\omega t = C\sin(\omega t + \varphi) \tag{6.4-15}$$

式中,A 和 B 为积分常数,由两个初始条件确定。通过解方程(6.4-14)可以得到振型函数的一般表达式,这里振型函数 $Y(x)$ 必须满足相应的边界条件。把方程(6.4-12)代入方程(6.4-8)~方程(6.4-10),并消去依赖时间的函数,便得到以下几种边界条件的振型函数。

固定端

$$Y(x) = 0,\quad \frac{\mathrm{d}Y(x)}{\mathrm{d}x} = 0 \quad (x = 0 \text{ 或 } x = L) \tag{6.4-16}$$

铰支端

$$Y(x) = 0,\quad EJ(x)\frac{\mathrm{d}^2 Y(x)}{\mathrm{d}x^2} = 0 \quad (x = 0 \text{ 或 } x = L) \tag{6.4-17}$$

自由端

$$EJ(x)\frac{\mathrm{d}^2 Y(x)}{\mathrm{d}x^2} = 0,\quad \frac{\mathrm{d}}{\mathrm{d}x}\left[EJ(x)\frac{\mathrm{d}^2 Y(x)}{\mathrm{d}x^2}\right] = 0 \quad (x = 0 \text{ 或 } x = L) \tag{6.4-18}$$

若单位体积质量 $\rho(x)=\rho=$常数,横截面积 $A(x)=A=$常数,横截面对中心主轴的惯性矩 $J(x)=J=$常数,则方程(6.4-14)简化为

$$\frac{\mathrm{d}^4 Y(x)}{\mathrm{d}x^4} - \beta^4 Y(x) = 0 \tag{6.4-19}$$

式中

$$\beta^4 = \frac{\omega^2 \rho A}{EJ} \tag{6.4-20}$$

方程(6.4-19)是一个四阶常系数线性常微分方程。设其解为

$$Y(x) = \mathrm{e}^{sx} \tag{6.4-21}$$

代入方程(6.4-19)得特征方程

$$s^4 - \beta^4 = 0 \tag{6.4-22}$$

四个特征根为

$$s_{1,2} = \pm\beta,\quad s_{3,4} = \pm\mathrm{i}\beta \tag{6.4-23}$$

故方程(6.4-19)的解为

$$Y(x) = D_1\mathrm{e}^{\beta x} + D_2\mathrm{e}^{-\beta x} + D_3\mathrm{e}^{\mathrm{i}\beta x} + D_4\mathrm{e}^{-\mathrm{i}\beta x} \tag{6.4-24}$$

因为

$$\mathrm{e}^{\pm\beta x} = \mathrm{ch}\,\beta x \pm \mathrm{sh}\,\beta x,\quad \mathrm{e}^{\pm\mathrm{i}\beta x} = \cos\beta x \pm \mathrm{i}\sin\beta x$$

(注:常用的双曲函数公式为 $\mathrm{th}\,x=\frac{\mathrm{sh}\,x}{\mathrm{ch}\,x}$,$\mathrm{ch}^2 x-\mathrm{sh}^2 x=1$,$\mathrm{sh}\,0=0$,$\mathrm{ch}\,0=1$,$\frac{\mathrm{d}}{\mathrm{d}x}\mathrm{sh}\,x=\mathrm{ch}\,x$,

$\frac{d}{dx}\text{ch }x=\text{sh }x$。)

可将上述解改写为

$$Y(x) = C_1\sin\beta x + C_2\cos\beta x + C_3\text{sh }\beta x + C_4\text{ch }\beta x \tag{6.4-25}$$

这就是梁振动的振型函数，其中 C_1,C_2,C_3,C_4 为积分常数，可以用四个边界条件来确定其中三个积分常数(或四个常数的相对比值)及导出特征方程，从而确定梁弯曲振动的固有频率 ω 和振型函数 $Y(x)$。

将式(6.4-25)和式(6.4-15)代回式(6.4-12)，即得等截面均质梁的固有振动为

$$y(x,t) = (C_1\sin\beta x + C_2\cos\beta x + C_3\text{sh }\beta x + C_4\text{ch }\beta x)(A\sin\omega t + B\cos\omega t) \tag{6.4-26}$$

或者写为

$$y(x,t) = (C_1\sin\beta x + C_2\cos\beta x + C_3\text{sh }\beta x + C_4\text{ch }\beta x)\sin(\omega t + \varphi) \tag{6.4-27}$$

式中有 C_1,C_2,C_3,C_4,ω 和 φ 六个待定常数。因为梁每个端点有两个边界条件，共有四个边界条件，加上两个振动初始条件，恰好可以决定六个未知数。

现在着重讨论等截面均质梁弯曲振动的固有频率和固有振型。

(1) 简支梁

简支梁的边界条件为

$$Y(0) = 0,\quad \frac{d^2Y(0)}{dx^2} = 0,\quad Y(L) = 0,\quad \frac{d^2Y(L)}{dx^2} = 0$$

将第一组边界条件代入式(6.4-25)及其二阶导数，得

$$C_2 = C_4 = 0$$

又将第二组边界条件代入式(6.4-25)及其二阶导数，得

$$C_1\sin\beta L + C_3\text{sh }\beta L = 0$$

$$-C_1\sin\beta L + C_3\text{sh }\beta L = 0$$

因为当 $\beta L\neq 0$ 时，$\text{sh }\beta L\neq 0$，故得

$$C_3 = 0$$

于是，特征方程为

$$\sin\beta L = 0 \tag{6.4-28}$$

它的根为

$$\beta_r L = r\pi\quad (r = 1,2,\cdots)$$

由此得特征值为

$$\beta_r = \frac{r\pi}{L}\quad (r = 1,2,\cdots) \tag{6.4-29}$$

与此相应的固有频率为

$$\omega_r = \frac{r^2\pi^2}{L^2}\sqrt{\frac{EJ}{\rho A}}\quad (r = 1,2,\cdots) \tag{6.4-30}$$

相应的振型函数为

$$Y_r(x) = C_{1r}\sin\beta_r x = C_{1r}\sin\frac{r\pi x}{L}\quad (r = 1,2,\cdots) \tag{6.4-31}$$

因为振型只确定系统中各点振幅的相对值，不能唯一地确定幅值的大小，故其表达式无需再

带常数因子,则其振型函数表为

$$Y_r(x)=\sin\frac{r\pi x}{L}\quad(r=1,2,\cdots)\tag{6.4-32}$$

(2) 固支梁

固支梁的边界条件为

$$Y(0)=0,\quad \frac{\mathrm{d}Y(0)}{\mathrm{d}x}=0,\quad Y(L)=0,\quad \frac{\mathrm{d}Y(L)}{\mathrm{d}x}=0$$

将第一组边界条件代入式(6.4-25)及其一阶导数,得

$$C_2+C_4=0,\quad C_1+C_3=0$$

故有

$$C_2=-C_4,\quad C_1=-C_3$$

再将第二组边界条件代入式(6.4-25)及其一阶导数,可得

$$\left.\begin{aligned}(\operatorname{sh}\beta L-\sin\beta L)C_3+(\operatorname{ch}\beta L-\cos\beta L)C_4=0\\(\operatorname{ch}\beta L-\cos\beta L)C_3+(\operatorname{sh}\beta L+\sin\beta L)C_4=0\end{aligned}\right\}\tag{6.4-33}$$

若上式对 C_3 和 C_4 有非零解,则它的系数行列式必须为零,即

$$\begin{vmatrix}\operatorname{sh}\beta L-\sin\beta L & \operatorname{ch}\beta L-\cos\beta L\\ \operatorname{ch}\beta L-\cos\beta L & \operatorname{sh}\beta L+\sin\beta L\end{vmatrix}=0$$

展开上式,考虑到

$$\operatorname{ch}^2\beta L-\operatorname{sh}^2\beta L=1,\quad \sin^2\beta L+\cos^2\beta L=1$$

简化后得特征方程

$$\cos\beta L\operatorname{ch}\beta L=1\tag{6.4-34}$$

上式的零解 $\beta=0$,对应于系统的静止状态,故舍去。可用数值解法求得这一超越方程最低几个特征根,如表 6.4-1 所示。

表 6.4-1 固支梁的前几个特征根植

$\beta_1 L$	$\beta_2 L$	$\beta_3 L$	$\beta_4 L$	$\beta_5 L$
4.730	7.853	10.996	14.137	17.279

对应于 $r\geqslant 2$ 的各个特征根可足够准确地取为

$$\beta_r L=\left(r+\frac{1}{2}\right)\pi\quad(r=2,3,4,\cdots)\tag{6.4-35}$$

梁的固有频率相应地为

$$\omega_r=\beta_r^2\sqrt{\frac{EJ}{\rho A}}\quad(r=1,2,3\cdots)\tag{6.4-36}$$

把 $C_1=-C_3$ 和 $C_2=-C_4$ 代入式(6.4-25),得振型函数为

$$Y_r(x)=C_4\left[\operatorname{ch}\beta_r x-\cos\beta_r x+\frac{C_3}{C_4}(\operatorname{sh}\beta_r x-\sin\beta_r x)\right]\tag{6.4-37}$$

式中,比值 C_3/C_4 可由式(6.4-33)中任选一个式子求出,有

$$\gamma_r=\left(\frac{C_3}{C_4}\right)_r=-\frac{\operatorname{ch}\beta_r L-\cos\beta_r L}{\operatorname{sh}\beta_r L-\sin\beta_r L}=-\frac{\operatorname{sh}\beta_r L+\sin\beta_r L}{\operatorname{ch}\beta_r L-\cos\beta_r L}\tag{6.4-38}$$

代入前式得

$$Y_r(x)=C_4[\mathrm{ch}\,\beta_r x-\cos\beta_r x-\gamma_r(\mathrm{sh}\,\beta_r x-\sin\beta_r x)] \tag{6.4-39}$$

显然常数 C_4 取不同的值并不影响振动形态，因此可取 $C_4=1$，有

$$Y_r(x)=\mathrm{ch}\,\beta_r x-\cos\beta_r x-\gamma_r(\mathrm{sh}\,\beta_r x-\sin\beta_r x) \tag{6.4-40}$$

(3) 悬臂梁

悬臂梁的边界条件为

$$Y(0)=0,\quad \frac{\mathrm{d}Y(0)}{\mathrm{d}x}=0,\quad \frac{\mathrm{d}^2Y(L)}{\mathrm{d}x^2}=0,\quad \frac{\mathrm{d}^3Y(L)}{\mathrm{d}x^3}=0$$

将第一组边界条件代入式(6.4-25)及其一阶导数，得

$$C_2=-C_4,\quad C_1=-C_3$$

利用这一结果，并把第二组边界条件代入式(6.4-25)的第二阶和第三阶导数，得

$$\left.\begin{aligned}(\mathrm{sh}\,\beta L+\sin\beta L)C_3+(\mathrm{ch}\,\beta L+\cos\beta L)C_4=0\\(\mathrm{ch}\,\beta L+\cos\beta L)C_3+(\mathrm{sh}\,\beta L-\sin\beta L)C_4=0\end{aligned}\right\} \tag{6.4-41}$$

这是两个 C_3 和 C_4 的代数联立方程，具有非零解的条件为

$$\begin{vmatrix}\mathrm{sh}\,\beta L+\sin\beta L & \mathrm{ch}\,\beta L+\cos\beta L\\ \mathrm{ch}\,\beta L+\cos\beta L & \mathrm{sh}\,\beta L-\sin\beta L\end{vmatrix}=0$$

上式经展开并化简后得频率方程为

$$\cos\beta L\,\mathrm{ch}\,\beta L=-1 \tag{6.4-42}$$

这就是悬臂梁弯曲振动的特征方程。这一方程的根也可用作图法求出，将上式改写成

$$\cos\beta L=-\frac{1}{\mathrm{ch}\,\beta L}$$

以 βL 为横坐标，作出 $\cos\beta L$ 和 $-1/\mathrm{ch}\,\beta L$ 的曲线，如图 6.4-2 所示。两曲线各个交点的横坐标值就是特征方程的根，如表 6.4-2 所示。

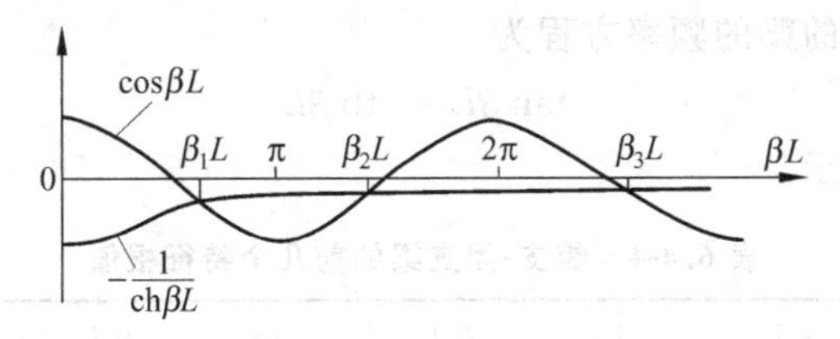

图　6.4-2

表 6.4-2　悬臂梁的前几个特征根值

$\beta_1 L$	$\beta_2 L$	$\beta_3 L$	$\beta_4 L$	$\beta_5 L$
1.875	4.694	7.855	10.996	14.137

当 $r\geqslant 4$ 时，各个特征方程的根可足够准确地取为

$$\beta_r L\approx\left(r-\frac{1}{2}\right)\pi\quad(r=4,5,6,\cdots) \tag{6.4-43}$$

相应地，悬臂梁的固有频率为

$$\omega_r=\beta_r^2\sqrt{\frac{EJ}{\rho A}}\quad(r=1,2,3,\cdots) \tag{6.4-44}$$

求得各个特征根后，由式(6.4-41)可确定系数 C_3 和 C_4 的比值

$$\xi_r = \left(\frac{C_3}{C_4}\right)_r = -\frac{\mathrm{ch}\,\beta_r L + \cos\beta_r L}{\mathrm{sh}\,\beta_r L + \sin\beta_r L} = -\frac{\mathrm{sh}\,\beta_r L - \sin\beta_r L}{\mathrm{ch}\,\beta_r L + \cos\beta_r L} \tag{6.4-45}$$

故与 ω_r 相应的振型函数可取为

$$Y_r(x) = \mathrm{ch}\,\beta_r x - \cos\beta_r x + \xi_r(\mathrm{sh}\,\beta_r x - \sin\beta_r x) \tag{6.4-46}$$

前面讨论了等截面均质梁弯曲振动的三种典型边界条件的情形，常见的还有自由梁、铰支-固支梁和铰支-自由梁，下面对其作简要的介绍。

(4) 自由梁

两端自由梁的频率方程为

$$\cos\beta L\,\mathrm{ch}\,\beta L = 1 \tag{6.4-47}$$

其特征根如表 6.4-3 所示。

表 6.4-3 自由梁的前几个特征根值

$\beta_1 L$	$\beta_2 L$	$\beta_3 L$	$\beta_4 L$	$\beta_5 L$
4.730	7.853	10.996	14.137	17.279

另外，自由梁还有 $\beta=0$ 的二重特征根，它们分别对应于自由梁的两种横向刚体运动：在对称面内铅垂平动和绕重心的转动。

$$\beta_r L \approx \left(r + \frac{1}{2}\right)\pi \quad (r = 2,3,4,\cdots) \tag{6.4-48}$$

还需指出，虽然自由梁与固支梁有相同的弯曲振动固有频率，但是它们相应的振型函数却是不同的。

$$Y_r(x) = \mathrm{ch}\,\beta_r x + \cos\beta_r x + \gamma_r(\mathrm{sh}\,\beta_r x + \sin\beta_r x) \tag{6.4-49}$$

(5) 铰支-固支梁

一端铰支一端固定的梁的频率方程为

$$\tan\beta L = \mathrm{th}\,\beta L \tag{6.4-50}$$

其特征根如表 6.4-4 所示。

表 6.4-4 铰支-固支梁的前几个特征根值

$\beta_1 L$	$\beta_2 L$	$\beta_3 L$	$\beta_4 L$	$\beta_5 L$
3.927	7.069	10.210	13.352	16.493

$$\beta_r L \approx \left(r + \frac{1}{4}\right)\pi \quad (r = 1,2,3,\cdots) \tag{6.4-51}$$

$$Y_r(x) = \mathrm{sh}\,\beta_r x - \frac{\mathrm{sh}\,\beta_r L}{\sin\beta_r L}\sin\beta_r x \tag{6.4-52}$$

(6) 铰支-自由梁

一端铰支一端自由的梁的频率方程为

$$\tan\beta L = \mathrm{th}\,\beta L \tag{6.4-53}$$

其特征根如表 6.4-5 所示。

表 6.4-5　铰支-自由梁的前几个特征根值

$\beta_1 L$	$\beta_2 L$	$\beta_3 L$	$\beta_4 L$	$\beta_5 L$
3.927	7.069	10.210	13.352	16.493

这里显然应有 $\beta=0$ 对应于定轴转动的刚体振型。

$$\beta_r L \approx \left(r+\frac{1}{4}\right)\pi \quad (r=1,2,3,\cdots) \tag{6.4-54}$$

$$Y_r(x)=\operatorname{sh}\beta_r x+\frac{\operatorname{sh}\beta_r L}{\sin\beta_r L}\sin\beta_r x \tag{6.4-55}$$

显然可见,虽然铰支-固支梁和铰支-自由梁具有相同的弯曲振动固有频率,但其振型函数却不相同。

关于简支梁、固支梁、悬臂梁、自由梁、铰支-固支梁和铰支-自由梁的前三阶振型函数示于图 6.4-3。显然求出 $\beta_r L$ 后,固有频率均可用式(6.4-20)计算。

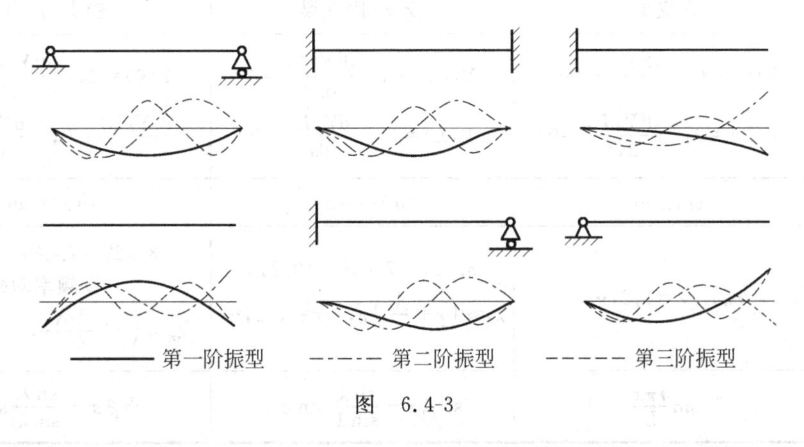

图　6.4-3

虽然从特征方程可得出无穷多个特征值及其振型函数,但应该指出,由于简单梁理论的局限性,高阶振型越来越不正确。这是因为节点数随着振型的增加而增加,所以节点间的距离相应地减小,梁单元剪切变形和转动惯量的影响就愈加不能忽略。

前面讨论了六种不同边界条件下的等截面均质梁弯曲振动的固有频率和振型函数,表 6.4-6 类比了这六种情形。

表 6.4-6　等截面均质梁的弯曲振动

物理参数	$y=y(x,t)$横向位移,J 截面惯性矩,L 梁长,E 弹性模量,A 横截面积,ρ 单位体积质量
运动方程	$\frac{\partial^2 y}{\partial t^2}=-a\frac{\partial^4 y}{\partial x^4},\quad a^2=\frac{EJ}{\rho A}$
通　解	$y(x,t)=\sum_{r=1}^{\infty}y_r(x,t)=\sum_{r=1}^{\infty}Y_r(x)(A_r\sin\omega_r t+B_r\cos\omega_r t)$ $Y_r(x)=C_1\sin\beta_r x+C_2\cos\beta_r x+C_3\operatorname{sh}\beta_r x+C_4\operatorname{ch}\beta_r x,\quad \beta_r^4=\omega_r^2/a^2$
固有频率	$\omega_r=\frac{\lambda_r^2}{L^2}a=\frac{\lambda_r^2}{L^2}\sqrt{\frac{EJ}{\rho A}},\quad \lambda_r^2=\beta_r^2 L^2$

续表

	固支梁	自由梁	悬臂梁
边界条件	$Y(0)=0,\quad \dfrac{\mathrm{d}Y(0)}{\mathrm{d}x}=0$ $Y(L)=0,\quad \dfrac{\mathrm{d}Y(L)}{\mathrm{d}x}=0$	$\dfrac{\mathrm{d}^2Y(0)}{\mathrm{d}x^2}=0,\quad \dfrac{\mathrm{d}^3Y(0)}{\mathrm{d}x^3}=0$ $\dfrac{\mathrm{d}^2Y(L)}{\mathrm{d}x^2}=0,\quad \dfrac{\mathrm{d}^3Y(L)}{\mathrm{d}x^3}=0$	$Y(0)=0,\quad \dfrac{\mathrm{d}Y(0)}{\mathrm{d}x}=0$ $\dfrac{\mathrm{d}^2Y(L)}{\mathrm{d}x^2}=0,\quad \dfrac{\mathrm{d}^3Y(L)}{\mathrm{d}x^3}=0$
特征方程	$\cos\lambda \mathrm{ch}\,\lambda=1$	$\cos\lambda \mathrm{ch}\,\lambda=1$	$\cos\lambda \mathrm{ch}\,\lambda=-1$
特征根 λ_r	4.730 7.853 10.996 $\lambda_r\approx\left(r+\dfrac{1}{2}\right)\pi,\quad r\geqslant 2$	4.730 7.853 10.996 (零频率除外) $\lambda_r\approx\left(r+\dfrac{1}{2}\right)\pi,\quad r\geqslant 2$	1.875 4.694 7.855 $\lambda_r\approx\left(r-\dfrac{1}{2}\right)\pi,\quad r\geqslant 4$
振型函数	$\mathrm{ch}\,\beta_r x-\cos\beta_r x$ $+\gamma_r(\mathrm{sh}\,\beta_r x-\sin\beta_r x)$	$\mathrm{ch}\,\beta_r x+\cos\beta_r x$ $+\gamma_r(\mathrm{sh}\,\beta_r x+\sin\beta_r x)$	$\mathrm{ch}\,\beta_r x-\cos\beta_r x$ $+\xi_r(\mathrm{sh}\,\beta_r x-\sin\beta_r x)$
	简支梁	铰支-固支梁	铰支-自由梁
边界条件	$Y(0)=0,\quad \dfrac{\mathrm{d}^2Y(0)}{\mathrm{d}x^2}=0$ $Y(L)=0,\quad \dfrac{\mathrm{d}^2Y(L)}{\mathrm{d}x^2}=0$	$Y(0)=0,\quad \dfrac{\mathrm{d}^2Y(0)}{\mathrm{d}x^2}=0$ $Y(L)=0,\quad \dfrac{\mathrm{d}Y(L)}{\mathrm{d}x}=0$	$Y(0)=0,\quad \dfrac{\mathrm{d}^2Y(0)}{\mathrm{d}x^2}=0$ $\dfrac{\mathrm{d}^2Y(L)}{\mathrm{d}x^2}=0,\quad \dfrac{\mathrm{d}^3Y(L)}{\mathrm{d}x^3}=0$
特征方程	$\sin\lambda=0$	$\mathrm{th}\,\lambda=\tan\lambda$	$\mathrm{th}\,\lambda=\tan\lambda$
特征根 λ_r	$r\pi,\quad r=1,2,\cdots$	3.927 7.069 10.210 $\lambda_r\approx\left(r+\dfrac{1}{4}\right)\pi,\quad r=1,2,\cdots$	3.927 7.069 10.210 (零频率除外) $\lambda_r\approx\left(r+\dfrac{1}{4}\right)\pi,\quad r=1,2,\cdots$
振型函数	$\sin\dfrac{r\pi x}{L}$	$\mathrm{sh}\,\beta_r x-\dfrac{\mathrm{sh}\,\lambda_r}{\sin\lambda_r}\sin\beta_r x$	$\mathrm{sh}\,\beta_r x+\dfrac{\mathrm{sh}\,\lambda_r}{\sin\lambda_r}\sin\beta_r x$

注：$\gamma_r=-\dfrac{\mathrm{ch}\,\lambda_r-\cos\lambda_r}{\mathrm{sh}\,\lambda_r-\sin\lambda_r}=-\dfrac{\mathrm{sh}\,\lambda_r+\sin\lambda_r}{\mathrm{ch}\,\lambda_r-\cos\lambda_r},\xi_r=-\dfrac{\mathrm{ch}\,\lambda_r+\cos\lambda_r}{\mathrm{sh}\,\lambda_r+\sin\lambda_r}=-\dfrac{\mathrm{sh}\,\lambda_r-\sin\lambda_r}{\mathrm{ch}\,\lambda_r+\cos\lambda_r}$。

例 6.4-1 等截面均质悬臂梁的自由端加上横向弹性支承，其弹簧刚度为 k，如图 6.4-4 所示。试导出系统的频率方程。

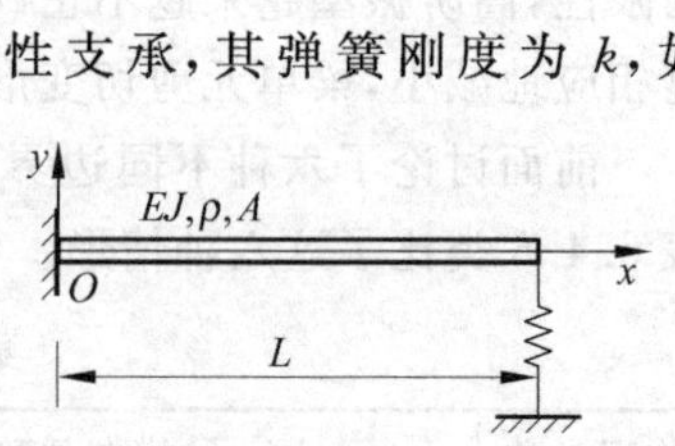

解：取固支端作为坐标系 Oxy 的原点，由固支端的边界条件，有

$$C_2=-C_4,\quad C_1=-C_3$$

图 6.4-4

在弹性支承端，弯矩为零，而剪力就等于弹性力。考虑到弹性力是恢复力，并且其方向按截面剪力的正负号规定。当 $Y(L)$ 为正时，弹性力向下，作为剪力应取正号；反之，当 $Y(L)$ 为负时，弹性力向上，作为剪力应取负号。故弹性支承端的边界条件为

$$\left.\frac{\mathrm{d}^2Y(x)}{\mathrm{d}x^2}\right|_{x=L}=0,\quad EJ\left.\frac{\mathrm{d}^3Y(x)}{\mathrm{d}x^3}\right|_{x=L}=kY(L)$$

将其代入式(6.4-25)的二阶和三阶导数式中，得

$$(\mathrm{sh}\,\beta L+\sin\beta L)C_3+(\mathrm{ch}\,\beta L+\cos\beta L)C_4=0$$

$$[EJ\beta^3(\mathrm{ch}\,\beta L+\cos\beta L)-k(\mathrm{sh}\,\beta L-\sin\beta L)]C_3+$$

$$[EJ\beta^3(\mathrm{sh}\,\beta L - \sin\beta L) - k(\mathrm{ch}\,\beta L - \cos\beta L)]C_4 = 0$$

上述代数联立方程具有非零解的条件为

$$EJ\beta^3(\mathrm{sh}^2\beta L - \sin^2\beta L) - k(\mathrm{sh}\,\beta L + \sin\beta L)(\mathrm{ch}\,\beta L - \cos\beta L) -$$
$$EJ\beta^3(\mathrm{ch}\,\beta L + \cos\beta L)^2 + k(\mathrm{ch}\,\beta L + \cos\beta L)(\mathrm{sh}\,\beta L - \sin\beta L) = 0$$

化简后得

$$EJ\beta^3(1 + \mathrm{ch}\,\beta L\cos\beta L) + k(\mathrm{ch}\,\beta L\sin\beta L - \mathrm{sh}\,\beta L\cos\beta L) = 0$$

或写为

$$-\frac{k}{EJ} = \beta^3\frac{1 + \mathrm{ch}\,\beta L\cos\beta L}{\mathrm{ch}\,\beta L\sin\beta L - \mathrm{sh}\,\beta L\cos\beta L}$$

上式即为所求的频率方程。

注意到，当 $k=0$ 时，上式转化为

$$1 + \mathrm{ch}\,\beta L\cos\beta = 0$$

它是悬臂梁的频率方程。又当 $k\to\infty$ 时，弹性支承就相当于铰支端，此时，上式转化为

$$\mathrm{ch}\,\beta L\sin\beta L - \mathrm{sh}\,\beta L\cos\beta L = 0$$

或

$$\mathrm{th}\,\beta L = \tan\beta L$$

这就是一端固定一端铰支的梁的弯曲振动的频率方程。

例 6.4-2　设在悬臂梁的自由端附加一集中质量 M，如图 6.4-5 所示。试求其频率方程。

解：取固支端作为坐标系 Oxy 的原点。假设附加质量可以视为质点，那么在梁的 $x=L$ 截面处弯矩为零，而剪力就是质量 M 的惯性力，可表示为

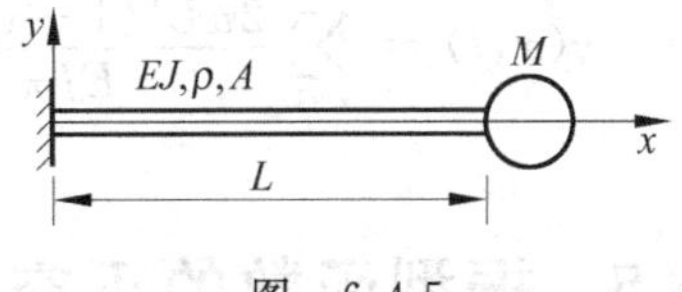

图　6.4-5

$$-M\frac{\partial^2 y(L,t)}{\partial t^2} = M\omega^2 y(L,t)$$

按截面剪力的正负规定(图 6.4-1(b))，当惯性力为正时，作为剪力应取负号；反之，当惯性力为负时，作为剪力应取正号。故梁附加质量端的边界条件为

$$\frac{\mathrm{d}^2Y(L)}{\mathrm{d}x^2} = 0,\quad EJ\frac{\mathrm{d}^3Y(L)}{\mathrm{d}x^3} = -M\omega^2Y(L)$$

于是，可求得频率方程为

$$\frac{M\omega^2}{EJ} = \beta^3\frac{1 + \mathrm{ch}\,\beta L\cos\beta L}{\mathrm{ch}\,\beta L\sin\beta L - \mathrm{sh}\,\beta L\cos\beta L}$$

令 $M/\rho AL=\alpha$，α 的物理意义为附加质量与梁质量之比。再考虑到

$$\frac{M\omega^2}{EJ} = \frac{\alpha\rho AL\omega^2}{EJ} = \alpha L\beta^4$$

将其代入频率方程，可得

$$\alpha L\beta = \frac{1 + \mathrm{ch}\,\beta L\cos\beta L}{\mathrm{ch}\,\beta L\sin\beta L - \mathrm{sh}\,\beta L\cos\beta L}$$

例 6.4-3　一长度为 L 的简支梁，受强度为 w 的均布载荷产生挠曲，如图 6.4-6 所示。如果载荷移去，求梁的响应。

解：简支梁横向自由振动的解为

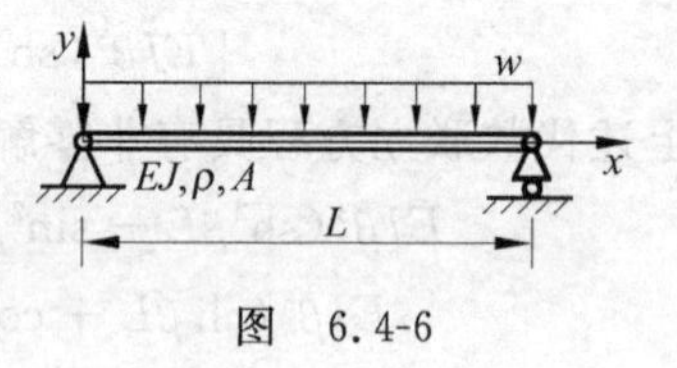

图 6.4-6

$$y(x,t)=\sum_{r=1}^{\infty}\sin\frac{r\pi x}{L}(A_r\sin\omega_r t+B_r\cos\omega_r t)$$

式中，A_r和B_r由初始条件确定。设在$t=0$时，初始挠度和初始速度为

$$y(x,0)=\sum_{r=1}^{\infty}B_r\sin\frac{r\pi x}{L}=f(x),\quad \frac{\partial y(x,0)}{\partial t}=\sum_{r=1}^{\infty}A_r\omega_r\sin\frac{r\pi x}{L}=g(x)$$

由此得

$$B_r=\frac{2}{L}\int_0^L f(x)\sin\frac{r\pi x}{L}\mathrm{d}x,\quad A_r=\frac{2}{\omega_r L}\int_0^L g(x)\sin\frac{r\pi x}{L}\mathrm{d}x$$

根据题意，当$t=0$时，初始位移为

$$y(x,0)=f(x)=\frac{w}{24EJ}(L^3x-2Lx^3+x^4)$$

初始速度为

$$\frac{\partial y(x,0)}{\partial t}=g(x)=0$$

由此初始条件得

$$A_r=0,\quad B_r=\frac{2}{L}\int_0^L\frac{w}{24EJ}(L^3x-2Lx^3+x^4)\sin\frac{r\pi x}{L}\mathrm{d}x=\frac{2wL^4}{EJ\pi^5}\frac{1-\cos r\pi}{r^5}$$

所以梁振动的响应为

$$y(x,t)=\sum_{r=1}^{\infty}\frac{2wL^4(1-\cos r\pi)}{EJ\pi^5}\sin\frac{r\pi x}{L}\cos\omega_r t=\frac{4wL^4}{EJ\pi^5}\sum_{r=1,3,5,\cdots}^{\infty}\frac{1}{r^5}\sin\frac{r\pi x}{L}\cos\omega_r t$$

6.5 振型函数的正交性

同有限自由度系统一样，连续系统也存在固有振型的正交性这一重要特性。从前面的讨论可以看到，一些简单情形下的振型函数是三角函数，它们的正交性是显然的，而在另一些情形下得到的振型函数还包含双曲函数，它们的正交性以及更一般情形下振型函数的正交性尚待进一步说明。下面仅以梁弯曲振动的振型函数论证其正交性。

设$Y_r(x)$和$Y_s(x)$分别代表对应于r阶和s阶固有频率ω_r和ω_s的两个不同阶的振型函数。它们必然满足方程(6.4-14)，即

$$\frac{\mathrm{d}^2}{\mathrm{d}x^2}\left[EJ(x)\frac{\mathrm{d}^2Y_r(x)}{\mathrm{d}x^2}\right]=\omega_r^2\rho(x)A(x)Y_r(x)\quad(0<x<L)\tag{6.5-1}$$

$$\frac{\mathrm{d}^2}{\mathrm{d}x^2}\left[EJ(x)\frac{\mathrm{d}^2Y_s(x)}{\mathrm{d}x^2}\right]=\omega_s^2\rho(x)A(x)Y_s(x)\quad(0<x<L)\tag{6.5-2}$$

用$Y_s(x)$乘方程(6.5-1)，并在梁全长上进行积分，得

$$\int_0^L Y_s(x)\frac{\mathrm{d}^2}{\mathrm{d}x^2}\left[EJ(x)\frac{\mathrm{d}^2Y_r(x)}{\mathrm{d}x^2}\right]\mathrm{d}x$$

$$=\left\{Y_s(x)\frac{\mathrm{d}}{\mathrm{d}x}\left[EJ(x)\frac{\mathrm{d}^2Y_r(x)}{\mathrm{d}x^2}\right]\right\}\Bigg|_0^L-\left[\frac{\mathrm{d}Y_s(x)}{\mathrm{d}x}EJ(x)\frac{\mathrm{d}^2Y_r(x)}{\mathrm{d}x^2}\right]\Bigg|_0^L+$$

$$\int_0^L EJ(x)\frac{d^2Y_r(x)}{dx^2}\frac{d^2Y_s(x)}{dx^2}dx$$
$$=\omega_r^2\int_0^L \rho(x)A(x)Y_r(x)Y_s(x)dx \tag{6.5-3}$$

用 $Y_r(x)$ 乘方程(6.5-2)，并在梁全长上进行积分，得

$$\int_0^L Y_r(x)\frac{d^2}{dx^2}\left[EJ(x)\frac{d^2Y_s(x)}{dx^2}\right]dx$$
$$=\left\{Y_r(x)\frac{d}{dx}\left[EJ(x)\frac{d^2Y_s(x)}{dx^2}\right]\right\}\Bigg|_0^L-\left[\frac{dY_r(x)}{dx}EJ(x)\frac{d^2Y_s(x)}{dx^2}\right]\Bigg|_0^L+$$
$$\int_0^L EJ(x)\frac{d^2Y_r(x)}{dx^2}\frac{d^2Y_s(x)}{dx^2}dx$$
$$=\omega_s^2\int_0^L \rho(x)A(x)Y_r(x)Y_s(x)dx \tag{6.5-4}$$

将上面两式相减得

$$(\omega_r^2-\omega_s^2)\int_0^L \rho(x)A(x)Y_r(x)Y_s(x)dx$$
$$=\left\{Y_s(x)\frac{d}{dx}\left[EJ(x)\frac{d^2Y_r(x)}{dx^2}\right]\right\}\Bigg|_0^L-\left[\frac{dY_s(x)}{dx}EJ(x)\frac{d^2Y_r(x)}{dx^2}\right]\Bigg|_0^L-$$
$$\left\{Y_r(x)\frac{d}{dx}\left[EJ(x)\frac{d^2Y_s(x)}{dx^2}\right]\right\}\Bigg|_0^L+\left[\frac{dY_r(x)}{dx}EJ(x)\frac{d^2Y_s(x)}{dx^2}\right]\Bigg|_0^L \tag{6.5-5}$$

实际上，式(6.5-5)等号右边是 $x=0$ 和 $x=L$ 的端点边界条件。对于固支端、铰支端和自由端的任一组合而成的梁，上式等号右边都等于零。因此，方程(6.5-5)可以化为

$$(\omega_r^2-\omega_s^2)\int_0^L \rho(x)A(x)Y_r(x)Y_s(x)dx=0 \tag{6.5-6}$$

按照假设，$Y_r(x)$ 和 $Y_s(x)$ 是对应于不同固有频率的振型函数($r\neq s,\omega_r\neq\omega_s$)，由此得出

$$\int_0^L \rho(x)A(x)Y_r(x)Y_s(x)dx=0\quad(r\neq s) \tag{6.5-7}$$

所以，振型函数 $Y_r(x)$ 和 $Y_s(x)$ 关于质量 $\rho(x)A(x)$ 是正交的，这也就是简单支承条件下梁的振型函数关于质量的正交条件。

另一方面，考虑振型函数关于刚度 $EJ(x)$ 的正交性。为此，把方程(6.5-7)代入方程(6.5-3)，得

$$\int_0^L Y_s(x)\frac{d^2}{dx^2}\left[EJ(x)\frac{d^2Y_r(x)}{dx^2}\right]dx=0\quad(r\neq s) \tag{6.5-8}$$

对于固支端、铰支端和自由端的任一组合的梁，振型函数关于刚度 $EJ(x)$ 的正交条件可用更方便的形式表示，即

$$\int_0^L EJ(x)\frac{d^2Y_r(x)}{dx^2}\frac{d^2Y_s(x)}{dx^2}dx=0\quad(r\neq s) \tag{6.5-9}$$

由此可见，梁弯曲振动的振型函数关于刚度 $EJ(x)$ 的正交性，实际上是振型函数的二阶导数所具有的正交性。

当 $r=s$ 时，式(6.5-5)自然满足，而积分式(6.5-7)在一般情况下是一个正值，据此可以进行振型函数的正则化，取 $Y_r(x)$ 和 $Y_s(x)$ 为正则振型函数，则有

$$\int_0^L \rho(x)A(x)Y_r(x)Y_s(x)dx=\delta_{rs}\quad(r,s=1,2,\cdots) \tag{6.5-10}$$

式中,δ_{rs}为克朗尼格δ符号。如果按式(6.5-9)对振型函数进行正则化,则从方程(6.5-3)可得

$$\int_0^L Y_s(x)\frac{\mathrm{d}^2}{\mathrm{d}x^2}\left[EJ(x)\frac{\mathrm{d}^2Y_r(x)}{\mathrm{d}x^2}\right]\mathrm{d}x=\omega_r^2\delta_{rs}\quad(r,s=1,2,\cdots)\tag{6.5-11}$$

当梁在$x=L$处具有刚度为k的弹性支承时,边界条件为

$$EJ(x)\frac{\mathrm{d}^2Y(x)}{\mathrm{d}x^2}\bigg|_{x=L}=0,\quad\frac{\mathrm{d}}{\mathrm{d}x}\left[EJ(x)\frac{\mathrm{d}^2Y(x)}{\mathrm{d}x^2}\right]\bigg|_{x=L}=kY(L)\tag{6.5-12}$$

将式(6.5-12)代入式(6.5-5)和式(6.5-3)得

$$\int_0^L\rho(x)A(x)Y_r(x)Y_s(x)\mathrm{d}x=0\quad(r\neq s)\tag{6.5-13}$$

$$\int_0^L EJ(x)\frac{\mathrm{d}^2Y_r(x)}{\mathrm{d}x^2}\frac{\mathrm{d}^2Y_s(x)}{\mathrm{d}x^2}\mathrm{d}x+kY_r(L)Y_s(L)=0\quad(r\neq s)\tag{6.5-14}$$

又当梁在$x=L$处具有附加质量M时,边界条件为

$$EJ(x)\frac{\mathrm{d}^2Y(x)}{\mathrm{d}x^2}\bigg|_{x=L}=0,\quad\frac{\mathrm{d}}{\mathrm{d}x}\left[EJ(x)\frac{\mathrm{d}^2Y(x)}{\mathrm{d}x^2}\right]\bigg|_{x=L}=-M\omega^2Y(L)\tag{6.5-15}$$

将式(6.5-15)代入式(6.5-5)和式(6.5-3)得

$$\int_0^L\rho(x)A(x)Y_r(x)Y_s(x)\mathrm{d}x+MY_r(L)Y_s(L)=0\quad(r\neq s)\tag{6.5-16}$$

$$\int_0^L EJ(x)\frac{\mathrm{d}^2Y_r(x)}{\mathrm{d}x^2}\frac{\mathrm{d}^2Y_s(x)}{\mathrm{d}x^2}\mathrm{d}x=0\quad(r\neq s)\tag{6.5-17}$$

由此可见,对于弹性支承端情形与附加质量端情形,其振型函数的正交性分别由式(6.5-13)、式(6.5-14)和式(6.5-16)、式(6.5-17)表示。在这种情况下类似于方程(6.5-10)给出的正则化步骤仍可应用。

6.6 连续系统的响应·振型叠加法

在第5章中讨论离散系统的响应时采用了振型叠加法。利用系统的振型矩阵进行坐标变换,可以将系统相互耦合的物理坐标运动方程变换成解耦的固有坐标运动方程,从而使多自由度系统的响应分析问题按多个单自由度系统的问题分别来处理。对于具有无限多个自由度的连续系统,也可以用类似的方法来分析系统的响应。为此,只要把连续系统的位移表示成振型函数的级数,并利用振型函数的正交性,将系统物理坐标的偏微分方程变换成一系列固有坐标的二阶常微分方程组。这样,就可以按一系列单自由度系统的问题来处理了,还可以方便地得出系统对初始激励、外部激励或既有初始激励又有外部激励的响应。

下面以梁的弯曲振动为例说明振型叠加法在连续系统中的应用。设有弯曲刚度为$EJ(x)$,单位体积质量为$\rho(x)$,横截面积为$A(x)$的梁,在分布载荷$f(x,t)$的作用下作弯曲振动。梁弯曲振动的微分方程为

$$\rho(x)A(x)\frac{\partial^2y(x,t)}{\partial t^2}+\frac{\partial^2}{\partial x^2}\left[EJ(x)\frac{\partial^2y(x,t)}{\partial x^2}\right]=f(x,t)\tag{6.6-1}$$

这个非齐次偏微分方程的全解同样包含两部分:一部分是对应于齐次方程的通解,相当于自由振动的解,只要给定初始条件,即可求得相应的响应;另一部分是对应于非齐次项的特

解，在给定激励函数 $f(x,t)$后，可求得激励的响应。

设在给定边界条件下的固有频率为 ω_r，相应的振型函数为 $Y_r(x)$，引进正则坐标$q_r(t)$，根据振型叠加法，可将方程(6.6-1)和给定边界条件的解 $y(x,t)$变换为

$$y(x,t)=\sum_{r=1}^{\infty}Y_r(x)q_r(t) \tag{6.6-2}$$

将式(6.6-2)代入方程(6.6-1)，得

$$\sum_{r=1}^{\infty}\rho(x)A(x)Y_r(x)\ddot{q}_r(t)+\sum_{r=1}^{\infty}\frac{\mathrm{d}^2}{\mathrm{d}x^2}\left[EJ(x)\frac{\mathrm{d}^2Y_r(x)}{\mathrm{d}x^2}\right]q_r(t)=f(x,t) \tag{6.6-3}$$

方程(6.6-3)两边同乘以 $Y_s(x)$，在整个区间$(0<x<L)$内积分，并考虑正交条件式(6.5-10)和式(6.5-11)，得独立的常微分方程组为

$$\ddot{q}_r(t)+\omega_r^2q_r(t)=Q_r(t)\quad(r=1,2,\cdots) \tag{6.6-4}$$

式中

$$Q_r(t)=\int_0^L f(x,t)Y_r(x)\mathrm{d}x\quad(r=1,2,\cdots) \tag{6.6-5}$$

$Q_r(t)$定义为对应于广义坐标(正则坐标)$q_r(t)$的广义力。

方程(6.6-4)和受外部激励的无阻尼单自由度系统的运动微分方程形式完全相同，故其响应可写成如下的一般形式：

$$q_r(t)=\frac{1}{\omega_r}\int_0^t Q_r(\tau)\sin\omega_r(t-\tau)\mathrm{d}\tau+q_{r0}\cos\omega_rt+\frac{\dot{q}_{r0}}{\omega_r}\sin\omega_rt \tag{6.6-6}$$

式中，q_{r0}和 $\dot{q}_{r0}$分别表示广义坐标和广义速度的初始值，可以用已知初始条件代入式(6.6-2)计算。

设 $t=0$ 时，有初始条件

$$y(x,0)=\sum_{r=1}^{\infty}Y_r(x)q_r(0)=\sum_{r=1}^{\infty}Y_r(x)q_{r0}=f(x) \tag{6.6-7a}$$

$$\frac{\partial y(x,0)}{\partial t}=\sum_{r=1}^{\infty}Y_r(x)\dot{q}_r(0)=\sum_{r=1}^{\infty}Y_r(x)\dot{q}_{r0}=g(x) \tag{6.6-7b}$$

将上面两式两边乘以 $\rho(x)A(x)Y_s(x)$，在梁全长进行积分，并利用正交条件式(6.5-10)，可得

$$q_{r0}=\int_0^L\rho(x)A(x)f(x)Y_r(x)\mathrm{d}x,\quad \dot{q}_{r0}=\int_0^L\rho(x)A(x)g(x)Y_r(x)\mathrm{d}x\quad(r=1,2,\cdots) \tag{6.6-8}$$

将式(6.6-6)代入式(6.6-2)得出系统的一般响应为

$$y(x,t)=\sum_{r=1}^{\infty}Y_r(x)\left[\frac{1}{\omega_r}\int_0^t Q_r(\tau)\sin\omega_r(t-\tau)\mathrm{d}\tau+q_{r0}\cos\omega_rt+\frac{\dot{q}_{r0}}{\omega_r}\sin\omega_rt\right] \tag{6.6-9}$$

上式中的后两项是系统对初始条件的响应，前面带有积分的项为系统对任意激励的响应。其中 ω_r和 $Y_r(x)$可根据给定边界条件的梁的特征值问题求出，$Q_r(\tau)$由给定的分布力 $f(x,t)$从式(6.6-5)求出，q_{r0}和 $\dot{q}_{r0}$则由给定的初始条件从式(6.6-8)求出。

独立的常微分方程组(6.6-4)也可用拉格朗日方程导出。首先计算系统的动能为

$$T=\frac{1}{2}\int_0^L\rho(x)A(x)\left[\frac{\partial y(x,t)}{\partial t}\right]^2\mathrm{d}x$$

$$=\frac{1}{2}\int_0^L \rho(x)A(x)\left(\sum_{r=1}^{\infty}Y_r(x)\dot{q}_r(t)\right)\left(\sum_{s=1}^{\infty}Y_s(x)\dot{q}_s(t)\right)\mathrm{d}x$$

$$=\frac{1}{2}\sum_{r=1}^{\infty}\sum_{s=1}^{\infty}\dot{q}_r(t)\dot{q}_s(t)\int_0^L \rho(x)A(x)Y_r(x)Y_s(x)\mathrm{d}x$$

$$=\frac{1}{2}\sum_{r=1}^{\infty}\dot{q}_r^2(t) \tag{6.6-10}$$

系统的势能为

$$U=\frac{1}{2}\int_0^L EJ(x)\left[\frac{\partial^2 y(x,t)}{\partial x^2}\right]^2\mathrm{d}x$$

$$=\frac{1}{2}\int_0^L EJ(x)\left(\sum_{r=1}^{\infty}\frac{\mathrm{d}^2Y_r(x)}{\mathrm{d}x^2}q_r(t)\right)\left(\sum_{s=1}^{\infty}\frac{\mathrm{d}^2Y_s(x)}{\mathrm{d}x^2}q_s(t)\right)\mathrm{d}x$$

$$=\frac{1}{2}\sum_{r=1}^{\infty}\sum_{s=1}^{\infty}q_r(t)q_s(t)\int_0^L EJ(x)\frac{\mathrm{d}^2Y_r(x)}{\mathrm{d}x^2}\frac{\mathrm{d}^2Y_s(x)}{\mathrm{d}x^2}\mathrm{d}x$$

$$=\frac{1}{2}\sum_{r=1}^{\infty}\omega_r^2q_r^2(t) \tag{6.6-11}$$

然后计算对应于广义坐标 $q_r(t)$的广义力。因虚位移为

$$\delta y=\sum_{r=1}^{\infty}Y_r(x)\delta q_r(t) \tag{6.6-12}$$

梁的分布载荷 $f(x,t)$在上述虚位移所做的虚功为

$$\delta W=\int_0^L f(x,t)\left[\sum_{r=1}^{\infty}Y_r(x)\delta q_r(t)\right]\mathrm{d}x=\sum_{r=1}^{\infty}\delta q_r(t)\int_0^L f(x,t)Y_r(x)\mathrm{d}x$$

$$=\sum_{r=1}^{\infty}Q_r(t)\delta q_r(t) \tag{6.6-13}$$

式中,$Q_r(t)$为广义力,即有

$$Q_r(t)=\int_0^L f(x,t)Y_r(x)\mathrm{d}x\quad(r=1,2,\cdots) \tag{6.6-14}$$

上式即为式(6.6-5)。若 $f(x,t)$不是分布力,而是在梁 x_i处有集中力 P_i和在梁 x_j处有集中弯矩 M_j时,虚功为

$$\delta W=P_i\delta y+M_j\delta\left(\frac{\partial y}{\partial x}\right)=\sum_{r=1}^{\infty}P_iY_r(x_i)\delta q_r(t)+\sum_{r=1}^{\infty}M_j\frac{\mathrm{d}Y_r(x_j)}{\mathrm{d}x}\delta q_r(t) \tag{6.6-15}$$

故在集中力和集中弯矩作用下的广义力为

$$Q_r(t)=P_iY_r(x_i)+M_j\frac{\mathrm{d}Y_r(x_j)}{\mathrm{d}x}\quad(r=1,2,\cdots) \tag{6.6-16}$$

将上面得到的动能 T、势能 U 以及广义力 Q_r的表达式代入拉格朗日方程得

$$\frac{\mathrm{d}}{\mathrm{d}t}\left(\frac{\partial T}{\partial\dot{q}_r}\right)-\frac{\partial T}{\partial q_r}+\frac{\partial U}{\partial q_r}=Q_r \tag{6.6-17}$$

可得广义坐标 $q_r(t)$的运动微分方程

$$\ddot{q}_r(t)+\omega_r^2q_r(t)=Q_r(t)\quad(r=1,2,\cdots) \tag{6.6-18}$$

即为式(6.6-4)。

例 6.6-1 在等截面均质简支梁上作用的分布力函数为 $f(x,t)=f_0u(t)$,其中 f_0为一

常量，$u(t)$为单位阶跃函数。试求初始条件为零时，系统的响应。

解：由式(6.4-30)和式(6.4-32)可知等截面均质简支梁的固有频率和振型函数为

$$\omega_r=\frac{r^2\pi^2}{L^2}\sqrt{\frac{EJ}{\rho A}},\quad Y_r(x)=\sin\frac{r\pi x}{L}\quad (r=1,2,\cdots)$$

由式(6.5-10)对振型函数进行正则化，即令

$$\alpha_r^2\int_0^L \rho A Y_r^2(x)\mathrm{d}x=1\quad (r=1,2,\cdots)$$

则有

$$\alpha_r^2=\frac{1}{\rho A\int_0^L \sin^2\frac{r\pi x}{L}\mathrm{d}x}=\frac{2}{\rho AL}$$

得正则振型函数为

$$Y_r(x)=\sqrt{\frac{2}{\rho AL}}\sin\frac{r\pi x}{L}\quad (r=1,2,\cdots)$$

由广义力$Q_r(t)$的表达式(6.6-5)求得广义力为

$$\begin{aligned}Q_r(t)&=\int_0^L f_0 u(t)Y_r(x)\mathrm{d}x=f_0 u(t)\sqrt{\frac{2}{\rho AL}}\int_0^L\sin\frac{r\pi x}{L}\mathrm{d}x\\&=f_0u(t)\sqrt{\frac{2}{\rho AL}}\frac{L}{r\pi}(1-\cos r\pi)\quad (r=1,2,\cdots)\end{aligned}$$

简化为

$$Q_r(t)=2f_0\sqrt{\frac{2}{\rho AL}}\frac{L}{r\pi}u(t)\quad (r=1,3,5,\cdots)$$

这意味着在r为偶数时，对应振型函数的广义力为零。由于$q_{r0}=\dot{q}_{r0}=0$，故由式(6.6-6)得

$$\begin{aligned}q_r(t)&=\frac{1}{\omega_r}\int_0^t Q_r(\tau)\sin\omega_r(t-\tau)\mathrm{d}\tau=\frac{1}{\omega_r}2f_0\sqrt{\frac{2}{\rho AL}}\frac{L}{r\pi}\int_0^t u(\tau)\sin\omega_r(t-\tau)\mathrm{d}\tau\\&=\frac{2f_0}{\omega_r^2}\sqrt{\frac{2}{\rho AL}}\frac{L}{r\pi}(1-\cos\omega_r t)\end{aligned}$$

代入式(6.6-9)得系统的响应

$$y(x,t)=\frac{4f_0L^4}{\pi^5EJ}\sum_{r=1,3,5,\cdots}^{\infty}\frac{1}{r^5}\sin\frac{r\pi x}{L}\left(1-\cos\frac{r^2\pi^2}{L^2}\sqrt{\frac{EJ}{\rho A}}t\right)$$

当r为偶数时，相应的振型对于$x=L/2$点是反对称的，由于外部激励是均匀分布力，因而是对称的，所以反对称振型不可能被激发。故上式可以改写为

$$y(x,t)=\frac{4f_0L^4}{\pi^5EJ}\sum_{r=1}^{\infty}\frac{1}{(2r-1)^5}\sin\frac{(2r-1)\pi x}{L}\left(1-\cos\frac{(2r-1)^2\pi^2}{L^2}\sqrt{\frac{EJ}{\rho A}}t\right)$$

式中各项与$(2r-1)^5$成反比，因此取第一项已与精确结果相当接近，可见第一振型是非常重要的一个振型。

例 6.6-2 试求图6.6-1所示的简支梁在$x=x_1$处有一集中的简谐激励$F_0\sin\omega t$作用下的响应。

解：由例6.6-1知简支梁的正则振型函数为

$$Y_r(x)=\sqrt{\frac{2}{\rho AL}}\sin\frac{r\pi x}{L}$$

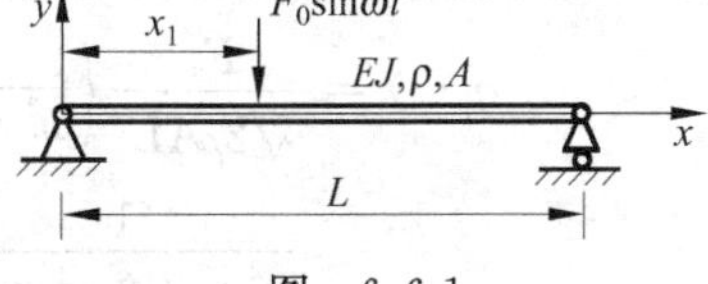

图 6.6-1

作用于 $x=x_1$ 处的集中力 $F_0\sin\omega t$ 可表示为

$$f(x,t)=F_0\sin\omega t\delta(x-x_1)$$

式中 $\delta(x-x_1)$ 为 δ 函数。于是广义力 $Q_r(t)$ 为

$$Q_r(t)=\int_0^L f(x,t)Y_r(x)\mathrm{d}x=\sqrt{\frac{2}{\rho AL}}F_0\int_0^L \sin\omega t\delta(x-x_1)\sin\frac{r\pi x}{L}\mathrm{d}x$$

$$=\sqrt{\frac{2}{\rho AL}}F_0\sin\frac{r\pi x_1}{L}\sin\omega t$$

这一结果与直接应用式(6.6-16)所得的结果相同。所以广义坐标 $q_r(t)$ 的运动微分方程为

$$\ddot{q}_r(t)+\omega_r^2 q_r(t)=\sqrt{\frac{2}{\rho AL}}F_0\sin\frac{r\pi x_1}{L}\sin\omega t$$

由于 $q_{r0}=\dot{q}_{r0}=0$,故由式(6.6-6)得

$$q_r(t)=\frac{1}{\omega_r}\int_0^t Q_r(\tau)\sin\omega_r(t-\tau)\mathrm{d}\tau$$

$$=\frac{1}{\omega_r}\sqrt{\frac{2}{\rho AL}}F_0\sin\frac{r\pi x_1}{L}\int_0^t \sin\omega\tau\sin\omega_r(t-\tau)\mathrm{d}\tau$$

$$=\sqrt{\frac{2}{\rho AL}}\frac{F_0}{\omega_r^2[1-(\omega/\omega_r)^2]}\sin\frac{r\pi x_1}{L}\left(\sin\omega t-\frac{\omega}{\omega_r}\sin\omega_r t\right)$$

代入式(6.6-9),求得系统响应

$$y(x,t)=\frac{2F_0}{\rho AL}\sum_{r=1}^{\infty}\frac{1}{\omega_r^2[1-(\omega/\omega_r)^2]}\sin\frac{r\pi x_1}{L}\sin\frac{r\pi x}{L}\left(\sin\omega t-\frac{\omega}{\omega_r}\sin\omega_r t\right)$$

此即梁的物理坐标的响应。

例 6.6-3 设在例 6.6-2 中,正弦力以等速 v 移动,即有 $x_1=vt$。求梁的响应。

解:梁的固有频率和振型函数均同例 6.6-2。不同的是,将作用于 $x_1=vt$ 处的集中力 $F_0\sin\omega t$ 借助于 δ 函数可统一地表示为分布力,即

$$f(x,t)=F_0\sin\omega t\delta(x-vt)$$

于是广义力为

$$Q_r(t)=\int_0^L f(x,t)Y_r(x)\mathrm{d}x=\sqrt{\frac{2}{\rho AL}}F_0\int_0^L \sin\omega t\delta(x-vt)\sin\frac{r\pi x}{L}\mathrm{d}x$$

$$=\sqrt{\frac{2}{\rho AL}}F_0\sin\frac{r\pi vt}{L}\sin\omega t$$

令 $p_r=r\pi v/L$,则有

$$Q_r(t)=\sqrt{\frac{2}{\rho AL}}F_0\sin p_r t\sin\omega t=\frac{F_0}{\sqrt{2\rho AL}}[\cos(p_r-\omega)t-\cos(p_r+\omega)t]$$

故广义坐标 $q_r(t)$ 的运动微分方程为

$$\ddot{q}_r(t)+\omega_r^2 q_r(t)=\frac{F_0}{\sqrt{2\rho AL}}[\cos(p_r-\omega)t-\cos(p_r+\omega)t]$$

上述方程对应零初始条件的解为

$$q_r(t)=\frac{F_0}{\sqrt{2\rho AL}}\left\{\frac{1}{\omega_r^2-(p_r-\omega)^2}[\cos(p_r-\omega)t-\cos\omega_r t]-\frac{1}{\omega_r^2-(p_r+\omega)^2}[\cos(p_r+\omega)t-\cos\omega_r t]\right\}\quad\left(0\leqslant t\leqslant\frac{L}{v}\right)$$

将其代入梁挠度的表达式，即得梁的响应为

$$y(x,t)=\sum_{r=1}^{\infty}Y_r(x)q_r(t)$$

$$=\frac{F_0}{\rho AL}\sum_{r=1}^{\infty}\sin\frac{r\pi x}{L}\left\{\frac{1}{\omega_r^2-(p_r-\omega)^2}[\cos(p_r-\omega)t-\cos\omega_r t]-\right.$$

$$\left.\frac{1}{\omega_r^2-(p_r+\omega)^2}[\cos(p_r+\omega)t-\cos\omega_r t]\right\}\quad\left(0\leqslant t\leqslant\frac{L}{v}\right)$$

对于 $t>L/v$，$Q_r(t)=0$，梁作自由振动。初始条件是 $q_r(L/v)$ 与 $\dot{q}_r(L/v)$，由式(6.6-9)可得自由振动的解。

6.7 瑞利商

对于变截面非均质的弹性体的振动，系统运动方程的精确解往往无法求得，而且在实际问题中，质量和刚度不均匀分布的连续系统更不可能得到精确解，因此近似计算方法就成为工程实际问题中十分重要的解法。

无论是有限自由度系统还是无限自由度系统，当以某一特定的振动形状作自由振动时，该系统就在各点平衡位置附近以自振频率 ω 作简谐运动。根据能量守恒原理，对于保守系统其总能量是常数，故最大动能 $T_{\max}$ 和最大势能 $U_{\max}$ 应相等，即

$$T_{\max}=U_{\max}\tag{6.7-1}$$

瑞利法就是根据机械能守恒定律得到的计算基频的近似方法，它不仅适用于离散系统，也适用于连续系统，对于任何一个连续系统，只要近似地给出一个满足边界条件的第一阶振型函数，并获得系统的动能和势能，就可对基频进行估算。

仍以梁的弯曲振动为例。如梁以某一阶固有频率作固有振动，设梁的振型函数 $Y(x)$ 满足梁的边界条件，则梁在振动过程中任一瞬时的位移为

$$y(x,t)=Y(x)\sin(\omega t+\varphi)\tag{6.7-2}$$

速度为

$$\frac{\partial y(x,t)}{\partial t}=\omega Y(x)\cos(\omega t+\varphi)\tag{6.7-3}$$

梁的动能和势能分别为

$$T(t)=\frac{1}{2}\int_0^L\rho(x)A(x)\left[\frac{\partial y(x,t)}{\partial t}\right]^2\mathrm{d}x\tag{6.7-4}$$

$$U(t)=\frac{1}{2}\int_0^L EJ(x)\left[\frac{\partial^2 y(x,t)}{\partial x^2}\right]^2\mathrm{d}x\tag{6.7-5}$$

这里一般仍不考虑转动惯量和剪切变形的影响。

在静平衡位置，梁具有的最大动能为

$$T_{\max}=\frac{\omega^2}{2}\int_0^L\rho(x)A(x)Y^2(x)\mathrm{d}x=\omega^2T^*\tag{6.7-6}$$

式中，$T^*=\frac{1}{2}\int_0^L\rho(x)A(x)Y^2(x)\mathrm{d}x$，称为参考动能。而在偏离平衡位置最远距离处，梁具

有最大弹性势能

$$U_{\max}=\frac{1}{2}\int_0^L EJ(x)\left[\frac{\mathrm{d}^2Y(x)}{\mathrm{d}x^2}\right]^2\mathrm{d}x \tag{6.7-7}$$

根据机械能守恒定律,得

$$\omega^2=\frac{U_{\max}}{T^*}=\frac{\int_0^L EJ(x)\left[\frac{\mathrm{d}^2Y(x)}{\mathrm{d}x^2}\right]^2\mathrm{d}x}{\int_0^L\rho(x)A(x)Y^2(x)\mathrm{d}x} \tag{6.7-8}$$

式(6.7-8)表明,当所设振型函数$Y(x)$恰好是某一阶实际振型函数时,即可计算出该阶固有频率的精确解。但事实上往往不能预知各阶实际的振型函数,而只能近似地给出第一阶振型函数。因此,瑞利法只适用于估算基频。

当梁上有集中质量时,在计算动能时应计入集中质量的动能。若在$x_i(i=1,2,\cdots,n)$处有集中质量$m_i(i=1,2,\cdots,n)$,则梁的最大动能为

$$T_{\max}=\frac{\omega^2}{2}\int_0^L\rho(x)A(x)Y^2(x)\mathrm{d}x+\frac{\omega^2}{2}\sum_{i=1}^n m_iY^2(x_i) \tag{6.7-9}$$

当梁上$x_i(i=1,2,\cdots,n)$处有刚度$k_i(i=1,2,\cdots,n)$和扭转刚度$k_{\theta i}(i=1,2,\cdots,n)$的弹性支承时,梁的最大势能为

$$U_{\max}=\frac{1}{2}\int_0^L EJ(x)\left(\frac{\mathrm{d}^2Y(x)}{\mathrm{d}^2x}\right)^2\mathrm{d}x+\frac{1}{2}\sum_{i=1}^n k_iY^2(x_i)+\frac{1}{2}\sum_{i=1}^n k_{\theta i}\left(\frac{\mathrm{d}Y(x_i)}{\mathrm{d}x}\right)^2 \tag{6.7-10}$$

在假设第一阶振型函数时应尽量接近实际振型,如有一试探振型函数$X(x)$,满足边界条件(至少要满足几何边界条件),具有方程中所必需的各阶导数,但不满足系统的运动方程和振型方程。用$X(x)$代替方程(6.7-6)~方程(6.7-10)中的$Y(x)$,即得梁弯曲振动的瑞利商

$$\begin{aligned}R(X)&=\omega^2=\frac{U_{\max}}{T^*}\\&=\frac{\int_0^L EJ(x)\left(\frac{\mathrm{d}^2X(x)}{\mathrm{d}^2x}\right)^2\mathrm{d}x+\sum_{i=1}^n k_iX^2(x_i)+\sum_{i=1}^n k_{\theta i}\left(\frac{\mathrm{d}X(x_i)}{\mathrm{d}x}\right)^2}{\int_0^L\rho(x)A(x)X^2(x)\mathrm{d}x+\sum_{i=1}^n m_iX^2(x_i)}\end{aligned} \tag{6.7-11}$$

式中,瑞利商$R(X)$为一个泛函,它决定于试探函数$X(x)$。由于准确确定高阶试探函数存在困难,通常选用静挠度曲线作为第一阶振型函数的试探函数来计算系统基频的近似值。可以证明,如果试探函数$X(x)$与系统振型函数$Y(x)$相差一阶小量,则由式(6.7-11)求出的固有频率值与精确的基频之间相差二阶小量。由于假设试探函数代替精确的第一阶振型函数,相当于给系统施加了约束,增加了系统的刚度,因此将使固有频率值提高,也就是说,$R(X)$给出了系统固有频率的上限。

前面所说的弦的振动、杆的纵向振动和轴的扭转振动同样可用瑞利法推导出类似于方程(6.7-11)估算基频的公式。对于不同的连续系统,只是T^*和$U_{\max}$的具体表达式不同而已。为了表示一般情况,以R表示瑞利商,即

$$R=\omega^2=\frac{U_{\max}}{T^*} \tag{6.7-12}$$

此为瑞利商的一般表达式。

例 6.7-1　如图 6.7-1 所示，长为 L，弯曲刚度为 EJ，单位长度分布质量为 m 的悬臂梁，在其自由端有集中质量 $2M(M=mL)$。试用瑞利法求梁弯曲振动的基频。

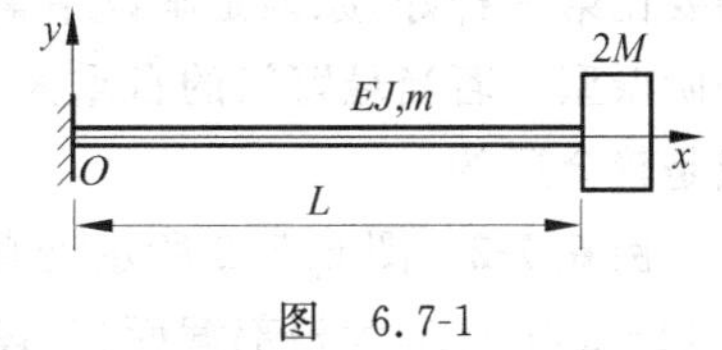

图　6.7-1

解：(1) 采用分布载荷作用下的静挠度曲线

$$X(x)=A(x^4-4Lx^3+6L^2x^2),\quad X(L)=3AL^4$$

式中

$$A=\frac{mg}{24EJ}$$

可以验算该函数满足悬臂梁根部的位移和转角为零的几何边界条件。对试探函数求二次导数，有

$$\frac{\mathrm{d}^2X(x)}{\mathrm{d}x^2}=12A(x^2-2Lx+L^2)$$

代入式(6.7-11)，并注意到梁上没有弹性支承，得

$$\omega^2=\frac{144EJA^2\int_0^L(x^2-2Lx+L^2)^2\mathrm{d}x}{mA^2\int_0^L(x^4-4Lx^3+6L^2x^2)^2\mathrm{d}x+2M(3AL^4)^2}$$

计算积分，并代入 $M=mL$，则求得

$$\omega=1.1908\sqrt{\frac{EJ}{mL^4}}$$

精确解为

$$\omega_1=1.1582\sqrt{\frac{EJ}{mL^4}}$$

可见估计值与精确值的误差为 2.8%。

(2) 采用无自重悬臂梁在端部集中重量作用下的静挠度曲线

$$X(x)=B(3Lx^2-x^3),\quad X(L)=2BL^3$$

式中

$$B=\frac{mgL}{3EJ}$$

可以验算该系统函数满足悬臂梁根部的位移和转角为零的几何边界条件。对试探函数 $X(x)$求二次导数，得

$$\frac{\mathrm{d}^2X(x)}{\mathrm{d}x^2}=6B(L-x)$$

代入式(6.7-11)并注意到梁上没有弹性支承，得

$$\omega^2=\frac{36EJB^2\int_0^L(L-x)^2\mathrm{d}x}{mB^2\int_0^L(3Lx^2-x^3)^2\mathrm{d}x+2M(2BL^3)^2}$$

计算积分，并代入 $M=mL$，则求得

$$\omega=1.1584\sqrt{\frac{EJ}{mL^4}}$$

可见，估计值仅比精确解高 0.02%。因此，静挠度曲线是最低阶振型函数的一种很有效的

近似形状。从本例中两种方案的结果可以看出,虽然两种情况与精确解都比较接近,但第二种要比第一种好,原因是本题中集中重量比分布重量影响大,其挠度曲线更接近于实际的第一阶振型。若当悬臂梁的自重大于端部集中力时,则取受分布力作用的悬臂梁的静挠度曲线是较合适的。

例 6.7-2 图 6.7-2 所示变截面梁具有单位厚度,截面变化为 $A(x)=h(1-x/L)=A_0(1-x/L)$,A_0为根部截面积,设单位体积质量 ρ 为常数。试求弯曲振动基频的近似值。

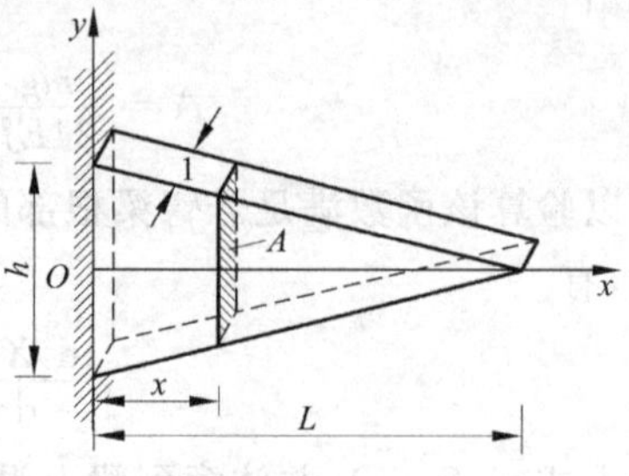

图 6.7-2

解:由给定的条件,知截面积对中心主轴的惯性矩为

$$J(x)=\frac{1}{12}\left[h\left(1-\frac{x}{L}\right)\right]^3$$

设振型函数

$$X(x)=\frac{ax^2}{L^2},\quad \frac{\mathrm{d}^2X(x)}{\mathrm{d}x^2}=\frac{2a}{L^2}$$

它满足全部边界条件

$$x=0\text{ 时},X(0)=0,\quad \frac{\mathrm{d}X(0)}{\mathrm{d}x}=0$$

$$x=L\text{ 时},EJ(L)\frac{\mathrm{d}^2X(L)}{\mathrm{d}x^2}=0,\quad \frac{\mathrm{d}}{\mathrm{d}x}\left[EJ(L)\frac{\mathrm{d}^2X(L)}{\mathrm{d}x^2}\right]=0$$

将所设的试探函数及其二阶导函数代入方程(6.7-11)得

$$\omega^2=\frac{U_{\max}}{T^*}=\frac{\int_0^L E\frac{1}{12}[h(1-x/L)]^3(2a/L^2)^2\mathrm{d}x}{\int_0^L \rho h(1-x/L)(ax^2/L^2)^2\mathrm{d}x}$$

$$=\frac{Eh^3a^2/12L^3}{\rho hLa^2/30}=2.5\frac{Eh^2}{\rho L^4}$$

基频的近似值为

$$\omega=1.5811\sqrt{\frac{Eh^2}{\rho L^4}}$$

精确值为

$$\omega_1=1.5343\sqrt{\frac{Eh^2}{\rho L^4}}$$

由瑞利法求出的基频较精确值高 3.05%。

6.8 瑞利-里兹法

瑞利-里兹(Rayleigh-Ritz)法是在瑞利法的基础上进行了改进的方法,能求出更精确的基频,由于瑞利商提供了第一阶固有频率的上限($R\geqslant\omega_1^2$),可见瑞利-里兹法降低了基频的估计值。另一方面瑞利-里兹法可以求得高阶固有频率和固有振型的近似值。瑞利-里兹法的基本思想是把连续系统离散化为有限自由度系统,然后根据机械能守恒定律进行计算。

按照瑞利-里兹法，对于任意连续系统特征值问题的近似解可以由线性组合的形式构成，即

$$U(x)=\sum_{i=1}^{n}a_iu_i(x) \tag{6.8-1}$$

式中，$U(x)$为假定振型的试探函数，a_i为待定系数，$u_i(x)$是由分析者指定的空间坐标x的函数。函数$u_i(x)$应满足系统的边界条件，至少必须满足几何边界条件，同时必须是彼此独立的，但不同于振型函数，它们不需要满足系统的微分方程，然而它们必须具有对自变量x的导数，且导数的阶数至少应等于特征值问题的微分方程的阶数。系数a_i的确定应使函数$U(x)$与系统的振型函数极为接近，数学上，这相当于去寻找使瑞利商有驻值的a_i值。在级数(6.8-1)中用了n个$u_i(x)$函数，实质上是把一个无限自由度系统简化为一个n自由度的系统，这种离散化方案相当于把约束$a_{n+1}=a_{n+2}=\cdots=0$强加给了系统。因为约束会增加系统的刚度，所以估计的固有频率就高于真实的固有频率，增加级数(6.8-1)中函数$u_i(x)$的数目，一般能降低估计量(至少不会增大估计量)，这样就从上面来逼近真实的固有频率。

要使估计量$R(U)$尽可能地接近真实值，就要使泛函$R(U)$成为驻值，而使$R(U)$成为驻值的必要条件是将$R(U)$分别对每个系数$a_r(r=1,2,\cdots,n)$求偏导数，并令其等于零，即有

$$\frac{\partial R}{\partial a_r}=\frac{T^*\dfrac{\partial U_{\max}}{\partial a_r}-U_{\max}\dfrac{\partial T^*}{\partial a_r}}{(T^*)^2}=0\quad(r=1,2,\cdots,n) \tag{6.8-2}$$

式中，最大势能$U_{\max}=U_{\max}(a_1,a_2,\cdots,a_n)$和参考动能$T^*=T^*(a_1,a_2,\cdots,a_n)$为未知系数$a_i$ $(i=1,2,\cdots,n)$的函数。考虑瑞利商式(6.7-12)，则上式变为

$$\frac{\partial U_{\max}}{\partial a_r}-\omega^2\frac{\partial T^*}{\partial a_r}=0\quad(r=1,2,\cdots,n) \tag{6.8-3}$$

由于设定n个线性无关函数的线性组合为连续系统假设振型的试探函数，这样就把连续系统的最大势能和参考动能表示为n个未知系数$a_i(i=1,2,\cdots,n)$的二次型，即

$$U_{\max}(a_1,a_2,\cdots,a_n)=\frac{1}{2}\sum_{i=1}^{n}\sum_{j=1}^{n}k_{ij}a_ia_j \tag{6.8-4}$$

$$T^*(a_1,a_2,\cdots,a_n)=\frac{1}{2}\sum_{i=1}^{n}\sum_{j=1}^{n}m_{ij}a_ia_j \tag{6.8-5}$$

式中系数k_{ij}和m_{ij}是对称的，即有$k_{ij}=k_{ji}$，$m_{ij}=m_{ji}(i,j=1,2,\cdots,n)$。故式(6.8-3)的偏导数可以写成

$$\begin{aligned}\frac{\partial U_{\max}}{\partial a_r}&=\frac{1}{2}\sum_{i=1}^{n}\sum_{j=1}^{n}k_{ij}\left(\frac{\partial a_i}{\partial a_r}a_j+a_i\frac{\partial a_j}{\partial a_r}\right)=\frac{1}{2}\sum_{i=1}^{n}\sum_{j=1}^{n}k_{ij}(\delta_{ir}a_j+\delta_{jr}a_i)\\&=\frac{1}{2}\left[\sum_{j=1}^{n}k_{rj}a_j+\sum_{i=1}^{n}k_{ir}a_i\right]=\sum_{j=1}^{n}k_{rj}a_j\quad(r=1,2,\cdots,n)\end{aligned} \tag{6.8-6}$$

式中，δ_{jr}和δ_{ir}为克朗尼格δ符号。用类似的方法可得

$$\frac{\partial T^*}{\partial a_r}=\sum_{j=1}^{n}m_{rj}a_j\quad(r=1,2,\cdots,n) \tag{6.8-7}$$

将式(6.8-6)和式(6.8-7)代入方程(6.8-3)，可得齐次方程组

$$\sum_{j=1}^{n}(k_{rj}-\omega^2m_{rj})a_j=0\quad(r=1,2,\cdots,n) \tag{6.8-8}$$

该方程组是关于 n 自由度离散系统的特征值问题,写成矩阵形式为

$$\boldsymbol{K}\boldsymbol{a} = \omega^2 \boldsymbol{M}\boldsymbol{a} \tag{6.8-9}$$

式中,$\boldsymbol{K}$ 和 $\boldsymbol{M}$ 为 $n\times n$ 阶的对称常数矩阵,分别称为刚度矩阵和质量矩阵。方程(6.8-9)的解给出了 n 个固有频率 $\omega_r(r=1,2,\cdots,n)$ 和相应的固有振型 $\boldsymbol{a}^{(r)}(r=1,2,\cdots,n)$,固有频率 ω_r 表示出连续系统前 n 个固有频率的估计量,它们给出了真实固有频率的上界。此外,将 $\boldsymbol{a}^{(r)}$ 代入式(6.8-1)可得固有振型的近似解为

$$U^{(r)}(x) = \sum_{i=1}^{n} a_i^{(r)} u_i(x) \quad (r=1,2,\cdots,n) \tag{6.8-10}$$

不难证明,振型函数 $U^{(r)}(x)$ 与连续系统的分布质量是正交的。

应用瑞利-里兹法求解连续系统的特征值问题时,由于选用级数形式的假设振型函数,所以比瑞利法有所改进,因为瑞利法只相当于取级数中的一项作为假设振型,因此求系统的基频时,瑞利-里兹法求出的基频的近似值比瑞利法求得的近似值精度高。

例 6.8-1 用式(6.8-1)作为假设振型的试探函数,推导出变截面非均质的杆、轴和梁的最大势能 $U_{\max}$ 和参考动能 T^* 关于系数 $a_i(i=1,2,\cdots,n)$ 的二次型,并求 k_{ij} 和 m_{ij} 的表达式。

解:(1) 杆的纵向振动

$$\text{势能}\quad U(t) = \frac{1}{2}\int_0^L EA(x)\left[\frac{\partial u(x,t)}{\partial x}\right]^2 \mathrm{d}x$$

$$\text{动能}\quad T(t) = \frac{1}{2}\int_0^L m(x)\left[\frac{\partial u(x,t)}{\partial t}\right]^2 \mathrm{d}x$$

令

$$u(x,t) = U(x)\sin(\omega t + \varphi)$$

则最大势能、最大动能和参考动能分别为

$$U_{\max} = \frac{1}{2}\int_0^L EA(x)\left[\frac{\mathrm{d}U(x)}{\mathrm{d}x}\right]^2 \mathrm{d}x$$

$$T_{\max} = \frac{\omega^2}{2}\int_0^L m(x)U^2(x)\mathrm{d}x = \omega^2 T^*$$

$$T^* = \frac{1}{2}\int_0^L m(x)U^2(x)\mathrm{d}x$$

将式(6.8-1)代入以上各式,可得

$$\begin{aligned}
U_{\max} &= \frac{1}{2}\int_0^L EA(x)\left[\sum_{i=1}^{n} a_i \frac{\mathrm{d}u_i(x)}{\mathrm{d}x}\right]\left[\sum_{j=1}^{n} a_j \frac{\mathrm{d}u_j(x)}{\mathrm{d}x}\right]\mathrm{d}x \\
&= \frac{1}{2}\sum_{i=1}^{n}\sum_{j=1}^{n} a_i a_j \int_0^L EA(x)\frac{\mathrm{d}u_i(x)}{\mathrm{d}x}\frac{\mathrm{d}u_j(x)}{\mathrm{d}x}\mathrm{d}x \\
&= \frac{1}{2}\sum_{i=1}^{n}\sum_{j=1}^{n} k_{ij} a_i a_j
\end{aligned}$$

式中

$$k_{ij} = \int_0^L EA(x)\frac{\mathrm{d}u_i(x)}{\mathrm{d}x}\frac{\mathrm{d}u_j(x)}{\mathrm{d}x}\mathrm{d}x \quad (i,j=1,2,\cdots,n)$$

类似地

$$T^* = \frac{1}{2}\int_0^L m(x)\Big[\sum_{i=1}^n a_i u_i(x)\Big]\Big[\sum_{j=1}^n a_j u_j(x)\Big]\mathrm{d}x = \frac{1}{2}\sum_{i=1}^n \sum_{j=1}^n m_{ij} a_i a_j$$

式中

$$m_{ij} = \int_0^L m(x) u_i(x) u_j(x)\mathrm{d}x \quad (i,j = 1,2,\cdots,n)$$

显然，系数 k_{ij} 和 m_{ij} 是对称的。

关于轴的扭转振动，只需将以上各式中杆的轴向刚度 $EA(x)$ 和单位长度质量 $m(x)$ 分别用轴的截面抗扭刚度 $GJ_\rho(x)$ 和单位长度转动惯量 $I(x)$ 代替即可。

(2) 梁的弯曲振动

$$\text{势能}\quad U(t) = \frac{1}{2}\int_0^L EJ(x)\left[\frac{\partial^2 y(x,t)}{\partial x^2}\right]^2 \mathrm{d}x$$

$$\text{动能}\quad T(t) = \frac{1}{2}\int_0^L m(x)\left[\frac{\partial y(x,t)}{\partial t}\right]^2 \mathrm{d}x$$

令

$$y(x,t) = Y(x)\sin(\omega t + \varphi)$$

则最大势能、最大动能和参考动能分别为

$$U_{\max} = \frac{1}{2}\int_0^L EJ(x)\left[\frac{\mathrm{d}^2 Y(x)}{\mathrm{d}x^2}\right]^2 \mathrm{d}x$$

$$T_{\max} = \frac{\omega^2}{2}\int_0^L m(x) Y^2(x)\mathrm{d}x = \omega^2 T^*$$

$$T^* = \frac{1}{2}\int_0^L m(x) Y^2(x)\mathrm{d}x$$

将式(6.8-1)代入以上各式，可得

$$\begin{aligned} U_{\max} &= \frac{1}{2}\int_0^L EJ(x)\left[\sum_{i=1}^n a_i \frac{\mathrm{d}^2 u_i(x)}{\mathrm{d}x^2}\right]\left[\sum_{j=1}^n a_j \frac{\mathrm{d}^2 u_j(x)}{\mathrm{d}x^2}\right]\mathrm{d}x \\ &= \frac{1}{2}\sum_{i=1}^n \sum_{j=1}^n a_i a_j \int_0^L EJ(x) \frac{\mathrm{d}^2 u_i(x)}{\mathrm{d}x^2}\frac{\mathrm{d}^2 u_j(x)}{\mathrm{d}x^2}\mathrm{d}x = \frac{1}{2}\sum_{i=1}^n \sum_{j=1}^n k_{ij} a_i a_j \end{aligned}$$

式中

$$k_{ij} = \int_0^L EJ(x)\frac{\mathrm{d}^2 u_i(x)}{\mathrm{d}x^2}\frac{\mathrm{d}^2 u_j(x)}{\mathrm{d}x^2}\mathrm{d}x \quad (i,j = 1,2,\cdots,n)$$

类似地有

$$\begin{aligned} T^* &= \frac{1}{2}\int_0^L m(x)\Big[\sum_{i=1}^n a_i u_i(x)\Big]\Big[\sum_{j=1}^n a_j u_j(x)\Big]\mathrm{d}x \\ &= \frac{1}{2}\sum_{i=1}^n \sum_{j=1}^n m_{ij} a_i a_j \end{aligned}$$

式中

$$m_{ij} = \int_0^L m(x) u_i(x) u_j(x)\mathrm{d}x \quad (i,j = 1,2,\cdots,n)$$

显然，常数 k_{ij} 和 m_{ij} 是对称的。这里 $m(x)$ 为梁的单位长度质量，$EJ(x)$ 为梁的弯曲刚度。

例 6.8-2　用瑞利-里兹法计算例 6.7-2 中楔形悬臂梁的基频。

解：由例 6.7-2 可知

$$m(x)=\rho A(x)=\rho h\left(1-\frac{x}{L}\right),\quad EJ(x)=\frac{E}{12}\left[h\left(1-\frac{x}{L}\right)\right]^3$$

为求基频，取假设振型函数的试探函数为

$$U(x)=a_1u_1(x)+a_2u_2(x)=a_1x^2+a_2x^3,\quad \frac{\mathrm{d}^2U(x)}{\mathrm{d}x^2}=2a_1+6a_2x$$

变截面梁弯曲振动的最大势能 $U_{\max}$ 和参考动能 T^* 为

$$\begin{aligned}U_{\max}&=\frac{1}{2}\int_0^L EJ(x)\left[\frac{\mathrm{d}^2U(x)}{\mathrm{d}x^2}\right]^2\mathrm{d}x\\&=\frac{Eh^3}{24L^3}\int_0^L(L-x)^3(2a_1+6a_2x)^2\mathrm{d}x\\&=\frac{Eh^3L}{24}\left(a_1^2+\frac{6}{5}a_1a_2L+\frac{3}{5}a_2^2L^2\right)\\T^*&=\frac{1}{2}\int_0^L\rho A(x)[U(x)]^2\mathrm{d}x\\&=\frac{\rho h}{2L}\int_0^L(L-x)(a_1x^2+a_2x^3)^2\mathrm{d}x\\&=\frac{\rho h}{2}\left(a_1^2\frac{L^5}{30}+2a_1a_2\frac{L^6}{42}+a_2^2\frac{L^7}{56}\right)\end{aligned}$$

可见，$U_{\max}$ 和 T^* 均是待定系数 a_1 和 a_2 的二次型。由式(6.8-6)得

$$\frac{\partial U_{\max}}{\partial a_1}=\frac{Eh^3L}{12}\left(a_1+\frac{3}{5}a_2L\right)=\sum_{j=1}^2k_{1j}a_j$$

$$\frac{\partial U_{\max}}{\partial a_2}=\frac{Eh^3L}{12}\left(\frac{3}{5}a_1L+\frac{3}{5}a_2L^2\right)=\sum_{j=1}^2k_{2j}a_j$$

因此

$$k_{11}=\frac{Eh^3L}{12},\quad k_{12}=k_{21}=\frac{Eh^3L^2}{20},\quad k_{22}=\frac{Eh^3L^3}{20}$$

由式(6.8-7)得

$$\frac{\partial T^*}{\partial a_1}=\rho h\left(a_1\frac{L^5}{30}+a_2\frac{L^6}{42}\right)=\sum_{j=1}^2m_{1j}a_j$$

$$\frac{\partial T^*}{\partial a_2}=\rho h\left(a_1\frac{L^6}{42}+a_2\frac{L^7}{56}\right)=\sum_{j=1}^2m_{2j}a_j$$

因此

$$m_{11}=\frac{\rho hL^5}{30},\quad m_{12}=m_{21}=\frac{\rho hL^6}{42},\quad m_{22}=\frac{\rho hL^7}{56}$$

由此得特征值问题为

$$\begin{bmatrix}\frac{Eh^3L}{12}-\frac{\rho hL^5}{30}\omega^2 & \frac{Eh^3L^2}{20}-\frac{\rho hL^6}{42}\omega^2\\ \frac{Eh^3L^2}{20}-\frac{\rho hL^6}{42}\omega^2 & \frac{Eh^3L^3}{20}-\frac{\rho hL^7}{56}\omega^2\end{bmatrix}\begin{bmatrix}a_1\\a_2\end{bmatrix}=\begin{bmatrix}0\\0\end{bmatrix}$$

令 $\lambda=\frac{\rho L^4}{Eh^2}\omega^2$，得频率方程为

$$\left(\frac{1}{12}-\frac{1}{30}\lambda\right)\left(\frac{1}{20}-\frac{1}{56}\lambda\right)-\left(\frac{1}{20}-\frac{1}{42}\lambda\right)^2=0$$

即有

$$10\lambda^2 - 273\lambda + 588 = 0$$

解之得

$$\lambda_1 = 2.3574$$

所以固有频率为

$$\omega_1 = 1.5354\sqrt{\frac{Eh^2}{\rho L^4}}$$

在例 6.7-2 中已给出基频的精确解为

$$\omega_1 = 1.5343\sqrt{\frac{Eh^2}{\rho L^4}}$$

可见，由瑞利-里兹法求得的基频更接近于精确值，误差仅为 0.09%，例 6.7-2 只相当于本例取第一项的情况。本例题也可以计算第二阶固有频率，但误差太大，只有增加级数项才能达到足够的精度，这里不再讨论。

例 6.8-3 在 $x=0$ 端固定，在 $x=L$ 端自由的变截面杆作纵向振动，设刚度与质量分布为

$$EA(x) = \frac{6}{5}EA\left[1-\frac{1}{2}\left(\frac{x}{L}\right)^2\right], \quad m(x) = \frac{6}{5}m\left[1-\frac{1}{2}\left(\frac{x}{L}\right)^2\right]$$

试用瑞利-里兹法求基频的估计值。

解：选取相应边界条件下等截面均质杆的振型函数作为式(6.8-1)中的 $u_i(x)$，即

$$u_i(x) = \sin(2i-1)\frac{\pi x}{2L} \quad (i=1,2,\cdots,n)$$

显然函数 $u_i(x)$ 满足所有的边界条件，同时又是相互独立的。根据题意仅求基频，为了比较，分别取 $n=1,n=2,n=3$ 计算 k_{ij} 和 m_{ij}。由例 6.8-1 知

$$k_{ij} = \int_0^L EA(x)\frac{\mathrm{d}u_i(x)}{\mathrm{d}x}\frac{\mathrm{d}u_j(x)}{\mathrm{d}x}\mathrm{d}x \quad (i,j=1,2,\cdots,n)$$

$$m_{ij} = \int_0^L m(x)u_i(x)u_j(x)\mathrm{d}x \quad (i,j=1,2,\cdots,n)$$

将函数 $u_i(x)(i=1,2,\cdots,n)$ 和已知条件代入上面两式，得

$$k_{ij} = \frac{6}{5}EA\frac{(2i-1)\pi}{2L}\frac{(2j-1)\pi}{2L}\int_0^L\left[1-\frac{1}{2}\left(\frac{x}{L}\right)^2\right]\cos\frac{(2i-1)\pi x}{2L}\cos\frac{(2j-1)\pi x}{2L}\mathrm{d}x$$

$$m_{ij} = \frac{6}{5}m\int_0^L\left[1-\frac{1}{2}\left(\frac{x}{L}\right)^2\right]\sin(2i-1)\frac{\pi x}{2L}\sin(2j-1)\frac{\pi x}{2L}\mathrm{d}x \quad (i,j=1,2,\cdots,n)$$

取 $n=1$，从而得系数

$$k_{11} = \frac{1}{40}\frac{EA}{L}(5\pi^5+6), \quad m_{11} = \frac{1}{10\pi^2}mL(5\pi^2-6)$$

则特征值问题方程(6.8-9)，便退化为

$$k_{11}a_1 = \omega_1^2 m_{11}a_1$$

得出固有频率的平方为

$$\omega_1^2 = \frac{k_{11}}{m_{11}} = 3.150\,445\frac{EA}{mL^2}$$

这是基频的首次近似，其结果和瑞利法所得到的结果完全一样，因为这里只取了级

数(6.8-1)中的一项，瑞利-里兹法本质上就退化成瑞利法。

取 $n=2$，从而得矩阵

$$\boldsymbol{K}=\frac{EA}{40L}\begin{bmatrix}5\pi^2+6 & \frac{27}{2}\\ \frac{27}{2} & 45\pi^2+6\end{bmatrix},\quad \boldsymbol{M}=\frac{mL}{10\pi^2}\begin{bmatrix}5\pi^2-6 & \frac{15}{2}\\ \frac{15}{2} & 5\pi^2-\frac{2}{3}\end{bmatrix}$$

将其代入特征值问题方程(6.8-9)，并解此特征值问题得

$$\omega_1^2=3.148\,199\,\frac{EA}{mL^2},\quad \boldsymbol{a}^{(1)}=\begin{bmatrix}0.999\,95\\ -0.010\,13\end{bmatrix}$$

$$\omega_2^2=23.283\,958\,\frac{EA}{mL^2},\quad \boldsymbol{a}^{(2)}=\begin{bmatrix}-0.159\,84\\ 0.987\,14\end{bmatrix}$$

显然，这里给出了较首次近似更好的基频估计量，同时还给出了第二阶固有频率的首次估计量。此外，在式(6.8-10)中引入 $\boldsymbol{a}^{(1)}$ 和 $\boldsymbol{a}^{(2)}$ 可得两个估计的振型函数，即

$$U^{(1)}(x)=0.999\,95\sin\frac{\pi x}{2L}-0.010\,13\sin\frac{3\pi x}{2L}$$

$$U^{(2)}(x)=-0.159\,84\sin\frac{\pi x}{2L}+0.987\,14\sin\frac{3\pi x}{2L}$$

振型函数绘制如图 6.8-1 所示。

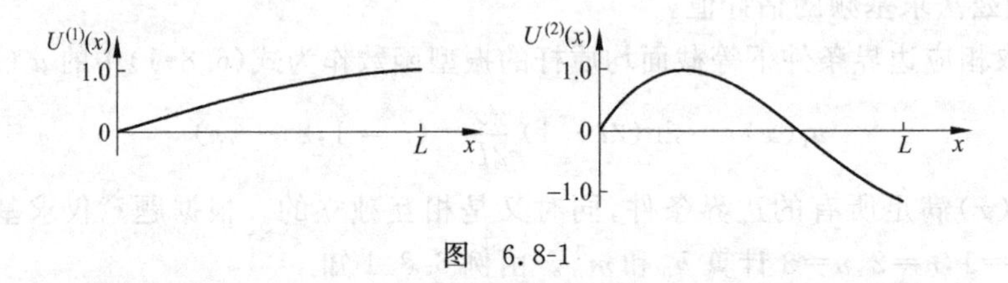

图 6.8-1

取 $n=3$，从而得矩阵

$$\boldsymbol{K}=\frac{EA}{40L}\begin{bmatrix}5\pi^2+6 & \frac{27}{2} & -\frac{25}{6}\\ \frac{27}{2} & 45\pi^2+6 & \frac{675}{8}\\ -\frac{25}{6} & \frac{675}{8} & 125\pi^2+6\end{bmatrix}$$

$$\boldsymbol{M}=\frac{mL}{10\pi^2}\begin{bmatrix}5\pi^2-6 & \frac{15}{2} & -\frac{13}{6}\\ \frac{15}{2} & 5\pi^2-\frac{2}{3} & \frac{51}{8}\\ -\frac{13}{6} & \frac{51}{8} & 5\pi^2-\frac{6}{25}\end{bmatrix}$$

解特征值问题(6.8-9)，可得

$$\omega_1^2=3.147\,958\,\frac{EA}{mL^2},\quad \boldsymbol{a}^{(1)}=\begin{bmatrix}0.999\,94\\ -0.010\,50\\ 0.001\,87\end{bmatrix}$$

$$\omega_2^2 = 23.253\,238\,\frac{EA}{mL^2},\quad \boldsymbol{a}^{(2)} = \begin{bmatrix} -0.161\,00 \\ 0.986\,57 \\ -0.027\,48 \end{bmatrix}$$

$$\omega_3^2 = 62.911\,807\,\frac{EA}{mL^2},\quad \boldsymbol{a}^{(3)} = \begin{bmatrix} 0.067\,37 \\ -0.113\,08 \\ 0.991\,30 \end{bmatrix}$$

可以清楚地看出，随着假设振型函数的级数项数增多，基频的估计值下降，从上面逼近真实的基频。因此，得到了较好的基频和第二阶固有频率的估计量，同时还提供了第三阶固有频率的首次估计量。可见，当级数项数增多时，同样也可以改进高阶频率的估计值。将特征向量 $\boldsymbol{a}^{(r)}(r=1,2,3)$ 代入式(6.8-10)中可得估计的振型函数为

$$U^{(1)}(x) = 0.999\,94\sin\frac{\pi x}{2L} - 0.010\,50\sin\frac{3\pi x}{2L} + 0.001\,87\sin\frac{5\pi x}{2L}$$

$$U^{(2)}(x) = -0.161\,00\sin\frac{\pi x}{2L} + 0.986\,57\sin\frac{3\pi x}{2L} - 0.027\,48\sin\frac{5\pi x}{2L}$$

$$U^{(3)}(x) = 0.067\,37\sin\frac{\pi x}{2L} - 0.113\,08\sin\frac{3\pi x}{2L} + 0.991\,30\sin\frac{5\pi x}{2L}$$

振型函数绘制如图 6.8-2 所示。

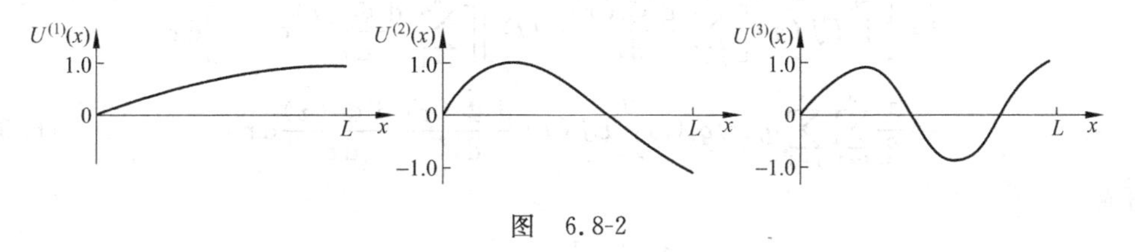

图　6.8-2

6.9 假定振型法

假定振型法是求解连续系统特征值和响应的一种近似方法，它用有限个假设振型的振动的线性组合来近似地描述弹性体的振动。如果用能量来表示瑞利-里兹法中的瑞利商，则假定振型法可得出同瑞利-里兹法一样的特征值问题，因此在这里就不讨论用假定振型法来求解连续系统的自由振动问题。另一方面，假定振型法特别有利于导出连续系统对于外激励或初始激励的响应，因此，这里应用假定振型法来求解连续系统的响应问题。

设连续系统的响应可以表示为有限级数的形式为

$$y(x,t) = \sum_{i=1}^{n} \Phi_i(x) q_i(t) \tag{6.9-1}$$

式中，$\Phi_i(x)(i=1,2,\cdots,n)$为假设振型函数，它们必须满足几何边界条件，$q_i(t)$是相应的广义坐标。与瑞利-里兹法一样，本质上相当于将连续系统离散为一个 n 自由度的系统。

应用拉格朗日方程，结合连续系统响应的离散形式式(6.9-1)，可得出关于广义坐标 $q_i(t)$的一组 n 个运动微分方程。连续系统的动能和势能分别取决于 $y(x,t)$对 t 和 x 偏导数的积分表达式，梁在弯曲振动中的动能 T 可表示为

$$T=\frac{1}{2}\int_0^L m(x)\left[\frac{\partial y(x,t)}{\partial t}\right]^2\mathrm{d}x=\frac{1}{2}\int_0^L m(x)\left[\sum_{i=1}^{n}\Phi_i(x)\dot{q}_i(t)\right]\left[\sum_{j=1}^{n}\Phi_j(x)\dot{q}_j(t)\right]\mathrm{d}x$$

$$=\frac{1}{2}\sum_{i=1}^{n}\sum_{j=1}^{n}\dot{q}_i(t)\dot{q}_j(t)\int_0^L m(x)\Phi_i(x)\Phi_j(x)\mathrm{d}x \tag{6.9-2}$$

或写成

$$T=\frac{1}{2}\sum_{i=1}^{n}\sum_{j=1}^{n}m_{ij}\dot{q}_i(t)\dot{q}_j(t) \tag{6.9-3}$$

式中

$$m_{ij}=\int_0^L m(x)\Phi_i(x)\Phi_j(x)\mathrm{d}x=m_{ji}\quad(i,j=1,2,\cdots,n) \tag{6.9-4}$$

写成矩阵形式为

$$T=\frac{1}{2}\dot{\boldsymbol{q}}^{\mathrm{T}}\boldsymbol{M}\dot{\boldsymbol{q}} \tag{6.9-5}$$

式中，$\dot{\boldsymbol{q}}=[\dot{q}_i(t)]$为广义速度向量，$\boldsymbol{M}=[m_{ij}]$为广义质量矩阵。梁在弯曲振动中的势能$U$可表示为

$$U=\frac{1}{2}\int_0^L EJ(x)\left[\frac{\partial^2 y(x,t)}{\partial x^2}\right]^2\mathrm{d}x$$

$$=\frac{1}{2}\int_0^L EJ(x)\left[\sum_{i=1}^{n}\frac{\mathrm{d}^2\Phi_i(x)}{\mathrm{d}x^2}q_i(t)\right]\left[\sum_{j=1}^{n}\frac{\mathrm{d}^2\Phi_j(x)}{\mathrm{d}x^2}q_j(t)\right]\mathrm{d}x$$

$$=\frac{1}{2}\sum_{i=1}^{n}\sum_{j=1}^{n}q_i(t)q_j(t)\int_0^L EJ(x)\frac{\mathrm{d}^2\Phi_i(x)}{\mathrm{d}x^2}\frac{\mathrm{d}^2\Phi_j(x)}{\mathrm{d}x^2}\mathrm{d}x \tag{6.9-6}$$

或写成

$$U=\frac{1}{2}\sum_{i=1}^{n}\sum_{j=1}^{n}k_{ij}q_i(t)q_j(t) \tag{6.9-7}$$

式中

$$k_{ij}=\int_0^L EJ(x)\frac{\mathrm{d}^2\Phi_i(x)}{\mathrm{d}x^2}\frac{\mathrm{d}^2\Phi_j(x)}{\mathrm{d}x^2}\mathrm{d}x=k_{ji}\quad(i,j=1,2,\cdots,n) \tag{6.9-8}$$

写成矩阵形式为

$$U=\frac{1}{2}\boldsymbol{q}^{\mathrm{T}}\boldsymbol{K}\boldsymbol{q} \tag{6.9-9}$$

式中，$\boldsymbol{q}=[q_i(t)]$为广义坐标向量，$\boldsymbol{K}=[k_{ij}]$为广义刚度矩阵。

在杆的纵向振动和轴的扭转振动中，动能和势能的表达式仍取式(6.9-3)和式(6.9-7)的形式，只是其中的k_{ij}分别为

$$\text{纵振}\quad k_{ij}=\int_0^L EA(x)\frac{\mathrm{d}\Phi_i(x)}{\mathrm{d}x}\frac{\mathrm{d}\Phi_j(x)}{\mathrm{d}x}\mathrm{d}x \tag{6.9-10}$$

$$\text{扭振}\quad k_{ij}=\int_0^L GJ_\rho(x)\frac{\mathrm{d}\Phi_i(x)}{\mathrm{d}x}\frac{\mathrm{d}\Phi_j(x)}{\mathrm{d}x}\mathrm{d}x \tag{6.9-11}$$

外激励一般可视为非保守力，因而拉格朗日方程有如下形式，即

$$\frac{\mathrm{d}}{\mathrm{d}t}\left(\frac{\partial T}{\partial\dot{q}_r}\right)-\frac{\partial T}{\partial q_r}+\frac{\partial U}{\partial q_r}=Q_r(t)\quad(r=1,2,\cdots,n) \tag{6.9-12}$$

式中，$Q_r(t)(r=1,2,\cdots,n)$为广义非有势力。

设作用于系统上的分布力和集中力可以统一表示为

$$f(x,t)+\sum_{j=1}^{s}F_j(t)\delta(x-x_j) \tag{6.9-13}$$

式中，$f(x,t)$为分布力，$F_j(t)(j=1,2,\cdots,s)$是 s 个作用于 $x=x_j(j=1,2,\cdots,s)$的集中力，借助于 δ 函数将其表示为分布力 $F_j(t)\delta(x-x_j)$。如前所述，δ 函数的定义为

$$\begin{cases}\delta(x-x_j)=0 & (x\neq x_j)\\ \int_0^L\delta(x-x_j)\mathrm{d}x=1 & (0<x_j<L)\end{cases} \tag{6.9-14}$$

由式(6.9-1)，系统的虚位移可取为

$$\delta y(x,t)=\sum_{r=1}^{n}\Phi_r(x)\delta q_r(t) \tag{6.9-15}$$

于是，外激励在系统虚位移上所做虚功为

$$\begin{aligned}\delta W&=\int_0^L\Big[f(x,t)+\sum_{j=1}^{s}F_j(t)\delta(x-x_j)\Big]\delta y(x,t)\mathrm{d}x\\ &=\int_0^L\Big[f(x,t)+\sum_{j=1}^{s}F_j(t)\delta(x-x_j)\Big]\sum_{r=1}^{n}\Phi_r(x)\delta q_r(t)\mathrm{d}x\\ &=\sum_{r=1}^{n}\Big[\int_0^L\Big(f(x,t)+\sum_{j=1}^{s}F_j(t)\delta(x-x_j)\Big)\Phi_r(x)\mathrm{d}x\Big]\delta q_r(t)\\ &=\sum_{r=1}^{n}\Big[\int_0^L f(x,t)\Phi_r(x)\mathrm{d}x+\sum_{j=1}^{s}F_j(t)\Phi_r(x_j)\Big]\delta q_r(t)\end{aligned} \tag{6.9-16}$$

按广义力的定义有

$$\delta W=\sum_{r=1}^{n}Q_r(x)\delta q_r(t) \tag{6.9-17}$$

则广义力为

$$Q_r(t)=\int_0^L f(x,t)\Phi_r(x)\mathrm{d}x+\sum_{j=1}^{s}F_j(t)\Phi_r(x_j)\quad(r=1,2,\cdots,n) \tag{6.9-18}$$

这就是对应于广义坐标 $q_r(t)$的广义力 $Q_r(t)$的表达式。

将式(6.9-3)、式(6.9-7)和式(6.9-18)代入方程(6.9-12)，得

$$\sum_{j=1}^{n}m_{rj}\ddot{q}_j(t)+\sum_{j=1}^{n}k_{rj}q_j(t)=Q_r(t)\quad(r=1,2,\cdots,n) \tag{6.9-19}$$

或写成矩阵形式为

$$\boldsymbol{M}\ddot{\boldsymbol{q}}(t)+\boldsymbol{K}\boldsymbol{q}(t)=\boldsymbol{Q}(t) \tag{6.9-20}$$

上式在形式上与一个具有 n 个自由度的离散系统的运动微分方程完全相同，因此按第5章的振型叠加法可以求出方程(6.9-20)的解。

例 6.9-1　考虑例 6.8-3 的变截面悬臂杆的纵向振动(图 6.9-1)，设在杆的自由端作用有纵向集中力 $F\sin 3\alpha t$，其中 $\alpha=\sqrt{EA/mL^2}$。求杆的纵向强迫振动的稳态响应。

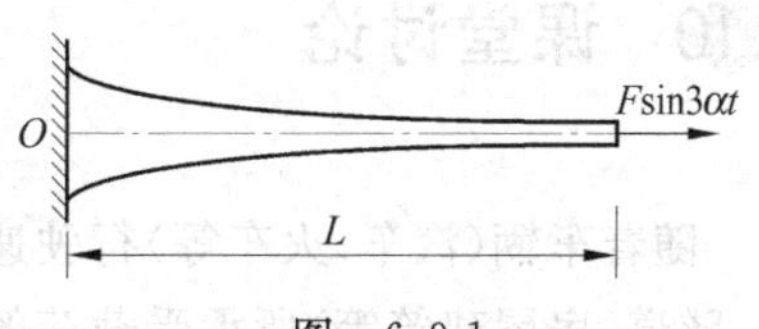

图　6.9-1

解：仍取 $x=0$ 端固定、$x=L$ 端自由的等截面均质杆纵向振动的固有振型为假设振型函数，即

$$\Phi_i(x)=\sin(2i-1)\frac{\pi x}{2L}\quad(i=1,2,\cdots,n)$$

同例 6.8-3 一样,这里取 $n=3$,则杆的纵向振动运动表示为

$$u(x,t)=\sum_{i=1}^{3}\Phi_i(x)q_i(t)$$

由式(6.9-18),广义力为

$$Q_i(t)=\Phi_i(L)F\sin 3\alpha t=(-1)^{i+1}F\sin 3\alpha t\quad(i=1,2,3)$$

于是,按式(6.9-20),有

$$\boldsymbol{M}\ddot{\boldsymbol{q}}(t)+\boldsymbol{K}\boldsymbol{q}(t)=\begin{bmatrix}1\\-1\\1\end{bmatrix}F\sin 3\alpha t$$

式中,$\boldsymbol{M}$ 和 $\boldsymbol{K}$ 均为 3×3 阶矩阵,与例 6.8-3 中的结果完全相同。当然其元素常质量系数 m_{ij} 和常刚度系数 $k_{ij}(i,j=1,2,3)$ 还可分别按式(6.9-4)和式(6.9-10)计算。

由例 6.8-3 已求得的特征值矩阵为

$$\boldsymbol{\Lambda}=\alpha^2\begin{bmatrix}3.147\,958 & 0 & 0\\0 & 23.253\,238 & 0\\0 & 0 & 62.911\,807\end{bmatrix}$$

相应的特征向量矩阵 $\boldsymbol{a}$ 为

$$\boldsymbol{a}=[\boldsymbol{a}_1\quad\boldsymbol{a}_2\quad\boldsymbol{a}_3]=\begin{bmatrix}0.999\,94 & -0.161\,00 & 0.067\,37\\-0.010\,50 & 0.986\,57 & -0.113\,08\\0.001\,87 & -0.027\,48 & 0.991\,30\end{bmatrix}$$

由此得

$$\boldsymbol{N}=\boldsymbol{a}^{\mathrm{T}}\boldsymbol{M}\boldsymbol{a}=mL\begin{bmatrix}1.374\,54 & 0 & 0\\0 & 1.457\,72 & 0\\0 & 0 & 1.503\,81\end{bmatrix}$$

取坐标变换

$$\boldsymbol{q}(t)=\boldsymbol{a}\boldsymbol{\eta}(t)$$

可得

$$\ddot{\boldsymbol{\eta}}(t)+\boldsymbol{\Lambda}\boldsymbol{\eta}(t)=\boldsymbol{N}^{-1}\boldsymbol{a}^{\mathrm{T}}\begin{bmatrix}1\\-1\\1\end{bmatrix}F\sin 3\alpha t=\begin{bmatrix}0.734\,91\\-0.806\,08\\0.779\,18\end{bmatrix}\frac{F}{mL}\sin 3\alpha t$$

由此可解 $\eta_i(t)$,将其代入坐标变换表达式,可确定 $q_i(t)$,再将各个 $q_i(t)$ 代入杆纵向振动响应公式,即可得出响应 $u(x,t)$。

6.10 课堂讨论

随着车辆(汽车、火车等)行驶速度的不断提高,交通密度的不断增加,以及交通结构(桥梁、隧道、房屋建筑等)所承受载荷的不断加重,车辆与结构的动力相互作用问题越来越受到

人们的重视。一方面,高速运行的车辆(图 6.10-1)对所通过的结构产生动力冲击作用,直接影响其工作状态和使用寿命;另一方面,结构的振动又对运行车辆的平稳性和安全性产生影响,使其成为评价结构动力设计参数是否合理的重要因素。因此,需要对结构的动力性能和结构上(中)行驶的车辆进行动力分析和对车辆-结构动力相互作用系统进行综合评估,确定它们在各种状态下的使用可靠性,以便合理地设计承受移动载荷的交通土建工程结构(铁路、公路、城市轻轨、地下铁道等)。

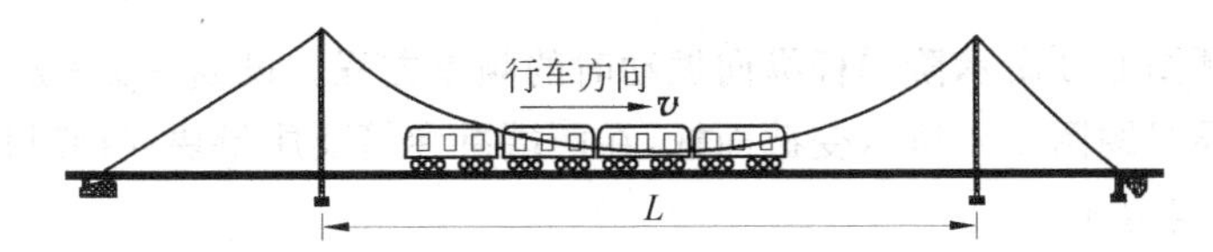

图 6.10-1　列车与桥梁的动力相互作用

列车通过铁路桥梁时,必然引起桥梁的振动。这时,桥梁结构不仅承受静力的作用,还要承受移动载荷(列车以一定速度通过时对桥梁的加载和卸载)以及桥梁和车辆的振动惯性力的作用。列车动力作用引起桥梁结构的振动可能使结构构件产生疲劳,降低其强度和稳定性;桥梁振动过大可能会对桥上行驶车辆的运行安全和稳定性产生影响;当列车的动力变化频率与桥梁结构自振频率相等或接近时,引起的共振可能会使车-桥动力响应加剧,产生意外的破坏。每次重大事故的发生总是给人们带来惨痛教训,但同时也积累一定的经验,帮助人们不断改进设计,使之适应客观规律。由于车辆载荷作用下的桥梁振动是一个复杂的问题,要想通过理论分析得到符合实际的结果,必须考虑很多因素,包括车体和转向架的质量,阻尼器和弹簧的作用,行车速度,梁跨和墩台的质量、刚度和阻尼,桥上轨道结构的型式,轨道的动力特性,车轮和轨道、轨道和梁之间的动力相互作用关系等,此外还有车轮的不平顺、轨道的几何和动力不平顺以及车轮对的蛇行运动等很多随机因素的影响,这些使得系统的动力学模型非常复杂。

课堂讨论:车-桥系统动力学模型分析

习题

6.1　一长为 L 的弦,单位长度的质量为 ρ,弦中张力为 T,左端固定,右端连接在另一弹簧-质量系统的质量 M 上,M 只能作上下微幅振动,其静平衡位置在 $y=0$ 处,如习题图 6-1 所示,求此弦横向振动的频率方程。在振动过程中,弦内张力 T 视为不变。

6.2　一等直杆左端固定,右端附一重为 W 的重物并和一弹簧相连,如习题图 6-2 所示。已知杆长为 L,单位长度的重量为 γA,弹簧刚度为 k,杆的弹性模量为 E。求系统纵向自由振动的频率方程。

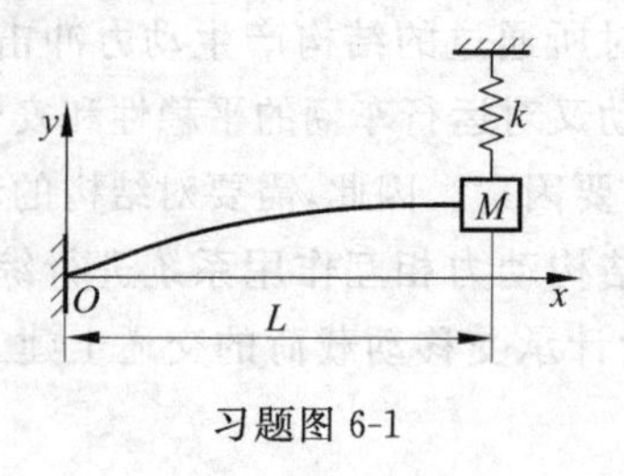

习题图 6-1

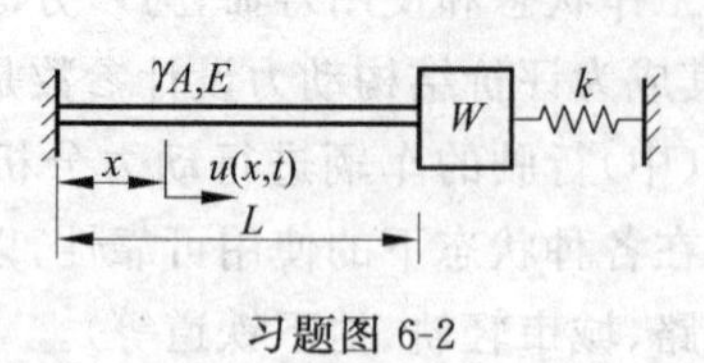

习题图 6-2

6.3　求习题图 6-3 所示阶梯杆纵向振动时的频率方程。设 $\rho_1=\rho_2=\rho$。

6.4　试推导习题图 6-4 所示变截面杆，在两端有弹簧及质量块连接时作纵向振动的振型函数的正交性表达式。

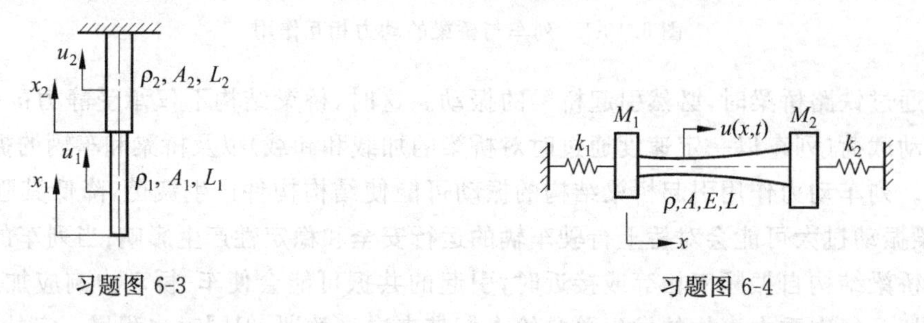

习题图 6-3　　习题图 6-4

6.5　已知如习题图 6-5 所示，试列出图(a)和图(b)两种悬臂梁的边界条件。

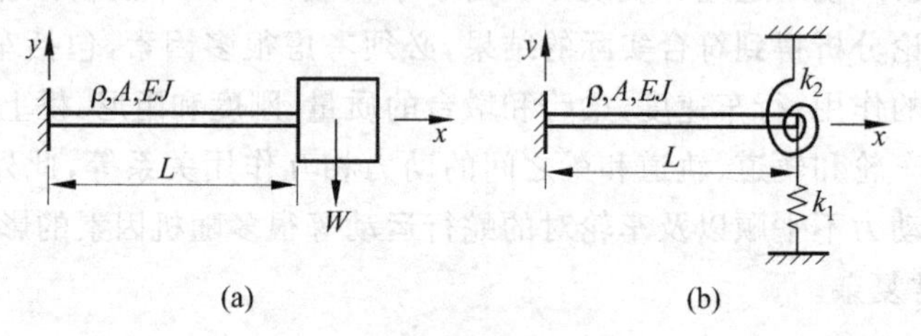

习题图 6-5

6.6　试导出习题图 6-6 所示连续梁横向振动的频率方程。

(1) $L_1\neq L_2$；

(2) $L_1=L_2=L$。

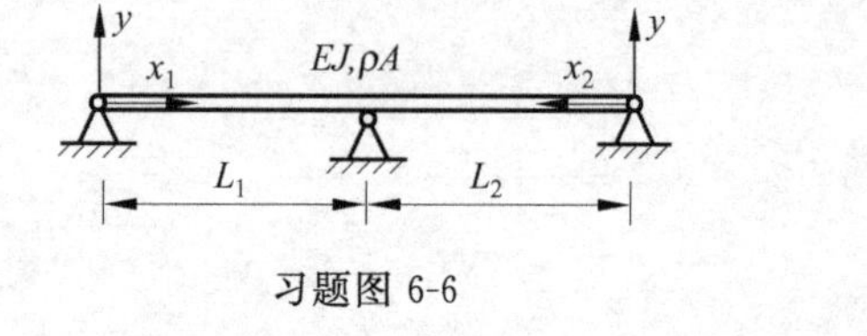

习题图 6-6

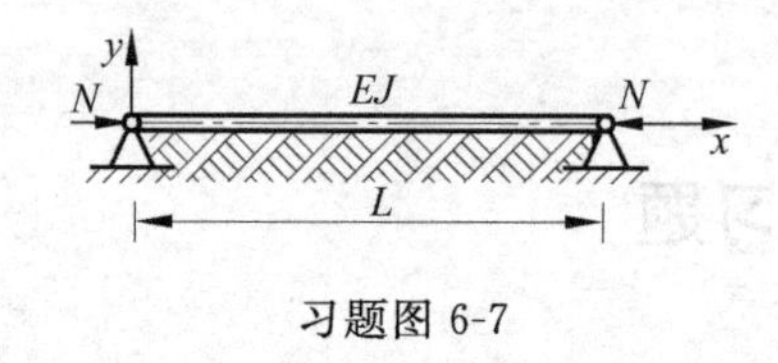

习题图 6-7

6.7　一等直梁置于连续的弹性基础上，两端简支，受常压力 N 作用，如习题图 6-7 所示。梁单位长度质量为 m，抗弯刚度为 EJ，弹性基础的刚性系数为 k。试导出梁的横向振动微分方程式，并求固有频率。

6.8　如习题图 6-8 所示两端固定的等直杆，在其中点作用一轴向常力 F，当力 F 突然取消后，求系统的响应。

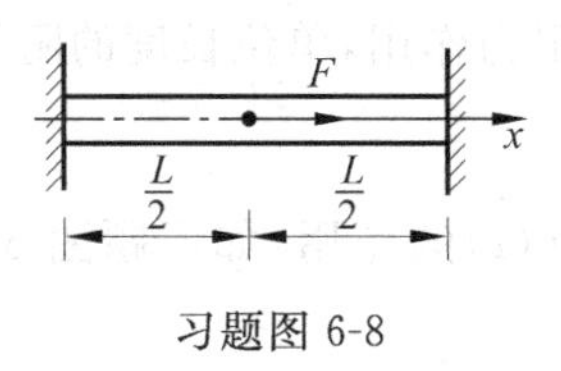

习题图 6-8

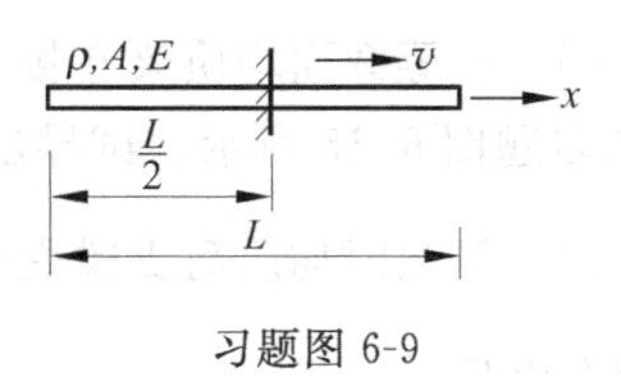

习题图 6-9

6.9　一根以常速度 v 沿 x 轴运动的杆，在 $x=L/2$ 的中点处突然停止，如习题图 6-9 所示。试求自由振动的响应。

6.10　一长度为 L 的简支梁，一端铰支，另一端由静止状态从高度为 h 处跌落到支承点上，如习题图 6-10 所示。假设在碰击到支承之前梁作刚体运动，没有能量损失，接触支承后无反弹，求此后梁形成的自由振动。

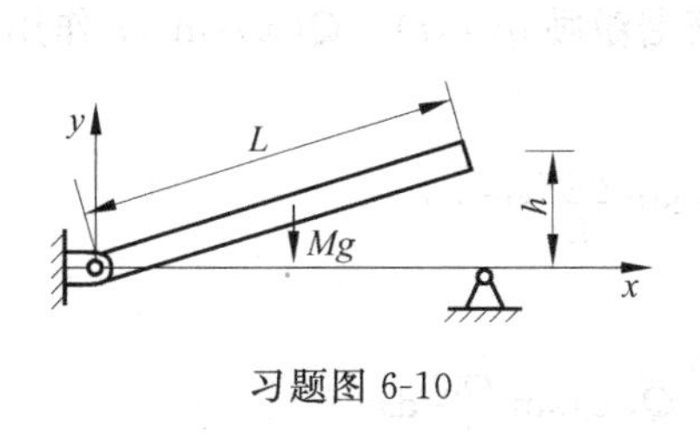

习题图 6-10

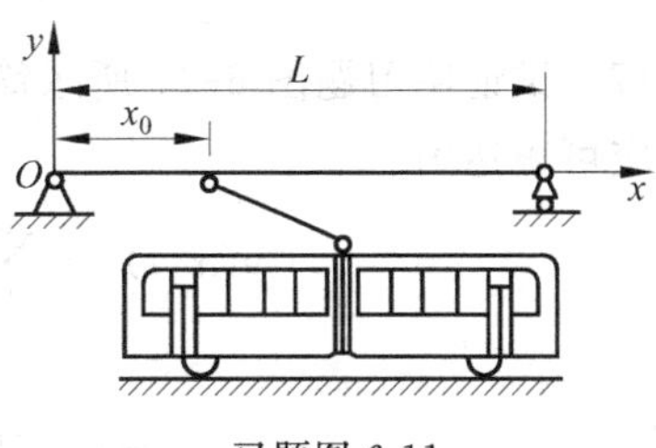

习题图 6-11

6.11　如习题图 6-11 所示为一运动的无轨电车，其集电弓以不变的力 P_0 作用于张紧的导线上，当电车运动时，此作用力以匀速 v 沿导线移动。在初始瞬时，集电弓在导线的固定支点 O 处。设振动时导线的张力为 T_0，且保持不变，导线单位长度的质量为 ρ。求导线的振动规律。

6.12　如习题图 6-12 所示为一端固定，一端自由的等截面均质杆，受沿轴线均匀分布的外激励 $f(x,t)=\dfrac{P}{L}\sin\omega t$ 作用。试求其强迫振动的稳态响应。

习题图 6-12　　习题图 6-13

6.13　如习题图 6-13 所示，均匀杆长为 L，一端固定，一端自由，正弦激励 $F_0\sin\omega t$ 作用于自由端。试求该杆在正弦激励 $F_0\sin\omega t$ 作用下的强迫纵向振动。

6.14　试求习题图 6-14 所示悬臂等直杆在固定端受到纵向支承运动 $u_s(0,t)=d\sin\omega t$ 时的稳态响应。

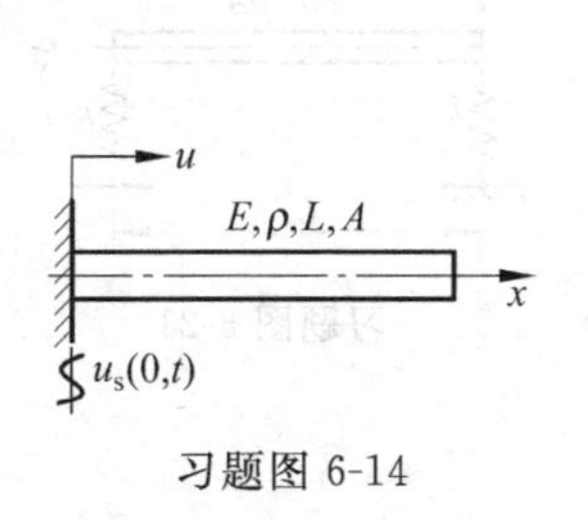

习题图 6-14

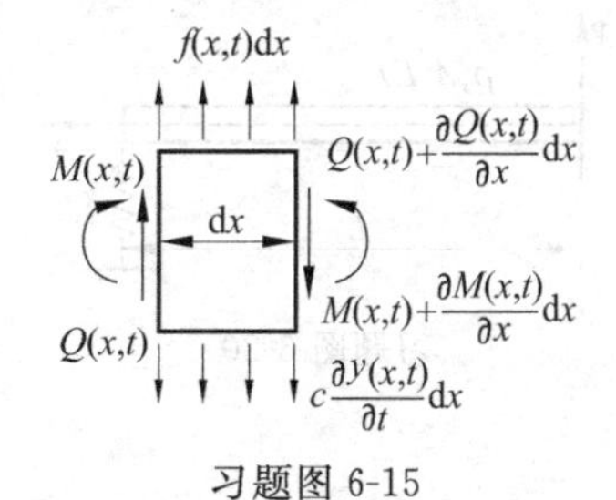

习题图 6-15

6.15 一等截面均质梁在振动时,受到与速度成正比的阻力作用,单位长度的阻尼系数为 c,如习题图 6-15 所示。试导出该梁横向振动的微分方程。

6.16 等截面均质简支梁受突加分布载荷 $f(x,t)=\frac{cx}{L}F(t)$ 的作用,如习题图 6-16 所示。求其响应。

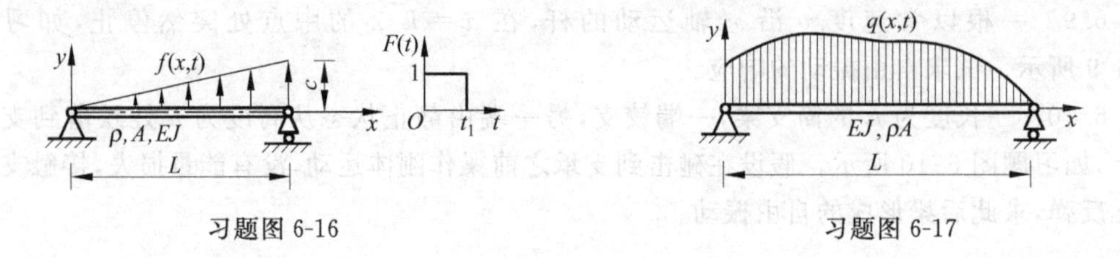

习题图 6-16 习题图 6-17

6.17 试证明习题图 6-17 所示简支梁在任意简谐激励 $q(x,t)=Q(x)\sin\omega t$ 作用下的稳态响应可表达为

$$y(x,t)=\sum_{r=1}^{\infty}\frac{D_r}{\rho A(\omega_r^2-\omega^2)}\sin\frac{r\pi x}{L}\sin\omega t$$

式中

$$\omega_r^2=\left(\frac{r\pi}{L}\right)^4\frac{EJ}{\rho A},\quad D_r=\frac{2}{L}\int_0^L Q(x)\sin\frac{r\pi x}{L}\mathrm{d}x$$

并写出 $q(x,t)=Q_0\sin\omega t$ 时梁的稳态响应。

6.18 如习题图 6-18 所示一等截面均质悬臂梁,试求其在固定端有支承运动 $y_s(t)=d\sin\omega t$ 时的稳态响应。梁的抗弯刚度为 EJ,单位长度的质量为 ρA,长度为 L。

习题图 6-18 习题图 6-19

6.19 试证明如习题图 6-19 所示铰支-自由梁,在铰支端有支承运动 $y=y_0\sin\omega t$ 时,自由端边界条件可表达为

$$Y(L)=y_0\frac{\sin\beta L-\operatorname{sh}\beta L}{\sin\beta L\operatorname{ch}\beta L-\cos\beta L\operatorname{sh}\beta L}$$

6.20 求习题图 6-20 所示一端固定一端有刚度为 k 的弹性支承的等截面均质梁的基频。

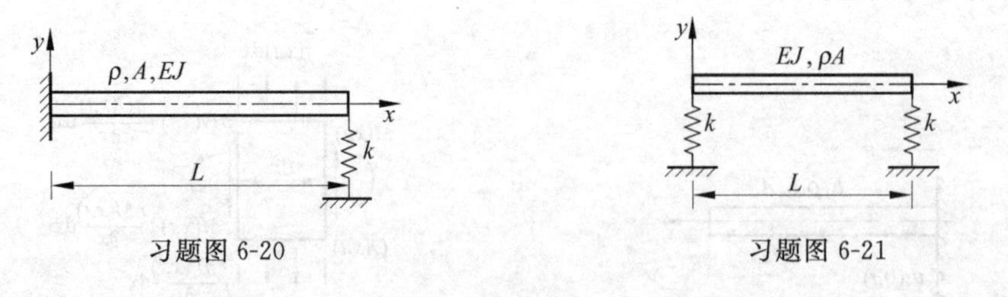

习题图 6-20 习题图 6-21

6.21 如习题图 6-21 所示为两端弹性支承的梁，E,J,ρ,A 均为常数。

(1) 写出用瑞利商法求第一阶固有频率的计算式。设试算振型函数为

$$Y = b + \sin\frac{\pi x}{L}$$

(2) b 取何值时，瑞利商最接近于实际的基频。

6.22 如习题图 6-22 所示的简支梁，中间带有一集中质量 M，且 $M=\rho AL$。试求前三阶固有频率和振型函数。其中第三阶近似解精度要求不高。

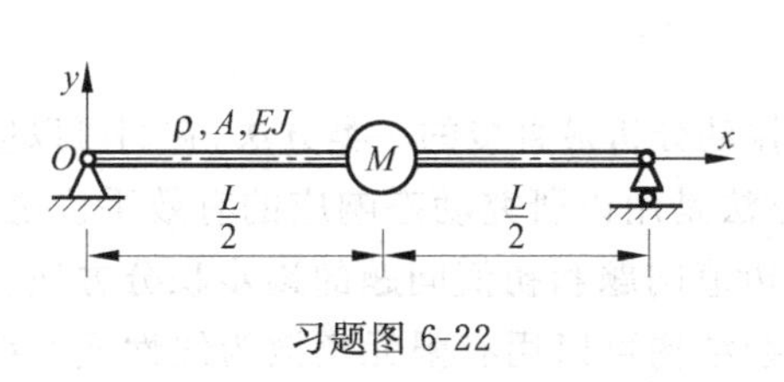

习题图 6-22

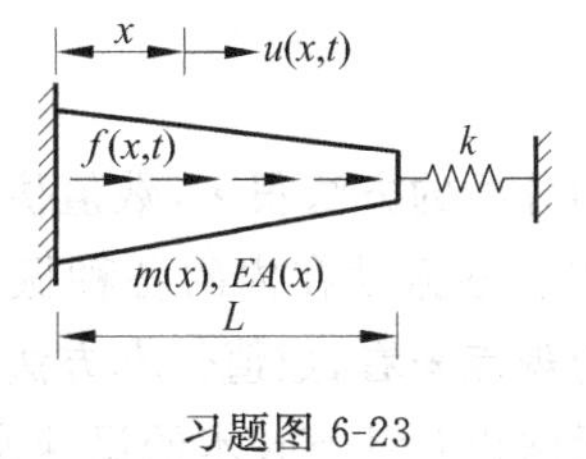

习题图 6-23

6.23 考查变截面悬臂杆的纵向振动，如习题图 6-23 所示。在 $x=L$ 处连接一弹簧 k，杆的质量和刚度分布为

$$m(x) = \frac{6}{5}m\left[1-\frac{1}{2}\left(\frac{x}{L}\right)^2\right],\quad EA(x) = \frac{6}{5}EA\left[1-\frac{1}{2}\left(\frac{x}{L}\right)^2\right]$$

设杆受外力 $f(x,t)=f_0 u(t)$，其中 f_0 为常数，$u(t)$ 为单位阶跃函数。求杆的纵向强迫振动的响应。

习题解答

CHAPTER

第7章 振动的仿真

振动分析的方法很多,数值仿真方法是进行振动分析最直接的一类方法,它们可以应用于包括非线性振动在内的各种振动问题,这类方法是用以研究动态响应的有效手段之一。从数学的观点来看,数值仿真方法是解微分方程边值问题和初值问题的逐步积分方法。近代有限元法以及计算技术的迅速发展,使大型复杂结构可以用有限元离散为线性或非线性多自由度系统,这就要求在结构动力学响应计算方面应采用实用有效的数值仿真方法,才能对系统在任意激励下的动态响应进行分析。数值仿真方法的特点是在时间域内对响应的时间历程进行离散,把运动微分方程分为各离散时刻的方程,将某时刻的速度和加速度用相邻时刻的各位移的线性组合表示,于是系统的运动微分方程就化为一个由位移组成的某离散时刻的代数方程组,对耦合的系统运动微分方程进行逐步数值积分,从而求出在一系列离散时刻上的响应值。所以这种数值仿真方法称为逐步积分法(或直接积分法)。

通常的振动问题自由度很多,运算量很大,使得其求解必须花费很大的代价。为了尽量缩短计算时间,提高计算精度,必须采用高效率的计算方法。目前用于求解多自由度线性振动系统的常用方法有:中心差分法、侯博特(Houbolt)法、威尔逊-θ(Wilson-θ)法、纽马克-β(Newmark-β)法等。对于高频分量和低频分量混合的问题,若采用无条件稳定的解法,可以提高计算效率。

7.1 中心差分法

中心差分法是直接积分法的一种,它是将系统的运动微分方程在时间域内离散,化成对时间的差分格式,然后根据初始条件,利用逐步积分求出在一系列离散时刻上的响应值。

离散系统的运动微分方程为

$$\boldsymbol{M}\ddot{\boldsymbol{x}} + \boldsymbol{C}\dot{\boldsymbol{x}} + \boldsymbol{K}\boldsymbol{x} = \boldsymbol{R}(t) \tag{7.1-1}$$

式中,$\boldsymbol{M}$,$\boldsymbol{C}$,$\boldsymbol{K}$ 分别为系统的质量矩阵、阻尼矩阵和刚度矩阵;$\ddot{\boldsymbol{x}}$,$\dot{\boldsymbol{x}}$,$\boldsymbol{x}$ 分别表示系统的加速度、速度和位移;$\boldsymbol{R}(t)$是外力向量。

假定在 $t=0$ 时,位移、速度和加速度分别为已知的 $\boldsymbol{x}_0$,$\dot{\boldsymbol{x}}_0$,$\ddot{\boldsymbol{x}}_0$。为了求解系统的运动微分方程在时间区间$[0,T]$的解,把时间全程 T 划分为 n 等份,即

$$\Delta t = T/n \tag{7.1-2}$$

以确定在时刻 $t_0=0, t_1=\Delta t, t_2=2\Delta t, \cdots, t_n=n\Delta t=T$ 的近似解。

在中心差分法中,按中心差分将速度和加速度向量离散化为

$$\dot{\boldsymbol{x}}_t = \frac{1}{2\Delta t}(\boldsymbol{x}_{t+\Delta t} - \boldsymbol{x}_{t-\Delta t}) \tag{7.1-3}$$

$$\ddot{\boldsymbol{x}}_t = \frac{1}{\Delta t^2}(\boldsymbol{x}_{t-\Delta t} - 2\boldsymbol{x}_t + \boldsymbol{x}_{t+\Delta t}) \tag{7.1-4}$$

由以上两式可见，t 时刻的速度和加速度是以相邻时刻的位移表示的。考虑在 t 时刻的动力方程为

$$\boldsymbol{M}\ddot{\boldsymbol{x}}_t + \boldsymbol{C}\dot{\boldsymbol{x}}_t + \boldsymbol{K}\boldsymbol{x}_t = \boldsymbol{R}_t \tag{7.1-5}$$

将式(7.1-3)和式(7.1-4)代入式(7.1-5)，有

$$\hat{\boldsymbol{K}}\boldsymbol{x}_{t+\Delta t} = \hat{\boldsymbol{R}}_t \tag{7.1-6}$$

式中

$$\hat{\boldsymbol{K}} = \frac{1}{\Delta t^2}\boldsymbol{M} + \frac{1}{2\Delta t}\boldsymbol{C} \tag{7.1-7}$$

$$\hat{\boldsymbol{R}}_t = \boldsymbol{R}_t - \left(\boldsymbol{K} - \frac{2}{\Delta t^2}\boldsymbol{M}\right)\boldsymbol{x}_t - \left(\frac{1}{\Delta t^2}\boldsymbol{M} - \frac{1}{2\Delta t}\boldsymbol{C}\right)\boldsymbol{x}_{t-\Delta t} \tag{7.1-8}$$

求解方程式(7.1-6)，可得 $\boldsymbol{x}_{t+\Delta t}$。但由式(7.1-8)可以看出，为求 $\boldsymbol{x}_{t+\Delta t}$ 必须使用 $\boldsymbol{x}_t$ 和 $\boldsymbol{x}_{t-\Delta t}$ 的值。可见开始计算时，即 $t=0$ 时，要计算 $\boldsymbol{x}_{\Delta t}$ 的值，就需要知道 $\boldsymbol{x}_{-\Delta t}$ 的值。因此应该有一个起始技术，因而这种算法不是自起步的。由于 $\boldsymbol{x}_0$，$\dot{\boldsymbol{x}}_0$，$\ddot{\boldsymbol{x}}_0$ 是已知的，由 $t=0$ 时的式(7.1-3)和式(7.1-4)可得

$$\boldsymbol{x}_{-\Delta t} = \boldsymbol{x}_0 - \Delta t\dot{\boldsymbol{x}}_0 + \frac{\Delta t^2}{2}\ddot{\boldsymbol{x}}_0 \tag{7.1-9}$$

中心差分法的计算机实施格式如表 7.1-1 所示。

表 7.1-1　中心差分法的计算机实施格式

A. 初始计算

(1) 形成质量矩阵 $\boldsymbol{M}$、阻尼矩阵 $\boldsymbol{C}$ 和刚度矩阵 $\boldsymbol{K}$

(2) 给出初始值 $\boldsymbol{x}_0$，$\dot{\boldsymbol{x}}_0$，$\ddot{\boldsymbol{x}}_0$

(3) 选择时间步长 Δt，$\Delta t < \Delta t_{cr}$，并计算积分常数：

$a_0 = 1/\Delta t^2$；$a_1 = 1/(2\Delta t)$；$a_2 = 2a_0$；$a_3 = 1/a_2$

(4) 计算 $\boldsymbol{x}_{-\Delta t} = \boldsymbol{x}_0 - \Delta t\dot{\boldsymbol{x}}_0 + a_3\ddot{\boldsymbol{x}}_0$

(5) 形成有效刚度矩阵 $\hat{\boldsymbol{K}}$：$\hat{\boldsymbol{K}} = a_0\boldsymbol{M} + a_1\boldsymbol{C}$

(6) 对 $\hat{\boldsymbol{K}}$ 作三角分解：$\hat{\boldsymbol{K}} = \boldsymbol{LDL}^{\mathrm{T}}$

B. 关于每一时间增量计算

(1) 计算 t 时刻的有效载荷

$\hat{\boldsymbol{R}}_t = \boldsymbol{R}_t - (\boldsymbol{K} - a_2\boldsymbol{M})\boldsymbol{x}_t - (a_0\boldsymbol{M} - a_1\boldsymbol{C})\boldsymbol{x}_{t-\Delta t}$

(2) 计算 $t+\Delta t$ 时刻的位移

$\boldsymbol{LDL}^{\mathrm{T}}\boldsymbol{x}_{t+\Delta t} = \hat{\boldsymbol{R}}_t$

(3) 如果需要，计算 t 时刻的加速度和速度

$\ddot{\boldsymbol{x}}_t = a_0(\boldsymbol{x}_{t-\Delta t} - 2\boldsymbol{x}_t + \boldsymbol{x}_{t+\Delta t})$

$\dot{\boldsymbol{x}}_t = a_1(\boldsymbol{x}_{t+\Delta t} - \boldsymbol{x}_{t-\Delta t})$

中心差分法是一种显式积分方法。需要特别指出的是，使用中心差分法必须考虑积分的时间步长 Δt 不能大于临界值 Δt_{cr}，即

$$\Delta t \leqslant \Delta t_{cr} = T_n/\pi \tag{7.1-10}$$

式中，T_n 为离散系统的最小周期。如果不满足式(7.1-10)，数值解将出现发散现象，因此这种算法不是无条件稳定的。

7.2 侯博特法

侯博特(Houbolt)法是 Houbolt 为研究飞机振动所提出的方法。该方法是以三级位移插值为基础的，通过四点的位移建立三次式，用两个向后差分公式表示在时刻 $t+\Delta t$ 的速度和加速度，即

$$\dot{\boldsymbol{x}}_{t+\Delta t} = \frac{1}{6\Delta t}(11\boldsymbol{x}_{t+\Delta t} - 18\boldsymbol{x}_t + 9\boldsymbol{x}_{t-\Delta t} - 2\boldsymbol{x}_{t-2\Delta t}) \tag{7.2-1}$$

$$\ddot{\boldsymbol{x}}_{t+\Delta t} = \frac{1}{\Delta t^2}(2\boldsymbol{x}_{t+\Delta t} - 5\boldsymbol{x}_t + 4\boldsymbol{x}_{t-\Delta t} - \boldsymbol{x}_{t-2\Delta t}) \tag{7.2-2}$$

于是，在 $t+\Delta t$ 时刻的动力方程为

$$\boldsymbol{M}\ddot{\boldsymbol{x}}_{t+\Delta t} + \boldsymbol{C}\dot{\boldsymbol{x}}_{t+\Delta t} + \boldsymbol{K}\boldsymbol{x}_{t+\Delta t} = \boldsymbol{R}_{t+\Delta t} \tag{7.2-3}$$

将速度和加速度的向量形式式(7.2-1)和式(7.2-2)代入式(7.2-3)，即得关于 $\boldsymbol{x}_{t+\Delta t}$ 的求解方程

$$\hat{\boldsymbol{K}}\boldsymbol{x}_{t+\Delta t} = \hat{\boldsymbol{R}}_{t+\Delta t} \tag{7.2-4}$$

式中

$$\hat{\boldsymbol{K}} = \boldsymbol{K} + \frac{11}{6\Delta t}\boldsymbol{C} + \frac{2}{\Delta t^2}\boldsymbol{M} \tag{7.2-5}$$

$$\hat{\boldsymbol{R}}_{t+\Delta t} = \boldsymbol{R}_{t+\Delta t} + \left(\frac{5}{\Delta t^2}\boldsymbol{M} + \frac{3}{\Delta t}\boldsymbol{C}\right)\boldsymbol{x}_t - \left(\frac{4}{\Delta t^2}\boldsymbol{M} + \frac{3}{2\Delta t}\boldsymbol{C}\right)\boldsymbol{x}_{t-\Delta t} + \left(\frac{1}{\Delta t^2}\boldsymbol{M} + \frac{1}{3\Delta t}\boldsymbol{C}\right)\boldsymbol{x}_{t-2\Delta t} \tag{7.2-6}$$

由式(7.2-4)～式(7.2-6)可以看出，要计算 $\boldsymbol{x}_{t+\Delta t}$ 时刻的解，必须使用前三步的位移 $\boldsymbol{x}_t$，$\boldsymbol{x}_{t-\Delta t}$ 和 $\boldsymbol{x}_{t-2\Delta t}$。由于该方法不是自起步的，因此需要用其他方法由 $\boldsymbol{x}_0$，$\dot{\boldsymbol{x}}_0$，$\ddot{\boldsymbol{x}}_0$ 起步，例如可用中心差分法求出 $\boldsymbol{x}_{\Delta t}$ 和 $\boldsymbol{x}_{2\Delta t}$ 后再使用 Houbolt 法的方程(7.2-4)逐步求解。

Houbolt 法的计算机实施格式如表 7.2-1 所示。

表 7.2-1　Houbolt 法的计算机实施格式

A. 初始计算

(1) 形成质量矩阵 $\boldsymbol{M}$、阻尼矩阵 $\boldsymbol{C}$ 和刚度矩阵 $\boldsymbol{K}$

(2) 给出初始值 $\boldsymbol{x}_0$，$\dot{\boldsymbol{x}}_0$，$\ddot{\boldsymbol{x}}_0$

(3) 选择时间步长 Δt，并计算积分常数：

$a_0 = 2/\Delta t^2$；$a_1 = 11/(6\Delta t)$；$a_2 = 5/\Delta t^2$；$a_3 = 3/\Delta t$；$a_4 = -2a_0$；$a_5 = -a_3/2$；

$a_6 = a_0/2$；$a_7 = a_3/9$

(4) 使用特殊的起始过程，计算 $\boldsymbol{x}_{\Delta t}$ 和 $\boldsymbol{x}_{2\Delta t}$

(5) 形成有效刚度矩阵 $\hat{\boldsymbol{K}}$：$\hat{\boldsymbol{K}} = a_0\boldsymbol{M} + a_1\boldsymbol{C} + \boldsymbol{K}$

(6) 对 $\hat{\boldsymbol{K}}$ 作三角分解：$\hat{\boldsymbol{K}} = \boldsymbol{LDL}^{\mathrm{T}}$

续表

B. 关于每一时间增量计算

(1) 计算 $t+\Delta t$ 时刻的有效载荷

$$\hat{\boldsymbol{R}}_{t+\Delta t}=\boldsymbol{R}_{t+\Delta t}+\boldsymbol{M}(a_2\boldsymbol{x}_t+a_4\boldsymbol{x}_{t-\Delta t}+a_6\boldsymbol{x}_{t-2\Delta t})+\boldsymbol{C}(a_3\boldsymbol{x}_t+a_5\boldsymbol{x}_{t-\Delta t}+a_7\boldsymbol{x}_{t-2\Delta t})$$

(2) 计算 $t+\Delta t$ 时刻的位移

$$\boldsymbol{LDL}^{\mathrm{T}}\boldsymbol{x}_{t+\Delta t}=\hat{\boldsymbol{R}}_{t+\Delta t}$$

(3) 如果需要，计算 $t+\Delta t$ 时刻的加速度和速度

$$\ddot{\boldsymbol{x}}_{t+\Delta t}=a_0\boldsymbol{x}_{t+\Delta t}-a_2\boldsymbol{x}_t-a_4\boldsymbol{x}_{t-\Delta t}-a_6\boldsymbol{x}_{t-2\Delta t}$$

$$\dot{\boldsymbol{x}}_{t+\Delta t}=a_1\boldsymbol{x}_{t+\Delta t}-a_3\boldsymbol{x}_t-a_5\boldsymbol{x}_{t-\Delta t}-a_7\boldsymbol{x}_{t-2\Delta t}$$

Houbolt 法和中心差分法的根本不同之处是刚度矩阵 $\boldsymbol{K}$ 出现在方程(7.2-4)的左端，因此 Houbolt 法是隐式积分格式，其舍入误差与步长 Δt 的大小无关，所以 Houbolt 法是无条件稳定的。

7.3 威尔逊-θ 法

威尔逊-θ(Wilson-θ)法假定在$[t,t+\theta\Delta t]$($\theta\geqslant1$)时间间隔内，加速度呈线性变化，如图 7.3-1 所示。令 τ 为自 t 时刻开始的时间变量，适用于 $0\leqslant\tau\leqslant\theta\Delta t$，根据线性加速度的假设可得在此范围内的加速度

$$\ddot{\boldsymbol{x}}_{t+\tau}=\ddot{\boldsymbol{x}}_t+\frac{\tau}{\theta\Delta t}(\ddot{\boldsymbol{x}}_{t+\theta\Delta t}-\ddot{\boldsymbol{x}}_t)\tag{7.3-1}$$

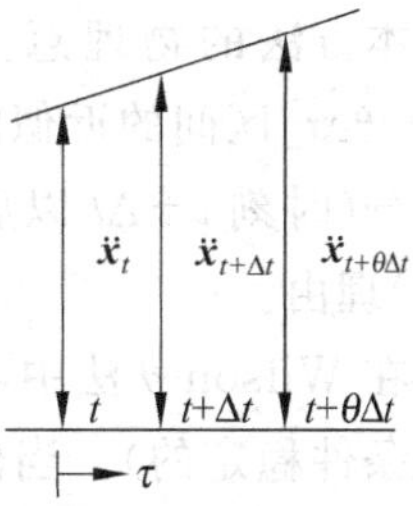

积分后得

$$\dot{\boldsymbol{x}}_{t+\tau}=\dot{\boldsymbol{x}}_t+\ddot{\boldsymbol{x}}_t\tau+\frac{\tau^2}{2\theta\Delta t}(\ddot{\boldsymbol{x}}_{t+\theta\Delta t}-\ddot{\boldsymbol{x}}_t)\tag{7.3-2}$$

$$\boldsymbol{x}_{t+\tau}=\boldsymbol{x}_t+\dot{\boldsymbol{x}}_t\tau+\frac{1}{2}\ddot{\boldsymbol{x}}_t\tau^2+\frac{\tau^3}{6\theta\Delta t}(\ddot{\boldsymbol{x}}_{t+\theta\Delta t}-\ddot{\boldsymbol{x}}_t)\tag{7.3-3}$$

图 7.3-1 Wilson-θ 法模型

若 $\tau=\theta\Delta t$，由以上两式可得 $t+\theta\Delta t$ 瞬时的速度和位移分别为

$$\dot{\boldsymbol{x}}_{t+\theta\Delta t}=\dot{\boldsymbol{x}}_t+\frac{\theta\Delta t}{2}(\ddot{\boldsymbol{x}}_{t+\theta\Delta t}+\ddot{\boldsymbol{x}}_t)\tag{7.3-4}$$

$$\boldsymbol{x}_{t+\theta\Delta t}=\boldsymbol{x}_t+\theta\Delta t\dot{\boldsymbol{x}}_t+\frac{\theta^2\Delta t^2}{6}(\ddot{\boldsymbol{x}}_{t+\theta\Delta t}+2\ddot{\boldsymbol{x}}_t)\tag{7.3-5}$$

根据以上两式，可将 $t+\theta\Delta t$ 时刻的加速度和速度用位移来表示，即

$$\ddot{\boldsymbol{x}}_{t+\theta\Delta t}=\frac{6}{\theta^2\Delta t^2}(\boldsymbol{x}_{t+\theta\Delta t}-\boldsymbol{x}_t)-\frac{6}{\theta\Delta t}\dot{\boldsymbol{x}}_t-2\ddot{\boldsymbol{x}}_t\tag{7.3-6}$$

$$\dot{\boldsymbol{x}}_{t+\theta\Delta t}=\frac{3}{\theta\Delta t}(\boldsymbol{x}_{t+\theta\Delta t}-\boldsymbol{x}_t)-2\dot{\boldsymbol{x}}_t-\frac{\theta\Delta t}{2}\ddot{\boldsymbol{x}}_t\tag{7.3-7}$$

于是，在 $t+\theta\Delta t$ 时刻的动力方程为

$$\boldsymbol{M}\ddot{\boldsymbol{x}}_{t+\theta\Delta t}+\boldsymbol{C}\dot{\boldsymbol{x}}_{t+\theta\Delta t}+\boldsymbol{K}\boldsymbol{x}_{t+\theta\Delta t}=\boldsymbol{R}_{t+\theta\Delta t}\tag{7.3-8}$$

式中

$$\boldsymbol{R}_{t+\theta\Delta t}=\boldsymbol{R}_t+\theta(\boldsymbol{R}_{t+\Delta t}-\boldsymbol{R}_t)\tag{7.3-9}$$

将加速度和速度的向量形式式(7.3-6)和式(7.3-7)以及外力关系式(7.3-9)代入式(7.3-8),即得关于$\boldsymbol{x}_{t+\theta\Delta t}$的求解方程为

$$\hat{\boldsymbol{K}}\boldsymbol{x}_{t+\theta\Delta t}=\hat{\boldsymbol{R}}_{t+\theta\Delta t} \tag{7.3-10}$$

式中

$$\hat{\boldsymbol{K}}=\boldsymbol{K}+\frac{3}{\theta\Delta t}\boldsymbol{C}+\frac{6}{\theta^2\Delta t^2}\boldsymbol{M} \tag{7.3-11}$$

$$\begin{aligned}\hat{\boldsymbol{R}}_{t+\theta\Delta t}=&\boldsymbol{R}_t+\theta(\boldsymbol{R}_{t+\Delta t}-\boldsymbol{R}_t)+\\&\boldsymbol{M}\left(\frac{6}{\theta^2\Delta t^2}\boldsymbol{x}_t+\frac{6}{\theta\Delta t}\dot{\boldsymbol{x}}_t+2\ddot{\boldsymbol{x}}_t\right)+\boldsymbol{C}\left(\frac{3}{\theta\Delta t}\boldsymbol{x}_t+2\dot{\boldsymbol{x}}_t+\frac{\theta\Delta t}{2}\ddot{\boldsymbol{x}}_t\right)\end{aligned} \tag{7.3-12}$$

求解方程式(7.3-10),可得$\boldsymbol{x}_{t+\theta\Delta t}$。求出$t+\theta\Delta t$瞬时的位移$\boldsymbol{x}_{t+\theta\Delta t}$之后,代入式(7.3-6)就可获得$\ddot{\boldsymbol{x}}_{t+\theta\Delta t}$。而后在式(7.3-1)中取$\tau=\Delta t$,并将式(7.3-6)代入,有

$$\ddot{\boldsymbol{x}}_{t+\Delta t}=\frac{6}{\theta^2\Delta t^2}(\boldsymbol{x}_{t+\theta\Delta t}-\boldsymbol{x}_t)-\frac{6}{\theta^2\Delta t}\dot{\boldsymbol{x}}_t+\left(1-\frac{3}{\theta}\right)\ddot{\boldsymbol{x}}_t \tag{7.3-13}$$

同样取$\tau=\Delta t$,将式(7.3-1)分别代入式(7.3-2)和式(7.3-3),有

$$\dot{\boldsymbol{x}}_{t+\Delta t}=\dot{\boldsymbol{x}}_t+\frac{\Delta t}{2}(\ddot{\boldsymbol{x}}_{t+\Delta t}+\ddot{\boldsymbol{x}}_t) \tag{7.3-14}$$

$$\boldsymbol{x}_{t+\Delta t}=\boldsymbol{x}_t+\Delta t\dot{\boldsymbol{x}}_t+\frac{\Delta t^2}{6}(\ddot{\boldsymbol{x}}_{t+\Delta t}+2\ddot{\boldsymbol{x}}_t) \tag{7.3-15}$$

这样就完成了一步的积分。

本方法的物理意义是:假定加速度在时刻$t\sim t+\theta\Delta t$内为线性变化,首先计算在$[t,t+\theta\Delta t]$区间的近似解,但仅取其中前半部分(到时刻$t+\Delta t$)作为正式的近似解而舍去后半部分(时刻$t+\Delta t$以后)。这种巧妙的处理并非出于物理的原因,而主要是数学的(计算技术的)理由。

在Wilson-θ法中,只要θ值取1.37以上,不管Δt取怎样的值都是稳定的(即这种算法是无条件稳定的)。当然,Δt过大,精度要降低,但只要不发散,就可根据经验和工程常识判断,灵活掌握。可见,θ的取值小于1.37的意义不大,但并不是说θ的取值只要在1.37以上,不管多大都可以。实际上,θ最好不要太大,否则精度会下降(截断误差增加)。因此,Wilson推荐的合理θ值为1.4。

Wilson-θ法的计算机实施格式如表7.3-1所示。

表7.3-1 Wilson-θ法的计算机实施格式

A. 初始计算

(1) 形成质量矩阵$\boldsymbol{M}$、阻尼矩阵$\boldsymbol{C}$和刚度矩阵$\boldsymbol{K}$

(2) 给出初始值$\boldsymbol{x}_0$,$\dot{\boldsymbol{x}}_0$,$\ddot{\boldsymbol{x}}_0$

(3) 选择时间步长Δt,取$\theta=1.4$,并计算积分常数:

$a_0=6/(\theta\Delta t)^2$;$a_1=3/(\theta\Delta t)$;$a_2=2a_1$;$a_3=\theta\Delta t/2$;$a_4=a_0/\theta$;$a_5=-a_2/\theta$;
$a_6=1-3/\theta$;$a_7=\Delta t/2$;$a_8=\Delta t^2/6$

(4) 形成有效刚度矩阵$\hat{\boldsymbol{K}}$:$\hat{\boldsymbol{K}}=a_0\boldsymbol{M}+a_1\boldsymbol{C}+\boldsymbol{K}$

(5) 对$\hat{\boldsymbol{K}}$作三角分解:$\hat{\boldsymbol{K}}=\boldsymbol{LDL}^{\mathrm{T}}$

续表

B. 关于每一时间增量计算
(1) 计算 $t+\theta\Delta t$ 时刻的有效载荷 $\hat{\boldsymbol{R}}_{t+\theta\Delta t}=\boldsymbol{R}_t+\theta(\boldsymbol{R}_{t+\Delta t}-\boldsymbol{R}_t)+\boldsymbol{M}(a_0\boldsymbol{x}_t+a_2\dot{\boldsymbol{x}}_t+2\ddot{\boldsymbol{x}}_t)+\boldsymbol{C}(a_1\boldsymbol{x}_t+2\dot{\boldsymbol{x}}_t+a_3\ddot{\boldsymbol{x}}_t)$
(2) 计算 $t+\theta\Delta t$ 时刻的位移 $\boldsymbol{LDL}^{\mathrm{T}}\boldsymbol{x}_{t+\theta\Delta t}=\hat{\boldsymbol{R}}_{t+\theta\Delta t}$
(3) 计算 $t+\Delta t$ 时刻的加速度、速度和位移 $\ddot{\boldsymbol{x}}_{t+\Delta t}=a_4(\boldsymbol{x}_{t+\theta\Delta t}-\boldsymbol{x}_t)+a_5\dot{\boldsymbol{x}}_t+a_6\ddot{\boldsymbol{x}}_t$ $\dot{\boldsymbol{x}}_{t+\Delta t}=\dot{\boldsymbol{x}}_t+a_7(\ddot{\boldsymbol{x}}_{t+\Delta t}+\ddot{\boldsymbol{x}}_t)$ $\boldsymbol{x}_{t+\Delta t}=\boldsymbol{x}_t+\Delta t\dot{\boldsymbol{x}}_t+a_8(\ddot{\boldsymbol{x}}_{t+\Delta t}+2\ddot{\boldsymbol{x}}_t)$

Wilson-θ 法是一种隐式积分方法，即每计算一步，必须解一个线性代数方程组。此外，这种算法是自起步的，$t+\Delta t$ 时刻的位移、速度和加速度都可由 t 时刻的变量表示，不需要特别的起步技术。

7.4 纽马克-β 法

纽马克-β(Newmark-β)法同样也是假定在时间间隔$[t,t+\Delta t]$内加速度呈线性变化，它的基本假定为

$$\dot{\boldsymbol{x}}_{t+\Delta t}=\dot{\boldsymbol{x}}_t+[(1-\delta)\ddot{\boldsymbol{x}}_t+\delta\ddot{\boldsymbol{x}}_{t+\Delta t}]\Delta t \tag{7.4-1}$$

$$\boldsymbol{x}_{t+\Delta t}=\boldsymbol{x}_t+\dot{\boldsymbol{x}}_t\Delta t+[(1/2-\beta)\ddot{\boldsymbol{x}}_t+\beta\ddot{\boldsymbol{x}}_{t+\Delta t}]\Delta t^2 \tag{7.4-2}$$

式中，δ 和 β 为按积分的精度和稳定性要求可以调整的参数。研究表明，当 $\delta\geqslant 1/2$，$\beta\geqslant 1/4(1/2+\delta)^2$ 时，Newmark-β 法是无条件稳定的。

Newmark-β 法每步积分应满足 $t+\Delta t$ 时刻的动力方程

$$\boldsymbol{M}\ddot{\boldsymbol{x}}_{t+\Delta t}+\boldsymbol{C}\dot{\boldsymbol{x}}_{t+\Delta t}+\boldsymbol{K}\boldsymbol{x}_{t+\Delta t}=\boldsymbol{R}_{t+\Delta t} \tag{7.4-3}$$

根据式(7.4-1)和式(7.4-2)可给出 $\ddot{\boldsymbol{x}}_{t+\Delta t}$ 和 $\dot{\boldsymbol{x}}_{t+\Delta t}$ 用 $\boldsymbol{x}_{t+\Delta t}$，$\dot{\boldsymbol{x}}_t$，$\ddot{\boldsymbol{x}}_t$ 表示的表达式，即

$$\ddot{\boldsymbol{x}}_{t+\Delta t}=\frac{1}{\beta\Delta t^2}(\boldsymbol{x}_{t+\Delta t}-\boldsymbol{x}_t)-\frac{1}{\beta\Delta t}\dot{\boldsymbol{x}}_t-\left(\frac{1}{2\beta}-1\right)\Delta t\ddot{\boldsymbol{x}}_t \tag{7.4-4}$$

$$\dot{\boldsymbol{x}}_{t+\Delta t}=\frac{\delta}{\beta\Delta t}(\boldsymbol{x}_{t+\Delta t}-\boldsymbol{x}_t)+\left(1-\frac{\delta}{\beta}\right)\dot{\boldsymbol{x}}_t+\left(1-\frac{\delta}{2\beta}\right)\Delta t\ddot{\boldsymbol{x}}_t \tag{7.4-5}$$

代入方程式(7.4-3)，就得到关于 $\boldsymbol{x}_{t+\Delta t}$ 的方程为

$$\hat{\boldsymbol{K}}\boldsymbol{x}_{t+\Delta t}=\hat{\boldsymbol{R}}_{t+\Delta t} \tag{7.4-6}$$

式中

$$\hat{\boldsymbol{K}}=\boldsymbol{K}+\frac{\delta}{\beta\Delta t}\boldsymbol{C}+\frac{1}{\beta\Delta t^2}\boldsymbol{M} \tag{7.4-7}$$

$$\begin{aligned}\hat{\boldsymbol{R}}_{t+\Delta t}=&\boldsymbol{R}_{t+\Delta t}+\boldsymbol{M}\left[\frac{1}{\beta\Delta t^2}\boldsymbol{x}_t+\frac{1}{\beta\Delta t}\dot{\boldsymbol{x}}_t+\left(\frac{1}{2\beta}-1\right)\ddot{\boldsymbol{x}}_t\right]+\\&\boldsymbol{C}\left[\frac{\delta}{\beta\Delta t}\boldsymbol{x}_t+\left(\frac{\delta}{\beta}-1\right)\dot{\boldsymbol{x}}_t+\left(\frac{\delta}{2\beta}-1\right)\Delta t\ddot{\boldsymbol{x}}_t\right]\end{aligned} \tag{7.4-8}$$

求解方程(7.4-6)就可得到 $\boldsymbol{x}_{t+\Delta t}$，然后根据式(7.4-4)和式(7.4-5)可分别解出 $\ddot{\boldsymbol{x}}_{t+\Delta t}$ 和 $\dot{\boldsymbol{x}}_{t+\Delta t}$。

Newmark-β 法的计算机实施格式如表 7.4-1 所示。

表 7.4-1 Newmark-β 法的计算机实施格式

A. 初始计算

(1) 形成质量矩阵 $\boldsymbol{M}$、阻尼矩阵 $\boldsymbol{C}$ 和刚度矩阵 $\boldsymbol{K}$

(2) 给出初始值 $\boldsymbol{x}_0, \dot{\boldsymbol{x}}_0, \ddot{\boldsymbol{x}}_0$

(3) 选择时间步长 Δt，参数 β 和 δ，并计算积分常数：($\delta \geqslant 1/2; \beta \geqslant 1/4(1/2+\delta)^2$)

$$a_0 = 1/(\beta \Delta t^2); a_1 = \delta/(\beta \Delta t); a_2 = 1/(\beta \Delta t); a_3 = 1/2\beta - 1; a_4 = \delta/\beta - 1;$$
$$a_5 = \Delta t/2(\delta/\beta - 2); a_6 = \Delta t(1-\delta); a_7 = \delta \Delta t$$

(4) 形成有效刚度矩阵 $\hat{\boldsymbol{K}}$：$\hat{\boldsymbol{K}} = a_0 \boldsymbol{M} + a_1 \boldsymbol{C} + \boldsymbol{K}$

(5) 对 $\hat{\boldsymbol{K}}$ 作三角分解：$\hat{\boldsymbol{K}} = \boldsymbol{LDL}^{\mathrm{T}}$

B. 关于每一时间增量计算

(1) 计算 $t+\Delta t$ 时刻的有效载荷

$$\hat{\boldsymbol{R}}_{t+\Delta t} = \boldsymbol{R}_{t+\Delta t} + \boldsymbol{M}(a_0 \boldsymbol{x}_t + a_2 \dot{\boldsymbol{x}}_t + a_3 \ddot{\boldsymbol{x}}_t) + \boldsymbol{C}(a_1 \boldsymbol{x}_t + a_4 \dot{\boldsymbol{x}}_t + a_5 \ddot{\boldsymbol{x}}_t)$$

(2) 求解 $t+\Delta t$ 时刻的位移

$$\boldsymbol{LDL}^{\mathrm{T}} \boldsymbol{x}_{t+\Delta t} = \hat{\boldsymbol{R}}_{t+\Delta t}$$

(3) 计算 $t+\Delta t$ 时刻的加速度和速度

$$\ddot{\boldsymbol{x}}_{t+\Delta t} = a_0 (\boldsymbol{x}_{t+\Delta t} - \boldsymbol{x}_t) - a_2 \dot{\boldsymbol{x}}_t - a_3 \ddot{\boldsymbol{x}}_t$$
$$\dot{\boldsymbol{x}}_{t+\Delta t} = \dot{\boldsymbol{x}}_t + a_6 \ddot{\boldsymbol{x}}_t + a_7 \ddot{\boldsymbol{x}}_{t+\Delta t}$$

Newmark-β 法同样也是一种隐式积分方法，是无条件稳定的方法。随着 β 数值的增加，将降低计算精度，通常 $\beta=1/12$ 时有很好的精确度，但是此时 Newmark-β 法是条件稳定的。

7.5 算例

对振动研究而言，仿真就是求运动微分方程的数值解，以研究结构系统在某种特定条件下的振动特性。本节将给出一些振动仿真的算例，这些算例将尽量体现前面的数值仿真方法的基本思路。

例 7.5-1 如图 7.5-1 所示的无阻尼两自由度系统，受常力作用，初始位移和速度都为零，用前述各种方法求其响应。

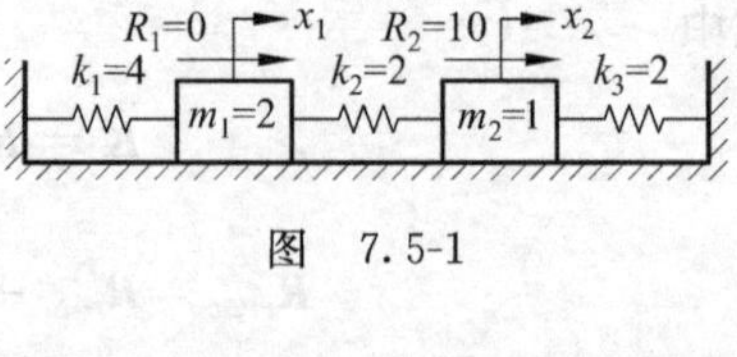

解：系统运动微分方程为

$$\begin{bmatrix} 2 & 0 \\ 0 & 1 \end{bmatrix} \begin{bmatrix} \ddot{x}_1 \\ \ddot{x}_2 \end{bmatrix} + \begin{bmatrix} 6 & -2 \\ -2 & 4 \end{bmatrix} \begin{bmatrix} x_1 \\ x_2 \end{bmatrix} = \begin{bmatrix} 0 \\ 10 \end{bmatrix}$$

图 7.5-1

已知初始条件为

$$x_{10} = x_{20} = 0, \quad \dot{x}_{10} = \dot{x}_{20} = 0$$

这里为了比较，先求出方程的精确解。由齐次方程可求出系统的固有频率、固有周期和正则振型为

$$\omega_1=\sqrt{2},\quad \omega_2=\sqrt{5},\quad T_1=4.44,\quad T_2=2.81,\quad \boldsymbol{u}=\begin{bmatrix}\frac{1}{\sqrt{3}} & \frac{1}{2}\sqrt{\frac{2}{3}}\\ \frac{1}{\sqrt{3}} & -\sqrt{\frac{2}{3}}\end{bmatrix}$$

可得满足初始条件的精确解

$$\begin{bmatrix}x_1\\x_2\end{bmatrix}=\begin{bmatrix}\frac{1}{\sqrt{3}} & \frac{1}{2}\sqrt{\frac{2}{3}}\\ \frac{1}{\sqrt{3}} & -\sqrt{\frac{2}{3}}\end{bmatrix}\begin{bmatrix}\frac{5}{\sqrt{3}}(1-\cos\sqrt{2}t)\\ 2\sqrt{\frac{2}{3}}(-1+\cos\sqrt{5}t)\end{bmatrix}$$

根据求出的固有周期 $T_1=4.44$，$T_2=2.81$ 来选取积分步长，大约取 $(1/10)T_2$ 为积分步长，在计算中取 $\Delta t=0.28$。

表 7.5-1 和表 7.5-2 给出了各种算法的位移，并与精确解相比较。图 7.5-2 给出了各种算法和精确解计算的位移与时间的关系曲线。

表 7.5-1　位移解 x_1

时 间	精确解	中心差分法	Houbolt 法	Wilson-θ 法	Newmark-β 法 $\beta=0.25,\delta=0.5$
$1\Delta t$	0.006	0.000	0.00	0.006 05	0.006 73
$2\Delta t$	0.045	0.0307	0.0307	0.0525	0.0504
$3\Delta t$	0.170	0.168	0.167	0.196	0.189
$4\Delta t$	0.520	0.487	0.461	0.490	0.485
$5\Delta t$	1.050	1.02	0.923	0.952	0.961
$6\Delta t$	1.720	1.70	1.50	1.54	1.58
$7\Delta t$	2.338	2.40	2.11	2.16	2.23
$8\Delta t$	2.861	2.91	2.60	2.67	2.76
$9\Delta t$	3.052	3.07	2.86	2.92	3.00
$10\Delta t$	2.801	2.77	2.80	2.82	2.85
$11\Delta t$	2.130	2.04	2.40	2.33	2.28
$12\Delta t$	1.157	1.02	1.72	1.54	1.40

表 7.5-2　位移解 x_2

时 间	精确解	中心差分法	Houbolt 法	Wilson-θ 法	Newmark-β 法 $\beta=0.25,\delta=0.5$
$1\Delta t$	0.379	0.392	0.392	0.366	0.364
$2\Delta t$	1.40	1.45	1.45	1.34	1.35
$3\Delta t$	2.79	2.83	2.80	2.64	2.68
$4\Delta t$	4.12	4.14	4.08	3.92	4.00
$5\Delta t$	5.04	5.02	5.02	4.88	4.95
$6\Delta t$	5.33	5.26	5.43	5.31	5.34
$7\Delta t$	4.985	4.90	5.31	5.18	5.13

续表

时 间	精确解	中心差分法	Houbolt 法	Wilson-θ 法	Newmark-β 法 $\beta=0.25,\delta=0.5$
$8\Delta t$	4.277	4.17	4.77	4.61	4.48
$9\Delta t$	3.457	3.37	4.01	3.82	3.64
$10\Delta t$	2.806	2.78	3.24	3.06	2.90
$11\Delta t$	2.434	2.54	2.63	3.52	2.44
$12\Delta t$	2.489	2.60	2.28	2.29	2.31

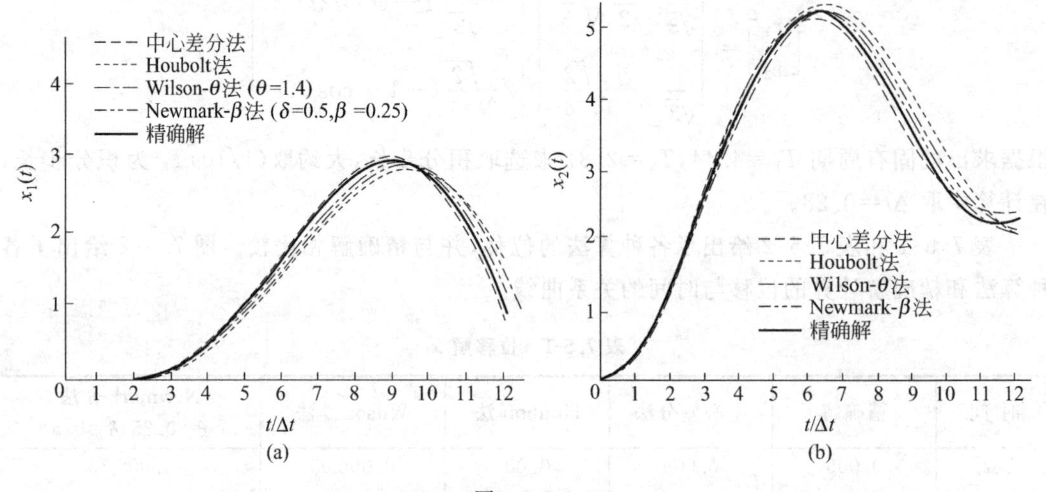

图 7.5-2

例 7.5-2 如图 7.5-3 所示的有阻尼两自由度系统，在简谐激励作用下产生振动，给定初始条件为

$$x_{10}=-\frac{7}{15},\quad x_{20}=-\frac{3}{5},\quad \dot{x}_{10}=-\frac{3}{5},\quad \dot{x}_{20}=-\frac{8}{15}$$

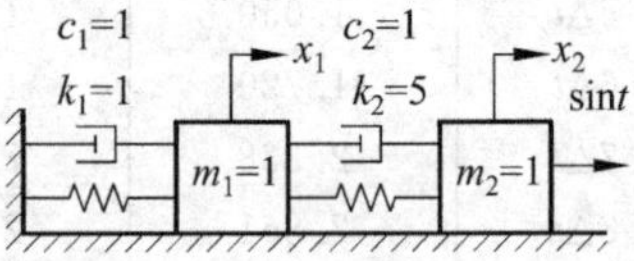

用逐步积分方法求位移响应。

$c_1=1$ $c_2=1$ x_1 x_2 $k_1=1$ $k_2=5$ $\sin t$ $m_1=1$ $m_2=1$

图 7.5-3

解：系统运动微分方程为

$$\begin{bmatrix}1&0\\0&1\end{bmatrix}\begin{bmatrix}\ddot{x}_1\\\ddot{x}_2\end{bmatrix}+\begin{bmatrix}2&-1\\-1&1\end{bmatrix}\begin{bmatrix}\dot{x}_1\\\dot{x}_2\end{bmatrix}+\begin{bmatrix}6&-5\\-5&5\end{bmatrix}\begin{bmatrix}x_1\\x_2\end{bmatrix}=\begin{bmatrix}0\\\sin t\end{bmatrix}$$

为了便于比较，求得方程的精确解为

$$\begin{bmatrix}x_1\\x_2\end{bmatrix}=-\frac{1}{15}\begin{bmatrix}9\\8\end{bmatrix}\sin t-\frac{1}{15}\begin{bmatrix}7\\9\end{bmatrix}\cos t$$

在计算中取 $\Delta t=\pi/10$。表 7.5-3 和表 7.5-4 给出了各种算法的位移，并与精确解相比较。

表 7.5-3 位移解 x_1

时 间	精确解	Wilson-θ 法 $\theta=1.3661$	Wilson-θ 法 $\theta=1.42$	Newmark-β 法 $\beta=\frac{1}{12},\delta=\frac{1}{2}$	Newmark-β 法 $\beta=\frac{1}{4},\delta=\frac{1}{2}$
$2\Delta t$	−0.7302	−0.7321	−0.7323	−0.7330	−0.7291
$4\Delta t$	−0.7148	−0.7235	−0.7243	−0.7193	−0.7168

续表

时 间	精确解	Wilson-θ 法 $\theta=1.3661$	Wilson-θ 法 $\theta=1.42$	Newmark-β 法 $\beta=\frac{1}{12},\delta=\frac{1}{2}$	Newmark-β 法 $\beta=\frac{1}{4},\delta=\frac{1}{2}$
$6\Delta t$	−0.4264	−0.4430	−0.4448	−0.4310	−0.4345
$8\Delta t$	0.0249	0.0042	0.0019	0.0216	0.0109
$10\Delta t$	0.4667	0.4491	0.4473	0.4658	0.4501
$12\Delta t$	0.7302	0.7232	0.7228	0.7320	0.7163
$14\Delta t$	0.7148	0.7228	0.7242	0.7186	0.7088
$16\Delta t$	0.4264	0.4485	0.4517	0.4306	0.4313
$18\Delta t$	−0.0249	0.0052	0.0092	−0.0218	−0.0099
$20\Delta t$	−0.4667	−0.4383	−0.4347	−0.4658	−0.4460

表 7.5-4　位移解 x_2

时 间	精确解	Wilson-θ 法 $\theta=1.3661$	Wilson-θ 法 $\theta=1.42$	Newmark-β 法 $\beta=\frac{1}{12},\delta=\frac{1}{2}$	Newmark-β 法 $\beta=\frac{1}{4},\delta=\frac{1}{2}$
$2\Delta t$	−0.7989	−0.8009	−0.8011	−0.8017	−0.7982
$4\Delta t$	−0.6926	−0.7012	−0.7020	−0.6976	−0.6955
$6\Delta t$	−0.3218	−0.3381	−0.3397	−0.3272	−0.3311
$8\Delta t$	0.1719	0.1515	0.1495	0.1679	0.1565
$10\Delta t$	0.6000	0.5826	0.5810	0.5988	0.5822
$12\Delta t$	0.7989	0.7922	0.7919	0.8007	0.7846
$14\Delta t$	0.6926	0.7014	0.7028	0.6968	0.7088
$16\Delta t$	0.3218	0.3451	0.3482	0.3267	0.3283
$18\Delta t$	−0.1719	−0.1406	−0.1366	−0.1681	−0.1548
$20\Delta t$	−0.6000	−0.5705	−0.5670	−0.5987	−0.5774

例 7.5-3　如图 7.5-4 所示的双质体振动机，当振动中心与初始平衡位置重合时，可列出以下振动微分方程

$$\begin{bmatrix} m_1 & 0 \\ 0 & m_2 \end{bmatrix}\begin{bmatrix} \ddot{x}_1 \\ \ddot{x}_2 \end{bmatrix}+\begin{bmatrix} c_1+c_2+c_0 & -(c_2+c_0) \\ -(c_2+c_0) & c_2+c_3+c_0 \end{bmatrix}\begin{bmatrix} \dot{x}_1 \\ \dot{x}_2 \end{bmatrix}+$$

$$\begin{bmatrix} k_1+k_2+k_0 & -(k_2+k_0) \\ -(k_2+k_0) & k_2+k_3+k_0 \end{bmatrix}\begin{bmatrix} x_1 \\ x_2 \end{bmatrix}$$

$$=\begin{bmatrix} -k_0 e\sin\omega t-c_0 e\omega\cos\omega t \\ k_0 e\sin\omega t+c_0 e\omega\cos\omega t \end{bmatrix}$$

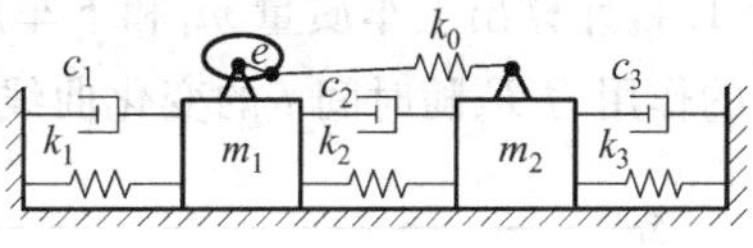

图　7.5-4

式中双质体的质量 $m_1=130.66$ kg 和 $m_2=270.72$ kg，阻尼系数 $c_1=c_2=c_3=20.5$ N · s/cm，连杆阻尼系数 $c_0=10.0$ N · s/cm，主振弹簧刚度 $k_1=k_2=k_3=15\,680$ N/cm，连杆弹簧刚度 $k_0=50\,000$ N/cm，主轴偏心矩 $e=1.6$ cm，主轴的角速度 $\omega=57.5\ \mathrm{s}^{-1}$，$t$ 为时间，x_1，x_2，$\dot{x}_1$，$\dot{x}_2$，$\ddot{x}_1$，$\ddot{x}_2$ 为质体 1 和质体 2 的位移、速度和加速度。试计算系统的响应。

解：对此振动机系统应用 Newmark-β 方法，并取 $\beta=1/4$ 和 $\delta=1/2$，计算出质体 1 的位移 x_1 和质体 2 的位移 x_2 随时间 t 的变化曲线（图 7.5-5）。

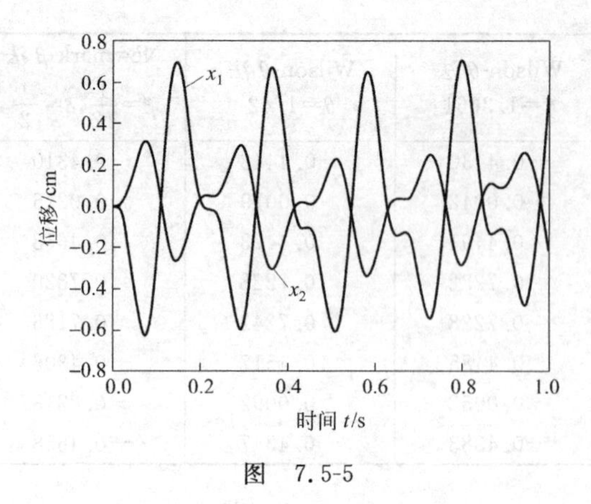

图 7.5-5

例 7.5-4 如图 7.5-6 所示为轮胎驱动振动压路机的"压路机-土"的典型模型。两个自由度的振动方程为

$$\begin{bmatrix} m_1 & 0 \\ 0 & m_2 \end{bmatrix}\begin{bmatrix} \ddot{x}_1 \\ \ddot{x}_2 \end{bmatrix}+\begin{bmatrix} c_1 & -c_1 \\ -c_1 & c_1+c_2 \end{bmatrix}\begin{bmatrix} \dot{x}_1 \\ \dot{x}_2 \end{bmatrix}+\begin{bmatrix} k_1 & -k_1 \\ -k_1 & k_1+k_2 \end{bmatrix}\begin{bmatrix} x_1 \\ x_2 \end{bmatrix}=\begin{bmatrix} 0 \\ F_0\sin\omega t \end{bmatrix}$$

$$F_s=\sqrt{(k_2x_2)^2+(c_2\dot{x}_2)^2}$$

式中

$$F_0=M_e\omega^2=F_e r\omega^2$$

其中,M_e为偏心块的静偏心质量矩,F_e为偏心力,r为偏心块的偏心矩。

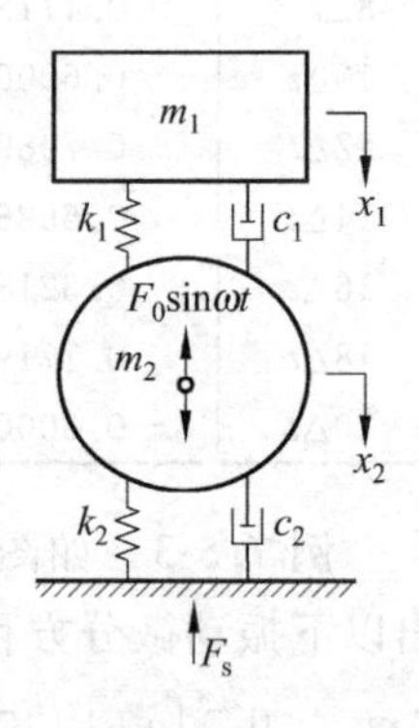

图 7.5-6

某振动压路机的上车质量 $m_1=1814$ kg,下车质量 $m_2=2903$ kg,减振器阻尼 $c_1=52.5$ N·s/cm,土的阻尼 $c_2=700.5$ N·s/cm,减振器刚度 $k_1=52.5$ kN/cm,土的刚度$k_2=140.1$ kN/cm,$M_e=510$ kg·cm,$\omega=1500$ r/min。试计算系统的响应和振动压路机下车(振动轮)对地面的作用力 F_s。

解:对此振动压路机的"压路机-土"系统应用 Wilson-θ 方法,并取 $\theta=1.4$,计算出上车质量 m_1 和下车质量 m_2 的位移 x_1、x_2 和振动轮对地面的作用力 F_s随时间 t 的变化曲线(图 7.5-7 和图 7.5-8)。

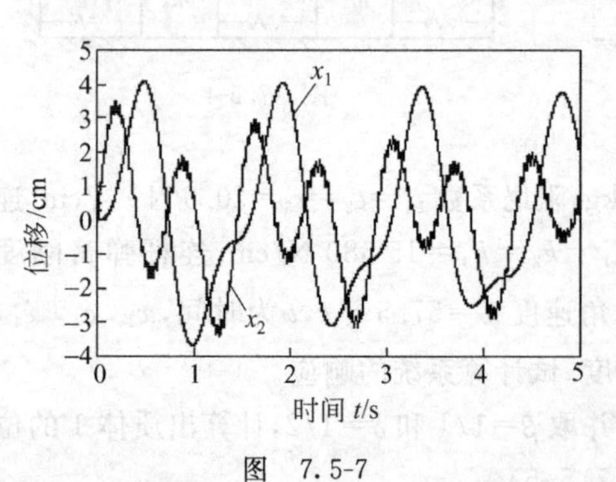

图 7.5-7

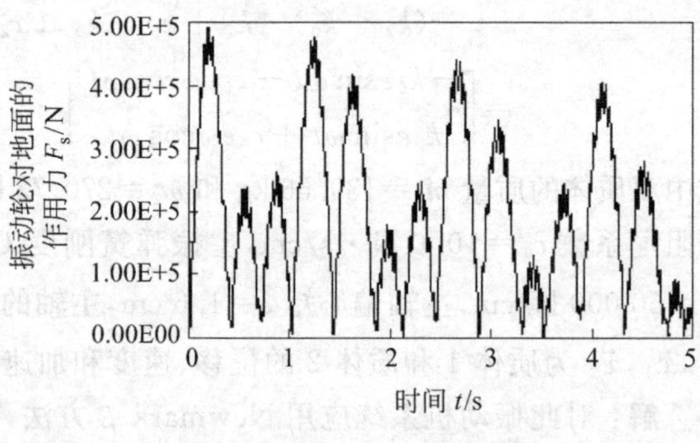

图 7.5-8

例 7.5-5 某一振动传递路径问题可以简化为如图 7.5-9 所示的系统模型，这里只考虑单激励情形。设坐标如图所示，系统的振动微分方程为

$$\boldsymbol{M}\ddot{\boldsymbol{x}} + \boldsymbol{C}\dot{\boldsymbol{x}} + \boldsymbol{K}\boldsymbol{x} = \boldsymbol{F}(t)$$

式中

$$\boldsymbol{M} = \mathrm{diag}[m_{\mathrm{s}} \quad m_{\mathrm{p1}} \quad m_{\mathrm{p2}} \quad m_{\mathrm{p3}} \quad m_{\mathrm{r}}]$$

$$\boldsymbol{C} = \begin{bmatrix} c_{\mathrm{s}} + c_{\mathrm{sp1}} + c_{\mathrm{sp2}} + c_{\mathrm{sp3}} & -c_{\mathrm{sp1}} & -c_{\mathrm{sp2}} & -c_{\mathrm{sp3}} & 0 \\ -c_{\mathrm{sp1}} & c_{\mathrm{sp1}} + c_{\mathrm{rp1}} & 0 & 0 & -c_{\mathrm{rp1}} \\ -c_{\mathrm{sp2}} & 0 & c_{\mathrm{sp2}} + c_{\mathrm{rp2}} & 0 & -c_{\mathrm{rp2}} \\ -c_{\mathrm{sp3}} & 0 & 0 & c_{\mathrm{sp3}} + c_{\mathrm{rp3}} & -c_{\mathrm{rp3}} \\ 0 & -c_{\mathrm{rp1}} & -c_{\mathrm{rp2}} & -c_{\mathrm{rp3}} & c_r + c_{\mathrm{rp1}} + c_{\mathrm{rp2}} + c_{\mathrm{rp3}} \end{bmatrix}$$

$$\boldsymbol{K} = \begin{bmatrix} k_{\mathrm{s}} + k_{\mathrm{sp1}} + k_{\mathrm{sp2}} + k_{\mathrm{sp3}} & -k_{\mathrm{sp1}} & -k_{\mathrm{sp2}} & -k_{\mathrm{sp3}} & 0 \\ -k_{\mathrm{sp1}} & k_{\mathrm{sp1}} + k_{\mathrm{rp1}} & 0 & 0 & -k_{\mathrm{rp1}} \\ -k_{\mathrm{sp2}} & 0 & k_{\mathrm{sp2}} + k_{\mathrm{rp2}} & 0 & -k_{\mathrm{rp2}} \\ -k_{\mathrm{sp3}} & 0 & 0 & k_{\mathrm{sp3}} + k_{\mathrm{rp3}} & -k_{\mathrm{rp3}} \\ 0 & -k_{\mathrm{rp1}} & -k_{\mathrm{rp2}} & -k_{\mathrm{rp3}} & k_{\mathrm{r}} + k_{\mathrm{rp1}} + k_{\mathrm{rp2}} + k_{\mathrm{rp3}} \end{bmatrix}$$

$$\boldsymbol{F}(t) = [F_0 \sin(\omega t) \quad 0 \quad 0 \quad 0 \quad 0]^{\mathrm{T}}, \quad \boldsymbol{x}(t) = [x_{\mathrm{s}} \quad x_{\mathrm{p1}} \quad x_{\mathrm{p2}} \quad x_{\mathrm{p3}} \quad x_{\mathrm{r}}]^{\mathrm{T}}$$

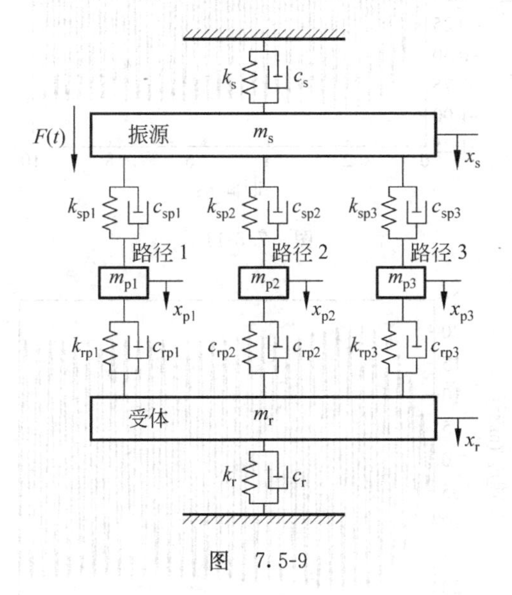

图 7.5-9

若振源系统的质量 $m_{\mathrm{s}}=0.5$ kg，振源系统的阻尼 $c_{\mathrm{s}}=1$ N·s/m，振源系统的刚度 $k_{\mathrm{s}}=500$ N/m，接受系统的质量 $m_{\mathrm{r}}=0.5$ kg，接受系统的阻尼 $c_{\mathrm{r}}=1$ N·s/m，接受系统的刚度 $k_{\mathrm{r}}=1000$ N/m，三个传递路径的质量、阻尼和刚度分别为 $m_{\mathrm{p1}}=0.4$ kg，$m_{\mathrm{p2}}=0.5$ kg，$m_{\mathrm{p3}}=0.6$ kg，$c_{\mathrm{sp1}}=c_{\mathrm{rp1}}=6$ N·s/m，$c_{\mathrm{sp2}}=c_{\mathrm{rp2}}=4$ N·s/m，$c_{\mathrm{sp3}}=c_{\mathrm{rp3}}=8$ N·s/m，$k_{\mathrm{sp1}}=k_{\mathrm{rp1}}=800$ N/m，$k_{\mathrm{sp2}}=k_{\mathrm{rp2}}=600$ N/m，$k_{\mathrm{sp3}}=k_{\mathrm{rp3}}=400$ N/m，激励的幅值 $F_0=10$ N，激励的频率 $\omega=21$ rad/s。试确定此振动传递系统的固有特性与响应。

解： 对此振动传递路径系统应用 Newmark-β 方法，并取 $\beta=1/4$ 和 $\delta=1/2$，计算出接受系统质量 m_{r} 的位移 x_{r}、速度 $\dot{x}_{\mathrm{r}}$ 和加速度 $\ddot{x}_{\mathrm{r}}$ 随时间 t 的变化曲线分别如图 7.5-10 ～

图 7.5-12 所示。

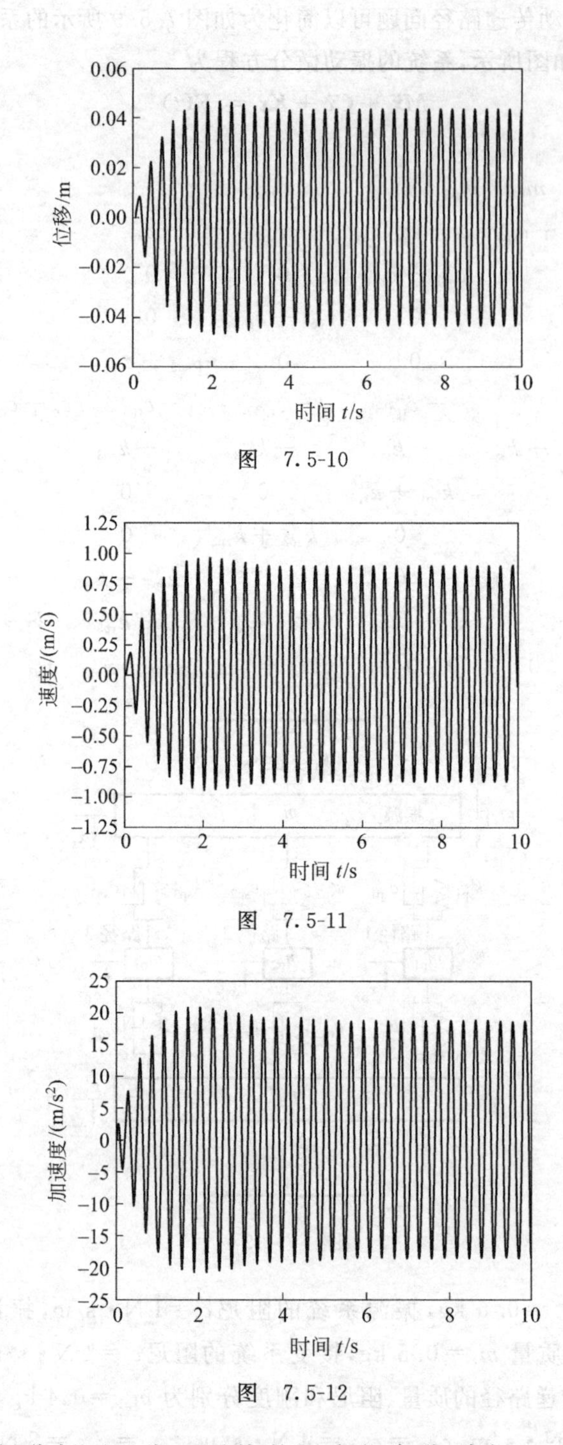

图 7.5-10

图 7.5-11

图 7.5-12

根据系统的特征分析可以发现系统的固有频率分别为 $\omega_1=21.895$ rad/s，$\omega_2=40.747$ rad/s，$\omega_3=55.371$ rad/s，$\omega_4=71.177$ rad/s，$\omega_5=87.530$ rad/s，而激励的频率取为 $\omega=21$ rad/s，这也就不难理解为什么在初始阶段系统的响应会逐渐增大。但是由于阻尼起到了吸能和耗能的作用，避免了系统的振幅随时间无限地增加。利用阻尼吸能减振的技术，早已在航天航空、军工、枪炮、汽车等行业中得到了广泛的应用。从 20 世纪 70 年代以后，人们开始逐步地把这些技术转用到建筑、桥梁、铁路等工程中，其发展十分迅速。到20世纪末，全世界已有相当数量的结构工程运用了阻尼器来吸能减振。

由于振源的激励是通过传递路径传播到接受系统的，因此取传递率（即实际传递力与激励之比）研究振动的传递路径的排序应该是有效的途径之一。这里只给出振动传递路径系统的动态响应，也就是多路径对接受体的综合贡献量。

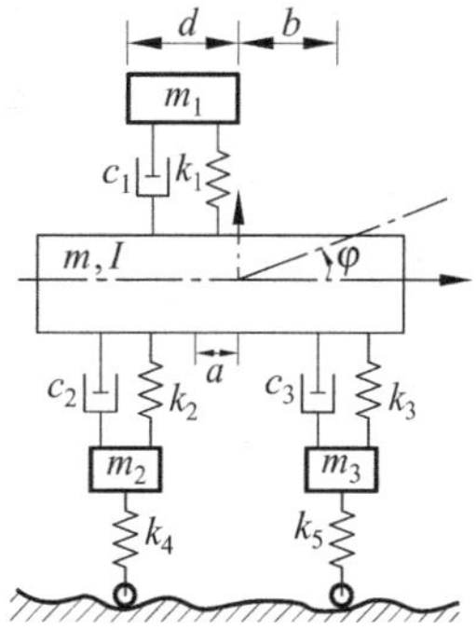

例 7.5-6 如图 7.5-13 所示的车辆系统的振动微分方程为

$$\boldsymbol{M}\ddot{\boldsymbol{x}} + \boldsymbol{C}\boldsymbol{x} + \boldsymbol{K}\boldsymbol{x} = \boldsymbol{F}(t)$$

图 7.5-13

式中

$$\boldsymbol{M} = \begin{bmatrix} m_1 & 0 & 0 & 0 & 0 \\ 0 & m_2 & 0 & 0 & 0 \\ 0 & 0 & m_3 & 0 & 0 \\ 0 & 0 & 0 & m & 0 \\ 0 & 0 & 0 & 0 & I \end{bmatrix}$$

$$\boldsymbol{C} = \begin{bmatrix} c_1 & 0 & 0 & -c_1 & ac_1 \\ 0 & c_2 & 0 & -c_2 & dc_2 \\ 0 & 0 & c_3 & -c_3 & -bc_3 \\ -c_1 & -c_2 & -c_3 & c_1+c_2+c_3 & -ac_1-dc_2+bc_3 \\ ac_1 & dc_2 & -bc_3 & -ac_1-dc_2+bc_3 & a^2c_1+d^2c_2+b^2c_3 \end{bmatrix}$$

$$\boldsymbol{K} = \begin{bmatrix} k_1 & 0 & 0 & -k_1 & ak_1 \\ 0 & k_2+k_4 & 0 & -k_2 & dk_2 \\ 0 & 0 & k_3+k_5 & -k_3 & -bk_3 \\ -k_1 & -k_2 & -k_3 & k_1+k_2+k_3 & -ak_1-dk_2+bk_3 \\ ak_1 & dk_2 & -bk_3 & -ak_1-dk_2+bk_3 & a^2k_1+d^2k_2+b^2k_3 \end{bmatrix}$$

$$\boldsymbol{x} = [x_1 \quad x_2 \quad x_3 \quad x \quad \varphi]^{\mathrm{T}}, \quad \boldsymbol{F} = [0 \quad k_4y \quad k_5y \quad 0 \quad 0]^{\mathrm{T}}$$

若座椅和人的等效质量 $m_1=100$ kg，前轮的等效质量 $m_2=480$ kg，后轮的等效质量 $m_3=945$ kg，车架的等效质量 $m=7885$ kg，车架绕质心的转动惯量 $I=3\,743\,200$ kg·cm^2，座椅的等效阻尼系数 $c_1=18$ N·s/cm，前悬挂系统的等效阻尼系数 $c_2=70$ N·s/cm，后悬挂系统的等效阻尼系数 $c_3=140$ N·s/cm，座椅的等效弹簧刚度 $k_1=21$ N/cm，前悬挂系统的等效弹簧刚度 $k_2=9500$ N/cm，前轮胎的等效弹簧刚度 $k_4=4800$ N/cm，后悬挂系统的等效弹簧刚度 $k_3=1700$ N/cm，后轮胎的等效弹簧刚度 $k_5=19\,000$ N/cm，座椅中心至车架质心的距离 $a=200$ cm，前轮中心至车架质心的距离 $d=300$ cm，后轮中心至车架质心的距离 $b=100$ cm，路面不平整函数 $y=4\cos(1-2\pi vt/1000)$ cm，车辆行驶的速度 $v=36$ km/h。$x_1, x_2, x_3, x, \varphi$ 为质体1、质体2、质体3、车架的位移和转角。试计算系统的响应。

解：对此车辆系统应用 Newmark-β 方法，并取 $\beta=1/4$ 和 $\delta=1/2$，计算出座椅和人的等效质量 m_1 的位移 x_1、速度 $\dot{x}_1$ 和加速度 $\ddot{x}_1$ 随时间 t 的变化曲线（图 7.5-14 ～ 图 7.5-16）。

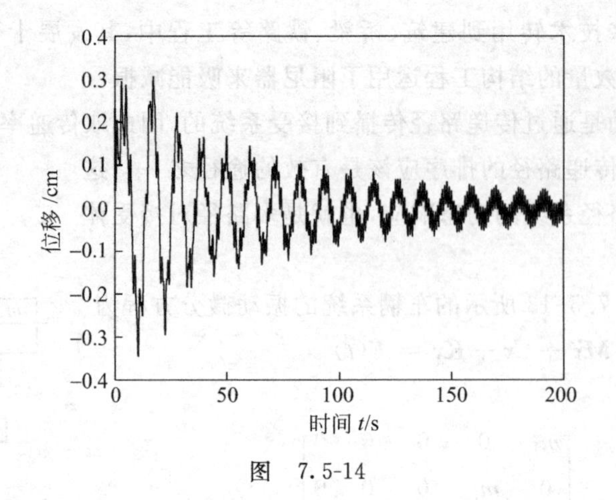

图 7.5-14

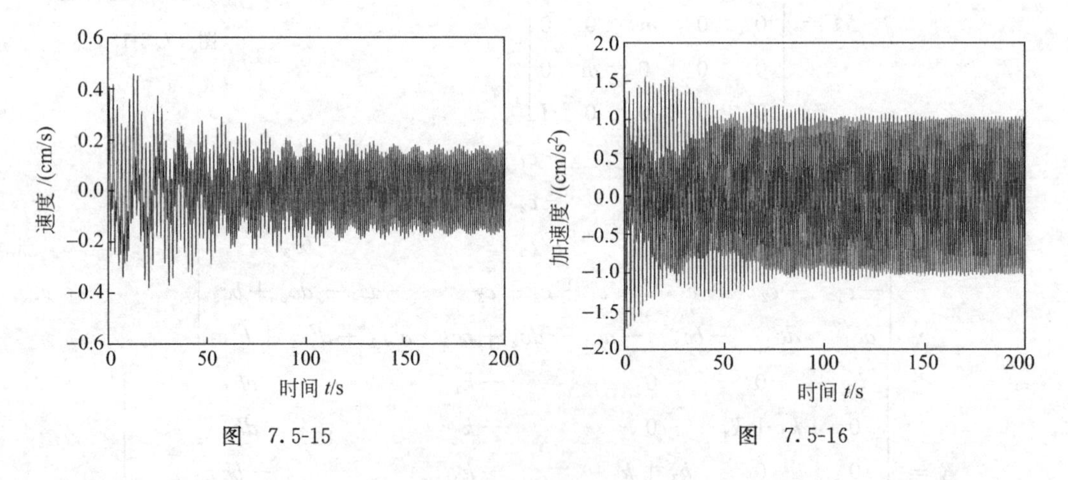

图 7.5-15　　图 7.5-16

习题

7.1 分别根据中心差分法、Houbolt 法、Wilson-θ 法和 Newmark-β 法的原理，编制求解多自由度振动系统的响应的算法程序。

7.2 分别应用中心差分法、Houbolt 法、Wilson-θ 法和 Newmark-β 法求解多自由度振动系统的响应，用以验证程序的正确性。

7.3 分别应用中心差分法、Houbolt 法、Wilson-θ 法和 Newmark-β 法求解你所研究领域内的多自由度振动系统的响应问题。

CHAPTER

第8章 非线性振动简介

如果已经打开了一扇观察世界的窗口，那是线性的窗口，也是人们习惯的观察世界的思维方式，那么，非线性就打开了另一扇窗口，人们能够用两只眼睛来观察世界，呈现在眼前的是由简单性与复杂性、确定性与随机性交织在一起的千变万化的自然景象。在前面各章所研究的振动问题都属于线性振动理论的范畴，因此描述系统的运动的微分方程为线性微分方程，这是作了若干简化处理（亦即线性化处理）后得到的数学模型。例如，认为弹性元件服从胡克定律，其受力和变形成正比；认为阻尼元件符合黏性阻尼假设，其阻尼力与广义速度成正比；大多数系统在一定的运动限度之内，可以按微幅振动线性化处理。线性振动理论可以解决很多工程实际问题，但是，有些振动现象不能用线性理论来预言或解释。显然，当上述假设不成立时，再用线性振动理论来处理问题，则不仅所得的结果在数值上误差过大，而且也无法预料和解释系统的某些重要的运动特性，这时就提出了非线性振动问题。实际上，几乎所有的振动问题都是非线性的，因此将非线性系统振动问题简化为线性系统振动问题应当谨慎。以后将会看到，非线性系统的某些运动性质和现象，在线性系统中是不能出现的，其主要表现在以下几个方面：

（1）叠加原理不适用于非线性振动系统

在线性振动系统中非常有效的叠加原理不适用于非线性振动系统。对于非线性振动系统，不能应用叠加原理。也就是说，非线性振动系统的强迫振动的解不等于每个激励独立作用时解的叠加。如果在非线性系统中应用叠加原理，所得结果就会和实际正确的结果出现较大的差异，而且往往是错误的。因此，适用于线性系统的行之有效的方法，如杜哈梅（J. M. C. Duhamel）积分、傅里叶（J. B. J. Fourier）级数、傅里叶变换以及振型叠加法等，都不能用于非线性系统。

（2）当恢复力为非线性时固有频率是振幅的函数

在线性系统中，固有频率与初始条件和振幅无关；而在非线性系统中，固有频率与振幅有关。一般来说，对于硬弹簧的硬式非线性振动系统，固有频率随振幅的增大而增加；而对于软弹簧的软式非线性系统，固有频率随振幅的增大而减小。假如对某振动系统进行振幅逐渐减小的衰减试验，测出其振动位移与时间的关系曲线，若振动周期随振幅的减小而减小，则为软式非线性系统；若振动周期随振幅的减小而增大，则为硬式非线性系统；若振动周期不随振幅大小而变化则为线性振动系统。

（3）非线性振动系统的共振特性不同于线性振动系统的共振特性

非线性振动系统的共振特性，即振幅与频率关系特性（幅频特性）和相位与频率关系特性（相频特性）与线性振动系统有本质的区别。

① 非线性振动系统的共振会导致振幅的多值性,从而导致跳跃现象,而线性振动系统的共振无此现象。

② 在简谐干扰力作用下的非线性振动系统的共振现象中有稳定区与不稳定区。共振特性的两次跳跃之间的线段是不稳定的,而其他部分的线段是稳定的。对于线性振动系统,当阻尼为正时,振动通常是稳定的;当阻尼为零时,仅在共振条件下振动是不稳定的。

③ 非线性振动系统不仅存在主共振,还存在次谐波共振和超谐波共振。当激振频率 Ω 接近于系统固有频率 ω 的整数倍(例如,$\omega=\Omega/3$)时,该系统将出现振幅较大的而频率等于固有频率的次谐波共振;而当激振频率 Ω 接近系统固有频率 ω 的几分之一(例如,$\omega=3\Omega$)时,则该系统将出现振幅较大的而频率等于固有频率的超谐波共振。而线性振动系统只存在主共振。

(4) 强迫非线性振动系统的振动有滞后与跳跃现象

对于硬式非线性系统,如果保持激励的幅值不变,而缓慢地增加激振频率,振动系统的振幅将会逐渐增大,当增加至最大值时,将会出现降幅跳跃,随后振幅将逐渐减小。反之,逐渐减小激振频率,振幅将逐渐增大,增至某一点之后,又会出现增幅跳跃,此后振幅将逐渐减小。这种跳跃现象在线性振动系统中是不可能出现的。另外,返回过程的跳跃总是落后于前进过程的跳跃,这种现象称为滞后现象,这在线性振动系统中也是不会出现的。

(5) 强迫振动系统有超谐波响应和次谐波响应

在简谐激励作用下的非线性系统,其强迫振动不一定是简谐振动,其响应的波形通常由各次谐波组成,这些波形除了有与激励频率相同的谐波外,还含有频率为激振频率倍数的频率成分,从而形成次谐波振动和超谐波振动。次谐波振动和超谐波振动在性质上有两点不同,即

① 超谐波响应在一般的非线性系统中或多或少地存在,而次谐波响应则只在一定条件下才能产生。

② 当系统中存在阻尼时,阻尼将影响超谐波振动的振幅;而对于次谐波振动,只要阻尼大于某一定值,就会阻止次谐波振动的出现。

由于存在次谐波与超谐波振动,非线性系统共振频率的数目将多于系统的自由度数目。

(6) 多个简谐激励作用下的组合振动

非线性振动系统在多个简谐激励作用下会产生组合振动。非线性振动系统不仅会出现频率为激振频率的倍数频率的振动,而且还会出现频率等于两个激振频率之和或之差的组合频率的振动。在某些情况下,组合频率的振动较其他频率的振动要多得多,显然,这要比线性振动系统的振动丰富和复杂得多。

(7) 存在频率俘获现象

在线性振动系统中,如果同时存在两个频率的简谐振动,则当这两个频率比较接近时,会产生拍振。两个频率相差越小,拍振周期越大。当两个频率相等时,拍振才消失,两个振动就合成为一个简谐振动。在非线性振动系统中,则不如此。例如,自激振动系统以某一频率自振时,若受到另一相近频率激励的作用,则只出现一个频率的振动,即两个频率进入同步,这种现象称为"频率俘获"。能产生频率俘获现象的频带,称为频率俘获区域。在工程中已得到广泛应用的由两台感应电机分别驱动的激振器激励的自同步振动机,就是利用频率俘获原理进行工作的。

非线性振动现象(例如跳跃、次谐波共振和超谐波共振等)的存在是众所周知的。例如,

虽然飞机发动机转动的角速度远大于某些零件的固有频率，却可以强烈地激发这些零件的振动；再者，飞机的螺旋桨可以诱发机翼的次谐波共振，机翼又转而诱发方向舵的次谐波共振。这些振动十分剧烈足以引起悲剧性的后果。

由于非线性振动问题的复杂性，非线性振动微分方程的求解要比线性微分方程的求解困难得多，至今仍没有统一的解法，仅有极少数的非线性振动方程可求得精确解，因此，只能用定性方法、近似解法和数值解法求解。对于非线性问题的研究包括定性理论和定量理论两个方面，本章仅简单介绍求解单自由度非线性振动系统的定性方法和定量方法的基本知识。在定性方法中首先介绍相平面法，然后再介绍稳定性的概念和极限环的概念。在定量方法中，主要介绍各种渐近的解析方法，其中包括基本摄动法和各种奇异摄动法。奇异摄动法又包括林斯泰特(Lindstedt)法、平均法和 KBM 法。用摄动法来求解单自由度的非线性振动问题是很有效的，它的各阶摄动渐近解能很好地描述系统的动力特征。

8.1　非线性振动系统的分类及实例

使振动系统产生非线性的原因很多，但其中主要的是由非线性弹性力和非线性阻尼力所构成。单自由度非线性系统的微分方程的一般形式为

$$m\ddot{x}+F(x,\dot{x},t)=0 \tag{8.1-1}$$

或

$$m\ddot{x}+F(x,\dot{x})=P(t) \tag{8.1-2}$$

式中，F 是 $x,\dot{x}$ 的非线性函数。

1. 非线性弹性力

构成非线性弹性力有如下三种情况：材料非线性、分段线性和几何非线性。

(1) 材料非线性

当弹性元件(比如各种类型的金属弹簧)的材料应力超过比例极限，则应力-应变关系不再是线性关系。在这种情况下，弹性元件的恢复力与变形不再为线性关系，弹性力是位移的非线性函数。这种非线性函数大致可分为两类：①若曲线的斜率随位移的增加而增加，则称此种弹簧为硬特性弹簧，此种非线性为硬特性非线性；②若曲线的斜率随位移的增加而减小，则称为软特性弹簧和软特性非线性，如图 8.1-1 所示。如其运动范围不太大，可以略去高次项，则非线性弹性力近似地表示为

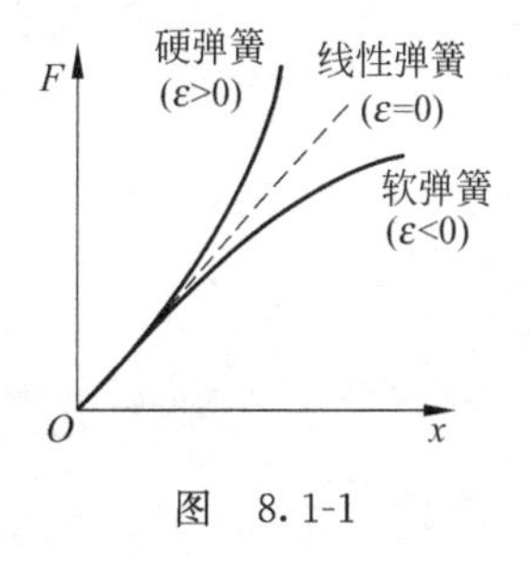

图　8.1-1

$$F(x)=kx\pm\varepsilon x^3 \tag{8.1-3}$$

式中，kx 表示线性弹性力，εx^3 表示非线性弹性力，通常要比 kx 小，可以视为对线性项的修正，“±”号表示硬、软非线性特性，正号表示硬特性，负号表示软特性。

(2) 分段线性

在工程中有些非线性系统，由分段线性的弹簧构成。例如，车辆悬置采用主弹簧和副弹

簧;振动机械(如振动筛和振动输送机等)采用分组弹簧形成非线性振动。图 8.1-2 给出了这种非线性弹性的模型。可见,当$|x|>x_0$时,第二组弹簧开始接触并参加工作,因而使刚度增加,得到了硬特性,如图 8.1-2(a)所示;当$|x|>F_0/k_1$时,第二组弹簧开始与第一组弹簧串联工作,因而使刚度减小,得到了软特性,如图 8.1-2(b)所示。这就构成了如图 8.1-2 所示的分段线性弹性表示的非线性弹性的近似模型,这种非线性恢复力可以表示为

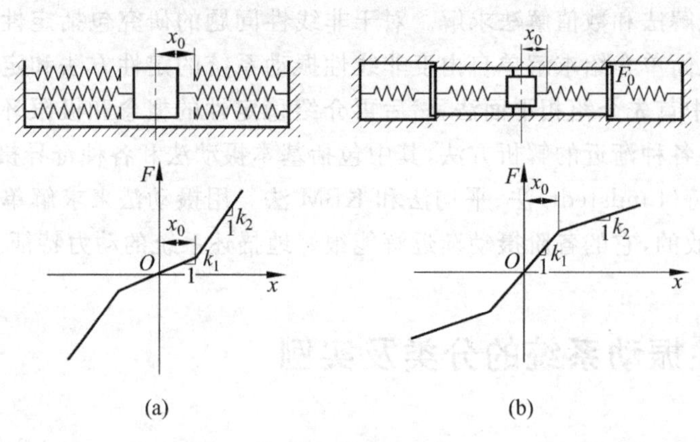

图 8.1-2

$$F(x)=\begin{cases}k_1x & (-x_0\leqslant x\leqslant x_0)\\ k_2x+(k_1-k_2)x_0 & (x_0\leqslant x)\\ k_2x-(k_1-k_2)x_0 & (-x_0\geqslant x)\end{cases}\tag{8.1-4}$$

同样,当连接弹簧存在间隙x_0和弹簧有预紧力F_0的非线性弹簧情况也可以用分段线性弹性模型来表示,如图 8.1-3 所示。当连接弹簧存在间隙x_0时,如图 8.1-3(a)所示其非线性恢复力可以表示为

$$F(x)=\begin{cases}0 & (-x_0\leqslant x\leqslant x_0)\\ k(x-x_0) & (x_0\leqslant x)\\ k(x+x_0) & (x_0\leqslant -x)\end{cases}\tag{8.1-5}$$

当连接弹簧有预紧力F_0时,如图 8.1-3(b)所示其非线性恢复力可以表示为

$$F(x)=\begin{cases}F_0+kx & (x>0)\\ -F_0+kx & (x<0)\end{cases}\tag{8.1-6}$$

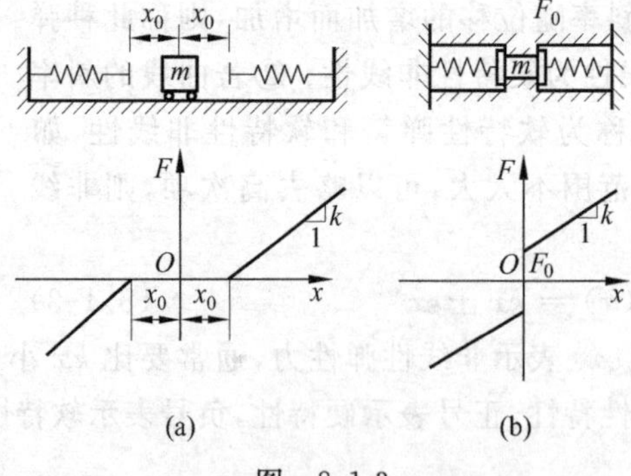

图 8.1-3

(3) 几何非线性

材料本身仍属于弹性范围,但由于几何构造上的安排,导致位移较大,在建立运动微分方程时,必须考虑这种位移。所谓位移较大,并不是指量值很大,而是指不计这种位移时会导致分析结果有很大误差,甚至使分析结果毫无意义。由于考虑这种较大位移而使恢复力与位移的关系成为非线性函数,这种非线性称为几何非线性。

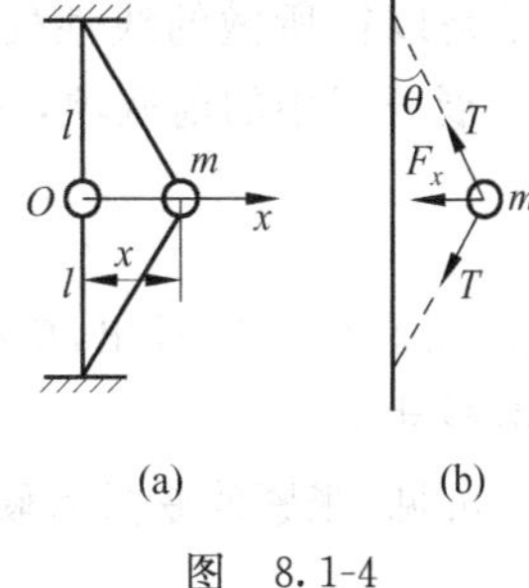

图　8.1-4

图 8.1-4 所示的质量 m 在张紧的具有初张力 T_0 的弦上就是几何非线性的例子,质量 m 的运动微分方程为

$$m\ddot{x}+F_x=0$$

式中,$F_x=2T\sin\theta$,$T=T_0+EA\Delta\varepsilon$,这里 E 为弦的弹性模量,A 为弦的横截面积,$\Delta\varepsilon=\delta/l$为弦的拉伸应变的增加量,$\delta$ 为弦从原长 l 处由于位移 x 而产生的伸长,假定弦内的张力 T 与弦的伸长量 δ 成正比。当质量 m 产生位移 x 时,由几何关系可得

$$\delta=\sqrt{l^2+x^2}-l$$

$$\sin\theta=\frac{x}{\sqrt{l^2+x^2}}=\frac{x}{l}\left(1+\frac{x^2}{l^2}\right)^{-\frac{1}{2}}$$

$$=\frac{x}{l}\left[1-\frac{1}{2}\left(\frac{x}{l}\right)^2+\cdots\right]\approx\frac{x}{l}\left[1-\frac{1}{2}\left(\frac{x}{l}\right)^2\right]$$

$$\Delta\varepsilon=\frac{\delta}{l}=\sqrt{1+\left(\frac{x}{l}\right)^2}-1=1+\frac{1}{2}\left(\frac{x}{l}\right)^2+\cdots-1\approx\frac{1}{2}\left(\frac{x}{l}\right)^2$$

此时弦内的张力 T 为

$$T=T_0+EA\Delta\varepsilon\approx T_0+\frac{EA}{2l^2}x^2$$

恢复力 F_x为

$$F_x=2T\sin\theta=2T\frac{x}{l}\left[1-\frac{1}{2}\left(\frac{x}{l}\right)^2\right]\approx\frac{2T_0}{l}x+(EA-T_0)\left(\frac{x}{l}\right)^3$$

这里已经忽略 x/l 三次方以上的项。于是可得到系统近似的运动微分方程

$$m\ddot{x}+\frac{2T_0}{l}x+(EA-T_0)\left(\frac{x}{l}\right)^3=0 \tag{8.1-7}$$

同式(8.1-3)比较,不难发现对于通常弹性材料,有 $T_0/A=\sigma\ll E$,因此非线性项中$(EA-T_0)>0$,系统具有硬特性非线性,但是,对于超弹性材料,有可能产生很大的初始应变量,使$T_0/A>E$,这样系统将具有软特性非线性。

图 8.1-5 所示的单摆也是几何非线性的例子,也具有软特性非线性。单摆的运动微分方程为

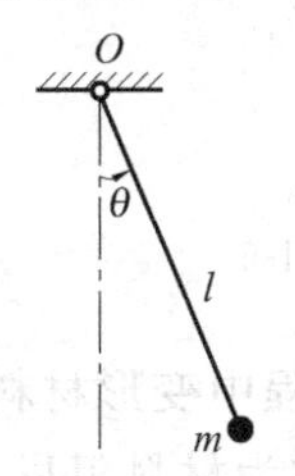

图　8.1-5

$$ml^2\ddot{\theta}+mgl\sin\theta=0$$

即

$$\ddot{\theta}+\frac{g}{l}\sin\theta=0$$

显然,上式是一个非线性微分方程。将其中的 $\sin\theta$ 展成泰勒级数,有

$$\sin\theta=\theta-\frac{1}{3!}\theta^3+\frac{1}{5!}\theta^5-\cdots$$

当 θ 角很小时,可取 $\sin\theta$ 展开式右端的一项,有

$$\ddot{\theta}+\frac{g}{l}\theta=0$$

这就是以往所做的线性处理。但是当 θ 角不是很小,也不十分大,如不超过 1rad 时,可取 $\sin\theta$ 展开式中的前两项,得到

$$\ddot{\theta}+\frac{g}{l}\left(\theta-\frac{1}{6}\theta^3\right)=0 \tag{8.1-8}$$

从式(8.1-8)可以看出,单摆属于具有软特性的非线性振动系统。此时,单摆的运动不再是简谐振动了。

可见,张紧的弦具有硬特性的非线性恢复力,而单摆具有软特性的非线性恢复力。

2. 非线性阻尼力

振动系统中的阻尼问题是一个复杂的问题,至今仍不十分清楚阻尼机理。但是可以说,在大多数的情况下,阻尼力均具有非线性特性。在处理具体问题时,一般都是在实验的基础上,经过一定的简化,把阻尼力写成运动参量的某种函数关系式,这一工作往往是处理各种工程问题的重要步骤。通常的阻尼基本上可以概括为干摩擦阻尼、结构阻尼和流体阻尼三种类型。

(1) 干摩擦阻尼

由于摩擦存在的必然性,相对运动的物体之间总要产生摩擦力。系统受到干摩擦时,假设摩擦力由零增至最大值(为常数 F_0),方向与速度 $\dot{x}$ 相反,则运动方程为

$$m\ddot{x}+kx+F_0\operatorname{sign}(\dot{x})=0 \tag{8.1-9}$$

式中,$\operatorname{sign}(\dot{x})$ 为符号函数,它取决于圆括号内速度 $\dot{x}$ 的正负号,即

$$\operatorname{sign}(\dot{x})=\begin{cases}1 & (\dot{x}>0)\\ -1 & (\dot{x}<0)\end{cases} \tag{8.1-10}$$

这是一种本质上属于非线性的情况,而不是对线性项的一种修正。图 8.1-6 表示线性弹性恢复力和干摩擦力形成的滞回环,如果当 m 在 $x=0$ 处开始沿 x 正方向运动时,那么 $F(x,\dot{x})=kx+F_0\operatorname{sign}(\dot{x})$ 遵循图 8.1-6 中直线①和②。当速度减为零时,摩擦力改变方向,沿直线③和④,速度由负变为零,摩擦力再一次改变方向,沿直线⑤和⑥,如此形成一个循环。有趣的是,这一循环滞后回线,对应于刚塑性强化材料的加载和卸载过程,OAB 对应于加载,BCD 为卸载,DE 为反向加载,EFG 为反向卸载。如果 $k=0$,则成为理想刚塑性材料的情况。

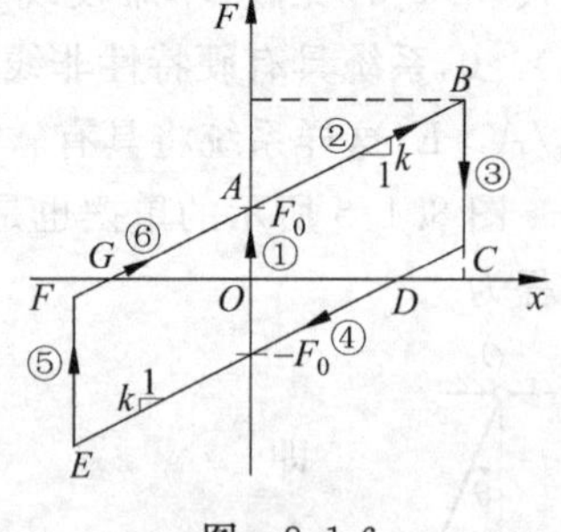

图 8.1-6

(2) 结构阻尼

实际上材料在弹性范围内也不是完全弹性的,或多或少地由于在振动过程中变形材料本身的内摩擦阻尼而消耗一定的能量,这种在材料体积内部的内摩擦阻尼称为材料阻尼。

精细的实验结果表明，在每一次周期振动的应力循环中，应力和应变之间的关系形成所谓的滞回环(图 8.1-7)，滞回环所围成的面积是此应力循环中单位体积材料内耗散的能量。材料耗散的多少，即滞回环所围成的面积的大小，对于系统振动衰减有决定性的影响。直至目前，对于材料内摩擦，提出了许多阻尼理论，这些理论总的就是在大量实验的基础上，进行分析和综合，给出应力与应变间的特定关系式，使其既能符合实际情况，又能在振动分析中所遇到的数学困难最小。在各种各样的阻尼理论中，常常采用的是复阻尼理论。由于结构总是由部件组成，部件或构件之间又都是由铆钉、铰链、螺栓等紧固件或连接件相连接，有时还加有衬垫，在整个结构振动过程中，所有各结合面处都将产生相对滑动和摩擦，由于连接界面的相对运动或表面层的剪切效应往往造成能量的另一种耗散形式，这类产生于结构中的干摩擦、润滑摩擦和表面层的剪切效应的阻尼称为滑移阻尼，由于它与结构形式、制造工艺等很多因素有关，没有统一的计算方法，并且在实际测量系统的阻尼时，也很难区别哪些属于材料阻尼，哪些属于滑移阻尼，所以都统称为结构阻尼。汽车上用的钢板叠片弹簧各片之间的干摩擦就是滑移阻尼最明显的例子，这种弹簧的阻尼主要是由钢片叠层之间的摩擦造成，叠板弹簧既是一个弹性元件，又是一个阻尼元件，其阻尼力与变形量和变形速度构成复杂的函数关系。结构阻尼一般都不能单纯地看成广义速度的函数，它还和结构的变形有关，即同时与广义速度和广义坐标有关，这种类型的非线性力可称为混合型非线性力。

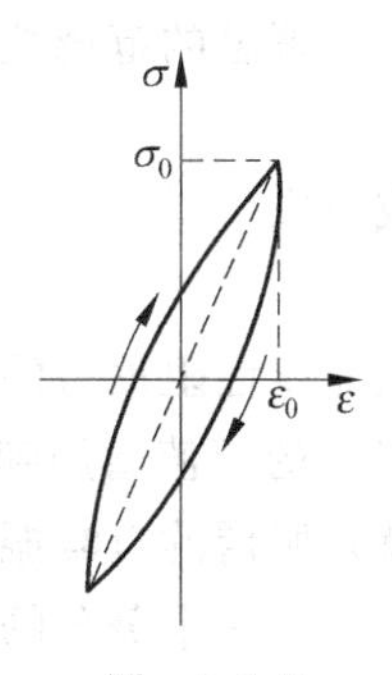

图　8.1-7

(3) 流体阻尼

系统在气体或液体中振动必然要遇到流体阻力，这种阻力与介质的性质、结构形状、阻抗面积、振动的速度等因素有关。在线性振动中通常把这种阻尼力简化为与广义速度成正比，但当系统的运动速度较大或在黏性较大的液体中振动时有时需要考虑与速度平方成正比的速度平方阻尼。于是具有非线性流体阻尼的运动微分方程为

$$m\ddot{x} + kx + c\dot{x}^2 \operatorname{sign}(\dot{x}) = 0 \tag{8.1-11}$$

在工程实际中，上述阻尼的应用十分广泛，其中以黏弹性材料居多，包括塑料和橡胶，适合高温下应用的阻尼陶瓷，还有各种阻尼合金。黏弹性材料介于黏性材料和弹性材料之间，它的性质是特殊的。钢铁等金属材料的阻尼很低，在交变应力和应变作用下可以视为不耗损能量，接近于弹性体。但是阻尼损耗因子较大的阻尼合金则不同，它在交变应力和应变作用下耗散能量。因此，在减振降噪技术中被广泛采用。例如，高 100 m 左右的电视铁塔，四周用钢索拉紧，当受到风力激励时，钢索会产生共振而断裂，进而使铁塔稳定性受到威胁，为此，在钢索上装上带有阻尼橡胶的动力消振器；又如网球拍或羽毛球拍在击球后产生自由振动，若不在下次击球之前停止振动，将影响再次击球的方向和角度，为此在铁合金管外面绕上石墨纤维，并在其外面用塑料捆扎住，由于石墨纤维外表面的库仑阻尼，使球拍在击球后，以最快的时间稳定下来；又如用于加工有色金属的镜面车床(用于加工计算机磁盘)及加工轴和轴承的镜面磨床，都要求它们具有很好的抗振性。为此，现在已将有些机床的床身或构件用环氧混凝土代替铸铁。所谓环氧混凝土，就是用环氧树脂作粘结剂，以石子为基体，经搅拌后注入模子以制成床身、主柱或其他大型构件。这种材料的材料损耗因子比铸铁高 6～10 倍。

下面介绍几个常见的、最简单的非线性阻尼力的例子。

著名的范德波尔(Van der Pol)方程

$$m\ddot{x}+c(x^2-1)\dot{x}+kx=0 \tag{8.1-12a}$$

或写成

$$\ddot{x}-\varepsilon(1-x^2)\dot{x}+\omega^2 x=0 \tag{8.1-12b}$$

是非线性阻尼力的经典例子。当$|x|<1$时系统有负阻尼，这种阻尼使系统的运动增长；但当x的幅值增加到$|x|>1$时，系统有正阻尼，运动衰减，最后系统达到稳定的周期运动，这就是所谓的自激振动。

另一个著名的方程是瑞利(J. W. S. Rayleigh)方程

$$\ddot{x}-\varepsilon(1-\dot{x}^2)\dot{x}+\omega^2 x=0 \tag{8.1-13}$$

它表示速度较小时，即$|\dot{x}|<1$，系统有负阻尼，而速度较大时，即$|\dot{x}|>1$，系统有正阻尼。

这两个方程本质上是一致的，只是非线性阻尼力表述上有所不同，可以证明，把式(8.1-13)对t微分一次，再引入变换

$$\dot{x}=x_1/\sqrt{3}$$

就可把瑞利方程化为范德波尔方程。

在机械系统中出现自激振动的例子是很多的，如机床的切削过程、旋转轴的油膜振动、机翼的颤振等，这都是工程实际中还在继续研究的问题，人们企图在设计过程中预计不发生这种振动，因为这种振动一开始就表现为不稳定的增长运动而导致事故。

8.2 非线性振动的稳定性

1. 相平面、相轨迹、奇点

一个微分方程的解可以用相平面上的一条曲线来表示。这样的曲线族表示这个微分方程的通解。

单自由度非线性系统的运动微分方程的一般形式为

$$\ddot{x}+f(x,\dot{x},t)=0 \tag{8.2-1}$$

式中，$f(x,\dot{x},t)$是x和$\dot{x}$的非线性函数。如果独立变量t隐含在方程中，则方程为

$$\ddot{x}+f(x,\dot{x})=0 \tag{8.2-2}$$

换句话说，$f(x,\dot{x})$表示系统的刚度和阻尼特性，与时间t无关。于是，可以移动时间的起点或改变时间的标度而不影响系统的性能。方程(8.2-1)所表示的系统称为非自治系统，而方程(8.2-2)所表示的系统称为自治系统。

在给定时间t，系统的状态可以用它的位移$x(t)$和速度$\dot{x}(t)$来表示，$x(t)$和$\dot{x}(t)$称为状态变量。由状态变量组成的向量$[x \quad \dot{x}]$称为状态向量。因此，在一个特定的时间t，系统的状态可以用它的状态向量来确定。把这个概念一般化，用状态向量$[x_1 \quad x_2]$来代替$[x \quad \dot{x}]$描述一个系统，即

$$x_1=x,\quad x_2=\dot{x} \tag{8.2-3}$$

因此，方程(8.2-2)可以写成两个联立的一阶微分方程

$$\dot{x}_1 = x_2, \quad \dot{x}_2 = -f(x_1, x_2) \tag{8.2-4}$$

在方程(8.2-4)中把 x_1 和 x_2 看成是两个地位平等的函数。如果把 x_1 和 x_2 看成是笛卡儿坐标,则此平面称为相平面。在相平面上,由坐标(x_1,x_2)所标示的点称为相点,它能代表系统在某一瞬时的状态。随着时间的推移,系统的状态在变化着,相点就在相平面上运动。将方程(8.2-4)的第二式除以第一式,构成一个方程,即

$$\frac{dx_2}{dx_1} = -\frac{f(x_1, x_2)}{x_2} \tag{8.2-5}$$

这个微分方程的解可以描绘在一个相平面内,如图 8.2-1 所示。坐标(x_1,x_2)或$(x,\dot{x})$代表方程解的曲线称为相轨迹,也就是相点在相平面上运动所生成的曲线,相轨迹能够表示系统的运动性态。从初始条件点$(x_0,\dot{x}_0)$开始,相轨迹向内趋向原点。因此,它表示$(x,\dot{x})$将随着时间的增加而减小,所以,该系统是渐近稳定。对于同一个系统不同初始条件下的相轨迹,如图 8.2-1 中虚线所示。换句话说,相平面上的轨迹族表示这个方程的通解。不过这一非线性方程通常难以积分成封闭形式,故而转用定性方法——图解的方法来研究。

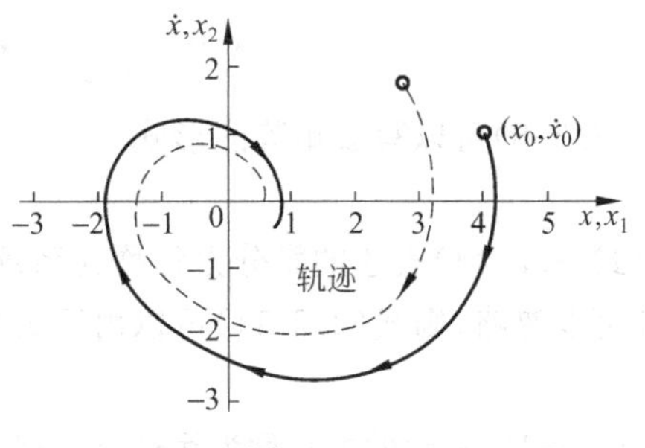

图　8.2-1

微分方程(8.2-5)建立了相点的坐标与在该点相轨迹的切线斜率之间的关系。因此,上述的微分方程定义了一个方向场,对于方向场的场矢量不为零的点,有唯一的积分曲线经过,这样的点称为方程(8.2-5)的寻常点。对于场矢量为零的点(场矢量的两个分量为$[\dot{x}_1 \quad \dot{x}_2]$),即 $x_2=0, f(x_1,x_2)=0$,积分曲线的切线的斜率为不定,所以经过该点积分曲线,除了其该点本身之外,还可能有许多条乃至无穷条积分曲线沿不同方向趋近它,这样的点称为方程(8.2-5)的奇点。因为奇点就是 $\dot{x}=0, \ddot{x}=0(\dot{x}_1=0, \dot{x}_2=0)$ 的点,这时系统的速度和加速度都等于零,所以奇点对应于系统的平衡状态,奇点也称为平衡点。如果在奇点的邻域内没有其他奇点,则称该奇点为孤立奇点。

2. 平衡的稳定性

系统在平衡点附近的稳定性问题是一个十分重要的问题,一个非线性系统可以有多个平衡位置,其中一些是稳定平衡位置,而另一些是不稳定平衡位置。在非线性分析中,要求①确定平衡位置;②决定系统对各平衡位置的稳定性。平衡的条件是$[\dot{x} \quad \ddot{x}] = [\dot{x}_1 \quad \dot{x}_2] = [0 \quad 0]$。根据方程(8.2-5),平衡条件也可以表示成 $dx_2/dx_1 = 0/0$,因此,一个平衡位置就是一个奇点。

为了确定平衡位置,用两个一阶微分方程来说明一个单自由度系统。

$$\dot{x}_1 = X_1(x_1, x_2), \quad \dot{x}_2 = X_2(x_1, x_2) \tag{8.2-6}$$

式中,X_1和 X_2一般是(x_1,x_2)的非线性函数,所以方程(8.2-6)可以不止有一个解。注意方程(8.2-6)是方程(8.2-4)的更一般形式。设(s_1,s_2)是一个平衡位置,必定有

$$\dot{x}_1 = X_1(s_1, s_2) = 0, \quad \dot{x}_2 = X_2(s_1, s_2) = 0 \tag{8.2-7}$$

从方程(8.2-7)可以得 s_1 和 s_2 的值。考虑一个特殊情况即平衡点与相平面原点相重合

($s_1=s_2=0$)的情况,这样并不失一般性,因为总可以借坐标变换把原点移到一个平衡点上去。在原点邻域将 X_1 与 X_2 展开为泰勒级数,方程(8.2-6)可以写成下面的形式

$$\dot{x}_1=a_{11}x_1+a_{12}x_2+\varepsilon_1(x_1,x_2),\quad \dot{x}_2=a_{21}x_1+a_{22}x_2+\varepsilon_2(x_1,x_2) \tag{8.2-8}$$

式中,系数

$$a_{ij}=\left.\frac{\partial X_i}{\partial x_j}\right|_{x_j=0}\quad (i,j=1,2) \tag{8.2-9}$$

这说明函数 $X_i(i=1,2)$ 必须有对 x_1 和 x_2 的一阶偏导数。函数 ε_1 和 ε_2 是非线性的函数,即它们至少是 x_1 和 x_2 的二阶函数。引入矩阵符号

$$\boldsymbol{x}=\begin{bmatrix}x_1\\x_2\end{bmatrix},\quad \boldsymbol{\varepsilon}=\begin{bmatrix}\varepsilon_1\\\varepsilon_2\end{bmatrix},\quad \boldsymbol{a}=\begin{bmatrix}a_{11}&a_{12}\\a_{21}&a_{22}\end{bmatrix} \tag{8.2-10}$$

式(8.2-8)可以写成矩阵的形式

$$\dot{\boldsymbol{x}}=\boldsymbol{a}\boldsymbol{x}+\boldsymbol{\varepsilon} \tag{8.2-11}$$

由式(8.2-11)表达的微分方程称为系统的非线性完全方程。设函数 ε_1 与 ε_2 在原点邻域中小到可以忽略,则式(8.2-11)可以由下式来近似

$$\dot{\boldsymbol{x}}=\boldsymbol{a}\boldsymbol{x} \tag{8.2-12}$$

式(8.2-12)表示的方程称为线性化方程,取代非线性方程(8.2-11),而以线性化方程(8.2-12)为基础的分析方法称为无穷小分析。一般可以期望这种无穷小分析提供关于在原点邻域内运动性质的可靠知识。然而在有些情况下,线性化方程并不提供有关非线性完全系统性态的确切知识。下面将讨论这些情况。

系统在原点邻域内的性态决定于矩阵 $\boldsymbol{a}$ 的特征值。为了说明这一点,令式(8.2-12)的解有如下形式

$$\boldsymbol{x}(t)=\boldsymbol{x}_0\mathrm{e}^{\lambda t} \tag{8.2-13}$$

式中,$\boldsymbol{x}_0$ 是一个常数向量。把解(8.2-13)代入式(8.2-12)并都除以 $\mathrm{e}^{\lambda t}$,得到特征值问题

$$\lambda\boldsymbol{I}\boldsymbol{x}_0=\boldsymbol{a}\boldsymbol{x}_0 \tag{8.2-14}$$

导出特征方程

$$\det(\boldsymbol{a}-\lambda\boldsymbol{I})=0 \tag{8.2-15}$$

式(8.2-15)有两个解,λ_1 和 λ_2 就是矩阵 $\boldsymbol{a}$ 的特征值。所得的运动形式决定于特征方程根 λ_1 和 λ_2 的性质。注意到,为使式(8.2-15)有非零根,必须使 $\det\boldsymbol{a}\neq 0$,或矩阵 $\boldsymbol{a}$ 必须是非奇异的。

为便于讨论式(8.2-12),引入线性变换

$$\boldsymbol{x}(t)=\boldsymbol{b}\boldsymbol{u}(t) \tag{8.2-16}$$

式中,$\boldsymbol{b}$ 是一个非奇异的常数矩阵。把式(8.2-16)代入式(8.2-12),再把所得结果前乘 $\boldsymbol{b}^{-1}$ 得到

$$\dot{\boldsymbol{u}}(t)=\boldsymbol{c}\boldsymbol{u}(t) \tag{8.2-17}$$

式中

$$\boldsymbol{c}=\boldsymbol{b}^{-1}\boldsymbol{a}\boldsymbol{b} \tag{8.2-18}$$

式(8.2-18)表示一个相似变换,矩阵 $\boldsymbol{c}$ 和 $\boldsymbol{a}$ 称为相似矩阵。因为矩阵 $\boldsymbol{a}$ 与 $\boldsymbol{c}$ 具有相同的特征值,所以系统(8.2-12)和系统(8.2-17)有相同的动态特征。考虑到这些矩阵乘积的行列式等于矩阵行列式的乘积,上述结论就可以容易地证实。此外,考虑到 $\det\boldsymbol{b}^{-1}=$

$(\det \boldsymbol{b})^{-1}$，有

$$\det \boldsymbol{c} = \det(\boldsymbol{b}^{-1}\boldsymbol{a}\boldsymbol{b}) = \det \boldsymbol{b}^{-1} \det \boldsymbol{a} \det \boldsymbol{b} = \det \boldsymbol{a} \tag{8.2-19}$$

由于 $\boldsymbol{a}$ 与 $\boldsymbol{c}$ 具有相同的行列式，它们必然有相同的特征值。上面分析的目的是要找一个变换矩阵 $\boldsymbol{b}$ 使 $\boldsymbol{c}$ 变为简单的形式，如果可能的话变为对角阵或至少是三角阵。对于一个给定系统，$\boldsymbol{c}$ 的最简单的可能形式称为约当(Jordan)标准形，它的对角线诸元素就是系统的特征值。研究各种可能的约当形可提供有关平凡解邻域内运动性质的知识。

根据特征值 λ_1 和 λ_2，基本上有三种不同的可能约当形，其中的某一形式涉及一种实际上很少遇到的特殊情况。这三种可能的情况如下。

(1) 特征值 λ_1 和 λ_2 是不同的实数，在这种情况下的约当形是对角阵

$$\boldsymbol{c} = \begin{bmatrix} \lambda_1 & 0 \\ 0 & \lambda_2 \end{bmatrix} \tag{8.2-20}$$

把式(8.2-20)代入式(8.2-17)，得到

$$\dot{u}_1 = \lambda_1 u_1, \quad \dot{u}_2 = \lambda_2 u_2 \tag{8.2-21}$$

上式有解

$$u_1 = u_{10} e^{\lambda_1 t}, \quad u_2 = u_{20} e^{\lambda_2 t} \tag{8.2-22}$$

式中，u_{10} 与 u_{20} 分别是 u_1 与 u_2 的初值，运动的形式决定于 λ_1 和 λ_2 是同号还是异号。

如果 λ_1 和 λ_2 同号，平衡点称为结点，图 8.2-2(a)表示对应于 $\lambda_2 < \lambda_1 < 0$ 情况的相图。这样，这两个特征值都是负实数。在这种情况下，从式(8.2-22)得到，当 $t \to \infty$ 时所有轨线趋向原点，所以结点是稳定的，运动显然是渐近稳定的。除了 $u_{10}=0$ 的例外情况，全部轨线以零斜率趋近于原点。当 $\lambda_2 > \lambda_1 > 0$ 时，箭头改变方向，而这种结点是不稳定的。

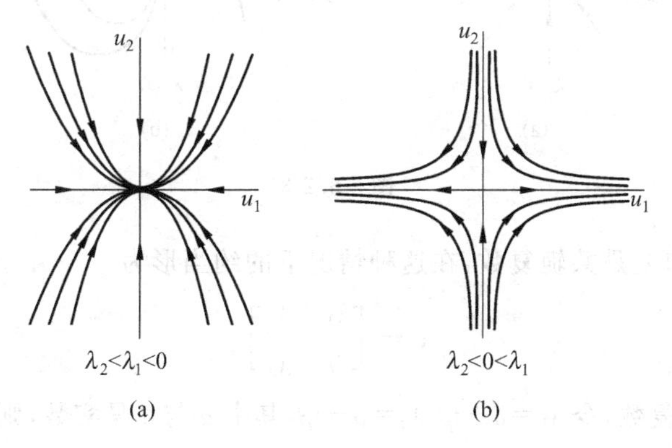

图　8.2-2

如果 λ_1 和 λ_2 是实数但异号，则当一个解趋向零时另一个却趋向无限大。在这种情况下，平衡点是一个鞍点，平衡是不稳定的。图 8.2-2(b)表示 $\lambda_2 < 0 < \lambda_1$ 的相图。

(2) 特征值 λ_1 和 λ_2 是相等的实数，在这种情况下可能的约当形有两种

$$\boldsymbol{c} = \begin{bmatrix} \lambda_1 & 0 \\ 0 & \lambda_2 \end{bmatrix} \tag{8.2-23}$$

以及

$$\boldsymbol{c} = \begin{bmatrix} \lambda_1 & 0 \\ 1 & \lambda_1 \end{bmatrix} \tag{8.2-24}$$

由式(8.2-23)所决定的情况导致

$$\dot{u}_1 = \lambda_1 u_1, \quad \dot{u}_2 = \lambda_2 u_2 \tag{8.2-25}$$

有解

$$u_1 = u_{10}\mathrm{e}^{\lambda_1 t}, \quad u_2 = u_{20}\mathrm{e}^{\lambda_2 t} \tag{8.2-26}$$

对应的轨线是一些通过原点的直线,当 $\lambda_1<0$ 时平衡点是稳定结点(图 8.2-3(a)),当 $\lambda_1>0$ 时则是不稳定结点。

式(8.2-24)对应所谓退化结点的情况

$$\dot{u}_1 = \lambda_1 u_1, \quad \dot{u}_2 = u_1 + \lambda_1 u_2 \tag{8.2-27}$$

有解

$$u_1 = u_{10}\mathrm{e}^{\lambda_1 t}, \quad u_2 = (u_{20} + u_{10}t)\mathrm{e}^{\lambda_1 t} \tag{8.2-28}$$

式(8.2-27)的两个方程相除,得到

$$\frac{\mathrm{d}u_2}{\mathrm{d}u_1} = \frac{u_1 + \lambda_1 u_2}{\lambda_1 u_1} \tag{8.2-29}$$

若 $\lambda_1=0$,则相轨迹与 u_2 轴重合。若 $\lambda_1\neq 0$,当 $u_1\to 0$ 时,u_2/u_1 无限增大,$\mathrm{d}u_2/\mathrm{d}u_1\to\infty$,即所有的相轨迹都趋向与 u_2 轴相切,奇点为结点。结点的稳定性用式(8.2-28)判断,$\lambda_1<0$ 时稳定(图 8.2-3(b)),$\lambda_1>0$ 时不稳定。但是相等特征值的情况是不常发生的。

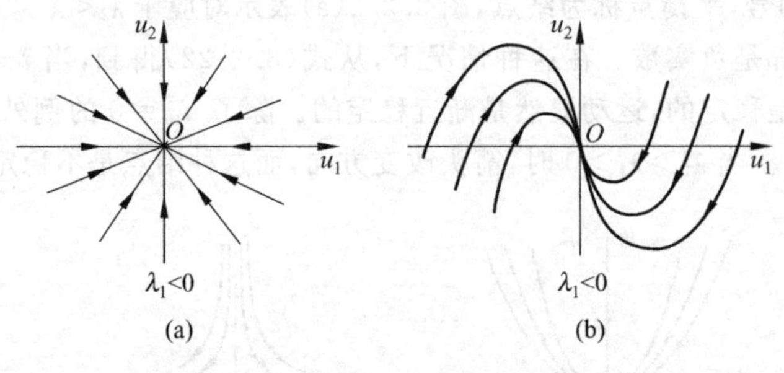

图 8.2-3

(3) 特征值 λ_1 和 λ_2 是共轭复数,在这种情况下的约当形为

$$\boldsymbol{c} = \begin{bmatrix} \lambda_1 & 0 \\ 0 & \lambda_2 \end{bmatrix} \tag{8.2-30}$$

式中,λ_1 和 λ_2 是共轭复数,令 $\lambda_1=\alpha+\mathrm{i}\beta$,$\lambda_2=\alpha-\mathrm{i}\beta$,其中 α 与 β 是实数,则式(8.2-17)成为

$$\dot{u}_1 = (\alpha + \mathrm{i}\beta)u_1, \quad \dot{u}_2 = (\alpha - \mathrm{i}\beta)u_2 \tag{8.2-31}$$

从上式可以得出,解 u_1 和 u_2 也必须是共轭复数。引用记号

$$u_1 = v_1 + \mathrm{i}v_2, \quad u_2 = v_1 - \mathrm{i}v_2 \tag{8.2-32}$$

其中,v_1 和 v_2 是实数,写出 u_1 的解如下列形式

$$u_1 = (u_{10}\mathrm{e}^{\alpha t})\mathrm{e}^{\mathrm{i}\beta t} \tag{8.2-33}$$

上式表示一个对数螺线。在这种情况下,平衡点是一个螺线极点或焦点。因为因子 $\mathrm{e}^{\mathrm{i}\beta t}$ 表示一个单位长度的矢量,它在复平面上以角速度 β 旋转,所以复矢量 u_1 的大小和运动的稳定性决定于 $\mathrm{e}^{\alpha t}$。对于 $\alpha<0$,焦点是稳定的,而运动是渐近稳定的;对于 $\alpha>0$,运动是不稳定的。β 的符号仅给出复矢量旋转的转向,$\beta>0$ 时逆时针转,而 $\beta<0$ 时顺时针转。

图 8.2-4(a)表示 $\alpha<0$ 和 $\beta>0$ 时的典型轨线。当 $\alpha=0$ 时径矢的大小是个常数，轨线化为一个圆心在原点的圆(图 8.2-4(b))。在这种情况下平衡点称为中心或涡点。运动是周期的，因此是稳定的。然而这时它仅是稳定而不是渐近稳定。

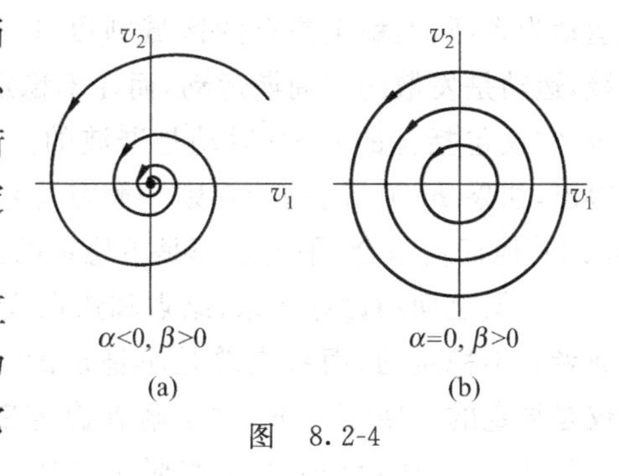

图　8.2-4

对一给定系统，所得平衡点的形式还可以更直接地用考查系数 $a_{ij}(i,j=1,2)$ 的方法来决定。为了说明这点，现在回到特征方程(8.2-15)，并把它写成下列形式：

$$\det(\boldsymbol{a}-\lambda\boldsymbol{I})=\lambda^2-(a_{11}+a_{22})\lambda+a_{11}a_{22}-a_{12}a_{21}=0 \tag{8.2-34}$$

为了方便，引入下面的参数

$$\left.\begin{aligned}a_{11}+a_{22}&=\operatorname{tr}\boldsymbol{a}=p\\a_{11}a_{22}-a_{12}a_{21}&=\det\boldsymbol{a}=q\end{aligned}\right\} \tag{8.2-35}$$

式中，p 和 q 可以分别被确认为矩阵 $\boldsymbol{a}$ 的迹和行列式。利用这些记号，特征方程变为

$$\lambda^2-p\lambda+q=0 \tag{8.2-36}$$

它的根为

$$\lambda_{1,2}=\frac{1}{2}(p\pm\sqrt{p^2-4q}) \tag{8.2-37}$$

把前面讨论过的几种情况概括如下：

(1) $p^2>4q$。特征值 $\lambda_{1,2}$ 是不等的实数，当 $q>0$ 时，两个根同号，这时如果 $p<0$，平衡点是稳定结点，如果 $p>0$，平衡点是不稳定结点。当 $q<0$ 时，两根异号，这时平衡点是鞍点，而与 p 的符号无关。

(2) $p^2=4q$。两根 $\lambda_{1,2}$ 是相等的实数，得到边线结点，$p<0$ 为稳定结点，$p>0$ 为不稳定结点。从表达式(8.2-35)知，这种情况只在 a_{12} 和 a_{21} 符号相反才有可能。

(3) $p^2<4q$。对于 $q>0$，当 $p<0$ 时平衡点是稳定焦点，而当 $p>0$ 时平衡点是不稳定焦点。在 $p=0$ 时，特征值 $\lambda_{1,2}$ 是纯虚的共轭复数，这时平衡点是一个中心，这种情况可以看成是把稳定和不稳定焦点隔开的边界情况。

可以归纳出以下结论：

$$\Delta=p^2-4q\geqslant 0\begin{cases}q>0\text{ 结点}\begin{cases}p\leqslant 0\text{ 稳定}\\p>0\text{ 不稳定}\end{cases}\\q<0\text{ 鞍点}\end{cases}$$

$$\Delta=p^2-4q<0\begin{cases}p=0\text{ 中心}\\p\neq 0\text{ 焦点}\begin{cases}p\leqslant 0\text{ 稳定}\\p>0\text{ 不稳定}\end{cases}\end{cases}$$

图 8.2-5 表示 p 对 q 的参数图，它给出各种可能情况的一幅完整的图形。从这幅图显然可见，中心确实是当弱稳定焦点和弱不稳定焦点移到一起时得到的极限情况。因此中心不只限于一个物理现实，更应该看成一个数学概念。必须指出，中心是保守系统的一种特征。类似地，在图 8.2-5 中 $\Delta=0$ 的情况表现为把结点与焦点分开的抛物线。物理上，抛物线 $\Delta=0$ 表示了从振动运动中分离非周期运动的曲线。稳定结点的区域是以有阻尼非周期

运动为表征,而稳定焦点的区域则以具有阻尼振动为表征。另一方面,在不稳定结点的区域,运动是发散的非周期运动,而在不稳定焦点的区域运动是发散的振动运动。在中心的区域,它仅包括正的 q 轴,运动是谐波的。从图 8.2-5 可以得出,如果 $p\leqslant 0$ 并且 $q>0$ 则平衡点是稳定的,而对 p 和 q 的其他任何组合,平衡点都是不稳定的。

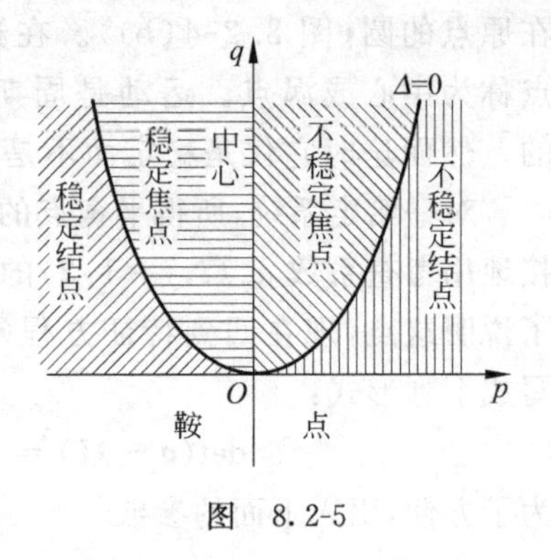

图 8.2-5

根据上面的讨论看来,结点和焦点或者是渐近稳定的或者是不稳定的,而鞍点总是不稳定的。另一方面,中心仅是稳定的。回顾一下,对于渐近稳定来说,特征值或者是负的实数,或者是带有负实部的共轭复数。对于不稳定来说,至少有一个根是正实数,或者带有正实部的复数。渐近稳定和不稳定的情况定义了所谓有意义性态,而仅稳定的情况则构成所谓临界性态。这些定义使人们能够讨论在什么情况下非线性完全系统可以由线性化系统来近似。确实,对有意义性态来说非线性完全系统(8.2-11)的平衡性质是与线性化系统(8.2-12)的平衡性质相同的。临界性态的情况则是不确定的,这时非线性完全方程可以给出一个中心或者一个焦点(稳定的或不稳定的),而与无限小分析所认为的中心相反。在临界性态的情况下,不能用线性化系统引出关于非线性完全系统在平衡点邻域内性态的结论,必须研究包含在 ε_1 和 ε_2 内的更高阶的项。虽然仅对于正 q 轴上的点才能得到临界性态的情况,但有关的数学模型却用得相当广泛。这恰恰就是第 1 章讨论的弹簧-质量线性保守系统的情况,或例 8.2-1 的保守的非线性单摆。

例 8.2-1 考查单摆平衡位置的稳定性。

解:单摆的运动微分方程为

$$\ddot{\theta}+\omega^2\sin\theta=0,\quad \omega^2=g/l$$

令 $x_1=\theta, x_2=\dot{\theta}$,则单摆的运动微分方程化为一阶微分方程组

$$\dot{x}_1=x_2,\quad \dot{x}_2=-\omega^2\sin x_1$$

平衡位置应满足 $\dot{x}_1=0, \dot{x}_2=0$,则有

$$x_1=n\pi,\quad x_2=0\quad (n=0,\pm 1,\pm 2,\cdots)$$

可见,当 $n=0$ 和偶数时,对应于同一个物理位置,即下平衡位置。而当 n 为奇数时,对应另一个物理位置,即上平衡位置。因此,只需考查 $x_1=0, x_2=0$ 和 $x_1=\pi, x_2=0$ 的两个平衡位置。在 $x_1=0, x_2=0$ 的附近,非线性一阶微分方程组的线性化方程为

$$\dot{x}_1=x_2,\quad \dot{x}_2=-\omega^2 x_1$$

系数矩阵

$$\boldsymbol{a}=\begin{bmatrix}0 & 1\\ -\omega^2 & 0\end{bmatrix}$$

特征方程的系数为

$$p=a_{11}+a_{22}=0,\quad q=a_{11}a_{22}-a_{12}a_{21}=\omega^2$$

因为 $p=0, q>0$,则该线性化系统的平衡位置为中心。对于非线性系统该平衡位置是否仍然是中心呢?在这里,仅从物理概念上就可以说清楚,而不必采用其他方法。因为系统是无

阻尼非线性保守系统，无能量的耗散和吸入，因此对于非线性系统平衡位置仍然是中心。

在 $x_1=\pi, x_2=0$ 的附近。首先作变换，使该平衡位置为新坐标系的原点。令

$$y_1 = x_1 - \pi, \quad y_2 = x_2$$

则非线性一阶微分方程组的方程为

$$\dot{y}_1 = y_2, \quad \dot{y}_2 = -\omega^2 \sin(y_1 + \pi) = \omega^2 \sin y_1$$

上面方程在 $y_1=0, y_2=0$ 附近的线性化方程为

$$\dot{y}_1 = y_2, \quad \dot{y}_2 = \omega^2 y_1$$

系数矩阵

$$\boldsymbol{a} = \begin{bmatrix} 0 & 1 \\ \omega^2 & 0 \end{bmatrix}$$

特征方程的系数为

$$p = 0, \quad q = -\omega^2$$

由于 $q<0$，则该平衡位置为鞍点，是不稳定的。

显然，对于 $x_1=0, \pm 2\pi, \pm 4\pi, \cdots, x_2=0$ 得到中心；而对于 $x_1=\pm\pi, \pm 3\pi, \pm 5\pi, \cdots, x_2=0$ 得到鞍点。可见这个系统只有中心和鞍点。

例 8.2-2　分析滑翔机的运动(图 8.2-6)。设机翼面积很大，空气阻力远小于升力而略去，飞机的惯性矩不大，而尾翼的稳定力矩很大，攻角保持为零。

解：设飞机的质量为 m，质心速度为 v，纵轴相对水平面的倾角为 θ，升力 F_L 为

$$F_L = c_L S \frac{\rho v^2}{2}$$

其中，c_L 为升力系数，S 为特征面积，ρ 为空气密度。列出飞机质心运动的动力学方程为

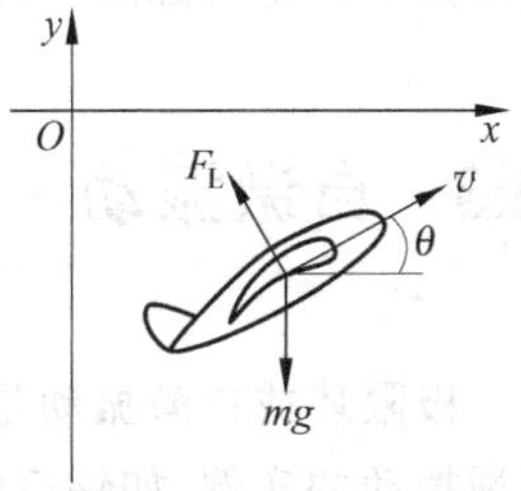

图　8.2-6

$$\left.\begin{aligned} m\dot{v} &= -mg\sin\theta \\ mv\dot{\theta} &= -mg\cos\theta + c_L S \frac{\rho v^2}{2} \end{aligned}\right\}$$

将 θ, v 作为决定飞机运动状态的状态变量，则 (θ, v) 相平面内的相轨迹微分方程为

$$\frac{\mathrm{d}v}{\mathrm{d}\theta} = \frac{v\sin\theta}{\cos\theta - (v/v_0)^2}$$

其中常数 $v_0=\sqrt{2mg/c_L S\rho}$。令 $y=v/v_0$，作变量置换，此方程化为

$$\frac{\mathrm{d}y}{\mathrm{d}\theta} = \frac{-y\sin\theta}{y^2 - \cos\theta}$$

有三个奇点

$$s_1\begin{cases}\theta_s = 0 \\ y_s = 1\end{cases}, \quad s_2\begin{cases}\theta_s = \pi/2 \\ y_s = 0\end{cases}, \quad s_3\begin{cases}\theta_s = -\pi/2 \\ y_s = 0\end{cases}$$

奇点 s_1 对应于飞机作速度为 v_0 的水平匀速飞行，奇点 s_2 和 s_3 对应于飞机直立且速度为零的瞬时失速状态。列出上面方程 $\frac{\mathrm{d}y}{\mathrm{d}\theta}=\frac{-y\sin\theta}{y^2-\cos\theta}$ 的雅可比矩阵

$$\mathbf{A} = \begin{bmatrix} \sin\theta_s & 2y_s \\ -y_s\cos\theta_s & -\sin\theta_s \end{bmatrix}$$

得到

$$p=0,\quad q=2y_s^2\cos\theta_s-\sin^2\theta_s,\quad \Delta=4(\sin^2\theta_s-2y_s^2\cos\theta_s)$$

奇点类型如表 8.2-1 所示。

表 8.2-1 奇点类型

奇　点	p	q	Δ	奇点类型
s_1	0	+	−	中心
s_2	0	−	+	鞍点
s_3	0	−	+	鞍点

实际上，方程$\dfrac{\mathrm{d}y}{\mathrm{d}\theta}=\dfrac{-y\sin\theta}{y^2-\cos\theta}$为全微分方程，可积分得到相轨迹方程

$$\frac{1}{3}y^3-y\cos\theta=\text{const.}$$

相轨迹族如图 8.2-7 所示。可看出过鞍点的分隔线将相平面划分为两个不同区域。初扰动很小时滑翔机的水平匀速飞行为稳定的稳态运动。但对于太大的初扰动，若相点越出由分隔线划分的粗实线所围区域，则 θ 单调增加，水平飞行转变为不稳定的翻筋斗运动。

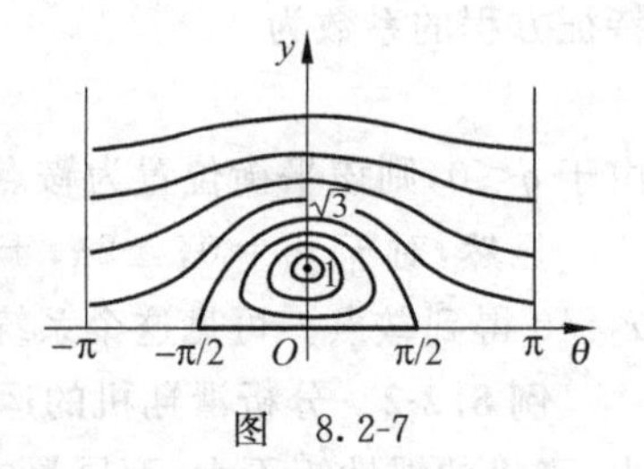

图 8.2-7

8.3 自激振动·极限环

极限环或自激振动是一种非线性现象。工程中有很多自激振动的实例，如钟表的摆、干摩擦自振、输电线舞动、管内流体喘振、机翼的颤振、机床颤振和车轮制动闸瓦的尖叫声等。经典的皮带问题如图 8.3-1(a)所示，皮带以等速 v 移动，在适当条件下，此质量-弹簧系统可能为动力不稳定；图 8.3-1(b)表示棒在稳定流场中的可能振动。这些例子说明：一个非线性系统在一个常数激励作用下，可能产生周期振动。本节叙述自激振动系统的普遍性质，利用相平面的极限环描述自激振动过程。

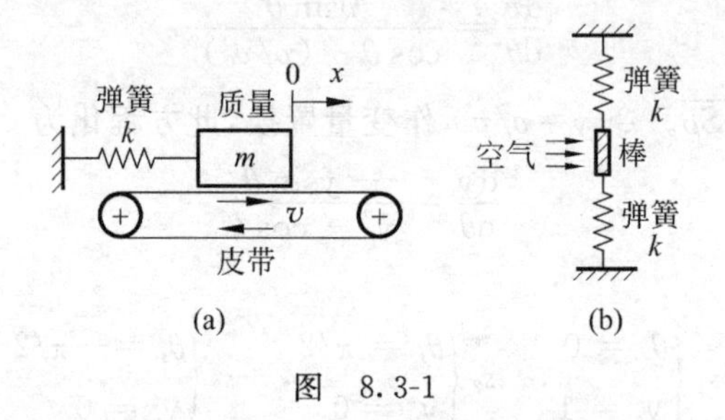

图 8.3-1

1. 自激振动

在第 2 章的讨论中，作自由振动的系统不能从外界补充能量，因此只有机械能守恒的保

守系统才能维持等幅自由振动。但任何实际系统都不可避免地存在着耗散源，耗散系统在振动过程中，其机械能不断损耗，使自由振动衰减。因此没有能量的补充不可能维持持久的等幅振动。在第3章的讨论中，系统在周期变化的激励作用下接受外界的能量补充，交变的能量输入使系统维持等幅振动，即强迫振动。除自由振动和强迫振动之外，自激振动是工程中普遍存在的另一种振动形式。所谓的自激振动是系统内部的非振动的能量转换为振动的激励而产生的振动。对于自激振动可以作如下的物理解释：存在一个与系统有关的外部恒定的能源，自激振动靠系统外部能源补充能量，使运动的系统与恒定能源之间产生交变力，这个交变力在运动方程中体现为阻尼项。当系统振动较小时，方程中的阻尼项成为负阻尼，使系统周期性地从恒定能源吸收能量而使运动增长；当运动增长到一定程度，方程中的阻尼项成为正阻尼而使运动衰减。当系统在一个周期内损失的能量和吸入的能量相等时，系统呈现稳态的周期运动。这种稳态周期运动就称为自激振动，或简称自振。线性系统不可能产生自激振动，能产生自激振动的系统必为非线性系统。前面介绍的范德波方程和瑞利方程所代表的振动都属于自激振动。

自激振动由于能源恒定而不同于强迫振动。系统依靠自身运动状态的反馈作用调节能量输入，以维持不衰减的持续振动。也就是说，在自激振动中，外界恒定的能源给予振动系统的交变力是由运动本身产生或控制的，运动一旦停止，交变力也随之消失。而在强迫振动中，交变力是由外部能源独立产生的，它不依赖于运动，即使运动消失了，交变力仍可存在。因此，强迫振动的频率完全决定于外加激励频率，而自激振动的频率则很接近于系统的固有频率。另外，自激振动与保守系统的自由振动也不相同。保守系统的自由振动的振幅由初始条件确定，而自激振动的振幅与初始条件无关，它决定于系统本身的参数。

例 8.3-1　分析电铃(图 8.3-2)的自激振动。

解：电铃的铃锤和弹簧片组成了振动系统，电源为恒定的能源，电磁断续器为调节器。通电后铃锤在电磁力的作用下产生位移敲击铜铃，同时使电路断开，铃锤在弹簧恢复力作用下回到原处，如此往复循环以产生持久的自激振动。

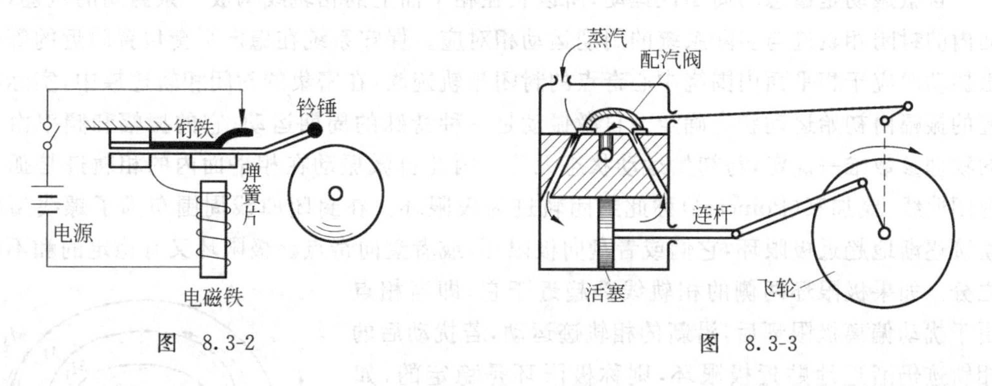

图　8.3-2　　　图　8.3-3

例 8.3-2　分析蒸汽机(图 8.3-3)的自激振动。

解：蒸汽机的活塞、连杆和飞轮组成了振动系统，锅炉供应的蒸汽为恒定能源，配汽阀为调节器。蒸汽推动活塞，并通过连杆带动飞轮转动，同时使配汽阀移动以改变进汽方向，使蒸汽朝相反的方向推动活塞。活塞在蒸汽的往复推动下带动飞轮作持久的转动。

2. 自激振动的特征

(1) 振动过程中,存在能量的输入与耗散,因此自振系统为非保守系统。

(2) 能源恒定,能量的输入仅受运动状态,即振动系统的位移和速度的调节,因此自振系统不显含时间变量,为自治系统。

(3) 振动的特征量,如频率和振幅,由系统的物理参数确定,与初始条件无关。

(4) 自治的线性系统只能产生衰减自由振动,无耗散时也只能产生振幅由初始条件确定的等幅自由振动。因此自振系统必为非线性系统。

(5) 自激振动的稳定性取决于能量的输入与耗散的相互关系。若振幅偏离稳态值时,能量的增减能促使振幅回至稳态值,则自激振动稳定(图 8.3-4(a))。反之,自激振动不稳定(图 8.3-4(b))。

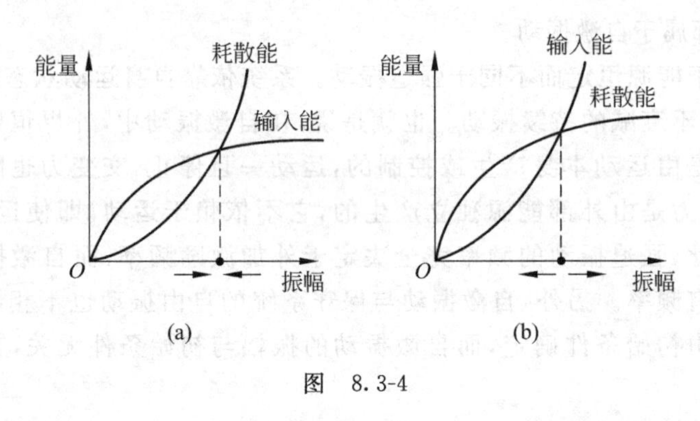

图 8.3-4

3. 极限环

自激振动是稳态的周期性运动,所以它在相平面上的相轨线构成一条封闭的轨迹,相平面内的封闭相轨迹与实际系统的周期运动相对应。保守系统在稳定平衡位置附近的等幅自由振动对应于相平面内围绕中心奇点的封闭相轨迹族,在密集的封闭相轨迹族中,实际相轨迹的振幅由初始运动状态确定。自激振动是一种特殊的周期运动,它的振幅和频率由系统的物理参数唯一确定,与初始运动状态无关。因此自激振动在相平面内的相轨迹是孤立的封闭曲线,庞加莱(Poincaré)称此封闭轨迹为极限环。在封闭曲线周围布满了螺线型的相轨迹逐渐地趋近极限环,它们或者盘向极限环,或者盘向奇点。极限环又有稳定的和不稳定之分。如果极限环两侧的相轨线都趋近于它,即当相点由于扰动偏离极限环后,沿新的相轨迹运动,若扰动后的相轨迹仍渐近地贴近极限环,则称极限环是稳定的,如图 8.3-5 中的 M_2。反之,若扰动后的相轨迹远离极限环,其中只要有一侧的相轨线是离开极限环的,则这样的极限环称为不稳定的,如图 8.3-5 中的 M_1 和 M_3。不稳定的极限环是实际系统不能实现的运动,它是用几何作

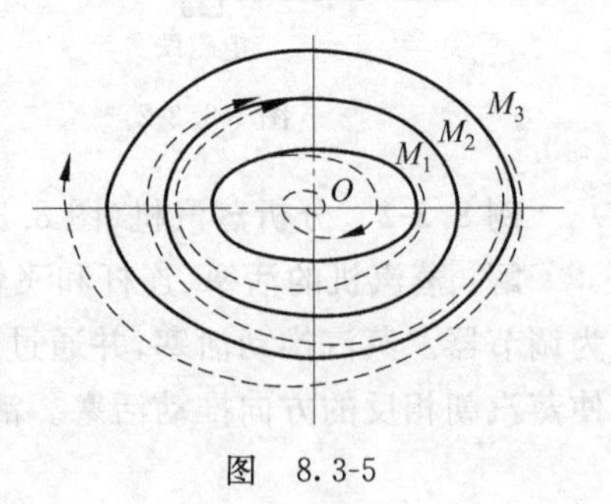

图 8.3-5

图法画不出来的。稳定的极限环对应于系统的稳态周期运动,即自激振动。

自激振动在各种技术问题中占有极重要的地位,因此确定极限环的存在及其稳定性就成为非线性自治系统理论中的一个重要问题。从上面的定性分析可知,极限环的存在是明显的,但是对于一个给定的系统要想从理论上证实极限环的存在并具体地找到该极限环却是困难的。虽然有关于极限环的存在有李亚普诺夫(Lyapuonov)准则和庞加莱-本狄克生(Poincaré-Bendixson)定理,但在很多情况下,问题的解决还是要借助于图解法。

一个具有极限环系统的经典例子是范德波振子。这个例子可以说明极限环的一些性质。范德波振子是由下面的微分方程所描述,即

$$\ddot{x}+\mu(x^2-1)\dot{x}+x=0 \quad (\mu>0) \tag{8.3-1}$$

上式可认为是一个具有可变阻尼的振子。确实,$\mu(x^2-1)$这一项可以看成一个与振幅相关的阻尼系数。对于$|x|<1$这个系数是负的,而对$|x|>1$它是正的。因此当运动在$|x|<1$的范围内时负阻尼有助于增加振幅,而当$|x|>1$时正阻尼有助于减小振幅,所以预期会有极限环而且确实得到了极限环。

令$x=x_1$,$\dot{x}=x_2$,则方程(8.3-1)可以用两个一阶微分方程来代替

$$\dot{x}_1=x_2,\quad \dot{x}_2=-x_1+\mu(1-x_1^2)x_2=0 \tag{8.3-2}$$

显然,原点是一个平衡点。为了了解这个平衡点的性质,列出下面线性化系统的系数矩阵

$$\boldsymbol{a}=\begin{bmatrix}0 & 1\\ -1 & \mu\end{bmatrix} \tag{8.3-3}$$

它导致特征方程

$$\lambda^2-\mu\lambda+1=0 \tag{8.3-4}$$

上式有根

$$\begin{matrix}\lambda_1\\ \lambda_2\end{matrix}=\frac{\mu}{2}\pm\sqrt{\left(\frac{\mu}{2}\right)^2-1} \tag{8.3-5}$$

当$\mu>2$时,根λ_1与λ_2都是正实数,所以原点是不稳定结点。当$\mu<2$时,根λ_1与λ_2是具有正实部的共轭复数,所以这个原点是不稳定焦点。不管怎么样,原点都是不稳定平衡点,而在它邻域内开始的任何运动趋向于离开这个邻域而达到极限环。

为得到轨迹的方程,将式(8.3-2)的第二式除以第一式,结果有

$$\frac{\mathrm{d}x_2}{\mathrm{d}x_1}=\mu(1-x_1^2)-\frac{x_1}{x_2} \tag{8.3-6}$$

要求得上式的一个封闭解是不可能的。轨线可以用某种图解方法来求得,例如用等倾线法,或者用计算机模拟。图8.3-6给出了对$\mu=0.2$和$\mu=1.0$的值用计算机模拟求得的极限环。从图8.3-6显然可见极限环的形状决定于参数μ。事实上,当$\mu\to 0$极限环趋于一个圆。因为所有轨迹不论从外面或从里面都趋近于极限环,所以极限环是稳定的。注意到,当$\mu<0$时得到的是一个轨道不稳定极限环;当$\mu>0$时这个极限环是轨道渐近稳定的。可见,一个稳定的极限环包围一个不稳定平衡点,而一个不稳定极限环包围了一个稳定平衡点。

最后,必须指出,对于呈现有极限环的系统,在其原点周围用线性化分析是不适当的。对于$\mu>0$的情况线性化分析会判定不稳定,其运动要无限增大。控制振幅大小的是非线性项,即$\mu x^2\dot{x}$。在这种情形下,恰当的线性化必须在极限环的附近,这样会得出一个带有周期性系数的线性系统。

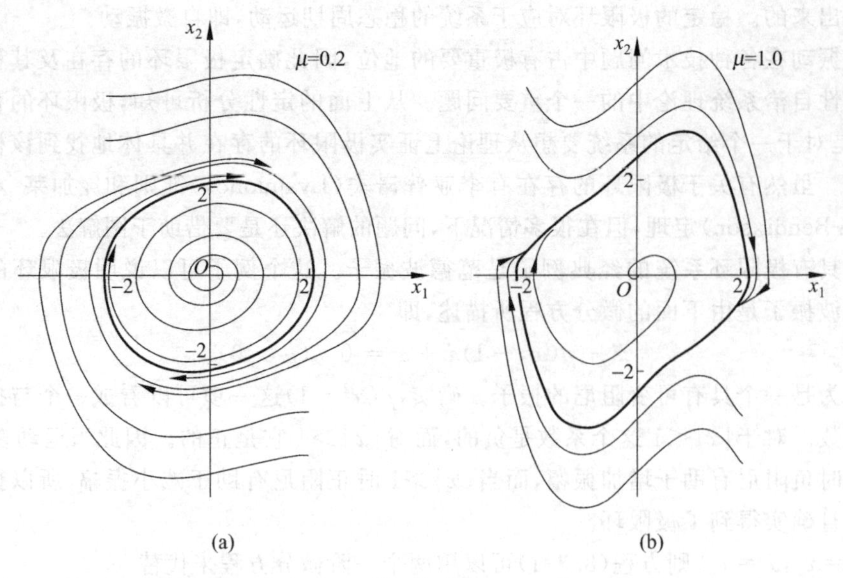

图 8.3-6

8.4 基本的摄动方法

非线性振动不像线性振动那样有统一的求解方法。一般来说除了很少数的情况外,要对非线性系统求精确解几乎是不可能的,因此人们致力于寻求各种近似解法,其中包括各种数值方法。这里不讨论数值解法,仅讨论针对所谓弱非线性系统的渐近的解析法,即摄动法,也称为小参数法,它是求解非线性振动方程最有效的方法之一,是由庞加莱和李亚普诺夫所拟定、在解决各种问题时广泛应用的方法,其基本做法是把解展开成小参数 ε 的幂级数,以寻求满足一定误差要求的渐近解。求解非线性振动的摄动法中有各种渐近的解析方法,包括基本摄动法和各种奇异摄动法。其中奇异摄动法又包括林斯泰特法和 KBM 法等。在介绍中由于篇幅的限制,在理论方面不可能挖掘得很深。与线性振动相比,非线性振动有许多独特的性质,例如对于自治系统,振动周期依赖于振幅并具有多次谐波响应,对于非自治系统,有跳跃现象、次谐波和多谐波响应等,这些特性都可以用摄动渐近解描述出来。

描述物理系统的微分方程,可分为一部分只包含常系数的线性项,另一部分与前者相比是微小的非线性项(自治的或非自治的),其微分方程为如下形式

$$\ddot{x} + \omega_0^2 x = \varepsilon f(x, \dot{x}, t) \tag{8.4-1}$$

式中,ε 为一个小参数,函数 f 是关于 x 和 $\dot{x}$ 解析的非线性函数,也可以与时间 t 有关。这样的系统称为弱非线性系统,相应地方程(8.4-1)称为弱非线性方程,使系统成为非线性的微小项称为摄动项。如果 f 中不显含时间 t,则得到弱非线性自治方程

$$\ddot{x} + \omega_0^2 x = \varepsilon f(x, \dot{x}) \tag{8.4-2}$$

设有弱非线性自治系统由微分方程(8.4-2)所描述。当 $\varepsilon=0$ 时,此方程成为

$$\ddot{x} + \omega_0^2 x = 0 \tag{8.4-3}$$

这是大家所熟知的最简单的无阻尼单自由度线性振动问题，ω_0为固有频率。方程(8.4-2)的解除了依赖于时间t还依赖于小参数ε，通常方程(8.4-2)没有精确解，根据庞加莱展开定理，解$x(t,\varepsilon)$可以展开为ε的幂级数形式，即

$$x(t,\varepsilon)=x_0(t)+\varepsilon x_1(t)+\varepsilon^2 x_2(t)+\cdots \tag{8.4-4}$$

式中，函数$x_i(t)(i=0,1,2,\cdots)$为各阶渐近解，是时间t的函数而与ε无关。$x_0(t)$是方程(8.4-2)当$\varepsilon=0$时的解，即方程(8.4-3)的解，称为零次渐近解或母解。

把式(8.4-4)代入式(8.4-2)的左端，有

$$\begin{aligned}\ddot{x}+\omega_0^2 x&=(\ddot{x}_0+\varepsilon\ddot{x}_1+\varepsilon^2\ddot{x}_2+\cdots)+\omega_0^2(x_0+\varepsilon x_1+\varepsilon^2 x_2+\cdots)\\&=(\ddot{x}_0+\omega_0^2 x_0)+\varepsilon(\ddot{x}_1+\omega_0^2 x_1)+\varepsilon^2(\ddot{x}_2+\omega_0^2 x_2)+\cdots\end{aligned} \tag{8.4-5}$$

把式(8.4-4)代入式(8.4-2)的右端的$f(x,\dot{x})$，因为$f(x,\dot{x})$是解析函数，故可将它在母解$(x_0,\dot{x}_0)$的邻域展成泰勒级数，即

$$\begin{aligned}f(x,\dot{x})&=f(x_0+\Delta x,\dot{x}_0+\Delta\dot{x})\\&=f(x_0,\dot{x}_0)+\frac{\partial f_0}{\partial x}\Delta x+\frac{\partial f_0}{\partial\dot{x}}\Delta\dot{x}+\\&\quad\frac{1}{2!}\left(\frac{\partial^2 f_0}{\partial x^2}\Delta x^2+2\frac{\partial^2 f_0}{\partial x\partial\dot{x}}\Delta x\Delta\dot{x}+\frac{\partial^2 f_0}{\partial\dot{x}^2}\Delta\dot{x}^2\right)+\cdots\end{aligned} \tag{8.4-6}$$

式中

$$\Delta x=\varepsilon x_1+\varepsilon^2 x_2+\cdots,\quad \Delta\dot{x}=\varepsilon\dot{x}_1+\varepsilon^2\dot{x}_2+\cdots \tag{8.4-7}$$

$\frac{\partial f_0}{\partial x}$是指$\frac{\partial f(x,\dot{x})}{\partial x}$在$x=x_0,\dot{x}=\dot{x}_0$处的取值，其余的类同。将式(8.4-7)代入式(8.4-6)，按ε的幂次整理得到

$$\begin{aligned}f(x,\dot{x})&=f(x_0,\dot{x}_0)+\varepsilon\left(\frac{\partial f_0}{\partial x}x_1+\frac{\partial f_0}{\partial\dot{x}}\dot{x}_1\right)+\\&\quad\varepsilon^2\left(\frac{\partial f_0}{\partial x}x_2+\frac{\partial f_0}{\partial\dot{x}}\dot{x}_2+\frac{1}{2!}\frac{\partial^2 f_0}{\partial x^2}x_1^2+\frac{\partial^2 f_0}{\partial x\partial\dot{x}}x_1\dot{x}_1+\frac{1}{2!}\frac{\partial^2 f_0}{\partial\dot{x}^2}\dot{x}_1^2\right)+\cdots\end{aligned} \tag{8.4-8}$$

将式(8.4-5)和式(8.4-8)同时代入式(8.4-2)得到

$$\begin{aligned}&(\ddot{x}_0+\omega_0^2 x_0)+\varepsilon(\ddot{x}_1+\omega_0^2 x_1)+\varepsilon^2(\ddot{x}_2+\omega_0^2 x_2)+\cdots\\&=\varepsilon f(x_0,\dot{x}_0)+\varepsilon^2\left(\frac{\partial f_0}{\partial x}x_1+\frac{\partial f_0}{\partial\dot{x}}\dot{x}_1\right)+\cdots\end{aligned} \tag{8.4-9}$$

方程(8.4-9)必须对ε的一切值都成立，而且函数$x_i(t)(i=1,2,\cdots)$与ε无关，故方程(8.4-9)两端ε同次幂的系数必须相等，这就得到方程组

$$\ddot{x}_0+\omega_0^2 x_0=0 \tag{8.4-10a}$$

$$\ddot{x}_1+\omega_0^2 x_1=f(x_0,\dot{x}_0) \tag{8.4-10b}$$

$$\ddot{x}_2+\omega_0^2 x_2=\frac{\partial f_0}{\partial x}x_1+\frac{\partial f_0}{\partial\dot{x}}\dot{x}_1 \tag{8.4-10c}$$

$$\vdots$$

上面的每个方程都是线性方程。第一个方程(8.4-10a)无右端项，可以直接写出它的解，其余各关于$x_i(t)(i=0,1,2,\cdots)$的方程，其右端所包含的变量与导数只到$x_{i-1}(t)$与$\dot{x}_{i-1}$为

止,因此方程组(8.4-10)可依次求解。

上述各阶渐近解均包含有积分常数,这些积分常数的确定,可以由已给定的初始条件 $x(0)$ 和 $\dot{x}(0)$ 定出。把初始条件按式(8.4-4)的形式展开得

$$\left.\begin{aligned} x(0) &= x_0(0) + \varepsilon x_1(0) + \varepsilon^2 x_2(0) + \cdots \\ \dot{x}(0) &= \dot{x}_0(0) + \varepsilon \dot{x}_1(0) + \varepsilon^2 \dot{x}_2(0) + \cdots \end{aligned}\right\} \tag{8.4-11}$$

可以取各阶渐近解的初始条件为

$$\left.\begin{aligned} x_0(0) &= x(0), \quad x_i(0) = 0 \\ \dot{x}_0(0) &= \dot{x}(0), \quad \dot{x}_i(0) = 0 \end{aligned} \quad (i = 1,2,\cdots)\right\} \tag{8.4-12}$$

式(8.4-12)中各组初始条件可以决定方程(8.4-10)中各阶渐近解的积分常数。

式(8.4-4)所表示的级数解称为方程(8.4-2)的形式解。庞加莱定理指出,只要小参数 ε 的模充分的小,级数就是收敛的。如果截取级数(8.4-4)的前 n 项作为 n 次渐近解,由此引起的截断误差与 ε 的 $(n+1)$ 次幂同阶。即满足条件

$$x(t,\varepsilon) = x_0(t) + \varepsilon x_1(t) + \varepsilon^2 x_2(t) + \cdots + \varepsilon^n x_n(t) + O(\varepsilon^{n+1}) \tag{8.4-13}$$

式中符号 $O(\varepsilon^{n+1})$ 表示一个量级为 ε^{n+1} 的小量,它是截断误差。式(8.4-13)所代表的意义是级数中的每一项只是它前面一项的微小修正。所以,当 ε 的模充分小时,取渐近级数的开头几项来表示解就有很好的近似。

但是对于一个实际问题,小参数 ε 是有确定的值的,不可能任意地小,所以级数(8.4-4)只能在自变量 t 的某个区间内才能一致地满足式(8.4-13)。也就是说用级数(8.4-4)表示解只能在自变量的某个区间内才一致有效。现举例说明如下。

例 8.4-1 系统有最简单的非线性弹性时,可近似地化简成下面的杜芬(Duffing)方程

$$\ddot{x} + \omega_0^2(x + \varepsilon x^3) = 0 \tag{8.4-14a}$$

或

$$\ddot{x} + \omega_0^2 x = -\varepsilon\omega_0^2 x^3 \tag{8.4-14b}$$

给定初始条件为

$$x(0) = A_0, \quad \dot{x}(0) = 0$$

用基本摄动法求此问题的解。

解:取方程(8.4-14)有如式(8.4-4)的解,由式(8.4-10)得到下列方程组

$$\begin{aligned} \ddot{x}_0 + \omega_0^2 x_0 &= 0 \\ \ddot{x}_1 + \omega_0^2 x_1 &= -\omega_0^2 x_0^3 \\ \ddot{x}_2 + \omega_0^2 x_2 &= -3\omega_0^2 x_0^2 x_1 \\ &\vdots \end{aligned}$$

可以把初始条件取成下列形式

$$x_0(0) = A_0, \quad \dot{x}_0(0) = 0$$

$$x_i(0) = 0, \quad \dot{x}_i(0) = 0 \quad (i = 1,2,\cdots)$$

将初始条件代入方程组,得

$$x_0 = A_0 \cos \omega_0 t$$

并利用三角恒等式

$$\cos^3 \omega_0 t = \frac{1}{4}(\cos 3\omega_0 t + 3\cos \omega_0 t)$$

得

$$\ddot{x}_1 + \omega_0^2 x_1 = -\frac{3}{4}\omega_0^2 A_0^3 \cos\omega_0 t - \frac{1}{4}\omega_0^2 A_0^3 \cos 3\omega_0 t$$

它的解为

$$x_1 = C\cos\omega_0 t + D\sin\omega_0 t - \frac{3}{8}\omega_0 t A_0^3 \sin\omega_0 t + \frac{1}{32}A_0^3 \cos 3\omega_0 t$$

考虑 $i=1$ 的初始条件，x_1 为

$$x_1 = -\frac{1}{32}A_0^3 \cos\omega_0 t - \frac{3}{8}\omega_0 t A_0^3 \sin\omega_0 t + \frac{1}{32}A_0^3 \cos 3\omega_0 t$$

将 x_0 和 x_1 代入式(8.4-4)，就得到精确到 $O(\varepsilon)$ 的渐近解

$$x = A_0 \cos\omega_0 t + \varepsilon A_0^3\left(-\frac{1}{32}\cos\omega_0 t - \frac{3}{8}\omega_0 t\sin\omega_0 t + \frac{1}{32}\cos 3\omega_0 t\right)$$

从 x_1 式看到，x_1 中包含有 $t\sin\omega_0 t$ 项，称为长期项(或称永年项)。由于长期项的出现，使得渐近解 x 随时间 t 的增加而无限增长，即当 $t\to\infty$ 时，$x\to\infty$，这与事实相矛盾。实际上，方程(8.4-14)经过一次积分后可得

$$\frac{\dot{x}^2}{2} + \frac{\omega_0^2}{2}\left(x^2 + \varepsilon\frac{x^4}{2}\right) = \text{常数}$$

因此 x 不可能为无穷大。

级数只有当 $t=O(\varepsilon^0)$ 时，即在 $t<1$ 的量级范围内，解 x 才是渐近有效的。当 t 与 $1/\varepsilon$ 同阶时，εx_1 与 x_0 同阶渐近性丧失。由于长期项的出现，使得近似解渐近性的时间区段极短，从而使它的应用范围受到很大限制。为了消除长期项，获得一个一致有效解，发展了各种各样的渐近解法，统称为奇异摄动法。下面首先介绍林斯泰特-庞加莱法。

8.5 林斯泰特-庞加莱法

1883 年林斯泰特为了消除长期项，提出对基本摄动法的改进，1892 年庞加莱证明了此方法的合理性，其基本思想是认为当 $\varepsilon\neq 0$ 时非线性系统的振动频率不再是常数 ω_0，而是由线性系统的常数 ω_0 变成 ω，这种变化是由摄动项引起的，而摄动项又与系统的运动有关，所以 ω 应该是 ε 的函数，即 $\omega=\omega(\varepsilon)$，因此振动频率 $\omega(\varepsilon)$ 和周期解 $x(t,\varepsilon)$ 一样，都必须在摄动过程中逐步加以确定。

考虑弱非线性自治方程(8.4-2)，为了便于计算频率的变化，引入一个新的自变量 τ 来代替 t，令变换关系式为 $\tau=\omega t$，且有 $\dot{x}=\frac{\mathrm{d}x}{\mathrm{d}t}=\frac{\mathrm{d}x}{\mathrm{d}\tau}\frac{\mathrm{d}\tau}{\mathrm{d}t}=\omega\frac{\mathrm{d}x}{\mathrm{d}\tau}=\omega x'$，$\ddot{x}=\frac{\mathrm{d}^2 x}{\mathrm{d}t^2}=\frac{\mathrm{d}}{\mathrm{d}\tau}(\omega x')=\omega^2 x''$。于是方程(8.4-2)变为

$$\omega^2 x'' + \omega_0^2 x = \varepsilon f(x,\omega x') \tag{8.5-1}$$

其中撇“$'$”表示对 τ 求导。这样，以未知周期为 $2\pi/\omega(\varepsilon)$ 的解 $x(t,\varepsilon)$，变成以已知周期为 2π 的解 $x(\tau,\varepsilon)$。

用林斯泰特方法求渐近周期解的做法是把 $x(\tau,\varepsilon)$ 和 $\omega(\varepsilon)$ 都展成 ε 的幂级数

$$\left.\begin{aligned} x(\tau,\varepsilon) &= x_0(\tau) + \varepsilon x_1(\tau) + \varepsilon^2 x_2(\tau) + \cdots \\ \omega(\varepsilon) &= \omega_0 + \varepsilon\omega_1 + \varepsilon^2\omega_2 + \cdots \end{aligned}\right\} \tag{8.5-2}$$

其中 $x_i(\tau)(i=0,1,2,\cdots)$ 是 τ 的未知函数，$\omega_i(i=0,1,2,\cdots)$ 是待定的参数。根据微分方程的理论，两个未知函数需要由两个微分方程来确定。现在有两个未知函数 $x(\tau,\varepsilon)$ 和 $\omega(\varepsilon)$，而只有一个控制方程(8.5-1)，所以不能唯一地确定。设想 $x_i(\tau)(i=0,1,2,\cdots)$ 是 τ 的以 2π 为周期的周期函数，因而都是有界的，这样利用这一附加条件就可以消除长期项。通过控制方程(8.5-1)和这样一个附加条件可以唯一地确定 $x(\tau,\varepsilon)$ 和 $\omega(\varepsilon)$。从下面的演算过程可以看到这一设想是可以实现的。$x_i(\tau)$ 都是 2π 的周期函数的数学形式为

$$x_i(\tau+2\pi)=x_i(\tau)\quad(i=0,1,2,\cdots)\tag{8.5-3}$$

将式(8.5-2)代入式(8.5-1)的左端，得

$$\begin{aligned}\omega^2x''+\omega_0^2x&=(\omega_0+\varepsilon\omega_1+\varepsilon^2\omega_2+\cdots)^2(x_0''+\varepsilon x_1''+\varepsilon^2x_2''+\cdots)+\\&\quad\ \omega_0^2(x_0+\varepsilon x_1+\varepsilon^2x_2+\cdots)\\&=(\omega_0^2x_0''+\omega_0^2x_0)+\varepsilon(\omega_0^2x_1''+\omega_0^2x_1+2\omega_0\omega_1x_0'')+\\&\quad\ \varepsilon^2[\omega_0^2x_2''+\omega_0^2x_2+(2\omega_0\omega_2+\omega_1^2)x_0''+2\omega_0\omega_1x_1'']+\cdots\end{aligned}\tag{8.5-4}$$

将式(8.5-2)代入式(8.5-1)的右端，并将 $f(x,\omega x')$ 在 $x=x_0,x'=x_0',\omega=\omega_0$ 附近展开为 ε 的幂级数，得到

$$f(x,\omega x')=f(x_0,\omega_0x_0')+\varepsilon\left(\frac{\partial f_0}{\partial x}x_1+\frac{\partial f_0}{\partial x'}x_1'+\frac{\partial f_0}{\partial\omega}\omega_1\right)+\cdots\tag{8.5-5}$$

式中，$\dfrac{\partial f_0}{\partial x}$ 是 $\dfrac{\partial f(x,\omega x')}{\partial x}$ 在 $x=x_0,x'=x_0',\omega=\omega_0$ 的值，其余类同。将式(8.5-4)与式(8.5-5)相比较，并令 ε 同次幂的系数相等，得到线性方程组

$$\omega_0^2x_0''+\omega_0^2x_0=0\tag{8.5-6a}$$

$$\omega_0^2x_1''+\omega_0^2x_1=f(x_0,\omega_0x_0')-2\omega_0\omega_1x_0''\tag{8.5-6b}$$

$$\omega_0^2x_2''+\omega_0^2x_2=\frac{\partial f_0}{\partial x}x_1+\frac{\partial f_0}{\partial x'}x_1'+\frac{\partial f_0}{\partial\omega}\omega_1-(2\omega_0\omega_2+\omega_1^2)x_0''-2\omega_0\omega_1x_1''\tag{8.5-6c}$$

$$\vdots$$

上列方程组和基本摄动法得到的线性方程(8.4-10)一样可以依次求解。所不同的是，现在可以利用式(8.5-3)这一附加条件确定式(8.5-2)中的 $\omega_i(i=0,1,2,\cdots)$。方程(8.5-6a)是齐次方程，它的解 x_0 显然是周期函数。欲使 $x_i(\tau)(i=0,1,2,\cdots)$ 成为周期函数，只要使方程(8.5-6b,c,…)的右端不含有第一谐波项，即第一谐波的系数等于零，则唯一的共振就不会发生，x_i 就是周期的，从而消除了长期项。令第一谐波的系数为零就可确定 $\omega_i(i=0,1,2,\cdots)$。下面举两个实例予以说明。

例 8.5-1 用林斯泰特法求下列杜芬方程的解。

$$\ddot{x}+\omega_0^2(x+\varepsilon x^3)=0\quad(\varepsilon\ll1)$$

$$\omega^2x''+\omega_0^2x=-\varepsilon\omega_0^2x^3$$

给定初始条件为

$$x(0)=A_0,\quad\dot{x}(0)=0$$

解：比较方程(8.5-1)有 $f(x,\omega x')=-\omega_0^2x^3$，将其代入方程(8.5-6)，并通除 ω_0^2 得到

$$x_0''+x_0=0$$

$$x_1''+x_1=-x_0^3-2\frac{\omega_1}{\omega_0}x_0''$$

$$x_2''+x_2=-3x_0^2x_1-\frac{1}{\omega_0^2}(2\omega_0\omega_2+\omega_1^2)x_0''-2\frac{\omega_1}{\omega_0}x_1''$$

$$\vdots$$

初始条件为

$$x_0(0)=A_0,\quad x_0'(0)=0$$

$$x_i(0)=0,\quad x_i'(0)=0\quad(i=1,2,\cdots)$$

由第一个方程得零阶近似解

$$x_0=A_0\cos\tau$$

显然 x_0 自动满足周期性条件(8.5-3)。将 x_0 代入有关 x_1 的第二个方程，并考虑到 $\cos^3\tau=\frac{1}{4}(\cos 3\tau+3\cos\tau)$ 得

$$x_1''+x_1=\frac{1}{4\omega_0}A_0(8\omega_1-3\omega_0A_0^2)\cos\tau-\frac{1}{4}A_0^3\cos 3\tau$$

式中，右端的第一项是第一谐波项，它将引起共振，使解 x_1 出现长期项。但是现在 $\cos\tau$ 的系数中 ω_1 是待定的，因此可使该系数等于零，于是得到

$$\omega_1=\frac{3}{8}\omega_0A_0^2$$

考虑 $i=1$ 的初始条件，x_1 的解为

$$x_1=\frac{1}{32}A_0^3(\cos 3\tau-\cos\tau)$$

将 x_0，ω_1 和 x_1 的表达式代入第三个方程，并考虑到 $\cos^2\tau\cos 3\tau=\frac{1}{4}(\cos\tau+2\cos 3\tau+\cos 5\tau)$ 得到

$$x_2''+x_2=\left(2\frac{\omega_2}{\omega_0}A_0+\frac{21}{128}A_0^5\right)\cos\tau+\frac{24}{128}A_0^5\cos 3\tau-\frac{3}{128}A_0^5\cos 5\tau$$

根据周期性条件，得

$$\omega_2=-\frac{21}{256}\omega_0A_0^4$$

对应于 $i=2$ 的初始条件，x_2 的解为

$$x_2=\frac{A_0^5}{1024}(23\cos\tau-24\cos 3\tau+\cos 5\tau)$$

按照同样的方法，可依次得 x_3，x_4，…。将已经求出的 x_0，x_1，x_2 代入式(8.5-2)，就得到二次渐近解

$$x(\tau)=A_0\cos\tau-\varepsilon\frac{A_0^3}{32}(\cos\tau-\cos 3\tau)+\varepsilon^2\frac{A_0^5}{1024}(23\cos\tau-24\cos 3\tau+\cos 5\tau)$$

式中 $\tau=\omega t$。根据式(8.5-2)和 ω_1，ω_2 的表达式，则 ω 为

$$\omega=\omega_0\left(1+\varepsilon\frac{3}{8}A_0^2-\varepsilon^2\frac{21}{256}A_0^4+\cdots\right)$$

渐近解 x 是一致有效的。由于非线性弹性项的影响，使得系统的振动中有高次谐波出现，同时频率与振幅有关。对于具有硬特性($\varepsilon>0$)的弹簧，频率比线性系统有所提高，反之，$\varepsilon<0$，频率减小。

例 8.5-2 求下列范德波方程

$$\ddot{x} + x = \varepsilon(1 - x^2)\dot{x}$$

的稳态振动。

解:假设上面的方程有式(8.5-2)形式的解。对本题 $\omega_0 = 1, f(x, \omega x') = (1 - x^2)\omega x'$。于是由方程(8.5-6)得到

$$\begin{aligned}
&x_0'' + x_0 = 0 \\
&x_1'' + x_1 = (1 - x_0^2)x_0' - 2\omega_1 x_0'' \\
&x_2'' + x_2 = -2x_0 x_1 x_0' + (1 - x_0^2)(\omega_1 x_0' + x_1') - (2\omega_2 + \omega_1^2)x_0'' - 2\omega_1 x_1'' \\
&\quad\vdots
\end{aligned}$$

用林斯泰特法只能求稳态的周期振动,对于自激振动只能求其稳定的极限环,因此不能由任意的初始条件出发来求解,而只能由某一特定的初始条件求解。可取初始速度为零

$$\dot{x}(0) = 0$$

而初始位移(此时即初始振幅)可在求解过程中确定。上式可化为

$$x_i'(0) = 0 \quad (i = 0, 1, 2, \cdots)$$

由方程组的第一个方程中 $i=0$ 的条件求解得

$$x_0 = A_0 \cos\tau$$

式中,A_0 为待定常量。将 x_0 代入有关 x_1 的第二个方程,得

$$x_1'' + x_1 = \left(\frac{A_0^2}{4} - 1\right)A_0 \sin\tau + 2A_0\omega_1 \cos\tau + \frac{1}{4}A_0^3 \sin 3\tau$$

根据周期性条件,$\sin\tau$ 和 $\cos\tau$ 项的系数均应等于零,于是得

$$A_0 = \pm 2, \quad \omega_1 = 0$$

上面方程对应于 $i=1$ 的条件的解为

$$x_1 = A_1 \cos\tau + \frac{3}{4}\sin\tau - \frac{1}{4}\sin 3\tau$$

其中,A_1 仍属未定。它将与 ω_2 一起将由下式确定

$$\begin{aligned}
x_2'' + x_2 = {} & 2A_1 \sin\tau + \left(\frac{1}{4} + 4\omega_2\right)\cos\tau + \\
& 3A_1 \sin 3\tau - \frac{2}{3}\cos 3\tau + \frac{5}{4}\cos 5\tau
\end{aligned}$$

根据周期性条件,得

$$A_1 = 0, \quad \omega_2 = -\frac{1}{16}$$

因此

$$x_1 = \frac{3}{4}\sin\tau - \frac{1}{4}\sin 3\tau$$

相应 x_2 的解为

$$x_2 = A_2 \cos\tau + \frac{3}{16}\cos 3\tau - \frac{5}{96}\cos 5\tau$$

其中,A_2 可由进一步的演算确定。至此,可以写出一次渐近解为

$$x = 2\cos\omega t + \varepsilon\left(\frac{3}{4}\sin\omega t - \frac{1}{4}\sin 3\omega t\right)$$

其中，频率

$$\omega = 1 - \varepsilon^2 \frac{1}{16} + \cdots$$

由此得到了稳态的周期解，即自激振动的极限环。

8.6 KBM 法

从 8.5 节可以看到，林斯泰特法只能得到稳态的周期解，所以对保守系统适用，对非保守系统失效。对于自激振动只能得到极限环，而得不到从任意初始条件出发趋近极限环的过渡过程。为了使渐近解能描述整个运动过程，人们从微分方程学中的常数变易法出发提出了其他渐近解法，如 KBM 法。所谓常数变易法，就是首先积分其对应的齐次方程（即有相同的左端，而右端为零的方程），求出其通解，此通解中包括待定常数。然后把待定常数看成是自变量的函数，也就是把已求出的齐次方程的通解中的常数代换成自变量的新的未知函数。把作了变量代换后的通解再代入原来的非齐次方程，这样就可以得到原非齐次方程的通解。

KBM 法是在 1937 年克雷洛夫（Krylov）和博戈留博夫（Bogoliubov）提出的渐近法的基础上由博戈留博夫和米特罗波尔斯基（Mitropolsky）给出了严密的数学证明并加以推广，因此也称作克雷洛夫-博戈留博夫-米特罗波尔斯基（Krylov-Bogoliubov-Mitropolsky）方法，简称 KBM 法。与林斯泰特法一样，KBM 法在解中先设立了某种任意性，然后再要求解的周期性，以消除这种任意性。这一方法在求解非线性振动问题中是行之有效的。它既可以求得周期解，又可求得非周期解，既可求解自治系统，又可求解非自治系统。

考虑非线性系统

$$\ddot{x} + \omega_0^2 x = \varepsilon f(x, \dot{x}) \tag{8.6-1}$$

式中，ε 是小参数，$f(x,\dot{x})$ 是 x 与 $\dot{x}$ 的非线性解析函数。当 $\varepsilon=0$，系统成为线性的，而且是简谐振动系统，其解为

$$x = a\cos\varphi, \quad \varphi = \omega_0 t + \varphi_0 \tag{8.6-2}$$

式（8.6-2）实际上是非线性方程（8.6-1）的一次渐近解。在这里，振幅 a、固有频率 ω_0 和相角 φ_0 都是常数。当 $\varepsilon \neq 0$ 为小量时，式（8.6-1）右边可以看作一个小摄动，它引起振幅与频率都随时间缓慢地变化，这时振幅 a 和全相位 φ 均为时间 t 的函数。按照 KBM 法，以振幅 a 和全相位 φ 作为两个基本变量，把解写成 ε 的幂级数形式，即

$$x = a\cos\varphi + \varepsilon x_1(a,\varphi) + \varepsilon^2 x_2(a,\varphi) + \cdots \tag{8.6-3}$$

式中，$x_i(a,\varphi)(i=1,2,\cdots)$ 是缓慢变化的函数 a 和 φ 的函数，而且是 φ 的以 2π 为周期的周期函数。a 和 φ 是时间 t 的函数，它们由下列微分方程确定，这组方程也是按 ε 展开的幂级数，即它们对时间 t 的导数 $\dot{a}$ 和 $\dot{\varphi}$ 也展成 ε 的幂级数

$$\dot{a} = \varepsilon A_1(a) + \varepsilon^2 A_2(a) + \cdots \tag{8.6-4}$$

$$\dot{\varphi} = \omega_0 + \varepsilon\omega_1(a) + \varepsilon^2\omega_2(a) + \cdots \tag{8.6-5}$$

为求形式解（8.6-3），可将式（8.6-3）、式（8.6-4）和式（8.6-5）代入方程（8.6-1），令所得的方程两端关于 ε 的同次幂的系数相等，就得到关于 $x_i(i=0,1,2,\cdots)$ 的方程，这些方程中含

有 $A_i(a)$ 和 $\omega_i(a)$。$A_i(a)$ 和 $\omega_i(a)$ 可以通过消除长期项，亦即得到周期解而确定。逐阶地确定了 $A_i(a)$ 和 $\omega_i(a)$，就可逐阶地求解 x_i，从而得到各阶渐近解。

从式(8.6-3)、式(8.6-4)和式(8.6-5)出发，应用复合函数求导数的法则，有

$$\begin{aligned}\dot{x} &= \frac{\mathrm{d}x}{\mathrm{d}t} = \frac{\partial x}{\partial a}\dot{a} + \frac{\partial x}{\partial \varphi}\dot{\varphi} \\ &= -a\omega_0 \sin\varphi + \varepsilon\left(A_1\cos\varphi - \omega_1 a\sin\varphi + \omega_0\frac{\partial x_1}{\partial\varphi}\right) + \cdots\end{aligned} \tag{8.6-6}$$

$$\begin{aligned}\ddot{x} &= \frac{\mathrm{d}^2 x}{\mathrm{d}t^2} = \frac{\partial^2 x}{\partial a^2}\dot{a}^2 + 2\frac{\partial^2 x}{\partial a\partial\varphi}\dot{a}\dot{\varphi} + \frac{\partial^2 x}{\partial\varphi^2}\dot{\varphi}^2 + \left(\frac{\partial x}{\partial a}\frac{\mathrm{d}\dot{a}}{\mathrm{d}a} + \frac{\partial x}{\partial\varphi}\frac{\mathrm{d}\dot{\varphi}}{\mathrm{d}a}\right)\dot{a} \\ &= -\omega_0^2 a\cos\varphi + \varepsilon\left(-2A_1\omega_0\sin\varphi - 2\omega_0\omega_1 a\cos\varphi + \omega_0^2\frac{\partial^2 x_1}{\partial\varphi^2}\right) + \\ &\quad \varepsilon^2\left\{-\left[2(\omega_0 A_2 + \omega_1 A_1) + aA_1\frac{\mathrm{d}\omega_1}{\mathrm{d}a}\right]\sin\varphi - \right. \\ &\quad \left[(\omega_1^2 + 2\omega_0\omega_2)a - A_1\frac{\mathrm{d}A_1}{\mathrm{d}a}\right]\cos\varphi + \\ &\quad \left. 2\omega_0 A_1\frac{\partial^2 x_1}{\partial a\partial\varphi} + \omega_0^2\frac{\partial^2 x_1}{\partial\varphi^2} + 2\omega_0\omega_1\frac{\partial^2 x_1}{\partial\varphi^2}\right\} + \cdots\end{aligned} \tag{8.6-7}$$

函数 $f(x,\dot{x})$ 也要展成 ε 的幂级数。引入记号

$$x_0 = a\cos\varphi, \quad \dot{x}_0 = -a\omega_0\sin\varphi \tag{8.6-8}$$

应该明确，这里所取的 x_0 和 $\dot{x}_0$ 是式(8.6-3)和式(8.6-6)右端的第一项，而把右端第二项之后诸项的和分别记为 Δx 和 $\Delta\dot{x}$。将 $f(x,\dot{x})$ 在 x_0 和 $\dot{x}_0$ 附近展成泰勒级数

$$\begin{aligned}f(x,\dot{x}) &= f(x_0,\dot{x}_0) + \frac{\partial f_0}{\partial x}\Delta x + \frac{\partial f_0}{\partial\dot{x}}\Delta\dot{x} + \cdots \\ &= f(x_0,\dot{x}_0) + \varepsilon\left[\frac{\partial f_0}{\partial x}x_1 + \frac{\partial f_0}{\partial\dot{x}}\left(A_1\cos\varphi - \omega_1 a\sin\varphi + \omega_0\frac{\partial x_1}{\partial\varphi}\right)\right] + \cdots\end{aligned} \tag{8.6-9}$$

式中，$\frac{\partial f_0}{\partial x}$，$\frac{\partial f_0}{\partial\dot{x}}$ 分别是 $\frac{\partial f(x,\dot{x})}{\partial x}$，$\frac{\partial f(x,\dot{x})}{\partial\dot{x}}$ 在 $x=x_0$，$\dot{x}=\dot{x}_0$ 处的值。最后把式(8.6-3)、式(8.6-7)和式(8.6-9)同时代入原方程(8.6-1)，令两端关于 ε 同次幂的系数相等，可得到下列关于 $x_i(i=0,1,2,\cdots)$ 的微分方程组

$$\omega_0^2\frac{\partial^2 x_1}{\partial\varphi^2} + \omega_0^2 x_1 = f(x_0,\dot{x}_0) + 2\omega_0 A_1\sin\varphi + 2\omega_0\omega_1 a\cos\varphi \tag{8.6-10a}$$

$$\begin{aligned}\omega_0^2\frac{\partial^2 x_2}{\partial\varphi^2} + \omega_0^2 x_2 &= \frac{\partial f_0}{\partial x}x_1 + \frac{\partial f_0}{\partial\dot{x}}\left(A_1\cos\varphi - \omega_1 a\sin\varphi + \omega_0\frac{\partial x_1}{\partial\varphi}\right) + \\ &\quad \left[2(\omega_0 A_2 + \omega_1 A_1) + aA_1\frac{\mathrm{d}\omega_1}{\mathrm{d}a}\right]\sin\varphi + \\ &\quad \left[(\omega_1^2 + 2\omega_0\omega_2)a - A_1\frac{\mathrm{d}A_1}{\mathrm{d}a}\right]\cos\varphi - \\ &\quad 2\omega_0 A_1\frac{\partial^2 x_1}{\partial a\partial\varphi} - 2\omega_0\omega_1\frac{\partial^2 x_1}{\partial\varphi^2} \\ &\ \ \vdots\end{aligned} \tag{8.6-10b}$$

上面这个方程组可以依次求解。在求解过程中，为了防止形成长期项，利用 $x_i(i=1,2,\cdots)$ 是周期解，可得每个方程右端的 $\sin\varphi$ 项与 $\cos\varphi$ 项的系数等于零的附加条件，就能定出 A_i，$\omega_i(i=1,2,\cdots)$。为了和以前的方法相比较，仍以杜芬方程和范德波方程为例来说明此方法的解题步骤。

例 8.6-1 用 KBM 法求杜芬方程的解

$$\ddot{x}+\omega_0^2(x+\varepsilon x^3)=0 \quad (\varepsilon\ll 1)$$

解：在这里 $f(x,\dot{x})=-\omega_0^2x^3$，计算

$$f(x_0,\dot{x}_0)=-\omega_0^2x_0^3=-\omega_0^2a^3\cos^3\varphi=-\frac{1}{4}\omega_0^2a^3(3\cos\varphi+\cos 3\varphi)$$

$$\frac{\partial f(x_0,\dot{x}_0)}{\partial x}=-3\omega_0^2x_0^2=-3\omega_0^2a^3\cos^2\varphi=-\frac{3}{2}\omega_0^2a^3(1+\cos 2\varphi)$$

$$\frac{\partial f(x_0,\dot{x}_0)}{\partial \dot{x}}=0$$

将式 $f(x_0,\dot{x}_0)$ 的表达式代入方程(8.6-10a)得

$$\frac{\partial^2 x_1}{\partial\varphi^2}+x_1=2\frac{A_1}{\omega_0}\sin\varphi+\frac{1}{4}\frac{a}{\omega_0}(8\omega_1-3\omega_0a^2)\cos\varphi-\frac{1}{4}a^3\cos 3\varphi$$

为了消除长期项，令 $\sin\varphi$ 项与 $\cos\varphi$ 项的系数等于零，得

$$A_1=0,\quad \omega_1=\frac{3}{8}\omega_0a^2$$

于是上面微分方程的解 x_1 的表达式为

$$x_1=\frac{1}{32}a^3\cos 3\varphi$$

将 $\frac{\partial f(x_0,\dot{x}_0)}{\partial x}$，$\frac{\partial f(x_0,\dot{x}_0)}{\partial \dot{x}}$，$A_1$，$\omega_1$ 和 x_1 的表达式代入(8.6-10b)，并注意到

$$x_1(1+\cos 2\varphi)=\frac{1}{32}a^3\cos 3\varphi(1+\cos 2\varphi)=\frac{1}{64}a^3(\cos\varphi+2\cos 3\varphi+\cos 5\varphi)$$

得到

$$\frac{\partial^2 x_2}{\partial\varphi^2}+x_2=2\frac{A_2}{\omega_0}\sin\varphi+\left(\frac{15}{128}a^4+2\frac{\omega_2}{\omega_0}\right)a\cos\varphi+\frac{21}{128}a^5\cos 3\varphi-\frac{3}{128}a^5\cos 5\varphi$$

再令 $\sin\varphi$ 项与 $\cos\varphi$ 项的系数等于零，有

$$A_2=0,\quad \omega_2=-\frac{15}{256}\omega_0a^4$$

于是上面微分方程的解 x_2 的表达式为

$$x_2=-\frac{21}{1024}a^5\cos 3\varphi+\frac{1}{1024}a^5\cos 5\varphi$$

将 x_1 和 x_2 的表达式都代入式(8.6-3)，就得到杜芬方程的二次渐近解

$$x=a\cos\varphi+\varepsilon\frac{1}{32}a^3\cos 3\varphi+\varepsilon^2\frac{1}{1024}a^5(-21\cos 3\varphi+\cos 5\varphi)$$

再者，根据已经算出的 $A_1=0$，$A_2=0$，由式(8.6-4)得到

$$\dot{a}=0,\quad 即 \quad a=常数$$

因为系统是保守的，对每一次近似，总有 $a=$ 常数。又根据已算出的 ω_1 和 ω_2，代入

式(8.6-5),得到

$$\dot{\varphi}=\omega_0\left(1+\varepsilon\frac{3}{8}a^2-\varepsilon^2\frac{15}{256}a^4\right)$$

因为a=常数,由上式对t积分得

$$\varphi=\omega t+\varphi_0$$

其中

$$\omega=\omega_0\left(1+\varepsilon\frac{3}{8}a^2-\varepsilon^2\frac{15}{256}a^4\right)$$

这里ω为系统的二次近似基频,而φ_0为常数相角。如果把初始条件$x(0)=A_0,\dot{x}(0)=0$代入解x,即可解出a和φ_0,再代回解x和解ω,则解x的表达式和解ω的表达式将与由林斯泰特法求出的结果相同。

例 8.6-2 用KBM法求范德波方程

$$\ddot{x}+\varepsilon(x^2-1)\dot{x}+x=0$$

的解。

解:在这里$\omega_0=1,f(x,\dot{x})=(1-x^2)\dot{x}$,考虑$x=a\cos\varphi,\dot{x}=-a\sin\varphi$,计算

$$f(x_0,\dot{x}_0)=(1-x_0^2)\dot{x}_0=-(1-a^2\cos^2\varphi)a\sin\varphi=\left(\frac{a^2}{4}-1\right)a\sin\varphi+\frac{a^2}{4}\sin 3\varphi$$

$$\frac{\partial f(x_0,\dot{x}_0)}{\partial x}=-2x_0\dot{x}_0=2a^2\cos\varphi\sin\varphi=a^2\sin 2\varphi$$

$$\frac{\partial f(x_0,\dot{x}_0)}{\partial\dot{x}}=1-x_0^2=1-a^2\cos^2\varphi=1-\frac{a^2}{2}-\frac{a^2}{2}\cos 2\varphi$$

将式$f(x_0,\dot{x}_0)$代入式(8.6-10a)得

$$\frac{\partial^2 x_1}{\partial\varphi^2}+x_1=\left(\frac{a^3}{4}-a+2A_1\right)\sin\varphi+2\omega_1 a\cos\varphi+\frac{a^3}{4}\sin 3\varphi$$

为消除长期项,必须有

$$A_1=\frac{1}{2}a\left(1-\frac{1}{4}a^2\right),\quad \omega_1=0$$

于是得x_1的表达式为

$$x_1=-\frac{a^3}{32}\sin 3\varphi$$

将$\frac{\partial f(x_0,\dot{x}_0)}{\partial x},\frac{\partial f(x_0,\dot{x}_0)}{\partial\dot{x}},A_1,\omega_1$和$x_1$的表达式代入式(8.6-10b),并利用三角函数的积化和差公式,经整理得到

$$\frac{\partial^2 x_2}{\partial\varphi^2}+x_2=2A_2\sin\varphi+\left[\left(\frac{a}{4}-\frac{a^3}{4}+\frac{7a^5}{128}\right)+2\omega_2 a\right]\cos\varphi+\frac{(8+a^2)a^3}{128}\cos 3\varphi+\frac{5a^5}{128}\cos 5\varphi$$

为消除长期项,又得

$$A_2=0,\quad \omega_2=-\frac{1}{8}+\frac{1}{8}a^2-\frac{7}{256}a^4$$

于是得x_2的表达式为

$$x_2 = -\frac{1}{1024}(8+a^2)a^3\cos 3\varphi - \frac{5}{3072}a^5\cos 5\varphi$$

于是得到范德波方程的二次渐近解

$$x = a\cos\varphi - \varepsilon\frac{1}{32}a^3\sin 3\varphi - \varepsilon^2\frac{a^3}{1024}\left[(8+a^2)\cos 3\varphi + \frac{5}{3}a^2\cos 5\varphi\right]$$

其中,a 和 φ 由下列方程确定

$$\dot{a} = \varepsilon A_1 + \varepsilon^2 A_2 = \varepsilon\frac{a}{2}\left(1-\frac{1}{4}a^2\right)$$

$$\dot{\varphi} = \omega_0 + \varepsilon\omega_1 + \varepsilon^2\omega_2 = 1 - \varepsilon^2\frac{1}{8}\left(1 - a^2 + \frac{7}{32}a^4\right)$$

经积分得

$$a = \frac{2}{\sqrt{1+\left(\frac{4}{a_0^2}-1\right)e^{-\varepsilon t}}}$$

$$\varphi = t - \varepsilon^2\frac{1}{8}\left(1-a^2+\frac{7}{32}a^4\right)t + \varphi_0$$

式中,a_0 和 φ_0 为初始条件给出的积分常数。

采用 KBM 法得到的范德波方程在任意初始条件下的稳态响应,并且 $t\to\infty$ 时趋近于 $a_0\to 2$ 稳态的周期运动,高阶渐近解计算表明,这种运动有高次谐波项。

8.7 强迫振动

现在讨论有外周期激励作用的非线性振动系统。因为外周期力明显地依赖于时间 t,所以这时系统是非自治的。这里仅考虑弱非线性非自治系统,其方程表达式为

$$\ddot{x} + \omega^2 x = \varepsilon f(x, \dot{x}, \Omega t) \tag{8.7-1}$$

式中,Ω 为激励频率,函数 $f(x,\dot{x},\Omega t)$ 假定为 $x,\dot{x},\cos\Omega t,\sin\Omega t$ 的多项式,是 Ωt 的周期为 2π 的函数。方程(8.7-1)的形式解为

$$x = x_0 + \varepsilon x_1 + \varepsilon x_2 + \cdots \tag{8.7-2}$$

式(8.7-2)中基本解 x_0 可表示为 $x_0 = a\cos\varphi, \dot{x}_0 = -a\omega\sin\varphi, \varphi = \omega t + \varphi_0$。这样,将 $f(x,\dot{x},\Omega t)$ 在 $x_0, \dot{x}_0$ 附近展成傅里叶级数,则有

$$f(x,\dot{x},\Omega t) = \sum_{n=-\infty}^{\infty} f_n(x,\dot{x})e^{in\Omega t} \tag{8.7-3}$$

式中,$f_n(x,\dot{x})$ 的傅里叶级数必然包含有 $e^{im\omega t}$ 的项,因此 $f(x,\dot{x},\Omega t)$ 的展开式中必然包含有组合频率为 $(m\omega + n\Omega)$ 的简谐分量,其中 m 和 n 为任意整数。当这些组合频率中的某一个接近系统的固有频率 ω 时,就会产生共振。所以对于非线性系统,不仅在外激励频率 $\Omega\approx\omega$ 时会发生共振,而且在 $m\omega + n\Omega\approx\omega$ 时也会发生共振。因此,非线性系统发生共振的条件为

$$\omega = \frac{q}{p}\Omega \tag{8.7-4}$$

其中，p,q 为互质整数。据此，共振可分成下列三种类型：

(1) $p=q=1$，即 $\omega\approx\Omega$，这种情况称为主共振，这就是通常意义下的共振。

(2) $q=1$，即 $\omega\approx\Omega/p$，固有频率 ω 为激励频率 Ω 的分数倍，称为分数共振或次谐波共振。

(3) $p=1$，即 $\omega\approx q\Omega$，固有频率 ω 为激励频率 Ω 的整数倍，称为超谐波共振。

非线性系统的强迫振动比线性系统的强迫振动复杂得多，主要是因为在主共振中有跳跃现象和次谐波共振现象产生。为计算简单，在本小节中仅讨论弱非线性系统在简谐激励作用下的共振特性。前面介绍的求解自治系统的渐近解法都可以用来求解非自治系统。下面求解杜芬方程的主共振情况。

受简谐激励作用的杜芬方程有如下形式

$$\ddot{x}+\omega^2 x=\varepsilon[-\omega^2(\alpha x+\beta x^3)+F\cos\Omega t]\quad(\varepsilon\ll 1)\tag{8.7-5}$$

式中，ω 为线性化系统的固有频率，α,β 为给定参数，εF 为简谐激励(每单位质量)的幅值。式(8.7-5)称为无阻尼系统的杜芬方程，而且可以看到，它描绘的是一个非自治系统。

现在来探讨式(8.7-5)具有周期为 $2\pi/\Omega$ 的周期解的可能性。为了方便起见，把时间的标尺改变一下，使得振动周期成为 2π。为此，引入变换

$$\Omega t=\tau+\varphi\tag{8.7-6}$$

式中，τ 为新的时间变量，而 φ 为未知的相角。并有

$$\dot{x}=\frac{\mathrm{d}x}{\mathrm{d}t}=\Omega x',\quad \ddot{x}=\frac{\mathrm{d}^2x}{\mathrm{d}t^2}=\Omega^2 x''\tag{8.7-7}$$

式中，一撇“$'$”表示对 τ 求导。因为系统是非自治的，所以时间的标尺不能再移动，这就意味着相角不能任意选择而必须作为解的一部分来确定，按照新的时间标尺，式(8.7-5)成为

$$\Omega^2 x''+\omega^2 x=\varepsilon[-\omega^2(\alpha x+\beta x^3)+F\cos(\tau+\varphi)]\tag{8.7-8}$$

为了避免长期项，式(8.7-8)的解必须满足周期性条件

$$x(\tau+2\pi)=x(\tau)\tag{8.7-9}$$

而未知相角允许选择方便的初始条件形式

$$x'(0)=0\tag{8.7-10}$$

现在来求式(8.7-8)的一个解，其中 $x(\tau)$ 和 φ 都具有 ε 的幂级数形式，因此令

$$x=x_0(\tau)+\varepsilon x_1(\tau)+\varepsilon^2 x_2(\tau)+\cdots\tag{8.7-11}$$

$$\varphi=\varphi_0+\varepsilon\varphi_1+\varepsilon^2\varphi_2+\cdots\tag{8.7-12}$$

式中，$x_i(\tau)(i=0,1,2,\cdots)$ 对于 τ 都是以 2π 为周期的周期函数，服从周期性条件

$$x_i(\tau+2\pi)=x_i(\tau)\quad(i=0,1,2,\cdots)\tag{8.7-13}$$

和初始条件

$$x_i'(0)=0\quad(i=0,1,2,\cdots)\tag{8.7-14}$$

把式(8.7-11)与式(8.7-12)代入方程(8.7-8)，由 ε 同幂项的系数相等，得到一组方程

$$\left.\begin{aligned}&\Omega^2 x_0''+\omega^2 x_0=0\\&\Omega^2 x_1''+\omega^2 x_1=-\omega^2(\alpha x_0+\beta x_0^3)+F\cos(\tau+\varphi_0)\\&\Omega^2 x_2''+\omega^2 x_2=-\omega^2(\alpha x_1+3\beta x_0^2 x_1)-F\varphi_1\sin(\tau+\varphi_0)\\&\qquad\vdots\end{aligned}\right\}\tag{8.7-15}$$

它将逐次解出服从周期性条件(8.7-13)与初始条件(8.7-14)的 $x_i(\tau)(i=0,1,2,\cdots)$。

考虑到对应于 $i=0$ 的初始条件，式(8.7-15)的第一式的解就是

$$x_0(\tau)=A_0\cos\frac{\omega}{\Omega}\tau \tag{8.7-16}$$

式中，A_0 是常数。解(8.7-16)必须满足对应于 $i=0$ 的周期性条件，而只有当

$$\omega=\Omega \tag{8.7-17}$$

时才可能满足。在进一步的讨论中假设上式成立，而在适当地方 Ω 将换成 ω。把式(8.7-16)代入方程组(8.7-15)的第二式，都除以 ω^2，再注意到 $\cos^3\tau=\frac{1}{4}(3\cos\tau+\cos 3\tau)$，经整理得到

$$x_1''+x_1=-\frac{F}{\omega^2}\sin\varphi_0\sin\tau-\left(\alpha A_0+\frac{3}{4}\beta A_0^3-\frac{F}{\omega^2}\cos\varphi_0\right)\cos\tau-\frac{1}{4}\beta A_0^3\cos 3\tau \tag{8.7-18}$$

为了满足对应于 $i=1$ 的周期性条件，式(8.7-18)右边 $\sin\tau$ 与 $\cos\tau$ 的系数必须为零。在两种情况下这些系数可以等于零，即

$$\alpha A_0+\frac{3}{4}\beta A_0^3-\frac{F}{\omega^2}=0,\quad \varphi_0=0 \tag{8.7-19}$$

和

$$\alpha A_0+\frac{3}{4}\beta A_0^3+\frac{F}{\omega^2}=0,\quad \varphi_0=\pi \tag{8.7-20}$$

从式(8.7-19)与式(8.7-20)可以得出，$\varphi_0=0$ 时零次响应 x_0 与外激励同相，而 $\varphi_0=\pi$ 时零次响应与外激励的相位差了 180°。但是一个差 180°相位的响应就等于负振幅的同相响应。注意到这点，可以认为 A_0 由式(8.7-19)完全决定。

考虑式(8.7-19)和对应于 $i=1$ 的初始条件，式(8.7-18)的解成为

$$x_1(\tau)=A_1\cos\tau+\frac{1}{32}\beta A_0^3\cos 3\tau \tag{8.7-21}$$

式中，A_1 为待定常数，可以用根据 x_2 为周期性的要求来决定 A_1，这与根据加在 x_1 的周期性条件决定 A_0 的方法一样。

把式(8.7-16)与式(8.7-21)代入方程组(8.7-15)的第三式，得到

$$x_2''+x_2=-\frac{F\varphi_1}{\omega^2}\sin\tau-\left(\alpha A_1+\frac{9}{4}\beta A_0^2A_1+\frac{3}{128}\beta^2A_0^5\right)\cos\tau-\frac{1}{4}\beta A_0^2\left(3A_1+\frac{1}{8}\alpha A_0+\frac{3}{16}\beta A_0^3\right)\cos 3\tau-\frac{3}{128}\beta^2A_0^5\cos 5\tau \tag{8.7-22}$$

为了使 $x_2(\tau)$ 是周期的，式(8.7-22)右边 $\sin\tau$ 与 $\cos\tau$ 的系数必须为零，由此得出

$$A_1=-\frac{3\beta^2A_0^5}{32(4\alpha+9\beta A_0^2)},\quad \varphi_1=0 \tag{8.7-23}$$

由上式，并考虑 $i=2$ 时的初始条件，式(8.7-22)的解就成为

$$x_2(\tau)=A_2\cos\tau+\frac{1}{32}\beta A_0^2\left(3A_1+\frac{1}{8}\alpha A_0+\frac{3}{16}\beta A_0^3\right)\cos 3\tau+\frac{1}{1024}\beta^2A_0^5\cos 5\tau \tag{8.7-24}$$

式中，A_2 要从下一次近似求得。

同样的过程可以用来推导更高次的近似。把式(8.7-16)、式(8.7-21)与式(8.7-24)等代入式(8.7-11)，再把独立变量变回到 t，可以把方程(8.7-5)的解的二次近似写成如下形式

$$x(t)=(A_0+\varepsilon A_1+\varepsilon^2 A_2)\cos\omega t+$$
$$\frac{\varepsilon}{32}\beta A_0^2\left[A_0+\varepsilon\left(3A_1+\frac{1}{8}\alpha A_0+\frac{3}{16}\beta A_0^3\right)\right]\cos 3\omega t+$$
$$\frac{\varepsilon^2}{1024}\beta^2 A_0^5\cos 5\omega t \tag{8.7-25}$$

注意到，在一次近似下相角为零，即 $\varphi=\varphi_0+\varepsilon\varphi_1=0$。由于系统是无阻尼的，因此在每一次近似下，相角总是等于零。确实，当系统有阻尼时，$\varphi\neq0$，这意味着响应与激励是异相的。

方程组(8.7-19)的第一式给出激励振幅与响应振幅间的关系式，式中驱动频率 Ω 起参变数的作用。回顾线性系统的振动，复频响应 $H(\Omega)$ 给出了线性系统的这种关系。因此可以预期对于非线性系统，方程组(8.7-19)的第一式表示了类似的关系。而这样的一种解释有助于揭示振子表现非线性性态的典型现象。为了表明这点，引入记号

$$\omega_0^2=(1+\varepsilon\alpha)\omega^2=(1+\varepsilon\alpha)\Omega^2 \tag{8.7-26}$$

式中，ω_0 可以视为有关的线性系统的固有频率，对应式(8.7-5)中 $\beta=0$ 的情况。应用式(8.7-26)从方程组(8.7-19)的第一式消去 α，同时考虑到 ε 是小量，得到

$$\omega^2=\Omega^2=\omega_0^2\left(1+\frac{3}{4}\varepsilon\beta A_0^2\right)-\frac{\varepsilon F}{A_0} \tag{8.7-27}$$

如果将 $\varepsilon\beta$ 看作已知，式(8.7-27)就可以用来画出 A_0 对 ω 的曲线图，图中以 εF 作为参数，而 ω 用 ω_0 来表达。注意到，$\beta=0$ 时 A_0 对 ω 的曲线图有两个分支，一支在 ω 轴的上面，另一支在 ω 轴的下面，而两个分支都渐近地趋近于垂直线 $\omega=\omega_0$(图 8.7-1)。垂线 $\omega=\omega_0$ 相当于自由振动情况，即 $F=0$。当 $\varepsilon\beta\neq0$ 但为小量时，$F=0$ 的情况不再给出垂线 $\omega=\omega_0$，而给出一条与 ω 轴在 $\omega=\omega_0$ 相交的抛物线。对应 $\varepsilon F\neq0$ 的 A_0 对 ω 的曲线图包含两个分支，其中一支在抛物线之上，另一支在 ω 轴与抛物线的下半部之间。两个分支都渐近地趋近于抛物线，如图 8.7-1 所示。因此，由对应于线性振子的渐近线 $\omega=\omega_0$ 弯曲成抛物线而构成非线性效应。此外，A_0 对 ω 的曲线图也渐近地趋近于这条抛物线。图 8.7-1 对应于一个质量-硬弹簧系统，图中显示出抛物线弯向右边。容易证明，对于 $\varepsilon\beta$ 的负值所对应的质量-软弹簧系统，这

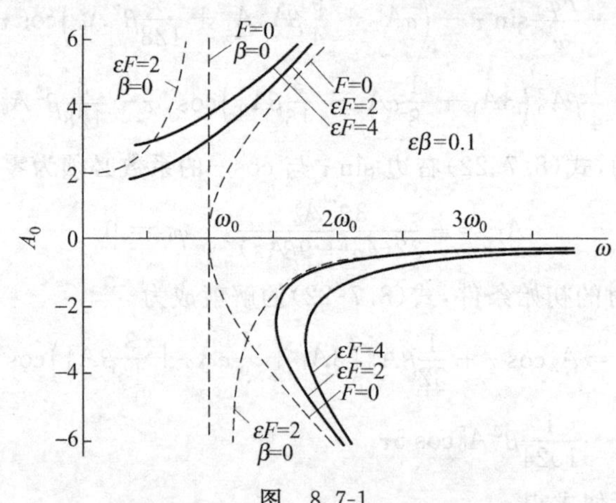

图 8.7-1

些抛物线弯向左边。如果画出$|A_0|$对ω的曲线图来代替A_0对ω曲线图,那么与线性振子间的相似性就变得更清楚了。把(A_0,ω)平面的下半部沿ω轴对折过去就可从后者获得前者。对应于$\varepsilon\beta$的正值和负值,$|A_0|$对ω的曲线图如图8.7-2所示。从$|A_0|$对ω的曲线图中,注意到,与线性振子相比,质量-硬弹簧系统的所有曲线都弯向右方,而质量-软弹簧的则都弯向左方。

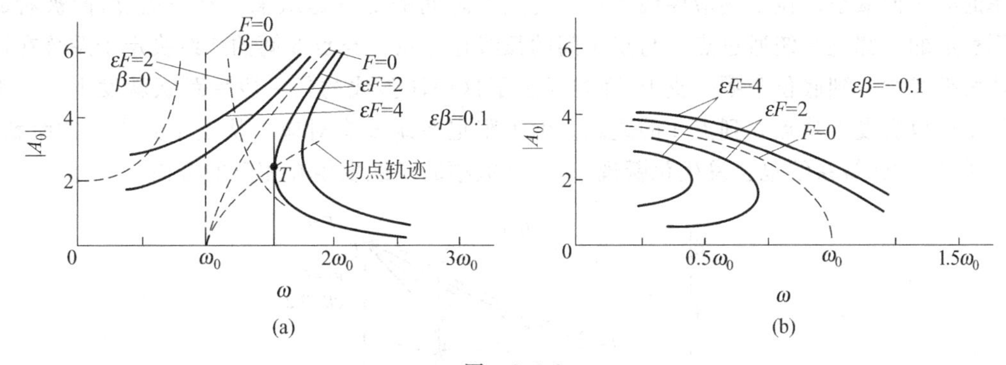

图 8.7-2

与线性系统相反,无阻尼质量-非线性弹簧系统的共振并不表现为振幅趋向于无限大。再看图8.7-2(a),把一根垂轴相切于给定$|A_0|$对应ω曲线的点表示为T,而把对应的频率表示为ω_T。对于质量-硬弹簧系统来说,这样的切点只能位于曲线图的右分支。通过任一频率$\omega(\omega<\omega_T)$的垂线只与曲线图的左分支相交并且只交于一点,因此对于$\omega<\omega_T$,式(8.7-27)有一个实根与两个复根。另一方面,$\omega>\omega_T$时,式(8.7-27)有三个不同的实根,一个在左分支上而另两个在右分支上。因此在某些频率范围内,非线性理论预示,对激励的一个给定振幅存在着三个不同的响应振幅。右分支上的两个根在$\omega=\omega_T$时重合。当ω从一个比较小的值开始增加,振幅$|A_0|$也增加,但是并没有一个有限ω的值能使$|A_0|$成为无限大。对于质量-软弹簧系统可得相同的结论。因此与质量-线性弹簧系统在$\omega=\omega_0$时表现共振相反,对质量-非线性弹簧系统来说,共振时并不表现为振幅趋向于无限大,而表现为振幅的多值性。

对一个有阻尼系统,杜芬方程的形式为

$$\ddot{x}+\omega^2 x=\varepsilon[-2\zeta\omega\dot{x}-\omega^2(\alpha x+\beta x^3)+F\cos\Omega t] \tag{8.7-28}$$

如果下列关系式得以满足,那么x_1是周期的,即

$$2\zeta A_0-\frac{F}{\omega^2}\sin\varphi_0=0,\quad \left(\alpha+\frac{3}{4}\beta A_0^2\right)A_0-\frac{F}{\omega^2}\cos\varphi_0=0 \tag{8.7-29}$$

从式(8.7-29)得到零次近似的相角

$$\varphi_0=\arctan\frac{2\zeta}{\alpha+(3/4)\beta A_0^2} \tag{8.7-30}$$

可见响应不再与激励同相位,此外,应用式(8.7-26),并且注意到ε是小量,则从式(8.7-29)得到

$$\left[\omega_0^2\left(1+\frac{3}{4}\varepsilon\beta A_0^2\right)-\omega^2\right]^2+(2\varepsilon\zeta\omega_0^2)^2=\left(\frac{\varepsilon F}{A_0}\right)^2 \tag{8.7-31}$$

上式可用来画出$|A_0|$对ω的曲线图。图8.7-3表示一个阻尼质量-硬弹簧系统的这种曲线图。从图8.7-3容易看到,有粘滞阻尼后振幅不再随驱动频率无限增长。虽然$|A_0|$对ω的

响应曲线是连续曲线(这意味着不再包含两个分支),但是在响应中仍存在不连续的可能性。的确,当驱动频率 ω 从比较小的值开始增长,振幅 $|A_0|$ 跟着增长至达到点1。在这点上 $|A_0|$ 对 ω 响应曲线的正切是无穷大,并且振幅发生向着响应曲线下支的点2的一个突然"跳跃"。从这点开始振幅随频率的增长而减小。当频率从比较大的值开始减小,振幅跟着增加直到点3,在这点响应曲线的正切又变为无穷大,而振幅跳跃到上支的点4,从这点开始振幅随着频率的减小而减小。位于响应曲线上点1与点3之间的部分是从来没有被通过,而被看成是不稳定的。究竟系统通过点4与点1间的弧线还是点2与点3间的弧线决定于系统在进入两段弧线之前到底位于哪一支上,而在通过了这两段弧线的任一段后跳跃就发生了。无阻尼系统也会发生从点3到点4的跳跃。但无阻尼系统没有对应于从点1到点2的跳跃。阻尼质量-软弹簧系统也会发生跳跃现象,只是振幅的跳跃发生在相反的方向。

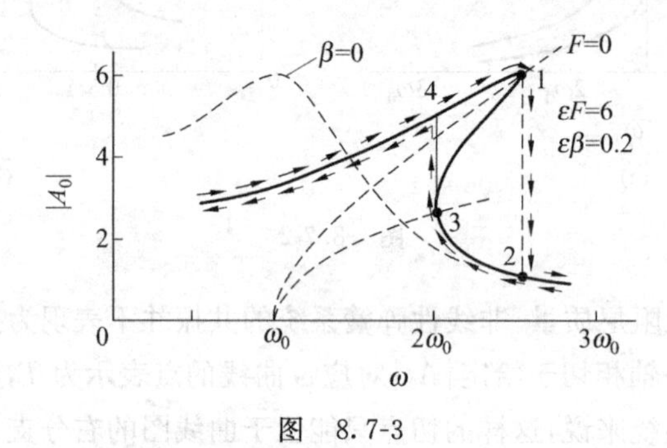

图 8.7-3

8.8 次谐波响应与组合谐波响应

当一个简谐激励作用在一个线性振子时,响应是谐波的,并且有与激励相同的频率。在8.7节中阐明了如果一个质量-非线性弹簧系统,例如杜芬方程所描写的系统,对于一个给定的谐波激励的响应是周期的,那么响应的基频等于线性化系统的固有频率,而且必然也等于驱动频率。可以证明,在某种情况下杜芬方程还有另一个周期解,其基频等于驱动频率的三分之一。

考虑方程

$$\ddot{x}+\omega^2 x=-\varepsilon\omega^2(\alpha x+\beta x^3)+F\cos\Omega t \quad (\varepsilon\ll 1) \tag{8.8-1}$$

这里 F 不需要是小量。否则,方程就与式(8.7-5)一样了。因为非线性是由于 x 的三次项引起的,为了探讨式(8.8-1)具有基频为 $\omega=\Omega/3$ 的周期解的可能性。令这个解的形式为

$$x(t)=x_0(t)+\varepsilon x_1(t)+\varepsilon^2 x_2(t)+\cdots \tag{8.8-2}$$

把解(8.8-2)代入式(8.8-1),令所得方程两边 ε 同幂项的系数相等,得到方程组

$$\left.\begin{aligned}
&\ddot{x}_0+\left(\frac{\Omega}{3}\right)^2 x_0=F\cos\Omega t\\
&\ddot{x}_1+\left(\frac{\Omega}{3}\right)^2 x_1=-\left(\frac{\Omega}{3}\right)^2(\alpha x_0+\beta x_0^3)\\
&\ddot{x}_2+\left(\frac{\Omega}{3}\right)^2 x_2=-\left(\frac{\Omega}{3}\right)^2(\alpha x_1+3\beta x_0^2 x_1)\\
&\qquad\vdots
\end{aligned}\right\} \tag{8.8-3}$$

方程组可以循序地求解，其中 $x_i(t)(i=0,1,2,\cdots)$ 服从周期性条件

$$x_i\left(\frac{\Omega}{3}t+2\pi\right)=x_i\left(\frac{\Omega}{3}t\right)\quad(i=0,1,2,\cdots)\tag{8.8-4}$$

以及初始条件

$$\dot{x}_i(0)=0\quad(i=0,1,2,\cdots)\tag{8.8-5}$$

考虑适当的初始条件，方程组(8.8-3)的第一式的解就成为

$$x_0(t)=A_0\cos\frac{\Omega}{3}t-\frac{9F}{8\Omega^2}\cos\Omega t\tag{8.8-6}$$

把解(8.8-6)代入方程组(8.8-3)的第二式，并且应用三角关系 $2\cos\alpha\cos\beta=\cos(\alpha+\beta)+\cos(\alpha-\beta)$，得

$$\begin{aligned}\ddot{x}_1+\left(\frac{\Omega}{3}\right)^2x_1=&-\left(\frac{\Omega}{3}\right)^2\left\{A_0\left[\alpha+\frac{3}{4}\beta A_0^2-\frac{3}{4}\beta A_0\frac{9F}{8\Omega^2}+\frac{3}{2}\beta\left(\frac{9F}{8\Omega^2}\right)^2\right]\cos\frac{\Omega}{3}t-\right.\\&\left[\alpha\frac{9F}{8\Omega^2}-\frac{1}{4}\beta A_0^3+\beta A_0^2\frac{9F}{8\Omega^2}+\frac{3}{4}\beta\left(\frac{9F}{8\Omega^2}\right)^3\right]\cos\Omega t-\\&\frac{3}{4}\beta A_0\frac{9F}{8\Omega^2}\left(A_0-\frac{9F}{8\Omega^2}\right)\cos\frac{5\Omega}{3}t+\frac{3}{4}\beta A_0\left(\frac{9F}{8\Omega^2}\right)^2\cos\frac{7\Omega}{3}t-\\&\left.\frac{1}{4}\beta\left(\frac{9F}{8\Omega^2}\right)^3\cos3\Omega t\right\}\end{aligned}\tag{8.8-7}$$

为避免形成长期项，式(8.8-7)等号右边的 $\cos\Omega t/3$ 的系数必须为零，由此给出 A_0 的二次方程

$$A_0^2-\frac{9F}{8\Omega^2}A_0+2\left(\frac{9F}{8\Omega^2}\right)^2+\frac{4}{3}\frac{\alpha}{\beta}=0\tag{8.8-8}$$

上式有根

$$A_0=\frac{1}{2}\frac{9F}{8\Omega^2}\pm\frac{1}{2}\sqrt{\left(\frac{9F}{8\Omega^2}\right)^2-8\left(\frac{9F}{8\Omega^2}\right)^2-\frac{16}{3}\frac{\alpha}{\beta}}\tag{8.8-9}$$

因为根据定义 A_0 是实数，式(8.8-1)具有基频为 $\Omega/3$ 的周期解，所以只有当

$$-7\left(\frac{9F}{8\Omega^2}\right)^2-\frac{16}{3}\frac{\alpha}{\beta}\geqslant0\tag{8.8-10}$$

时才有可能。如在式(8.7-26)中令 $\omega=\Omega/3$，则得到关系式

$$\Omega^2=\frac{9}{\varepsilon\alpha}\left(\omega_0^2-\frac{\Omega^2}{9}\right)\tag{8.8-11}$$

因而不等式(8.8-10)化为

$$\Omega^2\geqslant9\left[\omega_0^2+\frac{21}{16}\varepsilon\beta\left(\frac{3F}{8\Omega}\right)^2\right]\tag{8.8-12}$$

因此，如果 Ω 满足不等式(8.8-12)，那么式(8.8-1)允许有一个具有基频为 $\Omega/3$ 的周期解。

频率为驱动频率的分数的振动称为次谐波。因此无阻尼杜芬方程即方程(8.8-1)允许有一个基频为 $\Omega/3$ 的次谐波。这个次谐波解称为三次谐波。而且必须指出，次谐波解的次数与非线性项的幂次相符。

当一个线性振子受到两个不同频率，譬如 Ω_1 与 Ω_2 的谐波强迫函数激励，它的响应是频率为激励频率 Ω_1 与 Ω_2 的两个谐波分量之叠加。与此相反，如果一个质量-非线性弹簧系统受到两个不同频率 Ω_1 与 Ω_2 的谐波强迫激励，那么响应除了包含频率为 Ω_1 与 Ω_2 的整数倍的

谐波分量外，还包含频率为 Ω_1 与 Ω_2 的线性组合的谐波分量，这里所得谐波的类型决定于非线性项的性质。为证实这个论断，考虑如下的杜芬方程

$$\ddot{x}+\omega^2 x=-\varepsilon\beta_0 x^3+F_1\cos\Omega_1 t+F_2\cos\Omega_2 t\quad(\varepsilon\ll 1)\tag{8.8-13}$$

上式与式(8.8-1)的差别只是在于 $\alpha=0$ 与 $\beta_0=\beta\omega^2=\beta\omega_0^2$。当然，这个激励现在包含两个不同频率 $\Omega_1\neq\Omega_2$ 的简谐激励。假设解的形式为式(8.8-2)，可得到方程组

$$\left.\begin{aligned}\ddot{x}_0+\omega_0^2 x_0&=F_1\cos\Omega_1 t+F_2\cos\Omega_2 t\\ \ddot{x}_1+\omega_0^2 x_1&=-\beta_0 x_0^3\\ \ddot{x}_2+\omega_0^2 x_2&=-3\beta_0 x_0^2 x_1\\ &\vdots\end{aligned}\right\}\tag{8.8-14}$$

它们可依次求解。为方便起见，要求 $x_i(t)(i=0,1,2,\cdots)$ 满足初始条件(8.8-5)。为了阐明存在着其频率不但是 Ω_1 与 Ω_2 的整数倍，而且是 Ω_1 与 Ω_2 的线性组合的谐波解，可以不考虑齐次解。因此，方程组(8.8-14)的第一式的解可以写为

$$x_0(t)=G_1\cos\Omega_1 t+G_2\cos\Omega_2 t\tag{8.8-15}$$

此式表示谐波振子对两个谐波激励的稳态响应，其中

$$G_1=\frac{F_1}{\omega_0^2-\Omega_1^2},\quad G_2=\frac{F_2}{\omega_0^2-\Omega_2^2}\tag{8.8-16}$$

把解(8.8-15)代入方程组(8.8-14)的第二式，再应用公式 $2\cos\alpha\cos\beta=\cos(\alpha+\beta)+\cos(\alpha-\beta)$，得到

$$\begin{aligned}\ddot{x}_1+\omega_0^2 x_1=&H_1\cos\Omega_1 t+H_2\cos\Omega_2 t+\\ &H_3[\cos(2\Omega_1+\Omega_2)t+\cos(2\Omega_1-\Omega_2)t]+\\ &H_4[\cos(\Omega_1+2\Omega_2)t+\cos(\Omega_1-2\Omega_2)t]+\\ &H_5\cos 3\Omega_1 t+H_6\cos 3\Omega_2 t\end{aligned}\tag{8.8-17}$$

式中

$$\left.\begin{aligned}H_1&=-\frac{3}{4}\beta_0 G_1(G_1^2+2G_2^2)\\ H_2&=-\frac{3}{4}\beta_0 G_2(2G_1^2+G_2^2)\\ H_3&=-\frac{3}{4}\beta_0 G_1^2 G_2\\ H_4&=-\frac{3}{4}\beta_0 G_1 G_2^2\\ H_5&=-\frac{1}{4}\beta_0 G_1^3\\ H_6&=-\frac{1}{4}\beta_0 G_2^3\end{aligned}\right\}\tag{8.8-18}$$

根据式(8.8-17)的右边的性质，显然解 $x_1(t)$ 有频率为 $\Omega_1,\Omega_2,2\Omega_1\pm\Omega_2,\Omega_1\pm2\Omega_2,3\Omega_1$ 与 $3\Omega_2$ 的谐波分量。因此，与线性系统相反，由式(8.8-13)描述的质量-非线性弹簧系统的响应不但包含频率为 Ω_1 与 Ω_2 的谐波分量，而且包含频率为 $3\Omega_1$ 与 $3\Omega_2$ 的较高次的谐波和频率为 $2\Omega_1\pm\Omega_2$ 与 $\Omega_1\pm2\Omega_2$ 的谐波，后者称为组合谐波，由于较高次的谐波项与组合谐波项只出现在第一次分量 $x_1(t)$，而并不出现在零次解 $x_0(t)$，所以一般来说它们在量值上小于包含

频率(等于驱动频率 Ω_1 与 Ω_2)的谐波项。然而当频率 $2\Omega_1 \pm \Omega_2$，$\Omega_1 \pm 2\Omega_2$，$3\Omega_1$ 与 $3\Omega_2$ 中有一个值位于 ω_0 的邻近时预期会有较大的振幅。

应该指出，频率 $2\Omega_1 \pm \Omega_2$，$\Omega_1 \pm 2\Omega_2$，$3\Omega_1$ 与 $3\Omega_2$ 是式(8.8-13)所特有的，因为这个非线性项是 x 的三次方。对于具有不同类型的非线性系统，将得到不同的较高次频率和组合频率。

CHAPTER

第9章　随机振动简介

前面各章讨论的振动，其激励和响应都是时间的确定函数。但自然界和工程中大量振动现象都是非确定性的。对于确定振动，可用数学分析方法和微分方程来描述。应用确定振动的理论与方法，曾经解决了许多工程实际中的振动问题，并得到了满意的结果。但是，对自然界和工程实际中的许多物理现象的观测和分析表明任何观察数据都可分为确定性和不确定性两大类。在模拟和预测许多振动现象的特性时，其数据往往是随机的。例如，车辆因路面的高低不平，工程机械因不同的工作环境，飞行器因大气湍流，地面上的结构物因地震，船舶因不规则的波浪，切削刀具、刀架因工件的凹凸表面，发电机因不确定的风力、水流，轧钢因钢锭的温度随机变化等不确定性作用而引起的系统振动。在这些情况下，激励都是不确定的、不可预估的。显然，这些振动问题仅用数学分析方法和微分方程是不能给出正确结论的，也就是说这些问题不能用确定性函数来描述。当系统的振动情况不可能用一个明确的函数表达式来描述，并且根据以往的数据也无法确切地预测将来的振动情况，只有用概率统计方法来研究的这种非重现性机械或结构系统的特性时，这种振动称为随机振动。严格地说，自然界和工程中大量的实际问题都是随机的，所以很有必要来研究随机振动问题，随机振动虽不具有确定性，但仍可利用概率统计的方法研究其规律性，随机振动的数学描述为随机过程。目前，在土木、机械、交通运输、航空航天、生物、海洋、核工程等领域内，对随机振动问题已经作了大量的研究，形成了许多精确的或近似的分析方法和理论。本章将首先简略地讨论随机过程的统计特性。对激励与响应的统计特性相互关系的研究是随机振动的重要内容。在介绍工程中几种典型随机振动问题之后，本章着重讨论线性单自由度和多自由度系统以及连续系统在单个和多个随机激励下的响应。

9.1 随机过程的统计特性

1. 平稳过程和遍历过程

随机过程是大量现象的数学抽象，理论上是由无限多个无限长的样本组成的集合。在同样条件下重复同样的试验，因各种因素的变化与不同，或并未全面考虑其影响因素等原因，一般试验结果各不相同。例如，在同样道路同样车速条件下进行 n 次汽车道路试验，记录下汽车司机的铅垂加速度的一系列时间历程 $x_k(t)(k=1,2,\cdots,n)$。每次记录称为一个样本函数，样本的数目 n 必须很大，理论上应有无限多个。随机过程是所有样本函数的集合，记为 $X(t)$（图9.1-1）。在任一采样时刻 t_1，随机过程的各个样本值都不相同，构成一个随机变量 $X(t_1)$。各个 $x_k(t_1)$ 值之所以不同，是由于路面的不规则性等许多不确定因素影响的结果，对于随机过程的研究兴趣不在于样本函数本身，而在于总体的统计特性。例如，随机过程 $X(t)$ 在 t_1 瞬时的集合平均值 $\mu_x(t_1)$，或简称为均值，也称为数学期望，定义为

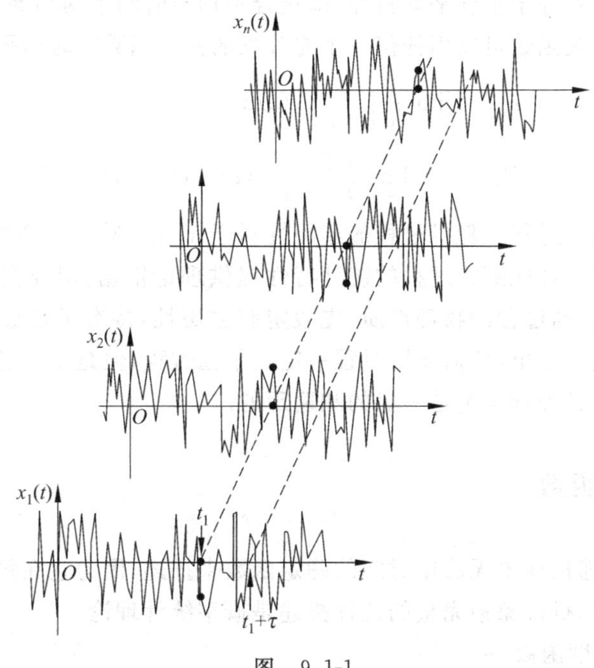

图 9.1-1

$$\mu_x(t_1)=\mathrm{E}[X(t_1)]=\lim_{n\to\infty}\frac{1}{n}\sum_{k=1}^{n}x_k(t_1) \tag{9.1-1}$$

式中，以符号E表示集合平均。$\mu_x(t_1)$ 一般与时刻 t_1 有关。$X(t)$ 在 t_1 和 $t_1+\tau$ 时刻构成两个随机变量 $X(t_1)$ 和 $X(t_1+\tau)$，对各样本 $x_k(t_1)$ 和 $x_k(t_1+\tau)$ 的乘积取集合平均，得到

$$\begin{aligned}R_x(t_1,t_1+\tau)&=\mathrm{E}[X(t_1)X(t_1+\tau)]\\&=\lim_{n\to\infty}\frac{1}{n}\sum_{k=1}^{n}x_k(t_1)x_k(t_1+\tau)\end{aligned} \tag{9.1-2}$$

$R_x(t_1,t_1+\tau)$ 称为随机过程 $X(t)$ 在 t_1 和 $t_1+\tau$ 时刻的自相关函数，它既是时间差 τ 的函数，也与时刻 t_1 有关。

随机过程可以根据其统计特性是否随采样时间（或随时间轴起点的选取）而变化来进行分类。统计特性依赖于采样时刻的过程，称为非平稳过程（亦称非定常过程）。反之，统计特性不依赖于采样时刻的过程，称为平稳过程（亦称定常过程）。也就是说，如果随机过程 $X(t)$ 的均值和自相关函数与采样时刻 t_1 无关，则称随机过程为（弱）平稳过程，对于（弱）平稳过程，均值为常数

$$\mu_x(t)=\mu_x \tag{9.1-3}$$

而自相关函数仅依赖时间差 τ

$$R_x(t_1,t_1+\tau)=R_x(\tau) \tag{9.1-4}$$

当遍及随机过程 $X(t)$ 的所有可能的平均都与采样时刻 t_1 无关时，则称随机过程为（强）平稳

过程。在很多实际应用中,如果弱平稳性成立,就可以假设其强平稳性成立。实际上,高斯(Gauss)随机过程就属于这种情况。有鉴于此,以后将不区分二者,而简单地称为平稳过程。

在特殊的情况下,可能从各个样本得出的统计特性都是等同的,这时,从任何一个样本得出的时间平均特性就等于集合平均特性,即集合平均与时间平均相等。可见,如果平稳随机过程的均值和自相关函数可以用任何一个充分长的样本函数的时间平均值来计算,即

$$\mu_x = \lim_{T\to\infty}\frac{1}{T}\int_{-T/2}^{T/2} x_k(t)\mathrm{d}t \tag{9.1-5}$$

$$R_x(\tau) = \lim_{T\to\infty}\frac{1}{T}\int_{-T/2}^{T/2} x_k(t)x_k(t+\tau)\mathrm{d}t \tag{9.1-6}$$

则称此平稳过程为遍历过程。随机过程的遍历性对于工程计算十分重要,因为它为根据实测的少量样本函数来估计此随机过程的统计特性提供理论依据,但要在实践中验证遍历性条件十分困难,只能根据过程的物理性质,先假定有遍历性,待有了足够的数据以后再去检验假定的正确性。应该指出,任何遍历过程一定是平稳过程,但是平稳过程则未必是遍历过程。以下讨论的随机过程都假定是平稳的和遍历的。

2. 概率密度函数

前面已经提到,随机现象无法用时间的确定函数来描述,因为它在每一时刻的取值都是随机的。因此,对于随机现象最完整的统计描述是概率统计理论。

(1) 一维概率密度函数

一个平稳随机过程 $X(t)$,当时间 t 为给定值时就成为随机变量,利用各样本函数的集合 $\boldsymbol{x}_k(t)$ 计算此随机变量不大于某个特定值 x 的概率,记为 $P_r[X(t)\leqslant x]$。当 x 值变化时可定义函数

$$P(x) = P_r[X(t)\leqslant x] \tag{9.1-7}$$

称为概率分布函数,如图 9.1-2(a)所示。$P(x)$为单调升函数,具有下列性质

$$\left.\begin{aligned} &P(-\infty)=0\\ &0\leqslant P(x)\leqslant 1\\ &P(\infty)=1\end{aligned}\right\} \tag{9.1-8}$$

定义一维概率密度函数为

$$p(x) = \lim_{\Delta x\to 0}\frac{P(x+\Delta x)-P(x)}{\Delta x} = \frac{\mathrm{d}P(x)}{\mathrm{d}t} \tag{9.1-9}$$

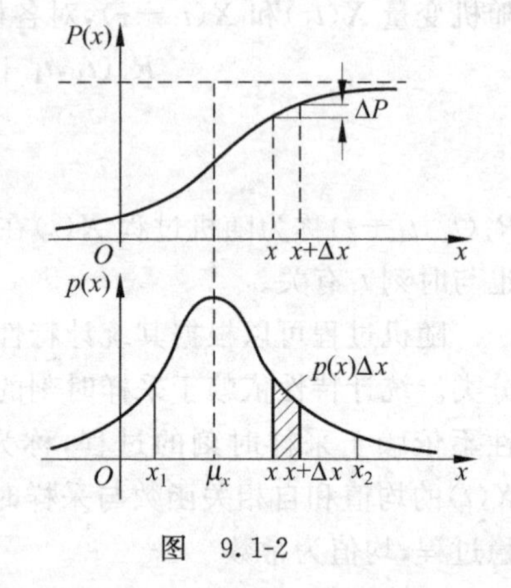

图 9.1-2

在几何上,$p(x)$表示概率分布函数 $P(x)$的切线斜率。$X(t)$的值在 x_1 和 x_2之间的概率可用概率密度函数表示为(图 9.1-2(b))

$$P_r(x_1 < x < x_2) = \int_{x_1}^{x_2} p(x)\mathrm{d}x \tag{9.1-10}$$

从式(9.1-8)和图 9.1-2 得出,$p(x)$曲线与 x 轴之间的、对应于幅度增量 Δx 的面积等于对

应于相同增量的 $P(x)$ 的变化。概率分布函数也可定义为

$$P(x)=\int_{-\infty}^{x}p(x)\mathrm{d}x \tag{9.1-11}$$

概率密度函数具有下列性质

$$p(x)\geqslant 0,\quad \lim_{x\to\pm\infty}p(x)=0,\quad \int_{-\infty}^{\infty}p(x)\mathrm{d}x=1 \tag{9.1-12}$$

从随机变量的概率分布出发,可以确定一系列统计特性。考虑随机变量 $X(t)$ 的一个单值连续函数 $g(x)$,根据定义 $g(x)$ 的均值为

$$\mu_g=\bar{g}(x)=\mathrm{E}[g(x)]=\int_{-\infty}^{\infty}g(x)p(x)\mathrm{d}x \tag{9.1-13}$$

在 $g(x)=X$ 的特殊情况下,X 的数学期望 $\mu_x=\bar{X}$ 可以用概率密度函数 $p(x)$ 定义为

$$\mu_x=\bar{X}=\mathrm{E}[X]=\int_{-\infty}^{\infty}xp(x)\mathrm{d}x \tag{9.1-14}$$

即随机变量 $X(t)$ 的一次矩,其几何意义为 $p(x)$ 曲线与 x 轴所围面积形心的 x 坐标(图 9.1-2(b))。式(9.1-6)定义的自相关函数是描述随机变量在不同时刻之间相关程度的统计量。当 $\tau=0$ 时,随机过程 $X(t)$ 与其自身是完全相关的,这时自相关函数 $R_x(0)$ 称为随机过程的均方值,记为 ϕ_x^2

$$\phi_x^2=\mathrm{E}[X^2]=\int_{-\infty}^{\infty}x^2p(x)\mathrm{d}x \tag{9.1-15}$$

即随机变量 $X(t)$ 的二次矩,而将 $\phi_x=\sqrt{\phi_x^2}$ 称为均方根值。若 $X(t)$ 表示位移、速度或电流,则均方值相应地与系统的势能、动能或功率成比例。因此可以认为均方值是平均能量或功率的一种测度。

方差是另一个重要的统计量,定义为

$$\sigma_x^2=\mathrm{E}[(X-\bar{X})^2]=\int_{-\infty}^{\infty}(x-\mu_x)^2p(x)\mathrm{d}x=\phi_x^2-\mu_x^2 \tag{9.1-16}$$

即随机变量 $X(t)$ 相对于均值的二次中心矩。若 $X(t)$ 为随机振动过程,则均值 μ_x 表示静态分量,均值的平方 μ_x^2 表示静态分量的能量,方差 σ_x^2 表示动态分量的能量。当均值为零时,方差等于均方值。而 $\sigma_x=\sqrt{\sigma_x^2}$ 称为标准差。

(2) 联合概率密度函数

其实前面只给出了单个随机变量的一维概率分布和概率密度。对于随机过程来说,它的任何一个样本函数在整个时间历程上都是随机的。也就是说,在各个不同的采样时刻得到不同的随机变量。因此,必须考查多个随机变量的联合概率分布(或概率密度)。

设有两个随机过程 $X(t)$ 和 $Y(t)$,在给定时刻 t 构成两个随机变量。它们同时满足 $X(t)\leqslant x$ 和 $Y(t)\leqslant y$ 的概率 $P_r[X(t)\leqslant x,Y(t)\leqslant y]$ 称为联合概率分布函数,记为 $P(x,y)$

$$P(x,y)=P_r[X(t)\leqslant x,Y(t)\leqslant y] \tag{9.1-17}$$

也可定义联合概率密度函数 $p(x,y)$,使满足

$$P(x,y)=\int_{-\infty}^{x}\int_{-\infty}^{y}p(x,y)\mathrm{d}y\mathrm{d}x \tag{9.1-18}$$

$x_1<X(t)<x_2$ 和 $y_1<Y(t)<y_2$ 同时成立的概率为

$$P_r(x_1<x<x_2,\quad y_1<y<y_2)=\int_{x_1}^{x_2}\int_{y_1}^{y_2}p(x,y)\mathrm{d}y\mathrm{d}x \tag{9.1-19}$$

可用曲面所围成的一部分体积表示(图 9.1-3)。

联合概率密度函数有以下性质

$$\left.\begin{aligned} &p(x,y)\geqslant 0\\ &\int_{-\infty}^{\infty}\int_{-\infty}^{\infty}p(x,y)\mathrm{d}x\mathrm{d}y=1\\ &p(x)=\int_{-\infty}^{\infty}p(x,y)\mathrm{d}y\\ &p(y)=\int_{-\infty}^{\infty}p(x,y)\mathrm{d}x \end{aligned}\right\} \quad (9.1\text{-}20)$$

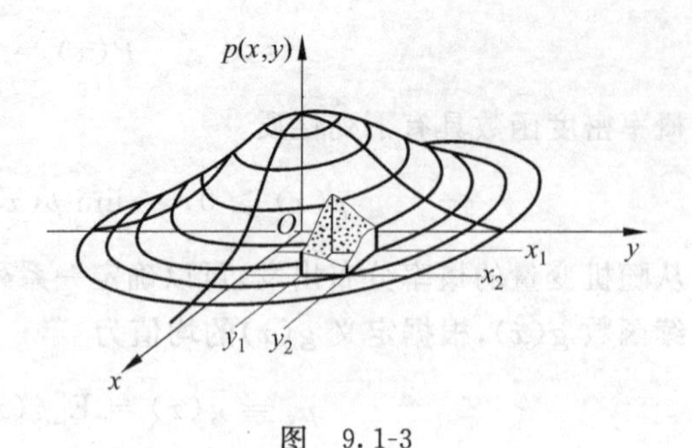

图 9.1-3

若 $p(x,y)$ 可分离变量

$$p(x,y)=p(x)p(y) \quad (9.1\text{-}21)$$

则称 $X(t)$ 和 $Y(t)$ 为统计独立。

随机变量 $X(t)$ 和 $Y(t)$ 的实连续函数 $g(x,y)$ 的数学期望或均值可表示为

$$\mathrm{E}[g(x,y)]=\int_{x_1}^{x_2}\int_{y_1}^{y_2}g(x,y)p(x,y)\mathrm{d}y\mathrm{d}x \quad (9.1\text{-}22)$$

当 $g(x,y)=(x-\mu_x)(y-\mu_y)$ 时,它的期望值称为 x 和 y 之间的协方差,记为 C_{xy},为

$$\begin{aligned} C_{xy}&=\mathrm{E}[(x-\mu_x)(y-\mu_y)]\\ &=\int_{-\infty}^{\infty}\int_{-\infty}^{\infty}(x-\mu_x)(y-\mu_y)p(x,y)\mathrm{d}y\mathrm{d}x\\ &=\mathrm{E}[xy]-\mu_x\mu_y \end{aligned} \quad (9.1\text{-}23)$$

定义以下标准化的量,称为相关系数,有

$$\rho_{xy}=\frac{C_{xy}}{\sigma_x\sigma_y} \quad (9.1\text{-}24)$$

可以证明

$$-1\leqslant\rho_{xy}\leqslant 1 \quad (9.1\text{-}25)$$

若有

$$\mathrm{E}[XY]=\mathrm{E}[X]\mathrm{E}[Y] \quad (9.1\text{-}26)$$

则称随机变量 X 和 Y 是不相关的,这时有

$$C_{xy}=0,\quad \rho_{xy}=0 \quad (9.1\text{-}27)$$

两个统计独立的随机变量一定是不相关的,但是不相关的随机变量尽管可以是、却不一定是统计独立的。

(3) 正态过程

在随机振动中最常见的一类随机变量的分布函数为正态分布,也称为高斯(Gauss)分布。它的一维概率密度函数可以表示为

$$p(x)=\frac{1}{\sqrt{2\pi}\,\sigma_x}\mathrm{e}^{-\frac{(x-\mu_x)^2}{2\sigma_x^2}} \quad (9.1\text{-}28)$$

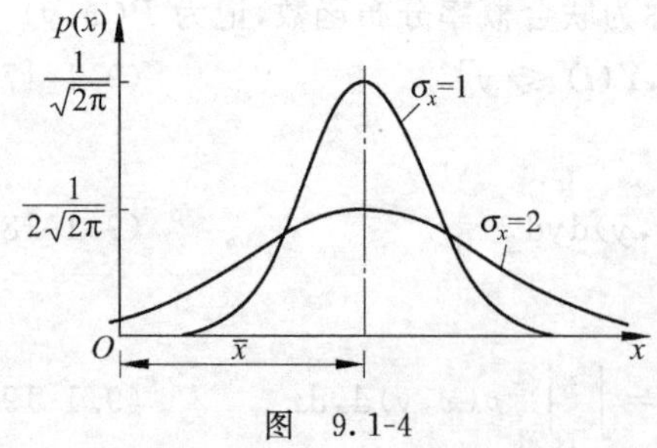

图 9.1-4

式中,μ_x 为均值,σ_x 为标准差。一维概率密度函数 $p(x)$ 是对称于通过 μ_x 的垂直轴的一种钟形分布曲线(图 9.1-4)。由于标准差 σ_x 是相对于均值 μ_x 的分散度的一种度量,因此 σ_x 越大曲线越平坦,x 的值在 μ_x 左右分布越分散。$p(x)$ 在无限域上的积分

等于1,但在μ_x的$3\sigma_x$邻域内的积分等于0.9973,接近为1,也就是说,正态分布的随机变量在$(-3\sigma_x,3\sigma_x)$区间外取值的概率为0.27%。因此工程中常将随机变量在均值附近的变化范围取为$\pm 3\sigma_x$。

两个随机变量X和Y的二维联合正态概率密度函数为

$$p(x,y)=\frac{1}{2\pi\sigma_x\sigma_y\sqrt{1-\rho_{xy}^2}}e^{-\frac{1}{2\sqrt{1-\rho_{xy}^2}}\left[\left(\frac{x-\mu_x}{\sigma_x}\right)^2-2\rho_{xy}\left(\frac{x-\mu_x}{\sigma_x}\right)\left(\frac{y-\mu_y}{\sigma_y}\right)+\left(\frac{y-\mu_y}{\sigma_y}\right)^2\right]} \tag{9.1-29}$$

若相关系数$\rho_{xy}=0$,则式(9.1-29)简化为

$$p(x,y)=\frac{1}{\sqrt{2\pi}\,\sigma_x}e^{-\frac{(x-\mu_x)^2}{2\sigma_x^2}}\ \frac{1}{\sqrt{2\pi}\sigma_y}e^{-\frac{(y-\mu_y)^2}{2\sigma_y^2}}=p(x)p(y) \tag{9.1-30}$$

可见当随机变量X和Y服从二维正态分布时,不相关即意味着统计独立。

正态分布是比较简单,也是研究得相当充分的一种分布函数。正态分布在理论分析中极为重要,在实践中如果影响随机变量的因素很多,且每一种因素的影响都很小,就可以近似地认为这个随机变量是正态分布。对于正态分布的随机变量,只要给出均值和二次矩,其概率密度函数就可根据式(9.1-28)和式(9.1-29)完全确定。

当随机过程在每个给定时刻的随机变量均为联合正态分布时,就称此随机过程为正态过程或高斯过程。正态过程有以下特点:

① 许多自然现象可以用正态过程来近似地描述。

② 正态过程的线性变换仍然是正态过程。

③ 只需要知道正态过程的一次矩与二次矩,就可以确定它的概率密度。

这些特点为随机振动的研究带来很大的方便。首先,随机振动的许多激励源(如大气湍流、海浪、路面等)都可以视为正态过程。其次,从第二个特点可知,对于常参数线性系统,当输入是正态过程时,输出也一定是正态过程。因此当一个线性系统的激励为正态过程时,其响应也必为正态过程。再者,当系统的输入、输出都是正态过程时,只要确定了它们的均值、方差、协方差,就能完全确定它们的统计特性。即正态过程的高次矩可由均值和二次矩导出。设$\mu_x=0$,则有

$$\mathrm{E}[x^{2n}(t)]=1\times 3\times 5\times\cdots\times(2n-1)\{\mathrm{E}[x^2(t)]\}^n \tag{9.1-31}$$

证明过程从略。

3. 相关函数

设同一随机过程的两个状态对应的随机变量为$X(t_1)$和$X(t_2)=X(t_1+\tau)$,其联合概率密度函数为$p(x_1,x_2,\tau)$,则自相关函数为

$$R_x(\tau)=\mathrm{E}[X(t)X(t+\tau)]=\int_{-\infty}^{\infty}\int_{-\infty}^{\infty}x_1x_2p(x_1,x_2,\tau)\mathrm{d}x_1\mathrm{d}x_2 \tag{9.1-32}$$

可见,自相关函数描述了随机振动的一个时刻的状态与另一个时刻的状态之间的依赖关系,表示两个状态之间的相关程度。

自相关函数有以下性质(证明从略):

(1) $R_x(\tau)=R_x(-\tau)$,自相关函数是时间差τ的偶函数。

(2) $R_x(0)=\mathrm{E}[X^2]=\psi_x^2$,时间差$\tau$为零时的自相关函数就是均方值。

(3) $R_x(\tau)\leqslant R_x(0)$，时间差 τ 为零时随机过程的自相关程度最大。

(4) $\lim\limits_{\tau\to\infty}R_x(\tau)=\mu_x^2$，自相关函数为时间差 τ 的衰减函数，当 $\tau\to\infty$ 时趋于均值的平方(图 9.1-5)。

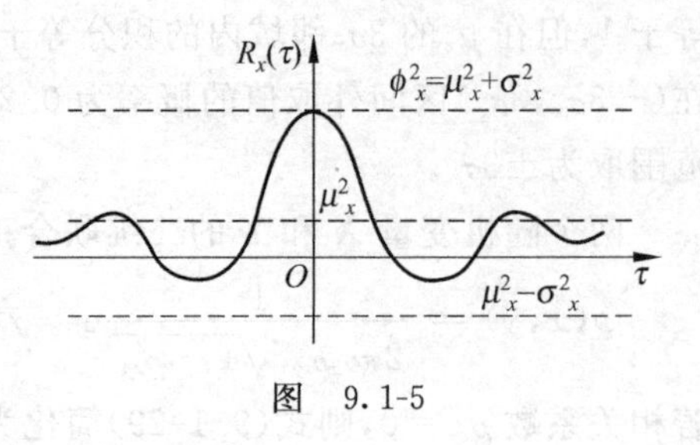

图 9.1-5

设有两个平稳随机过程 $X(t)$ 和 $Y(t)$，它们之间相隔时间差 τ 的相关性由互相关函数描述，定义为

$$R_{xy}(\tau)=\mathrm{E}[X(t)Y(t+\tau)]=\int_{-\infty}^{\infty}\int_{-\infty}^{\infty}x_1y_2p(x_1,y_2,\tau)\mathrm{d}x_1\mathrm{d}y_2 \tag{9.1-33}$$

$$R_{yx}(\tau)=\mathrm{E}[Y(t)X(t+\tau)]=\int_{-\infty}^{\infty}\int_{-\infty}^{\infty}x_2y_1p(x_2,y_1,\tau)\mathrm{d}x_2\mathrm{d}y_1 \tag{9.1-34}$$

式中，下标 1 表示在时刻 t 的取值，下标 2 表示在时刻 $t+\tau$ 的取值。

互相关函数有以下性质(证明从略)：

(1) $R_{xy}(\tau)$ 为非奇、非偶函数，但有 $R_{xy}(\tau)=R_{yx}(-\tau)$，或 $R_{xy}(-\tau)=R_{yx}(\tau)$。

(2) $|R_{xy}(\tau)|^2\leqslant R_x(0)R_y(0)$。

(3) $R_{x\dot{x}}(0)=\mathrm{E}[X(t)\dot{X}(t)]=0$。

性质(3)表明平稳随机过程 $X(t)$ 和它的导数过程 $\dot{X}(t)$ 在同一时刻互不相关。

4. 功率谱密度函数

相关函数给出随机过程在时间域内的统计特性，而功率谱密度则是在频率域内表示随机振动过程在各频率成分上的统计特性。在不同的场合，两者各有所长，相辅相成。总的来说，由于系统的输入、输出功率谱之间的关系式较为方便，所以人们往往更多地采用频域分析。

定义平稳随机过程 $X(t)$ 的功率谱密度函数为自相关函数 $R_x(\tau)$ 的傅里叶变换，即

$$S_x(\omega)=\int_{-\infty}^{\infty}R_x(\tau)\mathrm{e}^{-\mathrm{i}\omega\tau}\mathrm{d}\tau \tag{9.1-35}$$

其逆变换为

$$R_x(\tau)=\frac{1}{2\pi}\int_{-\infty}^{\infty}S_x(\omega)\mathrm{e}^{\mathrm{i}\omega\tau}\mathrm{d}\omega \tag{9.1-36}$$

以上两式构成傅里叶变换对。式(9.1-35)的积分存在条件为 $R_x(\tau)$ 绝对可积，即

$$\int_{-\infty}^{\infty}|R_x(\tau)|\mathrm{d}\tau<\infty \tag{9.1-37}$$

由于自相关函数的衰减性，此条件自然满足。平稳随机过程 $X(t)$ 本身不满足绝对可积的条件，因此不能直接进行傅里叶变换。

令式(9.1-36)中 $\tau=0$，得到随机过程的均方值

$$\phi_x^2=R_x(0)=\frac{1}{2\pi}\int_{-\infty}^{\infty}S_x(\omega)\mathrm{d}\omega \tag{9.1-38}$$

可见 $S_x(\omega)$ 表示随机过程的均方值在频率域内的分布密度。由于在电学中电压或电流的平方与功率成正比，因此将 $S_x(\omega)$ 称为功率谱密度函数，或简称自谱。功率谱密度函数表示一个连续谱。在随机振动中 $S_x(\omega)$ 表示能量在各角频率上的分布密度。根据物理意义推知

$S_x(\omega)$永远是非负的，即

$$S_x(\omega) \geqslant 0 \tag{9.1-39}$$

由于$R_x(\tau)$为偶函数，式(9.1-35)可写为

$$S_x(\omega) = \int_{-\infty}^{\infty} R_x(\tau)(\cos\omega\tau - \mathrm{i}\sin\omega\tau)\mathrm{d}\tau = 2\int_0^{\infty} R_x(\tau)\cos\omega\tau\mathrm{d}\tau \tag{9.1-40}$$

可见$S_x(\omega)$也是ω的偶函数。与此类似，式(9.1-36)可写为

$$R_x(\tau) = \frac{1}{\pi}\int_0^{\infty} S_x(\omega)\cos\omega\tau\mathrm{d}\omega \tag{9.1-41}$$

式(9.1-40)和式(9.1-41)称为维纳-辛钦(Wiener-Khinchin)方程。

在整个频率域内定义的$S_x(\omega)$称为双边功率谱。工程中实测得到的功率谱仅对ω的正值有定义，称为单边功率谱，记为$G_x(\omega)$

$$G_x(\omega) = 2S_x(\omega) \quad (0 \leqslant \omega < \infty) \tag{9.1-42}$$

计算功率谱时通常用频率f(Hz)代替角频率ω(rad/s)，上式可写成

$$G_x(f) = 2S_x(f) = 4\pi S_x(\omega) \tag{9.1-43}$$

相应的傅里叶变换对式(9.1-35)和式(9.1-36)改写为

$$S_x(f) = \int_{-\infty}^{\infty} R_x(\tau)\mathrm{e}^{-2\mathrm{i}\pi f\tau}\mathrm{d}\tau \tag{9.1-44}$$

$$R_x(\tau) = \frac{1}{2\pi}\int_{-\infty}^{\infty} S_x(f)\mathrm{e}^{2\mathrm{i}\pi f\tau}\mathrm{d}f \tag{9.1-45}$$

随机过程$X(t)$的导数过程$\dot{X}(t)$的功率谱密度可以证明为

$$S_{\dot{x}}(\omega) = \omega^2 S_x(\omega) \tag{9.1-46}$$

同样有

$$S_{\ddot{x}}(\omega) = \omega^2 S_{\dot{x}}(\omega) = \omega^4 S_x(\omega) \tag{9.1-47}$$

对于两个平稳随机过程$X(t)$和$Y(t)$，也可利用傅里叶变换定义它们的互功率谱密度函数，或简称互谱

$$S_{xy}(\omega) = \int_{-\infty}^{\infty} R_{xy}(\tau)\mathrm{e}^{-\mathrm{i}\omega\tau}\mathrm{d}\tau \tag{9.1-48}$$

其逆变换为

$$R_{xy}(\tau) = \frac{1}{2\pi}\int_{-\infty}^{\infty} S_{xy}(\omega)\mathrm{e}^{\mathrm{i}\omega\tau}\mathrm{d}\omega \tag{9.1-49}$$

互谱没有自谱那样明显的物理意义，但它在频率域上讨论两个平稳随机过程的相互联系时也具有应用价值。

互谱有以下性质(证明从略)：

(1) $S_{xy}(\omega)$是复函数，其虚部不等于零。

(2) $S_{xy}(\omega)=S_{yx}(-\omega)=S_{yx}^*(\omega)$，$S_{yx}^*(\omega)$是$S_{yx}(\omega)$的共轭函数。

(3) $|S_{xy}(\omega)|^2 \leqslant S_x(\omega)S_y(\omega)$。

利用此性质可定义相干函数为

$$\gamma_{xy}^2(\omega) = \frac{|S_{xy}(\omega)|^2}{S_x(\omega)S_y(\omega)} \tag{9.1-50}$$

且有

$$0 \leqslant \gamma_{xy}^2(\omega) \leqslant 1 \tag{9.1-51}$$

5. 窄带过程、宽带过程和理想白噪声

根据功率谱密度分布的不同频率范围,可将随机过程区分为窄带过程和宽带过程。窄带过程包含的频率成分集中在一个狭窄的频带上,功率谱密度函数具有尖峰特性,并只有在该尖峰附近的一个窄频带内功率谱才取有意义的量级,窄带过程的最极端情形是相位随机变化的简谐波。随着 τ 的增大,其相关程度减小得较缓慢。

宽带过程包含的频率成分很丰富,分布在较宽的频带上,带宽至少与其中心频率有着相同的数量级,功率谱密度函数比较平坦,因此有高度的随机性。宽带过程的功率谱在相当宽的频带上取有意义的量级,时间差 τ 稍大一些其相关程度迅速降低。宽带过程的最极端情形是理想白噪声,它的谱密度是均匀的并且具有无限的带宽。

理想白噪声这一数学抽象只具有理论意义,因为在无限的带宽上具有有限的量级,意味着该随机过程将具有无限大的能量,工程中的实际随机过程频带宽度总是有限的,因此这在实际中是不可能得到的。实际的随机激励源往往是宽带的,并具有大致均匀的分布,但带宽却是有限的,这类过程常称为限带白噪声。它是比较接近实际的模型。但是,当激励频带足够宽,以致已将系统的所有固有频率覆盖无遗时,将该激励视为理想白噪声还是可取的,因为这样假设便于数学处理。

为了便于比较与鉴别,对四种典型过程分别给出它们的时间历程样本、概率密度、自相关函数与功率谱密度,如图 9.1-6 所示。其中情形(a)对应于相位随机变化的正弦波,情形

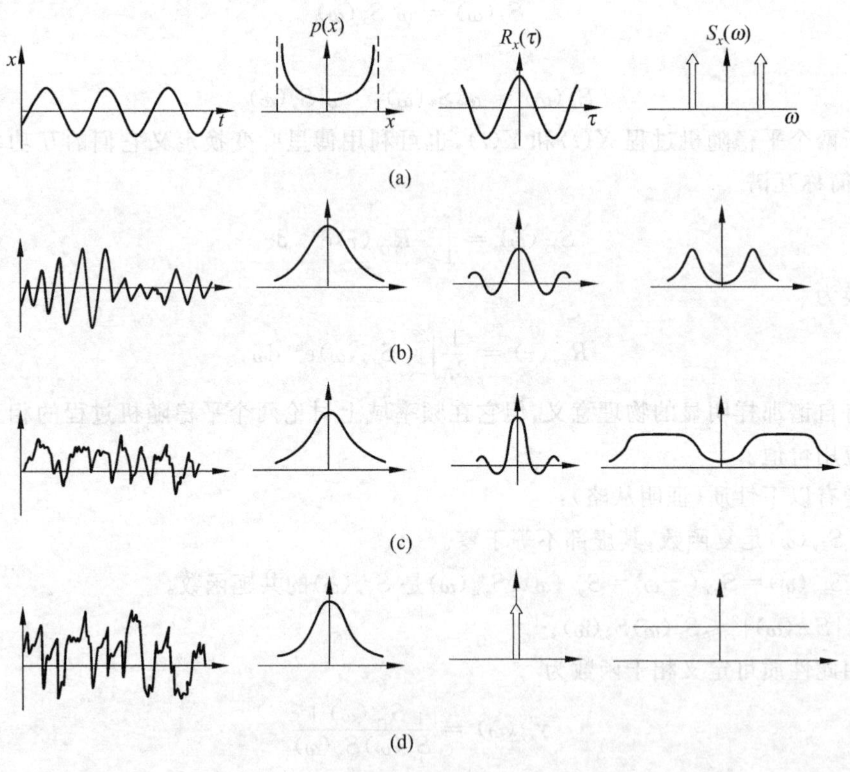

图 9.1-6

(b)对应于窄带过程,情形(c)对应于宽带过程,情形(d)对应于理想白噪声。第一种情形的概率密度曲线呈碗形。后三种情形的概率密度曲线呈钟形,它们接近于正态分布。

极端的宽带过程为理想白噪声,其功率谱密度函数为常数,而具有无限宽频带,在数学上表示为

$$S_x(\omega) = S_0 \quad (-\infty < \omega < \infty) \tag{9.1-52}$$

代入式(9.1-38),得到的能量为无限大,因此理想白噪声实际上并不存在。若在足够宽的有限频带上功率谱密度分布比较均匀,则可将此过程近似地视为理想白噪声以简化计算。

将式(9.1-52)代入式(9.1-36)计算理想白噪声的自相关函数,得到

$$R_x(\tau) = S_0\left(\frac{1}{2\pi}\int_{-\infty}^{\infty} \mathrm{e}^{\mathrm{i}\omega\tau}\,\mathrm{d}\omega\right) \tag{9.1-53}$$

可以证明式(9.1-53)中的括号内积分式等于狄拉克(Dirac)分布函数 $\delta(\tau)$。为此先将$\delta(\tau)$进行傅里叶变换,得到

$$\int_{-\infty}^{\infty} \delta(\tau)\mathrm{e}^{-\mathrm{i}\omega\tau}\,\mathrm{d}\tau = 1 \tag{9.1-54}$$

然后对其进行逆变换,得到

$$\delta(\tau) = \frac{1}{2\pi}\int_{-\infty}^{\infty} \mathrm{e}^{\mathrm{i}\omega\tau}\,\mathrm{d}\omega \tag{9.1-55}$$

则式(9.1-53)表示的自相关函数可用 $\delta(\tau)$ 函数表示为

$$R_x(\tau) = S_0\delta(\tau) \tag{9.1-56}$$

因此对于理想白噪声,即使相隔极小的时间差 τ,彼此已不再相关。

9.2 随机振动的实例

作用在一个系统上的动态随机载荷,当它只作用在一个位置上时,可模型化为一个随机过程;当它作为分布载荷而作用在系统的某一给定长度或面积上时,可模型化为一个随机场。许多情形下,常常假定激励是平稳的和正态的,这简化了表示激励的相关参数的测量问题,也简化了响应的预测与可靠性的判断问题。在许多情形下,激励在长时间内显然是非平稳的,虽然它在短时间(这个时间与动态系统的响应时间相比仍是长的)内显得是平稳的。这种随机过程(或场)称为拟平稳随机过程(或场),可用短期(局部)性态与长期(全局)性态来描述。鉴于对随机场进行广泛测量的困难,所采用的模型中常常包含一些简化假设。例如,在具有两个空间维数的随机场情形,沿某一方向的随机变化可忽略不计,或假定随机场是各向同性的,从而沿任一方向的测量就可用来推断完全的二维随机场的性态。随机振动发展的较重要领域之一,就是构造随机激励的更合理的模型。

1. 在凹凸道路上行驶的车辆

一般的路面或轨道的不平度是无规则的,路面或轨道表面的随机不规则性对在它上面行驶的车辆产生动态载荷。这些载荷可引起乘客的不舒适,也可引起火车出轨,或构成对车辆结构完整性的其他威胁。道路的高低被转换成对以一定速度在道路上行驶的车辆的载荷

的时间历程。如果已知路程与车辆的速度，并且已知道路表面的空间互相关函数，作用在所有轮子上载荷的自相关与互相关谱就可确定。在目前的技术水平下，通常是沿直线路径进行一维的测量。所得的道路剖面可模型化为局部均匀的随机过程，用波数谱密度函数描述。如果假设空间各向同性，就可用一维测量数据构造出二维随机场模型。

将车辆简化为单自由度质量-弹簧-阻尼系统，由于路面不平引起接触处的位移激励 $y(t)$，动力学方程为

$$m\ddot{x}+c\dot{x}+kx=c\dot{y}+ky \tag{9.2-1}$$

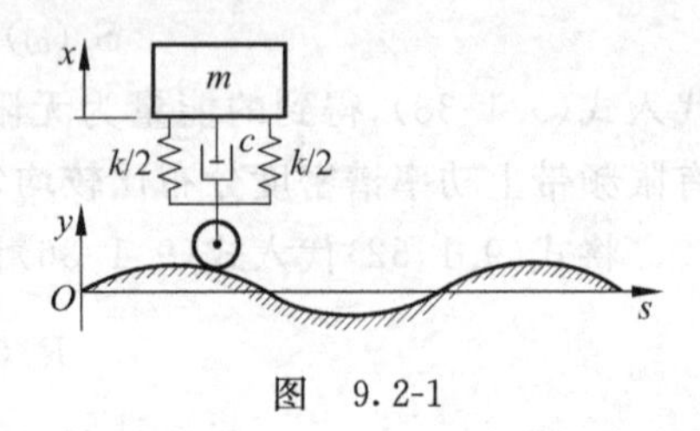

图 9.2-1

实际测量表明，路面沿纵向路程 s 的不平度 $h(s)$ 是局部均匀的、具有零均值的、遍历的高斯随机场。随机场与随机过程名称的不同是由于将时间变量 t 改为空间坐标 s，时间频率 $\omega=2\pi/T$ 也改为波数 $\gamma=2\pi/\lambda$，即以波长 λ 代替周期 T。相应地，平稳过程改称为均匀随机场。设 ξ 为路程差，则路面不平度相对空间的自相关函数和功率谱密度定义为

$$R_h(\xi)=\mathrm{E}[h(s)h(s+\xi)] \tag{9.2-2}$$

$$S_h(\gamma)=\int_{-\infty}^{\infty}R_h(\xi)\mathrm{e}^{-\mathrm{i}\gamma\xi}\mathrm{d}\xi \tag{9.2-3}$$

当车辆以匀速 v 行驶时，空间与时间之间有以下转换关系

$$s=vt,\quad \xi=v\tau,\quad \lambda=vT,\quad \gamma=\omega/v \tag{9.2-4}$$

将随机场 $h(s)$ 转换为随机过程 $Y(t)=h(vt)$，其自相关函数完全相同

$$R_y(\tau)=R_h(\xi) \tag{9.2-5}$$

利用式(9.2-4)推导随机过程与随机场的功率谱密度之间的关系，得到

$$S_y(\omega)=\int_{-\infty}^{\infty}R_y(\tau)\mathrm{e}^{-\mathrm{i}\omega\tau}\mathrm{d}\tau=\frac{1}{v}\int_{-\infty}^{\infty}R_h(\xi)\mathrm{e}^{-\mathrm{i}\gamma\xi}\mathrm{d}\xi=\frac{1}{v}S_h(\gamma) \tag{9.2-6}$$

计算波数功率谱密度 $S_h(\gamma)$ 的经验公式为

$$S_h(\gamma)=\alpha\gamma^{-n} \tag{9.2-7}$$

其中 $n=1.5\sim2$，α 根据不同等级的路面不平度作出规定。将式(9.2-4)中的 γ 代入后得到的功率谱密度与速度 v 有关

$$S_y(\omega)=\alpha v^{n-1}\omega^{-n} \tag{9.2-8}$$

若将车辆悬挂装置的上下部分质量分别考虑，则可将车辆简化为两自由度系统的随机振动问题。若分别考虑车辆前后轮承受地面激励，也可将车辆简化为在对称平面内运动的刚体，归结为另一种类型的两自由度系统的随机振动。若考虑更多因素，包括间隙和干摩擦等非线性因素，则车辆模型可更为复杂，工程中多用等效线性化方法分析其统计特性。

2. 在风浪中横摇的船舶

海洋江河的风浪是船舰与近海平台的主要设计载荷。海面高度可模型化为二维拟均匀平稳随机场。通常用给定幅值与频率的直峰行波来描述海面。在确定性分析中，对一种海浪假定一个固定的波形，以重要波高与波周期表示。用一个(线性或非线性)波理论确定在所考虑的船舰或平台邻域的相应流体运动，再用一个(线性或非线性)水力学定律确定作用

在结构上的载荷。在随机分析中，认为海面是各种幅值与频率的直峰波的叠加，以一个波高的谱密度函数来描述。可假定所有波分量向同一方向前进，也可假定向不同方向前进，然后以一方向波谱描述。通常所用的波谱模型含有依赖于海况的参数，从而随机场的长期性态由一个主要波高与波周期的联合概率分布来描述。

开阔海洋面上风浪的波高 ξ 在同一位置和不太长时间内可认为是零均值的平稳高斯随机过程。关于波高功率谱密度的计算，国际上广泛采用的公式为

$$S_{\xi}(\omega)=\frac{\alpha}{\omega^{5}}\mathrm{e}^{-\beta/\omega^{4}} \tag{9.2-9}$$

式中，$\alpha=8.1\times10^{-3}g^{2}$，$\beta=3.11/h_{1/3}^{2}$，$g$ 为重力加速度，$h_{1/3}$ 为名义波高，与风速有关。从图 9.2-2 可见海浪能量主要分布在 0.1～0.6 Hz 之间。具有零速的船舶在横浪作用下的响应以横摇为主。列出解耦的横摇动力学方程

$$I\ddot{\varphi}+c\dot{\varphi}+k\varphi=M(t) \tag{9.2-10}$$

式中，I 为船舶连同水的附加质量在内的转动惯量，c 和 k 分别为黏阻系数和恢复力矩系数，$M(t)$ 为随机波浪产生的随机激励力矩。$M(t)$ 的功率谱密度 $S_M(\omega)$ 与波高功率谱密度、船舶的吃水深度、尺寸、形状及水动力学等因素有关。因而船舶在随机波浪作用下的横摇问题归结为单自由度线性或非线性系统的随机振动问题。当横摇幅度较大时，还必须考虑恢复力矩和阻尼力矩的非线性因素。当横摇运动与船舶其他运动耦合时就成为多自由度系统的随机振动问题。

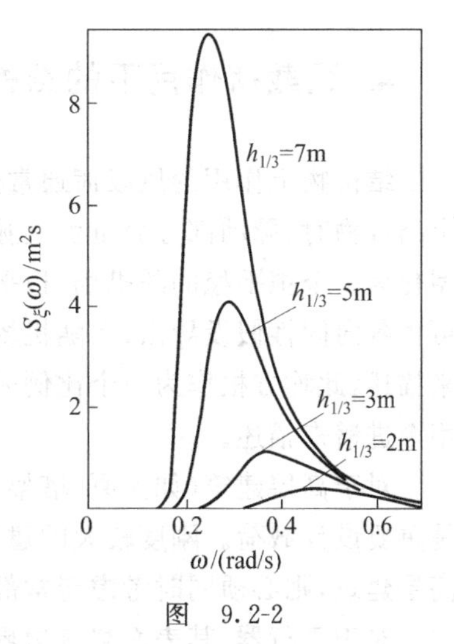

图　9.2-2

3. 地震载荷作用下的建筑物

对于许多重要的建筑物(如原子能反应堆、水坝、桥梁及高架公路等)必须将地震载荷作为重要的设计载荷。地震影响区内每一点上的地面运动包含三个方向的加速度，该运动的一个重要特性是它的非平稳性，地震的强运动阶段很少超过半分钟。在建筑规范中，通常用单自由度的“响应谱”规定设计地面运动，这简化了结构物的设计，然而对更复杂的系统的设计带来不明确性。在探讨性研究中，地面运动曾模型化为“等效”平稳随机过程，以确定性包络线函数调制的平稳随机过程，以及非平稳过程的其他表示法。在大多数文献中，规定整个基础的运动为均匀的地面运动。

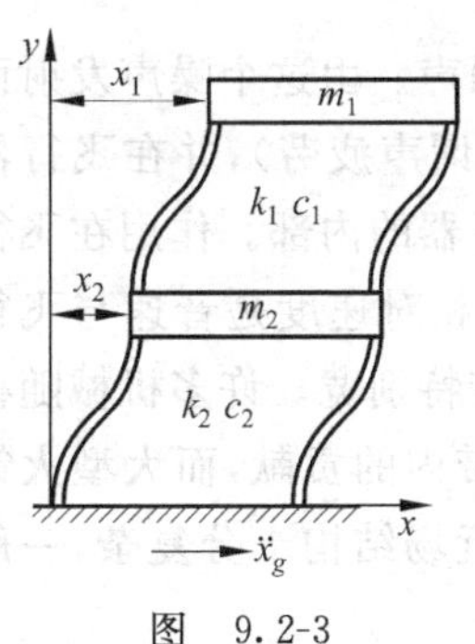

图　9.2-3

地震波传至地表时会使地面产生铅垂方向和水平方向的运动。水平运动对结构的破坏作用尤为巨大。图 9.2-3 为两层楼房的简化模型。只考虑地震加速度的水平分量 $\ddot{x}_g$，列出楼房相对地面的动力学方程为

$$\left.\begin{aligned}m_1\ddot{x}_1+c_1(\dot{x}_1-\dot{x}_2)+k_1(x_1-x_2)&=-m_1\ddot{x}_g\\ m_2\ddot{x}_2-c_1\dot{x}_1+(c_1+c_2)\dot{x}_2-k_1x_1+(k_1+k_1)x_2&=-m_2\ddot{x}_g\end{aligned}\right\} \tag{9.2-11}$$

地震有初震、强震和衰减三个阶段，是明显的不平稳随机过程。工程中有两种处理方法。一种为确定性方法，即采用尽可能接近一次强地震加速度 $\ddot{x}_g$ 的记录作为输入，计算结构的响应。但不能保证另一次地震能得到同样结果。另一种为随机振动方法，即探讨地震随机过程的一般规律，强震阶段的水平分量常视为零均值平稳高斯随机过程。如卡耐-塔基米(Kanai-Tajimi)模型，其加速度的功率谱密度为

$$S_{\ddot{x}_g}(\omega)=\frac{[1+4\zeta_g^2(\omega/\omega_g)^2]S_0}{[1-(\omega/\omega_g)^2]^2+4\zeta_g^2(\omega/\omega_g)^2}\quad(\omega>0) \tag{9.2-12}$$

式中，参数 ω_g 和 ζ_g 取决于震源至地面的介质性质，对硬土层可取 $\omega_g=5\pi$ 和 $\zeta_g=0.6$，S_0 为常数。

4. 风载荷作用下的结构物

结构物上作用的风载荷通常分为定常部分和脉动部分，后者为随机载荷。当风吹向一个结构物时，脉动部分分量引起脉动载荷，它必激起结构物的动态响应。风中湍流分量可模型化为一个拟平稳的随机场，拟平稳随机湍流场的短期性态用一个互谱密度函数来描述，它可由各向同性假设导出；而随机场的长期性态则用一个湍流速度的均方根的概率密度函数来描述，此均方根作为一个比例因子出现在互谱密度函数之中。大气湍流的长期变化还可用渐进谱来描述。

对于高层建筑(如大厦、塔架、天线、烟囱等)和大跨度桥梁(尤其悬索桥)等结构，风载荷是重要设计载荷。刚度较大的建筑只需将定常部分作为静载荷考虑；对于柔度越来越大的高层建筑，则必须同时考虑定常部分和脉动部分载荷。

对于飞行器，其表面湍流边界层内的随机压力脉动是重要的激励源，可见高空大气湍流产生的突风载荷是飞行器的重要设计载荷。对超音速飞行器，脉动压力很大，足以构成蒙皮疲劳问题的一个重要输入，并在飞行器内部产生高水平的噪声与振动，致使飞行器在严重的湍流中可能造成超载而破坏。

对水下舰艇，通常边界层压力脉动不大，不致产生显著的动态载荷，但由此产生的噪声将影响航行舰艇中操作的检测设备。船板上的边界层压力脉动通常可模型化为一个随机场，是一个具有中等相干性的对流载荷。

5. 喷气噪声引起的随机振动

大型燃气涡轮的喷气与火箭发动机的喷气产生高强度的随机噪声。由这个噪声发射而在飞行器表面产生的随机压力脉动可能引起局部的疲劳破坏(即所谓声疲劳)，并在飞行器表面产生分布的激励，激起飞行器的结构振动，还可使噪声传入飞行器的内部。作用在飞行器上的随机压力场的一个重要特性是，随机脉动传过飞行器表面的相对速度是音速与飞行器速度的向量差；喷气噪声的另一个特性是，它的强度所分布的频带特别宽。许多机械随机加载过程(如海浪、自然风、地震等)的谱主要限于一个十倍频程频带内的贡献，而大型火箭喷气的谱则在三个十倍频程频带内都有重要的贡献。喷气噪声的近场结构十分复杂，一般必须依赖于对具体组态所进行的详细的测量。

9.3 线性系统对单个随机激励的响应

一个振动系统在受到随机激励作用时，它的响应必是随机的。这里考查的系统本身是确定的，即系统（或系统参数）的变化规律可以用时间的确定函数来描述，而且只限于稳定的常参数线性系统。所谓常参数系统（亦称非时变系统）是指系统本身的特性（例如各种参数特性）是不随时间变化的；所谓线性系统（亦称质量不随运动参数而变化以及弹性力和阻尼力都可以简化为线性模型的系统）是指适用叠加原理的系统。也就是说，如果系统在输入 y_1 作用下，它的响应为 x_1；而在输入 y_2 作用下，它的响应为 x_2；那么系统在输入 ay_1 与 by_2 的联合作用下，它的响应一定是 ax_1+bx_2，其中 a，b 为任意实数。系统的线性假设极大地方便了进一步的分析和研究。正是在此基础上，可以把随机激励的任意一个样本函数输入分解成一系列冲量微元之和，或者利用傅里叶变换把这一输入展开成一系列简谐分量之和，然后分别考查各个单个的冲量或简谐分量对系统的作用结果，最后再把它们叠加起来得出系统总的响应。因此，对于常参数线性系统来说，它的响应特性就可以用脉冲响应或者用频率响应来描述。所谓脉冲响应是指系统对单位冲量的响应，它表示系统在时域的响应特性；所谓频率响应是指系统对各个单位简谐输入的响应特性，它表示系统在频域的响应特性。二者由傅里叶变换确立其对应关系。

常参数线性系统的假设给随机振动分析也带来很多方便。由常参数的假设，当系统的输入是平稳过程（或遍历过程）时，那么输出也一定是平稳的（或遍历的）。由线性的假设，当系统的输入是正态过程时，那么输出也一定是正态的。

1. 单自由度线性系统对单个随机激励的响应

设质量-弹簧-阻尼系统受到激励 $F(t)$ 的作用，动力学方程为

$$m\ddot{x}+c\dot{x}+kx=F(t) \tag{9.3-1}$$

在简谐激励作用下，单自由度系统的响应并不难确定，系统的响应特性可用脉冲响应函数 $h(t)$ 或复频率响应函数 $H(\omega)$ 来描述（图 9.3-1）。令

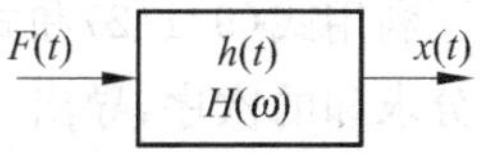

```
F(t) → [ h(t) / H(ω) ] → x(t)
```

图　9.3-1

$$\begin{aligned}Z(\omega)&=-m\omega^2+\mathrm{i}c\omega+k\\&=m(-\omega^2+\mathrm{i}2\zeta\omega_{\mathrm{n}}\omega+\omega_{\mathrm{n}}^2)\end{aligned} \tag{9.3-2}$$

它是取决于系统参数 ζ 和 ω_{n}，并且是激励频率 ω 的复函数，一般称 $Z(\omega)$ 为系统的机械阻抗，工程中又将其称为动刚度。将激励和响应分别理解为输入和输出，$Z(\omega)$ 的倒数为输出和输入之比，即

$$\begin{aligned}H(\omega)&=\frac{x(t)}{F(t)}=\frac{1}{Z(\omega)}=\frac{1}{-m\omega^2+\mathrm{i}c\omega+k}\\&=\frac{1}{m(-\omega^2+\mathrm{i}2\zeta\omega_{\mathrm{n}}\omega+\omega_{\mathrm{n}}^2)}\end{aligned} \tag{9.3-3a}$$

称 $H(\omega)$ 为系统的复频率响应函数或传递函数，又称为机械导纳，工程中又将其称为动柔

度。它的物理意义是系统响应与激励之比。如果将方程(9.3-3a)乘以 k,就可以得到复频率响应函数 $H(\omega)$的另一种表达形式,即

$$H(\omega)=\frac{x(t)}{F(t)/k}=\frac{kx(t)}{F(t)}=\frac{1}{1-(\omega/\omega_{\mathrm{n}})^2+\mathrm{i}2\zeta\omega/\omega_{\mathrm{n}}} \tag{9.3-3b}$$

它的物理意义可以视为弹簧中的力与实际激励的无量纲之比。

应用第3章的卷积积分,将积分的上下限扩展为$(-\infty,+\infty)$并不影响结果,即

$$x(t)=\int_{-\infty}^{\infty}F(\tau)h(t-\tau)\mathrm{d}\tau=\int_{-\infty}^{\infty}F(t-\tau)h(\tau)\mathrm{d}\tau \tag{9.3-4}$$

若激励 $F(t)$为平稳随机过程,则稳态响应也是平稳随机过程,如下为其统计特性。

(1) 均值

利用式(9.1-1)对式(9.3-4)求平均,并将求平均与积分的次序互换,导出

$$\begin{aligned}\mu_x&=\mathrm{E}[x(t)]=\mathrm{E}\left[\int_{-\infty}^{\infty}F(t-\tau)h(\tau)\mathrm{d}\tau\right]\\&=\int_{-\infty}^{\infty}\mathrm{E}[F(t-\tau)]h(\tau)\mathrm{d}\tau\end{aligned} \tag{9.3-5}$$

由于 $F(t)$为平稳随机过程,其过程的均值是常数,有

$$\mathrm{E}[F(t-\tau)]=\mathrm{E}[F(t)]=\mu_F \tag{9.3-6}$$

则式(9.3-5)化为

$$\mu_x=\mu_F\int_{-\infty}^{\infty}h(\tau)\mathrm{d}\tau \tag{9.3-7}$$

根据第3章中导出的关系式(3.11-6),上式中的积分可用 $\omega=0$ 时的复频响应函数值 $H(0)=\int_{-\infty}^{\infty}h(\tau)\mathrm{d}\tau$ 表示。得到

$$\mu_x=H(0)\mu_F \tag{9.3-8}$$

即响应的均值与激励的均值只相差一个常值乘子 $H(0)$,这意味着,平稳随机过程的激励引起响应的均值是常值,并与激励过程的均值成正比。于是得到,如果激励的均值是零,响应的均值亦为零。今后为了分析方便,只讨论激励与响应的均值皆为零的情形。

(2) 自相关函数

利用式(9.1-2)和式(9.3-4)计算自相关函数,用 λ_1,λ_2表示积分变量,并交换求平均与积分求和的次序,导出

$$\begin{aligned}R_x(\tau)&=\mathrm{E}[x(t)x(t+\tau)]\\&=\mathrm{E}\left[\int_{-\infty}^{\infty}F(t-\lambda_1)h(\lambda_1)\mathrm{d}\lambda_1\int_{-\infty}^{\infty}F(t+\tau-\lambda_2)h(\lambda_2)\mathrm{d}\lambda_2\right]\\&=\int_{-\infty}^{\infty}\int_{-\infty}^{\infty}h(\lambda_1)h(\lambda_2)\mathrm{E}[F(t-\lambda_1)F(t+\tau-\lambda_2)]\mathrm{d}\lambda_1\mathrm{d}\lambda_2\\&=\int_{-\infty}^{\infty}h(\lambda_1)\int_{-\infty}^{\infty}R_F(\tau+\lambda_1-\lambda_2)h(\lambda_2)\mathrm{d}\lambda_2\mathrm{d}\lambda_1\end{aligned} \tag{9.3-9}$$

因为激励 $F(t)$为平稳随机过程,所以有 $\mathrm{E}[F(t-\lambda_1)F(t+\tau-\lambda_2)]=\mathrm{E}[F(t)F(t+\tau+\lambda_1-\lambda_2)]=R_F(\tau+\lambda_1-\lambda_2)$,这里 $R_F(\tau+\lambda_1-\lambda_2)$为激励过程的自相关函数。积分式(9.3-9)仅依赖于时间差 τ,与时间 t 无关。这意味着,响应的自相关函数的数值也与时间 t 无关,即对一个线性系统,如果激励是平稳随机过程,那么响应也是平稳随机过程。

(3) 激励与响应的互相关函数

利用式(9.1-34)和式(9.3-4)计算激励与响应的互相关函数,导出

$$\begin{aligned}R_{Fx}(\tau) &= \mathrm{E}[F(t)x(t+\tau)] \\ &= \mathrm{E}\left[F(t)\int_{-\infty}^{\infty}F(t+\tau-\lambda)h(\lambda)\mathrm{d}\lambda\right] \\ &= \int_{-\infty}^{\infty}\mathrm{E}[F(t)F(t+\tau-\lambda)]h(\lambda)\mathrm{d}\lambda \\ &= \int_{-\infty}^{\infty}R_F(\tau-\lambda)h(\lambda)\mathrm{d}\lambda\end{aligned} \tag{9.3-10}$$

可见,互相关函数等于激励的自相关函数与脉冲响应函数的卷积积分。当激励为理想白噪声时,根据式(9.1-56)有

$$R_F(\tau) = S_0\delta(\tau) \tag{9.3-11}$$

式中,S_0为激励的常值功率谱密度。代入式(9.3-10),得到白噪声激励与响应的互相关函数为

$$R_{Fx}(\tau) = S_0 h(\tau) \tag{9.3-12}$$

这是一个很有意义的结果,利用此结果可从实验测得的$R_{Fx}(\tau)$推算出系统的脉冲响应函数$h(\tau)$。

(4) 自谱

通常有关响应的随机过程首先计算的是响应的功率谱密度而不是自相关函数,尤其是在激励随机过程是由功率谱密度所给出的情况下。利用式(9.1-35)和式(9.3-9)计算响应的自谱,导出

$$\begin{aligned}S_x(\omega) &= \int_{-\infty}^{\infty}\left[\int_{-\infty}^{\infty}\int_{-\infty}^{\infty}h(\lambda_1)h(\lambda_2)R_F(\tau+\lambda_1-\lambda_2)\mathrm{d}\lambda_1\mathrm{d}\lambda_2\right]\mathrm{e}^{-\mathrm{i}\omega\tau}\mathrm{d}\tau \\ &= \int_{-\infty}^{\infty}h(\lambda_1)\mathrm{e}^{\mathrm{i}\omega\lambda_1}\mathrm{d}\lambda_1\left[\int_{-\infty}^{\infty}R_F(\tau+\lambda_1-\lambda_2)\mathrm{e}^{-\mathrm{i}\omega(\tau+\lambda_1-\lambda_2)}\mathrm{d}\tau\right]\int_{-\infty}^{\infty}h(\lambda_2)\mathrm{e}^{-\mathrm{i}\omega\lambda_2}\mathrm{d}\lambda_2\end{aligned} \tag{9.3-13}$$

考虑到平稳性,有$\int_{-\infty}^{\infty}R_F(\tau+\lambda_1-\lambda_2)\mathrm{e}^{-\mathrm{i}\omega(\tau+\lambda_1-\lambda_2)}\mathrm{d}\tau = \int_{-\infty}^{\infty}R_F(u)\mathrm{e}^{-\mathrm{i}\omega u}\mathrm{d}u = S_F(\omega)$,式(9.3-13)的中括号内的积分即激励的自谱$S_F(\omega)$,且由式(3.11-6)导出

$$\left.\begin{aligned}\int_{-\infty}^{\infty}h(\lambda_1)\mathrm{e}^{\mathrm{i}\omega\lambda_1}\mathrm{d}\lambda_1 &= H(-\omega) = H^*(\omega) \\ \int_{-\infty}^{\infty}h(\lambda_2)\mathrm{e}^{-\mathrm{i}\omega\lambda_2}\mathrm{d}\lambda_2 &= H(\omega)\end{aligned}\right\} \tag{9.3-14}$$

式中,"*"号表示复数的共轭,代入式(9.3-13)后得到

$$S_x(\omega) = H^*(\omega)H(\omega)S_F(\omega) = |H(\omega)|^2 S_F(\omega) \tag{9.3-15}$$

式(9.3-15)表示联系激励和响应随机过程的功率谱密度的一个简单代数表达式。结果表明,根据激励谱$S_F(\omega)$与系统的复频响应函数的幅频特性$|H(\omega)|$即可求出响应谱。

(5) 均方值

利用式(9.1-38)和式(9.3-15)计算响应的均方值,得到

$$\phi_x^2 = \frac{1}{2\pi}\int_{-\infty}^{\infty}|H(\omega)|^2 S_F(\omega)\mathrm{d}\omega \tag{9.3-16}$$

当激励为理想白噪声时，$S_F(\omega)$等于常值 S_0，均方值为

$$\psi_x^2 = \frac{S_0}{2\pi}\int_{-\infty}^{\infty} |H(\omega)|^2 \mathrm{d}\omega \tag{9.3-17}$$

可见只要计算出广义积分$\int_{-\infty}^{\infty} |H(\omega)|^2 \mathrm{d}\omega$的值，便可求得响应的均方值。

为了便于计算，将以下的广义积分公式

$$I_n = \int_{-\infty}^{\infty} |H_n(\omega)|^2 \mathrm{d}\omega$$

式中

$$H_n(\omega) = \frac{B_0 + (\mathrm{i}\omega)B_1 + (\mathrm{i}\omega)^2 B_2 + \cdots + (\mathrm{i}\omega)^{n-1} B_{n-1}}{A_0 + (\mathrm{i}\omega)A_1 + (\mathrm{i}\omega)^2 A_2 + \cdots + (\mathrm{i}\omega)^n A_n}$$

前几个常见的简单形式 $H_n(\omega)$函数的 I_n 值列出如下：

① 当 $n=1$ 时，$H_1(\omega)=\dfrac{B_0}{A_0+\mathrm{i}\omega A_1}$，$I_1=\dfrac{\pi B_0^2}{A_0 A_1}$。

② 当 $n=2$ 时，$H_2(\omega)=\dfrac{B_0+\mathrm{i}\omega B_1}{A_0+\mathrm{i}\omega A_1-\omega^2 A_2}$，$I_2=\dfrac{\pi(A_0 B_1^2+A_2 B_0^2)}{A_0 A_1 A_2}$。

③ 当 $n=3$ 时，$H_3(\omega)=\dfrac{B_0+\mathrm{i}\omega B_1-\omega^2 B_2}{A_0+\mathrm{i}\omega A_1-\omega^2 A_2-\mathrm{i}\omega^3 A_3}$，

$$I_3 = \frac{\pi[A_0 A_3(2B_0 B_2 - B_1^2) - A_0 A_1 B_2^2 - A_2 A_3 B_0^2]}{A_0 A_3(A_0 A_3 - A_1 A_2)}。$$

④ 当 $n=4$ 时，$H_4(\omega)=\dfrac{B_0+\mathrm{i}\omega B_1-\omega^2 B_2-\mathrm{i}\omega^3 B_3}{A_0+\mathrm{i}\omega A_1-\omega^2 A_2-\mathrm{i}\omega^3 A_3+\omega^4 A_4}$，

$$I_4 = \frac{\pi M}{N},$$

$$M = A_0 B_3^2(A_0 A_3 - A_1 A_2) - A_0 A_1 A_4(2B_1 B_3 - B_2^2) - A_0 A_3 A_4(B_1^2 - 2B_0 B_2) + A_4 B_0^2(A_1 A_4 - A_2 A_3),$$

$$N = A_0 A_4(A_0 A_3^2 + A_1^2 A_4 - A_1 A_2 A_3)。$$

对于弱阻尼系统，其阻尼比 $\zeta \ll 1$，幅频特性曲线在固有频率 ω_0 附近有很尖的峰值，则$|H(\omega)|^2$有更尖的峰值。当激励谱 $S_F(\omega)$具有较平坦形状时，式(9.3-16)右端积分中对均方值 ψ_x^2 的贡献主要来自共振频率附近的小区间内，因此可近似地以固有频率 ω_0处的激励谱值 $S_F(\omega_0)$代替 $S_F(\omega)$。亦即近似地认为系统受到功率谱密度 $S_0=S_F(\omega_0)$的白噪声激励。从式(9.3-15)还可看出，即使激励谱 $S_F(\omega)$为较平坦的宽带，但响应谱 $S_x(\omega)$主要集中在$\omega=\omega_0$附近的窄带内。因此线性系统在实践中常起到窄带滤波器的作用。

应该指出，如果激励随机过程是高斯过程并且系统是线性的，则响应随机过程也是高斯过程。这意味着，对于平稳过程，响应概率分布函数完全由响应均值和均方值所决定。不难表明，如果激励随机过程不仅是平稳的而且是遍历的，那么上述有关响应随机过程的关系式和结论保持有效。唯一不同之处在于，对于遍历过程，各平均都是采用整个过程中的一个代表性的样本函数计算出的时间平均，而不是遍及样本函数集体的总体平均。

(6) 激励与响应的互谱

对式(9.3-10)进行傅里叶变换，得到

$$S_{Fx}(\omega) = \int_{-\infty}^{\infty} R_{Fx}(\tau)\mathrm{e}^{-\mathrm{i}\omega\tau}\mathrm{d}\tau = \int_{-\infty}^{\infty}\int_{-\infty}^{\infty} R_F(\tau-\lambda)h(\lambda)\mathrm{d}\lambda\mathrm{e}^{-\mathrm{i}\omega\tau}\mathrm{d}\tau$$

$$=\int_{-\infty}^{\infty} R_F(\tau-\lambda)\mathrm{e}^{-\mathrm{i}\omega(\tau-\lambda)}\mathrm{d}(\tau-\lambda)\int_{-\infty}^{\infty} h(\lambda)\mathrm{e}^{-\mathrm{i}\omega\lambda}\mathrm{d}\lambda \tag{9.3-18}$$

由式(9.1-35)和式(3.11-6)，导出

$$S_{Fx}(\omega)=H(\omega)S_F(\omega) \tag{9.3-19}$$

此简洁结果表明互谱与激励谱之间通过复频响应函数相联系，就是说，输入输出的互谱等于系统的频率特性与输入自谱的乘积，这也是输入输出关系的一个重要结果。从实验测得 $S_F(\omega)$ 与 $S_{Fx}(\omega)$ 之后，也可利用式(9.3-19)求出复频响应函数 $H(\omega)$ 所包含的幅频和相频的完整信息。而利用式(9.3-15)只能得到 $|H(\omega)|^2$ 的幅频特性，且在推导过程中未考虑噪声的影响。式(9.3-19)在有噪声存在时其结果不变，因此关系式(9.3-19)比式(9.3-15)更为有用。

在实践中常引入系统的激励与响应的谱相干函数，定义为

$$\gamma_{Fx}(\omega)=\frac{|S_{Fx}(\omega)|^2}{S_F(\omega)S_x(\omega)} \tag{9.3-20}$$

对于线性系统，将式(9.3-15)和式(9.3-19)代入后，得到

$$\gamma_{Fx}(\omega)=\frac{|H(\omega)S_F(\omega)|^2}{S_F(\omega)|H(\omega)|^2 S_F(\omega)}=1 \tag{9.3-21}$$

因此系统为线性时，谱相干函数必定等于1。相反地，如果测试得到的谱相干函数不等于1，就意味着这一假设可能有问题，正是在这一意义上，人们说谱相干函数的大小可以用来检查系统的非线性程度，或可以用来衡量噪声干扰的影响。也就是说，如果上述谱相干函数不等于1，则可能是系统内存在非线性因素，也可能是测试过程中存在噪声影响。

例 9.3-1 一单自由度线性系统受到随机激励 $F(t)$ 的作用(图 9.3-2)，$F(t)$ 是均值为零、自谱为 S_0 的理想白噪声平稳过程。求系统响应的自相关函数、自谱、均方值和激励与响应的互相关函数及互谱。

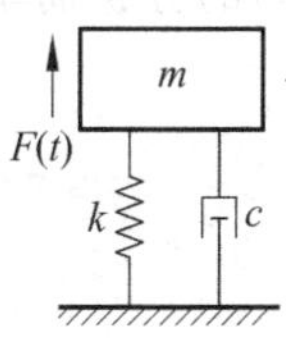

图 9.3-2

解：已知系统的脉冲响应函数为

$$h(t)=\begin{cases}\dfrac{1}{m\omega_{\mathrm{d}}}\mathrm{e}^{-\zeta\omega_{\mathrm{n}}t}\sin\omega_{\mathrm{d}}t & (t\geqslant 0)\\ 0 & (t<0)\end{cases}$$

将白噪声自相关函数(9.1-56)代入式(9.3-9)计算响应的自相关函数，得到

$$\begin{aligned}R_x(\tau)&=\int_{-\infty}^{\infty}\int_{-\infty}^{\infty} h(\lambda_1)h(\lambda_2)S_0\delta(\tau+\lambda_1-\lambda_2)\mathrm{d}\lambda_1\mathrm{d}\lambda_2\\&=S_0\int_{-\infty}^{\infty} h(\lambda_1)h(\tau+\lambda_1)\mathrm{d}\lambda_1\end{aligned}$$

将 $h(t)$ 的表达式代入上式，积分得到

$$\begin{aligned}R_x(\tau)&=\frac{S_0}{m^2\omega_{\mathrm{d}}^2}\int_{-\infty}^{\infty}\mathrm{e}^{-\zeta\omega_{\mathrm{n}}(\tau+2\lambda_1)}\sin\omega_{\mathrm{d}}\lambda_1\sin\omega_{\mathrm{d}}(t+\lambda_1)\mathrm{d}\lambda_1\\&=\frac{S_0}{2ck}\mathrm{e}^{-\zeta\omega_{\mathrm{n}}\tau}\left(\cos\omega_{\mathrm{d}}\tau+\frac{\zeta\omega_{\mathrm{n}}}{\omega_{\mathrm{d}}}\sin\omega_{\mathrm{d}}\tau\right)\quad(\tau>0)\end{aligned}$$

由于自相关函数的偶函数性质，对于 $\tau<0$ 情形，可将上式中的 τ 以 $|\tau|$ 代替，写为

$$R_x(\tau)=\frac{S_0}{2ck}\mathrm{e}^{-\zeta\omega_{\mathrm{n}}|\tau|}\left(\cos\omega_{\mathrm{d}}|\tau|+\frac{\zeta\omega_{\mathrm{n}}}{\omega_{\mathrm{d}}}\sin\omega_{\mathrm{d}}|\tau|\right)\quad(\tau<0)$$

此相关函数为幅值按负指数 $\mathrm{e}^{-\zeta\omega_{\mathrm{n}}|\tau|}$ 衰减的振荡曲线。

利用式(9.1-38)计算响应的均方值,得到

$$\psi_x^2 = R_x(0) = \frac{S_0}{2ck}$$

当响应的自相关函数不易求得时,也可利用式(9.3-17)计算响应的均方值,其中的积分可由前述的积分公式计算。

将式(9.3-3)的 $H(\omega)$代入式(9.3-15),$S_F(\omega)$以 S_0代替,计算响应的自谱,得到

$$S_x(\omega) = \frac{S_0}{(k - m\omega^2)^2 + c^2\omega^2}$$

利用式(9.3-10)计算激励与响应的互相关函数,得到

$$R_{Fx}(\tau) = \frac{S_0}{m\omega_d}\int_{-\infty}^{\infty} \delta(\tau - \lambda)e^{-\zeta\omega_n\lambda}\sin\omega_d\lambda d\lambda = \frac{S_0}{m\omega_d}e^{-\zeta\omega_n\tau}\sin\omega_d\tau$$

利用式(9.3-19)计算激励与响应的互谱,得到

$$S_{Fx}(\omega) = \frac{S_0}{k - m\omega^2 + ic\omega}$$

2. 多自由度线性系统对单个随机激励的响应

以上对单自由度线性系统的讨论过程也适用于受单个激励 $F(t)$的多自由度线性系统(图 9.3-3)。设系统的自由度为 n,其第 i 个广义坐标 $x_i(t)$的响应统计特性与单自由度系统响应的统计特性表达式完全相同,只需相应地用 $x_i(t)$对激励 $F(t)$的脉冲响应函数 $h_i(t)$和复频响应函数 $H_i(\omega)$进行计算。实践表明,在频率域内进行响应的统计特性分析要比时间域内的分析简单得多。

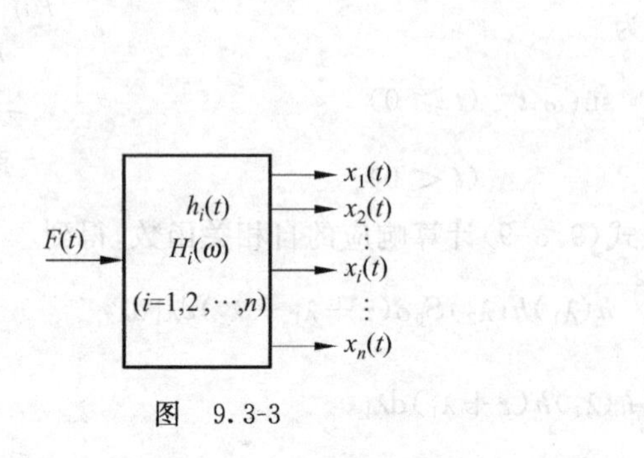

图 9.3-3

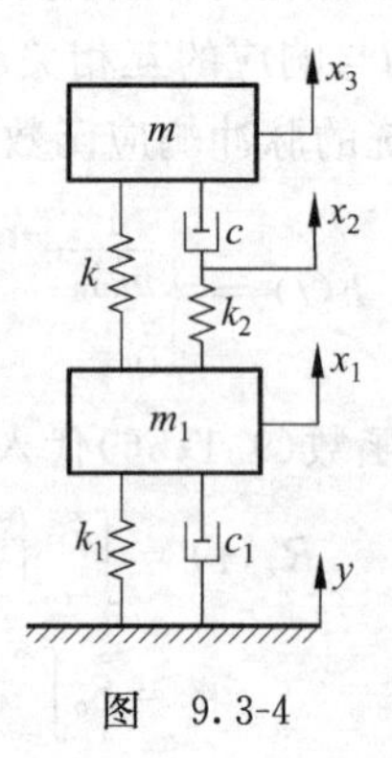

图 9.3-4

例 9.3-2 图 9.3-4 为一双层隔振系统,m 为隔振对象的质量,m_1 为隔振器质量,弹簧和阻尼皆为线性。设基础位移激励 $y(t)$是均值为零、自谱为 S_0 的理想白噪声。求振动传递率和隔振对象位移响应的均方值。

解:设绝对位移 x_1, x_2, x_3如图 9.3-4 所示,列出系统的动力学方程

$$m\ddot{x}_3 + c(\dot{x}_3 - \dot{x}_2) + k(x_3 - x_1) = 0$$

$$c(\dot{x}_3 - \dot{x}_2) - k_2(x_2 - x_1) = 0$$

$$m_1\ddot{x}_1 + c_1(\dot{x}_1 - \dot{y}) + k_1(x_1 - y) - k_2(x_2 - x_1) - k(x_3 - x_1) = 0$$

定义振动的传递率 T_r 的平方为隔振对象输出量 $x_3(t)$ 的自谱 $S_x(\omega)$ 与输入量 $y(t)$ 的自谱 $S_F(\omega)$ 之比，即

$$T_r^2(\omega)=\frac{S_x(\omega)}{S_F(\omega)}$$

对于线性系统，利用式(9.3-15)从上式导出

$$T_r(\omega)=|H(\omega)|$$

为计算各复频响应函数，设输入量简谐变化，$y(t)=\mathrm{e}^{\mathrm{i}\omega t}$，各输出量为

$$x_1(t)=H_1(\omega)\mathrm{e}^{\mathrm{i}\omega t},\quad x_2(t)=H_2(\omega)\mathrm{e}^{\mathrm{i}\omega t},\quad x_3(t)=H_3(\omega)\mathrm{e}^{\mathrm{i}\omega t}$$

将各简谐函数代入动力学方程组，得到 $H_1(\omega)$，$H_2(\omega)$，$H_3(\omega)$ 的一组线性代数方程并解出

$$H_3(\omega)=\frac{A_1+B_1\mathrm{i}}{A_2+B_2\mathrm{i}}$$

式中

$$\begin{aligned}
A_1&=\beta\gamma-4(\gamma+1)\alpha\zeta^2s^2\\
B_1&=2\zeta s[\alpha\gamma+(\gamma+1)\beta]\\
A_2&=-\gamma s^2+\gamma(\beta-\delta s^2)(1-s^2)-4\alpha\zeta^2s^2(\gamma+1-s^2)\\
B_2&=-2\zeta s^3(\gamma+1)+2\alpha\gamma\zeta s(1-s^2)+2\zeta s(\beta-\delta s^2)(\gamma+1-s^2)
\end{aligned}$$

且有

$$s=\frac{\omega}{\omega_0},\quad \omega_0=\sqrt{\frac{k}{m}},\quad \zeta=\frac{c}{2\sqrt{mk}},\quad \alpha=\frac{c_1}{c},\quad \beta=\frac{k_1}{k},\quad \gamma=\frac{k_2}{k},\quad \delta=\frac{m_1}{m}$$

将以上各式代入 $H_3(\omega)$ 和 $T_r(\omega)$，计算振动的传递率，得到

$$T_r(\omega)=\frac{\sqrt{(A_1A_2+B_1B_2)^2+(B_1A_2-B_2A_1)^2}}{A_2^2+B_2^2}$$

隔振对象位移 $x_3(\omega)$ 的均方值为

$$\phi_{x_3}^2=\frac{S_0}{2\pi}\int_{-\infty}^{\infty}|H_3(\omega)|^2\mathrm{d}\omega$$

可由前述的积分公式计算。

9.4 线性系统对多个随机激励的响应

1. 脉冲响应矩阵和幅频响应矩阵

设 n 自由度的线性系统受到 m 个平稳随机激励($m\leqslant n$)作用，其动力学方程为

$$\boldsymbol{M}\ddot{\boldsymbol{x}}+\boldsymbol{C}\dot{\boldsymbol{x}}+\boldsymbol{K}\boldsymbol{x}=\boldsymbol{F}(t)\tag{9.4-1}$$

式中，$\boldsymbol{M}$，$\boldsymbol{C}$，$\boldsymbol{K}$ 分别为 $n\times n$ 阶质量矩阵、阻尼矩阵和刚度矩阵，$\boldsymbol{x}(t)$ 为 n 维位移向量，它包含 $x_i(t)(i=1,2,\cdots,n)$，$\boldsymbol{F}(t)$ 为随机激励向量，它的元素为 $F_i(t)(i=1,2,\cdots,m)$。

即使激励是确定性的，一个有阻尼的多自由度系统的响应也不容易得到。困难在于，经典的模态分析一般不能用来使方程组(9.4-1)解耦。然而如第5章所述，在阻尼矩阵是质量矩阵和刚度矩阵的线性组合的特殊情况下，关于无阻尼线性系统的模态矩阵可以用来作为

一个使方程组(9.4-1)解耦的一个线性变换。类似地,当阻尼小时,直接忽略变换后的方程组中的耦合项,就可得到一个合理的近似。为了计算简单,将讨论局限于关于无阻尼系统的经典模态矩阵 $\boldsymbol{u}=[\boldsymbol{u}^{(1)} \quad \boldsymbol{u}^{(2)} \quad \cdots \quad \boldsymbol{u}^{(n)}]$ 可以用来使方程组(9.4-1)完全地或近似地解耦的变换矩阵的情况。根据第5章的步骤,引入下面的变换

$$\boldsymbol{x}(t)=\boldsymbol{u}\boldsymbol{\eta}(t) \tag{9.4-2}$$

式中,$\boldsymbol{u}$ 为系统的正则化模态矩阵,向量 $\boldsymbol{\eta}(t)$ 的元素 $\eta_r(t)(r=1,2,\cdots,n)$ 是由随机过程 $x_i(t)(i=1,2,\cdots,n)$ 的线性组合组成的广义坐标。把式(9.4-2)代入式(9.4-1),将结果左乘以 $\boldsymbol{u}^{\mathrm{T}}$,利用关系式 $\boldsymbol{u}^{\mathrm{T}}\boldsymbol{M}\boldsymbol{u}=\boldsymbol{I}$,$\boldsymbol{I}$ 为 n 阶单位阵,$\boldsymbol{u}^{\mathrm{T}}\boldsymbol{K}\boldsymbol{u}=\boldsymbol{\Lambda}$,$\boldsymbol{\Lambda}=\mathrm{diag}[\omega_i^2]$ 为特征值对角矩阵,并假定 $\boldsymbol{u}^{\mathrm{T}}\boldsymbol{C}\boldsymbol{u}=\boldsymbol{C}_N$,$\boldsymbol{C}_N=\mathrm{diag}[2\zeta_i\omega_i]$ 为振型阻尼矩阵。则动力学方程(9.4-1)解耦为

$$\ddot{\boldsymbol{\eta}}+\boldsymbol{C}_N\dot{\boldsymbol{\eta}}+\boldsymbol{\Lambda}\boldsymbol{\eta}=\boldsymbol{u}^{\mathrm{T}}\boldsymbol{F}(t) \tag{9.4-3}$$

包含 n 个正则坐标的独立微分方程组

$$\ddot{\eta}_r(t)+2\zeta_r\omega_r\dot{\eta}_r(t)+\omega_r^2\eta_r(t)=N_r(t) \quad (r=1,2,\cdots,n) \tag{9.4-4}$$

式中,ζ_r 是关于第 r 阶振型的阻尼系数,ω_r 是系统的第 r 阶固有频率,而广义随机激励为

$$N_r(t)=\boldsymbol{u}^{(r)\mathrm{T}}\boldsymbol{F}(t)=\sum_{i=1}^{m}u_i^{(r)}F_i(t) \quad (r=1,2,\cdots,n) \tag{9.4-5}$$

式中,$\boldsymbol{u}^{(r)}$ 表示无阻尼线性系统的第 r 阶模态向量。

如果激励为简谐函数,则无阻尼系统的振动微分方程的表达式为

$$\boldsymbol{M}\ddot{\boldsymbol{x}}+\boldsymbol{K}\boldsymbol{x}=\boldsymbol{F}_0\mathrm{e}^{\mathrm{i}\omega t} \tag{9.4-6}$$

式中,$\boldsymbol{F}_0=[F_{01} \quad F_{02} \quad \cdots \quad F_{0m}]^{\mathrm{T}}$,为广义激励的幅值。设方程(9.4-6)的解为

$$\boldsymbol{x}=\boldsymbol{X}\mathrm{e}^{\mathrm{i}\omega t} \tag{9.4-7}$$

式中,$\boldsymbol{X}=[X_1 \quad X_2 \quad \cdots \quad X_n]^{\mathrm{T}}$,为广义坐标的强迫振动复振幅组成的向量。将式(9.4-7)代入式(9.4-6),可得

$$(\boldsymbol{K}-\omega^2\boldsymbol{M})\boldsymbol{X}=\boldsymbol{F}_0 \tag{9.4-8}$$

对上式进行逆运算,将 $\boldsymbol{K}-\omega^2\boldsymbol{M}$ 的逆矩阵记为 $\boldsymbol{H}(\omega)=[H_{ij}(\omega)]$,称为多自由度系统的复频率响应矩阵,是激励频率 ω 的函数,即

$$\boldsymbol{H}(\omega)=(\boldsymbol{K}-\omega^2\boldsymbol{M})^{-1} \tag{9.4-9}$$

若为有阻尼系统,依据上述方法同样可以导出多自由度系统的复频率响应矩阵。当然也可以从模态分析方法入手,将方程(9.4-4)写成复数表达式为

$$\ddot{\eta}_r(t)+2\zeta_r\omega_r\dot{\eta}_r(t)+\omega_r^2\eta_r(t)=N_{0r}\mathrm{e}^{\mathrm{i}\omega t} \quad (r=1,2,\cdots,n) \tag{9.4-10}$$

式中

$$N_{0r}=\boldsymbol{u}^{(r)\mathrm{T}}\boldsymbol{F}_0=\sum_{i=1}^{m}u_i^{(r)}F_{0i} \quad (r=1,2,\cdots,n) \tag{9.4-11}$$

则正则坐标的稳态响应可以表示为

$$\eta_r(t)=\frac{1}{\omega_r^2}H_r(\omega)N_{0r}\mathrm{e}^{\mathrm{i}\omega t} \quad (r=1,2,\cdots,n) \tag{9.4-12}$$

式中

$$H_r(\omega)=\frac{1}{[1-(\omega/\omega_r)^2]+\mathrm{i}[2\zeta_r(\omega/\omega_r)]} \quad (r=1,2,\cdots,n) \tag{9.4-13}$$

式(9.4-13)为对应于正则坐标的复频率响应函数。则广义坐标的稳态响应为

$$\boldsymbol{x}(t)=\sum_{r=1}^{n}\boldsymbol{u}^{(r)}\eta_r(t)$$

$$=\sum_{r=1}^{n}\frac{\boldsymbol{u}^{(r)}\boldsymbol{u}^{(r)\mathrm{T}}\boldsymbol{F}_0}{\omega_r^2}\frac{1}{[1-(\omega/\omega_r)^2]+\mathrm{i}[2\zeta_r(\omega/\omega_r)]}\mathrm{e}^{\mathrm{i}\omega t}\tag{9.4-14}$$

若在第 j 个广义坐标上作用一激励，写出第 i 个广义坐标响应的复数幅值为

$$H_{ij}(\omega)=\sum_{r=1}^{n}\frac{u_i^{(r)}u_j^{(r)}}{\omega_r^2}\frac{1}{[1-(\omega/\omega_r)^2]+\mathrm{i}[2\zeta_r(\omega/\omega_r)]}\tag{9.4-15}$$

$$(i=1,2,\cdots,n;\ j=1,2,\cdots,m)$$

上式是应用振型叠加法导出的多自由度系统的复频率响应函数。n 个自由度系统有 $n\times m$ 个 $H_{ij}(\omega)$，其含义是在第 j 个广义坐标上作用简谐激励 $F_j(t)=F_{0j}\mathrm{e}^{\mathrm{i}\omega t}$ 时，分别在每个广义坐标上引起的稳态响应 $x_i(t)=X_i\mathrm{e}^{\mathrm{i}\omega t}(i=1,2,\cdots,n)$，则由 $H_{ij}(\omega)$构成了系统的复频率响应矩阵 $\boldsymbol{H}(\omega)$。

如果激励为任意激振力，则由卷积积分可确定各正则坐标在零初始条件下的响应

$$\eta_r(t)=\int_0^t N_r(\tau)h_{Nr}(t-\tau)\mathrm{d}\tau=\int_0^t N_r(t-\tau)h_{Nr}(\tau)\mathrm{d}\tau\tag{9.4-16}$$

$$(r=1,2,\cdots,n)$$

式中

$$h_{Nr}(t)=\frac{1}{\omega_{\mathrm{d}r}}\mathrm{e}^{-\zeta\omega_{\mathrm{n}r}t}\sin\omega_{\mathrm{d}r}t\quad(r=1,2,\cdots,n)\tag{9.4-17}$$

将式(9.4-16)写成矩阵形式为

$$\boldsymbol{\eta}(t)=\int_0^t\boldsymbol{h}_N(t-\tau)\boldsymbol{N}(\tau)\mathrm{d}\tau=\int_0^t\boldsymbol{h}_N(\tau)\boldsymbol{N}(t-\tau)\mathrm{d}\tau\tag{9.4-18}$$

式中，$\boldsymbol{\eta}(t)=[\eta_j(t)]$，为正则坐标的响应向量，$\boldsymbol{h}_N(t)=[h_{Nj}(t)]$为正则坐标的脉冲响应函数的对角矩阵，$\boldsymbol{N}(t)=[N_j(t)]$为正则坐标的激励函数。对正则坐标进行逆变换，将 $\boldsymbol{x}(t)=\boldsymbol{u}\boldsymbol{\eta}(t)$和 $\boldsymbol{N}(t)=\boldsymbol{u}^{\mathrm{T}}\boldsymbol{F}(t)$代回式(9.4-18)，导出

$$\boldsymbol{x}(t)=\int_0^t\boldsymbol{h}(t-\tau)\boldsymbol{F}(\tau)\mathrm{d}\tau=\int_0^t\boldsymbol{h}(\tau)\boldsymbol{F}(t-\tau)\mathrm{d}\tau\tag{9.4-19}$$

式中

$$\boldsymbol{h}(t)=\boldsymbol{u}\boldsymbol{h}_N(t)\boldsymbol{u}^{\mathrm{T}}\tag{9.4-20}$$

$\boldsymbol{h}(t)=[h_{ij}(t)]$称为多自由度系统的脉冲响应矩阵，$n$ 个自由度系统有 $n\times m$ 个 $h_{ij}(\omega)$，各元素 $h_{ij}(t)$表示沿 j 坐标的单位脉冲激励引起 i 坐标的瞬态响应。脉冲响应矩阵 $\boldsymbol{h}(t)$与复频率响应矩阵 $\boldsymbol{H}(\omega)$分别在时间域和频率域内描述多自由度系统的响应特性。

讨论系统的响应问题(图 9.4-1)，即多输入与多输出的情形。根据叠加原理，线性系统的每一个输出都可以由对应于各个分力输入的响应叠加而成。如果系统有 m 个输入，那么对应于每一个输出有 m 个脉冲响应函数和复频响应函数。第 i 坐标的响应 $x_i(t)$对于沿第 j 坐标的激励 $F_j(t)$的脉冲响应函数和复频响应函数分别为 $h_{ij}(t)$和 $H_{ij}(\omega)(i=1,2,\cdots,n;j=1,2,\cdots,m)$。它们分别构成脉冲响应矩阵 $\boldsymbol{h}(t)$和复频响应矩阵 $\boldsymbol{H}(\omega)$。由于有 $n-m$ 个坐标不受激励，因此可将原$n\times n$ 阶矩阵中相应的 $n-m$ 列略去，成为 $n\times m$ 阶

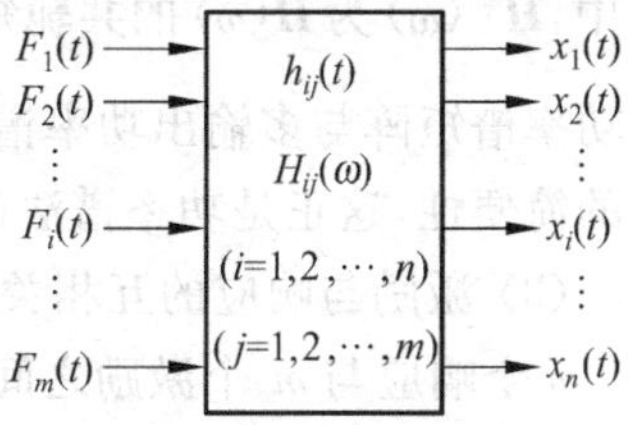

图　9.4-1

矩阵，$\boldsymbol{h}(t)$和$\boldsymbol{H}(\omega)$互相构成傅里叶变换对，即有

$$\boldsymbol{H}(\omega)=\int_{-\infty}^{\infty}\boldsymbol{h}(\tau)\mathrm{e}^{-\mathrm{i}\omega\tau}\mathrm{d}\tau \tag{9.4-21}$$

$$\boldsymbol{h}(\tau)=\frac{1}{2\pi}\int_{-\infty}^{\infty}\boldsymbol{H}(\omega)\mathrm{e}^{\mathrm{i}\omega\tau}\mathrm{d}\omega \tag{9.4-22}$$

工程中常采用实验方法测出$\boldsymbol{h}(t)$或$\boldsymbol{H}(\omega)$。

2. 响应的统计特性

将$F_j(t)(j=1,2,\cdots,m)$和$x_i(t)(i=1,2,\cdots,n)$排成$\boldsymbol{F}(t)=[F_j(t)]$和$\boldsymbol{x}(t)=[x_i(t)]$，$\boldsymbol{F}(t)$和$\boldsymbol{x}(t)$分别表示系统激励和响应向量，则可进行与9.3节类似的分析，只需以矩阵代替标量即可。

(1) 相关矩阵

n个响应的自相关和互相关函数为

$$R_{x_k x_l}(\tau)=\mathrm{E}[x_k(t)x_l(t+\tau)]\quad(k,l=1,2,\cdots,n) \tag{9.4-23}$$

以$R_{x_k x_l}(\tau)$为元素构成$n\times n$的相关矩阵$\boldsymbol{R}_{xx}(\tau)$，即

$$\boldsymbol{R}_{xx}(\tau)=\mathrm{E}[\boldsymbol{x}(t)\boldsymbol{x}^{\mathrm{T}}(t+\tau)] \tag{9.4-24}$$

将上式中的$\boldsymbol{x}(t)$和$\boldsymbol{x}(t+\tau)$以卷积积分表示，用λ_1和λ_2作为积分变量，得到

$$\boldsymbol{R}_{xx}(\tau)=\mathrm{E}\left[\int_{-\infty}^{\infty}\boldsymbol{h}(\lambda_1)\boldsymbol{F}(t-\lambda_1)\mathrm{d}\lambda_1\int_{-\infty}^{\infty}\boldsymbol{F}^{\mathrm{T}}(t+\tau-\lambda_2)\boldsymbol{h}^{\mathrm{T}}(\lambda_2)\mathrm{d}\lambda_2\right] \tag{9.4-25}$$

进行与式(9.3-9)类似的推导，得到响应与激励的相关矩阵之间的关系式

$$\boldsymbol{R}_{xx}(\tau)=\int_{-\infty}^{\infty}\boldsymbol{h}(\lambda_1)\int_{-\infty}^{\infty}\boldsymbol{R}_{FF}(\tau+\lambda_1-\lambda_2)\boldsymbol{h}^{\mathrm{T}}(\lambda_2)\mathrm{d}\lambda_2\mathrm{d}\lambda_1 \tag{9.4-26}$$

它给出了系统输出相关矩阵与输入相关矩阵之间的关系。

(2) 功率谱密度矩阵

定义平稳随机过程的功率谱密度矩阵为相关矩阵的傅里叶变换，而后者为前者的逆变换，则对式(9.4-26)两边进行傅里叶变换后，进行与式(9.3-13)类似的推导

$$\begin{aligned}\boldsymbol{S}_{xx}(\omega)&=\int_{-\infty}^{\infty}\left[\int_{-\infty}^{\infty}\boldsymbol{h}(\lambda_1)\int_{-\infty}^{\infty}\boldsymbol{R}_{FF}(\tau+\lambda_1-\lambda_2)\boldsymbol{h}^{\mathrm{T}}(\lambda_2)\mathrm{d}\lambda_2\mathrm{d}\lambda_1\right]\mathrm{e}^{-\mathrm{i}\omega\tau}\mathrm{d}\tau\\&=\int_{-\infty}^{\infty}\boldsymbol{h}(\lambda_1)\mathrm{e}^{\mathrm{i}\omega\lambda_1}\mathrm{d}\lambda_1\int_{-\infty}^{\infty}\boldsymbol{R}_{FF}(\tau+\lambda_1-\lambda_2)\mathrm{e}^{-\mathrm{i}\omega(\tau+\lambda_1-\lambda_2)}\mathrm{d}\tau\int_{-\infty}^{\infty}\boldsymbol{h}^{\mathrm{T}}(\lambda_2)\mathrm{e}^{-\mathrm{i}\omega\lambda_2}\mathrm{d}\lambda_2\end{aligned} \tag{9.4-27}$$

得到响应与激励的功率谱密度矩阵之间的关系式

$$\boldsymbol{S}_{xx}(\omega)=\boldsymbol{H}^*(\omega)\boldsymbol{S}_{FF}(\omega)\boldsymbol{H}^{\mathrm{T}}(\omega) \tag{9.4-28}$$

式中，$\boldsymbol{H}^*(\omega)$为$\boldsymbol{H}(\omega)$的共轭矩阵，即$\boldsymbol{H}(-\omega)=\int_{-\infty}^{\infty}\boldsymbol{h}(\tau)\mathrm{e}^{\mathrm{i}\omega\tau}\mathrm{d}\tau$。式(9.4-28)给出了系统多输入功率谱矩阵与多输出功率谱矩阵之间的关系式，这里又一次看到了输入与输出功率谱关系的简便性，这正是功率谱法的优点所在。

(3) 激励与响应的互相关矩阵

n个响应与m个激励之间的互相关矩阵为

$$\boldsymbol{R}_{Fx}(\tau)=\mathrm{E}[\boldsymbol{F}(t)\boldsymbol{x}^{\mathrm{T}}(t+\tau)] \tag{9.4-29}$$

进行与式(9.3-10)类似的推导,有

$$\boldsymbol{R}_{Fx}(\tau)=\mathrm{E}\left[\boldsymbol{F}(t)\int_{-\infty}^{\infty}\boldsymbol{F}^{\mathrm{T}}(t+\tau-\lambda)\boldsymbol{h}^{\mathrm{T}}(\lambda)\mathrm{d}\lambda\right]$$
$$=\int_{-\infty}^{\infty}\mathrm{E}[\boldsymbol{F}(t)\boldsymbol{F}^{\mathrm{T}}(t+\tau-\lambda)]\boldsymbol{h}^{\mathrm{T}}(\lambda)\mathrm{d}\lambda \tag{9.4-30}$$

即

$$\boldsymbol{R}_{Fx}(\tau)=\int_{-\infty}^{\infty}\boldsymbol{R}_{FF}(\tau-\lambda)\boldsymbol{h}^{\mathrm{T}}(\lambda)\mathrm{d}\lambda \tag{9.4-31}$$

(4) 激励与响应的互谱密度矩阵

定义激励与响应的互谱密度矩阵为互相关矩阵的傅里叶变换。对式(9.4-31)两边进行傅里叶变换后,进行与式(9.3-18)类似的推导

$$\boldsymbol{S}_{Fx}(\omega)=\int_{-\infty}^{\infty}\boldsymbol{R}_{Fx}(\tau)\mathrm{e}^{-\mathrm{i}\omega\tau}\mathrm{d}\tau$$
$$=\int_{-\infty}^{\infty}\int_{-\infty}^{\infty}\boldsymbol{R}_{FF}(\tau-\lambda)\boldsymbol{h}^{\mathrm{T}}(\lambda)\mathrm{e}^{-\mathrm{i}\omega\tau}\mathrm{d}\lambda\mathrm{d}\tau$$
$$=\int_{-\infty}^{\infty}\boldsymbol{R}_{FF}(\tau-\lambda)\mathrm{e}^{-\mathrm{i}\omega(\tau-\lambda)}\mathrm{d}(\tau-\lambda)\int_{-\infty}^{\infty}\boldsymbol{h}^{\mathrm{T}}(\lambda)\mathrm{e}^{-\mathrm{i}\omega\lambda}\mathrm{d}\lambda \tag{9.4-32}$$

得到互谱密度矩阵 $\boldsymbol{S}_{Fx}(\omega)$与激励的功率谱密度矩阵 $\boldsymbol{S}_{FF}(\omega)$和系统的复频响应矩阵 $\boldsymbol{H}(\omega)$之间的关系式

$$\boldsymbol{S}_{Fx}(\omega)=\boldsymbol{S}_{FF}(\omega)\boldsymbol{H}^{\mathrm{T}}(\omega) \tag{9.4-33}$$

可见,如果已经确定了 $\boldsymbol{S}_{FF}(\omega)$和 $\boldsymbol{S}_{Fx}(\omega)$,那么系统的频率特性矩阵就可以确定为

$$\boldsymbol{H}^{\mathrm{T}}(\omega)=\boldsymbol{S}_{FF}^{-1}(\omega)\boldsymbol{S}_{Fx}(\omega) \tag{9.4-34}$$

例 9.4-1 以匀速 v 沿不平路面行驶的汽车简化为刚体,如图 9.4-2 所示。质量和对质心的转动惯量分别为 m 和 I_C,弹簧和黏性阻尼系数 k_1,k_2,c_1,c_2 均已知,设路面高度沿路程 s 的变化为高斯随机场,汽车的前后轮着地高度 $y_1(t)$和 $y_2(t)$的功率谱密度 $S_{y_1}(\omega)=S_{y_2}(\omega)$为已知。求响应的功率谱密度矩阵。

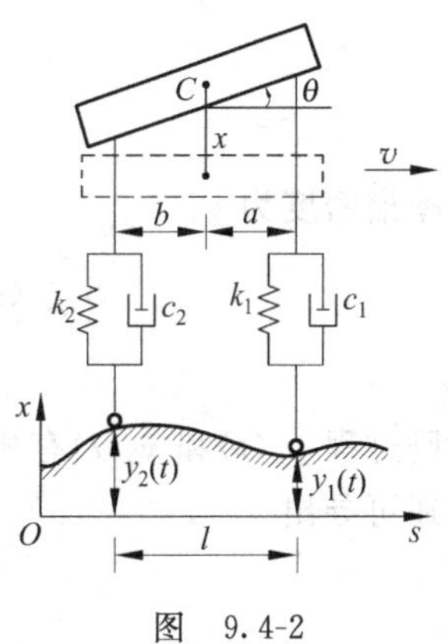

图 9.4-2

解:以汽车的质心垂直位移 x 和相对水平面的倾角 θ 为广义坐标,建立两自由度刚体微幅振动的动力学方程

$$m\ddot{x}+(c_1+c_2)\dot{x}-(c_1a-c_2b)\dot{\theta}+(k_1+k_2)x-(k_1a-k_2b)\theta$$
$$=k_1y_1+k_2y_2+c_1\dot{y}_1+c_2\dot{y}_2$$
$$I_C\ddot{\theta}-(c_1a-c_2b)\dot{x}+(c_1a^2+c_2b^2)\dot{\theta}-(k_1a-k_2b)x+(k_1a^2+k_2b^2)\theta$$
$$=-a(k_1y_1+c_1\dot{y}_1)+b(k_2y_2+c_2\dot{y}_2)$$

先计算系统的幅频响应,为此令

$$y_1(t)=\mathrm{e}^{\mathrm{i}\omega t},\quad y_2(t)=0,\quad x(t)=H_{11}(\omega)\mathrm{e}^{\mathrm{i}\omega t},\quad \theta(t)=H_{21}(\omega)\mathrm{e}^{\mathrm{i}\omega t}$$

代入动力学方程,得到 $H_{11}(\omega)$和 $H_{21}(\omega)$的二元线性代数方程组,解出

$$H_{11}(\omega)=\left(\frac{c_{22}+ac_{12}}{c_{11}c_{22}-c_{12}^2}\right)\kappa_1,\quad H_{21}(\omega)=-\left(\frac{c_{12}+ac_{11}}{c_{11}c_{22}-c_{12}^2}\right)\kappa_1$$

再令

$$y_1(t)=0,\quad y_2(t)=\mathrm{e}^{\mathrm{i}\omega t},\quad x(t)=H_{12}(\omega)\mathrm{e}^{\mathrm{i}\omega t},\quad \theta(t)=H_{22}(\omega)\mathrm{e}^{\mathrm{i}\omega t}$$

代入动力学方程,得到 $H_{12}(\omega)$和 $H_{22}(\omega)$的二元线性代数方程组,解出

$$H_{12}(\omega)=\left(\frac{c_{22}-bc_{12}}{c_{11}c_{22}-c_{12}^2}\right)\kappa_2,\quad H_{22}(\omega)=\left(\frac{-c_{12}+bc_{11}}{c_{11}c_{22}-c_{12}^2}\right)\kappa_2$$

其中

$$\kappa_1=k_1+\mathrm{i}c_1\omega,\quad \kappa_2=k_2+\mathrm{i}c_2\omega$$
$$c_{11}=k_1+k_2-m\omega^2+\mathrm{i}(c_1+c_2)\omega$$
$$c_{12}=-k_1a+k_2b+\mathrm{i}(-c_1a+c_2b)\omega$$
$$c_{22}=k_1a^2+k_2b^2-I_C\omega^2+\mathrm{i}(c_1a^2+c_2b^2)\omega$$

则得到复频响应矩阵

$$\boldsymbol{H}(\omega)=\begin{bmatrix}H_{11}(\omega) & H_{12}(\omega)\\ H_{21}(\omega) & H_{22}(\omega)\end{bmatrix}$$

作为激励的前后轮高度变化 $y_1(t)$和 $y_2(t)$之间具有相关性,即

$$y_2(t)=y_1(t-\tau_0)$$

式中,$\tau_0=l/v$,为常值时间差,则相关函数为

$$\begin{aligned}R_{y_1y_2}(\tau)&=\mathrm{E}[y_1(t)y_2(t+\tau)]\\&=\mathrm{E}[y_1(t)y_1(t+\tau-\tau_0)]\\&=R_{y_1}(\tau-\tau_0)\end{aligned}$$

功率谱密度为

$$\begin{aligned}S_{y_1y_2}(\omega)&=\int_{-\infty}^{\infty}R_{y_1}(\tau-\tau_0)\mathrm{e}^{-\mathrm{i}\omega(\tau-\tau_0)}\mathrm{d}(\tau-\tau_0)\mathrm{e}^{-\mathrm{i}\omega\tau_0}\\&=\mathrm{e}^{-\mathrm{i}\omega\tau_0}S_{y_1}(\omega)\end{aligned}$$

激励过程 $y_1(t)$和 $y_2(t)$有相同的自谱 $S_{y_1}(\omega)$,由路面随机场导出,见式(9.2-6)。用同样步骤还可导出

$$R_{y_2y_1}(\tau)=R_{y_1}(\tau+\tau_0)$$
$$S_{y_2y_1}(\omega)=\mathrm{e}^{\mathrm{i}\omega\tau_0}S_{y_1}(\omega)$$

得到激励的功率谱密度矩阵

$$\boldsymbol{S}_{FF}(\omega)=S_{y_1}(\omega)\begin{bmatrix}1 & \mathrm{e}^{-\mathrm{i}\omega\tau_0}\\ \mathrm{e}^{\mathrm{i}\omega\tau_0} & 1\end{bmatrix}$$

将 $\boldsymbol{H}(\omega)$和 $\boldsymbol{S}_{FF}(\omega)$代入式(9.4-28),得到响应 $\boldsymbol{X}=[x\quad\theta]^{\mathrm{T}}$的功率谱密度矩阵

$$\boldsymbol{S}_{xx}(\omega)=\boldsymbol{H}^*(\omega)\boldsymbol{S}_{FF}(\omega)\boldsymbol{H}^{\mathrm{T}}(\omega)$$

3. 离散系统随机响应的模态分析法

以上在进行线性系统随机响应分析时主要应用脉冲响应函数和复频响应函数方法,当然在确定系统的频率特性时,可以利用相应的模态展式,但这只是间接地应用模态分析。下面介绍直接应用模态分析方法来进行线性系统随机响应分析,模态分析法是另一种求随机响应的有效方法。由于只有低阶模态对响应有显著影响,因此模态分析法对于自由度多的

系统可明显减少计算工作量。

根据式(9.4-2)～式(9.4-5)可解耦动力学方程(9.4-1)，对每个方程利用卷积积分计算随机响应，即

$$\eta_r(t)=\int_{-\infty}^{\infty}h_{Nr}(\tau)\boldsymbol{u}^{(r)\mathrm{T}}\boldsymbol{F}(t-\tau)\mathrm{d}\tau\quad(r=1,2,\cdots,n)\tag{9.4-35}$$

写成矩阵形式

$$\boldsymbol{\eta}(t)=\int_{-\infty}^{\infty}\boldsymbol{h}_N(\tau)\boldsymbol{u}^{\mathrm{T}}\boldsymbol{F}(t-\tau)\mathrm{d}\tau\tag{9.4-36}$$

式中，$\boldsymbol{h}_N(\tau)$为正则坐标下的脉冲响应矩阵。由于各方程相互独立，因此$\boldsymbol{h}_N(\tau)=\mathrm{diag}[h_r(\tau)]$为对角阵。将式(9.4-36)变换至原坐标$\boldsymbol{x}(t)$，积分变量$\tau$改为$\lambda$，得到

$$\boldsymbol{x}(t)=\boldsymbol{u}\int_{-\infty}^{\infty}\boldsymbol{h}_N(\lambda)\boldsymbol{u}^{\mathrm{T}}\boldsymbol{F}(t-\lambda)\mathrm{d}\lambda\tag{9.4-37}$$

利用上式导出响应的相关矩阵

$$\begin{aligned}\boldsymbol{R}_{xx}(\tau)&=\mathrm{E}[\boldsymbol{x}(t)\boldsymbol{x}^{\mathrm{T}}(t+\tau)]\\&=\boldsymbol{u}\left[\int_{-\infty}^{\infty}\boldsymbol{h}_N(\lambda_1)\int_{-\infty}^{\infty}\boldsymbol{u}^{\mathrm{T}}\boldsymbol{R}_{FF}(\tau+\lambda_1-\lambda_2)\boldsymbol{u}\boldsymbol{h}_N^{\mathrm{T}}(\lambda_2)\mathrm{d}\lambda_2\mathrm{d}\lambda_1\right]\boldsymbol{u}^{\mathrm{T}}\end{aligned}\tag{9.4-38}$$

对上式两端进行傅里叶变换，经过与式(9.4-27)类似的推导，得到响应的功率谱密度矩阵

$$\boldsymbol{S}_{xx}(\omega)=(\boldsymbol{u}\boldsymbol{H}^*(\omega)\boldsymbol{u}^{\mathrm{T}})\boldsymbol{S}_{FF}(\omega)(\boldsymbol{u}\boldsymbol{H}(\omega)\boldsymbol{u}^{\mathrm{T}})\tag{9.4-39}$$

式中，$\boldsymbol{H}(\omega)=\mathrm{diag}[H_i(\omega)]$，是关于正则坐标的复频响应对角矩阵，$\boldsymbol{H}^*(\omega)$为$\boldsymbol{H}(\omega)$的共轭阵。利用式(9.4-39)可从已知激励的功率谱矩阵$\boldsymbol{S}_{FF}(\omega)$求出响应的功率谱矩阵$\boldsymbol{S}_{xx}(\omega)$。对$\boldsymbol{S}_{xx}(\omega)$进行傅里叶逆变换，可得到响应的相关函数矩阵

$$\boldsymbol{R}_{xx}(\tau)=\frac{1}{2\pi}\int_{-\infty}^{\infty}\boldsymbol{S}_{xx}(\omega)\mathrm{e}^{\mathrm{i}\omega\tau}\mathrm{d}\omega\tag{9.4-40}$$

当振动系统的阻尼较小且各固有频率差别较大时，为了简化计算，可以将式(9.4-39)中$[H_i^*]$与$[H_j](i\neq j)$的交叉乘积项予以忽略。多自由度系统通常是低阶模态起主要作用，因此计算时只取几个低阶模态，仍可有较好的精度。

例 9.4-2 在图 9.2-3 所示地震对结构影响的例子中，设$m_2=2m_1=m$，$c_2=2c_1=c$，$k_2=2k_1=k$，取强震阶段地面加速度的功率谱$S_{\ddot{x}_g}(\omega)$如式(9.2-12)，并近似视为平稳过程处理。求系统位移响应的功率谱密度矩阵和均方值。

解：将系统的动力学方程(9.2-11)写成

$$\boldsymbol{M}\ddot{\boldsymbol{x}}+\boldsymbol{C}\dot{\boldsymbol{x}}+\boldsymbol{K}\boldsymbol{x}=\boldsymbol{F}(t)$$

式中

$$\boldsymbol{M}=\begin{pmatrix}1&0\\0&2\end{pmatrix}m,\quad\boldsymbol{C}=\begin{pmatrix}1&-1\\-1&3\end{pmatrix}c,$$

$$\boldsymbol{K}=\begin{pmatrix}1&-1\\-1&3\end{pmatrix}k,\quad\boldsymbol{x}=\begin{bmatrix}x_1\\x_2\end{bmatrix},\quad\boldsymbol{F}=-\begin{bmatrix}1\\2\end{bmatrix}m\ddot{x}_g$$

求出系统的固有频率为

$$\omega_1=\sqrt{\frac{k}{2m}},\quad\omega_2=\sqrt{\frac{2k}{m}}$$

以及正则模态矩阵

$$u = \frac{1}{\sqrt{m}}\begin{bmatrix} \frac{2}{\sqrt{6}} & \frac{1}{\sqrt{3}} \\ \frac{1}{\sqrt{6}} & -\frac{1}{\sqrt{3}} \end{bmatrix}$$

将动力学方程解耦为

$$\ddot{\boldsymbol{\eta}} + \boldsymbol{C}_N\dot{\boldsymbol{\eta}} + \boldsymbol{\Lambda\eta} = \boldsymbol{u}^{\mathrm{T}}\boldsymbol{F}(t)$$

其中

$$\boldsymbol{C}_N = \frac{c}{m}\begin{pmatrix} 1/2 & 0 \\ 0 & 2 \end{pmatrix}, \quad \boldsymbol{\Lambda} = \frac{k}{m}\begin{pmatrix} 1/2 & 0 \\ 0 & 2 \end{pmatrix}$$

写出正则坐标的复频响应矩阵

$$\boldsymbol{H}(\omega) = \begin{bmatrix} H_1(\omega) & 0 \\ 0 & H_2(\omega) \end{bmatrix}$$

$$H_j(\omega) = \frac{1}{\omega_j^2 - \omega^2 + 2\mathrm{i}\zeta_j\omega_j\omega} \quad (j = 1,2)$$

激励的相关矩阵为

$$\boldsymbol{R}_{FF}(\tau) = \mathrm{E}[\boldsymbol{F}(t)\boldsymbol{F}^{\mathrm{T}}(t+\tau)] = m^2\begin{pmatrix} 1 & 2 \\ 2 & 4 \end{pmatrix}R_{\ddot{x}_g}(\tau)$$

对上式两边进行傅里叶变换,得到

$$\boldsymbol{S}_{FF}(\omega) = m^2\begin{pmatrix} 1 & 2 \\ 2 & 4 \end{pmatrix}S_{\ddot{x}_g}(\omega)$$

代入式(9.4-39)计算系统的位移响应的功率谱密度矩阵,得到

$$\boldsymbol{S}_{FF}(\omega) = \frac{1}{9}\begin{bmatrix} S_{x_1x_1}(\omega) & S_{x_1x_2}(\omega) \\ S_{x_2x_1}(\omega) & S_{x_2x_2}(\omega) \end{bmatrix}S_{\ddot{x}_g}(\omega)$$

其中

$$S_{x_1x_1}(\omega) = 16H_1^2 - 4H_1^*H_2 - 4H_2^*H_1 + H_2^2$$

$$S_{x_1x_2}(\omega) = 8H_1^2 + 4H_1^*H_2 - 2H_2^*H_1 - H_2^2$$

$$S_{x_2x_1}(\omega) = 7H_1^2 - H_1^*H_2 + 4H_2^*H_1 - H_2^2$$

$$S_{x_2x_2}(\omega) = 3.5H_1^2 + H_1^*H_2 + 2H_2^*H_1 + H_2^2$$

利用式(9.4-40)计算质量 m_1 的位移响应的均方值,得到

$$R_{x_1x_1}(0) = \frac{1}{2\pi}\int_{-\infty}^{\infty}\frac{1}{9}S_{x_1x_1}(\omega)S_{\ddot{x}_g}(\omega)\mathrm{d}\omega$$

上式可应用留数定理或数值积分计算,数值积分的上下限则根据精度要求以上下截断频率代替。

9.5 连续系统的随机响应

用模态分析可以方便地得出连续系统对随机激励的响应。事实上,其步骤完全与离散系统类似。考虑一个特定系统就可以方便地阐明其步骤,现以梁的弯曲振动为例说明连续

系统的模态分析法。

有线性外阻尼作用的均质等截面梁的动力学方程，可以在方程(6.4-7)中增加与$\partial y/\partial t$成比例的阻尼项，设c为粘阻系数，有

$$\rho A\frac{\partial y^2(x,t)}{\partial t^2}+c\frac{\partial y(x,t)}{\partial t}+EJ\frac{\partial y^4(x,t)}{\partial x^4}=f(x,t)\quad(0<x<L)\tag{9.5-1}$$

设式(9.5-1)中分布力$f(x,t)$为平稳随机过程。计算无阻尼情形的固有频率ω_r和正则化的模态函数$Y_r(x)(r=1,2,\cdots)$，后者满足正交性条件(6.5-10)和条件(6.5-11)。假设模态函数关于阻尼也存在类似的正交性

$$\int_0^L cY_r(x)Y_s(x)\mathrm{d}x=2\zeta_r\omega_r\delta_{rs}\quad(i,j=1,2,\cdots)\tag{9.5-2}$$

应用模态分析法，将解$y(x,t)$写成模态函数的线性组合，引入变换

$$y(x,t)=\sum_{r=1}^{\infty}Y_r(x)q_r(t)\tag{9.5-3}$$

将变换(9.5-3)代入方程(9.5-1)，得到广义坐标$q_r(t)(r=1,2,\cdots)$的相互无关的常微分方程组

$$\ddot{q}_r(t)+2\zeta_r\omega_r\dot{q}_r(t)+\omega_r^2q_r(t)=Q_r(t)\quad(r=1,2,\cdots)\tag{9.5-4}$$

式中

$$Q_r(t)=\int_0^L Y_r(x)f(x,t)\mathrm{d}x\quad(r=1,2,\cdots)\tag{9.5-5}$$

$Q_r(t)$是广义随机力。利用卷积积分写出方程(9.5-4)的解，并计算平稳响应过程$q_r(t)$与$q_s(t)$之间的互相关函数，得到

$$\begin{aligned}R_{q_rq_s}(\tau)&=E\left[\int_{-\infty}^{\infty}Q_r(t-\lambda_r)h_r(\lambda_r)\mathrm{d}\lambda_r\int_{-\infty}^{\infty}Q_s(t+\tau-\lambda_s)h_s(\lambda_s)\mathrm{d}\lambda_s\right]\\&=\int_{-\infty}^{\infty}h_r(\lambda_r)\int_{-\infty}^{\infty}R_{Q_rQ_s}(\tau+\lambda_r-\lambda_s)h_s(\lambda_s)\mathrm{d}\lambda_s\mathrm{d}\lambda_r\end{aligned}\tag{9.5-6}$$

根据相关函数$R_{Q_rQ_s}(\tau)$与谱密度函数$S_{Q_rQ_s}(\omega)$之间，以及脉冲响应函数$h(t)$与复频响应函数$H(\omega)$之间的傅里叶变换对关系式(9.4-40)和式(3.11-6)，导出

$$\begin{aligned}R_{q_rq_s}(\tau)&=\frac{1}{2\pi}\int_{-\infty}^{\infty}\int_{-\infty}^{\infty}h_r(\lambda_r)h_s(\lambda_s)\int_{-\infty}^{\infty}S_{Q_rQ_s}(\omega)\mathrm{e}^{\mathrm{i}\omega(\tau+\lambda_r-\lambda_s)}\mathrm{d}\omega\mathrm{d}\lambda_s\mathrm{d}\lambda_r\\&=\frac{1}{2\pi}\int_{-\infty}^{\infty}H_r^*(\omega)H_s(\omega)S_{Q_rQ_s}(\omega)\mathrm{e}^{\mathrm{i}\omega\tau}\mathrm{d}\omega\end{aligned}\tag{9.5-7}$$

再根据相关函数$R_{q_rq_s}(\tau)$与谱密度函数$S_{q_rq_s}(\tau)$之间的傅里叶变换对关系，导出

$$S_{q_rq_s}(\omega)=H_r^*(\omega)H_s(\omega)S_{Q_rQ_s}(\omega)\tag{9.5-8}$$

利用式(9.5-3)和式(9.5-7)计算梁上不同位置x_1和x_2处的平稳响应过程$y(x_1,t)$与$y(x_2,t)$之间的互相关函数，得到

$$\begin{aligned}R_y(x_1,x_2,\tau)&=E[y(x_1,t)y(x_2,t+\tau)]\\&=\sum_{r=1}^{\infty}\sum_{s=1}^{\infty}Y_r(x_1)Y_s(x_2)R_{q_rq_s}(\tau)\\&=\frac{1}{2\pi}\sum_{r=1}^{\infty}\sum_{s=1}^{\infty}Y_r(x_1)Y_s(x_2)\int_{-\infty}^{\infty}H_r^*(\omega)H_s(\omega)S_{Q_rQ_s}(\omega)\mathrm{e}^{\mathrm{i}\omega\tau}\mathrm{d}\omega\end{aligned}\tag{9.5-9}$$

令上式中$x_1=x_2$，即得到响应的自相关函数。再令$\tau=0$，得到响应的均方值。由上式还可

得到 $y(x_1,t)$ 与 $y(x_2,t)$ 之间的互谱密度为

$$S_y(x_1,x_2,\omega)=\sum_{r=1}^{\infty}\sum_{s=1}^{\infty}Y_r(x_1)Y_s(x_2)H_r^*(\omega)H_s(\omega)S_{Q_rQ_s}(\omega) \tag{9.5-10}$$

上式中出现的 $S_{Q_rQ_s}(\omega)$ 可利用式(9.5-5)计算。设 $S_f(x_1,x_2,\omega)$ 为载荷 $f(x_1,t)$ 与 $f(x_2,t)$ 之间的互谱密度,则有

$$\begin{aligned}R_{Q_rQ_s}(\tau)&=\int_0^L\int_0^L Y_r(x_1)Y_s(x_2)R_f(x_1,x_2,\tau)\mathrm{d}x_1\mathrm{d}x_2\\&=\frac{1}{2\pi}\int_0^L\int_0^L Y_r(x_1)Y_s(x_2)\int_{-\infty}^{\infty}S_f(x_1,x_2,\tau)\mathrm{e}^{\mathrm{i}\omega\tau}\mathrm{d}\omega\mathrm{d}x_1\mathrm{d}x_2\end{aligned} \tag{9.5-11}$$

从而导出

$$S_{Q_rQ_s}(\tau)=\int_0^L\int_0^L Y_r(x_1)Y_s(x_2)S_f(x_1,x_2,\tau)\mathrm{d}x_1\mathrm{d}x_2 \tag{9.5-12}$$

例 9.5-1 如图 9.5-1 所示,一均质等截面简支梁,长度为 L,单位体积质量为 ρ,等截面横截面积为 A,抗弯刚度为 EJ,粘阻系数为 c,梁上作用一集中力 $F(t)$,是均值为零的平稳正态白噪声过程,自谱 S_0 为已知。求梁上力作用点 P 处的挠度 $y(x_P,t)$ 的功率谱密度和均方值。

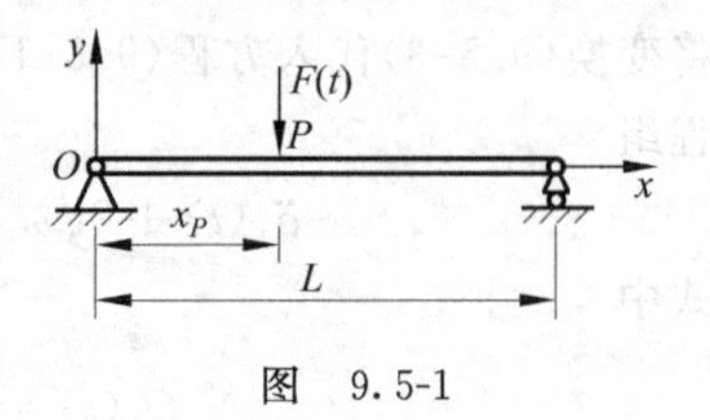

图 9.5-1

解:将集中力视为分布在 $x=x_P$ 附近很小一段梁上的分布力,即

$$f(x,t)=-F(t)\delta(x-x_P)$$

则有

$$\begin{aligned}Q_r(t)&=-\int_0^L Y_r(x)F(t)\delta(x-x_P)\mathrm{d}x=-Y_r(x_P)F(t)\\R_{Q_rQ_s}(\tau)&=\mathrm{E}[Q_r(t)Q_s(t+\tau)]=Y_r(x_P)Y_s(x_P)R_F(\tau)\\&=\frac{1}{2\pi}Y_r(x_P)Y_s(x_P)\int_{-\infty}^{\infty}S_0\mathrm{e}^{\mathrm{i}\omega\tau}\mathrm{d}\omega\\S_{Q_rQ_s}(\omega)&=Y_r(x_1)Y_s(x_2)S_0\end{aligned}$$

利用式(9.5-10)计算 P 点处的挠度 $y(x_P,t)$ 的功率谱密度,得到

$$S_y(x_P,\omega)=\sum_{r=1}^{\infty}\sum_{s=1}^{\infty}Y_r(x_P)Y_s(x_P)H_r^*(\omega)H_s(\omega)S_{Q_rQ_s}(\omega)$$

简支梁的固有频率和正则化模态在例 6.6-1 中给出

$$\omega_r=\left(\frac{r\pi}{L}\right)^2\sqrt{\frac{EJ}{\rho A}},\quad Y_r(x)=\sqrt{\frac{2}{\rho AL}}\sin\frac{r\pi x}{L}\quad(r=1,2,\cdots)$$

则系统的复频响应函数为

$$H_r(\omega)=\frac{1}{\omega_r^2-\omega^2+2\mathrm{i}\zeta_r\omega_r\omega}=\frac{\rho A}{EJ\left(\dfrac{r\pi}{L}\right)^4-\rho A\omega^2+\mathrm{i}c\omega}\quad(r=1,2,\cdots)$$

代入功率谱密度 $S_y(x_P,\omega)$,得到

$$S_y(x_P,\omega)=\sum_{r=1}^{\infty}\sum_{s=1}^{\infty}\frac{\dfrac{4S_0}{L^2}\sin^2\dfrac{r\pi x_P}{L}\sin^2\dfrac{s\pi x_P}{L}}{\left[EJ\left(\dfrac{r\pi}{L}\right)^4-\rho A\omega^2-\mathrm{i}c\omega\right]\left[EJ\left(\dfrac{s\pi}{L}\right)^4-\rho A\omega^2-\mathrm{i}c\omega\right]}$$

P 点处挠度的均方值可令式(9.5-9)中 $x_1=x_2=x_P$ 和 $\tau=0$,导出

$$R_y(x_P,0)=\mathrm{E}[y^2(x_P,t)]$$
$$=\frac{1}{2\pi}\sum_{r=1}^{\infty}\sum_{s=1}^{\infty}Y_r^2(x_P)Y_s^2(x_P)S_0\int_{-\infty}^{\infty}H_r^*(\omega)H_s(\omega)\mathrm{d}\omega$$

通常阻尼比 ζ_r 较小,若 ω_s 与 ω_r 离开较远,可略去积分中的交叉乘积项,近似写成

$$\mathrm{E}[y^2(x_P,t)]=\frac{1}{2\pi}\sum_{r=1}^{\infty}Y_r^4(x_P)S_0\int_{-\infty}^{\infty}|H_r(\omega)|^2\mathrm{d}\omega$$

积分 $\int_{-\infty}^{\infty}|H_r(\omega)|^2\mathrm{d}\omega$ 可利用前面所述的积分公式,可得

$$\int_{-\infty}^{\infty}|H_r(\omega)|^2\mathrm{d}\omega=\frac{\pi}{2\zeta_r\omega_r^3}=\frac{\pi(\rho A)^2}{cEJ}\left(\frac{L}{r\pi}\right)^4$$

代入 $R_y(x_P,0)=\mathrm{E}[y^2(x_P,t)]$ 得到

$$\mathrm{E}[y^2(x_P,t)]=\frac{2L^2S_0}{\pi^4cEJ}\sum_{r=1}^{\infty}\frac{1}{r^4}\sin^4\frac{r\pi x_P}{L}$$

当 $x_P=L/2$ 时,得到梁中点挠度的均方值为

$$\mathrm{E}\left[y^2\left(\frac{L}{2},t\right)\right]=\frac{2L^2S_0}{\pi^4cEJ}\sum_{r=1,3,5,\cdots}^{\infty}\frac{1}{r^4}$$

由于偶数阶模态相对梁中点为反对称,中点成为偶数阶模态的节点,因此只有奇数阶模态对响应的均方值作出贡献。由上式还可看出高阶模态对挠度均方值的影响迅速减小。

9.6 非线性系统的随机响应

严格地说,工程中的许多实际问题都是非线性的,又都是随机的,所以很有必要来研究非线性随机振动问题。非线性系统的数学模型通常采用非线性微分方程,由于不能应用叠加原理,因此在线性系统中的有效方法(如振型叠加法、卷积积分法等)都不适用,所以,求解这些微分方程的解析解存在着很大的困难,一般只能针对某些特定的问题采用特殊解法,或者用近似法或数值法。另外,在高斯随机激励下非线性系统的响应一般不再是高斯过程。对于线性系统,在高斯随机激励下,仅需要研究响应的二阶矩就能得到响应的全部统计特性;而对于非线性系统来说,就有必要研究响应的高阶矩,或者直接寻求的响应的概率密度函数。

几十年来,非线性随机振动已成为众多学者研究的重点之一,在土木、机械、交通运输、航空航天、生物、海洋、核工程等领域内,对非线性随机振动问题已经作了大量的研究,迄今已经发展了许多精确的或近似的分析方法,主要有 FPK 方程法、等效线性化法和摄动法。此外,还有随机平均法、等效非线性系统法、矩函数微分方程法及各种截断方案、拟静态法、泛函级数展开法及数值模拟(或 Monte Carlo)法等。这些方法解决了许多工程实际中的非线性随机振动问题,构成了振动力学的一个分支,使非线性随机振理论得到了很大的进展。但是这些方法都有其局限性,至今尚无解决非线性随机振动问题的一般方法,尤其是对强非线性振动系统。

等效线性化法又称为统计线性化法,是从确定性振动分析中的等效线性化法移植过来

的，是在工程实际中应用最广泛的预测非线性系统随机响应的近似解法。这一方法的基本出发点是寻找一个等效的线性系统，使它与原非线性系统之间的差在某种统计意义上为最小，以便逼近原非线性系统，从而确定等效线性系统的参数，把非线性随机微分方程变成形式上的线性随机微分方程，然后可以按线性随机振动理论处理，得到响应的信息。在实用上，该方法比较有效的范畴主要是假设非线性系统的响应接近于高斯过程，通常它只用于受随机激励的弱非线性系统(但不限于弱非线性系统)，而且它只能给出均方响应信息，无法提供原非线性响应的概率分布信息。但对于弱非线性系统，其非线性性质减小时，近似解将接近于精确解。可以证明，等效线性化方法的解是存在的和唯一的。

单自由度非线性系统在随机激励下，系统的运动方程可表示为

$$m\ddot{y}+c\dot{y}+ky+\varepsilon g(y,\dot{y})=F(t) \tag{9.6-1}$$

式中，$g(y,\dot{y})$ 为 y 和 $\dot{y}$ 的非线性函数，通常是关于 y 和 $\dot{y}$ 的多项式，ε 是一个正的小参数，$F(t)$是零均值的平稳随机过程。

等效线性化法的要旨是寻找一个相应的线性系统，使其在某种意义上偏离式(9.6-1)的非线性系统最小。设等效系统的动力学方程可以表示为

$$m\ddot{y}+(c+c_{eq})\dot{y}+(k+k_{eq})y=F(t) \tag{9.6-2}$$

式中，c_{eq}和 k_{eq}分别为与 $g(y,\dot{y})$等效的线性阻尼及刚度系数。

用式(9.6-2)的解作为式(9.6-1)的近似解。显然，把式(9.6-2)的平稳响应代入式(9.6-1)，形成两个方程之差

$$e(y,\dot{y})=\varepsilon g(y,\dot{y})-c_{eq}\dot{y}-k_{eq}y \tag{9.6-3}$$

式中，e 是一个依赖于 c_{eq}和 k_{eq}的平稳随机过程。e 的一种简单的统计量是它的均方值 $\mathrm{E}[e^2]$，因此，一种自然的最佳化选择是使 $\mathrm{E}[e^2]$为最小。即选取 c_{eq}和 k_{eq}，使得

$$\frac{\partial}{\partial c_{eq}}\mathrm{E}[e^2]=0,\quad \frac{\partial}{\partial k_{eq}}\mathrm{E}[e^2]=0 \tag{9.6-4}$$

将式(9.6-3)代入，可得

$$\left.\begin{aligned}&\varepsilon\mathrm{E}[\dot{y}g(y,\dot{y})]-c_{eq}\mathrm{E}[\dot{y}^2]-k_{eq}\mathrm{E}[y\dot{y}]=0\\&\varepsilon\mathrm{E}[yg(y,\dot{y})]-c_{eq}\mathrm{E}[\dot{y}y]-k_{eq}\mathrm{E}[y^2]=0\end{aligned}\right\} \tag{9.6-5}$$

由此可解得

$$\left.\begin{aligned}c_{eq}&=\frac{\varepsilon\{\mathrm{E}[y^2]\mathrm{E}[\dot{y}g(y,\dot{y})]-\mathrm{E}[y\dot{y}]\mathrm{E}[yg(y,\dot{y})]\}}{\mathrm{E}[y^2]\mathrm{E}[\dot{y}^2]-(\mathrm{E}[y\dot{y}])^2}\\k_{eq}&=\frac{\varepsilon\{\mathrm{E}[\dot{y}^2]\mathrm{E}[yg(y,\dot{y})]-\mathrm{E}[y\dot{y}]\mathrm{E}[\dot{y}g(y,\dot{y})]\}}{\mathrm{E}[y^2]\mathrm{E}[\dot{y}^2]-(\mathrm{E}[y\dot{y}])^2}\end{aligned}\right\} \tag{9.6-6}$$

可以证明，满足上式的 c_{eq}与 k_{eq}确实使 $\mathrm{E}[e^2]$达极小值。

当激励 $F(t)$为平稳随机过程时，并且只考虑响应过程 $y(t)$达到平稳后的情形，根据平稳随机过程与其一阶导数过程是正交的性质，即

$$\mathrm{E}[y\dot{y}]=0 \tag{9.6-7}$$

则式(9.6-6)可以简化为

$$c_{eq}=\varepsilon\frac{\mathrm{E}[\dot{y}g(y,\dot{y})]}{\mathrm{E}[\dot{y}^2]},\quad k_{eq}=\varepsilon\frac{\mathrm{E}[yg(y,\dot{y})]}{\mathrm{E}[y^2]} \tag{9.6-8}$$

这里要注意，式(9.6-6)和式(9.6-8)并不是求 c_{eq}和 k_{eq}的显式，因为其中含有 $y(t)$或 $\dot{y}(t)$，

而它们又是由包含待求系数 c_{eq} 和 k_{eq} 的方程(9.6-2)式解出的，所以合理的 c_{eq} 和 k_{eq} 需要经过迭代过程来确定。假定某一次迭代之前 c_{eq} 和 k_{eq} 已经求得，同时系统所受的激励不仅是平稳随机过程，而且还是零均值的高斯过程，这时，等效线性系统的响应也可以认为是高斯过程，$y(t)$ 和 $\dot{y}(t)$ 的联合概率密度为

$$p(y,\dot{y}) = \frac{1}{2\pi\sigma_y\sigma_{\dot{y}}}\exp\left[\frac{1}{2}\left(\frac{y^2}{\sigma_y^2}+\frac{\dot{y}^2}{\sigma_{\dot{y}}^2}\right)\right] \tag{9.6-9}$$

式中，均方响应 σ_y 和 $\sigma_{\dot{y}}$ 是依赖于 c_{eq} 和 k_{eq} 的函数。如 $F(t)$ 是高斯白噪声时，其协方差函数为

$$C_F(\tau) = 2\pi S_0\delta(\tau) \tag{9.6-10}$$

则

$$\sigma_y^2 = \frac{\pi S_0}{(k+k_{eq})(c+c_{eq})},\quad \sigma_{\dot{y}}^2 = \frac{\pi S_0}{m(c+c_{eq})} \tag{9.6-11}$$

如果 $g(y,\dot{y})$ 是 y 和 $\dot{y}$ 的多项式，那么式(9.6-8)的右端仅含 y 与 $\dot{y}$ 的高阶矩，按高斯假设，它们可以通过 σ_y 和 $\sigma_{\dot{y}}$ 来表示，最后得到的是关于 c_{eq} 与 k_{eq} 的非线性代数方程组。如果 $g(y,\dot{y})$ 是 y 与 $\dot{y}$ 的一般解析函数，那么就得利用式(9.6-9)来计算式(9.6-8)的右端部分，经过一次迭代后修正 c_{eq} 和 k_{eq}，然后继续迭代修正下去，直到满足精度的要求为止。

例 9.6-1　考虑硬弹簧杜芬振子对高斯白噪声的平稳响应。其非线性系统的动力学方程可表示为

$$m\ddot{y}+c\dot{y}+ky+\varepsilon g(y,\dot{y}) = F(t)$$

式中

$$g(y,\dot{y}) = ky^3$$

试确定其稳态响应。

解：根据已知条件有

$$\mathrm{E}[\dot{y}g(y,\dot{y})] = k\mathrm{E}[\dot{y}y^3] = 0,\quad \mathrm{E}[yg(y,\dot{y})] = k\mathrm{E}[y^4] = 3k(\mathrm{E}[y^2])^2$$

由此得到

$$c_{eq} = 0,\quad k_{eq} = 3\varepsilon k\,\mathrm{E}[y^2]$$

设激励是功率谱密度函数为 S_0 的高斯白噪声，得到

$$\mathrm{E}[y^2(t)] = \frac{\pi S_0}{c(k+3\varepsilon k\,\mathrm{E}[y^2(t)])}$$

由上式可得

$$3\varepsilon(\mathrm{E}[y^2(t)])^2+\mathrm{E}[y^2(t)]-\frac{\pi S_0}{ck} = 0$$

解此代数方程，按照 $\mathrm{E}[y^2(t)]$ 的物理意义，只取其正根为

$$\mathrm{E}[y^2(t)] = \frac{1}{6\varepsilon}\left(-1+\sqrt{1+12\varepsilon\frac{\pi S_0}{ck}}\right)$$

把上式中的 $\sqrt{1+12\varepsilon\frac{\pi S_0}{ck}}$ 展开为泰勒级数

$$\sqrt{1+12\varepsilon\frac{\pi S_0}{ck}} = 1+\frac{1}{2}\left(12\varepsilon\frac{\pi S_0}{ck}\right)-\frac{1}{8}\left(12\varepsilon\frac{\pi S_0}{ck}\right)^2+\cdots$$

当取其中的前三项代入 $\mathrm{E}[y^2(t)]$ 的表达式，得到

$$E[y^2(t)] \approx \frac{\pi S_0}{ck} - 3\varepsilon\left(\frac{\pi S_0}{ck}\right)^2$$

通过上面的讨论可知,等效线性化方法是处理基于平稳高斯过程所建立起来的近似解法技术。它的优点是在数学上计算简单,在等效系统中系数矩阵中的元素可以直接由非线性函数向量的偏导数来确定,其循环迭代收敛快。因此,只要列出实际系统的非线性函数,就可以按这种方法的步骤求得满意的近似解。但是,近似解还有相当的误差,另外,对响应所作的正态分布假定,使其只能用均方值来表示响应的信息。

求解随机振动响应问题,在于根据激励的概率或统计信息确定一个机械系统的动态响应的类似信息。该问题可按照所给定与所求之信息的种类,按照系统是线性还是非线性,按照激励是外激励还是参数激励,按照激励(还有响应)是单个随机过程、有限个过程还是连续分布的随机场,以及按照响应是平稳还是非平稳来分类。求解方法可按照它们是精确的还是近似的来分类。

9.7 随机结构系统的非线性随机振动

在前面各章的分析中,都假定系统是确定的,系统的模型与参数都是精确已知的。然而在工程实际中,结构系统的材料特性和几何尺寸是空间坐标的随机函数,这种结构系统称为随机结构系统。随机结构系统的研究在工程实际中起着重要的作用,它可以帮助工程设计人员合理地分析随机结构系统的响应特性。随机结构系统的不确定性主要来源于两个方面:第一是统计因素,例如,由于材料特性的离散性,边界条件的随机性和制造、安装技术的偏差导致的不确定性;第二是非统计因素,例如,由于结构系统的数学模型假定地不精确导致的不确定性。就第一种情况来说,结构系统的机械特性具有的不确定性是因为没有精确地测定其物理特性。这样,这些特性就被表示成为具有一定概率分布的随机变量,也就导致了具有随机参数的随机结构系统。显然可见,这种结构参数的不确定性是工程实际问题所固有的,对结构系统特性有不可忽略的影响,这些随机参数通常表示为结构的材料和几何等特性以及结构所承受的载荷变量。因此导致随机结构系统的随机响应和随机特征值问题。结构系统的随机响应主要取决于两方面因素:①载荷的随机性;②结构参数的随机性。因此,随机结构响应可分为三种类型:①确定结构对随机载荷的响应;②随机结构对确定载荷的响应;③随机结构对随机载荷的响应。关于确定结构的响应分析已相当成熟,且已形成了完整的理论系统。关于随机结构的响应研究始于20世纪70年代初期,目前主要有两种方法:①Monte Carlo数值模拟方法;②随机有限元法。Monte Carlo数值模拟方法虽然能解决各类问题,且可以达到要求的精度,但其要耗费惊人的机时,所以Monte Carlo方法现在多用于方法比较。

有限元法是目前结构分析的有效数值方法之一,它能适应各种不同性质、形状和边界条件的工程问题。然而确定参数结构分析的有限元法在解决具有随机参数的结构分析时受到了很大的限制。在实际工程结构中,由于许多信息的不确定性,使结构的许多设计参数具有不确定性。为了使有限元法能够适应随机结构分析的要求,近三十多年来,已对随机结构问题进行了许多研究,发展了处理任何不确定量的随机结构系统的随机有限元分析方法。随机有限元法基于二阶矩技术、摄动技术和线性偏导数技术等，系统地研究了静、动态线性和非线性随机结构的形状、材料、几何特性和边界条件不确定性、不确定预应力、不确定弹性基和不确定阻尼等响应问题。

1. 随机场

随机场是随机过程概念在空间域（场域）上的自然推广，随机场与随机过程名称的不同是由于将时间变量 t 改为空间坐标 $\boldsymbol{x}$，随机结构的随机参数一般是空间坐标的随机函数，它们可模型化为随机场 $\boldsymbol{r}(\boldsymbol{x})$。因此，可以把随机场视为定义在一个场域参数集上的随机变量系，在此参数集上的每一点 x_i 处都对应于一个随机变量。空间坐标 $\boldsymbol{x}$ 可以有一个、二个或三个分量，相应地，随机场分别称为一维、二维或三维随机场。在大多数自然界与工程中，作用在结构系统上的载荷也可模型化为随机场。例如，道路表面的不平度可模型化为不依赖于时间的二维随机场；海浪高度可以是一个随时间随机变化的二维随机场模型。当一个结构系统含有几个相关的随机参数时，它们可模型化为一个矢量随机场或张量随机场，可见随机场可以是标量、矢量或张量。大气湍流速度场可模型化为依赖时间、有三个分量的三维矢量随机场；作空间随机振动的弹性体的位移是矢量随机场；应力与应变则是张量随机场；一个连续体或系统的随机激励与响应可各用一个随机场描述。在理论上，随机场的参数集可以同时包括时间变量和空间变量，但在实际应用中，大多只考虑以空间变量为基本参数的随机场。此外，随机过程与随机场还有一个差别，作为随机过程的参数的时间 t 有明显的有序性，而作为随机场的参数 $\boldsymbol{x}$ 的有序性则不那么明显，这个差别将导致它们相关结构的差别。在随机有限元分析中，需将随机场离散化。

2. 随机场的相关结构

对于随机场的实际应用而言，确立随机场的相关函数或协方差函数往往是问题开始得到解决的第一步。随机场的相关结构一般是指随机场的协方差函数或相关函数。通常，根据具体问题的性质，随机场的相关结构是一种半经验假设模型。常见的均匀随机场的相关结构类型有以下几种（用归一化协方差函数表示）：

（1）三角型相关结构

$$\rho_r(x,x')=\begin{cases}1-\dfrac{|x-x'|}{a}, & |x-x'|<a\\ 0, & |x-x'|\geqslant a\end{cases}\tag{9.7-1}$$

（2）指数型相关结构

$$\rho_r(x,x')=\exp\left(-\frac{|x-x'|}{a}\right)\tag{9.7-2}$$

（3）高斯型相关结构

$$\rho_r(x,x')=\exp\left(-\frac{|x-x'|^2}{a^2}\right)\tag{9.7-3}$$

各式中的常系数 a 通常称为相关尺度参数，x 与 x' 分别代表空间中的两个点。

对于具体的物理问题，有无公认的相关结构假设可视为该领域研究成熟程度的一个标志。事实上,在随机过程中的谱密度假设,本质上即为相关结构假设。

3. 随机场的离散化

对于随机场,可以通过对其所定义的空间区域进行划分的方式,将连续的随机场转化为离散的随机变量的集合,这种单元划分有些类似于有限单元法中的有限单元剖分。不过,对于有限单元剖分,要求剖分后单元可以合成为原连续体,即一般要求满足位移连续性条件。而对于随机场的离散化,则考虑问题的重点在于离散后随机变量的数字特征(主要为二阶数字特征)。按照离散后随机变量与离散单元随机场的关系,随机场主要有三种离散化方法:

中点法——最早与最简单的方法是取场在有限元中点上随机变量代表该单元的场,这样,随机场在每个单元内都是常量。而各单元内的随机场被认为是完全相关的,两单元上场的相关性由两单元中点随机变量间的协方差来近似表达。

形函数法——单元上的随机场由场在单元节点上的随机变量通过形函数进行插值得到,随机场的相关特性由节点随机变量的协方差矩阵来近似描述,从而随机场的统计特性可由各单元节点处随机变量间的统计特性近似反映。

局部平均法——单元上的随机场由场在单元上的局部平均来代表,随机场的相关特性由局部平均的协方差矩阵来描述。这种方法(以及第一种方法)有以下优点:它与确定性有限元法中假定每单元的材料为均质是一致的,从而可利用已有的刚度矩阵公式。

现以二维随机场为例,说明这三种离散化方法的基本思想。

为不失一般性,以图 9.7-1 表示一个定义于区域 Ω 上的二维随机场及其剖分形式。图中 Ω_i 表示单元面积,x_{ci} 表示单元几何形心点,x_j 表示单元节点编号,单元个数为 n,单元节点个数为 m。

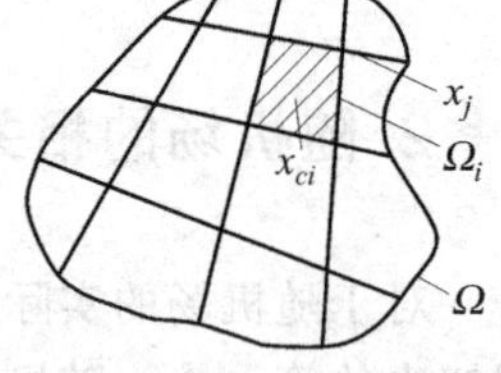

图 9.7-1

用中点法进行随机场离散是指以单元几何形心点上定义的随机变量 $r(x_{ci})$ 代替单元随机场 $r(\boldsymbol{x})$,即取

$$r(\boldsymbol{x}) = r(x_{ci}) \tag{9.7-4}$$

在此基本原则下,原随机场离散为随机变量集合 $b_i = r(x_{ci})$,$i=1,2,\cdots,n$,各变量的数字特征及变量间相关特征由形心点随机变量 b_i 的相应值决定。如

$$\mathrm{E}(b_i) = \mathrm{E}[r(x_{ci})] \tag{9.7-5}$$

$$\mathrm{var}(b_i) = \mathrm{var}[r(x_{ci})] \tag{9.7-6}$$

$$\mathrm{cov}(b_i, b_j) = \mathrm{cov}[r(x_{ci}), r(x_{cj})] \tag{9.7-7}$$

显然,中点法进行随机场离散,只有当单元划分很小或原随机场变异性很小时,才可能有较好的精度。

为了改进中点法的精度,另一种途径是用单元节点随机变量集合代替原随机场。但通过节点间形函数的插值来逼近原单元内随机场。换句话说,单元随机场由场在节点上的随机变量通过形函数的插值得到,即

$$r(\boldsymbol{x}) = \sum_{i=1}^{q} N_i(\boldsymbol{x}) r_i \tag{9.7-8}$$

式中,q 为单元节点个数,$N_i(\boldsymbol{x})$ 为插值形函数,$r_i = r(x_i)$ 为在 $x_i(i=1,2,\cdots,q)$ 处的离散值。

一般取多项式形式的插值函数。

在此原则下，原随机场离散为随机变量集合($b_i=r(x_i)$，$i=1,2,\cdots,m$)。各变量的数字特征及变量间相关特性由节点随机变量的相应值确定。单元随机场数字特征与节点随机变量数字特征之间的关系为

$$\mathrm{E}[r(\boldsymbol{x})]=\sum_{i=1}^{q}N_i(\boldsymbol{x})\mathrm{E}(r_i) \tag{9.7-9}$$

$$\mathrm{cov}[r(x_k),r(x_l)]=\sum_{i=1}^{q}\sum_{j=1}^{q}N_i(x_k)N_j(x_l)\mathrm{cov}(r_i,r_j) \tag{9.7-10}$$

式中，x_k和x_l为$\boldsymbol{x}$域中的任意两点。

若形函数选取适当，采用形函数离散化方法的精度将远优于中点法。但是由于估计刚度矩阵时的计算复杂，所以用这类方法形成刚度矩阵将不如下述的局部平均法来得简洁。在局部平均法中，采用各离散单元的局部平均随机变量代表单元随机场，即取

$$b_i=\frac{1}{\Omega_i}\int_{\Omega_i}r(x_i)\mathrm{d}x_i \tag{9.7-11}$$

于是，原随机场离散为随机变量集合(b_i，$i=1,2,\cdots,m$)。随机变量b_i的均值、方差和协方差为

$$\mathrm{E}(b_i)=\frac{1}{\Omega_i}\int_{\Omega_i}\mathrm{E}[r(x_i)]\mathrm{d}x_i \tag{9.7-12}$$

$$\mathrm{var}(b_i)=\frac{1}{\Omega_i^2}\int_{\Omega_i}\int_{\Omega_i}\mathrm{var}[r(x_i)]\mathrm{d}x_i\mathrm{d}x_i \tag{9.7-13}$$

$$\mathrm{cov}(b_i,b_j)=\frac{1}{\Omega_i\Omega_j}\int_{\Omega_i}\int_{\Omega_j}\mathrm{cov}[r(x_i),r(x_j)]\mathrm{d}x_i\mathrm{d}x_j \tag{9.7-14}$$

引用随机变量相关系数概念，上式又可写为

$$\mathrm{cov}(b_i,b_j)=\frac{1}{\Omega_i\Omega_j}\int_{\Omega_i}\int_{\Omega_j}\sigma[r(x_i)]\sigma[r(x_j)]\rho[r(x_i),r(x_j)]\mathrm{d}x_i\mathrm{d}x_j \tag{9.7-15}$$

式中，x_i与x_j分别为Ω_i和Ω_j域中的点。

局部平均法在精度上介于中点法与形函数法之间，但由于采用这类离散化方法易于利用常规有限元公式，因而应用较为广泛。

关于随机场的离散，还有加权积分方法、正交展开方法和最优离散化方法等。

4. 随机结构系统的非线性随机振动分析

非线性随机结构系统的振动方程为

$$\boldsymbol{M}\ddot{\boldsymbol{y}}+\boldsymbol{g}(\boldsymbol{b},\boldsymbol{y},\dot{\boldsymbol{y}})=\boldsymbol{F}(\boldsymbol{b},t) \tag{9.7-16}$$

式中，$\boldsymbol{M}$，$\boldsymbol{g}$，$\boldsymbol{y}$和$\boldsymbol{F}$分别为广义质量矩阵、非线性函数向量、位移响应向量和外力向量。随机结构参数和随机载荷的概率影响通过随机参数向量$\boldsymbol{b}=[b_1\quad b_2\quad\cdots\quad b_q]^{\mathrm{T}}$来表示。这里假定$\boldsymbol{M}$为确定质量矩阵。

把加速度向量$\ddot{\boldsymbol{y}}$，外力向量$\boldsymbol{F}$和非线性函数向量$\boldsymbol{g}$在随机参数向量均值$\mathrm{E}[\boldsymbol{b}]=\bar{\boldsymbol{b}}$附近展开成二阶泰勒级数，有

$$\ddot{\boldsymbol{y}}=\bar{\ddot{\boldsymbol{y}}}+\sum_{i=1}^{q}\frac{\partial\bar{\ddot{\boldsymbol{y}}}}{\partial b_i}\mathrm{d}b_i+\frac{1}{2}\sum_{i=1}^{q}\sum_{j=1}^{q}\frac{\partial^2\bar{\ddot{\boldsymbol{y}}}}{\partial b_i\partial b_j}\mathrm{d}b_i\mathrm{d}b_j \tag{9.7-17}$$

$$\boldsymbol{F}=\bar{\boldsymbol{F}}+\sum_{i=1}^{q}\frac{\partial \bar{\boldsymbol{F}}}{\partial b_i}\mathrm{d}b_i+\frac{1}{2}\sum_{i=1}^{q}\sum_{j=1}^{q}\frac{\partial^2 \bar{\boldsymbol{F}}}{\partial b_i \partial b_j}\mathrm{d}b_i\mathrm{d}b_j \tag{9.7-18}$$

$$\begin{aligned}\boldsymbol{g}=\bar{\boldsymbol{g}}&+\sum_{i=1}^{q}\left[\frac{\partial \bar{\boldsymbol{g}}}{\partial b_i}+\bar{\boldsymbol{C}}\frac{\partial \bar{\dot{\boldsymbol{y}}}}{\partial b_i}+\bar{\boldsymbol{K}}\frac{\partial \bar{\boldsymbol{y}}}{\partial b_i}\right]\mathrm{d}b_i+\\&\sum_{i=1}^{q}\sum_{j=1}^{q}\left[\frac{1}{2}\frac{\partial^2 \bar{\boldsymbol{g}}}{\partial b_i \partial b_j}+\frac{1}{2}\bar{\boldsymbol{C}}\frac{\partial^2 \bar{\dot{\boldsymbol{y}}}}{\partial b_i \partial b_j}+\frac{1}{2}\bar{\boldsymbol{K}}\frac{\partial^2 \bar{\boldsymbol{y}}}{\partial b_i \partial b_j}+\frac{\partial \bar{\boldsymbol{C}}}{\partial b_i}\frac{\partial \bar{\dot{\boldsymbol{y}}}}{\partial b_j}+\frac{\partial \bar{\boldsymbol{K}}}{\partial b_i}\frac{\partial \bar{\boldsymbol{y}}}{\partial b_j}\right]\mathrm{d}b_i\mathrm{d}b_j\end{aligned} \tag{9.7-19}$$

这里 $\mathrm{d}b_i=\varepsilon\Delta b_i=\varepsilon(b_i-\bar{b}_i)$ 为 b_i 关于 $\bar{b}_i$ 的一阶差，$\mathrm{d}b_i\mathrm{d}b_j=\varepsilon^2\Delta b_i\Delta b_j=\varepsilon^2(b_i-\bar{b}_i)(b_j-\bar{b}_j)$ 为 b_i 和 b_j 关于 $\bar{b}_i$ 和 $\bar{b}_j$ 的二阶差，ε 为一小参数，$\bar{\ddot{\boldsymbol{y}}},\bar{\dot{\boldsymbol{y}}},\bar{\boldsymbol{y}},\bar{\boldsymbol{F}},\bar{\boldsymbol{g}}$ 等为随机函数矩阵在随机参数均值处赋值。定义阻尼及刚度矩阵为

$$\boldsymbol{C}=\frac{\partial \boldsymbol{g}}{\partial \dot{\boldsymbol{y}}^{\mathrm{T}}} \tag{9.7-20}$$

$$\boldsymbol{K}=\frac{\partial \boldsymbol{g}}{\partial \boldsymbol{y}^{\mathrm{T}}} \tag{9.7-21}$$

将式(9.7-17)、式(9.7-18)和式(9.7-19)代入方程(9.7-16)，合并同阶项，可得到与方程(9.7-16)相一致的零阶方程、一阶方程和二阶方程。

零阶方程

$$\boldsymbol{M}\bar{\ddot{\boldsymbol{y}}}+\bar{\boldsymbol{g}}=\bar{\boldsymbol{F}} \tag{9.7-22}$$

一阶方程(ε 项)

$$\boldsymbol{M}\frac{\partial \bar{\ddot{\boldsymbol{y}}}}{\partial b_i}+\bar{\boldsymbol{C}}\frac{\partial \bar{\dot{\boldsymbol{y}}}}{\partial b_i}+\bar{\boldsymbol{K}}\frac{\partial \bar{\boldsymbol{y}}}{\partial b_i}=\boldsymbol{F}_{1i}\quad(i=1,2,\cdots,q) \tag{9.7-23}$$

式中

$$\boldsymbol{F}_{1i}=\frac{\partial \bar{\boldsymbol{F}}}{\partial b_i}-\frac{\partial \bar{\boldsymbol{g}}}{\partial b_i}\quad(i=1,2,\cdots,q) \tag{9.7-24}$$

二阶方程(ε^2 项)

$$\boldsymbol{M}\bar{\ddot{\boldsymbol{y}}}_2+\bar{\boldsymbol{C}}\bar{\dot{\boldsymbol{y}}}_2+\bar{\boldsymbol{K}}\bar{\boldsymbol{y}}_2=\bar{\boldsymbol{F}}_2 \tag{9.7-25}$$

式中

$$\bar{\ddot{\boldsymbol{y}}}_2=\frac{1}{2}\sum_{i=1}^{q}\sum_{j=1}^{q}\frac{\partial^2 \bar{\ddot{\boldsymbol{y}}}}{\partial b_i \partial b_j}\mathrm{cov}(b_i,b_j) \tag{9.7-26}$$

$$\bar{\dot{\boldsymbol{y}}}_2=\frac{1}{2}\sum_{i=1}^{q}\sum_{j=1}^{q}\frac{\partial^2 \bar{\dot{\boldsymbol{y}}}}{\partial b_i \partial b_j}\mathrm{cov}(b_i,b_j) \tag{9.7-27}$$

$$\bar{\boldsymbol{y}}_2=\frac{1}{2}\sum_{i=1}^{q}\sum_{j=1}^{q}\frac{\partial^2 \bar{\boldsymbol{y}}}{\partial b_i \partial b_j}\mathrm{cov}(b_i,b_j) \tag{9.7-28}$$

$$\bar{\boldsymbol{F}}_2=\sum_{i=1}^{q}\sum_{j=1}^{q}\left\{\frac{1}{2}\frac{\partial^2 \bar{\boldsymbol{F}}}{\partial b_i \partial b_j}-\frac{1}{2}\frac{\partial^2 \bar{\boldsymbol{g}}}{\partial b_i \partial b_j}-\frac{\partial \bar{\boldsymbol{C}}}{\partial b_i}\frac{\partial \bar{\dot{\boldsymbol{y}}}}{\partial b_j}-\frac{\partial \bar{\boldsymbol{K}}}{\partial b_i}\frac{\partial \bar{\boldsymbol{y}}}{\partial b_j}\right\}\mathrm{cov}(b_i,b_j) \tag{9.7-29}$$

显然可以分别从方程(9.7-22)、方程(9.7-23)和方程(9.7-25)中解出 $\bar{\boldsymbol{y}},\bar{\dot{\boldsymbol{y}}},\bar{\ddot{\boldsymbol{y}}},\frac{\partial \bar{\boldsymbol{y}}}{\partial b_i},\frac{\partial \bar{\dot{\boldsymbol{y}}}}{\partial b_i},\frac{\partial \bar{\ddot{\boldsymbol{y}}}}{\partial b_i}$，$\bar{\boldsymbol{y}}_2,\bar{\dot{\boldsymbol{y}}}_2,\bar{\ddot{\boldsymbol{y}}}_2$，从而可以确定动力响应的均值，方差和协方差

$$\mathrm{E}[\boldsymbol{y}]=\bar{\boldsymbol{y}}+\bar{\boldsymbol{y}}_2=\bar{\boldsymbol{y}}+\frac{1}{2}\sum_{i=1}^{q}\sum_{j=1}^{q}\frac{\partial^2 \bar{\boldsymbol{y}}}{\partial b_i \partial b_j}\mathrm{cov}(b_i,b_j) \tag{9.7-30}$$

$$\mathrm{E}[\dot{\boldsymbol{y}}] = \bar{\dot{\boldsymbol{y}}} + \bar{\dot{\boldsymbol{y}}}_2 = \bar{\dot{\boldsymbol{y}}} + \frac{1}{2}\sum_{i=1}^{q}\sum_{j=1}^{q}\frac{\partial^2 \bar{\dot{\boldsymbol{y}}}}{\partial b_i \partial b_j}\mathrm{cov}(b_i, b_j) \tag{9.7-31}$$

$$\mathrm{E}[\ddot{\boldsymbol{y}}] = \bar{\ddot{\boldsymbol{y}}} + \bar{\ddot{\boldsymbol{y}}}_2 = \bar{\ddot{\boldsymbol{y}}} + \frac{1}{2}\sum_{i=1}^{q}\sum_{j=1}^{q}\frac{\partial^2 \bar{\ddot{\boldsymbol{y}}}}{\partial b_i \partial b_j}\mathrm{cov}(b_i, b_j) \tag{9.7-32}$$

和

$$\mathrm{cov}(\boldsymbol{y}) = \mathrm{E}[(\boldsymbol{y} - \mathrm{E}[\boldsymbol{y}])(\boldsymbol{y} - \mathrm{E}[\boldsymbol{y}])^{\mathrm{T}}] = \sum_{i=1}^{q}\sum_{j=1}^{q}\left(\frac{\partial \bar{\boldsymbol{y}}}{\partial b_i}\right)\left(\frac{\partial \bar{\boldsymbol{y}}}{\partial b_j}\right)^{\mathrm{T}}\mathrm{cov}(b_i, b_j) \tag{9.7-33}$$

$$\mathrm{cov}(\dot{\boldsymbol{y}}) = \mathrm{E}[(\dot{\boldsymbol{y}} - \mathrm{E}[\dot{\boldsymbol{y}}])(\dot{\boldsymbol{y}} - \mathrm{E}[\dot{\boldsymbol{y}}])^{\mathrm{T}}] = \sum_{i=1}^{q}\sum_{j=1}^{q}\left(\frac{\partial \bar{\dot{\boldsymbol{y}}}}{\partial b_i}\right)\left(\frac{\partial \bar{\dot{\boldsymbol{y}}}}{\partial b_j}\right)^{\mathrm{T}}\mathrm{cov}(b_i, b_j) \tag{9.7-34}$$

$$\mathrm{cov}(\ddot{\boldsymbol{y}}) = \mathrm{E}[(\ddot{\boldsymbol{y}} - \mathrm{E}[\ddot{\boldsymbol{y}}])(\ddot{\boldsymbol{y}} - \mathrm{E}[\ddot{\boldsymbol{y}}])^{\mathrm{T}}] = \sum_{i=1}^{q}\sum_{j=1}^{q}\left(\frac{\partial \bar{\ddot{\boldsymbol{y}}}}{\partial b_i}\right)\left(\frac{\partial \bar{\ddot{\boldsymbol{y}}}}{\partial b_j}\right)^{\mathrm{T}}\mathrm{cov}(b_i, b_j) \tag{9.7-35}$$

这样动力响应的均值、方差和协方差就完全确定出来了。显然，方程(9.7-30)～方程(9.7-32)的精度为二阶，方程(9.7-33)～方程(9.7-35)的精度为一阶。

目前随机有限元法是研究随机结构系统的一种十分有效的数值方法，其优点是避免了在工程实际中很难有足够资料满足的概率密度和联合概率密度函数，在随机参数和随机载荷的前两阶矩已知的情况下，就完全可以确定出随机结构系统的响应的前两阶矩，使简便省时地求解随机结构系统的响应问题成为可能。

例 9.7-1 如图 9.7-2 所示的二层刚架，假设各层的支柱只提供弯曲刚度，不计质量；而水平杆认为是有质量的刚体，只发生水平位移。随机参数向量 $\boldsymbol{b} = [k_1 \quad k_2]^{\mathrm{T}}$。随机弹性刚度 k_1 和 k_2 分别服从方差系数为 0.05 的正态分布，弹性刚度的均值分别为 45×10^6 N/cm 和 45×10^6 N/cm，确定质量 m_1 和 m_2 分别为 3.7 kg 和 1.5 kg。试确定系统的响应。

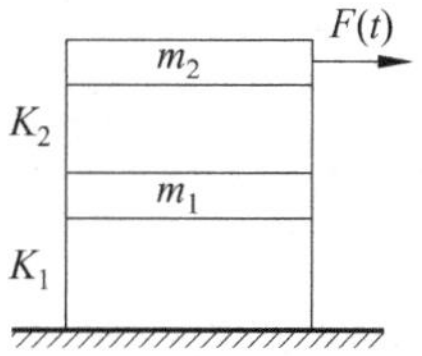

图 9.7-2

解：系统运动微分方程为

$$\boldsymbol{M}\ddot{\boldsymbol{x}} + \boldsymbol{K}\boldsymbol{x} + \boldsymbol{K}_\varepsilon(\boldsymbol{x} \otimes \boldsymbol{x} \otimes \boldsymbol{x}) = \boldsymbol{F}(t)$$

式中

$$\boldsymbol{f}(\boldsymbol{b}, \boldsymbol{x}, \dot{\boldsymbol{x}}) = \boldsymbol{K}\boldsymbol{x} + \boldsymbol{K}_\varepsilon(\boldsymbol{x} \otimes \boldsymbol{x} \otimes \boldsymbol{x})$$

$$\boldsymbol{K}_\varepsilon = \varepsilon\begin{bmatrix} K_1 + K_2 & -K_2 & -K_2 & K_2 & -K_2 & K_2 & K_2 & -K_2 \\ -K_2 & K_2 & K_2 & -K_2 & K_2 & -K_2 & -K_2 & K_2 \end{bmatrix}, \quad \varepsilon = 0.3$$

$$\boldsymbol{F}(t) = \begin{bmatrix} 0.0 \\ 25.0 \times 10^6 \sin 2000t \end{bmatrix}$$

这里符号⊗代表 Kronecker 积。

应用 Newmark-β 方法分别求解上面的各阶方程，对非线性系统($\varepsilon=0.3$)计算出位移响应 x_2 的均值和标准差随时间 t 的变化曲线(图 9.7-3、图 9.7-4)以及位移响应 x_1 和 x_2 的协方差随时间 t 的变化曲线(图 9.7-5)。

要进行随机分析，就要确定随机变量的概率密度和联合概率密度，但在工程实际中很难有足够资料来确定其概率密度和联合概率密度，即使近似地指定概率分布，在大多数情况下也很难对其进行积分来确定随机响应的统计量。随机有限元法避免了概率密度和联合概率密度的确定，在随机结构参数的前几阶矩已知的情况下，就可确定出随机结构响应的前几阶矩。本节的数值算例只给出了随机参数的前两阶矩，而没有给出随机参数的分布概型，应用本节所阐述的方法，就可以计算出响应的前两阶矩。另外，从数值算例可以看出，具有随机参数的系统，独立的随机结构特性输入，一般情况下得不到独立的响应输出，而输出的响应一般是相关的随机过程，在本节的理论公式中也得到同样的结论。

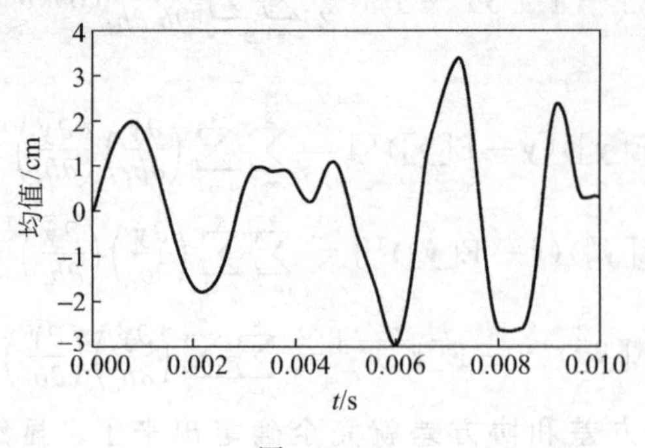

图 9.7-3

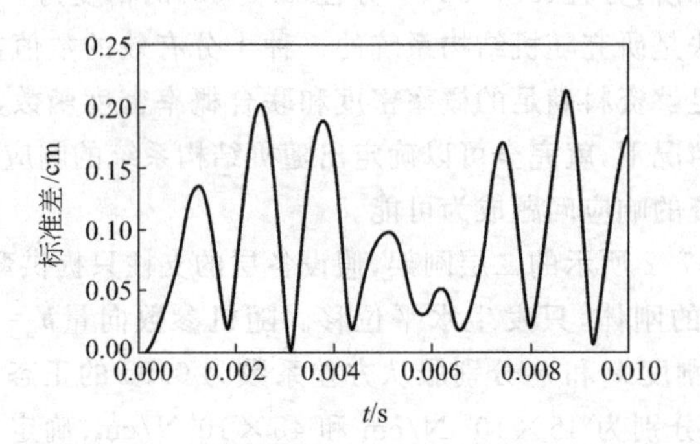

图 9.7-4

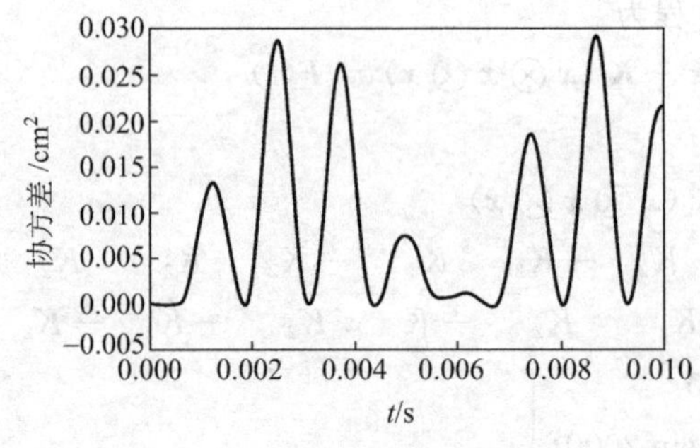

图 9.7-5

参考文献

[1] Timoshenko S, Young D H, Weaver Jr. W. Vibration Problems in Engineering[M]. 4th ed. New York: John Wiley & Sons, 1974.

[2] Meirovitch L. Elements of Vibration Analysis [M]. New York: McGraw-Hill, 1975.

[3] Tse F S, Morse I E and Hinkle R T. Mechanical vibrations Theory and Applications [M]. Boston: Allyn and Bacon, 1978.

[4] 季文美，方同，陈松淇. 机械振动 [M]. 北京：科学出版社，1985.

[5] 郑兆昌. 机械振动(上、中册) [M]. 北京：机械工业出版社，1980，1986.

[6] 刘延柱，陈文良，陈立群. 振动力学 [M]. 北京：高等教育出版社，1998.

[7] 张义民. 机械振动力学 [M]. 长春：吉林科学技术出版社，2000.

[8] 张义民. 机械振动[M]. 北京：清华大学出版社，2007.

[9] 夏禾. 车辆与结构动力相互作用 [M]. 北京：科学出版社，2002.

[10] Bathe K J, Wilson E L. Numerical Methods in Finite Element Analysis [M]. New Jersey: Prentice-Hall, 1976.

[11] 陈予恕. 非线性振动 [M]. 北京：高等教育出版社，2002.

[12] 刘延柱，陈立群. 非线性振动 [M]. 北京：高等教育出版社，2001.

[13] 奈考尔金. 非线性振动理论导引(Introduction to Nonlinear Oscillations)(英文版) [M]. 北京：高等教育出版社，2015.

[14] 朱位秋. 随机振动 [M]. 北京：科学出版社，1992.

[15] 方同. 工程随机振动 [M]. 北京：国防工业出版社，1995.

[16] 朱位秋，蔡国强. 随机动力学引论 [M]. 北京：科学出版社，2017.

[17] Zhang Yimin, Chen Suhuan, Liu Qiaoling, Liu Tieqiang. Stochastic perturbation finite elements [J]. COMPUT STRUCT, 1996, 59(3): 425-429.

[18] Zhang Yimin, Wen Bangchun, Chen Suhuan. PFEM formalism in Kronecker notation [J]. MATH MECH SOLIDS, 1996, 1(4): 445-461.

[19] Wen Bangchun, Zhang Yimin, Liu Qiaoling. Response of uncertain nonlinear vibration systems with 2D matrix functions[J]. NONLINEAR DYNAM, 1998, 15(2): 179-190.

[20] Zhang Yimin, Wen Bangchun, Liu Qiaoling. First passage of uncertain single degree-of-freedom nonlinear oscillators [J]. COMPUT METHOD APPL M, 1998, 165(4): 223-231.

[21] Zhang Yimin, Liu Qiaoling, Wen Bangchun. Quasi-failure analysis on resonant demolition of random structural systems [J]. AIAA J, 2002, 40(3): 585-586.

[22] Zhang Yimin, Liu Qiaoling, Wen Bangchun. Dynamic research of a nonlinear stochastic vibratory machine [J]. SHOCK VIB, 2002, 9(6): 277-281.

[23] Zhang Yimin, Wang Shun, Liu Qiaoling. Reliability analysis of multi-degree-of-freedom nonlinear random structure vibration systems with correlation failure modes [J]. SCI CHINA SER E, 2003, 46(5): 498-508.

[24] 张义民，薛玉春，贺向东，等. 基于开关磁阻电机驱动系统电动汽车的振动研究 [J]. 汽车工程，2007，29(1)：46-49.

[25] 张义民. 频域内振动传递路径的传递度排序 [J]. 自然科学进展，2007，17(3)：410-414.

[26] 张义民. 时域内振动与噪声传递路径系统的路径传递度探索 [J]. 航空学报，2007，28(4)：971-974.
[27] 张义民. 振动系统随机传递路径响应分析 [J]. 工程力学，2008，25(1)：133-136.
[28] 张义民，李鹤，闻邦椿. 基于灵敏度的振动传递路径的参数贡献度分析 [J]. 机械工程学报，2008，44(10)：168-171.
[29] Zhang Yimin，Huang Xianzhen. Sensitivity with respect to the path parameters and nonlinear stiffness of vibration transfer path systems [J]. Mathematical Problems in Engineering，2010，文献编号：650247.
[30] Yimin Zhang，Xianzhen Huang and Qun Zhao. Sensitivity analysis for vibration transfer path systems with non-viscous damping [J]. Journal of Vibration and Control，2010，17(7)：1042-1048.
[31] 吴天行，华宏星. 机械振动[M]. 北京：清华大学出版社，2014.
[32] 辛格雷苏·拉奥. 机械振动[M]. 5版. 李欣业，杨理诚，译. 北京：清华大学出版社，2016.